U0350653

涂装工艺与设备

冯立明　张殿平　王绪建　等编著

TUZHUANG GONGYI
YU SHEBEI

化学工业出版社

·北京·

本书主要介绍了溶剂型有机高聚物涂料、水性涂料、粉末涂料的涂料性能、涂装工艺、涂装设备和涂装工艺管理；前处理和涂层固化工艺与设备；达克罗技术与设备、液体浸塑及水披覆转印工艺与设备；涂装车间三废处理及涂装车间设计的基本知识，并结合生产实际介绍了汽车、家用电器、农用车和摩托车涂装的典型工艺。

本书可作为相关院所、企业工程技术人员、管理人员、工人等指导设计、生产用书，也可以作为大中专院校相关专业师生的参考书。

图书在版编目（CIP）数据

涂装工艺与设备/冯立明，张殿平，王绪建等编著. —北京：化学工业出版社，2013.3（2022.10重印）
ISBN 978-7-122-16448-3

Ⅰ.①涂…　Ⅱ.①冯…②张…③王…　Ⅲ.①涂漆-工艺学②涂漆-施工机具　Ⅳ.①TQ639

中国版本图书馆 CIP 数据核字（2013）第 020077 号

责任编辑：仇志刚　　　　　　　　　　　文字编辑：陈　雨
责任校对：宋　夏　　　　　　　　　　　装帧设计：王晓宇

出版发行：化学工业出版社（北京市东城区青年湖南街 13 号　邮政编码 100011）
印　　装：北京虎彩文化传播有限公司
787mm×1092mm　1/16　印张 28　字数 707 千字　　2022 年 10 月北京第 1 版第 6 次印刷

购书咨询：010-64518888　　售后服务：010-64518899
网　　址：http://www.cip.com.cn
凡购买本书，如有缺损质量问题，本社销售中心负责调换。

定　　价：98.00 元　　　　　　　　　　　　　　　　　版权所有　违者必究
京化广临字 2013—7 号

前　言

涂装是目前应用最广泛的表面处理技术，直接影响着汽车等产品的质量。随着我国"十二五"规划的实施，环保型、高性能涂料、先进的涂装技术和高自动化程度的涂装设备将不断涌现，为适应涂装领域新材料、新技术、新设备的快速发展，满足涂装工作者生产、管理、设计的实际需要，我们编写了《涂装工艺与设备》一书。

本书共分 10 章。第 1 章由冯立明编写，第 2 章由魏雪、谢卫敏编写，第 3 章由冯立明、张殿平编写，第 4 章由周师岳编写，第 5 章由王绪建、冯立明编写，第 6 章由蔡元兴、王绪建编写，第 7 章由孙华、郭晓斐编写，第 8 章由冯立明、张殿平、吉学刚编写；第 9 章由郑培学、冯立明编写，第 10 章由孙华、袁兴栋编写。全书由冯立明统稿，中国兵器工业集团五三研究所许书道主审。

中国轻骑集团刘伟、杨燕奎，（烟台）东岳通用汽车公司聂振凯等提供了宝贵的技术资料，同时，参阅了国内外同行的相关文献资料，在此深表感谢。

由于编著者水平所限，书中遗漏及不妥之处在所难免，敬请各界读者批评指正，以待提高。

编著者
2013 年 4 月

目　录

第1章 绪 论

1.1 涂装及其要素

涂装是将涂料均匀涂布到基体表面，形成连续、致密、均匀涂膜的操作，一般包括前处理、涂着、固化成膜等主要工序。前处理主要包括去除工件表面的油污、锈蚀、形成稳定的转化膜等内容，使涂膜能够与基体结合牢固，并提高膜层的耐蚀性和装饰性。涂着是借助于一定的技术和设备，将涂料均匀地涂布于基体表面，此时的涂膜并没有机械强度和需要的物理、化学性能，只有经过一定的物理、化学过程固化后，才能获得我们所需要的、性能各异的涂层。

涂装是各个环节密切联系、有机串联的整体，涂膜的质量取决于涂装材料（主要是涂料）、涂装技术与设备和涂装管理，三者相互联系，相互影响，通常称之为涂装三要素。

涂料自身的性能以及与其他涂料的配套性是获得优质涂层的基础。选用涂料时，要从涂料的作业性能、涂膜性能要求、经济效益、环境友好性等方面综合考虑，切忌单从涂料价格考虑，忽视涂膜性能。因为随着人工、管理等成本的提高，涂料费用只占整个涂装成本的一小部分，低价位劣质涂料导致涂层的早期返修，会造成更大的经济损失。

涂装技术与设备是保证涂层质量的关键。人们评定涂料的优劣，主要是指漆膜性能的优劣，而漆膜的优劣不仅取决于涂料本身的质量，更大程度上取决于形成漆膜的工艺过程及条件。劣质的涂料自然得不到优质的涂膜，但优质的涂料如果施工和配套不当，也同样得不到优质的涂层。例如，良好的前处理能增强漆膜的附着力和防腐性能，延长涂层使用寿命。反之，则会引起涂层早期脱落、起泡和膜下锈蚀；喷涂技术与设备导致涂层不均匀，将影响涂膜的光泽度、丰满度及色泽；烘干设备和烘干规范选择不当，则会造成涂膜干燥不均、烘不干或过烘干，从而不能发挥涂料的性能。

涂装管理是涂层质量的保证，是确保涂装工艺实施、涂装设备正常发挥作用的必要条件。尤其在机械化、自动化程度高，采用先进技术较多的现代工业涂装中，严格、科学的管理显得更加重要。企业管理水平的高低，已成为企业的象征，成为企业产品质量的代名词，成为企业效益好坏的标志。涂装车间的管理制度主要包括涂装工艺的实施与监督制度、涂装设备的保养与维修制度、车间劳动组织分工、车间人员培训制度、车间环境管理规范、车间安全管理制度、奖惩制度等质量保证体系。涂装现场的整齐、清洁是达到优质涂装的必要条件。大部分涂装车间，如现代化的汽车涂装车间、农用车涂装车间，都采用多品种大量混流的生产方式，现场管理质量关系到涂装质量、成本、安全等方面。

目前，涂装车间通常按精益生产方式及"3S"、"5S"、"6S"现场管理的方法来组织生产和加强现场管理。精益生产方式是介于单件生产和大批量生产之间的生产方式，它是在"多品种小批量"这种市场制约中诞生出来的，被证明是当今汽车生产的最卓越的生产方式。它的核心内容是生产组织中的准时化、自动化以及与之响应的一个流水生产形式，力求零库存、多功能、少人化，把权力和责任同时落实到基层的现场体制。追求不断降低生产成本，提高产品质量，以"零缺陷"作为质量目标，达到更高的经济效益，从而也具有更强的竞争力。

所谓"3S"是指"整理"、"整顿"、"清扫"；"5S"是在"3S"基础上再加上"清洁"和"素养"等现场管理内容。"3S"管理是对现场的各种状态往复不断地、持续地、螺旋式上升地进行整理—整顿—清扫。它们的简要内容如下。

整理：对生产现场把要与不要的物件分开，去掉不必要的东西。

整顿：对生产现场把要的物件定位、定量，把杂乱无章的东西收拾得井然有序。

清扫：像人要天天洗脸一样，把生产现场打扫得干干净净。

清洁：保持现场整洁、无尘埃、无垃圾。

素养：通过全员、全方位的现场管理，提高全员职工的自觉性、责任感、素质、素养，培养职工当家做主的思想。

通过开展"3S"或"5S"现场管理活动，使工作环境变得整洁、舒适，使生产井然有序，设备故障得到有效的预防和控制，产品质量得以保证。同时还能使人际关系变得融洽和睦，使生产者心情舒畅，精力充沛，使现场管理的五大任务（完成生产任务、提高质量、降低产品成本、实现安全生产、建立良好的劳动纪律）都得到实现。

经验告诉我们，要开展"3S"或"5S"的现场管理活动并有成效，必须做到全员参加、全方位开展，有专业人员组织、指导；领导亲自抓，且必须常抓不懈、持之以恒。

涂装环境对涂膜的形成影响极大，已成为影响涂装质量的重要因素。涂装环境包括涂装车间亮度、温度、湿度、尘埃、防火措施等。满足下列条件可认为是汽车工业涂装的良好环境：明亮且亮度均匀，气温在 15～30℃ 范围内，空气的相对湿度为 50%～70%，空气清洁无尘，换气适当，且有防火措施。

现代化涂装车间在工艺设计时不仅按温度分区布置，更主要的是按所需的清洁度等级分区布置，并要求清洁区维持微正压，以防止外界含尘空气进入。另外，工作人员带入也是尘埃的重要来源，所以在涂装工作人员进入工作区前，先进行风浴，清洗身上的灰尘，而且不允许穿戴易脱落纤维的服装，尤其在静电涂装区，更应注意。

国外某汽车厂对轿车车身涂装车间各区提出如表 1-1 所示的含尘粒（粒径小于 $3\mu m$）量的基准。

表 1-1　轿车车身涂装车间各区的含尘粒量的基准[①]

名称	区域范围	尘粒子含量限度/(万个/m³)	正压状况
超高洁净区	喷漆室内	158.6	++++
高洁净区	喷漆室外围 调漆间	352.5	+++ (+)[②]
洁净区	中涂、面漆前的准备区	881	++
一般洁净区	烘干室、前处理区等	2819.6	+
其他区	仓库、空调排风设备间	4229.4	0

① 气温最高不超过 35℃，生产时的最低温度不低于 15℃，停产时的最低温度 12℃。

② 调漆间的微正压为 +。

为保持喷漆室内的风速和微正压，均设置独立的供排风系统。为排除有害气体的积聚，创造一个安全、卫生的工作环境，涂装车间内必须进行适当的通风，补给新鲜空气。在一般涂装车间，适宜的通风换气量为室内总容积的 4～6 次/h，调漆间为 10～20 次/h。另外也可按有机溶剂的毒性换算求得。另外，车间内供排风应平衡，并保证某些工作区为微正压，即供风量大于排风量，所供风应除尘、调温、控湿。

涂装操作人员的素质是涂装质量的重要保证，现代管理必须树立以人为本的管理理念。

人员素质包括人员的天资、职业道德、技术能力和身体素质等。首先应加强思想意识管理。高层管理人员必须牢固树立人的价值永远高于物的价值的观念，珍惜生命，保护人的身体安全；职工必须明确共同价值永远高于个人价值，社会价值永远高于企业价值的道德理念，为社会负责，为企业负责。

其次，加强涂装操作人员技术技能培训。对上岗人员岗前的涂装操作技能、涂装质量、涂装工艺纪律、安全防范等知识进行系统培训并进行考核；对在岗人员，定期进行岗位技能培训，介绍新工艺，新技术，并对生产中经常出现的问题进行总结分析，以指导下一步生产。尤其是涂装车间前处理、电泳、喷涂、检查等重要岗位上涂装操作人员必须定期考核，对考核不合格的必须及时调换，对成绩突出的予以适当奖励，形成勇于进取的良好企业氛围。

工艺纪律管理是指定期或不定期地对工艺文件、涂装工艺执行情况、涂装设备状况和涂装质量进行抽查。一般由工艺部门组织，由专业厂（涂装车间）工艺人员、技术检查人员和生产管理人员参加，检查涂装工艺文件是否齐全，编写质量、更动情况及审批程序是否合法。对每个工位现场对照检查，涂装工艺执行情况以工艺参数合格率来表示。在检查中对发现的问题和返修率高的工序进行技术分析，制定出改进措施，限期解决。如果是操作者的主观原因造成的质量问题，则将检查的结果作为惩罚的依据。

涂装设备的状况是以技术状态、清洁度和完好率来表示的。涂装设备应整洁、完好、运行正常，技术状态良好，不允许带病运转。

涂装质量除在现场用目测或携带仪器进行检查并做好返修外，还应取样送到实验室或有关检测机构按涂层标准进行全面性能检测。

涂料等原材料、涂装技术和涂装管理三要素是相辅相成的关系，忽视哪一方面，都不能获得优质涂层。涂料等化工原料生产技术人员、涂装技术及管理人员、涂装作业人员对这三要素，虽各有侧重，但都应有所了解。涂料配方设计人员也要学习和研究涂料施工知识，针对被涂物的使用环境和涂装工艺条件，设计出作业配套性好、价廉物美的专用涂料，更好地为工业生产服务。涂装技术人员不仅要熟知涂装工艺、有关基础理论、涂装设备的工作原理与结构，也要熟悉和研究各种涂料的性能、规格型号、施工要求、价格和国内外应用实例。只有这样，涂装工艺人员才能设计出先进的、经济效果好的涂装工艺和管理制度。涂装管理和作业人员要了解所用涂料的性能、涂装工艺及涂装设备等方面的知识，以提高技术水平、提高执行工艺的责任性和自觉性。如果一个操作工人只知其然而不知其所以然，盲目操作，就极易产生安全或质量事故，造成资源、能源的浪费。

1.2 涂料的组成

1.2.1 涂料的基本组成及其作用

涂料（coating）是以高分子材料为主体，以颜料等为辅助，以有机溶剂、水或空气为分散介质的多种物质的混合物。高分子材料是形成涂膜、决定涂膜性能的主要物质，对涂料的性能起决定作用，称之为主要成膜物。如果高分子材料为有机物，则该涂料称为有机涂料；若高分子材料为无机物，则称之为无机涂料。颜料等自身没有形成完整涂膜的能力，但能赋予涂层某些特殊的物理、化学或力学性能，称为次要成膜物。为保证涂料的流动性，便于涂料施工、形成均匀的涂膜，必须选用适宜的分散介质。完全以有机溶剂为分散介质的涂料称为溶剂型涂料；完全或主要以水为分散介质的涂料称为水性涂料；不含溶剂，即以空气为分散介质的涂料称为粉末涂料。涂料中所含的可挥发性有机化合物的含量简称 VOC（volatile organic compound），该值越高，涂料施工过程中，对环境污染越严重，造成的资源浪费越多，因此 VOC 值是衡量涂料对环境友好与否的重要指标。

涂料中还有一些用量小、但对涂料性能有重要影响的物质，称为辅助成膜物，如为加快某些涂料的氧化聚合固化速度，常加入催干剂，为使双组分涂料能够固化成膜，需加入固化剂，为防止涂料施工过程中出现"泛白"，常加入防潮剂等。辅助成膜物又称为涂料助剂，它们的共同特点是用量小、作用显著，对涂料某一方面的性能起重要作用。随着对涂料性能要求的提高，涂料助剂的种类不断增多，其作用越显突出。

主要成膜物、次要成膜物和辅助成膜物构成了涂膜，它们在涂料中的比例称为固体分含量。一般来说，固体分含量越高，涂料的利用率、遮盖力等就越高，因此涂料的固体分含量无论对涂料生产厂，还是涂料使用厂都是一项重要指标，必须经常检测。溶剂对主要成膜物起溶解、分散等作用，并能调节涂料的施工性能和储存稳定性，该组分在涂料固化过程中完全挥发，因此又称为挥发分。

1.2.2 涂料的分类及其命名

国际上涂料的分类标准很不一致，有的按用途分，如工业用涂料，船舶用涂料，建筑涂料等。建筑涂料又分为内墙涂料、外墙涂料、混凝土涂料、木材涂料等；工业用涂料包括汽车专用涂料、塑料专用涂料、自行车专用涂料等。也有的按施工方法分，如静电涂料、电泳涂料、自干型涂料、烘干型涂料等。还有的按功能分，如防锈涂料、防火涂料、导电涂料、耐高温涂料等。

这些分类方法都不够全面，不够科学，不够系统。我国综合了各分类方法，制定了以主要成膜物为基础，结合专业用途分类命名的规则。按主要成膜物将涂料分为十八大类，其中第十八类为涂料用辅助材料。涂料分类及代号见表 1-2。辅助材料分类及代号见表 1-3。

表 1-2 涂料分类及代号

序号	代号	涂料类别	序号	代号	涂料类别	序号	代号	涂料类别
1	Y	油脂树脂	7	Q	硝基树脂	13	H	环氧树脂
2	T	天然树脂	8	M	纤维素	14	S	聚氨酯树脂
3	F	酚醛树脂	9	G	过氯乙烯树脂	15	W	元素有机树脂
4	L	沥青树脂	10	X	乙烯基树脂	16	J	橡胶类树脂
5	C	醇酸树脂	11	B	丙烯酸树脂	17	E	其他
6	A	氨基树脂	12	Z	聚酯树脂	18		辅助材料

表 1-3 辅助材料分类及代号

序号	代号	名称	序号	代号	名称
1	X	稀释剂	4	T	脱漆剂
2	F	防潮剂	5	H	固化剂
3	G	催干剂			

涂料的名称由颜料（颜色）、主要成膜物、基本名称及用途等组成。

涂料全名＝颜料或颜色名称＋主要成膜物名称＋基本名称。

在对涂料命名时，涂料的颜色位于名称的最前面，若颜料对涂膜性能起显著作用，则可用颜料名称代替颜色名称，如白醇酸磁漆、锌黄酚醛防锈漆等；对于有专业用途及特性的产品，必要时在主要成膜物后面加以说明，如醇酸导电磁漆、白硝基外用磁漆等；涂料名称中的主要成膜物名称应适当简化，如聚氨基甲酸酯树脂可简化成聚氨酯树脂；由两种以上成膜物组成的涂料，应选取起主要作用的一种成膜物命名，必要时也可选取两种成膜物命名，起主要作用的成膜物名称在前，起次要作用的成膜物在后，如橘黄氨基醇酸烘漆。

基本名称仍沿用我国习惯名称。如清漆、磁漆、底漆等，基本名称及其代号见表 1-4。

表 1-4 涂料基本名称及其代号

代号	基本名称	代号	基本名称	代号	基本名称	代号	基本名称
00	清油	17	皱纹漆	40	防污漆	64	可剥漆
01	清漆	18	裂纹漆	41	水线漆	66	感光涂料
02	厚漆	19	晶纹漆	42	甲板漆	67	隔热涂料
03	调合漆	20	铅笔漆	43	船壳漆	80	地板漆
04	磁漆	22	木器漆	44	船底漆	81	渔网漆
05	粉末涂料	23	罐头漆	50	耐酸漆	82	锅炉漆
06	底漆	30	（浸渍）绝缘漆	51	耐碱漆	83	烟囱漆
07	腻子	31	（覆盖）绝缘漆	52	防腐漆	84	黑板漆
09	大漆	32	（绝缘）磁漆	53	防锈漆	85	调色漆
11	电泳漆	33	（黏合）绝缘漆	54	耐油漆	86	标志漆、马路划线漆
12	乳胶漆	34	漆包线漆	55	耐水漆	98	胶液
13	其他水性漆	35	硅钢片漆	60	耐火漆	99	其他
14	透明漆	36	电容器漆	61	耐热漆		
15	斑纹漆	37	电阻漆	62	示温漆		
16	锤纹漆	38	半导体漆	63	涂布漆		

涂料型号由主要成膜物质代号、基本名称代号和产品序号三部分组成。例如：

H　04-2
└───── 产品序号
└───── 基本名称代号
└───── 主要成膜物质代号

基本名称代号由 00 至 99 之间的两位数字表示（见表 1-4）。其中 00～13 代表涂料基本品种，14～19 代表美术漆，20～29 代表轻工用漆，30～39 代表绝缘漆，40～49 代表船舶漆，50～59 代表防腐漆，60～79 代表特种漆，80～99 代表其他用途漆。涂料产品序号表示同类涂料中，组成、配比或用途不同的系列品种，见表 1-5。辅助材料编号由辅助材料代号和序号两部分组成。例如：

X-5(丙烯酸稀释剂)
└───── 序号
└───── 辅助材料代号

表 1-5　涂料产品序号

涂料品种		序号	
		自干	烘干
清漆、底漆、腻子		1～29	30 以上
磁漆	有光	1～49	50～59
	半光	60～69	70～79
	无光	80～89	90～99
专业用漆	清漆	1～9	10～29
	有光磁漆	30～39	50～59
	半光磁漆	60～64	65～69
	无光磁漆	70～74	75～79
	底漆	80～89	90～99

1.3　涂料与涂装的作用

（1）保护作用

金属材料或非金属材料，长期曝露于空气中，会受到氧、水分、酸雾、盐雾、各种腐蚀性气体、微生物和紫外线等的侵蚀和破坏。由于涂料能在被涂物表面形成一层连续、致密而均匀的薄膜，与周围介质隔绝，减缓其腐蚀速率，延长使用寿命。

（2）装饰作用

产品质量是内在质量和外观质量的综合。随着国民经济的迅速发展和人民生活水平的不断提高，人们对产品外在质量，即美化装饰的要求也逐渐提高，外在质量在整个质量中所占的比重逐渐增大。涂料可赋予各种产品美丽的造型和外观，赋予产品不同的光泽和色彩，甚至可做出立体质感的效果，如锤纹、裂纹、闪光、珠光、多彩和绒面等。改进产品外观质量，起到美化人类生活环境，提高产品使用价值和商品价值的巨大作用。

（3）功能作用

保护与装饰是涂料的基本作用，但随着科学技术的进步，尤其自 20 世纪下半叶开始，涂料的应用范围日益拓宽，人们期望涂料具有光、电、磁、热等特殊的功能，在特殊的环境中发挥特殊的作用，这类涂料称为功能涂料，涂膜所具有的特殊作用称为功能作用。目前功能涂料已形成涂料领域一个新的门类，研发与生产活跃，新品种不断出现，功能越来越突出，应用领域不断拓宽。如电磁功能涂料中的绝缘涂料、导电涂料、磁性涂料，光学功能涂料中的发光涂料、太阳能选择吸收涂料、红外辐射涂料，热功能涂料中的耐热、隔热、防火、示温等涂料，物理及生物功能涂料中的阻尼涂料、生物防霉涂料等。

1.4　涂料高聚物结构与性能的关系

涂料工业是在高分子科学、粉体科学、胶体与界面化学及化学工程学的基础上发展建立起来的，已逐步形成独自的基础理论和专门技术，其中主要成膜物即涂料高聚物的结构对涂料的性能起决定性作用。

涂料高聚物从来源上可分为天然树脂、人造树脂和合成树脂，目前不同结构的合成树脂是涂料高聚物的主体，人们根据不同的用途需要，选择不同的单体、控制不同的合成条件可获得不同结构的合成树脂。按高聚物主链组成可分为碳链聚合物、杂链聚合物和元素有机化合物。碳链聚合物是主链完全由碳原子连接而成的一类高聚物，如 PVC、PP、PTFE 等（见图 1-1）。

杂链聚合物主链中除了碳原子外，还有氧、氮等其他原子，如醇酸树脂（图 1-2）、环氧树脂等。

图 1-1　碳链化合物结构示意图　　　　　图 1-2　醇酸树脂结构示意图

元素有机化合物则是主链中由碳原子以外的其他原子连接而成的一类化合物，如主链以硅原子为主连接而成的高聚物称为有机硅化合物（图 1-3），以氟原子为主连接而成的高聚物称为有机氟化合物。按高聚物主链结构可分为直链和支链化合物，依据高分子固体化合物形态又可分为晶体和非晶体（又称为无定形固体），前者所含分子是按一定方向有规律排列，而后者高分子排列没有规则，同一高分子化合物可以兼具晶型和非晶型两种结构。高分子化合物的这些结构特征，直接影响着涂料的性能和用途，熟悉高聚物结构与性能的关系，可以帮助我们从本质上认识涂料的性能，从而准确地选择和使用涂料。

图 1-3　有机硅高分子结构示意图

高聚物的性能主要指塑性、弹性、力学性能、电绝缘性能和化学稳定性等。

弹性与塑性　弹性是指材料受力后发生形变，在力撤除后恢复原来状态的能力。塑性是指高分子材料再加工成型的能力。弹性与塑性取决于高分子链的结构和分子间力大小。如图 1-4 所示，当温度较低时，分子的热运动和链节的自由旋转性都很小，高分子化合物呈现如同玻璃状的硬块，称为玻璃态。随着温度提高，高分子链上的链节可以自由旋转，但整个分子链不能自由运动。高分子链节自由运动，使分子链有强烈卷曲倾向的性能称为高分子链的柔顺性，此时在外力作用下可产生较大的可逆性形变，外力去除后又恢复原状，这种状态称为高弹态。当温度继续升高，高分子链得到的能量足以使整个分子链可以自由移动，成为自由流动的黏液，称为黏流态或塑性态。其中由玻璃态向高弹态转变的温度叫玻璃化温度，用 T_g 表示，由高弹态向黏流态转变的温度称为黏流化温度，用 T_f 表示。

图 1-4　高聚物形态与温度的关系

T_g 高于室温的高聚物称为塑料，T_g 低于室温，T_f 较高的为橡胶；T_g 与 T_f 显示材料的耐热、耐寒性，T_g 越高，耐热越好，常温下弹性越低。

T_g 与 T_f 的高低由高分子链的结构决定。高分子链间的作用力越大、交联密度越高、支链越多，链节和分子间运动越困难，弹性与塑性越差。

作为涂料高聚物希望其 T_g 低一些，流动性好，便于施工，但对于涂层来说，希望具有更高的 T_g 与 T_f，赋予涂层更高的硬度和力学性能。

这就需要控制涂料高聚物的结构、控制固化反应条件，使涂层经过进一步交联固化后实现性能的改变。

力学性能　高分子化合物的力学性能主要是指机械强度，包括抗拉、抗压、抗冲击、硬度等，与高分子化合物的平均聚合度、结晶度及分子间作用力有关。对同一类物质，一定范围内，聚合度越大，分子间作用力越强，聚合物的力学性能越强；高聚物的结晶度越大，分子排列越整齐，分子间作用力越大，力学性能越好。因此，适当提高涂层聚合物的聚合度，可提高涂层的机械强度，提高涂层的硬度、光泽度，但聚合度过高，也必然导致涂层的韧性下降，脆性增大。

电绝缘性能　高聚物的电绝缘性与其结构密切相关，链节结构对称，且无极性基团的高聚物，如 PE、PTFE 等可做高频绝缘材料；无极性基团，但链节结构不对称的高聚物，可做中频绝缘材料，如聚苯乙烯；链节结构不对称，且有极性基团的高聚物，做中低频绝缘材料。

化学稳定性　高分子化合物的化学反应包括链的交联和链的裂解，统称为高分子化合物的老化。链的交联是大分子与大分子间进一步反应，产生体型结构，从而使高分子化合物进一步变硬、变脆，弹性和力学性能下降；链的裂解是高分子链断裂，分子量降低，失去原有的力学性能、物理性能和化学性能。一般高分子化合物活性基团较少，且分子链相互缠绕，使分子链上的基团难以反应，化学稳定性较好，耐酸、碱、盐和有机溶剂的性能较强，因此，如果不是在苛刻的条件下，高分子化合物的老化是一个缓慢过程，也正是这种性质，才能对基体起到长效保护作用。

高分子化合物自身的结构和外界条件决定着其老化速率。高分子主链中含酰胺基、酯键时，高聚物耐水、酸、碱等性能弱，易发生水解反应而降低其使用寿命；结构中含双键、苯环、醛基等基团的高聚物易被空气中的氧气氧化，导致颜色加深，力学性能下降；主链中以醚键连接时，在紫外线照射下，容易断链等。因此，根据高聚物的结构，大致可推测涂层的化学稳定性。

溶解性　高分子化合物按照其溶解性和热稳定性可分为热塑性化合物和热固性化合物。前者受热时可熔融、选择适当的溶剂可溶解，后者既不溶也不熔。即使是热塑性高聚物，其溶解过程一般先溶胀再溶解，比较缓慢。溶剂对高分子化合物的溶解性能可根据相似相溶原理、溶度参数规则进行判断。一般，极性大的溶剂对极性大的树脂有较好的溶解作用，极性小的溶剂对极性小的树脂溶解性较好，结构中有苯环的树脂一般溶解于苯类溶剂中。如聚苯乙烯极性较弱，结构中有苯环，因此可溶于甲苯、乙苯等苯类溶剂，聚甲基丙烯酸甲酯（俗称有机玻璃）极性较强，结构中有酯键，可溶解于极性溶剂丙酮、乙酸乙酯等极性溶剂中。

对于混合溶剂，相似相溶原理难以判断，需要根据溶度参数选择。溶度参数是单位体积物质内聚能的方根。如果溶剂的溶度参数与高聚物的溶度参数越接近，就越容易溶解，称为"溶度参数相近原则"。混合溶剂的溶度参数是各种溶剂溶度参数的分数平均值。常见溶剂及高聚物的溶度参数见表1-6。

表 1-6 常用溶剂及高聚物的溶度参数

溶剂	溶度参数/(J/cm³)^(1/2)	高聚物	溶度参数/(J/cm⁻³)^(1/2)	
			理论值	实验值
松节油	16.5	甲基环己酮	18.97	
正辛烷	15.5	苯乙烯	18.97	
乙醚	15.7	水	47.87	
环己烷	16.7	环己酮	20.20	
乙酸正戊酯	17.0	乙醚	15.1	
四氯化碳	17.6	聚四氟乙烯	12.7	
甲苯	18.2	聚二甲基硅氧烷	14.9	15.3~15.5
乙酸乙酯	18.6	聚丙烯	16.2	16.0~16.4
乙酸丁酯	17.34	天然橡胶	16.67	16.2~16.6
二甲苯	17.95	聚苯乙烯	18.65	18.6
三氯甲烷	19.2	聚甲基丙烯酸甲酯	18.92	18.4~19.4
丙酮	20.0	聚氯乙烯	19.6	19.4
二硫化碳	20.5	环氧树脂	19.73	19.8~22.3
乙酸	25.8	酚醛树脂		21.5~23.5
乙醇	26.0	尼龙		26.0~27.8
乙二醇	29.0	聚丙烯腈	26.07	31.5
异丙醇	23.46	聚乙烯	16.6	16.2
正丁醇	23.26	氯丁橡胶		18.5
甘油	33.66			

1.5 涂料与涂装工业的现状及发展方向

涂料工业在国民经济发展中发挥了重要作用，是人民生产、生活不可或缺的基本物质。作为配套行业，涂料工业虽然不像一些支柱产业那样引人关注，但为支柱产业的发展提供了重要保障。2010 年我国石油和化学工业共实现现价工业总产值 88797.3 亿元，同期涂料工业实现工业总产值 2324.59 亿元，占石化工业总产值的 2.62%。经过几十年特别是改革开放后 30 多年的发展，我国涂料行业取得了长足进步。

装备与技术水平显著提高。通过引进设备与关键技术并加以消化吸收与创新，涂料、颜料生产设备制造整体水平提高，大大缩短了与国外先进水平的差距。特别是 20 世纪 80、90 年代，从美、日、欧洲等引进了重要的工业涂料，如汽车涂料、卷材涂料、船舶涂料、粉末涂料等，其中以汽车涂料引进品种较多，从水性阴极电泳底漆、中间涂层到面漆配套引进；有的是通过与外商合资引进涂料新技术，如日本关西涂料公司在国内有湖南、天津、沈阳、重庆四家合资公司，生产成套的汽车涂料，在国内汽车涂料市场占有较大份额。所有引进的涂料技术不仅原材料基本实现国产化，而且核心技术也为行业内企业所消化吸收，并且都有改进和更新换代，对国内整体工业涂料水平的提高起了较大的推动作用。

环境友好型涂料发展迅速。2009 年，全国涂料总量 755.44 万吨，水性涂料、粉末涂料、光固化涂料、高固体分涂料等环境友好型涂料占总产量的 47.9%。环境友好型涂料的发展，符合环保要求，节省了大量有机溶剂。不过整个环境友好型涂料所占比例和欧、美、日（占60%～70%）相比仍有较大差距。环境友好型涂料品种发展也很快，国外有的，国内也有，只是有些最新品种应用范围和用量逊于国外。

工业涂料、特种涂料品种和质量向齐全和高端发展。作为支柱产业的汽车工业用涂料，对耐候性、装饰性要求很高，尤其是中高级轿车，是工业涂料中的代表，国内在引进的基础上配套发展，除奔驰、宝马等高级轿车用涂料，因与汽车制造外商有协议，指定使用国外涂料外，国产汽车涂料能满足各种汽车要求。自改革开放以来，在国家的支持下，业内开展产学研结合，利用新材料、新技术开发了许多新品种，满足国民经济和国防工业发展要求。国家大型工程如以"鸟巢"为代表的奥运场馆、杭州湾大桥所用防腐涂料，通过盐湖和冻土地区和超低温地区的青藏铁路及客车的防护涂料等大部分为国产；卫星、飞船、坦克、军舰、新式战斗机所用涂料也是国产的。实际上，高科技产业、航空航天、海洋开发、国防军工所需要的特种涂料由于某些国家的封锁，靠进口满足不了要求，主要靠自主开发。现在国家正在发展大飞机、大舰船，建设更多的核电站和高速铁路，需要高功能涂料，基本都要立足国内，涂料行业当前的技术水平基本能满足这些发展要求。

涂料科技创新队伍日益壮大。在国家引导及支持下，企业逐步成为科技创新的主体。近几年业内已建成30多家企业的省级涂料涂装工程技术开发中心以及10多个博士后流动工作站和国家级工程技术开发中心。各省市都有大学相关院系开展涂料研究，通过产学研结合的方式积极承担重要的涂料、颜料开发项目，科技成果、发明专利逐年增多，科技创新呈现一派繁荣景象。这是涂料满足国民经济和国防工业发展需要，赶超世界涂料先进水平的技术保证。

积极推动行业环保工作。在中国涂料工业协会的大力宣传、推动下，涂料生产行业积极进行节能减排，完善三废治理设施，推广低污染涂料产品和污染治理新技术，在业内大力宣传和推广低污染涂料（高固体分涂料、辐射固化涂料、水性涂料、粉末涂料等），尤其重视水性涂料的推广。以水性木器涂料为重点，全国木器涂料产量约72万吨，但水性木器涂料不到2%（欧洲水性木器涂料占其木器涂料总量的20%以上），其余为溶剂型涂料，每年消耗有机溶剂50万吨左右，施工后全部排放至空气中，造成大气污染，又浪费了大量资源。

目前涂料行业也存在许多问题。首先，生产力不集中。涂料生产具有投资少、见效快的特点，改革开放以来乡镇企业发展较快，各地中小型涂料厂蜂拥而上。大部分企业盲目追求大而全、小而全，没有形成自己的拳头产品，导致企业经济效益普遍较差，行业整体技术水平不高。企业对市场调研不力导致无序发展、重复引进、重复建设的问题时有发生，企业无法进行扩大再生产和技术改造，很难与相关工业同步发展，更谈不上引导用户的消费需求。因此，很多高、精、尖的涂料应用领域被外资企业所占领。我国已成为世界第一大涂料生产和消费大国，但远不是涂料强国。国内人均消费量、人均劳动生产率、资源利用率以及产品的附加值等方面与欧、美、日等发达国家差距甚大。其次，科研开发投入少。涂料生产涉及溶剂、树脂、有机原料、颜填料、助剂等数百种原料，其中涂料生产所用的一些大宗原料如氯化法金红石型钛白粉、甲醚化氨基树脂、高档颜料及各种专用助剂等长期依赖进口。一些涂料专用原料品种少、质量差，而国外类似产品价格高，这样就严重影响企业的正常生产，也影响了新产品的持续开发和研制。国外对涂料用树脂的研究非常重视，而我国涂料工业基础研究力量弱，往往只局限于配方的研究，对科研开发投入也较少。国内涂料行业存在只重视生产环节而忽视施工应用研究的不良倾向，产品售后技术服务也比较薄弱。与跨国公司相比差距甚大，尤其在汽车涂料、船舶涂料、集装箱涂料等中高端市场领域的竞争力方面，国内企业仍有很长的路要走。以汽车涂料为例，进口品牌在高端领域有很大优势，除品牌优势之外，调色系统和新产品开发能力及速度是国产涂料难以比拟的。每个进口品牌的调色系统均有上万个参考色卡和对应配方，而且汽车厂推出新的颜色时，就能拿到色卡，很快添加到他们的色卡库里，利于调色中心调色。跨国公司具有很强的开发能力，船舶涂料、特种功能涂料也不例外。另外，行业"三废"问题严重。一是生产工艺落后，缺乏有效治污技术，尤其是废气的减排和处理。目前，溶剂型涂料仍占全国涂料总量的52%左右，这些涂料在生产过程中，多数仍采用非密闭体系或部分非密闭的落后工艺，溶剂的损失一般在3%左右，严重的达到5%以上。每年将有15万吨左右的溶剂在溶剂型涂料制造过程中挥发到大气中，造成生产环境和大气污染及资源损失，对这些挥发的溶剂"废气"缺乏有效的治理。有的企业采取活性炭吸附，但活性炭极易被饱和，再生困难，置换频率高，又增加了治理成本，且置换下来被溶剂饱和的活性炭成为"危险固废"，更加大了处理的成本；有的企业有这个装置，主要是用来应付环保部门的检查，无实质作用；也有介绍用低温冷却收集方法，只有规模很大的企业才有能力采用，一般涂料企业无力使用。现在废气多是无组织排放。较为现实的方法是改进落后的生产工艺，推广采用全密闭一体化工艺，这需要大笔投入资金。二是溶剂型涂料比例高。发展低污染涂料逐步取代溶剂型涂料是涂料发展方向，以2009年的涂料产量为基础，溶剂型涂料占52.1%，每降低1.0%，就可减少1万～2万吨的有机溶剂挥发到大气中。要加快低污染涂料发展，必须在技术和经济两方面加大投入，目前这两方面投入都较缺乏。如水性涂料可节省有机溶剂95%以上，但水性树脂质量尚不尽如人意，成为其推广的一个技术瓶颈，这就要进一步加强技术开发去克服。在推广中，政府的经济手段和政策支持非常重要。三是治污管理上的问题。环保执法上存在不少的漏洞，涂料企业数量多，1000t/a以下企业占40%以上，三废基本上是无组织排放，如果环保执法严格，这些小涂料企业不改进三废治理状况，根本不能继续发展，但事实上多数仍然继续生产，三废依然是无组织排放。又如红丹（四氧化三铅）防锈颜料，国家早就明令禁产，2007年又列入国家环保部门的"双高"产品，但有的地方仍在生产与使用，这反映环保执法的缺失。四是标准化工作需进一步加强。同其他行业相似，我国涂料行业标准标龄偏长，较多国家标准在10年以上，与国家提出的满5年标龄即需修订的要求存在差距，随着涂料行业的快速发展和涂料新技术、新品种的不断涌现，旧标准的再修订工作和针对涂料行业新发展制定新标准的任务较重。此外涂料行业标准还存在着重复性与交叉性较大，检测标准重现性较差等问题。行业标准与国际全面接轨尚需努力。根据WTO/TBT规定，美国、德国、英国、日本等工业国家都承诺在国际贸易中采用国际标准作为市场准入的技术依据。目前我国涂料行业标准采用国际标准的采标率和国际标准的转化率与发达国家相比还有很大差距。

行业面临的机遇。随着国民经济又快又好持续发展、人民生活水平提高、高科技产业兴起，涂料行业面临快速发展的形势。美国涂料总产量700万吨左右，3亿人口，年人均消费涂料23kg以上；我国2009年规模以上涂料企业涂料总产量755万吨，加上未统计规模以下的涂料企业的涂料产量，接近800万吨，年人均涂料消费量5kg左右，只相当于美国人均消费量的1/4，可见我国涂料产业发展空间很大。"十二五"期间，大规模的城市基础设施、公路、铁路、港口、机场等投资建设，造船、汽车、石油化工、轻工、重大装备等十大产业升级改造已经或者将为配套的工业涂料和重防腐涂料开拓广大的市场。作为保护涂料以前集中在金属底材的保护，近几年混凝土结构——水电站、码头、桥梁、地坪、污水处理设施等防腐日益受到重视，其市场容量将不亚于钢结构。"十二五"是调结构关键的 5 年，调结构的重中之重是刺激内需。至 2030 年我国城镇人口率达到 70%，即每年将有 3000 万人转为城镇户口，还不包括每年至少建 1000 万套以上的经济适用房和廉租房、危房和棚户区改造等。所以说 20 年之内建筑涂料必将是涂料行业最大、最重要的市场，这是 13 亿人口的基本、可持续和刚性需求。从 2010 年开始，国家将增加 1000 亿元/a 的科技创新投入，加上企业配套资金将达到 3000 亿元/a 以上。其中既有应用基础和原始创新，又有新产品和产业化的支持项目，逐步实现由"中国制造"向"中国创造"的战略性转移。

行业面临的挑战。当前处于国家产业结构调整时期，要从数量的增长转变为质量的提高，又好又快发展，涂料行业正处于发展的大好时机。但涂料行业又面临严重的挑战，面临环保、技术和经济压力。当前我国年产 966.3 万吨的涂料，使用有机溶剂超过 350 万吨，这些溶剂在涂料使用后基本都挥发至大气中成为所谓的"VOC"，既污染环境，又浪费了大量资源。350 万吨有机溶剂均来自石油化工和煤化工，生产过程又消耗大量能量。由于原油价格暴涨，带动有机溶剂价格飙升，造成企业成本提高，利润大幅下降。节能减排是国家的要求，有关环保法规日趋严格，发展环境友好型涂料品种，节省溶剂，首先替代苯类溶剂是产业发展的首要任务。这在技术上必须加大投入，势必又提高产品成本，增加了企业经营成本和经济困难，是当前涂料产业面临的严峻挑战。

因此，根据国家"十二五"规划，为适应环保要求，应积极开发和利用"节能源、省资源、低污染、高效率"的涂料品种，即所谓的"四 E"原则（economy、efficiency、ecology、energy）。具体来说，主要包括水性涂料、粉末涂料、光固化涂料、高固体分涂料等。为适应不同底材、不同行业需要，各国投入大量精力开发多种性能和用途的专用型涂料，如汽车涂料、船舶涂料、塑料专用涂料、木材专用涂料等，努力使涂料生产系列化、专业化。

从涂装来看，主要向着减少污染、节省能耗、提高施工效率、提高涂层装饰性以及涂装设备的通用化、系列化、自动化方向发展。国内外已经出现了大量工艺先进、自动化程度高的大型生产线，尤其在汽车行业发展极为迅速。例如，通用汽车公司在德国的欧宝公司经过 10 多年的努力，于 1992 年底从底漆到面漆全部实现了水性化，并采用高涂着效率的自动静电涂装法，使该厂轿车车身涂装的 VOC 排放量达到 35g/m²。德国宝马汽车公司在 Dingolfing 厂于 1997 年初建成投产第一条车身粉末罩光线，又于 1998 年初建成第二条线，日产量可达 1000 辆。在美国已有多条车身涂装线的中涂采用了粉末涂料，如通用汽车公司在 20 世纪 90 年代初，在 Shreveport Linden 和 Moraine 等工厂又建了 6 条皮卡车粉末中涂喷涂线。日本汽车涂装在 20 世纪 80 年代为赶超欧美，在提高涂层质量，如外观装饰性、耐久性、耐酸雨性和抗划伤性等方面做了大量工作，而在环保、开发和利用低 VOC 型涂料方面没有像欧美那样重视，近几年，日本才将环保要求列为汽车涂料需求的首位。

我国至今还是以 20 世纪 80 年代传统的阴极电泳底漆＋溶剂型中涂＋溶剂型面漆（底色漆＋罩光清漆）的三涂层体系为主。该工艺成熟，施工方便，但 VOC 排放量很大。中涂和面漆的厚度约占涂层总厚度的 70% 以上，其中，溶剂型金属底色漆施工固体分只有 15% 左右，而溶剂含量占 85%，其 VOC 排放量占整车车身涂装的 50% 左右，是 VOC 排放的主要来源。低 VOC 化也是电泳涂料发展的一个方向，虽然电泳涂料是水性涂料，但原漆中仍然含有一定量的有机溶剂，这些溶剂大部分在槽液循环过程中挥发进入环境大气中。20 世纪 90 年代初期的电泳涂料产品溶剂含量较高，原漆中高达 15% 左右，槽液中的溶剂含量也长期保持在 3%～5%，由于当时汽车产量偏低，更新周期长，还需要经常往槽液中补充挥发掉的溶剂以维持电泳膜厚和涂层质量。90 年代中后期的电泳涂料中溶剂含量有所降低，槽液中的溶剂含量基本控制在 1.0％～2.5％。如今，槽液溶剂含量达到 0.4％～0.8％的阴极电泳涂料也已开发成功。

涂装设备非标化程度很高，给生产厂家的制造、使用厂家的选择、管理带来极大不便。近几年像超滤设备、喷粉室、喷漆室、回收系统、喷枪等设备逐步趋于标准化、系列化，自动喷涂系统，即所谓的喷涂机器人的性能和智能化程度大大提高，并在轿车、卡车等涂装线上得到使用。整个涂装线的技术水平、自动化程度得到大幅度提高。但能够适应汽车形状变化、喷涂均匀的高智能化机器人主要依赖进口。

第2章 涂装前处理工艺与设备

涂装前处理是涂装前对被涂物表面进行的准备工作，是整个涂装工艺的基础。前处理质量高低直接影响整个涂装质量，必须予以重视。

各种材料及其制品在加工、运输、储存过程中，其表面容易产生或黏附异物，如机加工毛刺、氧化皮、油污等，这些表面污物会影响到涂层的致密性以及与基体的结合强度。涂装前处理的主要目的就是将这些物质除去，并进行适当的表面化学转换，提供适合涂装要求的基底，以增加漆膜的附着力，延长漆膜的使用寿命，充分发挥涂层的保护作用与装饰效果。因此，喷涂前处理的内容主要包括以下几个方面：

（1）除氧化皮和铁锈

金属在加工和存放过程中，由于受高温和各种因素的影响，易产生氧化皮和浮锈。以钢铁为例，其氧化皮和浮锈的主要成分是铁的氧化物或水合氧化物，其结构式为 Fe_2O_3、Fe_3O_4、$Fe_2O_3 \cdot xH_2O$ 等。这些氧化物的电极电位比较高，它们的存在会加速钢铁的电化学腐蚀，同时氧化物的晶格常数比较大，脆性大，直接在锈蚀上涂装，涂膜在受到冲击、挠曲时，易开裂。因此除锈是涂装前处理的重要内容之一。

（2）脱脂

金属在加工和储存过程中，尤其在机加工过程中，易被油污污染。有些工件为防止在储存过程中生锈，还必须涂防锈油或防锈脂加以保护。油污的存在影响涂料在基体上的润湿与结合力。因此涂装前必须将基体上的油污彻底清洗干净。

（3）消除机械污物

机械污物主要指粉尘、焊渣、型砂及在机加工过程中可能产生的毛刺、凹凸不平等缺陷。这些缺陷不清除，将容易出现各种外观缺陷，直接影响到涂层的装饰性与保护性。

（4）转化膜处理

如果涂膜不能牢固地附着在基体上，则涂膜容易出现整片脱落。转化膜处理根据材质不同，通过不同的方式，在基体表面生成一层惰性的、致密的、不导电的连续薄膜，以提高涂层附着力和耐蚀性。目前，主要包括在钢铁、锌合金表面的磷化处理、铝合金表面的氧化处理以及锆盐等无磷转化膜处理工艺。

（5）预涂偶联剂、特种涂料等

为增强涂层的结合力，对大型工件不便入槽磷化处理时可涂装磷化底漆，热塑性粉末涂料预涂底漆以及预涂硅烷偶联剂等。

实践证明，由前处理引起的涂层弊病，大约占整个涂层弊病的 50% 以上。具体来说，前处理有以下几方面的作用。

（1）通过前处理可提高涂层与基体的结合力

范德华力 $F \propto 1/L^6$，其中 L 为分子间距离，即分子间作用力与分子间距离的六次方成反比。通过前处理去除基体表面上的附着物，增强涂料在基体表面的润湿性，使得涂膜与基体贴合紧密，分子间距离减小，大大提高涂层的结合力。前处理中形成的转化膜为微观多孔性物质，涂料可以充分渗透到转化膜孔隙中，形成"抛锚效应"，使结合力增强。

（2）增强涂层的抗蚀能力。

涂膜的腐蚀主要是环境中的水、空气渗透到基体表面发生的电化学腐蚀。通过前处理在基体表面形成一层致密的、不导电的涂膜，使腐蚀原电池难以形成，大大减缓涂层腐蚀的速率。一般认为，磷化后涂层的耐蚀性将提高 2～3 倍，因此磷化处理引起了各个行业和各个企业的高度重视。

（3）提高涂层的装饰性

基材表面的平整度（或粗糙度）影响涂膜对基体的附着力和涂层的光泽。粗糙的表面，形成的膜层厚度不均，涂层暗淡无光，较薄的部位容易出现破坏。粗糙度过大，涂膜与基体间夹杂空气，造成涂层起泡脱落。因此，涂膜前需要对基材表面进行平整处理，像铸铁件，须进行喷砂、打磨处理，使表面具有合适的粗糙度，形成较好的外观。转化膜处理也是降低宏观粗糙度的重要措施，能显著提高涂层装饰性。一般要求粗糙度为 4～6。

涂装前处理内容多，处理方式各种各样，在选择前处理工艺时应根据实际情况合理选择。

（1）根据污物形式和污染程度选择

对于冷轧钢板，表面油污多而锈蚀少，因此前处理的重点是脱脂，可进行除油处理而无需除锈；如果钢板表面的油污主要为可发生皂化反应的油脂，选择以强碱为主的脱脂液皂化水解清洗；如果油污的主要形式为矿物油，根据矿物油不能发生皂化反应的特性，则应选择以表面活性剂为主的脱脂液，对油脂进行乳化、分散，使其脱离钢铁表面。

（2）根据工件的使用环境选择

如果工件使用环境恶劣，腐蚀速度会加快，为提高涂层的耐蚀性，可采用清洗、磷化、钝化等前处理工艺；对于在室内使用的工件，可适当降低前处理的要求，简化前处理工艺。

（3）根据涂料特性选择

涂料组成不同，与基体的结合力不同，对前处理的要求也不同。过氯乙烯涂料、有机硅涂料等在钢铁等基体上的附着力差，必须进行严格的前处理，尤其是除油要彻底，否则涂层容易整张脱落。而环氧树脂底漆、聚氨酯底漆等对钢铁等基体的结合力强，因而对前处理的要求较低，甚至可在带轻锈的基体上涂装。

（4）根据工件材质选择

目前被涂装的工程材料主要包括钢铁、有色金属、工程塑料等。材质不同，前处理的内容和要求也不相同。金属材料的前处理更大程度上是为了提高涂层的耐蚀性，材质不同，工艺有差异，如钢铁材料的脱脂可采用强碱性脱脂液，有色金属不耐碱腐蚀，宜采用中性或弱碱性脱脂液；钢铁一般进行磷化处理或其他无磷转化膜处理，而铝合金、镁合金等通常进行氧化处理；塑料进行化学处理更多是为了提高涂膜的附着力，常进行紫外光粗化处理或溶剂浸蚀处理，与金属前处理工艺差异很大。

2.1　脱脂工艺与设备

钢铁工件在加工、储存以及运输和使用过程中，接触到的切削液、润滑油、防锈油或防锈脂等物质，都是表面沾染油污的主要来源。金属材料表面黏附的各种油污，根据性质可分为皂化油与非皂化油。皂化油为动植物油，主要存在于拉延油、抛光膏等产品中，在结构上为酯结构，在加热和碱性条件下可发生皂化反应，生成可溶物并溶解在水中；非皂化油为矿物油，如凡士林、润滑油、石蜡等，为机械润滑油，结构大多为长链饱和烃类有机化合物，化学性质稳定，不发生皂化反应，但能溶于某些溶剂，能被表面活性剂乳化、分散，将油污从表面去除。

因此，脱脂时可根据工件材质、油污性质，选择不同的脱脂处理工艺。例如汽车生产中通常用热水和热碱液喷浸结合的方法清洗工件，通过脱脂剂中的碱性物质对油污皂化及表面活性剂的浸润、分散、乳化及增溶作用达到去除油污的目的。脱脂质量的好坏主要取决于以下四个方面。①脱脂温度。一般来说，温度越高，油污的皂化等化学反应加速，使得脱脂效果越好，但是，不同的脱脂剂有其适宜的温度范围，温度过高会使某些表面活性剂从脱脂剂中析出附着在工件表面，影响表面质量，如磷化膜发花不均。大规模涂装线脱脂温度通常为40～50℃。②脱脂时间。在高速流水作业线中，在不影响生产的前提下，必须保证足够的脱脂时间，通常喷射方式的脱脂时间为1～3min，浸渍方式脱脂时间通常为3～5min，具体时间可视油污的种类和多少而定。③机械作用。借助压力喷射和搅拌等机械作用提高脱脂清洗效果是非常有效的。喷射迫使脱脂液与工件表面良好接触，使脱脂剂渗透和破坏油膜，防止油污再附着到被清洗表面上。在中、低温脱脂中，机械作用尤为重要。④脱脂剂。脱脂剂的种类和组成对脱脂效果有很大的影响。在实际使用中，必须要根据被清洗物的材质（钢板、镀锌板、铝材等）、油污状态、处理方式及后续处理的匹配性等方面来选择脱脂剂，并根据使用要求提高脱脂剂浓度至工艺范围。

除油效果的好坏，可用多种方法判断，如目视法、擦拭法、水浸润法、荧光染料法、喷雾器法、放射性同位素法、接触角法、残留油分质量法等，其中最常用且较简便的方法是观察水膜中断法，即工件经过彻底水洗后，观察水是否能在表面完全润湿。如果除油彻底，水洗后表面应能形成连续的水膜，否则除油不彻底。

2.1.1 有机溶剂脱脂工艺与设备

有机溶剂脱脂是利用溶剂对油污的溶解作用除去皂化油和非皂化油，适用于去除工件复杂特殊部位上的高黏度油污。采用的脱脂剂要求对油污溶解力强、不易燃、毒性小、便于操作、挥发较慢且价格低廉，而事实上很难达到上述的全部要求。在实际生产中经常采用的有机溶剂各有其特点，如芳烃溶剂，主要有甲苯、二甲苯等，溶解性强，但对人体危害大，挥发性高。石油溶剂如200#溶剂汽油等，价格便宜，毒性小，对常见油污有较强的溶解力，但挥发快、易燃、易爆。卤代烃类溶剂，如二氯乙烷、三氯乙烯等，去油能力强、不燃烧，应用较多，但毒性大。常用有机溶剂的性能见表2-1。

表2-1 常用有机溶剂的性质

名称	分子量	相对密度/(g/cm³)	沸点/℃	燃烧性	毒性
汽油	85～140	0.69～0.74		易	
酒精	46	0.789	78.4	易	无
苯	78.11	0.879	80.1	易	有
二甲苯	106.2	0.88	138.144	易	有
甲苯	92.13	0.866	110.6	易	有
丙酮	58.08	0.79	56.3	易	无
二氯甲烷	84.94	1.336	40.2	不	有
四氯化碳	153.82	1.594	76.8	不	有
三氯乙烷	133.41	1.346	74	不	有
三氯乙烯	131.4	1.466	87.2	不	有
全氯乙烯	165.83	1.623	121	不	无

当单一的有机溶剂除油效果不佳时，可在配方中加入适量乳化剂，如皂类、硅酸钠、石油磺酸钠、OP 型非离子表面活性剂等，形成乳化除油体系，利用有机溶剂对油污的溶解作用和乳化剂的乳化分散作用，两者协同可取得更好的除油效果，同时也降低了使用有机溶剂除油的成本及易燃危险性。

有机溶剂脱脂一般采用擦洗、浸洗、蒸气洗等方式。①人工擦拭工艺劳动强度大，生产效率低，工作环境差，但可以在常温下进行，且不受工件形状影响。该工艺主要用于批量小或不能用其他方法处理的工件，如大工件户外作业或无其他条件的企业。②浸洗法是将工件浸泡在有机溶剂中，并伴随加热、搅拌等辅助手段，利用溶剂的溶解、渗透作用去除油污。这种方法适合表面结构复杂的小工件除油。清洗过程中，为了保证清洗的效率应根据油污的情况更换浸槽里的溶液。③三氯乙烯是最常用的蒸气清洗剂，即所谓的气相法除油用溶剂之一。该法一般在封闭型的"脱脂机"中进行，其装置如图 2-1 所示。该装置分三部分：底部为带加热装置的三氯乙烯的液相区，中部是蒸气区并挂有被处理的工件，上部是装有冷凝管的自由区。加热三氯乙烯至沸点（87℃）而气化，当碰到冷的工件时，冷凝成液滴溶解工件上的油污滴下，以达到去油的目的。当工件与蒸气的温度达到平衡时，蒸气不再冷凝，去油过程结束。从被清洗

图 2-1　封闭型脱脂机
1—自由区；2—冷凝管；
3—工件；4—蒸气区；
5—沸腾溶剂；6—加热管

工件上除去的油污的沸点，通常比溶剂的沸点高得多，因此，即使在溶剂含有大量油污的情况下，其蒸气仍然是纯溶剂的蒸气。重复使用溶剂，仍可得到良好的清洗效果，达到很高的清洁程度。但是蒸气法除油对环境和设备要求较高，如三氯乙烯化学性质不稳定，在受到光、热、水汽和潮湿空气影响时，会分解出有害的光气和有腐蚀性的氯化氢，使用时应注意避光和工人的安全。

采用溶剂去油的优点是不受油污种类、工件材质、形状限制，除油效率高，可在室温下进行，节省能源。如果在封闭型脱脂机中进行，则溶剂损失小，空气污染小。但是使用有机溶剂脱脂时，在溶剂挥发后，往往工件表面还剩一层薄油膜，对于要求清洁度很高的表面，还须采用其他工艺进一步处理。同时，该工艺容易造成资源浪费，存在安全隐患，因此除非在不得已的情况下，尽量不要采用。

2.1.2　碱液加表面活性剂脱脂工艺与设备

碱液脱脂是利用碱的皂化作用、无机表面活性剂的乳作用等去除工件表面的油污。碱液除油适用于钢铁等不与碱液发生化学反应而溶解的金属。

常用到的碱有 NaOH、Na_2CO_3、硅酸盐、磷酸盐等。NaOH 为强碱，可与酸性污垢和动植物油反应，具有很好的除油效果，但只能用于黑色金属，对有色金属的腐蚀作用大，不能用于铝、锌等金属表面的清洗。Na_2CO_3 水解显碱性，是中等强度的碱，易润湿金属，对硬水有软化作用，但皂化力弱，水洗性差，可用于黑色金属和有色金属的除油。常用的硅酸盐为硅酸钠（Na_2SiO_3），$SiO_3^{2-} + 3H_2O \longrightarrow H_4SiO_4$（胶体）$+ 2OH^-$，水解后碱性略低于 NaOH，远强于 Na_2CO_3，具有较强的皂化作用，同时水解生成稳定的胶体，对污物分散性好，并在金属表面形成薄膜，因此对金属具有缓蚀保护作用。硅酸盐是碱液清洗中去污力强、作用全面的物质，广泛用于有色金属和黑色金属清洗，但 H_4SiO_4 易沉于金属表面，不易清洗，影响到以后的磷化质量。磷酸盐有

Na_3PO_4、焦磷酸钠、三聚磷酸钠等，其作用机理类似于硅酸盐，但含磷废水难处理，排放到环境中易产生水质的富营养化，危及水生动物的生命，所以目前因为环保问题在清洗液使用中受到限制。硅酸盐、磷酸盐也是无机表面活性剂，对油污具有乳化等作用，因此也可去除非皂化类油污。

值得注意的是，碱液的浓度不宜过高，因为碱的浓度过高，皂类的溶解度和乳化液的稳定性会下降，对有色金属易产生腐蚀。碱性过强，对磷化膜质量影响较大，尤其对常（低）温磷化影响更大。因为高温强碱对钢铁表面有侵蚀和钝化作用，能中和钢铁表面的许多晶格点，形成氧化膜和氢氧化物，导致成膜时晶核的生长速度小于晶粒长大的速度，从而在数目不多的活性点上晶粒长得粗大，降低磷化质量和涂层的防护性能。而且脱脂液碱性强，清洗效果不佳。所以对常（低）温磷化应选用中低温弱碱性脱脂剂。

碱液去油成本低、无毒、不燃不爆、生产效率高，去油彻底，操作简单，仍是除油的主要方法。但碱液去油一般需加热至45℃以上，能耗大而且不适于常低温磷化要求。为此，实际应用中常与表面活性剂等复配形成复合碱性清洗剂。

表面活性剂的乳化、分散作用可以显著降低油污与金属之间的界面张力，通过渗透、润湿、乳化、分散、增溶等多种作用而除油，获得良好的去油去污效果。脱脂常用的表面活性剂有阴离子型和非离子型。阴离子型表面活性剂的除油机理是利用它在金属表面的吸附形成双电层，增加金属界面的电势，有利于油污脱离金属表面，而又不易被油污再污染。脱脂用阴离子型表面活性剂主要有羧酸盐和磺酸盐等，其活性大小除受无机盐助剂的影响较大外，还与其亲油基的结构和链有关。烷基磺酸盐的活性随亲油基烷基碳数目增加而增大，一般选用 C_{12}～C_{14}，当烷基碳链长度超过 C_{14} 时水溶性较差，低于 C_{12} 时表面活性下降，去污能力低。烷基苯磺酸盐直链（LAS）的活性优于支链（ABS），易在金属表面吸附，增加对金属表面的润湿性能。当阴离子型表面活性剂的亲水基和亲油基的种类相同时，分子量小的表面活性剂具有更高的润湿和渗透性。因此直链烷基苯磺酸盐成为脱脂剂的重要组分之一，具有稳定性高、水溶性好、洗净性能强、生物降解性高、价格便宜等优点。常用的有十二烷基硫酸钠、十二烷基苯磺酸钠等。阴离子型表面活性剂 CMC 浓度高，去污力强，但稳定性受溶液介质和水质影响。在酸性介质中，阴离子将转化为中性分子，在水中溶解性降低；当水的硬度高时，易生成难溶性物质，使其表面活性降低，而且阴离子型表面活性剂脱脂温度一般较高。

非离子型表面活性剂是分子链一端含有极性基，另一端含有非极性链的一类化合物，主要是聚氧乙烯化合物，如聚氧乙烯脂肪醇醚（平平加系列）、烷基酚聚氧乙烯醚（OP 系列）、聚氧乙烯脂肪酸酯、聚醚等。非离子型表面活性剂在很多性能方面超过阴离子型表面活性剂，应用非常广泛。由于其亲水基团在水溶液中不发生离解，呈中性分子，所以稳定性高，不易受强电解质、无机盐、酸碱影响。

在选择非离子型表面活性剂时，HLB 值是一项重要的参数，几种常用表面活性剂的去污力列于表 2-2。

由表 2-2 看出，当选择 HLB 值在 13～15 的非离子型表面活性剂作为水基金属脱脂剂时，去污能力最强，又因为这种乳化剂属于 O/W 型（水包油），使乳化时油相粒子漂浮在溶液表面，这就是常用的"浮油型"水基金属脱脂剂，该类脱脂剂使用寿命长。非离子型表面活性剂 CMC 较低，在水中溶解度小。因此使用时要选择浊点高的非离子型表面活性剂，以提高增溶性能、脱脂效果和稳定性。

表 2-2　几种表面活性剂的去污力

表面活性剂	去污力/%	HLB 值	表面活性剂	去污力/%	HLB 值
OP-10	87.1	14.5	6501	54.0	14.5
OP-7	84.4	15.0	AES	9.6	15.0
平平加-9	91.0	14.5	油酸三乙醇胺	2.5	12.0
润湿剂 JFC	68.2	12.0	聚醚 2010	—	3.0

注：去污力是指浓度为 0.25%，65℃下摆洗 32 号机械油的能力。

实际使用时，通常选用多种非离子型和阴离子型表面活性剂复配，以提高清洗能力及对各种油污的适应性。要注意控制阴离子型表面活性剂与非离子型表面活性剂的含量比，一般随阴离子型表面活性剂含量的提高，相应提高脱脂温度；随非离子型表面活性剂含量的提高，浊点降低，脱脂液易发生浑浊。试验表明，阴离子型表面活性剂与非离子型表面活性剂之比控制在 2~3∶1 为最佳，脱脂 10min，脱脂效率可达 98.8%~100%。

对于不同的金属，不同的处理工艺应选择不同的碱液配方。实际上，由于工业油污组成复杂，常采用多组分混合液，如碱类、表面活性剂和多种络合剂等混合组成，通常称这种清洗剂为复合碱性清洗剂。复合清洗剂能发挥各种洗净剂的特性，显著提高洗净效率，尤其是添加少量的表面活性剂后，能成倍地提高洗净效率。碱溶液的表面张力非常大，添加表面活性剂可改善渗透性，使表面张力维持在 4×10^8 N/m 以下。

表面活性剂易溶于水，无刺激气味，低毒，不燃不爆，不挥发，对动植物油、矿物油都具有良好的去油效果，耐酸、碱、热，可直接加到其他液体中，组成多功能前处理液。但表面活性剂价格高，去油液易起泡，喷射时应加消泡剂或选择低泡表面活性剂。

碱液清洗剂、复合碱性清洗剂配方可根据清洗的油污种类、被清洗物的材质、清洗方式等因素通过实验确定。常用除油液配方见表 2-3。

表 2-3　常用除油液配方

工件材质	溶液配方 成分	含量/(g/L)	工艺条件 温度/℃	时间/min	备注
钢铁	NaOH Na$_3$PO$_4$ Na$_2$CO$_3$ OP-10	10~20 20~35 20~30 2~4	50~60	12~15	
钢铁与有色金属	Na$_2$SiO$_3$ Na$_3$PO$_4$ OP-10	3.5~5 3.5~5 0.2~0.5	50~65	1~5	pH 值为 10~11.5
铝及铝合金	Na$_2$CO$_3$ Na$_3$PO$_4$ 613 乳化剂	15~20 15~20 10~16	60~70	3~5	pH 值为 10.5
铜及铜合金	Na$_2$CO$_3$ Na$_3$PO$_4$ OP-10 Na$_2$SiO$_3$	10~20 10~20 2~3 5~10	60~70	3~5	
锌及锌合金	Na$_2$CO$_3$ Na$_3$PO$_4$ Na$_2$SiO$_3$	15~30 5~30 10~15	60~70	3~5	
各种材料	聚氧乙烯脂肪醇醚 聚氧乙烯辛基酚醚 十二烷基二乙醇酰胺	24% 12% 24%	室温或适当加热	适当	105 净洗剂

续表

工件材质	溶液配方		工艺条件		备注
	成分	含量/(g/L)	温度/℃	时间/min	
各种材料	OP-10 平平加 O-20 月桂醇酰胺 油酸二乙醇胺	15% 10% 12% 43%	室温或适当加热	适当	741 净洗剂
各种材料	聚醚 2040 聚醚 2020 聚醚 2070 TX-10 $NaNO_2$	25% 1.5% 1.5% 3% 3%	室温或适当加热	适当	SP-1 低泡净洗剂
各种材料	OP-10 聚氧乙烯油酸酯 二氧化硅 Na_2SiO_3 三聚磷酸钠 羟甲基纤维素 乙醇	29% 4% 2.5% 4% 51.8% 0.5% 8%	室温或适当加热	适当	761 固态粉末净洗剂

碱液或复合碱性脱脂剂脱脂方法包括擦拭法、浸渍法、喷淋法及超声波法等，其中浸渍法及喷淋法在工业生产中应用广泛。图 2-2 为带有循环搅拌的间歇式和连续式浸渍法清洗设备。

(a) 间歇式

(b) 连续式

图 2-2　浸渍式清洗设备

间歇式也称为步进式，是工件按一定的生产节拍有规律运行，其基本运行节奏为前进、下降、浸渍处理、上升、前进。该工艺主要适用于生产纲领较小的情况，因为工件在槽上方静止后呈直线上下升降，因此清洗槽为矩形。连续式清洗工艺是指工件按一定速度匀速运行完成整个处理过程，适用于生产批量大、自动化程度高的生产线，清洗槽为船形。

浸渍式清洗设备组成简单，对形状复杂工件、有内腔及缝隙的工件清洗效果好，但处理时间长，生产效率低，设备占地面积大。为此，脱脂液一般加温至 60℃ 左右，最好辅以循环搅拌等机械作用。

喷淋式工艺是利用机械喷射力来强化去油效果的一种工艺方法，工件处于封闭的室体内，脱脂液通过泵、经喷嘴以 50～200kPa 的压力喷射到工件表面，脱脂液连同油污一起返回脱脂槽，循环利用。图 2-3 为喷淋式清洗设备示意图和原理图。

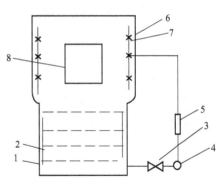

(a) 喷淋式清洗设备示意图　　　　　　(b) 喷淋式清洗设备原理图

图 2-3　喷淋式清洗设备示意图和原理图

1—槽体；2—加热器；3—阀；4—泵；5—过滤器；6—罩体；7—喷嘴；8—工件

由于机械力的辅助作用，脱脂温度可降低到 40～50℃左右，处理时间一般为浸渍式处理时间的 1/3～1/10，提高了生产效率。但该工艺对工件外表面清洗效果好，对内表面清洗效果较差，特别是内腔、箱体等不易清洗干净，因此仅适于形状简单的工件。喷淋室体要求密封好，不漏水，不串水。喷淋式设备管路多、喷嘴多，维护工作量大，因此要使喷淋式清洗达到最佳效果，必须加强管理。喷淋时注意选择低泡的表面活性剂，以免泡沫过多，清洗剂溢流出清洗槽，造成场地污染和清洗液流失，此外，还会使喷淋泵不能正常运转，喷射压力降低，影响喷淋效率。

为保证脱脂及后续工序的质量，必须注意以下问题。

① 防止脱脂产生早生膜　所谓早生膜是指工件脱脂、水洗前后产生蓝膜或黄锈，这种早生膜会影响磷化膜的完整性和均匀性，所以在脱脂和水洗间隔区、水洗和表面调整间隔区应设置微雾喷淋，防止工件表面干燥。严禁被清洗物停留在清洗机中，如果因短期停车，清洗机仍应继续运转。

② 注意水洗质量　工件清洗后，表面残留的清洗液不仅影响磷化质量，而且影响涂层的附着力及耐蚀性，因此必须彻底清洗。一般采用二次水洗，对于有后续酸处理的工件，可采用两级热水洗，否则应采用一次热水洗，一次冷水洗。原则上，经过两级漂洗后，脱脂槽碱度必须降至 1% 以下，水洗时间一般喷射 0.5～1.5 min。

③ 加强管理　每班应定期检查清洗液的温度、浓度、清洗液的油污程度和被洗物的清洁度等工艺参数。

④ 避免采用高温强碱脱脂液　前面已经做了介绍，高温强碱脱脂不利于磷化膜生成，尤其对常（低）温磷化应选用弱碱性脱脂剂。

⑤ 预喷湿　主要是润湿油污表面，使脱脂工序更有效。国内外有些汽车厂在预脱脂前，选用热水洗（40℃），将附着在车身表面的油污软化或部分除去，减轻脱脂工序负担。

⑥ 采用预脱脂与脱脂的多级脱脂处理　遇到油污厚、重的情况，可先用有机溶剂预除油或在生产线上设置预脱脂工序。预脱脂能除去工件表面 90% 的油污，减轻脱脂负担。预脱脂槽最好安装油水分离器或吸附设备，自动除去浮油。同时从设备构造上应当使脱脂槽的

液体能输送到预脱脂槽中，使脱脂液保持较清洁状态。

⑦ 控制脱脂液的温度和浓度　为了使油污尽量在预脱脂液中除净，便于控制脱脂后水洗槽的污染度，原则上预脱脂液的浓度应高于脱脂液。但脱脂液浓度过高会引起表面活性剂的盐析作用，加快表面活性剂的水解速度，造成脱脂液的无谓消耗，脱脂效果反而降低，工件表面泛黄。

2.1.3　超声波清洗及设备

超声波由于频率高、波长短，因而传播的方向性好、穿透能力强，被广泛应用于清洗、距离测量、医学等领域。超声波清洗是利用超声波可以穿透固体物质而使整个清洗介质振动并产生空化气泡，使污物层被分散、乳化、剥离，从而达到清洗的目的。超声波清洗具有清洗洁净度高、清洗速度快等特点，特别是对盲孔和各种几何状物体，拥有其他清洗手段所无法达到的洗净效果。

图 2-4　超声波清洗机原理图

图 2-4 是超声波清洗地原理图。超声频电能发出的振荡信号转换成机械振动，并通过清洗槽壁传播到介质——清洗液中。超声波在清洗液中疏密相间地向前辐射，使液体流动而产生数以万计的直径为 $50 \sim 500 \mu m$ 的微小气泡（称为空化核），这些存在于液体中的微气泡在声波的作用下振动，当声压或声强达到一定值时，气泡迅速增长，然后突然闭合，并在气泡闭合时产生冲击波，在气泡周围产生 $10^{-10} Pa$ 的压力及局部高温，破坏不溶性污物使其分散在清洗液中，破坏了污物与清洗件表面的吸附，从而达到清洗件净化的目的。在这种被称之为"空化"效应的过程中，气泡闭合可形成瞬时高温和超过 1000 个大气压的瞬间高压，连续不断地产生瞬间高压就像一连串小"爆炸"不断地冲击物件表面，使物件的表面及缝隙中的污垢迅速剥落，从而达到物件表面清洗净化的目的。

由此可见，凡是液体能浸到，声场存在的地方都有清洗作用，而且清洗速度快、效果好、质量高，特别适合于清洗表面形状复杂的工件，如空穴、凹凸处、狭缝等的细致清洗，普通清洗方法很难实现，而采用超声波就可以获得很好的效果，且易于实现清洗自动化。对一般的除油、防锈、磷化等工艺过程，在超声波作用下只需两三分钟即可完成，其速度比传统方法可提高几倍到几十倍，清洁度也达到高标准。

超声波可应用于溶剂脱脂、化学脱脂和电化学脱脂，还可用于酸洗等场合，一步或分步达到脱脂、除锈、除膜（挂灰、浮渣、污膜）等效果。超声波脱脂液的浓度和温度比其他脱脂液低，因为浓度和温度过高都将阻碍超声波的传播，降低脱脂能力，因此，使用超声波可降低脱脂液的温度和浓度，节约能源，保护基体金属免受腐蚀。

超声波清洗系统主要由三个基本元件组成：超声波清洗槽、将电能转化为机械能的换能器以及产生高频电信号的超声波发生器。超声波清洗槽要坚固弹性好、耐腐蚀，底部安装有超声波换能器振子。现存两种换能器，一种是磁力换能器，由镍或镍合金制成；另一种是压电换能器，由锆钛酸铅或其他陶瓷制成。将压电材料放入电压变化的电场中时，会发生变形，这就是所谓的"压电效应"。相对来说，磁力换能器是用在变化的磁场中发生变形的材料制成的。超声波发生器产生高频高压，通过电缆连接线传导给换能器，换能器与振动板同时产生高频共振，从而使清洗槽中的溶剂受超声波作用对污垢进行洗净。超声波清洗系统最重要的部分是换能器。

超声波清洗设备市场上有标准型号，若标准型号不适于特殊的工作环境，也可采用投入式超声波装置。投入式超声波装置由震板和超声波发生器组成，震板和超声波发生器采用分体结构，安排布置灵活。根据超声波辐射面的需要，震板可布置在清洗槽的底面、侧面或顶面。为使零件的凹陷及背面部分能得到良好的脱脂效果，最好使零件在槽内旋转，以便各部分都能受到超声波的辐射。

超声波脱脂对处理形状复杂、有微孔、盲孔、窄缝以及脱脂要求高的零件更有效。一般用于除油的超声波频率为 30kHz 左右，复杂的小零件可采用高频率低振幅的超声波，表面较大的零件则使用频率较低的超声波。超声清洗也有其局限性，例如对声波反射强的材料如金属、陶瓷和玻璃等清洗效果好，而对声波吸收大的材料如布料、橡胶以及黏度大的污物清洗效果差，同时，超声设备投资大，也限制了其在涂装中的应用。

2.1.4　超临界 CO_2 清洗

CO_2 的临界温度为 31℃，临界压力为 7.38MPa。此时 CO_2 气体不能液化，性质会发生变化，体系处于气液不分的混沌状态，气体与液体的许多物理性质相等，如摩尔体积、密度、折射率、传热系数、溶解能力等，其密度近于液体，黏度近于气体，扩散系数为液体的100 倍，因而具有惊人的溶解能力。因此当 CO_2 气体达到超临界状态时，体系既具有液体的高密度、强溶解性和高传热系数，又有气体的低黏度、低表面张力和高扩散系数，并且这些性质还会随温度、压力的调整而发生显著变化。如果对压力做微小调整，超临界 CO_2 的渗透性和溶解性就大幅度提高，作为替代溶剂，赋予它优良的性质，具有广泛的应用前景。

一般来说，超临界 CO_2 可以直接溶解碳原子数在 20 以内的任何有机物，加入适当的表面活性剂，可以溶解或分散油脂、石蜡、重油、蛋白质、聚合物、水及重金属。因此超临界 CO_2 作为替代溶剂有广阔的应用领域。

超临界 CO_2 清洗不燃不爆，无色无味无毒，安全性好，对环境基本无污染，且价格便宜，纯度高，容易获得，是一种绿色清洗技术。

通常情况下，CO_2 超临界清洗在封闭系统内进行，CO_2 可循环利用，不会产生温室效应。即使有少量散发，其 GWP（全球升温潜能值）仅是氯代烃的几千分之一，其 ODP（臭氧破坏潜能值）为零。事实上，CO_2 从其他行业回收利用，作为替代溶剂减少了对环境的影响。同时，CO_2 的蒸发潜能比溶剂低，比溶剂更节能。因此超临界 CO_2 清洗系统在整体上，对环境、节能和节省资源都是有利的。

2.2　除锈工艺与设备

钢铁容易发生化学氧化或电化学腐蚀，在其表面生成氧化皮或铁锈。钢铁表面常见的氧化物有氧化亚铁（FeO，灰色），三氧化二铁（Fe_2O_3，赤色），水合三氧化二铁（$Fe_2O_3 \cdot nH_2O$，橙黄色）和四氧化三铁（$Fe_3O_4 \cdot nH_2O$，蓝黑色）。除锈是通过物理或化学的方法，将工件表面电位正、韧性小的各种形式的氧化物去除，使工件表面裸露出活性点，提高后续工序磷化的有效性，充分发挥涂料抵抗腐蚀的能力。

物理法除锈主要包括手工除锈和机械除锈。手工除锈劳动强度大，效率低，只能除去疏松结构的铁锈，对氧化皮去除难度大，只适用于批量小或工件局部小面积或边角部位的除锈。机械除锈包括抛（喷）丸除锈法、喷砂除锈法等，化学方法包括酸洗除锈和碱液除锈等。

2.2.1　抛（喷）丸（砂）处理工艺及设备

机械除锈中应用较多的是抛（喷）丸（砂）法，是利用压缩空气或机械离心力为动力，将砂、钢柱或其他硬质材料以一定角度喷射在金属表面，利用喷射的冲击力和摩擦力清除锈垢。所用的磨料包括石英砂、塑料等非金属和铸铁、可锻铸铁、铸钢、钢丝段等金属磨料。

抛（喷）丸（砂）处理工艺根据被处理件的形状、金属的厚薄、锈蚀的程度来选择磨料种类、粒度大小、喷射方式和喷射工艺。喷砂设备一般参考零件材料、喷砂磨料、生产效率、工件尺寸等因素选择。几种常用喷砂设备及主要指标列于表2-4、表2-5，适用于不同工件的砂粒尺寸和空气压力列于表2-6，供选用时参考。

表2-4　几种喷砂设备

产品名称	型号	内径或容积	质量/kg	外形尺寸/mm
便携式喷丸器	Q2305	0.05m³	61	518×268×700
喷丸器	Q2014B	0.14m³	780	1365×830×2115
连续自动喷丸器	QB2214	0.14m³	900	716×716×1860
转台式喷丸清理机	Q2513A	1300mm	1660	1660×1750×1840
喷丸清理室	Q265A	荷重5t	10600	5700×5500×6200

表2-5　几种抛丸机型号及主要技术规格

名称	型号	主要技术规格			
		生产率/(t/h)	转台直径/mm	喷丸室容积/m³	外形尺寸(长×宽×高)/mm
抛丸器	Q305	—	—	叶轮右旋，直径500mm	1094×986×610
	Q305A	—	—	叶轮左旋，直径500mm	1094×986×610
	Q511A	—	—	叶轮右旋，直径500mm	1450×1300×630
	Q511B	—	—	叶轮左旋，直径500mm	1450×1300×630
抛丸清理滚筒	Q3110	0.6～1.5	滚筒直径1300	—	2028×2165×1861
	Q3113	1.5～3.0	滚筒直径1300	—	5025×3000×2450
半自动履带式抛丸清理机	QB3210	1.5～3.0		0.33	5100×3050×4857
抛丸清理转台	Q3515		1500		2750×1900×2804
	Q3525A		2500		6980×4670×6200
抛丸清理室	Q365A	3.0～4.0	1940	3.4×3.4×2.5	6980×4670×6200
双行程节链式抛丸清理室	Q384				10577×5485×9850
单钩吊链式抛丸清理室	Q388	1.5～2.0		1.6×1.6×2.15	2860×2900×4500
30t抛、喷联合清理机	Q7630	3.0～1.0	4000	5×5×3.5	17510×8260×9300

表2-6　不同工件适用的砂粒尺寸和空气压力

工件类型	空气压力/MPa	砂粒尺寸/mm
锻件、铸件、厚3mm以上钢板冲压件	0.2～0.4	2.5～3.5
厚3mm以下钢板冲压件	0.1～0.2	1.0～2.0
薄板件和小件	0.05～0.15	0.5～1.0
有色金属铸件	0.1～0.15	0.5～1.0
厚1mm以下的板件	0.03～0.05	0.05～0.15

抛（喷）丸（砂）除锈效果的主要影响因素包括空气压力、磨料种类、尺寸与形状、喷枪的口径等。例如喷砂原料采用丸形金属材料时，处理过的金属表面比较粗糙，因为金属磨料品种较多，选用时应综合考虑各种因素。空气压力与磨料种类、尺寸、形状及喷枪口径的关系参见表2-7、表2-8。

表 2-7　喷嘴口径、磨料粒度与工件尺寸适应关系

喷嘴口径/mm	磨料直径/mm	适用的钢铁工件厚度/mm
7～8	0.3～0.5	2～2.5
8～9	0.8	3～3.4
10	1	4～6
12	1.5	6～12
14	2	铸件

表 2-8　喷枪口径与压缩空气消耗量的关系

喷枪口径 /mm	压缩空气压力（表压）/kPa				
	200	300	400	500	600
	压缩空气消耗量/(m³/min)				
$\phi 4$	0.44	0.59	0.75	0.90	1.05
$\phi 5$	0.69	0.94	1.16	1.42	1.62
$\phi 6$	0.99	1.33	1.68	2.04	2.32
$\phi 7$	1.35	1.81	2.28	2.77	3.16
$\phi 8$	1.75	2.36	2.87	3.63	4.12
$\phi 9$	2.23	2.99	3.75	4.58	5.22
$\phi 10$	2.75	3.69	4.63	5.65	6.44
$\phi 11$	3.33	4.47	5.67	6.84	7.99
$\phi 12$	3.96	5.31	6.67	8.14	9.27
$\phi 13$	4.65	6.24	7.83	9.55	10.9
$\phi 14$	5.39	7.24	9.03	11.80	12.62
$\phi 15$	6.18	8.30	10.55	12.72	14.49

除了空气压力、磨料种类、尺寸与形状、喷枪的口径，对喷丸（砂）除锈效果有影响之外，磨料的投射角度、投射速度与距离，喷管的内径和长度对除锈效果同样影响显著。

① 磨料投射角度　磨料投射角度是指磨粒射向工件时与工件表面形成的角度，它直接影响除锈的效率和质量。当入射角＞30°时，磨粒主要起锤击作用；当入射角＜30°时，则主要起切削和冲刷作用；而当入射角等于90°时，因垂直投射的磨粒与反射回来的磨粒碰撞的机会最多，磨粒的锤击作用被部分抵消，进一步降低了除锈效率。因而通常对于较坚硬的氧化皮层，用70°的入射角或＞70°的入射角，可获得较佳的清理效果，而对于一般锈层采用＜70°的入射角。

② 磨粒投射速度与距离　磨粒投射速度和有效射程直接影响清理效率。磨粒离开喷嘴飞行一段距离后，速度将因空气阻力而下降，磨粒质量越小，速度降低越快。空气阻力对带棱角的磨粒的影响要比对圆形磨粒的影响大。由于空气阻力的影响，磨粒飞行距离每增加1m，磨粒的动能损失就要增加10%，当磨粒速度小于50m/s时，便不能有效地清除工件表面的氧化皮。磨粒质量较大时，飞行较大距离后，仍具有一定的速度，因而仍具有一定的清理能力。同类磨粒粒径较大质量亦较大，大型抛丸室常选用粒径较大的磨粒，因为在抛丸清理中，磨粒刚离开抛丸器叶片末端的初速度是最大的速度，这个初速度与磨粒直径无关，因

而所用磨粒直径越大，其清理能力越强。如抛丸器叶轮直径为 500mm，铁丸离开叶轮的初速度为 80m/s 时，应用 1.2mm 的铁丸，有效射程可达 5m 以上，在此射程中，可以获得良好的除锈效果。但在喷丸清理中，磨粒直径加大时，初速度减小，其清理能力也降低，因而喷丸除锈也用小直径的磨粒，在近距离内进行清理工作。

③ 喷管内径和长度　喷枪出口的压力，要把喷管口径、空气压力、空气量、磨料种类、粒速等因素一起综合考虑，使喷嘴附近维持较高的压力，以保证清理效率。管内径太小，风速过高。喷管过长，管内阻增加，压缩空气的压力损失大，且管子磨损也大。因此，喷管内径要合理选择，喷管应尽可能短。

④ 喷嘴的选定　喷嘴的选定是提高清理效率的重要因素，必须选用能具备高速喷射状态的耐磨材料制造喷嘴。普通喷嘴的口径为 4～15mm，最大可达 20mm，喷嘴磨损后应及时更换，一般口径 8～9mm，磨损到 13～14mm 时就应更换。各种材质的喷嘴使用寿命见表2-9。

表 2-9　不同材质喷嘴使用寿命

材质	无缝钢管	白口铸铁	铬耐磨铸铁	陶瓷	钨钢（粉末冶金）	碳化硅（用于喷砂）
寿命/h	6～12	8～12	16～36	24～36	500	700～1000

喷嘴的形式有多种，除了普通喷砂外，还有超声喷嘴、高速喷嘴以及特殊结构喷嘴，如90°弯头喷嘴、可旋转的喷嘴等，这些都用来清理管形工件的内壁。

喷射方式有干喷、湿喷、高压水喷射法和离心喷射法。干喷是用干燥的磨料高压空气喷射的方法，该法粉尘多，劳动强度大，应加强劳动保护；湿喷是砂粒以水浸湿后再以高压空气喷射的方法；高压水喷射法是在高压水中混入约 15% 的砂粒进行喷射；离心喷射法是将钢丸（粒径 0.2～1mm）通过离心力的作用投射出去的方法，即通常所说的抛丸法。

2.2.2　化学除锈工艺

（1）化学除锈原理及特点

化学除锈是将金属制件浸于酸溶液中（或将酸液直接喷射到金属表面），利用酸对金属表面锈蚀、氧化皮的溶解和机械剥离作用而去除。酸洗除锈具有生产效率高，去锈彻底，不受工件形状影响，除锈速度快，不造成金属工件变形，不存在死角等优点，适用于不能用机械方法除锈的薄钢板以及形状复杂的小工件，但与机械除锈相比，酸洗除锈不能同时去除焊渣以至于不能保证表面均匀的粗糙度，同时，产生酸性废水，需配备废水处理设施。

常用的酸包括盐酸、硫酸、磷酸、硝酸、氢氟酸、有机酸等，最常用的酸为盐酸和硫酸。它们的作用力强、除锈速度快、原料来源广、价格便宜，但它们对锈的作用和使用工艺有差别，几种常用酸的性能见表 2-10。

表 2-10　几种常用酸的性能

酸种类	HCl	H_2SO_4	H_3PO_4
使用浓度	10%～15%	10%～20%	10%～20%
$T/℃$	<40℃	常温～70℃	常温～70℃
酸洗速度	室温快	室温慢,受温度影响大	最慢
除锈能力	溶解力强(1.5～2 倍 H_2SO_4)	机械剥离作用强	差
铁量影响	Fe^{2+} 在 130g/L 以下	超过 80g/L 须更换	Fe^{2+} 低于 40～50g/L
过蚀与氢脆	稍难引起	易	难

续表

酸种类	HCl	H₂SO₄	H₃PO₄
除锈后外观	白(稍灰)	稍黑色	黑
水洗后生锈性	易	易	难
价格	低	最低	高
不锈钢槽	—	—	√
塑料衬里槽	√	√	√
铁槽	—	—	√

　　由表 2-10 看出，磷酸的除锈效率较硫酸和盐酸低，且价格较高，所以很少单独用于除锈；盐酸的化学溶解能力比硫酸强，硫酸机械剥离作用比盐酸强。因此，实际使用时，可针对锈蚀的不同，选取不同的酸除锈。例如：对于冷轧钢板，以浮锈为主，因此应以盐酸为主除锈；而对于热轧钢板，以氧化皮为主，应以硫酸为主除锈。为提高酸洗速度，可采用盐酸和硫酸混合液，以提高总酸度。

　　硝酸主要用于高合金钢的处理，氢氟酸主要用于处理金属表面含有残余型砂的金属，而硝酸和氢氟酸混合液主要用作不锈钢制件或去除铝压铸表面的氧化物。常用的有机酸有乙酸、柠檬酸、酒石酸、草酸等，但由于有机酸价格较贵，除锈效率低，所以一般不单独使用。

　　采用有机酸洗，成本较高，操作温度较高，时间较长。有机酸洗主要靠柠檬酸、乙二胺四乙酸、氨基磺酸和羧基乙酸等，将铁离子以络合的形式溶解，从而达到除锈的目的。

　　(2) 化学除锈工艺

　　钢铁材料种类繁多，不同类型的材料所含元素的种类、含量都有差别，因此，钢铁工件化学除锈溶液的成分、配方及工艺条件应根据不同的种类来选择，以便得到最佳的除锈效果。常用酸洗液配方列于表 2-11 中。

表 2-11　常用酸洗液配方

材料名称及用量	工艺条件	适用范围
H₂SO₄　5%～15%　若丁或硫脲 0.3%～1%	常温～65℃	碳素钢或低中合金钢
HCl　5%～15%　乌洛托品 3～5g/L	40℃以下	
(1)10%HNO₃(体积)，20%HF(体积)	65℃	不锈钢及耐蚀合金
(2)10% H₂SO₄(体积)　先在(1)中浸渍，再在(2)中浸渍	80～90℃	
H₂SO₄ 18%～20%，NaCl 4%～5%，硫脲 0.3%～0.5%	65～80℃	氧化皮
HCl 10.5%，Rodine213 0.8%，三乙醇胺 10.5%，柠檬酸 15%		快速除钢铁氧化皮
H₂SO₄ 10.5%，Rodine92A 0.8%，三乙醇胺 10.5%，柠檬酸 15%		快速除钢铁氧化皮
CrO₃ 35g/L，H₂SO₄ 172g/L，HF 5g/L，先在上述溶液中浸 1～3min，然后在 HNO₃(密度为 1.42g/cm³)中浸 10～15s	65℃	轧制铝合金
H₂SO₄ 10%～15%，Na₂Cr₂O₇ 15%～30%	室温	铜及铜合金
H₂SO₄ 10%～30%，复合添加剂 1%(由缓蚀剂、络合剂、润湿剂组成)	50～60℃	去除氧化皮等，3～15min
H₂C₂O₄ 1份，HCl 15份，H₂SO₄ 75份，乌洛托品 1.5份，H₂O 95份，石棉绒 55份，黏土少量	室温	除锈膏

　　为了保证优良的酸洗效果，除锈剂中酸的浓度和酸洗温度的确定极其重要。一般来说，提高酸的浓度和酸洗温度，可以提高酸洗速度，但是酸洗温度过高，金属的过腐蚀现象严重，所以酸洗的温度不宜太高。酸洗除锈一般采用浸泡方式，也可采用喷淋方法，喷淋去锈

效率更高，但对设备的腐蚀严重。在酸液成分和温度相同的情况下，这两种酸洗方法的酸洗时间是不同的，实践证明，喷射酸洗是浸泡酸洗时间的一半。酸洗时间则应从工件的锈蚀程度、溶液温度、酸的浓度、清洗方式以及是否产生过腐蚀等方面综合考虑。无论是在盐酸中酸洗或是在硫酸中酸洗，酸溶液的搅拌都有利于酸洗。

酸洗后的工件虽然经过清水冲洗，但在物体表面尤其是焊缝凹处，小孔部位仍残留酸液，很容易使物件再次生锈，必须在水洗后进行中和处理。中和处理可采用 20～50g/L 的碳酸钠溶液，处理 0.5～1min。因此，一个完整的酸洗工艺应包括以下工艺过程：酸洗除锈→冷水冲洗→冷水洗→中和处理→冷水冲洗。

（3）酸洗除锈中应注意的问题

① 酸洗气泡　金属和酸发生化学反应时，不仅溶解金属氧化物，还能与金属基体反应，析出氢气。氢气的生成一方面对铁锈产生压力有利于其脱落；另一方面，也容易产生氢脆，影响金属的力学性能；同时大量的氢气逸出会形成酸雾，影响操作人员健康，腐蚀周围的设备，消耗大量的酸。为此，可在酸洗液中加入各种酸洗助剂，如缓蚀剂、润湿剂等，既可抑制金属基体的过腐蚀和酸雾形成，又可改善酸洗液的性能。

② 过酸洗　金属在酸溶液中停留时间过长，使其在酸溶液作用下，表面逐渐变成粗糙麻面的现象称为过酸洗。过酸洗的带钢延伸性大大降低，在轧制过程中，很容易断裂和破碎，并且造成粘辊。力学性能降低，即使轧制成材的过酸洗带钢也不能作为成品使用。生产中确保酸洗连续作业，处理时间不过长，可防止过酸洗发生。

③ 欠酸洗　金属材料酸洗之后，表面残留局部未洗掉的氧化铁皮现象称为欠酸洗。通常表面氧化铁皮厚度不匀，较厚部分的氧化铁皮需要较长酸洗时间，局部较容易出现欠酸洗。

④ 缓蚀剂　缓蚀剂一般是含氧、氮、硫的无机或有机化合物，如乌洛托品（六亚甲基四胺）、若丁（主要成分是二邻甲苯硫脲、糊精、皂角粉等）及各种复合缓蚀剂等。其缓蚀机理一般认为各种缓蚀剂本身带有电荷，易于吸附到基体金属上，在金属表面形成分子膜，而金属氧化皮对缓蚀剂的吸附力很差，所以继续被酸溶解；同时缓蚀剂吸附在金属表面上，增加了氢的超电位，阻止了酸与金属铁的作用，因而达到缓蚀的目的。常用缓蚀剂的性能见表 2-12。

表 2-12　常用缓蚀剂的性能

名称	用量/(g/L)	10% H_2SO_4	10% HCl	允许使用温度/℃
硫脲	4	74	—	60
乌洛托品	5	70.4	89.6	40
若丁	5	96.3	—	<80℃
FH-1 酸洗缓蚀剂	10～15	98	98	60～100
FH-2	4～10	99	99	70

近年来合成了一些新的高效缓蚀剂，在酸洗时应根据酸液的种类选择效果好的缓蚀剂，其添加量取决于酸洗用酸的浓度和酸的温度。用量少，缓蚀效果差；用量太大，影响去锈速度，有时还会起副作用。一般缓蚀剂的缓蚀效率随温度升高而下降，有时甚至失效，因此每种缓蚀剂都有一定的使用温度范围。

由酸与缓蚀剂可组成酸洗液的基本成分。为加快除锈速度，酸洗液中常加入润湿剂、还原剂、络合剂等。常用润湿剂有平平加、OP 乳化剂、601 洗涤剂等，其用量一般为 10～

12g/L，主要作用是提高酸洗液在工件上的润湿性能，缩短酸洗时间，减少酸雾产生，同时，表面活性剂与酸复配后还可同时具有除锈、除油作用，形成除油、除锈二合一溶液。常用的还原剂有羟胺等，可加速 Fe^{3+} 还原为 Fe^{2+}，因而加速氧化物溶解速度。络合剂主要有酒石酸、EDTA、柠檬酸等，它们能与 Fe^{3+} 形成稳定的络合物，进而加快除锈速度。

2.3　涂装前磷化处理

2.3.1　概述

利用酸式磷酸盐溶液，在金属表面通过化学反应生成一层难溶的、非金属的、不导电的、多孔的磷酸盐薄膜的过程称为磷化，是转化膜处理的重要内容之一，所形成的转化膜称为磷化膜。

按酸式磷酸盐种类及磷化成膜体系，磷化分为磷酸锌系、磷酸锰系、磷酸铁系，以及为改善磷化膜性能，在磷化液中添加钙盐、镍盐、锰盐等形成的锌钙、锌镍锰等多元磷化体系。

根据磷化的温度磷化分为高温（80℃以上）磷化、中温（50～70℃）磷化、低温磷化（40℃以下）和常温磷化。常温磷化指在磷化处理中不需加温，温度范围为 5～35℃，取决于室内温度。室温快速磷化节省能源，节省时间，是目前的发展方向之一。市场上有一些常低温磷化液，但磷化工艺不稳定，管理复杂，主要作为小批量，间歇式生产使用，在大规模流水线生产中，主要采用中低温磷化液。

按磷化施工方法磷化包括喷淋式磷化、浸渍式磷化、喷浸结合式磷化、涂刷型磷化等。

按磷化膜的质量和厚度，磷化分为重量型（厚型）（7.5g/m² 以上），中量型（中型）（4.3～7.5g/m²），轻量型（薄型）（1.1～4.3g/m²）和特轻量型（特薄型）（0.3～1.1g/m²）。铁盐磷化膜最薄，其膜重为 0.3～1.1g/m²。锌盐磷化视配方而定，可以分为轻量型、中量型或重量型磷化膜，膜重范围广，在 1.0～5.0g/m²。厚型磷化主要用于防锈、拉延等，中型磷化主要作为空气喷涂、高压无空气喷涂的底层，薄型与特薄型磷化主要用于电泳涂装、高压静电喷涂。

按磷化膜的用途，大致可分为防锈磷化、减摩磷化和涂装前磷化。钢铁件经磷化处理后，防锈期可达几个月甚至几年（对涂油工件而言），广泛用于工序间、运输、包装储存及使用过程中的防锈。工件在挤压成型、拉延等形变过程中，磷化膜起到润滑、减摩作用，增大工件形变量、提高成品率。锰系、锌系磷化可得到厚膜磷化，是起防锈、润滑作用磷化膜的主体。涂装前磷化处理，可提高涂膜与基体金属的附着力，提高整个涂层系统的耐腐蚀能力，提高装饰性，并在工序间提供保护以免二次生锈。涂装前磷化对磷化膜有特殊的要求。

① 磷化膜的薄膜化要求　磷化膜的耐蚀性与膜厚成正比，但是在涂装前磷化中，膜不宜过厚，一般要求膜重为 1～5g/m²，相当于 0.6～3.5μm。电泳涂装要求的磷化膜更薄，通常为 1～2.5g/m²。因为厚磷化膜的柔韧性和延展性较差，不能保证机械应力下的漆膜附着力，在受到砂石等冲击时，容易引起涂膜开裂；薄膜磷化所消耗的磷化药品少，所需的磷化处理时间短，可使生产设备的长度大大缩短，占地面积小，而且生成的磷化渣数量也较少；与厚膜相比，薄膜的涂料消耗量较低，当在一薄而均匀的磷化膜上涂装时，能获得一光亮涂膜，有利于涂层装饰性的提高；电泳涂装工艺中，薄膜磷化更为必要，因为磷化膜超过

$5g/m^2$ 时，电阻太大，影响电沉积；另外，磷化膜的膜重超过 $6g/m^2$ 时，钢板不能进行点焊，影响成型加工工艺。

② 外观要求 磷化膜要求结晶细致、均匀、致密度高、孔隙率低、附着力强。

③ 磷化膜的失重量要求 电泳涂装中，要求磷化膜失重越小越好，因为在阳极电泳过程中，金属-磷化膜-电泳槽液的界面上，产生很强的酸性（pH 值大约为 2~3），将引起磷化膜的化学溶解，造成磷化膜失重。磷化膜部分溶解进入电泳槽液后，导致电泳槽液电导率提高，影响电泳槽液的稳定性和整个涂膜的耐蚀性能。磷化膜在电泳过程中的失重大小与磷化膜的结构、附着力、结晶颗粒大小、密度、硬度以及均匀度等因素密切相关，还与金属基底的预处理、磷化液的组成以及电泳涂料的品种和电泳工艺等因素有关，因此很难正确推断磷化膜在电泳过程中的具体反应，要确定某一磷化膜对于某一特定的电泳工艺是否适应，磷化膜的失重是否最小，只能通过具体的实验来确定。

2.3.2 磷化膜的形成机理

(1) 磷化膜形成的热力学机理

磷化膜形成是一个复杂的化学或电化学过程，是一个复杂的人工诱导及控制的腐蚀过程，涉及到电离、水解、氧化还原、沉淀、络合等化学反应。不同磷化体系、不同底材的磷化反应机理不同。

磷化处理材料的主要组成为酸式磷酸盐，其分子式可写为 $Me(H_2PO_4)_2$，其中 Me 通常为 Zn^{2+}、Mn^{2+}、Fe^{2+} 或 Na^+、NH_4^+ 等。酸式磷酸盐存在下列平衡反应：

$$3Me(H_2PO_4)_2 \rightleftharpoons Me_3(PO_4)_2 + 4H_3PO_4 \tag{2-1}$$

当将洁净的金属放入含有氧化剂、催化剂的酸式磷酸盐溶液时，游离磷酸将与基体反应，以钢铁为例：

$$Fe + 2H_3PO_4 \rightleftharpoons Fe(H_2PO_4)_2 + H_2 \uparrow \tag{2-2}$$

$$3Fe(H_2PO_4)_2 \rightleftharpoons Fe_3(PO_4)_2 + 4H_3PO_4 \tag{2-3}$$

该反应使金属与磷化溶液相接触的界面处酸度下降，平衡反应式(2-1)、式(2-3)向右移动，难溶性磷酸盐在基体表面沉积析出，当整个基体形成完整的磷酸盐薄膜时，成膜反应结束。

成膜过程中释放出来的氢气被吸附在待磷化金属的表面，阻碍了磷化膜的形成。为加快磷化反应的速率，在磷化处理溶液内加入氧化剂和催化剂（又称去极化剂），使初生态的氢氧化为水：

$$2[H] + [O] \longrightarrow H_2O$$

钢铁表面溶解下来的 Fe^{2+} 被氧化生成 Fe^{3+}，在磷化工作液的酸度下，它几乎完全不溶解，成为磷化淤渣沉淀下来，其反应式如下：

$$Fe^{2+} + [O] \longrightarrow Fe^{3+}$$

$$Fe^{3+} + PO_4^{3-} \longrightarrow FePO_4 \downarrow$$

将上述各反应结合起来，磷化过程的总反应方程式可写为：

$$4Fe + 3Me^{2+} + 6H_2PO_4^- + [O] \longrightarrow \underset{(淤渣)}{4FePO_4 \downarrow} + \underset{(磷化膜)}{Me_3(PO_4)_2 \cdot 4H_2O \downarrow} + 2H_2O$$

实际的磷化反应远比上述过程复杂，因为还有一些副反应存在。

由以上机理看出：磷化渣的主要成分是 $FePO_4$，但其中也有少量的 $Me_3(PO_4)_2$，磷化膜的主要成分是 $Me_3(PO_4)_2 \cdot 4H_2O$，但也有磷酸铁与氧化铁存在。

当以 Na^+ 或 NH_4^+ 的酸式磷酸盐为磷化液的主要成分时，碱金属的磷酸二氢盐溶液在氧化剂的存在下，与钢铁表面产生下列反应：

$$4Fe+4NaH_2PO_4+[O] \longrightarrow 2FePO_4+Fe_2O_3+2Na_2HPO_4+3H_2O$$

（铁盐磷化膜）

从磷化膜的形成过程看出，溶液的酸度、氧化剂、催化剂是影响磷化速度的重要因素，对磷化质量起着决定作用，配制和调整磷化液时必须予以重视。

（2）磷化过程动力学

当金属表面离解出的三价磷酸根与磷化槽液中的（工件表面）的金属离子（如锌离子、钙离子、锰离子、二价铁离子）达到饱和时，即结晶沉积在金属工件表面上，晶粒持续增长，直至在金属工件表面上生成连续的不溶于水的黏结牢固的磷化膜。

磷化处理的动力学过程可分为四个阶段（图 2-5）：①诱导期 α；②膜的初始生长期 β；③膜的指数生长期 γ；④膜的线性生长期 δ。

诱导期 α 取决于溶解反应的表面钝化、表面润湿及晶核的生成等作用。在 β 阶段形成初始膜，但膜的主要生长是在 γ 阶段，δ 阶段则使膜更完善。加入促进剂显然是为了缩短诱导期，加快膜的生成。当用 ClO_3^- 和 NO_3^- 做促进剂时，都在较高温度下才能起作用，ClO_3^- 促进剂使用温度大于 55℃，形成磷化膜薄而致密，氧化作用也比较稳定，没有 δ 阶段；NO_3^- 做促进剂，需更高的使用温度（大于 75℃），氧化作用不稳定，在 γ 阶段之后，因其分解作用，继续沉淀析出而产生线性生长期，以致获得较粗的厚膜。H_2O_2、$NaNO_2$ 做促进剂，氧化作用强，成膜过程可实现低温快速，但不稳定易分解，生成渣较多，膜稍粗。若用 $NaClO_3$-有机硝基化合物或仅用有机硝基化合物做促进剂，同样可实现低温、快速，且生成渣量较少，形成膜比较细致，氧化作用比较稳定，其成膜速率见图 2-6。

图 2-5　高温锌系磷化膜生长速率

图 2-6　中低温下氧化剂的促进作用

a—50℃下，SNBS 促进时磷酸锌膜的生长曲线

b—50℃下，SNBS 促进时钙改性磷酸锌膜的生长曲线

c—50℃下，SNBS-NaClO₃ 复合促进时磷酸锌膜的生长曲线

在有机氧化剂硝基苯磺酸钠（SNBS）做促进剂时，诱导期主要是受晶核形成作用所抑制。由于磷酸盐的晶核形成有差别，钙改性则使诱导期延长（参见曲线 a、b）。当 SNBS 和 $NaClO_3$ 复合时，促进作用大于纯有机硝基化合物（见曲线 c），诱导期几乎消失，γ 期也缩短，膜的生成速度极快。

在图 2-6 中，曲线 a、b 的生长特征基本一致，速度也差不多，因此体系的磷化过程成膜动力学主要由所采用的氧化性促进剂所决定。事实上，比较图 2-6 和图 2-5，我们可以发

现，曲线 a、b 的形状和 NO_3^- 做促进剂的差不多，即单纯的有机硝基化合物促进剂仍呈现 NO_3^- 的特征；而曲线 c 和单独的 ClO_3^- 促进剂特征差不多，即它与 SNBS 复合时，仍保持单独 ClO_3^- 做促进剂的特征。唯一的差别是诱导期大大缩短，磷化速度加快。

（3）磷化过程的电化学研究方法

通过电位测定，可以监测磷化膜的生长过程，见图 2-7。

电位的初期升高对应于金属溶解的第一阶段（α）。由于溶解反应很快，在局部阳极区域产生的 $Fe(H_2PO_4)_2$ 浓度迅速增加而达到饱和，并在局部阴极以溶解不可逆的无定形形态沉积于表面，导致电位图上电位的急剧下降，形成初始沉积膜（β 期）。由于最先生成的无定形沉淀膜具有钝化作用，随后的电位变化趋势较平坦。

图 2-7　磷酸锌成膜的电位-时间曲线
及溶解电流

图 2-8　电位监测高温磷酸锌成膜的
速率及孔隙率变化

除了用单位面积膜质量随时间增长来表示成膜速率外，也可以采用孔隙率，更确切的说法是用阳极面积百分率随时间下降来表示，见图 2-8。

其数学表达式为：

$$\ln F_{ao}/F_a = kt \tag{2-4}$$

式中　k——速率常数，min^{-1}；

　　　t——反应时间，min；

　　F_{ao}——初始自由阳极面积，cm^2；

　　F_a——t 时残留的阳极面积，cm^2。

显然，速率常数 k 值越大，成膜越快。否则，形成一定厚度的磷化膜就需要相当长的时间。从化学反应动力学理论知，速率常数 k 是温度的函数：

$$k = k_0 e^{-E/(RT)} \tag{2-5}$$

式中　k_0——活化能等于零的最大速率常数；

　　　R——气体常数；

　　　E——活化能；

　　　T——温度，K。

因此，速率常数 k 只是温度和活化能的函数。温度升高，k 值增大，反应加快。活化能则与被磷化金属的化学性能及其表面物理状态、磷化液的性能等因素有关。磷化液的性能主要由氧化性促进剂决定，它降低活化能而使 k 值增大，磷化加快。此外，成膜物质的浓度、物质在界面处的扩散、成膜时的晶核生成及结晶排列等也影响磷化液的性能。通常情况下，各项因素是彼此相关的。

一般来说，钢铁表面晶粒界面处都是晶粒形成的活性中心，所以钢铁结晶组织越小，磷酸盐结晶的析出度越大。晶核都是在反应开始后的最初几秒钟内完成，随后的结晶过程只是晶粒长大，而晶粒数并不增加。一般情况下，单位面积（cm²）的钢铁表面，有几十万至几百万个晶粒。喷磷化和浸磷化的晶核生成数有很大的差别，一般喷磷化晶核生成数多，速度快，膜细致。

金属的表面状态，可以用化学整理剂进行表面调整，如磷酸钛胶体液。调整以后，改善了表面活性中心的密度，有助于提高磷化膜的质量和速率。此外，可通过机械活化手段，如砂纸打磨、擦拭来提高成膜速度，因为晶核数量还与金属表面粗糙度成正比。这样，打磨以后得到的磷化膜细致；而擦拭作用则给予金属表面能量，使活性中心的能级升高，磷化加快。

如果磷化膜晶体的取向、接长规律同金属晶体相似，即晶格周期相一致，则磷化膜晶格在金属晶体上排列整齐，且二者之间又有较强的作用力，形成的磷化膜致密，附着力强。

2.3.3　磷化液的组成及作用

（1）基本成膜物质

磷化液主要由不同金属离子的酸式磷酸盐、氧化剂、促进剂、络合剂等组成。酸式磷酸盐是形成磷化膜的主体，其种类、用量直接影响磷化膜的生成速度、组成、结构和性能。铁系磷化液为碱金属或铵离子的酸式磷酸盐，得到的是薄型磷化膜，外观呈褐色或彩色，主要用于耐蚀性要求不高的装饰性涂层。锌系磷化的磷化剂主要为 Zn^{2+} 酸式磷酸盐，是涂装前磷化处理中应用最为广泛的一种工艺。采用以磷酸和磷酸二氢锌为主要成分的磷化液处理钢材时，形成的膜由两种物质组成：磷酸锌和磷酸锌铁。当溶液中含有较多二价铁离子时，就形成一种新相 $Fe_5H_2(PO_4)_4 \cdot 4H_2O$。$Zn_3(PO_4)_2 \cdot 4H_2O$ 是白色不透明的胶体，属斜方晶系；磷酸锌铁是无色或浅蓝色的晶体，属单斜晶系。锌系磷化膜根据配方不同，可形成轻量型、中量型或重量型磷化膜，其膜重范围在 $1.0 \sim 100g/m^2$，膜厚可达到 $50\mu m$。调整磷化液组成和工艺，可获得外观从灰白色到灰黑色的磷化膜。用酸式磷酸锰为主的磷化液处理钢材时，因为锰盐磷化的主要成分为 Fe^{2+} 与 Mn^{2+} 的酸式磷酸盐，即马尔夫盐，因此得到的膜几乎完全由磷酸锰和磷酸氢锰铁组成。磷化膜中锰与铁的比例随磷化液中铁与锰的比例而变，但铁的含量远低于锰。由于它较锌盐磷化要求的处理温度高，处理时间长，所得的磷化膜厚而疏松，膜重一般超过 $10g/m^2$，不宜与涂层配套使用，主要作为防锈使用。

为获得性能优异的磷化膜，常常在不同体系磷化液中添加不同的金属盐，形成二元或多元磷化膜。如在锌系磷化液中加入钙盐，可使磷化膜结晶更加细致，提高磷化膜的硬度和机械强度，但韧性下降；在锌系磷化液中添加镍盐、锰盐，可获得锌锰镍三元磷化膜，大大提高锌系磷化膜的耐蚀性、耐酸碱性和力学性能，是目前汽车等领域应用较为普遍的磷化体系。

（2）磷化促进剂

根据磷化机理，氧化剂、促进剂可提高磷化速度，改善磷化质量。常用的氧化剂、促进剂有硝酸盐、亚硝酸盐、氯酸盐、钼酸盐、有机氧化剂等。一般硝酸盐用于高温磷化，氯酸盐、钼酸盐用于中温磷化，亚硝酸盐和有机氧化剂主要用于低温磷化。

$NO_3^- \text{-} NO_2^-$ 体系是常用的一种氧化催化体系。$NaNO_3$ 单独使用时浓度高，温度高，一般温度高于 $75℃$，结晶粗、膜疏松，所以常加入其他促进剂降低处理温度、提高成膜速度。

NO_2^- 能钝化金属表面：

$$2Fe+NO_2^-+H_2O+2H^+ \longrightarrow NH_4^+ + \gamma\text{-}Fe_2O_3$$

不完善的钝化层使大阳极变为大阴极，磷化速度大大加快。NO_2^- 低温氧化作用强，促进效果显著，中低温下可得到均匀致密的薄膜。但其用量至关重要，一般为磷化工作液的 $0.02\% \sim 0.03\%$。用量不足，磷化速度减慢；用量过多，磷化淤渣量增多，加剧磷化药品的消耗，增加了设备清理维护的工作量。

由于亚硝酸钠在酸性溶液中容易分解，只要半小时不补充，即使没有工件通过，亚硝酸盐也会分解使其含量减半。

$$2NO_2^-+2H^+ \longrightarrow H_2O+NO_2\uparrow+NO\uparrow$$

NO 在大气中进一步氧化生成 NO_2：

$$2NO+O_2 \longrightarrow 2NO_2$$

因此磷化处理时，亚硝酸钠常作为第二组分单独添加，给生产带来不便；分解产生的酸性气体 NO_2，使磷化工件在停车时容易产生锈蚀；静置情况下 NO 在溶液中积累，与 Fe^{2+} 形成 $[Fe(NO)]^{2+}$ 络合物，使槽液老化。$NO_3^-\text{-}NO_2^-$ 催化形成的磷化膜相对较厚，主要用于溶剂性涂料和水性浸渍涂料。

氯酸钠在 $55 \sim 75℃$ 具有很强的氧化作用，该促进剂稳定性好，可使用浓度范围宽，形成的磷化膜结晶细致，硬度高，完全克服了 $NO_3^-\text{-}NO_2^-$ 催化体系的缺点，是中温磷化的良好促进剂。但其还原产物 Cl^- 在溶液中积累，成膜时可能被结晶物质夹带留在沉积膜中，如以 $[Fe^{III}Cl_3PO_4]^{3-}$ 的络合物形式共结晶而残留于膜中，水洗不彻底，使涂膜耐蚀性变差；ClO_3^- 催化产生的浮渣很细，易在磷化膜表面形成浮灰。因此在实际使用时，常采用 $NO_2^-\text{-}ClO_3^-$ 复合促进剂，充分发挥各自的优点，同时 ClO_3^- 还能分解 $[Fe(NO)]^{2+}$ 络合物：

$$3[Fe(NO)]^{2+}+ClO_3^- \longrightarrow 3Fe^{3+}+3NO_2^-+Cl^- \quad (>10℃)$$

具有一定水溶性的有机硝基化合物，在酸性条件下，于阴极区得到电子而还原。

$$Ar\text{-}NO_2+6H^++6e^- \longrightarrow Ar\text{-}NH_2+2H_2O$$

中间产物为羟胺，促进作用与 NO_2^- 相当，但放置稳定性比 $NaNO_2$ 好得多。由于还原产物使槽液变成酱色，限制了它的应用。

各类促进剂的促进作用大小顺序为：

$$NO_2^-/ClO_3^- > NO_2^- \approx Ar\text{-}NO_2 > ClO_3^-/NO_3^- \geqslant ClO_3^- > NO_3^-$$

钼酸钠、钼酸铵等钼酸盐在酸性溶液中具有很强的氧化性，与磷化液的主要成分之间有很好的缓蚀协同效应，既有加速作用又有钝化作用，同时起到缓蚀剂、活化剂和降低磷化膜厚度的作用，能减少磷化渣的生成，提高磷化液的稳定性，操作方便、调整容易、使用寿命长。单独使用即可迅速形成均匀、致密的磷化膜。因为钼酸盐在有氧的溶液中比无溶解氧时更容易成膜，因此更适合于喷淋处理。使用中应注意钼酸盐的用量，用量过大时，钝化作用加强，不利于磷化膜的生成。

氧化剂用量对磷化膜结晶过程有较大影响。在氧化剂用量较少的情况下，Fe^{2+} 被氧化为 Fe^{3+} 的速度较慢，在磷化膜初始层中，以结晶型 $Fe_3(PO_4)_2 \cdot 8H_2O$ 为主，作为随后沉积的 $Zn_3(PO_4)_2$ 结晶的晶核，磷化速度较快，但获得的磷化膜稍厚、膜较粗糙、附着力差、孔隙率高。氧化剂用量适中的情况下，有适量的 Fe^{2+} 被氧化为 Fe^{3+}，有无定形 $\gamma\text{-}Fe_2O_3$ 和结晶型 $Fe_3(PO_4)_2 \cdot 8H_2O$ 一起形成初始层。无定形 $\gamma\text{-}Fe_2O_3$ 抑制晶核的形成，使

$Fe_3(PO_4)_2 \cdot 8H_2O$ 沉积速率下降,磷化膜较薄,但结晶细、孔隙率低。当氧化剂过量时,有大量的 Fe^{2+} 被氧化为 Fe^{3+},产生过多的无定形 $Fe(OH)_3$ 胶质沉淀,抑制晶核生长,获得磷化膜较薄,由于初始层并不完善,随后的 $Fe_3(PO_4)_2 \cdot 8H_2O$ 结晶层也不完善,孔隙率较大,此时磷化膜外观的显著特性是产生浮灰,即无附着力的白色胶质沉淀,使涂膜易于起泡,氧化剂高时,甚至会产生极薄的彩色磷酸铁膜,附着不上结晶膜。

一些金属离子如 Ni^{2+}、Mn^{2+}、Ca^{2+}、Cu^{2+} 等对磷化膜的形成具有促进作用,称为辅助促进剂。Ni^{2+} 有利于晶核的形成,使磷化膜结晶细致,显著提高膜质量和耐蚀性;Mn^{2+} 对氧化剂的分解具有催化作用,促使氧化反应或金属溶解反应加快,成膜速度大大加快,并能提高磷化膜的硬度,降低施工温度。但 Mn^{2+} 往往使膜较粗糙,并使磷化液的稳定性下降,在中低温磷化中 Mn^{2+} 含量过高,磷化膜不易生成,中温磷化中一般保持 Zn^{2+}:Mn^{2+} =1.5~2:1;Ca^{2+} 的加入可提高磷化膜硬度、致密度、附着力和耐酸碱性,尤其适合于电泳涂装工艺;Cu^{2+} 的加入也能提高磷化速度,但加入量多时,磷化膜颜色加深,耐蚀性严重下降。

磷化处理过程中,从工件上不断溶解下来的亚铁离子也有一定的催化能力。当磷化液中 Fe^{2+} 达到 5 点以上时(所谓"点"是指取样 25mL,用硫酸溶液酸化后,以 0.01mol/L 高锰酸钾溶液滴定,直至所产生的粉红色在 10s 之内不消失,每消耗 1mL 高锰酸钾溶液为 1 点),催化效果较好。当亚铁离子含量达到 7~8 点时,催化效果就更为明显。但是以亚铁离子催化,磷化结晶较粗,而且亚铁离子的含量也难以控制。

F^- 是一种有效的磷化反应活化剂,它可以加速磷化晶核的生成,使晶核致密,耐蚀性增强,在常低温磷化溶液中,氟化物的重要性尤为突出。对锌合金、铝合金材料的处理中,Al^{3+} 是磷化反应阻止剂,F^- 的存在可消除 Al^{3+} 的影响。一般中温磷化每班补充 NaF 不超过 0.5g/L,常温磷化每班补充不超过 1g/L。含 F^- 的物质有氟化钠、氢氟酸、氟硼酸钠、氟硅酸钠等。

(3) 晶粒调整剂及降渣剂

一些无机或有机的络合盐或螯合剂可作为晶核调整剂和降渣剂,如二聚或多聚磷酸盐、EDTA、甘油磷酸钠、柠檬酸钠、酒石酸钠等。这些添加剂的用量必须精确控制,用量过大,虽然能获得较细的结晶,减少磷化渣的生成,但膜重下降甚至难以生活磷化膜。

(4) 常用磷化液配方举例

铁盐磷化:	NaH_2PO_4	88g/L	$H_2C_2O_4$	39.7g/L
	FeC_2O_4	7.9g/L	Na_2MoO_4	0.5g/L
	$NaClO_3$	5g/L	pH=2,50℃,10~15min	
锌盐喷磷化:	ZnO	0.6g/L	85% H_3PO_4	7.8mL/L
	$NaNO_3$	9.4g/L	$NaNO_2$	0.15g/L
	TA 10~12 点,pH=3.4±0.1,50~55℃,喷 2min			
低温喷磷化:	85% H_3PO_4	7.0mL/L	$NaClO_3$	3.5g/L
	ZnO	4.4g/L	间硝基苯磺酸钠	1.0g/L
	HNO_3	4mL/L	酒石酸	1.0g/L
	$Ni(NO_3)_2$	2g/L	HBF_4	0.7g/L
	$Mn(H_2PO_4)_2$	1g/L		
	FA 0.8~1.2 点,TA 20~21 点,35℃,喷 80s			

低温浸磷化：$Zn(H_2PO_4)_2$　　55g/L　　　　　$Ni(NO_3)_2$　　　　5g/L

　　　　　　　　$Zn(NO_3)_2$　　90g/L　　　　　酒石酸　　　　　　0.5g/L

　　　　　　　　FA 3~4 点，TA 75~95 点 35~45℃，浸 5~15min

锰盐磷化：　　85% H_3PO_4　　530.5g/L　　　NH_4NO_3　　　　34.0g

　　　　　　　含 45%Mn 的 $MnCO_3$ 189g　　　环三偏磷酸钠　　　5.0g

　　　　　　　加水至 1.0 L，稀释至 10%，加 0.5%铁粉熟化，75℃浸 20min，膜重 22g/m²

锌钙系：　　　A：ZnO　　　　162.8g/L　　　85% H_3PO_4　　691.8g/L

　　　　　　　$Ni(NO_3)_2$　　20g/L　　　　　H_2O　　　　　　599.4g/L

　　　　　　　B：$Ca(NO_3)_2$　928g/L　　　　H_2O　　　　　　612g/L

按 2.5%A＋3.85%B 稀释，FA 0.8 点，TA 28 点，$NaNO_2$ 0.5g/L，38℃，喷 5min，膜 4.2g/m²

锌镍锰系：　　$Zn(H_2PO_4)_2$　60~80g/L　　　$Zn(NO_3)_2$　　80~100g/L

　　　　　　　$Mn(NO_3)_2$　　15~30g/L　　　$Ni(NO_3)_2$　　0.5~1g/L

　　　　　　　TA 80~110 点，FA 3~4 点，60~70℃，3~5min

铸件：　　　　H_3PO_4 8%~10%　　　　　$BaCO_3$ 0.1%~0.2%　20~30min

　　　　　　　$Zn(H_2PO_4)_2 \cdot 2H_2O$ 10~15g/L　单宁酸 0.1%~0.5% $NaNO_2$ 适量

　　　　　　　酒石酸适量　二氧化钛适量　TA 15~25 点 FA 1~2 点

2.3.4　磷化渣去除方法与设备

从磷化膜形成机理看，磷化渣是金属磷化过程中的必然产物。磷化渣产生的量与配方及磷化温度有关，通常磷化温度越高，产渣量也越多。以锌系磷化渣的形成为例，磷化时钢板上溶解下来的铁只有一部分参与了成膜，另一部分则要被氧化为三价铁，与磷酸根结合生成$FePO_4$，$FePO_4$ 生成初期是水合离子，时间长会直接脱水沉积形成不溶性磷酸铁从溶液中析出。此外，磷化液中通常加入促进剂来提供化学反应的内动力，促进剂补给量增大，会导致沉渣量增大。

磷化渣在溶液中含量超过 $(3~7) \times 10^{-4} g/cm^3$ 时，会附着在工件上，容易出现挂灰，影响涂膜的性能，同时，沉渣被带入电泳槽会破坏槽液的稳定性，特别对超滤器的使用寿命影响很大。对于喷射系统，沉渣过多，易造成喷嘴堵塞。因此，如果后续水洗不彻底，将造成涂层颗粒、麻点等弊病，因此必须及时清除。

清除磷化渣有很多方式，如早期适用于小型磷化槽的定期翻槽沉淀除渣法及现今适用于大型磷化设备的斜板沉淀-脱水机法、各种自动除渣系统等。磷化除渣设备形式多样，原理也各不相同，有旋液分离装置、真空转鼓分离装置、斜板沉降装置、自动分离装置等，磷化渣脱水可采用离心分离、带式过滤器、板框压滤机等。每种设备都有它的优缺点。具体选择何种设备要根据沉渣的特性、产渣量的大小、场地的大小以及资金状况、操作管理水平高低等多方面综合考虑来决定。

（1）沉降塔

沉降塔是静置含渣磷化液的一个储存塔，通过静置，靠渣的重力自然沉淀，在靠近下部不同的高度上设有排液阀，将清液引回工作槽，底部沉渣再通过离心机、压滤机等进一步浓缩。这种装置结构简单实用，但不适于大批量生产。沉渣的沉降速度因新渣旧渣的不同而异。据实测，新生渣的沉降速度约为 1~2m/h，旧渣沉降速度约为 9m/h 左右。因此，沉降的时间并不需要太长。

（2）旋液分离器

旋液分离器外形为锥底圆筒，悬浮液从进料管沿切线方向进入圆筒内，在筒内作旋转运动产生离心力，磷化渣受离心力的作用被抛向外围，随着外层旋流下降至圆锥底部，清液随内层旋流上升，由溢流管流出回槽。

（3）斜板沉淀器

斜板沉淀器外形为一带锥斗的斜方槽，内有数块按一定距离平行排列的挡渣板。原理为重力沉降。含渣液以极低的速度引入槽内，靠重力下沉，上移的沉渣粒子受斜板的阻挡返回槽底。

斜板沉淀-脱水机方案也称为连续置换法，该装置见图 2-9。将磷化液打入沉降槽中，借助斜板或斜管等沉降系统加速磷化渣的沉降分离，静置一段时间（一般 12h 以上）后，将上层清液打回磷化槽，下部磷化渣的浓缩液放入离心分离机中甩干，干渣回收利用或排放。该分离系统性能稳定可靠，尤其适合单班制或双班制生产线。

脱水机可采用离心分离机或板框压滤机等。

图 2-9　斜板沉淀-脱水机

图 2-10　PS 连续过滤装置

（4）自动连续循环过滤

连续循环过滤理论上是一理想的除渣形式，但其分离效果取决于过滤器的性能。日本帕卡设计工程公司生产的逆向过滤式自动压渣系统，利用 PS 过滤器（反向袋式过滤器）、渣浓缩槽、压渣机等，能够自动、高效、连续地过滤磷化渣和脱液，装置见图 2-10。PS 过滤器的工作原理见图 2-11。

图 2-11　PS 过滤器的工作原理

PS过滤器是袋式过滤器的反向运行，磷化渣沉淀在过滤器外面，滤液从袋中抽出，返回磷化槽中。滤袋外沉积一定磷化渣后，通压缩空气清洗，高浓度沉渣液从过滤器下部排出。

PS过滤器有以下特点：①滤布的洗净时间短（靠压力逆洗）；②滤布寿命长（一般为1~3年，硝酸逆洗净1次/2月）；③最终排渣液呈块状，含水率为65%。

（5）磷化渣脱水装置

由于沉降塔、旋液分离器、斜板沉淀器得到的磷化渣是渣浆，含水率很高，一般都大于90%，一方面造成磷化液浪费，另一方面，直接排放也污染环境，因此需进一步脱水处理。常用的脱水方法有离心分离、板框压滤、带式过滤等。离心分离原理和设备都比较简单，在此就不再叙述。板框压滤机由滤板与滤框交替排列而成，含渣液进入滤框，渣液透过滤布，沿滤板上沟槽从下端小管排出，滤出的渣被截流在滤框内，形成滤饼，集满后取出滤框，将滤饼除掉。结构如图2-12所示。带式过滤器是在运输机板链上放置滤纸，带渣的磷化液被滤纸滤出渣后，清液由积液槽收集返回工作槽，如图2-13所示。

图 2-12　板框压滤机

1—滤框；2—滤布；3—滤板；4—机头螺栓

图 2-13　带式过滤器

1—链带；2—链轮；3—链条；4—滤纸；5—液位计；
6—分配盘；7—带渣滤纸；8—排液管；
9—滤液槽；10—集渣斗

实际生产线上的连续除渣系统均是将磷化渣分离与脱水系统联合，并将其串联于槽液的循环管路上。如图2-14是斜板沉淀器、沉降塔、板框压滤机组合，是三级分离浓缩，得到含水量最少的渣饼而排除。

图 2-14　磷化除渣系统

1—板框压滤机；2,3,7—泵；4—悬液分离器；
5—带式过滤机；6—磷化槽；8—斜板沉降器

2.3.5　磷化质量的管理

磷化后的工件，根据其用途，对其质量指标进行分项检验。主要质量控制指标，包括磷化膜外观、磷化膜厚度或膜重、磷化膜或后处理以后的耐蚀性三大共性指标，相关标准有 GB 11376—1997《金属的磷酸盐转化膜》和 GB 6807—2001《钢铁工件涂漆前磷化处理技术条件》。根据磷化用途有时还要检测：磷化与漆膜配套性、磷化膜硬度、摩擦系数、抗擦伤性等指标。关于磷化的三共性指标，可参照如下标准及方法。

(1) 磷化膜外观

现场观察磷化膜的质量是工艺管理人员的重要任务之一，主要观察是否有磷化膜形成及形成磷化膜颜色、光泽、斑点、均匀性、晶粒大小、有无浮灰等。通常采用目测法检验磷化膜外观，现场用指甲划一下基体，有白色痕迹；用钢丝轻轻划一下，出现光亮表面，用布擦时无掉灰现象，说明有晶型磷化膜生成。好的磷化膜外观应结晶细致、连续、均匀完整、无金属亮点、无白灰。锌系磷化膜为灰白色到灰黑色，不应出现红色或彩色磷化膜；铁系磷化膜为灰黑色，可以带彩色；铝及铝合金则为无色或彩色。如果表面有光亮斑点，是裸露金属，说明磷化膜不完全、孔隙率高；如果有色斑，说明磷化膜不均匀；如果膜粗疏松，则表面暗淡；结晶细致的表面有光泽，尤其是磷酸铁无定形膜表面有较大光泽和光滑性。

(2) 微观结构显微镜法

结晶粒度和形状应通过金相显微镜或电子显微镜观察。以金相显微镜或电子显微镜将磷化膜放大到 100～1000 倍，观察结晶形状、尺寸大小及排列情况。结晶形状以柱状晶为好。结晶尺寸小些为好，一般控制在几十微米以下，排布越均匀，孔隙率越小越好。

(3) 厚度（或重量法）测定法

膜厚度测量采用 GB 6462《金属的氧化覆盖层横断面厚度显微镜测量法》，也可采用测厚仪，按照 GB 4956《磁性金属基体上非磁性覆盖层厚度测量磁性方法》或 GB 4957《非磁性金属基体上非导电覆盖层测量涡流方法》。膜重测量采用重量法，可依照 GB 6807 或 GB 9792《金属材料上的转化膜单位面积上膜层质量的测定》。

基体材料不同，磷化膜厚度或膜重的测定方法不同。铁基体上的磷酸锌：磷化样片质量为 m_1，用 5％铬酐溶液 75℃浸 5～15min，脱膜、水洗、吹干、称重，质量为 m_2；磷化膜质量（g/m²）= $(m_1 - m_2)/S$，S 为样板面积。

铁基体上的磷酸铁：用 20％ NaOH、10％ EDTA 溶液，50℃浸 10min。其余同上。

锌及镀锌钢板上的磷酸锌：将 20g $(NH_4)_2Cr_2O_7$ 用 490g $NH_3 \cdot H_2O$、490g 水溶解，25℃浸 15min。

铝及铝合金上的磷酸锌：用 20％铬酸溶液，浸几分钟（时间尽可能短），也可以用锌及镀锌钢板上的磷酸锌测定法或下面方法。

(4) 腐蚀性能测定法

磷化膜耐蚀性对整个涂层的耐蚀性影响很大，磷化膜可自身进行试验，也可与涂层一起试验。检测磷化膜本身的耐蚀性可采用硫酸铜点滴法，氯化钠盐水浸泡法和盐雾试验法。衡量磷化膜的耐蚀性一般进行盐雾试验、潮湿试验和浸水试验等。盐雾试验可按 ASTM B117—64 进行，潮湿试验按 ASTM D1735 进行，浸水试验按 ASTM D870—54 进行。

磷化膜孔隙率测定分为定性和定量两种。其中 $CuSO_4$ 点滴试验为定性方法：点滴液由 40mL 0.25mol/L $CuSO_4$、20mL 10％ NaCl、0.8mL 0.1mol/L HCl 混合而成。滴一滴硫酸铜点滴液于磷化膜表面，记下由蓝色变为红色的时间。

另一种定性方法为铁试验（GMR ferrotest）：测试液由 3％ $K_3Fe(CN)_6$、14％ NaCl、0.1％阴离子表面活性剂组成，静置 24h 后，用滤纸过滤，储于棕色瓶。取 25.4mm× 25.4mm 的滤纸片，浸透测试液，滴去多余溶液，覆盖于磷化膜上，1min 后，揭起滤纸，有蓝色斑点处表示有孔隙部分，观察表面蓝色斑点生成情况，分优、合格、差三个等级。

电化学测量（定量）：测试原理是磷化膜孔隙中的裸漏铁，在阳极电流作用下被极化致钝，达到钝化所需时间和孔隙率符合 Müller-Machu 理论公式：

$$\lg F = (\lg t_p - \lg B + n \lg i_0)/n \tag{2-6}$$

式中 F——孔隙率，%；

t_p——钝化时间，min；

i_0——初始电流密度，A/cm^2；

B，n——常数。

点滴法和盐水浸泡法可依照 GB 6807—2001，磷化膜经过后处理如涂油，涂蜡，涂漆后一般进行盐雾试验。盐雾试验可依照 GB 1771—79《漆膜耐盐雾测定法》或 GB 6458《金属覆盖层中性盐雾性试验》。

（5）其他性能测定

① 抗冲击试验   常常是进行涂装后一起测定，当用 49N·cm 对涂装后的磷化板进行冲击试验时，当冲击后的样板的反面冲击点不产生放射性裂纹时，即可确定该磷化膜的质量较好。

② 二次附着力测定   磷化膜涂装后测定的附着力为一次附着力。在一定条件下进行耐温水试验后测定的附着力称为二次附着力。一般是在耐水试验后的样板上用划格法做附着力的测定，以胶带剥离后观察涂膜脱落等级，一般均为平行比较试验。

（6）不同用途磷化膜的检测

① 涂装前打底用磷化   用于漆前打底的磷化处理，其主要目的是提高涂膜的附着力和涂层系统的耐蚀性，因此重点在于与涂膜的配合性能方面。一般对磷化质量检测指标包括膜外观、膜厚度和与涂膜配套后的性能。

对于涂装前磷化的检验指标及方法也可参照 GB 11376—1997。涂装前打底用磷化的质量指标及检测方法一般应参照国家标准 GB 6807—2001，该标准对磷化膜的各项质量指标及检测评价方法都有较详细的规定，其主要内容如下。

磷化膜外观应为结晶致密、连续均匀的浅灰到深灰色膜，对于轻铁系磷化应为连续彩色膜。允许出现下述缺陷：轻微的水迹，铬酸盐痕迹、轻微挂灰现象，由于热处理焊接及加工等表面状态不同造成的磷化膜缺陷。对于下述则是不允许出现的缺陷：磷化膜出现泛黄生锈、磷化膜疏松、磷化露底局部无膜、严重挂灰。膜外观应为均匀细密完整的磷化膜，对轻铁系磷化，其外观应均匀细密完整，外观呈红蓝彩色。

涂装用磷化膜不宜过厚，一般膜重应小于 $7.5g/m^2$，最佳为 $1.5 \sim 3.0g/m^2$，对于轻铁系磷化膜重 $0.5 \sim 1.0g/m^2$ 为宜，过厚和粗糙的磷化膜是不利涂漆的。

磷化与涂层配合后的耐蚀性是最为重要的，它体现了磷化膜与涂料协同后的整体耐蚀能力。磷化膜的耐蚀性采用盐水浸泡法，磷化工件在 3% NaCl 水溶液中，在 $15 \sim 25℃$ 温度下，浸泡 1h 不应出现锈蚀。磷化与涂膜配合后的耐蚀性检测是将磷化工件涂覆 $25 \sim 35\mu m$ 的 A04-9 白氨基漆，划痕后进行盐雾试验（按 GB 1771—2007）经 24h 盐雾试验（铁系磷化是 8h 盐雾试验）漆膜应无起泡、生锈、脱落现象。

GB 6807—2001 对硫酸铜点滴法没有作为必须检测的项目，认为可作为工序间磷化质量的快速检验方法，而对磷化与涂装配合后的耐蚀性作为必检项目。

因此，从标准的规定检验项目看，涂装前打底用磷化应该是致密、均匀、薄层磷化膜，应着重检验磷化与油漆配套后的耐蚀性及物理机械性能。

磷化膜与涂层配合后除检测耐蚀性外，一般还需测定其漆膜的物理机械性能，如：附着力、冲击强度、抗弯能力（柔韧性）等。

② 防锈、耐蚀用磷化　对于这类磷化，其主要目的是为了耐蚀防护，其耐蚀性是最为重要的指标。一般的质量检测指标包括：硫酸铜点滴要大于 1min，耐盐水大于 2h，盐雾试验大于 1.5h。有关涂油或涂蜡后的耐蚀性检测，最好采用盐雾试验，具体应达到的耐盐雾时间，可由供需双方商定。

③ 润滑、耐磨减摩磷化　起润滑作用的磷化主要用于冷加工方面，一般是锌系。耐磨减摩磷化是用于载荷摩擦运动的工件，对于起润滑作用的磷化，主要检验外观、膜重、耐蚀性以及皂化后的滑润性，有时要测定摩擦系数。要求磷化膜外观应均匀完整，一般膜重大于 $5g/m^2$，以保证有一定的膜厚，经皂化后，明显降低摩擦力，减少模具损伤，减少工件冷作时的开裂。

对于耐磨减摩磷化，一般为锰系磷化，其磷化膜外观应为均匀完整深灰或黑色膜。对于配合间隙小的零部件，其膜重应在 $1\sim3g/m^2$，动配合间隙大的工件，其膜重应在 $5g/m^2$ 以上。要求这类磷化有较高的硬度和抗擦伤性能，具体指标可由供需双方商定。同时耐磨减摩磷化应有较好的耐蚀性，通常耐盐雾应在 1.5h 以上。对于润滑、耐磨减摩磷化同样可参照 GB 11976—89。

④ 其他用途的磷化　磷化除了用于上述三个领域外，还可用于电绝缘方面，装饰性方面。其常规质量检测指标为外观、膜重和耐蚀性。对电绝缘磷化，要求检测单位面积上的表面电阻。对装饰性磷化要根据不同的要求进行染色处理，要求不同的颜色色度和耐蚀性，这些指标的检测方法和控制范围一般由供需双方商定。

磷化质量指标的检测和控制是根据其用途的不同有各种不同的要求，除常规的外观、膜重，某些磷化的耐蚀性有标准可遵循外，大部分指标及检测方法都是由供需双方商定。

(7) 影响磷化处理质量的因素

① 底材的影响　不同材料的组成与结构不同，在完全相同的磷化处理过程中，磷化膜的晶体结构和耐腐蚀性也不一样。即使组成相同的钢材，在经过不同热处理工艺处理后，磷化膜的质量也不相同。因为钢铁中含有各种微量元素，它们对磷化成膜起着不同的作用。如当 Ni/Cr 含量超过 5% 时，不利于磷化膜生成，尤其是 Cr 对磷化成膜的阻化作用最强；金属中的 P、S 也影响金属的溶解反应；Mn 则使之易于磷化。热处理退火和重结晶过程中，渗碳体（Fe_3C）沉积于晶粒间，如果渗碳体细而多，形成磷化膜则细；反之，金属溶解较慢，膜也较粗糙。实际上，渗碳体起着活泼阴极作用，即渗碳体越多，阴极表面积越大，越容易快速均匀成膜。

普通钢都是铁和渗碳体的合金，但是硬化的合金钢中，由于马氏体结构，碳在 α-Fe 的固溶体中过饱和，使磷化不良；退火使马氏体转变为铁氧体和渗碳体的平衡状态，性能得以改进。此外，除了渗碳体的作用外，还有铁氧体活化阳极，使之易于溶解。当铁氧体和渗碳体形成薄片结构，即珠光体时，使磷化不良。总之，热处理控制不同，对基体磷化能力带来很大差异。

因此，在研究磷化液组成、制定磷化工艺时，必须考虑基体材料及其结构对磷化质量的影响。

② 总酸度（TA）、游离酸度（FA）和酸比影响　总酸度表示磷化液中含有的所有酸性成分，通常用"点"数表示。以酚酞为指示剂，以 0.1mol/L NaOH 标准溶液滴定 10mL 磷化液，每消耗 1mL NaOH 溶液称为 1"点"。游离酸度表示磷化液中游离酸的浓度，同样以"点"数表示，其测定方法同总酸度，只是它以甲基橙为指示剂。酸比是指总酸度与游离酸

度之比。

根据磷化反应的机理，在游离酸度一定时，提高 $Zn(H_2PO_4)_2$ 的浓度，即提高总酸度，有利于磷化膜的生成，而且成膜均匀、致密、降低室温成膜的温度下限。游离酸对磷化过程的阳极溶解步骤起决定性作用，对磷化速度起决定性的作用。游离酸度太低，成膜时间长，膜难以形成，成膜易锈、易擦掉；游离酸度过高，试样表面腐蚀过度，过多的气泡会阻碍成膜，结晶粗大、泛黄、疏松、抗腐蚀能力很差。因此根据平衡移动原理，要真正获得优质磷化膜，必须严格控制酸比，只有在酸比恰当时，才能保证结晶致密、膜层完整。

一般酸比越高，磷化膜越细、越薄，磷化温度越低，但酸比过大时，不易成膜，膜层容易锈蚀、溶液容易浑浊、沉淀多；若酸比过小，膜结晶疏松粗大，膜层质量低劣。磷化温度不同，酸比也不同，常低温磷化酸比较高，而高温磷化酸比较低，通常在 $5\sim15:1$。

生产中应经常检测磷化液的总酸度和游离酸度，并及时进行调整。一般每班检查调整一次，以保证磷化质量。总酸度控制在上限有利于加速磷化反应，使膜层细致。降低总酸度可通过稀释实现。加入硝酸盐可提高总酸度，加入酸式磷酸盐可提高总酸度，同时也提高游离酸度。一般，加入磷酸二氢锌 $5\sim10g/L$，游离酸度升高 1 点，总酸度升高 5 点左右；加入硝酸锌 $20\sim22g/L$ 总酸度可升高 10 点，加入氧化锌可降低游离酸度和总酸度。在实际生产中，可不降低游离酸度，而是通过调整酸比，得到满意的磷化膜。

③ 温度影响　磷化温度对成膜速度影响显著，这是由于磷化处理体系中有如下的水解平衡反应：

$$3Zn(H_2PO_4)_2 \longrightarrow Zn_3(PO_4)_2 \downarrow + 4H_3PO_4$$

此过程为吸热过程，因此温度降低，平衡反应向左进行，游离酸度显著降低，而游离酸度对钢铁的阳极溶解步骤、磷化速度起决定作用，因此温度降低不利于磷化。此时常得到稀疏、耐蚀性差的粗结晶，甚至易泛锈。温度过高，平衡易右移，成膜速度加快，造成膜厚而粗、沉渣多。

实际施工时，必须严格控制磷化温度。通常浸渍法规定温度波动范围为 $\pm5℃$，喷淋法规定温度波动范围为 $\pm3℃$。

目前，磷化加热方式主要有槽内加热和槽外循环加热两种。槽内加热是将 U 形或蛇形加热器设置在磷化液储槽中，利用电或蒸汽等加热。该法结构简单，但由于加热器表面温度远高于槽液温度，造成加热器附近磷化液分解，磷化材料大量消耗，并在加热器上沉积磷化渣，影响传热效率。槽外加热一般用于大型流水线中，其装置见图 2-15。通常将板式热交换器与过滤机、循环喷淋等装置串联。为防止磷化液瞬间过热分解，传热介质一般选用热水。

根据上述原理，欲得到低温快速磷化膜，就要想办法使上述平衡右移，可采取增大酸比（图 2-16）、添加适量强氧化性促进剂、在磷化前进行表面调整。

④ 表面调整的影响　使金属表面晶核数量和自由能增加，从而得到均匀、致密磷化膜的过程称为表面调整。简称为表调，所用的试剂称为表调剂。

采用强碱除油后，由于一些碱的水洗性差，如 NaOH、硅酸钠等，常使金属表面的部分活性晶核覆盖上一层氢氧化物或氧化物薄膜，因而导致金属表面的晶核数量和反应的自由能降低，为此，磷化前须对金属表面进行调整或活化。

脱脂以后的金属表面，常采用磷酸钛胶体溶液进行调整。胶体钛调整剂主要由 K_2TiF_6、

图 2-15　循环加热喷淋系统
1—磷化槽；2—罩体；3—工件；
4—喷嘴；5—阀；6—泵；7—过滤器；
8—热交换器；9—热水槽

图 2-16　磷化液酸比与处理温度关系

多聚磷酸盐、磷酸一氢盐合成，使用时配成 $10^{-5}\,\mathrm{g/cm^3}$ Ti 的磷酸钛胶体溶液，磷酸钛沉积于钢铁表面作为磷化膜增长的晶核，使磷化膜细致。由于钛胶表调液浓度低，胶体稳定性差，所以将溶液 pH 值控制在 7～8，并采用去离子水配制。尽管如此，该表调液的老化周期一般在 10～15 天。

由于钛胶表调剂中有较多的多聚磷酸盐胶体稳定剂，它对磷化成膜有显著抑制作用，因此在表调剂中加入适量 Mg^{2+}、Mn^{2+}，并控制 pH＝8～9.5，具有改良作用。另外表调剂的制备工艺和过程对表调作用影响也很大。

钛胶表调工艺可单独设置，也有将表调剂加到除油液或水洗水中的。当碱洗液 pH＜10 时，可将表调剂置于碱洗液中，同时实现除油表调工艺，但该法表调作用有限。

酸洗以后常采用稀草酸溶液进行表调，在表面形成草酸铁结晶型沉淀物，作为磷化膜增长的晶核，加快磷化成膜速度。但草酸浓度不宜过高，常用浓度为 1％～5％，否则表面形成的草酸盐薄膜起到钝化作用，表面难以磷化。

酸洗后，用吡咯衍生物进行处理，也能显著提高磷化速度。

⑤ 磷化膜 P 比及其影响　锌盐磷化膜中主要由两种磷酸盐组成，一种是磷酸锌（hopeite，简称为 H 成分），化学式为 $Zn_3(PO_4)_2 \cdot 4H_2O$，另一种是磷酸二锌铁（phosphophyllite，简称为 P 成分），化学式为 $Zn_2Fe(PO_4)_2 \cdot 4H_2O$。因此 P 比的高低表示磷化膜中磷酸二锌铁所占比率的高低，即

$$P\,比 = \frac{P}{P+H} \times 100\%$$

实验证明，当磷化膜中 P 成分提高时，膜的耐蚀性显著提高。也就是说，当磷化膜中 Fe 含量提高时，磷化膜的耐酸、耐碱溶解性能提高，见图 2-17。

在一定浓度范围内，增加磷化液中 Zn^{2+} 浓度，磷化膜质量增加，见图 2-18；适当降低磷化液中 Zn^{2+} 浓度，有利于形成 $Zn_2Fe(PO_4)_2$，使 P 比增大。但 Zn^{2+} 浓度太低时，磷化膜太薄，防腐性变差。P 比高的磷化膜其结晶水不易失去，也不易得水，其耐蚀性比低 P 比的磷化膜好。

磷化方式也影响 P 值，实验证明，浸渍磷化可形成耐蚀性好，P 值高的磷酸锌膜；而喷磷化只能形成磷酸锌膜，耐蚀性相对降低。

⑥ 加工负荷的影响　加工负荷是指单位体积磷化液一次所能承受的工件加工面积。对

图 2-17　磷化膜含铁量与耐碱溶解性关系

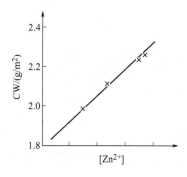

图 2-18　Zn^{2+} 浓度对膜重的影响

于一定容量的处理液，如果一次处理过多的物品，会使处理液的温度和成分波动过大，影响磷化膜质量和磷化液寿命。因此实际施工时必须根据磷化液的性能确定装载量，具体数值应通过实验确定。目前较理想的情况大致是每 1000L 磷化液处理 $10\sim20m^2$ 的基体。

⑦ 后处理的影响　磷化后处理包括水洗、钝化、干燥三个环节，这些工序也影响磷化膜的质量，必须予以注意。

为确保磷化膜的清洁，以防可溶性盐导致湿热条件下涂层早期起泡或污染电泳漆液，磷化后一般进行 $2\sim3$ 道水洗，而且必须严格控制水洗质量，尤其要严格控制最后一次水洗质量。比如在与电泳底漆配套时，控制工件滴水电导率 $<20\sim30\mu S/cm$，循环水洗水的电导率控制在 $<50\mu S/cm$。水质对洗净效果的影响见表 2-13。

表 2-13　清洗用水的水质和洗净效果

水的种类	电导率/($\mu S/cm$)	不纯物含量/(g/m^3)	干燥后	适应性
自来水	$100\sim500$	$200\sim300$	多数有白斑点	不适用于涂装
纯水	$1\sim5$	1	无白斑点	适用于通常涂装
高纯水	$0.1\sim0.5$		无白斑点	适用于精密涂装

注：自来水电导率在 $200\mu S/cm$ 以上不适于涂装，$200\mu S/cm$ 以下可供涂装的一般清洗，不适于涂装前的最终清洗。

磷化膜微观多孔，凹凸不平，钝化对磷化膜具有进一步溶平和封闭作用，使其孔隙率降低，耐蚀性增强，效果显著。但是，目前仍然以铬酸钝化为主。钝化液排放时会严重污染环境，为此必须增设专用的废水处理设备，增加投资。因此在进行工艺设计时，应综合考虑。

锌盐磷化膜的组成为 $Zn_3(PO_4)_2 \cdot 4H_2O$ 和 $FeZn_2(PO_4)_2 \cdot 4H_2O$，经过 $120\sim160℃$ 下烘干 $5\sim10min$ 后，会失去两个结晶水，磷化膜孔隙率降低，耐蚀性大大增加。如果温度过高，时间过长，锌盐磷化膜失去过多结晶水，磷化膜脆性增大，力学性能下降。锌盐磷化膜经过这样的烘干处理甚至可以取消钝化工序。

如果磷化处理后既不钝化也不烘干，而直接进入电泳槽，磷化膜的耐蚀性要受一定的影响。但在实际电泳施工中，考虑工艺的连续性和废水处理问题，一般在水洗后直接入槽。此时水洗质量至关重要，最后一道水必须是去离子水。

（8）磷化常见弊病及解决措施

见表 2-14。

表 2-14　磷化常见弊病及解决措施

故障现象	产生原因	解决措施
磷化膜结晶粗糙、多孔	1. 游离酸度过高 2. 磷化液中氧化剂不足 3. 亚铁离子含量过高 4. 工件表面有残酸 5. 工件表面过腐蚀	1. 降低游离酸度 2. 增加氧化剂比例 3. 加双氧水调整 4. 加强中和及水洗 5. 控制酸洗液浓度和酸洗时间
膜层过薄，无明显结晶	1. 总酸度过高 2. 工件表面有硬化层 3. 亚铁离子含量过低 4. 温度低	1. 加水稀释 2. 用强酸浸蚀或喷砂处理 3. 补加磷酸氢亚铁 4. 提高槽液温度
工件表面黏附白色粉状沉淀	1. 游离酸度低，游离磷酸量少 2. 含铁离子少 3. 工件表面氧化物未除净 4. 溶液氧化剂过量，总酸度过高 5. 槽内沉淀物过多	1. 补充磷酸二氢锌，在特殊情况下，可加磷酸调整游离酸度 2. 磷化液中应留一定量的沉淀物，新配溶液与老溶液混合使用 3. 加强酸洗，充分水洗 4. 停加氧化剂，调整酸比 5. 清除过多的沉淀物
磷化膜不均匀、发花或有斑点	1. 除油不干净 2. 温度过低 3. 工件表面钝化 4. 酸比失调	1. 加强除油、清洗 2. 提高槽液温度 3. 加强酸洗或喷砂 4. 将酸比调整到工艺范围
磷化膜不易形成	1. 工件表面有硬化层 2. 溶液中硫酸根过高 3. 溶液中混入杂质 4. 五氧化二磷含量过低	1. 改进加工方法或用酸浸、喷砂，除去硬化层 2. 用钡盐处理，使其降至工艺规范要求 3. 更换磷化液 4. 补充磷酸盐
磷化膜耐蚀性差与生锈	1. 磷化膜晶粒过粗或过细 2. 游离酸含量过高 3. 工件表面过腐蚀 4. 溶液中磷酸盐含量不足 5. 工件表面有残酸	1. 调整酸比 2. 降低游离酸，可加氧化锌或氢氧化锌 3. 控制酸洗过程 4. 补充磷酸二氢盐 5. 加强中和与水洗
磷化膜发红，耐蚀力下降	1. 酸洗液中杂质附在金属表面上 2. 铜离子混入磷化液	1. 加强酸洗质量控制 2. 用铁屑置换除去或用硫化物处理，使之沉淀去除，调整酸度
磷化溶液发黑	1. 槽液温度低于规定温度 2. 溶液中亚铁离子过高 3. 总酸度过低	1. 停止磷化，升高槽液温度至沸点，保持1～2h，并空气搅拌，直至恢复原色 2. 加氧化剂如双氧水、高锰酸钾 3. 补充硝酸锌等，提高总酸度

2.4　钢铁材料的综合处理

前面介绍了各种前处理的工艺和规范，目前，工业中所使用的流水线式多步连续处理工艺是由多个处理槽构成，每步工序目的明确、效果明显，可实现自动化、连续生产，适合表面处理要求高的大规模涂装产品，如汽车外壳，家电等的自动化生产线。这种多步连续处理，产品质量稳定，便于控制管理。但是工件进行化学处理的设备多，占地面积大，生产成本高，且工序复杂。为简化操作步骤，可采用多步合一的综合处理方法，即一步工序具备几个功能，从而提高工效，节省时间与设备。

（1）除油、除锈二合一

此类处理是综合处理中最成熟、效果最好的工艺，应用较为广泛。

除油、除锈二合一溶液是由酸与表面活性剂（非离子型和阴离子型）组合而成，可在低温、中温下处理中等油污、锈蚀及氧化皮的工件。若重油、重锈工件，必须进行预脱脂、除锈。

常用的"二合一"配方如下。

① 盐酸（37%）10%～20%，硫酸（98%）10%～15%，表面活性剂（OP类、磺酸盐）0.4%～10%，缓蚀剂适量，处理温度25～45℃，时间视工件污染程度确定。

② 硫酸15%～20%，表面活性剂（OP类、磺酸盐）0.4%～10%，缓蚀剂适量，处理温度50～80℃，时间5～10min。

③ 磷酸20%～40%，OP-10　0.5%，温度40～80℃，时间适当。

（2）酸洗磷化二合一

一步完成除锈与磷化工艺，适用于轻锈工件。常用配方如下：

H_3PO_4	15%～30%
$Zn(H_2PO_4)_2$	1%～2%
酒石酸	1%～2%
硫脲	0.2%
水	余量

（3）酸洗、去油、磷化、钝化四合一

该工艺可大大简化工序、减少设备和作业面积、提高效率、降低成本、有利于实现机械化和自动化生产。四合一工艺得到的膜层均匀细致，有一定耐蚀性。但该工艺成分复杂，管理难度大。

现举一例说明其组成：

H_3PO_4	50～65g/L
ZnO	12～18g/L
$Zn(NO_3)_2 \cdot 6H_2O$	180～210g/L
酒石酸	5g/L
$K_2Cr_2O_7$	0.3～0.4g/L
$(TiO)_2SO_4$	0.1～0.3g/L
OP	10～15ml/L
十二烷基磺酸钠	15～20ml/L

FA 10～15点，TA 130～150点，55～65℃

另外，还有去油、磷化二合一，去油、酸洗、磷化三合一等。

2.5　非铁材料的涂装前处理

工程上常用的非铁材料主要有铝合金、锌合金、镁合金和塑料等，这些材料的前处理工艺与钢铁相比各有特点。

2.5.1　铝及其合金的化学处理

铝及其合金与氧的结合力强，在大气中很容易形成一层氧化膜（厚度约为0.01～

$0.02\mu m$），该膜有一定的耐蚀性，但该膜厚度较薄，疏松、不均匀，直接在这层氧化膜上涂装，会使涂膜的附着力不强，因而需对其进行氧化处理。目前铝合金的氧化处理分化学氧化和电化学氧化两种。

化学氧化主要采用铬酐氧化，所得氧化膜较薄（约为 $0.5\sim4\mu m$），多孔，有良好的吸附能力，质软不耐磨，抗蚀性能较低，主要作为涂装底层。该工艺简单、操作方便、生产效率高、成本低，不受工件形状大小限制。按工艺规范可分为酸性氧化和碱性氧化。

酸性氧化的工艺规范很多，仅举一例说明：CrO_3 $3.5\sim4.0g/L$，NaF $1.0g/L$，$Na_2Cr_2O_7 \cdot 2H_2O$ $3\sim3.5g/L$，室温 3min。

碱性氧化的工艺规范常用的有：Na_2CO_3 $40\sim60g/L$，$Na_2CrO_4 \cdot 4H_2O$ $10\sim20g/L$，$NaOH$ $2\sim3g/L$，$80\sim100℃$，$5\sim10min$；

Na_2CO_3 $60g/L$，$Na_2CrO_4 \cdot 4H_2O$ $20g/L$，Na_3PO_4 $2g/L$，$100℃$，$8\sim10min$。

磷酸-铬酸法：H_3PO_4 $20g/L$，CrO_3 $5g/L$，NaF $2g/L$，室温 $5\sim10min$。

酸性氧化膜的耐蚀性高于碱性氧化膜，基本接近阳极氧化。

化学氧化的工艺流程：工件—脱脂—热水洗—冷水洗—碱洗（$NaOH$ $40g/L$，$65\sim70℃$）—水洗—化学氧化—清洗—封闭处理（酸性氧化：$K_2Cr_2O_7$ $30\sim50g/L$，$90\sim95℃$，$5\sim10min$ 冲洗，$70℃$下烘烤；碱性氧化：CrO_3 $20g/L$，室温处理 $5\sim15s$，冲洗后低于 $50℃$ 烘烤）。

电化学氧化最常用的是硫酸阳极氧化，基本工艺规范为：$18\%\sim20\%$ H_2SO_4，$15\sim25℃$，$15\sim25V$，$0.8\sim2.5A/dm^2$。

工艺流程为：工件—脱脂—热水洗—冷水洗—碱腐蚀（$NaOH$ $20\sim40g/L$，$60\sim70℃$，$1\sim3min$）—热水洗—冷水洗—出光—电化学氧化 $20\sim40min$（视膜厚要求而定）—水洗—热水洗—封闭—（$90\sim95℃$ 热水封闭 $15\sim25min$；或用 $K_2Cr_2O_7$，$95℃$，$15\sim25min$）—热水洗—冷水洗—$70\sim80℃$干燥 $10\sim15min$。

2.5.2　锌及其合金的化学处理

锌合金在工程上的应用日益广泛，而且随着钢铁基体耐蚀要求的提高，许多工件要求先镀锌后再涂装，因此锌及其合金的表面处理量逐渐增加。

由于锌及其合金表面平滑，与涂膜的附着力差，而且涂料中的游离成分易与锌发生化学反应生成金属皂，影响涂膜的固化和性能，所以要进行化学处理改变表面的状态，增加涂膜的附着力。常用的方法有磷化和氧化两种。

磷化适合于电镀锌和熔融镀锌制品，所采用的促进剂通常是氟化物或含氟的络合物，其反应机理为：

$$Zn+2H_3PO_4 \longrightarrow Zn(H_2PO_4)_2+H_2$$
$$3Zn(H_2PO_4)_2 \longrightarrow Zn_3(PO_4)_2 \downarrow +4H_3PO_4$$

该法最大特征是在极短的时间内形成有磷酸锌的致密薄膜，但在锌的预处理中，必须尽量采用缓和的试剂，避免用强酸、强碱，否则容易使锌表面侵蚀。

工艺规范 1：马尔夫盐 $60g/L$，$Zn(NO_3)_2$ $250g/L$，NaF $5\sim8g/L$，室温 $10\sim20min$，适于锌。

工艺规范 2：马尔夫盐 $60\sim65g/L$，ZnO $10\sim15g/L$，$Zn(NO_3)_2 \cdot 6H_2O$ $50g/L$，NaF $8g/L$，pH $3\sim3.2$，$20\sim30℃$，$20\sim25min$。

铬酸盐氧化处理时间短，氧化膜耐蚀性好。工艺规范为：CrO_3 120g/L，HCl 50mL/L，H_3PO_4 10mL/L，30～35℃，数秒，得到草绿色氧化膜。

2.5.3　镁及其合金的化学处理

镁合金具有密度小、比强度大等特点，在航空、通信器材、计算机等领域具有广泛的应用。但镁合金的化学活性高，在空气中自然形成的碱式碳酸盐膜防护性很差，因此镁合金作为工程材料时必须进行表面防护。涂装是常用的方法之一，涂装前表面要进行处理，主要有化学氧化和电化学氧化。化学氧化规范为：

重铬酸钠 65～80g/L，硝酸 7～15mL/L，磷酸二氢钠 65～80g/L，亚硝酸钠 10～20g/L，加水至 1000mL，80～90℃，浸 5min，然后水洗，干燥。

磷酸（85%）3～6mL/L，$Ba(H_2PO_4)_2$ 40～70g/L，NaF 1～2g/L，pH=1.3～1.9，90～98℃，10～30min。

氧化膜的封闭处理：镁合金氧化膜经封闭处理后可提高耐蚀性。

封闭工艺：$K_2Cr_2O_7$ 40～50g/L，90～98℃，15～20min。

电化学阳极氧化规范：锰酸铝钾 20～50g/L，磷酸钠 40～60g/L，氟化钾 80～120mL/L，氢氧化铝 40～60g/L，氢氧化钾 140～180g/L，2～5A/dm²，交流电 60～80V，＜40℃。

2.5.4　塑料表面处理

塑料因其质轻、耐腐蚀、易成型、抗冲击等优势，在机电产品中的用量很大。塑料可分为热塑性塑料和热固性塑料两大类。在通常情况下，热固性塑料要比热塑性塑料容易胶接。但它们的表面能量均低于玻璃、陶瓷、金属等亲水性材料，而且它们表面常会黏附脱模剂或逸出增塑剂，因此不易为胶黏剂所浸润，从而影响胶接强度；此外，塑料自身颜色单一、光泽度低、易老化，因此一般均需对塑料进行表面处理。由于塑料的品种众多，各种性能差别很大，以至于表面处理的方法也就很不相同，以下介绍几种常见的塑料表面处理方法。

工程上常用的塑料品种有 ABS、PP、PC、PP/ABS、PP/EPDM 及 SMC、BMC、RRLM 等。塑料一般结晶度较大、极性小或无极性、涂层附着力弱；塑料制品表面常常附有残余的脱模剂，涂料不易润湿；同时，塑料是不良导体，易产生静电黏附灰尘。因此塑料制品在涂装之前必须进行预处理。具体包括以下内容：

（1）退火

塑料在成型时容易产生内应力，进行涂装、溶剂处理时，易产生有机溶剂局部溶解、溶胀现象，在应力集中处易开裂，所以涂装前需要首先进行退火处理。

通常把塑料加热到稍低于热变形温度（一般低于热变形温度 5～10℃），并保持一定的时间（如 0.5～2h）。即使进行退火处理，仍会有应力残存，表面质量要求高的制品，最好选用耐溶剂性能好的塑料制造。

塑料表面喷涂适当的溶剂后，局部的高应力区在溶剂的作用下，发生应力释放，表面变毛糙，从而整个表面应力趋于均匀。溶剂的基本组成为：醋酸丁酯 45%，醋酸乙酯 25%，丁醇 15%，其他 15%。

应力检查：将零件完全浸入 24℃±3℃ 的冰醋酸中持续 30s，取出后立即清洗，然后晾干检查表面。表面有细小致密裂纹的地方即有应力存在。裂纹越多，应力越大。

再重复上述操作，在冰醋酸中浸 2min，再检查零件表面，若有深入塑料的裂纹，则说明此处有很高的内应力。裂纹越严重，内应力越大。也可将工件置于 21℃±1℃ 的 1∶1 的甲乙酮的混合溶剂中，持续 15s 后，取出立即甩干，依上法检查。

（2）脱脂

塑料模型制品表面的油污和残存的脱膜剂，容易引起漆膜缩孔，附着力不良等缺陷，所以在涂装前须进行脱脂处理。

脱脂方法与金属类似，可以用碱性水溶液、表面活性剂溶液或有机溶剂等处理。对于用擦洗法还不能充分除去的脱膜剂可用砂纸打磨去除；对于产量较大，要求较高的塑料件，也可用超声波使塑料表面的油污或脱膜剂尽量分散到清洗液中。

在用有机溶剂脱脂时，对溶剂敏感的树脂如 ABS、聚苯乙烯等可采用甲醇、乙醇、异丙醇等或挥发性好的脂肪溶剂如已烷、庚烷等进行擦拭处理；对溶剂不十分敏感的材料如 PP、热固性树脂等可采用甲苯、二甲苯、甲基异丁基甲酮等清洗处理。

（3）除尘

用表面活性剂溶液洗涤，可兼有除尘、防静电作用，但在洗涤和干燥过程中还有粘尘的可能。对于大批量生产的塑料件，常用静电除尘，即压缩空气通过火花放电装置，使空气电离，这种离子化的空气吹到塑料表面，中和塑料表面的电荷，能同时起到防静电和除尘的效果。另外，还可以在塑料表面涂防静电液或在塑料中添加防静电剂等。

（4）表面改性

塑料制品的改性处理是利用物理或化学方法在其表面上生成活性点，增加粗糙度，增加表面的极性与化学活性，增加对漆膜的附着力。产生活化点的最有效方法是表面氧化处理，另外还有机械处理、紫外线照射、火焰氧化、溶剂蒸汽浸蚀等。

化学氧化处理通常用铬酸、硫酸混合液，在塑料表面氧化生成 $C=O$，$—OH$，$O—C$ 和 $—SOH$ 等极性基团或其他官能团，从而提高表面极性和润湿性，使表面刻蚀为多孔性结构，达到增强涂料对塑料附着力的目的。

如 $K_2Cr_2O_7$ 7 份，硫酸 150 份，水 2 份的混合液对聚乙烯、聚丙烯进行处理，温度 50～60℃，处理 5～10min，水洗，干燥即可涂装。

聚苯乙烯在 80℃ 的硫酸中浸渍 2～3s，接触角接近于 0°，有非常好的亲水性，因聚苯乙烯的苯环被磺化。

聚四氟乙烯等氟塑料表面张力最小，不进行表面处理，则不能涂装，需进行"钠氨"处理，即在新蒸馏过的液氨中，加入 1% 金属钠作为处理剂，经处理后的塑料表面氟含量少，并氧化成极性基团。

聚乙烯、聚丙烯、聚苯乙烯、聚碳酸酯、聚酰胺、聚氯乙烯、环氧树脂等都可以用次亚氯酸叔丁酯处理，配合以叔丁醇在室温条件下浸渍处理 20min 左右即可。

氧化处理液氧化性强，操作危险。

机械处理是采用机械打磨、喷砂等措施使表面粗化，提高附着力。此法容易使表面粗糙而不透明，嵌入表面的微粒难以除净，只适用于厚制件。

紫外线照射是用高能量短波紫外线（约 100Hz）对塑料表面照射处理，使表面生成极性基团，提高涂层附着力。紫外线处理效果好，但仅适用于形状简单的工件，一般工件与紫外灯的距离控制在 20～40cm 左右。

表面处理后的塑料制品，处理的程度和均匀性必须予以检查，以保证涂装质量。在进行工艺分析实验时，可通过测量液滴在制品表面的接触角检验。一般采用的生产检验方法有两种，即水润湿法和品红着色法。水润湿法是观察表面被水润湿的程度；品红着色法是将处理完毕的塑料制品浸入酸性品红溶液中，取出后用水冲洗，处理的均匀性由着色程度的均匀程度判定，并可与标准样比较。

2.6 无磷前处理技术

由于磷化处理过程中存在表调废液、磷化废液，表调废液含磷、钛盐，磷化废液含有磷酸、重金属离子（如 Ni^{2+}、Mn^{2+}、Ca^{2+}、Cu^{2+} 等）、亚硝酸盐促进剂及磷化残渣，是重要的环境污染源。随着汽车等制造业的不断发展，涂装技术已经进入技术优化和技术创新的竞争时代。我国一直在倡导建设环境友好型、节约资源型和创新型的社会，实施节能减排，提高生产效率和资源利用率，在确保提高质量的基础上降低成本。

环保型涂装前处理技术正在迅猛发展，各种有机/无机复合型表面前处理技术引起了广泛关注，它们互相关联又相互区别，互相交叉、相互补充。

（1）硅烷转化膜处理工艺

硅烷是一类硅基的有机/无机杂化物，其基本分子式为：$R'(CH_2)_nSi(OR)_3$ 或 $Y—R—SiX_3$，其中 OR（或 X）为水解基团，可进行水解反应并生成硅羟基（—SiOH）基团，如烷氧基、乙酰氧基等，它具有与玻璃、二氧化硅、陶土、一些金属（如铝、铜、铁、锌等）键合的能力；R'（或 Y）为有机官能团，可以提高硅烷与聚合物的反应性和相容性，如乙烯基、氨基、环氧基、巯基等；$(CH_2)_n$（或 R）是直链烷基，可以把 Y 或 R' 与 Si 原子连接起来。硅烷在水溶液中发生水解反应，生成硅醇，硅醇可以与金属表面的氧化物或羟基通过缩水反应形成 Si—O—Me（Me 代表金属）吸附于金属表面：

$$Si(OR)_3 + H_2O \longrightarrow Si(OH)_3 + 3ROH$$

$$SiOH + MeOH \longrightarrow SiOMe + H_2O$$

硅烷在金属界面上形成结合力较强的 Si—O—Me 共价键，因此，硅烷和金属之间的结合牢固。此外，剩余的硅烷分子则通过硅醇基团之间的缩合交联在金属表面上形成具有 Si—O—Si 三维网状结构的硅烷膜。硅烷偶联剂中存在着两种功能基团，因此作为一种具有独特结构的硅化合物，对无机物和有机物都有较好的结合强度，因此硅烷可在无机材料和有机材料的界面之间架起"分子桥"，把两种性质不同的材料连接起来，即形成"无机相-硅烷链-有机相"的结合层，使基材、硅烷和涂层之间通过化学键形成了稳固的膜层结构，从而增加树脂基料和无机材料间的结合力。

随着环保要求的提高，我国从 2006 年 12 月 1 日开始执行汽车制造业（涂装）清洁生产标准，对磷化液做了各种限制，如不含亚硝酸盐，不含第一类金属污染物，低温低渣等，这些都为硅烷技术在汽车工业中推广使用创造了条件。硅烷技术在汽车工业中的工艺流程为：脱脂—水洗—硅烷处理—水洗—阴极电泳。硅烷预处理取代了传统的表面调整、磷化和钝化工艺，工艺简洁，形成的硅烷膜可以不烘干，直接进行阴极电泳，硅烷的固化过程与电泳涂料的烘烤同时完成。与传统磷化相比，硅烷处理在室温下进行，时间为 $1\sim2min$，沉渣量为 $0\sim0.05g/m^2$，无换槽周期，耗水量较少，形成的膜层重量为 $0.04\sim0.1g/m^2$，膜厚 $0.04\sim0.2\mu m$。施工时需检测 pH、电导率。

硅烷涂层随着处理基材不同，则视觉效果不同。如在铁板上，硅烷涂层为淡黄色；在镀锌板上，为偏蓝色；在铝板上为反光灰色。硅烷技术已开始在普通工业中应用，以硅烷处理取代铁系和锌系磷化处理。如家用电器、汽车零部件、钢轮毂、机械及电信设备等领域。普通工业的硅烷工艺流程为：脱脂—水洗—水洗—硅烷处理—水洗—干燥—涂装。粉末涂装时的流程为：脱脂—水洗—水洗—硅烷处理—干燥（60～120℃）—上粉。冷轧板本身没有镀锌层或表面氧化膜的保护，在工序间容易返锈，因此冷轧板喷淋线工艺流程中，通常在硅烷化处理前增加一步较低浓度的预硅烷处理工序，其工艺流程如下：预脱脂—脱脂—水洗—水洗—（纯水洗）—预硅烷处理—硅烷处理—烘干—喷粉。

硅烷处理技术的优点如下：

① 所形成的超薄有机膜，可替代传统磷化，磷化膜的重量通常为 2～3g/m²，硅烷膜仅0.1g/m²，相差 20 倍。

② Si—O—Me 共价键分子间结合力强，形成的产品稳定，可以提高产品的防腐能力。

③ 使用方便，槽液为双组分液体构成，仅需控制 pH 值和电导率。

④ 节约能源，可室温低温操作，能源费用低（如泵和换热器等相应设备的减少）。

⑤ 处理时间短，可提高产能。处理后不用烘干，直接电泳。

⑥ 对环境友好，可与原来设备相容，不需进行设备改造。

⑦ 取消了表调和钝化工序，缩短工艺时间和设备长度，适用于多种金属基材（冷轧板镀锌板、铝材、预涂板）的混线处理。膜重：有机组分 20～40mg/m²，无机组分 40～80mg/m²。处理时间 2min，温度为室温。

⑧ 转化膜与金属表面和涂层附着力好。

⑨ 硅烷处理与锌酸盐磷化处理相比：不含重金属，如镍、锌等；出渣少，甚至无渣（所有类型的基材的出渣量均<0.1mg/m²）；耗水量少，废水量少。具有环保、节能、操作简便、成本低等优点。

硅烷表面处理技术及硅烷改性处理技术是金属防腐处理的新技术，稀土改性硅烷技术，利用稀土和硅烷的协同作用，如 Ce³⁺、La³⁺ 等稀土元素在溶液中发生水解生成氢氧化物或者氧化物，自聚沉积在硅烷膜表面和孔隙处，形成的稀土转化膜，抑制阴极还原反应，使复合膜的耐蚀性能优于单一的硅烷和稀土转化膜。稀土改性硅烷处理技术可作为铝、锌和镀锌、镁、碳钢及不锈钢等金属和合金的有效处理剂。

除了以上所述的液相硅烷处理法外，工业上应用的还有火焰硅烷处理工艺，又称 ITRO 处理法。ITRO 处理是燃烧化学气相沉积（combustion chemical vapor deposition，CCVD）的一种，是与一般表面处理完全不同的表面处理方法，是在常温、常压状态下，在火焰中混入微量的硅烷（silane）化合物，使基材表面从火焰中通过，在被涂物面上形成纳米级的氧化硅元素膜的工艺方法。处理时间 0.1～1s，瞬间就可在基材表面蒸涂上易附着的二氧化硅元素膜，可起底漆功能。经 ITRO 处理后，基材表面的氧化硅元素能大幅度地提高各种基材与涂料、油墨、黏结剂之间的附着。ITRO 处理有利于水性材料（水性涂料、墨水等）的涂装，经 ITRO 处理过的表面状态能达到涂液体底漆相同的效果，无需涂底漆处理，也称为干式底涂处理，适用于多种涂装工艺。与涂底漆工艺相比，能简化、缩短工艺流程，使工艺流程得到改善，降低了设备费用和运行成本，因而可大幅度降低生产成本。ITRO 处理使用的 ITRO 添加剂不含有机溶剂和重金属等对环境有污染的物质，可降低环境负荷，属环境友好型工艺。ITRO 处理后的表面具有超亲水性，使缩孔、流平性和附着力等问题得以改善，大幅度提高了平整性，使得涂装的不合格率减小。此外，ITRO 处理改善了各种材料间的附着性能，尤其是难附着底材，如提高了玻璃、PP、有色金属和不锈钢等的附着效果，促进了难附着材料的利用。

（2）锆盐处理

纳米陶瓷锆盐技术（zirconium-based treat ment）是一种以氟酸锆（盐）为主剂的前处理技术，它能在清洁的金属表面形成一层纳米级陶瓷转化膜层，又称陶化剂、锆化液、无磷成膜剂等，是一种新兴的替代传统磷化液的换代产品。以铁为例，锆化液成膜机理是利用氟锆酸的水解反应，生成氧化锆溶胶（在 pH 值低的情况下，氧化锆可溶于其水溶液）：

$$2Fe + 6HF \longrightarrow 2FeF_3 + 3H_2$$
$$H_2ZrF_6 + 2H_2O \longrightarrow ZrO_2 + 6HF$$

被处理金属铁在锆盐处理液体系中溶解，其表面附近 pH 值升高，ZrO_2 在高 pH 值环境下沉积在金属表面上。在金属基材表面沉积形成致密结构的纳米陶瓷转化膜，其阻隔性强，并与金属氧化物形成强烈的结合力，与后续的有机涂层具有良好的附着力，能显著提高金属涂层的耐腐蚀性能，延长耐蚀时间。

锆盐处理一般采用浸泡、游浸、喷淋、喷游淋结合的处理方式，一般工艺流程为脱脂—自来水洗—去离子水洗—锆化液处理—去离子水洗，总酸度为 2.0～6.0，pH 值为 3.8～5.4，槽液浓度为 3%～7%，可根据板材的不同做调整。

因此，锆盐处理在室温下进行处理，不需要加热，可直接投入生产，也不需定期对热交换器进行清洗；无沉渣的运输和清理，不需表调和封闭/钝化，缩短工艺长度；锆化液反应简单，无磷化渣产生，因此膜层不会出现挂灰、流挂、膜层不均匀等缺陷，同时也不需磷化渣分离的过程，提高了生产效率；处理时间短，通常为 1～5min，具体可根据基材要求及线体设计不同做调整；不需要增加废水处理成本，处理液无磷无重金属排放，无 COD/BOD，具有一定的经济效益和环保优势。纳米陶瓷锆盐处理技术应用于铝合金、铝材、锌材、钢材及镀锌板基材等的喷粉和喷涂前处理。

需要注意的是，如在传统的磷化线进行锆盐处理时，需在配槽前用硝酸对磷化槽、磷化管道、前处理通道等位置的磷化渣进行彻底清洗，防止磷化渣与锆化液发生反应，影响处理液的正常参数及膜层质量控制。

但是，锆盐处理由于其本身需有游离的氢氟酸才能保持稳定，所以对操作者和生产者有危害存在。同时，在前处理生产中，氟离子浓度会不断累积，极易吸附在金属表面而造成清洗不净诱发的问题，如残存于漆膜下导致附着力和耐腐蚀性能下降。此外，漆膜的附着力方面，锆盐也不如磷化和硅烷处理，因此就有研究人员将硅烷或硅溶胶加入锆盐体系中加以改性，经锆盐硅烷协同处理得到的无定形的复合膜层（一般膜厚为 50～200nm），其漆膜耐中性盐雾试验亦得到较大程度的改善。目前，在汽车减震器阴极电泳涂装产品中应用的就是纳米陶瓷硅烷复合膜处理方法。

纳米陶瓷硅烷复合处理可应用在钢铁等基材的阴极电泳涂装的前处理。现有的涂装前处理生产线可直接替换使用纳米陶瓷硅烷复合处理技术，该工艺较磷化工艺长度缩短；处理时间短，提高了产能，槽液不含磷，避免了磷化废渣对环境的影响和污染；槽液无需加热，节省能耗；前处理中无需表调、钝化剂除渣系统的设备，节约了新线投资成本；槽液监控更方便，不再需要检测表调、促进剂、钝化剂等，大大减少了运行和维护费用。与此同时，纳米陶瓷硅烷复合处理工艺处理后的漆膜附着力和耐腐蚀性能与锌系膜性能相当，作为替代传统磷化工艺的新技术，它满足了节能减排的环保涂装处理和生产技术不断发展的需要。

纳米级转化膜作为涂料涂装之前的底层时，其性能不仅仅是取决于处理形成纳米膜的这一关键工序，其优越性能取决于整个前处理工艺中的每一道工序，只有严格的前序处理，各种新型前处理纳米膜和涂层的结合才会达到理想的效果。

综上所述，各种无铬无磷的新型涂装前处理技术解决了传统磷化存在的弊端，它们无磷无渣不含重金属离子，在保证产品性能的同时也解决了环境污染的问题，达到节能减排的环保目的，表 2-15 是传统磷化工艺与新型无磷前处理工艺的对比。

表 2-15　传统磷化工艺和新型无磷前处理工艺的对比

项目	铁系磷化	锌系磷化	锆盐处理	硅烷处理	锆盐硅烷复合处理
pH	3.5~5.5	2.5~4.5	4~5.5	4~10	4~5.5
温度/℃	RT~70	40~75	RT~50	RT~50	RT~50
时间/min	5~15	5~15	0.5~2	0.5~2	0.5~2
浓度/%	1.5~5.0	1.5~5.0	1.0~5.0	0.1~10.0	1.0~5.0
工序 1	脱脂	脱脂（两道）	脱脂	脱脂	脱脂
工序 2	水洗	水洗（两道）	水洗	水洗	水洗
工序 3	铁系磷化	表调	去离子洗	去离子洗	去离子洗
工序 4	水洗	锌系磷化	锆盐处理	硅烷处理	锆盐硅烷复合处理
工序 5	钝化处理	水洗	去离子洗	去离子洗	去离子洗
工序 6	—	钝化处理	—	—	—
工序 7	—	纯水洗	—	—	—
外观形貌	蓝/紫/灰/金黄	灰/黑	蓝/金黄	无色	蓝/淡黄
膜层结构	无定形	晶体	纳米晶	有机/无定形	无定形

2.7　浸渍式前处理设备与计算

涂装前处理设备按处理形式可分为浸渍式和喷淋式。

2.7.1　浸渍式涂装前处理设备

浸渍式涂装前处理设备可分为连续生产的通过式和间歇生产的固定式设备两类。前者靠悬链输送机连续不断运转。后者采用自动升降机或自行葫芦自动操作，有的也用电葫芦手工操作，如图 2-2 所示。常用浸渍式前处理设备由槽体、加热装置、通风装置、液体控制系统等部分组成，如图 2-19 所示。

槽体一般由主槽和溢流槽组成。溢流槽用于控制主槽溶液高度、排除悬浮物及保证溶液不断循环。通过浸渍式前处理槽体为船形，见图 2-19；有循环管路的矩形浸渍式前处理槽体，见图 2-20；无循环装置的矩形浸渍式前处理设备如图 2-21 所示。

船形槽长度取决于工件长度、处理时的传送速度、输送机轨道升角及弯曲半径；宽度和高度则取决于工件的宽度和高度。

固定式矩形槽的长、宽、高完全取决于工件的长、宽、高，槽底最好有 3%～6% 的坡度，并装有排水孔，以便清理槽底。

槽体材料由槽液的性质决定，一般可用钢板制作，酸洗与磷化槽则用塑料或钢质槽内衬塑料或玻璃钢以防酸的腐蚀。

槽液加热装置通常采用蒸汽加热，也可用电加热。蒸汽加热方式有直接加热和间接加热两种。蒸汽直接加热装置将蒸汽（热油、热水也可）直接通入槽体内的蛇形管或排管内加热液体，也可将蒸汽直接通入除油槽、水洗槽内加热。蒸汽加热采用低噪声加热装置，常用的有混合式无声加热器（图 2-22）和多孔式无声蒸汽加热器（图 2-23）。

图 2-19　通过浸渍式表面处理设备结构示意图

1—主槽；2—仪表控制柜；3—工件；4—槽罩；

5—悬链输送机；6—通风装置；7—加热装置；

8—溢流槽；9—沉淀槽；10—配料装置；

11—放水管；12—排渣阀盖

图 2-20　有循环管路的浸渍式表面处理设备

1—离心泵；2—截止阀；3—槽底；4—溢流槽排水管；

5—溢流槽；6—过滤网；7—溢流槽排污管；

8—通风装置；9—加热装置；10—喷射管；

11—循环管路；12—主槽排水管

图 2-21　无循环管路的溢流槽

1—主槽；2—溢流槽；3—溢流管；4—排水管

图 2-22　混合式无声蒸汽加热器

1—槽体；2—混合管；3—蒸汽喷嘴；

4—调节阀；5—蒸汽管

图 2-23　多孔式无声蒸汽加热器

1—喷管底板；2—喷孔；3—喷管；4—法兰；

5—扩大管；6—进口管

图 2-24　排管式加热器

蛇形管加热器制作方便，其管径一般不超过 70mm，弯曲处的曲率半径，热弯时 $R \geqslant$

$3D$，冷弯时的 $R \geqslant 6D$（D 为钢管外径）。

排管式加热器是目前常用的一种加热器，其传热效率较高，结构如图 2-24 所示。采用排管式加热器时应安装冷凝水和不凝气体的排除设施。通常采用疏水器来排除冷凝水，如图 2-25 所示。图 2-25 中排水管 1 供疏水器工作前排出管中冷凝水，排水管又可供取冷凝水样品和检查疏水器是否堵塞之用。

所谓间接加热，系将加热器置于槽外，通过热交换器加热。热交换器有板式和管

图 2-25 疏水器的安装示意图
1—第一排水管；2—槽体；3—加热器；
4—疏水阀；5—止回阀；6—第二排水阀；
7—旁通阀；8—截止阀

式，板式因其散热面积大，所以使用较多。对于低、中温磷化，必须采用间接加热方式，如直接加热，则磷化渣将在加热管上沉积，影响热传递，且清理很困难。

通风装置分顶部通风装置和槽边通风装置。顶部通风装置适用于连续生产浸渍式设备，由槽罩、抽风罩、离心机和排风管等部分组成。抽风罩设在槽罩两端工件出入口顶部，根据槽体的长短，可设置一个或两个独立通风系统。

槽边通风装置适用于固定浸渍式设备，由抽风罩、排风管、离心风机等部分组成。槽边通风分为单侧和双侧两种。通常根据槽的宽度进行选择。

抽风罩的形式有条缝式、倒置式和平口式三种。条缝式抽风罩，缝口速度大，抽风量小，运行比较经济；倒置式抽风罩，抽风量较小，结构比较复杂，且占槽的一部分工作面积；平口式抽风罩，高度低，抽风量大。采用何种方式，应根据槽的结构特点和生产操作情况，技术经济比较后确定。

槽液温度控制系统分手动和自动调节两种方式。前者靠人工调节蒸汽阀控制蒸汽的输入，后者通过温度自动控制装置来进行。

2.7.2 浸渍式表面处理设备的计算

浸渍式表面处理设备的计算主要包括槽体尺寸、槽体的强度与刚度、通风装置的计算和热力计算等。

2.7.2.1 槽体尺寸的计算

（1）主槽长度的计算

① 通过式浸渍设备长度计算 通过式浸渍设备长度，可用计算法或作图法确定。

计算法参见图 2-26，按此法计算的主槽长度最小，其长度可按下式计算：

$$L = l + 2l_1 + l_2 - 2R\sin\alpha \tag{2-7}$$

式中　L——主槽长度，mm；

　　l——挂件最大长度，mm；

　　l_1——悬挂输送机垂直弯曲段（AG 段）的水平投影长度，mm；

　　l_2——悬挂输送机所需的水平长度（AB 段），mm；

　　R——悬挂输送机垂直弯曲段的弯曲半径，mm；

　　α——悬挂输送机垂直弯曲段的升角，(°)。

a. 悬挂输送机水平投影长度的计算。

悬挂输送机的水平投影长度可按表 2-16 所列各式计算。

图 2-26　通过式浸渍设备主槽长度、高度计算图

表 2-16　水平投影长度计算表

升角 α	水平投影长度计算简式	升角 α	水平投影长度计算简式
5°	$11.4301h' + 0.0874R$	30°	$1.7321h' + 0.5358R$
10°	$5.6713h' + 0.1750R$	35°	$1.4281h' + 0.6306R$
15°	$3.7321h' + 0.2634R$	40°	$1.1918h' + 0.7280R$
20°	$2.7475h' + 0.3526R$	45°	$h' + 0.8284R$
25°	$2.1445h' + 0.4434R$		

表中 h' 为悬挂输送机的升降高度差，mm。h' 可按下式计算：

$$h' = H_2 - H_1 \tag{2-8}$$

式中，H_1 为挂件在最低位置时的悬挂输送机轨顶标高，mm。可按下式计算：

$$H_1 = h + h_1 + h_2 + h_5 \tag{2-9}$$

式中　h——挂件最大高度，mm；

　　　h_1——浸渍设备槽体底座高度，mm，一般 $h_1 = 200 \sim 240$，mm；

　　　h_2——最大高度的挂件至槽底的最小距离，mm，一般 $h_2 = 200 \sim 250$，mm；

　　　h_5——最大高度的挂件顶部至悬挂输送机轨顶之距离，mm，一般 $h_5 = 700 \sim 1500$，mm。

H_2 为挂件在最高位置时的悬挂输送机轨顶标高，mm。可按下式计算：

$$H_2 = H + h + h_5 + h_6 + R(1 - \cos\alpha) \tag{2-10}$$

式中　H——浸渍设备的主槽高度，mm；

　　　h_6——最大高度的挂件底部至槽沿的最小距离，mm，一般 $h_6 = 100 \sim 150$，mm。

b. 悬挂输送机所需的水平长度的计算。

悬挂输送机所需的水平长度可按下式计算：

$$l_2 = vt - 0.0349R\beta \tag{2-11}$$

式中　v——悬挂输送机的移动速度，mm/min；

　　　t——浸渍处理时间，min；

$\beta = \arccos\left(1 - \dfrac{h_3}{R}\right)$，(°)，$h_3$ 为最大高度的挂件浸没在漆液中的最小深度，mm，一般 $h_3 = 100 \sim 200$，mm。

作图法参见图 2-26，用作图法确定浸渍设备的主槽长度直观简单，其作图步骤如下：

a. 确定 H_1 高度，$H_1 = h + h_1 + h_2 + h_5$，通过 O 点作一水平线 $C'D'$；

b. 取 $OC' = OD' = \dfrac{1}{2}vt$；

c. 通过 C'、D' 点分别作垂线并取 $C'C = D'D = h_5$；

d. 过 C、D 点以 R 为半径分别作圆弧与 $C'D'$ 线相切于 A 点和 B 点，则 AB 长即为悬挂输送机所需的水平长度 l_2；

e. 作一与水平线夹角为 α 的直线并与圆弧相切；

f. 作一水平线使其距槽沿之高度为 $h + h_5 + h_6$ 并与直线交于 F 点；

g. 过 F 点以 R 为半径作圆弧至水平，即为 H_2 高度；

h. 通过 F 点作一垂线，并画出挂件最大外形尺寸（长×高），从而定出 J 点；

i. 以同法定出 K 点，则 JK 长即为浸渍设备的主槽长度 L。

② 固定式浸渍设备主槽长度的计算　固定式浸渍设备的主槽长度（参见图 2-27）按下式计算

$$L = l + 2(l_1 + l_2 + l_3 + D) \qquad (2\text{-}12)$$

式中　L——固定式浸渍设备的主槽长度，mm；

　　　l——挂件最大长度，mm；

　　　l_1——槽壁衬里距加强筋外沿之距离，mm；

　　　l_2——加热器距槽壁衬里的最小距离，mm，$l_2 = 80 \sim 150\text{mm}$；

　　　l_3——挂件距加热器的最小距离，mm，一般 $l_3 \geqslant 300\text{mm}$；

　　　D——加热器外径，mm。

当长度方向不设置加热器时，D 和 l_2 为 0。l_3 则为挂件至槽壁衬里之距离。

图 2-27　固定式浸渍设备主槽长度计算

1—工件；2—槽壁；3—加热器

图 2-28　浸渍式设备主槽宽度
和高度计算

1—工件；2—槽壁；3—加热器

（2）主槽宽度的计算（通过式和固定式设备相同）

主槽宽度（参见图 2-28）按下式计算：

$$B = b + 2(b_1 + b_2 + b_3 + D) \qquad (2\text{-}13)$$

式中　B——浸渍式设备的主槽宽度，mm；

　　　b——挂件最大宽度，mm；

　　　b_1——槽壁衬里距加强筋外沿之距离，mm；

　　　b_2——加热器距槽壁衬里的最小距离，mm，$b_2 = 80 \sim 150\text{mm}$；

b_3——挂件距加热器的最小距离，mm，对固定式 $b_3 \geqslant 300$mm，对通过式 $b_3 = 150 \sim 200$mm；

D——加热器外径，mm。

（3）主槽高度的计算（通过式和固定式设备相同）

主槽高度（参见图 2-28）按下式计算：

$$H = h + h_1 + h_2 + h_3 + h_4 \tag{2-14}$$

式中　H——浸渍式设备的主槽高度，mm；

h——挂件最大高度，mm；

h_1——浸渍式设备槽体底面最高点与底座最低点之间的距离，mm，h 与底面断面形式和底座尺寸有关，应根据具体情况确定；

h_2——最大高度的挂件距槽底（槽底最高点）的最小距离，mm，一般为 $200 \sim 400$mm，对于磷化设备，h_2 可适当加大；

h_3——最大高度的挂件浸没在槽液中的最小深度，mm，一般 $h_3 = 100 \sim 200$mm；

h_4——槽沿距液面的距离，mm，一般 $h_4 = 150 \sim 200$mm。

2.7.2.2　通风装置的计算

（1）通过式浸渍设备的通风计算

每小时的通风量按下式计算：

$$Q = 3600Fv \tag{2-15}$$

式中　Q——通过式浸渍设备每小时的通风量，m^3/h；

F——通过式浸渍设备挂件出入口面积之和，m^2；

v——挂件出入口的空气流速，m/s，一般 $v = 0.5 \sim 0.75$m/s。

根据风量和管道阻力选择风机。由于此类设备通风系统阻力较小，一般可选择低压离心风机即可满足要求。

（2）固定式浸渍设备的通风计算

① 条缝式槽边通风量的计算　因条缝式有不同截面形式和单、双侧之分，所以其通风量的计算公式也不同，可按表 2-17 所列各式计算。

表 2-17　条缝式槽边通风量计算公式

条缝形式	计算公式/(m³/h)
高截面单侧抽风	$Q = 2vLB\left(\dfrac{B}{L}\right)^{0.2} \times 3600$
低截面单侧抽风	$Q = 3vLB\left(\dfrac{B}{L}\right)^{0.2} \times 3600$
高截面双侧抽风	$Q = 2vLB\left(\dfrac{B}{L}\right)^{0.2} \times 3600$
一侧高截面或靠墙的双侧抽风	$Q = 2.5vLB\left(\dfrac{B}{L}\right)^{0.2} \times 3600$
低截面双侧抽风	$Q = 3vLB\left(\dfrac{B}{L}\right)^{0.2} \times 3600$

注：v 为浸渍槽液面风速，m/s，可按表 2-18 选择；L 为浸渍槽长度，m；B 为浸渍槽宽度，m。

② 带吹风的槽边通风量的计算　每小时的吹风量按下式计算：

$$Q_1 = 300K_{tc}LB^2 \tag{2-16}$$

式中　Q_1——每小时的吹风量，m^3/h；

　　　L——浸渍槽长度，m；

　　　B——浸渍槽宽度，m；

　　　K_{tc}——槽液的温度系数，按表 2-19 选用。

表 2-18　浸渍槽液面建议风速

用途	槽液中主要有害物	槽液温度/℃	风速 $v/(m/s)$
酸洗除锈	硫酸	70～90	0.40
碱洗去油	苛性钠、碳酸钠	70～90	0.30
磷化	马日夫盐、磷酸二氢锌	60～95	0.30
钝化	重铬酸钾	50～80	0.35
热水洗	水蒸气	60～90	0.25

表 2-19　温度系数值

槽液温度/℃	20	40	60	70～95
K_{tc}	0.50	0.75	0.85	1.00

每小时的抽风量按下式计算

$$Q_2 = 6Q_1 \tag{2-17}$$

式中，Q_2 为每小时的抽风量，m^3/h。

各类槽边抽风罩，均已标准化，其型号的选择可根据浸渍槽的规格、槽边抽风形式、通风量和抽风罩断面尺寸进行确定。

2.7.2.3　热力计算

浸渍式设备的热力计算应首先计算槽液工作时和升温时的热损耗量，然后确定热能消耗量和加热器等。

（1）工作时热损耗量的计算

工作时（热平衡状态下）总的热损耗量包括槽壁的散热、加热工件的热损耗量、槽液蒸发时的热损耗量和每小时因工作时损耗而需补充新鲜槽液的热损耗量等。每小时总的热损耗量可按下式计算：

$$Q_h = k(Q_{h_1} + Q_{h_2} + Q_{h_3} + Q_{h_4}) \tag{2-18}$$

式中　Q_h——工作时总的热损耗量，W；

　　　Q_{h_1}——通过槽壁散失的热损耗量，W；

　　　Q_{h_2}——加热工件的热损耗量，W；

　　　Q_{h_3}——槽液蒸发时的热损耗量，W；

　　　Q_{h_4}——补充新鲜槽液的热损耗量，W；

　　　k——其他未估计到的热量损失系数，$k=1.1～1.2$。

① 槽壁散失的热损耗量的计算　每小时通过槽壁散失的热损耗量按下式计算：

$$Q_{h_1} = KF(t_c - t_{c_0}) \tag{2-19}$$

式中　K——槽壁的传热系数，$W/(m \cdot ℃)$，对于 80～100mm 矿渣棉保温层厚度的 $K=$ 0.82～1.165W/(m·℃)；

　　　F——槽壁（侧壁和底板）的表面积之和，m^2；

t_c——槽液工作温度，℃；

t_{c_0}——车间温度，℃。

② 加热工件时热损耗量的计算　每小时加热工件的热损耗量按下式计算：

$$Q_{h_2} = Gc(t_c - t_{c_0}) \tag{2-20}$$

式中　G——按重量计算的最大生产率，kg/h；

　　　c——工件的比热容，J/(kg·℃)。

③ 槽液蒸发时热损耗量的计算　每小时槽液蒸发时的热损耗量按下式计算：

$$Q_{h_3} = 1.824(\alpha + 0.0174v)(p_2 - p_1)Fr \tag{2-21}$$

式中　α——周围空气在温度为 15～30℃时的重力流动因素，按表 2-20 选取；

　　　v——槽液面的空气流速，m/s，参见表 2-18 选取；

　　　p_1——相应于周围空气温度下饱和空气的水蒸气分压力，kPa；

　　　p_2——相应于槽液蒸发表面温度下饱和空气的水蒸气分压力，kPa，蒸发表面温度可按表 2-21 选取；

　　　F——槽液蒸发表面积，m²；

　　　r——水的蒸发焓，kJ/kg；取 2259kJ/kg。

表 2-20　重力流动因素 α 值

水温/℃	30 以下	40	50	60	70	80	90	100
α	0.022	0.028	0.033	0.037	0.041	0.046	0.051	0.06

表 2-21　周围空气为 $t_{c_0}=20℃$，$\varphi=70\%$ 时的蒸发表面温度

槽液温度/℃	20	25	30	35	40	45	50	55	60	65	70	75	80	85	90	95	100
蒸发表面温度/℃	18	23	28	33	37	41	45	48	51	54	58	63	69	75	82	90	97

④ 补充新鲜槽液的热损耗量的计算　平均每小时补充新鲜槽液的热损耗量按下式计算：

$$Q_{h_4} = V_1 \rho_y c(t_c - t_{c_0}) \tag{2-22}$$

式中　V_1——平均每小时补充新鲜槽液的容量，L；

　　　ρ_y——槽液的密度，kg/L；

　　　c——槽液的比热容，J/(kg·℃)。

(2) 槽液从初始温度升温到工作温度时的热损耗量计算

槽液加热时的总热损耗量除考虑加热槽液的热损耗量外，还应同时考虑槽壁的散热和加热槽液时液面蒸发的热损耗量等因素。因此，升温时，每小时总的热损耗量可按下式计算：

$$Q_h' = \frac{V \rho_y c(t_c - t_{c_0})}{t} + \frac{1}{2}(Q_{h_1} + Q_{h_3}) \tag{2-23}$$

式中　Q_h'——槽液升温时总的热损耗量，W；

　　　V——浸渍槽的有效容积，L；

　　　t——升温时间，h，参见表 2-22 选取。

表 2-22　槽液升温时间

浸渍槽有效容积/m³	1～5	5～10	10～15	15～20	＞20
升温时间/h	0.5～1.0	1.0～2.0	2.0～3.0	3.0～4.0	4.0～6.0
二次升温时间/h	0.5	0.5～1.0	1.0～1.5	1.5～2.0	2.0～3.0

2.7.2.4　热能消耗量计算

（1）蒸汽消耗量计算

① 升温时蒸汽消耗量的计算　升温时每小时的蒸汽消耗量按下式计算：

$$G_r = \frac{Q'_h}{r} \tag{2-24}$$

式中　G_r——升温时每小时的蒸汽消耗量，kg/h；

　　　Q'_h——升温时的总热损耗量，W；

　　　r——水的蒸发焓，J/kg；取 2259kJ/kg。

② 工作时蒸汽消耗量的计算　工作时每小时的蒸汽消耗量按下式计算：

$$G'_r = \frac{Q_h}{r} \tag{2-25}$$

式中　G'_r——工作时每小时的蒸汽消耗量，kg/h；

　　　Q_h——工作时的总热量损耗量，W。

（2）电功率的计算

① 升温时电功率的计算　升温时的电功率按下式计算：

$$P = \frac{Q'_h}{1000} \tag{2-26}$$

式中　P——升温时所需的电功率，kW；

　　　Q'_h——升温时的总热损耗量，W。

② 工作时电功率的计算　工作时的电功率按下式计算：

$$P' = \frac{Q_h}{1000} \tag{2-27}$$

式中　P'——工作时所需的电功率，kW；

　　　Q_h——工作时的总热损耗量，W。

2.7.2.5　加热器的计算

（1）蒸汽加热器的计算

蒸汽加热器的计算包括加热器换热面积和长度的计算。在计算加热器的换热面积时，必须选取最大的热损耗量计算热量。

① 换热面积的计算　加热器的换热面积可按下式计算：

$$F = \frac{Q_{h_{max}}}{K(t_{c_1} - t_{c_m})} \tag{2-28}$$

式中　F——蒸汽加热器的换热面积，m²；

　　　$Q_{h_{max}}$——最大的热损耗量，W；

　　　K——加热器的传热系数，W/(m²·℃)，参见表 2-26 选取；

　　　t_{c_1}——饱和蒸汽的温度，℃；

　　　t_{c_m}——槽液的平均温度，℃，可按 $t_{c_m} = \dfrac{t_c + t_{c_0}}{2}$ 计算。

② 加热器总长度的计算　加热器总长度按下式计算：

$$L = \frac{F}{\pi D} \tag{2-29}$$

式中　L——蒸汽加热器的总长度，m；

D——蒸汽加热器的外径，m。

加热器管的直径可根据蒸汽通过量、蒸汽压力、蒸汽流速等因素进行确定。当管径小，其蒸汽通过量不能达到计算的最大蒸汽消耗量时，应采取多个蒸汽进口。表2-23为饱和蒸汽的允许流速，表2-24为饱和蒸汽在不同管径、不同压力、不同流速条件下的重量流量，可供选择管径时参考。

表 2-23　饱和蒸汽的允许流速

公称直径 D_g/mm	15～20	25～32	40	50～80	100～150
允许流速 v/(m/s)	10～15	15～20	20～25	25～35	30～40

表 2-24　各种管径饱和蒸汽的重量流量

公称直径 D_g/mm	流速 v /(m/s)	不同压力下的重量流量/(kg/h)					
		0.1MPa	0.2MPa	0.3MPa	0.4MPa	0.5MPa	0.6MPa
1	2	3	4	5	6	7	8
15	10	7.8	11.3	14.9	18.4	21.8	25.3
	15	11.7	17.0	22.4	27.6	32.4	37.6
	20	15.0	22.7	29.8	30.8	43.7	50.5
20	10	14.1	20.7	27.1	33.5	39.8	46.0
	15	21.1	31.1	38.6	50.3	57.7	69.0
	20	28.2	41.4	54.2	67.0	79.6	92.0
25	15	34.4	50.2	65.8	81.2	96.2	111.0
	20	45.8	66.7	87.8	108.0	128.0	149.0
	25	57.3	83.3	110.0	136.0	161.0	180.0
32	15	60.2	88.0	115.0	142.0	169.0	190.0
	20	80.2	117.0	154.0	190.0	226.0	260.0
	25	100.0	147.0	193.0	238.0	282.0	325.0
	30	120.0	176.0	230.0	284.0	338.0	390.0
40	20	105.0	154.0	202.0	249.0	283.0	343.0
	25	132.0	194.0	258.0	311.0	354.0	428.0
	30	158.0	232.0	306.0	374.0	444.0	514.0
	35	185.0	268.0	354.0	437.0	521.0	594.0
50	20	157.0	229.0	301.0	371.0	443.0	508.0
	25	197.0	287.0	377.0	465.0	554.0	636.0
	30	236.0	344.0	452.0	558.0	664.0	764.0
	35	270.0	400.0	530.0	650.0	776.0	885.0
70	20	299.0	437.0	572.0	706.0	838.0	970.0
	25	374.0	542.0	715.0	880.0	1052.0	1200.0
	30	448.0	650.0	858.0	1060.0	1262.0	1440.0
	35	525.0	762.0	1005.0	1240.0	1478.0	1685.0
80	25	528	773	1012	1297	1480	1713
	30	630	926	1213	1498	1776	2053
	35	738	1082	1415	1749	2074	2400
	40	844	1237	1620	1978	2370	2740
100	25	784	1149	1502	1856	2201	2547
	30	940	1377	1801	2220	2640	3058
	35	1099	1608	2108	2600	3083	3568
	40	1250	1832	2396	2980	3514	4030

（2）电加热管数量的计算

在计算时，必须选取最大的电功率作为计算功率。电加热管的数量可按下式计算：

$$n = \frac{P_{\max}}{P_1} \tag{2-30}$$

式中　n——电加热管的数量，个；

　　　$P_{\max}$——最大的电功率，kW；

　　　P_1——电加热管单件功率，kW，设计时可参考有关电加热管产品样本确定。

2.7.2.6　传热系数的计算

传热系数可按下式计算：

$$K = \frac{1}{\dfrac{1}{\alpha_1} + \dfrac{1}{\alpha_2} + \sum \dfrac{\delta}{\lambda}} \tag{2-31}$$

式中　K——传热系数，W/(m^2·℃)；

　　　α_1——由较热介质至器壁的换热系数，W/(m^2·℃)；

　　　α_2——由器壁至较冷介质的换热系数，W/(m^2·℃)；

　　　λ——每层器壁的热导率，W/(m·℃)；

　　　δ——每层器壁的厚度，m。

换热系数与许多因素有关，如流体的种类、特性等，不可能导出一个普遍公式，一般只能借助实验资料和经验公式进行确定。各种介质的换热系数可参见表 2-25。

表 2-25　换热过程换热系数 α 的平均值

名称	换热系数 α/[W/(m^2·℃)]
未沸腾的静止液	465～582
未沸腾的搅动液	2326～4652
沸腾液体	4652～6978
正在凝结的蒸汽($v=1\sim6$m/s)	6978～20934
静止空气	3.5～9.3

由此可知，传热系数 K 也与许多因素有关，为便于设计计算，K 值可参考表 2-26 进行选择。

表 2-26　换热过程传热系数 K 平均值

放热介质	传热材料	吸热介质	K 值/[W/(m^2·℃)]
蒸汽	钢	水	872
蒸汽	铅	水	582
蒸汽	化工搪瓷	水	465
蒸汽	钢管外镶石墨玻璃钢	水	349
沸腾液体	钢	冷液体	233
未沸腾液体	钢	冷液体	116～233
未沸腾液体	保温层结构	空气	0.98
液体	钢	空气	9.3～17

2.7.2.7　槽壁保温层厚度的计算

槽壁保温层的厚度可按下式计算：

$$\delta = \frac{\lambda(t_c - t_{c_2})}{\alpha(t_{c_2} - t_{c_0})} \times 1000 \qquad (2\text{-}32)$$

式中　δ——槽壁保温层的厚度，mm；

　　　λ——保温材料的热导率，W/(m·℃)，膨胀蛭石＜0.07W/(m·℃)，膨胀珍珠岩＜0.075W/(m·℃)，矿渣面＜0.047W/(m·℃)，玻璃棉及其制品＜0.064W/(m·℃)，石棉制品＜0.087W/(m·℃)；

　　　t_c——槽液工作温度，℃；

　　　t_{c_2}——保温层外壁表面温度，℃，一般 t_{c_2} 控制在20℃左右；

　　　t_{c_0}——车间温度，℃；

　　　α——保温层外表面向周围空气的换热系数，W/(m²·℃)，可按式(2-33)计算。

$$\alpha = 9.8 + 0.07(t_{c_2} - t_{c_0}) \qquad (2\text{-}33)$$

2.8　喷淋式涂装前处理设备

2.8.1　设备类型

喷淋式前处理设备分单室多工序式、垂直封闭式、垂直输送式和通道式等类型。

① 单室多工序表面处理设备　设备只有一个喷射室，可在该室内依次完成去油、水洗及第二次水洗三道工序。在该设备的喷射室内，仅安装一套喷射系统，每一道工序都有各自的水槽，用阀门自动控制，使各道工序的槽液流回各自的槽中，设备装置见图2-29。根据喷射液体的性质，有时在一室内应设两套喷射系统。

② 垂直封闭式表面处理设备　设备设有两个固定的喷射区，设备的外罩能将各喷射区完全封闭，可以有效地防止槽液飞溅和各区槽液的相互串水混合。

图2-29　单室多工序喷淋表面处理设备原理图

1—去油水泵；2—去油喷管；3—水洗喷管；

4—水洗水泵；5、6、8、9、11—阀门；

7—热水槽；10—预冲洗热水槽；

12—去油溶液槽

图2-30　垂直输送式表面处理设备

1—水槽；2—环行喷管；3—垂直输送器；

4—保温材料罩壳；5—工件

③ **垂直输送式表面处理设备**　见图 2-30，设备没有过渡泄水段，由完全隔离的数个喷射区组成。被处理工件吊挂在双排运输链的挂杆上，随链条垂直弯曲出设备。

④ **通道式表面处理设备**　这类设备是最常见的，它有单室清洗机和多室联合机组之分。单室清洗机是联合机组的基本单元，在生产率相同的条件下，宜采用多室联合机组。

通道式表面处理设备的类型及适用范围见表 2-26。

2.8.2　设备结构

通道式表面处理设备由壳体、槽体、喷射系统、槽液加热装置、溶液配制、沉淀及过滤装置、通风系统及悬链输送机的保护装置等部分组成。其结构如图 2-31 所示，其他各种喷射式表面处理设备的主要结构亦大致相同。

图 2-31　六室清洗磷化联合机示意图

1—工件入口段；2—喷射处理段；3—泄水过渡段；4—喷管装置；5—外加热器；
6—磷化液过滤装置；7—工件；8—水泵；9—纯化水泵；10—过滤装置泵；
11—磷化水槽；12—磷化备用泵；13—磷化工作泵；14—工件出口段

壳体一般为封闭隧道结构，如果是通道式作业，各工序间需留出足够的过渡距离，两端设挡水板以防各工序串水。如是间隙式作业，则各工序间有门，相互隔开。壳体内两旁需有维修平台，壳体内壁涂覆玻璃钢防腐。过渡段的一段结构见图 2-32。

图 2-32　过渡段的一般结构

1—水槽；2—挡水板；3—维修侧门；4—喷射系统

图 2-33　槽体的一般结构

1—放水管；2—排渣口；3—槽体；4—溢流管；
5—溢流槽；6—盖；7—伸出段；8—保温层；
9—挡渣板；10—水泵吸口

　　　槽体的一般结构见图 2-33。槽体上设置有溢流槽、挡渣板、排渣孔、放水管和水泵吸口等。槽体的长度，一般等于喷射处理段的长度，在槽体的宽度方向上，一般伸出设备外壳，伸出的宽度一般为 600～800mm，长度一般为 600～1000mm，以利于从此处添加槽液和安装水泵吸口，槽体的伸出部分应另加槽盖。

　　　槽体有效容积应不少于水泵每分钟流量的 1.5 倍，磷化槽则为 2.5 倍，以保证槽液有较长的沉淀时间。为了排除沉淀，磷化槽下部可制成 40°～45° 的锥形或 W 形。

　　　喷射系统是完成工件喷洗的主要工作部分，包括喷管装置和水泵装置等。

　　　喷管结构有横排和竖排两种形式，每种形式又有整体式和可分式之分。

　　　喷嘴的种类很多，常用喷嘴的结构、特点及使用范围如表 2-27 所示。

表 2-27　常用喷嘴的结构特点及使用范围

名　称	材　料	性能特点	使用说明
V 形喷嘴	不锈钢、尼龙	喷口为 V 形条缝，射流呈带状，冲刷力较强，不易堵塞，但扩散角度较小，雾化差	用于喷射酸洗、综合除油除锈、碱洗工序
强射流喷嘴	铸铁	射流呈圆锥形，锥角较小，冲刷力强	用于油腻污垢的清洗
扁平喷嘴	锡青铜	喷口为扁平条缝，射流呈带状，扩散角度较大，制造较困难	用于碱洗或水洗工序
Y-1 型雾化喷嘴	不锈钢、尼龙	射流呈圆锥形，锥角大，水粒细密、均匀，雾化好，容易清洗	用于要求射流均匀的化学反应工序，例如磷化、钝化、钛酸盐草酸处理等
莲蓬头喷嘴	不锈钢、尼龙	射流呈圆锥形，水粒粗，喷水量大，安装角度大，喷水量可调	用于工序间的热水喷洗及冷水喷洗
扁平可调喷嘴	锡青铜	安装角度可调，其他同扁平喷嘴	用于碱洗或水洗工序

　　　在喷射系统中，一般只安装一台离心水泵，对于酸洗和磷化可设置两台水泵，一台备用。

　　　槽液加热方式与浸渍法类似，一般采用 0.3～0.4MPa 的饱和蒸汽加热，也可用电加热。蒸汽加热方式亦分直接加热和间接加热两种，后者分槽内加热和槽外加热两种形式。槽内加热类似于浸渍式，槽外加热是将套管或列管等热交换器安装在室壁之外，串联在水泵出口和喷管系统之间，蒸汽从套管和小管之间的间隙流入，槽液从小管内流过而被加热，如图2-34所示。常用的加热器有套管式和列管式两种。

　　　设备通风系统　　通过式机组采用机械通风，即在工件出入口设置抽风罩，将蒸汽和空气的混合气体排出车间。

　　　机械通风系统，由抽风罩、风机、调节阀门、排风管、伞形风帽等部分组成。

　　　悬挂输送机保护装置　　保护装置是保护悬链不受冷热水、酸、碱的腐蚀，以便悬链能正常运转。最简单的悬链保护装置是防护罩，常用的还有迷宫式气封悬链输送机保护装置（见图 2-35）和水封悬链输送机保护装置等。

2.8.3　喷射表面处理设备的计算

　　　设备计算，主要是确定设备外形尺寸，合理选择水泵及计算加热装置等。

2.8.3.1　设备尺寸的计算

　　　以多室联合清洗机为例，需要确定的主要外形尺寸如图 2-36 所示。

图 2-34　槽外加热示意图

1—水箱；2—喷管；3—旁通管；
4—加热器；5—水泵

图 2-35　迷宫式气封悬链输送机保护装置

1—喷洗室；2—输入空气管道；3—迷宫壳体；
4—轨道；5—阀门；6—吊钩

图 2-36　多室联合清洗机尺寸计算图

（1）设备长度的计算

设备长度按下式计算：

$$L = \sum l_1 + \sum l_2 + 2l_3 \tag{2-34}$$

式中　L——设备长度，mm；

$\sum l_1$——各喷射区段的长度，mm，一般等于各水槽长度之和；

$\sum l_2$——各泄水过渡段长度之和，mm；

l_3——工件进出段的长度，mm，一般取 1200～1500mm。

各喷射区段长度，可按下式计算：

$$l_1 = 1000Vt + (0 \sim 300) \tag{2-35}$$

式中　V——输送机移动速度，m/min；

t——各喷射处理区的处理时间，min。

各泄水过渡段的长度 l_2，应保证两相邻喷射区的槽液不相互串水混合。对于高度大于宽度的工件，若喷嘴出口压力小于 0.2MPa 时，可取 2000～2500mm；若喷嘴压力大于 0.2MPa 时，其长度应酌情增大。当两相邻喷射区为水洗段，为减小设备的长度，过渡段的长度可取 1400～2000mm。

各泄水过渡段的长度，可按下式计算：

$$l_2 = 0.8h + 0.5S + l_2' \tag{2-36}$$

式中　h——工件高度，mm，当工件的长度大于高度时，要用长度代替高度的数值；

S——输送机 $1min$ 移动的距离，mm；

l'_2——淌水板第二段水平投影长度，mm，可取 $800 \sim 1000mm$。

（2）设备宽度的计算

设备宽度的计算包括设备壳体宽度的计算和水槽宽度的计算。

① 设备壳体宽度的计算　设备壳体的宽度按下式计算：

$$B = b + 2b_1 \qquad\qquad (2\text{-}37)$$

式中　B——设备壳体的宽度，mm；

　　　b——工件的最大宽度，mm，当工件对称吊挂时，b 为工件实际的最大宽度，若非对称吊挂时，按吊挂中心至工件外沿最大距离的 2 倍计算；

　　　b_1——工件外侧至设备壳体外侧的距离，mm，该尺寸应考虑喷嘴至工件的距离，喷管的安装尺寸及壳体保温层的厚度，$b_1 = 400 \sim 500mm$。

② 水槽宽度的计算　水槽的宽度按下式计算：

$$B = B_1 + B_2 \qquad\qquad (2\text{-}38)$$

式中　B——水槽的宽度，mm；

　　　B_1——设备壳体的宽度，mm；

　　　B_2——水槽伸出端的宽度，mm，$B_2 = 600 \sim 800mm$。

（3）设备高度的计算

设备高度按下式计算：

$$H = h + h_1 + h_2 \qquad\qquad (2\text{-}39)$$

式中　H——设备的高度，mm；

　　　h——工件高度，mm；

　　　h_1——轨顶至工件顶端的距离，mm，$h_1 = 700 \sim 1500mm$；

　　　h_2——工件底部至地坪的距离，mm，当水槽设置在地坪上时，$h_2 = 1400 \sim 1600mm$，当水槽埋在地坪之下时，$h_2 = 300 \sim 400mm$。

水槽的高度 H'，一般为 $900 \sim 1200mm$。

（4）门洞宽度的计算

在保证工件顺利通过的条件下，应尽量减小门洞的断面尺寸，以减少设备的热量损失。

① 门洞的宽度按下式计算：

$$b_0 = b + 2b_2 \qquad\qquad (2\text{-}40)$$

式中　b_0——门洞的宽度，mm；

　　　b——工件的最大宽度，mm；

　　　b_2——工件和门洞之间的间隙，mm，一般取 $b_2 = 80 \sim 120mm$。

② 门洞高度的计算（见图 2-36）　门洞的高度可按下式计算：

$$h_0 = h + h_3 + h_4 \qquad\qquad (2\text{-}41)$$

式中　h_0——门洞的高度，mm；

　　　h——工件的高度，mm；

　　　h_3——工件的底部至门洞下边的间隙，mm，一般取 $100 \sim 150mm$；

　　　h_4——$80 \sim 120mm$。

2.8.3.2　水泵流量的计算

水泵流量决定于喷射处理的喷嘴数量和每个喷嘴的喷水量。

水泵流量按下式计算：

$$Q=nq \tag{2-42}$$

式中　Q——水泵流量，m^3/h；

　　　n——各喷射区段安装的喷嘴总数，个；

　　　q——在规定压力下，每个喷嘴的喷水量，m^3/h；

各喷射区段的喷嘴总数 n，应根据下列条件作图而定：喷嘴环形管的外形应将工件包围；喷嘴到工件的最小距离不得小于 250mm；喷嘴在喷射区段应均匀布置。喷嘴的排列方法见本节"喷射系统"。无论哪一种排列方法，喷管的间隔尺寸为：在垂直方向上应满足 200～300mm，在水平方向上，应满足 250～300mm。

喷嘴的喷水量 q，一般需采用实验资料或经验资料给予确定。表 2-28 为 Y-1 型雾化喷嘴的喷水量。表 2-29 为梳形喷嘴的喷水量。

表 2-28　Y-1 型雾化喷嘴的喷水量

喷嘴孔径/mm	喷射压力/MPa			
	0.1	0.2	0.3	0.4
	喷水量/(L/h)			
1.5	100	140	175	200
2.0	135	195	240	280
2.5	165	235	300	340
3.0	200	285	355	410
3.5	230	335	415	490
4.0	269	385	480	550
4.5	290	420	530	620
5.0	330	465	580	680
5.5	360	510	630	740
6.0	390	570	700	820

表 2-29　口径为 9.5mm 梳形喷嘴的喷水量

喷射压力/MPa	0.05	0.1	0.15	0.2	0.25	0.30	0.35	0.4
喷水量/(L/min)	16.4	24.6	29.6	34.2	39.0	42.4	45.8	49.2

根据统计，对 V 形喷嘴，当喷射压力为 0.2MPa 时，其喷水量可按 0.6～0.7m^3/h 计算；对莲蓬头式喷嘴，当喷射压力为 0.2MPa 时，喷水量可按 0.8～0.85m^3/h 计算。

在没有实验资料的情况下，喷嘴的喷水量 q，可按下式计算：

$$q=3600\mu F\sqrt{2gH} \tag{2-43}$$

式中　q——喷嘴的喷水量，m^3/h；

　　　μ——喷嘴出口处的流量阻力系数，一般取 $\mu=0.35\sim0.43$；

　　　F——喷嘴的出口面积，m^2；

　　　H——喷嘴出口中心的压力，mH_2O（$1mH_2O=10000Pa$）；

　　　g——重力加速度，m/s^2，$g=9.8m/s^2$。

也可用如下形式表示：

$$q=0.0396\mu d^2\sqrt{p} \tag{2-44}$$

式中　q——喷嘴的喷水量，m/h；

d——喷嘴出口直径，mm；

p——喷嘴出口中心压力，MPa。

2.8.3.3　管道阻力和水泵扬程的计算

（1）管道阻力的计算

喷射管道由主管道和若干支管组成。计算管道阻力时，应选择离水泵最远，阻力最大的一条管道进行阻力计算。管道总的阻力可按下式计算：

$$\Delta H = \Delta H_t + \Delta H_p \tag{2-45}$$

式中　ΔH——管道的总阻力，MPa；

ΔH_t——管道的沿程阻力损失，MPa；

ΔH_p——管道的局部阻力损失，MPa。

管道的沿程阻力损失，一般数值很小，可以忽略不计。若管道较长时，可按表 2-30 计算。

表 2-30　不同流量的水管直径及 1000m 长的沿程阻力损失

流量		水煤气管直径/mm							
		50		70		80		100	
L/s	m³/h	流速/(m/s)	1000ΔH_p/MPa	流速/(m/s)	1000ΔH_p/MPa	流速/(m/s)	1000ΔH_p/MPa	流速/(m/s)	1000ΔH_p/MPa
2.1	7.56	0.99	0.503	0.60	0.142	0.42	0.061	0.24	0.016
3.0	10.80	1.41	0.999	0.85	0.274	0.60	0.117	0.35	0.030
4.0	14.40	1.88	1.770	1.13	0.468	0.81	0.193	0.46	0.050
6.0	21.60	2.82	3.930	1.70	1.04	1.21	0.421	0.69	0.105
8.0	28.80	—	—	2.27	1.85	1.61	0.748	0.92	0.178
11.0	39.60	—	—	—	—	2.21	1.410	1.27	0.324
13.0	46.8	—	—	—	—	2.62	1.970	1.50	0.452
15.0	54.00	—	—	—	—	—	—	1.73	0.502
20.0	72.00	—	—	—	—	—	—	2.31	1.070
25.0	90.00	—	—	—	—	—	—	2.89	1.670
26.0	93.60	—	—	—	—	—	—	3.00	1.810

管道的局部阻力损失可按下式计算：

$$\Delta H_p = 10 \sum \zeta \frac{\omega^2 \rho_y}{2g} \tag{2-46}$$

式中　ζ——局部阻力系数；

ω——局部阻力处的流体速度，m/s；

ρ_y——流体的密度，kg/L；

g——重力加速度，m/s²，$g=9.8$m/s²。

一般情况下，从水泵到喷嘴的阻力损失不大于 0.05MPa。

（2）水泵扬程的计算

水泵的扬程，等于管道的总的阻力损失，喷嘴出口压力以及水泵出口至管道终端高度差所产生的压力之和。水泵扬程按下式计算：

$$H_p = \Delta H + \Delta H_s + \Delta H_v \tag{2-47}$$

式中　H_p——水泵的扬程，MPa；

ΔH——管道总的阻力损失，MPa；

ΔH_s——喷嘴出口压力，MPa，对清洗工序，一般可取 $0.15 \sim 0.20$MPa，对除油、除锈工序，可取 $0.20 \sim 0.30$MPa；

ΔH_v——水泵出口至管道终端的高度差所产生的压力，MPa，与水的密度相近的液体，其压力等于高度之差值，m，若与水的密度相差较大，应做相应的换算。

选择水泵型号时，根据上述扬程的计算，从水泵特性曲线或性能表，求得相应的流量。选择的水泵流量，应能满足喷嘴喷水量的要求。

2.8.3.4　通风装置的计算

设备通风计算，包括槽液蒸汽混合气从门洞处逸出量的计算和通风机通风量的计算。

（1）蒸汽、空气混合气逸出量的计算

蒸汽、空气混合气逸出量的计算，分两种情况：

第一种情况是当设备不设置风幕时，设备内的蒸汽、空气混合气在热位差的作用下，能从门洞逸出，逸出量按下式计算：

$$G' = 1.92 b_0 \sqrt{h_0} \sqrt{\frac{(\rho_1 - \rho_2)\rho_1\rho_2}{(\sqrt[3]{\rho_1} + \sqrt[3]{\rho_2})^3}} \tag{2-48}$$

式中　G'——蒸汽、空气混合气的逸出量，kg/s；

b_0——门洞的宽度，m；

h_0——门洞的高度，m；

ρ_1——设备外空气的密度，kg/m³，根据设备外空气的温度，按标准大气压确定；

ρ_2——设备内蒸汽、空气混合气的密度，kg/m³，根据低于槽液温度 $20 \sim 25$℃的空气，按标准大气压确定。

第二种情况是当设备设置空气幕时，设备内蒸汽、空气混合气的逸出量等于从门洞进入设备的空气量。其数值按下式计算：

$$G' = \frac{2}{3}\mu\frac{f}{2}\sqrt{2gh'(\rho_1 - \rho_2)\rho_3} \tag{2-49}$$

式中　G'——蒸汽、空气混合气的逸出量，kg/s；

μ——在空气幕的作用下，蒸汽、空气混合气通过门洞的流量系数，按表 2-31 选用；

f——门洞开口面积，m²；

g——重力加速度，m/s²，取 $g = 9.8$m/s²；

ρ_3——门洞处蒸汽、空气混合气的密度，kg/m³，当设备内蒸汽、空气混合气的温度不高于 60℃时，ρ_3 可根据低于该温度 $10 \sim 15$℃的空气，按标准大气压确定；

h'——从门洞下部到门洞中性线位置高度，m，可按式(2-50) 计算。

$$h' = \frac{f}{2b_0} \tag{2-50}$$

（2）通风机通风量的计算

确定通风机的通风量，除考虑将逸出的蒸汽、空气混合气全部抽出之外，还应考虑从门洞处吸入的空气量。通风机的通风量可按下式计算：

$$G = AG'\eta \tag{2-51}$$

式中　G——通风机的通风量，kg/s；

A——考虑从门洞处吸入的空气量的系数，一般可取 $1.6 \sim 2.0$；

G'——蒸汽、空气混合气的逸出量，kg/s；

η——阻塞系数，可取 $0.75\sim0.80$。

表 2-31　单侧或双侧空气幕作用下通过大门的流量系数 μ

$\varepsilon=\dfrac{G_k}{G_j}$	单侧空气幕 $\dfrac{f_k}{f}=\dfrac{b_k}{b_0}$				双侧空气幕 $\dfrac{f_k}{f}=\dfrac{2b_k}{b_0}$			
	1/40	1/30	1/20	1/15	1/40	1/30	1/20	1/15
空气幕射流与大门平面成45°角								
0.5	0.235	0.265	0.306	0.333	0.242	0.269	0.306	0.333
0.6	0.201	0.226	0.270	0.299	0.223	0.237	0.270	0.299
0.7	0.170	0.199	0.236	0.269	0.197	0.217	0.242	0.267
0.8	0.159	0.181	0.208	0.238	0.182	0.199	0.226	0.243
0.9	0.144	0.162	0.193	0.213	0.169	0.185	0.212	0.230
1.0	0.133	0.149	0.178	0.197	0.160	0.172	0.195	0.215
空气幕射流与大门平面成30°角								
0.5	0.269	0.300	0.338	0.361	0.269	0.300	0.338	0.375
0.6	0.232	0.263	0.302	0.330	0.240	0.263	0.303	0.341
0.7	0.203	0.230	0.272	0.301	0.221	0.240	0.272	0.301
0.8	0.185	0.205	0.245	0.275	0.203	0.222	0.245	0.274
0.9	0.166	0.185	0.220	0.251	0.187	0.206	0.232	0.251
1.0	0.151	0.174	0.202	0.227	0.175	0.192	0.219	0.239

2.8.3.5　热力计算

设备的热力计算是确定槽液加热升温时和工作时的热损耗量，以确定加热器的热交换面积。

（1）工作时热损耗量的计算

设备工作时，即热平衡状态下每小时总的热损耗量可按下式计算：

$$Q_h=(Q_{h_1}+Q_{h_2}+Q_{h_3}+Q_{h_4}+Q_{h_5})k \tag{2-52}$$

式中　Q_h——设备工作时，总的热损耗量，W；

　　　Q_{h_1}——通过壁板和槽壁散失的热损耗量，W；

　　　Q_{h_2}——加热工件和输送机移动部分的热损耗量，W；

　　　Q_{h_3}——经门洞排出的空气、蒸汽混合气中的空气的热损耗量，W；

　　　Q_{h_4}——经门洞排出的空气、蒸汽混合气中的蒸汽的热损耗量，W；

　　　Q_{h_5}——排出槽液的热损耗量，W；

　　　k——热量损失系数，作为补偿未估计到的热量损失，一般取 $1.1\sim1.2$。

① 通过壁板和槽壁散失的热损耗量的计算　每小时通过壁板和槽壁散失的热损耗量可按下式计算：

$$Q_{h_1}=FK(t_c-t_{c_0})\psi \tag{2-53}$$

式中　F——壁板或槽壁的表面积，m^2；

　　　K——传热系数，$W/(m\cdot℃)$，对于 50mm 厚度的矿渣棉壁板，传热系数 $K=1.4\sim1.63W/(m\cdot℃)$，对于 $80\sim100mm$ 厚的矿渣棉水槽槽壁 $K=0.8\sim1.16W/(m\cdot℃)$；

t_c——壁板内侧的温度,℃,可按槽液工作温度计算;

t_{c_0}——车间平均温度,℃,一般可取 15～20℃;

ψ——备用系数,取 1.5。

② 加热工件和输送机移动部分的热损耗量的计算　每小时加热工件和输送机移动部分的热损耗量可按下式计算:

$$Q_{h_2} = (G_e c_e + G_c c_c)(t_c - t'_{c_0}) \tag{2-54}$$

式中　G_e——输入设备内工件的重量,kg/h;

G_c——输送机移动部分的重量,kg/h;

c_e——工件的比热容,J/(kg·℃);

c_c——输送机移动部分的比热容,J/(kg·℃);

t_c——各喷射区的温度,℃,等于各处理区槽液的工作温度;

t'_{c_0}——进入各喷射区的工件和输送机移动部分的初始温度,℃。

③ 经门洞排出的空气、蒸汽混合气中的空气热损耗量的计算　每小时经门洞排出的空气、蒸汽混合气中的空气热损耗量可按下式计算:

$$Q_{h_3} = nG'c_a(t_c - t_{c_0}) \tag{2-55}$$

式中　n——门洞数;

G'——门洞处逸出的蒸汽、空气混合气的重量,kg/h;

c_a——空气的比热容,J/(kg·℃);

t_c——逸出混合气的温度,℃,其数值应比进出口端槽液的温度低 20～25℃;

t_{c_0}——车间的平均温度,℃。

④ 经门洞排出的空气、蒸汽混合气中的蒸汽热损耗量的计算　每小时经门洞排出的空气、蒸汽混合气中的蒸汽热损耗量可按下式计算:

$$Q_{h_4} = 0.9nG'(q_{r_2} - q_{r_1})r \tag{2-56}$$

式中　0.9——校正系数;

q_{r_2}——当排出的混合气温度为 $t_{c'}$,饱和度为 90% 时,每千克混合气中水蒸气的含量,kg;

q_{r_1}——当车间温度为 t_{cv},饱和度为 60% 时,每千克车间空气中水蒸气的含量,kg;

r——水蒸气的汽化热,J/kg。

⑤ 排出的槽液热损耗量的计算　每小时排出槽液的热损耗量可按下式计算:

$$Q_{h_5} = G'_w c_w(t_c - t_{c_2}) \tag{2-57}$$

式中　c_w——槽液的比热容,J/(kg·℃);

t_c——槽液的工作温度,℃;

t_{c_2}——补充水的初始温度,℃;

G'_w——消耗或补充的槽液量,kg/h。

对于槽液的消耗量,一般工件每平方米面积的带出量约在 0.2kg 以下,若考虑飞溅、蒸发等槽液损失,可取 0.5kg/m²。对于碱液、酸液和磷化液即可按 0.5kg/m² 计算进行补充。对于冲洗工序,为保持冲洗水有一定的清洁度,需不断地更换和补充。第一次冲洗,可按 15kg/m² 计算;第二次冲洗,可按 10kg/m² 计算。若补充水从第二次冲洗水槽溢流至第一次冲洗水槽,补充水量仅按 10～15kg/m² 计算。

（2）槽液加热升温时热损耗量的计算

设备在工作之前，需把槽液加热到规定的工作温度，此时，设备未达到热平衡状态，加热槽液的热损耗量仅包括槽液升温及槽壁散热所损失的热量。每小时加热槽液的热损耗量可按下式计算：

$$Q'_h = \frac{G_w c_w (t_c - t_{c_3})}{t} + \frac{1}{2} Q_{h_1} \qquad (2\text{-}58)$$

式中　Q'_h——槽液加热升温时的热损耗量，W；

　　　G_w——被加热的槽液重量，kg；

　　　c_w——槽液的比热容，J/(kg·℃)；

　　　t_{c_3}——槽液的初始温度，℃，其数值为下班停止供气若干小时后的槽液温度，可根据停气时的温度和停气小时数由图 2-37 确定；

　　　t——升温时间，h，小于 2m³ 的水槽，可取 0.5～1.0h，槽体的容积大于 2m³ 时，按表 2-22 确定。

图 2-37　槽内溶液在停汽时的温度下降曲线

（3）热能消耗量的计算

热能消耗量应包括蒸汽消耗量的计算和电能消耗量的计算。具体计算方法可见有关浸渍式表面处理设备的热能消耗量的计算。

（4）加热器的计算

计算加热器时，应将各喷射区（槽）正常工作时，每小时的热损耗量与开始工作前，每小时加热槽液的热损耗量进行比较，取最大热损耗量作为热交换器的计算热量。

各槽液热量损耗按下述原则进行确定：

① 正常工作时各槽热量损耗的确定

a. 壁板和槽壁的散热损失和槽液气化液量损失，根据各槽容量大小，按比例分配。

b. 加热工件和输送机移动部分的热量损失，根据各区（槽）的实际热量损失分配。在计算热量损失时，只计算工件的吸热，不计算工件的散热。

c. 加热空气的热量平均分配在第一区和最后一区，若最后一区为冷水时，分配在倒数第二区。

d. 排出槽液而带走的热量，按式（2-57）分别计算分配。

② 槽液升温时，各槽热量损失的确定　开始工作前，槽液升温的热量损失仅包括槽液加热和壁板的散热损失。壁板的散热损失根据各槽容量的大小按比例分配。

③ 计算加热器　若采用蛇管加热器，计算方法可见有关浸渍式表面处理设备的蛇管加热器的计算。这里仅介绍导管加热器热交换面积的计算方法。

加热器的热交换面积可按下式计算：

$$F_n = \frac{Q_{max}}{\mu K \Delta t_{cm}} \tag{2-59}$$

式中　F_n——加热器的热交换面积，m^2；

$\quad Q_{max}$——最大的热损耗量，W；

$\quad \mu$——考虑加热器管子结垢的系数，对普通钢管可取 $\mu = 0.67 \sim 0.70$，对磷化液加热管可取 $\mu = 0.5$；

$\quad K$——传热系数，$W/(m^2 \cdot ℃)$，可取 $K = 1163 \sim 2908 W/(m^2 \cdot ℃)$；

$\quad \Delta t_{cm}$——加热器的平均温度，℃，可按式(2-60) 计算。

$$\Delta t_{cm} = \frac{1}{2} \left[(t_{cm} - t_{c_3}) + (t_{ch_2} - t_c) \right] \tag{2-60}$$

式中　t_{cm}——加热介质的初始温度，℃；

$\quad t_{c_3}$——槽液的初始温度，℃；

$\quad t_{ch_2}$——加热介质的终止温度，℃；

$\quad t_c$——槽液的工作温度，℃。

第3章 溶剂型涂料及其涂装

溶剂型涂料 VOC 值高，但具有良好的施工特性、流平性、优异的装饰性和良好的配套性，目前产量仍然超过我国涂料总产量的 50%，而且品种齐全，选择空间大，在整个涂料领域占据着重要位置。因此，掌握各类树脂的结构及性能特点，对正确选择和使用涂料非常重要。本章重点介绍一些常用的溶剂型工业涂料的性能、涂装工艺及设备。

3.1 溶剂型涂料原材料

第 1 章 1.2 中列出了涂料的组成，主要包括树脂、颜料、溶剂（分散剂）和助剂等。本节简要介绍油料、溶剂、颜料等涂料用原材料的性能、应用以及对整个涂料性能的影响。

3.1.1 油料

目前油料已很少作为主要成膜物单独使用，主要用作制备或改性树脂的原材料，其结构与性能直接影响涂料的性能和应用。

涂料用油料主要是不同种类脂肪酸的甘油酯，可用下列通式表示：

$$\begin{array}{l} CH_2OOCR^1 \\ | \\ CHOOCR^2 \\ | \\ CH_2OOCR^3 \end{array}$$

其中 R^1、R^2、R^3 主要是油酸、亚油酸、亚麻酸、桐油酸、蓖麻油酸等不饱和脂肪酸链，其结构决定了油类的性质。

$CH_3(CH_2)_7CH=CH(CH_2)_7COOH$ 油酸（9-十八碳烯酸）

$CH_3(CH_2)_4CH=CH-CH_2-CH=CH(CH_2)_7COOH$ 亚油酸（9,12-十八碳二烯酸）

$CH_3CH_2CH=CH-CH_2-CH=CH-CH_2-CH=CH(CH_2)_7COOH$ 亚麻酸（9,12,15-十八碳三烯酸）

$CH_3(CH_2)_3CH=CH-CH=CH-CH=CH(CH_2)_7COOH$ 桐油酸（9,11,13-十八碳三烯酸）

$CH_3(CH_2)_4CH_2CH(OH)CH_2CH=CH(CH_2)_7COOH$ 蓖麻油酸（12-羟基-9-十八碳烯酸）

概括起来不饱和脂肪酸具有几个共性，即都为十八碳酸，从第九个碳开始有双键，桐油酸有共轭三键，亚油酸、亚麻油酸有非共轭双键。

这种结构决定了油料的主要反应有两个，一是酯结构上的反应，二是不饱和脂肪酸链上的反应。

不饱和脂肪酸的化学反应主要是双键的反应。

不饱和脂肪酸链上的双键被空气中的氧气氧化使链增长，进而由小分子变为高分子薄膜，称为氧化聚合反应。主要遵循三种机理。

第一种氧化聚合反应为生成过氧化氢、双键移位并加成聚合：

$$—CH=CH—CH_2—CH_2—CH=CH— + O_2 \longrightarrow —CH—CH=CH—CH=CH—CH \xrightarrow[\text{加成}]{—CH=CH—}$$
$$\quad\quad\quad\quad\quad\quad\quad\quad\quad\quad\quad\quad\quad\quad\quad\quad |\quad\quad\quad\quad\quad\quad\quad\quad\quad\quad\quad\quad |$$
$$\quad\quad\quad\quad\quad\quad\quad\quad\quad\quad\quad\quad\quad\quad\quad\quad OOH\quad\quad\quad\quad\quad\quad\quad\quad\quad\quad OOH$$

$$—CH—CH=CH—CH=CH—CH \xrightarrow[\text{加聚}]{—CH=CH— (油分子)}$$
$$\quad |\quad\quad\quad\quad\quad\quad\quad\quad\quad\quad\quad\quad |$$
$$O—O—CH_2—CH_2—\quad\quad\quad\quad OOH$$

第二种情况为直接氧化聚合：

$$2\,\underset{CH}{\overset{CH}{\|}} + O_2 \longrightarrow 2\,\underset{CH—O\cdot}{\overset{\cdot CH}{|}} \longrightarrow \underset{\cdot CH}{\overset{CH—O—CH}{|}}\quad\underset{CH—O\cdot}{|}$$

第三种情况是生成羟基再脱水聚合：

$$2\,\underset{CH}{\overset{CH}{\|}} + 2O_2 \longrightarrow 2\,\underset{C=O\cdot}{\overset{CH—OH}{|}} \longrightarrow \underset{C=O\cdot}{\overset{CH—O—CH}{|}}\quad\underset{C=O\cdot}{|} + H_2O$$

　　不管哪一种方式，通过不饱和脂肪酸与空气中氧气的反应，都能使小分子油料聚合为高分子而固化成膜，所以上述反应又称为成膜反应。该反应机理为自由基反应，反应速率较慢，但随双键数目增多，反应速率加快，共轭双键反应活性高于非共轭双键。为此，以油料为主或其他以不饱和双键氧化聚合机理固化成膜的涂料可在室温下固化成膜，也可加热固化成膜，但干燥性能较差，涂层干燥速度慢，干透时间长；由于受双键数量的限制，氧化聚合的程度较低，因而涂膜硬度低，光泽度差；施工中，一次涂装不宜过厚，最好采用薄层多层涂装，以缩短涂膜干透时间；涂料中双键的数目越多，固化速度越快，干性越好，但双键数目越多，反应后残留的双键也越多，涂层将不断缓慢氧化，使涂层颜色逐渐变深，该现象称为"泛黄"。严格地讲，结构中存在双键的涂料都有不同程度的"泛黄"性。该性质可推广到其他以氧化聚合机理固化成膜的涂料。

　　不饱和脂肪酸通过共轭双键与另一分子的双键发生 1,4 加成作用而发生聚合反应，成为二聚体，如桐油：

$$2CH_3(CH_2)_3CH=CH—CH=CH—CH=CH(CH_2)_7COOH \longrightarrow$$
$$CH=CH$$
$$|\quad\quad\quad |$$
$$CH_3(CH_2)_3CH=CH—CH\quad CH(CH_2)_7COOH$$
$$CH_3(CH_2)_3CH=CH—CH—CH—CH=CH(CH_2)_7COOH$$

油料通过该反应产生聚合作用，使甘油三酸酯成为多聚体，提高油料在室温下的干燥能力。

　　不饱和脂肪酸双键与 I_2 加成，用于测定碘值（100g 油吸收 I_2 的克数）。显然碘值越高，不饱和度越高。当碘值大于 140 时，在空气中干燥较快，干膜坚硬且不易被溶剂溶解，但"泛黄"严重，该类油称为干性油，常用的有桐油、亚麻油、梓油等。当碘值在 100~140 时，在空气中干燥速度远低于干性油，但"泛黄"性差，适合做白色或浅色漆，常用的有豆油、棉籽油等。碘值小于 100 的油料不能自行干燥，不"泛黄"，但不能单独制漆，主要用于制造合成树脂及作为增塑剂。

　　不饱和脂肪酸双键与酸酐加成可在油链上引入—COOH，提高分子极性，进而提高其水溶性，中和后生成羧酸盐，这是电泳涂料与水性涂料制备的重要反应。

酯结构上的反应是指酯键发生水解、皂化、醇解、酯交换等反应。在酸、碱等催化作用下，油脂水解为脂肪酸和甘油，如果与碱作用，皂化为脂肪酸金属皂与甘油。

$$C_3H_5(OOCR)_3 + 3H_2O \longrightarrow C_3H_5(OH)_3 + 3RCOOH$$

$$C_3H_5(OOCR)_3 + 3NaOH \longrightarrow 3RCOONa + C_3H_5(OH)_3$$

以上反应说明，主链具有酯结构的涂料，由于多个强极性酯键的存在，在钢铁等强极性基体上具有很好的结合力；同时结构中又有非极性碳链，所以涂膜韧性好，耐候性好；但其耐酸、耐碱、耐水性能较差，该类涂料不适合作为高耐蚀性涂料。

3.1.2 颜料

颜料是一种不溶于水和油，能均匀分散在介质中并能赋予涂膜某种颜色或某些特性的固体粉末。颜料最基本的作用是赋予涂层某种色彩或起防锈作用，考核的指标包括遮盖力、着色力、颗粒大小、粉化性、耐热性、耐化学性、颜料的漂浮性等。

按颜料组成可分为无机颜料和有机颜料，无机颜料耐热性好，但色泽暗淡；有机颜料一般色泽艳丽，着色力强，但只耐低温烘烤，且无黑白色。

按颜料在涂料中的作用，可分为着色颜料、防锈颜料和体质颜料。着色颜料主要起着色和遮盖作用，赋予涂层某种色彩。着色颜料的种类很多。防锈颜料广泛用于底漆中，主要提高涂料的防锈能力，一般着色力、遮盖力、耐候性不好，所以即便是自身有颜色，也不能作为着色颜料。按其防锈机理可分为物理防锈颜料、化学防锈颜料和电化学防锈颜料。物理防锈颜料又称惰性颜料，主要利用一些惰性物质的遮盖作用防止水分和空气进入而起防锈作用，常用的有玻璃鳞片粉、云母、不锈钢粉、铁红等；化学防锈颜料是利用颜料在基体表面生成钝化膜或提供碱性介质等起防锈作用，用量最多的是锌铬黄，其用量占防锈颜料的40%左右；电化学防锈颜料是利用金属颜料的阳极保护作用使基体得以保护，常用的有锌粉、银粉等。体质颜料又称填充颜料，多为白色天然矿物质，将其加入涂料中可降低成本，增强体质，减少光泽，改善刷涂性，增加底漆的粗糙度，控制涂料黏度，改进颜料悬浮性。常用的有滑石粉、轻质碳酸钙、重质碳酸钙、重晶石、石棉粉等。

像锌铬黄、铅黄等含铅、含铬的颜料，由于其钝化作用和提供的碱性介质，具有很好的防锈效果，但铅、铬等重金属严重污染环境，因此推广使用不含铅、铬的防锈颜料是实现涂料、涂装领域清洁生产的重要内容。硅酸锌、磷酸锌等颜料通过在基体表面形成磷化膜、硅酸盐薄膜等作用，表现出突出的防锈作用，是替代含铅、铬等重污染防锈颜料的重要品种。随着科技的发展，颜料也向着功能化、纳米化发展，一些具有特殊光学作用、生物活性作用、电磁屏蔽性能的颜料不断涌现，使涂层在具有传统的保护、装饰作用的前提下，呈现出一些特殊的功能作用，可以说，功能涂料的特殊功能绝大部分是由颜料赋予的，如纳米氧化钛颜料具有光催化活性，使得涂层具有防污自净作用，磁性氧化铁红赋予涂层特殊的电磁屏蔽和微波吸收功能，金属粉颜料可以制得导电、防静电等涂料等。特别值得重视的是银粉（铝粉）颜料，其片状结构、较小的密度、金属光泽和相对较负的电位，决定了它在涂层中的特殊作用。在溶剂挥发过程中，片状银粉向涂层表面漂浮，在表面搭接形成致密的保护层，对紫外线形成强有力的反射作用，对外界腐蚀介质具有阻挡作用，对基体起到电化学保护作用，因此银粉涂料形成的涂层具有很好的抗紫外线老化性能、耐盐雾腐蚀性能，目前在汽车面漆等涂层中广泛应用，可显著提高涂层的耐候性、保光、保色性。

颜料的物理、化学性能取决于其结构、粒度等因素。同一颜料，结构不同，性能差异很大，如金红石型钛白粉的耐候性、抗粉化性能远优于锐钛型结构。

3.2　常用溶剂型涂料简介

3.2.1　酚醛树脂涂料

涂料用酚醛树脂主要是热固性酚醛树脂，酚醛树脂由酚与甲醛在碱性介质中缩合而得，其基本结构为：

$$\text{HO—CH}_2 \cdots \begin{array}{c} \text{OH} \\ \end{array} \text{—CH}_2 \cdots \left[\begin{array}{c} \text{OH} \\ \end{array} \text{—CH}_2 \cdots \right]_n \begin{array}{c} \text{OH} \\ \end{array} \text{—CH}_2\text{—OH}$$

酚醛树脂结构中含有多个酚羟基（—OH），树脂具有强极性，因而酚醛树脂涂料在钢铁、木材等极性基体上附着力强，可以作为底漆使用。酚与醛聚合时交联点很近，因而涂层固化后硬度高，脆性大，而且因为酚醛树脂结构中有大量苯环，树脂易"泛黄"，所以酚醛树脂涂料耐候性差，不适合做浅色漆。但酚醛树脂中除了多个酚羟基外，没有其他官能团，因而酚醛树脂涂料具有优异的耐酸、碱、盐和有机溶剂等性能，但由于酚羟基能与碱作用生成盐，因而其耐碱性比耐酸性差。酚醛树脂漆膜干燥快、坚硬光亮、耐水性好、耐化学腐蚀、抗海水侵蚀，主要用作防腐涂层，与其他树脂合用，可以提高涂料的硬度、光泽度和耐蚀性。

3.2.2　沥青树脂涂料

沥青漆是以沥青树脂为主要成膜物的涂料。涂料用沥青主要有天然沥青、石油沥青和煤焦沥青，其主要成分为热塑性碳氢化合物，即分子量较大的烷烃、环烷烃和烯烃，这一类物质不含极性基团和活性基团，因而沥青涂料具有下列性能和用途：

① 具有极好的憎水性　各种涂料中，沥青涂料的耐水性是比较好的，所以作为防水涂层是沥青涂料的主要用途。

② 耐化学腐蚀性和电绝缘性　沥青涂料具有良好的耐酸性和一定的耐碱性，对其他化学介质也有较好的抵抗力，因此常用作防化学腐蚀材料。

③ 保护与装饰性能良好，但漆膜软、耐热性、耐溶剂性和耐候性差　为提高其硬度、光泽度，增强其耐候性，通常用干性油或树脂改性，如用酚醛树脂、芳香族异氰酸酯等阴性树脂改性，可提高其硬度、光泽度和耐腐蚀性，但其耐候性没有改善，脆性增大，所以该类涂料主要用作船底漆和防腐漆；如果采用氨基树脂、脂肪族聚氨酯等阳性树脂改性，除能提高涂层的硬度、光泽度、耐蚀性外，还可大大提高涂层的户外使用性和装饰性，漆膜坚韧黑亮、丰满，其黑度超过任何炭黑颜料，常用于自行车、缝纫机、小五金等的涂装。

④ 价格便宜，原料来源好，施工费用低。

3.2.3　醇酸树脂涂料

醇酸树脂涂料是以醇酸树脂为主要成膜物的一类涂料。醇酸树脂是由多元醇（如甘油、季戊四醇等）、多元酸（如邻苯二甲酸酐）与干性油或半干性油聚合而成的一类酯结构高聚物。其基本结构为：

R代表不饱和脂肪酸油链。

醇酸树脂分子中含有多个强极性酯键、醇羟基和羧基，因此醇酸树脂涂料与钢铁、木材等强极性基体有良好的结合力，但主链酯键的存在使得涂膜不能长期在与强酸、强碱等直接接触的介质中使用。醇酸树脂侧链的脂肪基主要由C—C、C═C键构成，为非极性，与其他树脂具有良好的混溶性，可采用氨基树脂、丙烯酸树脂等其他树脂改性；涂层固化主要依靠链上的不饱和双键氧化聚合，固化速度慢，干透时间长，涂膜硬度低，但油链的引入，可以看作是对聚酯树脂的改性，在保证良好的丰满度、光泽度的同时，提高了涂膜的弹性、韧性和耐候性，可作为一般装饰性涂料。

醇酸树脂中油料的种类和用量对树脂性能影响很大。若采用干性或半干性油为原料，则该树脂为干性醇酸树脂，在空气中可以氧化聚合固化成膜，油的不饱和度越高，固化速度越快，固化后涂膜硬度越高，但由于大量双键的存在，导致涂层"泛黄性"严重。若以不干性油为原料则为不干性醇酸树脂，泛黄性差，但干性也差，一般不单独制漆，主要作为氨基树脂等的改性树脂，以提高它们的耐久性、力学性能、光泽度和丰满度。

醇酸树脂中油料所占的质量分数称为油度。通常油度在35%～45%为短油度，在45%～60%为中油度，高于60%为长油度。油度不同，树脂性能差异较大。油度越高，在脂肪烃溶剂中的溶解性越好，在芳烃类溶剂中的溶解性越差，涂层固化后的硬度、丰满度、光泽度越低，涂料黏度小，施工性能好；油度越低，涂层的硬度、光泽度越高，韧性越差；中油度醇酸树脂具有较好的综合性能。

醇酸树脂涂料是一类性能较全面、品种多、应用范围较广的中档涂料。既有清漆、面漆、底漆和腻子，又有水性涂料、带锈涂料等。清漆主要是中、长油度醇酸树脂，干燥快、漆膜光亮、坚硬，耐候性、耐油性（汽油、润滑油）等都很好。但因为酯链结构，且有残留的羧基和羟基，所以耐水性不如酚醛树脂桐油清漆。外用磁漆主要为长油度醇酸树脂涂料，耐候性优异，易于刷涂，宜用于户外建筑、钢结构等涂层。常用品种有 C_{04-43}、C_{04-42}、C_{04-5}、C_{04-8}、C_{04-6}、C_{04-18} 等。通用磁漆主要为中油度醇酸树脂漆，这是醇酸树脂漆中产量最大的一种，具有良好的光泽度，干燥快，涂膜坚硬，耐汽油、润滑油，并具有良好的耐候性，可常温干燥，也可烘干，适合喷涂。广泛用于金属、木材表面，如货车车厢、农机部件、玩具等，常用品种有 C_{04-2}、C_{04-48} 等。醇酸树脂漆在金属和木材上有良好的附着力，因而广泛用作各种底漆，可与多种面漆配套，如 C_{06-1}、C_{06-34}、C_{06-36} 黑（灰）等可与醇酸树脂漆、硝基漆、氨基漆、过氯乙烯漆等面漆配套，用于各种车辆、机械设备及黑色金属表面防锈打底。

3.2.4　氨基树脂涂料

以氨基树脂为交联剂并对涂料性能起决定性作用的一类涂料称为氨基树脂涂料，该涂料是国内外工业涂装中的主要涂料，调整其组成，可获得保护性、装饰性和力学性能不同的各种涂料，用于各种汽车、缝纫机、家用电器等。

涂料用氨基树脂主要有两种，即三聚氰胺甲醛树脂和尿素甲醛树脂。氨基树脂颜色浅、透明度高，硬度、光泽度高，不易泛黄，因而具有较高的装饰性；耐酸、耐碱、耐水、耐有机溶剂等性能优异，因而具有较高的保护性；树脂固化时，聚合度高，因而成膜后脆而硬；由于涂膜中主要官能团为醚键，极性小，因而在钢铁等极性基体上附着力差。因此，尽管树脂本身具有许多优异的性能，但不能单独制涂料，须与醇酸树脂、丙烯酸树脂等其他树脂拼用，克服各自的不足。如醇酸树脂本身在钢铁等基体上具有很好的附着力，户外耐久性好，且成本低，但硬度、光泽度、尤其耐化学腐蚀性差。所以经氨基树脂改性后，可提高其硬度、光泽度、耐化学腐蚀性和丰满度，又不降低其良好性能，因而氨基醇酸漆是一类综合性能优良、成本较低、应用广泛的中高档保护装饰性涂料。

丁醇改性三聚氰胺树脂　　　　　　丁醇改性脲醛树脂

三聚氰胺树脂活性氢原子比脲醛树脂多，因而交联度高，热固化速度和硬度比脲醛树脂优良。脲醛树脂结构上有极性氧原子，所以对钢铁等基体的结合力比三聚氰胺树脂好，但脲醛树脂本身的抗水性、抗化学药品性、抗酸碱性、户外耐久性比三聚氰胺树脂差，同时脲醛树脂价格便宜，因此使用时，应根据需要选择。

氨基醇酸树脂涂料主要靠氨基树脂上的—OH与醇酸树脂链上的—OH缩水聚合而固化成膜，因此必须加热固化。六甲氧甲基三聚氰胺通过与丙烯酰胺等反应后，与干性醇酸树脂混合可得到自干性氨基树脂涂料，这是氨基树脂涂料发展的一个重要方向。

氨基醇酸漆品种齐全、性能优异、用途广泛，归纳如下：

① 清漆色浅，且不易泛黄，所以宜用于机电产品，如自行车、缝纫机、汽车等罩光。

② 漆膜坚韧、附着力好、机械强度高、外观丰满光亮、色泽鲜艳，适于表面装饰性要求较高的轻工、机电、交通产品，如电冰箱、电气仪表、仪器、汽车、农用车等的涂装。

③ 漆膜耐候性、抗粉化性、抗龟裂性比醇酸漆高，干透性好，干后不回粘。

④ 具有较好的耐水、耐油、耐磨性能和良好的电绝缘性能，可用作电机、电气产品的绝缘漆，其绝缘等级达 B 级。

⑤ 如果选择合理的涂层配套体系和恰当的施工工艺，可满足一般的"三防"要求，即防盐雾、防湿热、防霉菌。

⑥ 该涂料须高温烘烤才能成膜，能源消耗大。一般，浅色、白色涂料需在 100～120℃烘干 20～30min，深色漆在 120～140℃烘 20～30min，清漆需在 100～120℃下烘 0.5h 左右，因此木材、塑料等不能高温烘烤的基体不适合选用此类涂料。由于醇酸树脂自身存在苯环、双键，影响了氨基醇酸树脂涂料的保光、保色性和耐候性，不饱和键越多，户外耐久性越差；同时，醇酸树脂自身的耐化学腐蚀性也影响了氨基醇酸树脂涂料的耐盐雾性能。欲进一步提高其性能，可添加丙烯酸树脂等其他树脂加以改性。

氨基树脂涂料可采用高压空气喷涂、高压无空气喷涂或静电喷涂施工,绝缘漆可浸涂。配套底漆除采用氨基底漆外,还可以采用酚醛、醇酸、环氧酯类型的底漆,或者它们的水性底漆。如果采用环氧类底漆,最好有一道中层漆(如醇酸底漆),以弥补氨基面漆与环氧底漆间结合力较差的不足,或采用"湿碰湿"工艺加以改善。施工中,一般采用丁醇和二甲苯拼用,根据要求不同,丁醇和二甲苯之比可为 1∶4、1∶3 或 3∶7 等。在静电喷涂中,可在稀释剂中添加高沸点、低电阻的溶剂,如高沸点二丙酮醇、异亚丙基丙酮及醋酸丁酯等,用量为 10％左右。在实际生产中,通常采用 X-19 氨基静电稀释剂,可得到满意的漆膜。

氨基醇酸树脂涂料的固化为缩聚反应,须经过烘烤才能交联固化。同时,加热固化又提高了其硬度、附着力和耐水性。在气温高的情况下喷涂氨基漆时,可加一些高沸点溶剂(如双戊烯或煤焦溶剂)。一般情况下,可将原漆冲稀到黏度为 17～23s(涂-4 黏度计),喷涂后在室温静置 15～20min,使其自然展平后再进行高温烘烤。在施工中,如遇到色漆浮色或基料对颜料湿润欠佳,可在色漆中添加少量硅油避免发花。

3.2.5 环氧树脂涂料

以环氧树脂为主要成膜物的涂料称为环氧树脂涂料。在涂料中常用的环氧树脂为双酚 A 型环氧树脂,它以双酚 A 与环氧氯丙烷缩聚而成,其基本结构如下。

双酚 A 型环氧树脂是一种线型结构的热塑性树脂,聚合度 $n = 0 \sim 14$,分子量 $M = 400 \sim 4000$。分子量越大,分子中—OH、—O—越多,极性越强,溶解性越差。一般,低分子量树脂(软化点低于 50℃)可溶于芳烃,高分子量树脂(软化点高于 100℃)能溶于酯、酮等强溶剂,而中分子量树脂(软化点在 50～100℃)可溶于芳烃和醇的混合溶剂中。

(1)环氧树脂链上的主要反应及环氧树脂涂料种类

由环氧树脂的结构可知,在环氧树脂链上,有 $\overset{\displaystyle -CH-CH_2}{\underset{\displaystyle O}{}}$,—OH 等官能团,可以与胺类、酰胺类、含—OH 或含—COOH 的有机物反应并交联固化。

① 与胺的反应　该反应主要是—NH$_2$ 与 $\overset{\displaystyle -CH-CH_2}{\underset{\displaystyle O}{}}$ 的加成反应:

产物中 N 原子连接的活泼 H 还可进一步与 $\overset{\displaystyle -CH-CH_2}{\underset{\displaystyle O}{}}$ 反应:

树脂另一端的环氧基同样也可与胺反应,分子量较小的环氧树脂通过与胺连接形成高分子涂膜而固化。除胺以外,酰胺中的氨基也可发生类似的固化反应,因此,多元胺、聚酰胺或胺的加成物均可作为环氧树脂的固化剂,形成胺固化环氧树脂涂料。

由于常温下氨基与环氧基的加成反应活性很高,因此胺固化环氧树脂涂料为双组分、常温固化涂料。所用固化剂结构不同,性能有所差异,如链的长度越大,交联密度越小,固化后涂层的韧性越好,但总体上来说,该类涂料交联点密、聚合度高,涂膜硬度高、脆性大;

由于固化后主链上没有活性官能团，涂膜对脂肪烃类溶剂、稀酸、碱和盐有良好的抗蚀性；由于涂膜固化速度太快，流平性差，涂装后涂膜易产生橘皮、缩边等弊病。因此该涂料主要用于不能烘烤的大型机械设备、化工设备、油罐及储槽的内壁、地下管道以及航空、船舰等作为保护涂层。通过与玻璃纤维等材料复合制成的复合材料称为环氧玻璃钢，具有很高的硬度、机械强度和耐腐蚀性，在耐磨、防腐等领域用途广泛。

施工前，要按说明书要求，按比例调配涂料，固化剂、树脂计量要准确，调匀后须静置熟化 1～2h，否则，涂膜易出现泛白、橘皮、针孔、气泡等弊病。漆膜在 25℃左右，1 天内即可干燥，彻底干燥须 7 天，此时漆膜性能才能完全表现出来。

② 与—OH 作用　环氧树脂的环氧基可与有机物中的羟基加成，同时环氧树脂中的羟基在加热时可与另一有机物分子中的羟基发生缩合反应：

$$—CH—CH_2 + R—OH \longrightarrow —CH—CH_2—O—R$$
$$\underset{O}{\smile} \qquad \qquad \underset{OH}{|}$$

$$—CH—CH—CH_2 + R—OH \xrightarrow{\triangle} —CH—CH—CH_2 + H_2O$$
$$\underset{OH}{|} \quad \underset{O}{\smile} \qquad \qquad \underset{O—R}{|} \quad \underset{O}{\smile}$$

因此，环氧树脂涂料可用含—OH 的树脂，如酚醛树脂、醇酸树脂、氨基树脂、聚酯树脂、有机硅树脂等作为固化剂，形成羟基固化环氧树脂涂料，同时对环氧树脂进行改性。调整所用树脂的种类和数量，可以得到不同性能的涂料。环氧树脂和酚醛树脂都具有很好的耐蚀性，因而环氧酚醛树脂涂料是环氧树脂涂料中防腐性最好的一种，涂膜具有优异的耐酸碱性、耐溶剂性、耐热性，但颜色深，不能作为浅色漆。环氧氨基树脂漆具有较好的耐化学性，涂膜的柔韧性好，颜色浅，光泽度高，适于医疗器械、仪器设备、汽车驾驶室中涂、发动机的底漆等。但上述涂料必须高温烘烤（约 120～150℃），因此大型物件涂装受到限制。

③ 与羧基反应　环氧树脂通过羟基与羧基酯化、环氧基与羧基加成而固化，因此羧酸类也可以作为环氧树脂的固化剂。如环氧树脂与植物油酸反应可形成环氧酯型涂料，其基本反应为：

$$—CH—CH—CH_2 + R—C{\overset{O}{\underset{OH}{\Vert}}} \longrightarrow —CH—CH—CH_2 + H_2O$$

$$—CH—CH_2 + R—C{\overset{O}{\underset{OH}{\Vert}}} \longrightarrow —CH—CH_2—O—C—R$$

一般环氧树脂制成的涂料比成分类似的醇酸树脂制成的涂料色浅，耐久性、保光性差，易粉化，但环氧树脂对许多物体表面的结合力强，有显著的弹性，因此适合作为底漆。环氧树脂漆比环氧酚醛漆、胺固化环氧漆的耐化学腐蚀性差，脂肪酸含量越高，化学性能越差，但耐水性、耐碱性比醇酸树脂好得多。环氧树脂涂料有常温干燥型和烘烤型，其固化过程遵循氧化聚合机理。常温干燥的涂料如有条件烘烤，则烘烤后涂膜质量优于常温干燥，烘烤温度一般以 40～120℃为宜，烘烤时间随温度上升而减少。在环氧树脂内加入三聚氰胺甲醛树脂或脲醛树脂，可提高环氧树脂的耐化学腐蚀性，但此类漆不能自干，需在 120℃烘烤

0.5～1.0h。此类漆与氨基漆性能相似，耐化学腐蚀性强于氨基漆，装饰性、户外使用性能比氨基漆差。该漆可用于保护大气侵蚀的工业防腐，以及用作海水、海洋雾气侵蚀的钢铁表面作为底漆或磁漆，铝镁合金或轻金属底漆涂层。

上述三类环氧树脂涂料因为固化剂种类不同，固化机理不同，涂层结构和性能差异很大。可以制成溶剂型底漆、腻子、面漆或清漆，还可以制成高固体分涂料。双酚 A 型环氧树脂也是环氧树脂型电泳涂料、粉末涂料的主要成膜物，将在第 4 章和第 5 章介绍。

（2）环氧树脂涂料的特性和用途

尽管不同类型的环氧树脂涂料结构和性能不同，但交联固化后，均由线型双酚 A 型环氧树脂形成不溶、不熔的体型高聚物，又有一些共性。

① 极好的附着力　双酚 A 型环氧树脂结构中强极性的羟基、醚键使环氧树脂涂料和相邻表面之间形成很强的作用力，而环氧基能与金属表面上的游离键结合形成化学键，使环氧树脂涂料在钢铁等基体上具有很强的附着力，适于做底漆和腻子等。如用环氧树脂黏合铝及铝合金时，在常温固化后，其抗剪强度达 15MPa；如在高温条件下固化，其抗剪强度可达 25MPa。

② 机械强度高　环氧树脂和固化剂的固化反应主要是通过树脂两端环氧基的加成反应来实现的。由于交联点远，分子链容易旋转，因而这类涂料机械强度高，漆膜的韧性比酚醛树脂高 7 倍左右。同时，固化过程中没有副产物生成，收缩率小（一般小于 2%），结构紧密。

③ 耐化学药品性好　环氧树脂分子链是 C—C 键和醚键构成的，化学性质很稳定，结构中的羟基为脂肪族羟基，不与碱起反应，所以环氧树脂涂料具有较好的耐酸碱性。但醚键的酸不稳定性，导致环氧树脂涂层的耐碱性优于耐酸性。在环氧树脂固化过程中，由于树脂中的羟基亦参加化学反应形成极性相对较弱的醚键，故环氧树脂漆具有较好的耐水性，广泛用作抗化学腐蚀、耐水等涂层。环氧树脂固化后为热固性树脂，结构紧密，因而具有很高的耐有机溶剂性能。

④ 电气绝缘性能优良　环氧树脂固化后具有很好的电绝缘性能，是一种很好的绝缘漆，室温下其击穿电压为 35～50kV/mm，介电常数（50Hz）为 3～4，广泛用于电机、电器产品的绝缘处理。

⑤ 施工性能好　涂料用树脂分子量小，涂料的黏度低，易于施工。

环氧树脂涂料的不足：户外耐候性差，由于主链靠醚键连接，在紫外线照射下，涂膜易失光、断链粉化，由于存在大量苯环，因而在户外使用时易变色；由于涂膜固化时聚合度低，因而涂膜硬度、丰满度、光泽度低。因此环氧树脂涂料主要作为高防腐涂料和室内保护装饰性涂料。通过用氨基树脂、聚酯树脂等改性，可提高其硬度、光泽度和户外使用性能。

3.2.6　丙烯酸树脂涂料

丙烯酸树脂涂料是以丙烯酸树脂为主要成膜物的一类涂料，目前除底漆、清漆、磁漆外，还有水性漆和粉末涂料。

（1）丙烯酸树脂

丙烯酸树脂是以丙烯酸酯、甲基丙烯酸酯等与少量烯类单体共聚而成，所用单体不同所得树脂性质也不同，其基本反应为：

$$mCH_2{=}CH{-}COOR + nCH_2{=}\underset{CH_3}{\overset{|}{C}}{-}COOR' \longrightarrow \left[CH_2{-}CH\right]_m\left[CH_2{-}\underset{CH_3}{\overset{COOR'}{\underset{|}{\overset{|}{C}}}}\right]_n$$

若采用两种或两种以上的非活性（甲基）丙烯酸酯为单体（如甲基丙烯酸甲酯），得到的则是以 C—C 键为主链的高分子化合物，这类化合物由于侧链上没有活性官能团，本身不能发生交联反应，也不能与其他活性官能团交联，这一类树脂为热塑性树脂，得到的涂料为热塑性涂料。若采用带有活性官能团的单体，结构中含有—CH_2OH、—COOH、—OH 和 $-\underset{O}{\overset{|}{\underset{\parallel}{C}}}{-}NH_2$ 等活性官能团，共聚得到树脂，利用其活性基团可进一步交联固化，成为不溶、不熔的热固性树脂。

热塑性及热固性树脂具有下列共性：①颜色可达水白程度，有极好的透明度；②耐光、耐候性好，由于主链中不含双键，因此树脂户外曝晒耐久性强，不易分解或"泛黄"，保光、保色性好；③附着力好，树脂主链为非极性碳碳链，在支链上有极性酯键，这种结构决定了丙烯酸树脂对锌、铝、黄铜等有色金属及塑料等具有很好的附着力；④耐热性，热塑性丙烯酸树脂耐热性不高，热固性丙烯酸树脂经高温烘烤后，耐热性高；⑤耐蚀性，由于主链为碳碳链，不含活性官能团，因此树脂能较好地耐碱、酸、盐、油脂、洗涤剂等化学物质的污染，具有良好的"三防"（防盐雾、防湿热、防霉菌）性能；⑥硬度与丰满度，热塑性树脂较软，丰满度、光泽度不高，热固性树脂经交联固化后，硬度、丰满度、光泽度都很高，选择不同的树脂可调整其保护、装饰和力学性能。

（2）热塑性丙烯酸树脂涂料

热塑性丙烯酸树脂是线型高分子，由于不含活性官能团，固化过程中分子量不能进一步增大。为保证涂膜的物理、力学性能和化学性能，涂料用树脂的分子量较大，因而溶解度小，因此热塑性丙烯酸树脂涂料固体分含量低，一般在 $20\%\sim30\%$ 左右，施工中资源耗费大，施工效率低，但干燥快，常温下，表干一般需要 10min 左右，实干大约 1h，使用方便。主要用于塑料、皮革及轻金属锌、铝等的涂装。主要品种有 $B_{01\text{-}3}$、$B_{01\text{-}5}$、$B_{04\text{-}12}$、$B_{04\text{-}11}$、$B_{04\text{-}6}$、$B_{06\text{-}1}$、$B_{06\text{-}2}$ 等。

（3）热固性丙烯酸树脂涂料

含羟基、羧基或酰胺基的热固性丙烯酸树脂与氨基树脂、环氧树脂、聚氨酯树脂等树脂中的羟基、环氧基、异氰酸酯基等发生交联反应，形成具有独特性能的涂膜。现以含羟基的聚丙烯酸羟乙酯树脂与含羟基的三聚氰氨基树脂的交联固化反应为例说明其固化机理。聚丙烯酸羟乙酯树脂与含羟基的三聚氰氨基树脂的反应如下：

$$H_2C{-}CH{-}\underset{O}{\overset{\parallel}{C}}{-}O{-}CH_2{-}CH_2OH + \quad\quad \overset{\Delta}{\longrightarrow}$$

$$H_2C{-}CH{-}\underset{O}{\overset{\parallel}{C}}{-}O{-}CH_2{-}CH_2{-}O{-}CH_2{-}NH{-}C \quad\quad + 2ROH$$

这种交联固化反应与氨基醇酸涂料交联固化反应情况相同，固化所需烘烤温度也与之相近，一般 120～125℃经 0.5～1h 或 140～145℃经 20～30min 烘烤，涂膜即能很好的固化。如果在共聚物中引入一些羧基，则可加速固化，并降低烘烤温度。

丙烯酸氨基树脂涂料的固化温度较低，涂膜丰满且有较高的硬度、耐候性、保光性、保色性、柔韧性和耐化学药品性，所以应用较广，特别是在汽车涂装中用量很大。引入部分高质量醇酸树脂、聚酯树脂可进一步提高其丰满度、光泽度，用于轿车等高质量涂层。

类似的还有丙烯酸/环氧树脂、丙烯酸/聚氨酯树脂等。在丙烯酸树脂中引入环氧树脂后，涂料在钢铁等基体上的结合力增强，耐蚀性提高，但户外耐候性降低。

3.2.7 聚氨酯树脂涂料

聚氨酯树脂涂料是以聚氨基甲酸酯树脂为主要成膜物的一类涂料。由于该涂料具有光亮、丰满、耐磨、耐腐蚀、附着力好等突出性能，并可低温固化，又能作为高固体分、水性、粉末、光固化等低污染、省资源、节能型涂料，而且还可制成"功能性"和"半永久性"的聚氨酯涂料，符合涂料工业发展的"三前提"（资源、能源、环保）、"四E"原则及日益强化的时代要求。尤其随着我国聚氨酯树脂各种单体的大规模国产化，为聚氨酯涂料及其他聚氨酯高分子材料的发展提供了广阔的空间。

（1）聚氨酯树脂的结构与性能

聚氨酯树脂又称聚氨基甲酸酯树脂，是分子结构中含有重复链节氨基甲酸酯（—NH—CO—O—C—）的一类高分子化合物。它是由多异氰酸酯与含活性氢的化合物"逐步聚合"而制得，其基本反应以异氰酸酯与多元醇反应为例加以说明：

$$R—N=C=O + R'CH_2—OH \longrightarrow R—N—C—O—CH_2—R'$$
异氰酸酯　　　醇　　　　　　　氨基甲酸酯

多异氰酸酯从结构上可分为两大类，即芳香族多异氰酸酯和脂肪族多异氰酸酯。芳香族多异氰酸酯有甲苯二异氰酸酯（TDI）、二苯甲烷二异氰酸酯（MDI）等，反应活性、交联密度高，涂膜机械强度高，耐化学腐蚀性好，但由于树脂中含有大量苯环，涂膜易泛黄、失光、耐候性较差。脂肪族多异氰酸酯，如己二异氰酸酯（HDI）、三甲基己二异氰酸酯（TMDI）等，保光、保色性好，可制备浅色高装饰性涂料，但价格高。多异氰酸酯单体易挥发、有毒，对人体有刺激，因此常先制成其预聚物或多元醇的预加成物。多羟基化合物主要是聚酯、聚醚、环氧树脂、丙烯酸树脂、氨基树脂等一类含羟基的高分子物质，它们既是固化剂，又对聚氨酯树脂进行改性，从而得到各种性能优异的涂料。

氨酯基对聚氨酯树脂的性质起决定性作用。由于 O 原子、N 原子属于半径小、电负性大的原子，它们可与分子链中的 H 原子形成氢键：

氢键的形成大大增加了分子间的作用力，使树脂分子结合牢固、紧密，因而树脂具有很高的硬度和耐磨性。同时氨基的存在使碳原子具有更大的正电性，降低了酯键的反应活性，使聚氨酯树脂具有很高的耐酸碱、耐水性和优异的耐油性。

(2) 异氰酸酯的主要反应及涂料种类

异氰酸酯的反应主要是异氰酸酯基与含活泼氢的物质之间的加成反应，根据活泼氢的来源不同可形成不同种类的涂料。

① 与羟基加成反应及羟基固化型聚氨酯树脂涂料

$$O=C=N-R-N=C=O + HO-R'-O-H \longrightarrow H-O-R'-O-C-NH-R-NH-C-O-R'-O-H$$

多异氰酸酯与多元醇反应，由小分子变为高分子而固化成膜，这类涂料称为羟基固化型聚氨酯树脂涂料，是聚氨酯涂料中占主导地位的一种。由于含羟基树脂的多元化，该类涂料品种多，应用广泛。由于该加成反应在常温下进行，因此羟基固化型涂料属于双组分涂料，可在室温固化，也可低温烘烤固化。含羟基树脂作为固化剂的同时，对原树脂起改性作用，因此由 A、B 两组分配成的 NCO/OH 型双组分聚氨酯涂料，漆膜性能可以在较大范围内调整，既可获得优异的高装饰性涂料，又可得到极好的工业防腐性涂料。如聚氨酯/丙烯酸树脂涂料，由脂肪族多异氰酸酯与热固性丙烯酸树脂交联反应时，具有优异的保光、保色性和透明度，是一优良的装饰性涂料；两种树脂均具有优异的耐酸、碱、油等性能，因此又具有极好的保护性；由于常温固化，因此广泛用于塑料、木材以及改装汽车、客车、工程机械等大型工件涂装。聚氨酯/氨基树脂在硬度、光泽度、丰满度等方面的性能优于聚氨酯/丙烯酸树脂涂料，可用于货车驾驶室等面漆，低温烘烤，节约能源。聚氨酯/环氧树脂则因环氧树脂良好的防腐性和力学性能、较差的户外使用性能，而主要作为高档防护用涂料和室内用涂料。

② 与 H_2O 反应及湿固化型聚氨酯树脂涂料

$$R-N=C=O + H-OH \longrightarrow R-NH-C-OH \longrightarrow R-NH_2 + CO_2$$

$$R-N=C=O + R-NH_2 \longrightarrow R-N-C-N-R (缩二脲)$$

缩二脲中的氢还可进一步与异氰酸酯加成，使异氰酸酯交联固化成膜，因此水可以作为多异氰酸酯涂料的固化剂，此类涂料称为湿固化聚氨酯涂料。该涂料是以甲苯二异氰酸酯和含羟基化合物（蓖麻油、聚酯、聚醚、环氧树脂）的预聚物为漆基制成的。靠空气中的潮气作用而固化成膜，涂膜交联密度大、耐磨、耐化学腐蚀、抗污染、能在潮湿环境下涂装。用于潮湿地区建筑物、地下设施、水泥、金属、物面涂装，也可作为防核辐射涂层。但该漆制色漆困难，且在干燥中受湿度影响。由于在固化中有 CO_2 放出，涂膜易产生针孔、麻点等病态，故在喷涂时宜采用薄层多层涂装，且涂层不适合作为装饰性涂层。

③ 催化固化型聚氨酯涂料 固化反应与湿固化型涂料相同，采用有机胺等作为催化剂，是双组分涂料。该类涂料涂膜附着力强、耐磨、耐水、光泽好、用于木材、混凝土等的涂装。也用于金属罩光和石油化工防腐涂料。

④ 封闭型聚氨酯涂料 封闭型聚氨酯涂料是用酚先与异氰酸酯反应，封闭异氰酸酯加成物或预聚物中的异氰酸酯基，再与聚酯或聚醚等含羟基组分配制而成的单组分涂料。受热（130～170℃）时封闭的异氰酸酯分解，释放出的异氰酸酯基与羟基组分反应而成膜。这类

涂料稳定性好，毒性小，涂膜绝缘性好，专做漆包线电绝缘涂料。但需高温烘烤成膜，释放出的含酚空气污染环境。

⑤ 聚氨酯改性油　聚氨酯改性油由甲苯二异氰酸酯等与干性油或半干性油的甘油单酯及甘油二酯反应制成。分子中不含游离的异氰酸基，凭借油脂不饱和双键在空气中氧化聚合而成膜。这类涂料的性能和醇酸树脂涂料相似，其光泽度、丰满度、硬度、耐磨性、耐水性、耐油性和耐化学腐蚀性优于醇酸树脂涂料。但耐候性差，易泛黄，主要用于木器地板，机床等的涂装。

（3）聚氨酯树脂涂料的特性

由于聚氨酯涂料的特殊结构和特殊反应，使该涂料具有许多独特的性能，归纳起来，主要有以下几个方面：

① 具有优良的物理机械性能。漆膜坚硬、柔韧、光亮、丰满、耐磨、附着力好。

② 防腐性能好。漆膜耐油、耐酸、耐碱、耐工业废气。其耐酸性强于环氧树脂涂料，耐碱性、耐油性与环氧树脂接近。

③ 涂膜可在室温固化，也可加热固化。

④ 具有良好的电绝缘性能。宜做漆包线漆，并能在熔融的焊锡处涂漆，特别宜做电信器材漆。

⑤ 能与多种树脂拼用，配成多种类型的聚氨酯涂料。如可与聚酯、聚醚、环氧树脂、含羟基丙烯酸树脂、有机硅树脂、醇酸树脂、沥青、氯醋共聚物和酚醛树脂等固化成膜，性能广泛。

聚氨酯涂料的不足：芳香族聚氨酯保光保色性差，易粉化失光、泛黄严重，所以不宜制作浅色装饰用漆；异氰酸酯对人体有刺激作用，且—NCO对含活泼氢的化合物很敏感，制造、储存和施工难度大。

聚氨酯涂料除了溶剂型外，还有电泳涂料、粉末涂料等，将分别介绍。

3.2.8　元素有机涂料

元素有机涂料是以有机硅、有机氟、有机钛等为主要成膜物的一类涂料。国内有机硅涂料生产量较大，近几年有机氟涂料发展迅速，并得到了广泛应用。

元素有机高分子化合物是介于有机高分子和无机高分子之间的一种化合物。这些涂料具有特殊的热稳定性、化学惰性、绝缘性、耐水、耐寒等优点。随着宇宙的开发及电器工业、原子能工业、国防工业的发展，元素有机聚合物涂料用量急剧增大，研究、开发投入大，发展迅速。

（1）有机硅涂料

有机硅涂料是主要以有机硅树脂为主要成膜物的一类涂料，有机硅树脂是由烷基氯硅烷水解生成硅醇，经缩合形成的结构中含有—Si—O—键的高分子化合物。

所用单体不同，结构略有不同。由于 Si—O 键能达 443kJ/mol，C—C 键能为 345.6kJ/mol，C—O 键能为 351kJ/mol，所以有机硅树脂热稳定性高于一般树脂。分子以硅原子为中心，呈对称状态，所以整个分子极性很小，分子间力小，且结构中不含活性基团，因而具有极好的耐水性、耐候性、耐寒性、电绝缘性和优异的耐化学性，但是在金属等基体上附着力小、耐溶剂性差、机械强度低。有机硅树脂由于依赖羟基缩水而固化成膜，因此固化温度高。因为有机硅树脂价格高，所以除了要求特别耐高温外，均采用有机树脂进行改性。常用的改性树脂有氨基树脂、醇酸树脂、环氧树脂、聚酯树脂、纤维树脂等，通过与纯有机硅树脂掺和或共聚来提高其附着力、机械强度、耐溶剂性、降低价格和固化温度，如丙烯酸有机硅树脂可常温固化。但加入改性树脂后，耐热性有不同程度下降。有机硅树脂液加颜料研磨可制成各种色漆。由于有机硅涂料主要作为耐热漆，因此所用颜料必须耐高温，即在 200℃以上不变色，而且这些颜料不能影响有机硅树脂的稳定性，即不会降低其老化性能。常用的有金红石型钛白粉、石墨粉、金属颜料铝粉和锌粉等。有机硅树脂涂料以甲苯、二甲苯等极性较弱的芳烃为溶剂。

有机硅树脂的结构与组成决定了以有机硅树脂为主要成膜物涂料的性能与用途。

① 耐热性强　纯有机硅树脂清漆可耐 200～250℃高温，纯有机硅树脂与片状铝粉、耐热填料、玻璃料等配制的涂料可以耐 300～700℃高温，有机硅改性树脂与耐高温颜料配合制得涂料可以耐 200～300℃高温，因此有机硅涂料是有机耐热涂料的主要品种。

② 优异的耐候性、耐寒性　纯有机硅涂料在 -50℃仍有较好的柔韧性和冲击强度，因此它可在寒冷的地方使用，并可做户外漆。

③ 耐化学腐蚀性　采用化学稳定性较强的颜料配制成的有机硅树脂漆膜，在 100℃下用 3%碱液浸泡 100h 无变化；用 5%盐水浸泡 70h，漆膜无变化。漆膜干燥后，耐沸水煮、耐过热水蒸气。

④ 防霉性较高　由于有机硅涂料中不含油的成分，因此霉菌无法在漆膜上生存，可用于特殊的防霉性部件。

⑤ 优异的憎水性和电绝缘性　在高温和潮湿条件下有较好的电绝缘性，电绝缘性可达 H 级，击穿电压达 60～100kV/mm，浸于水中 168h，吸水率 0.2%。

有机硅树脂涂料也存在以下不足。

① 附着力不高　有机硅树脂在钢铁、铝、玻璃等基体上附着力不高，因此涂膜一次涂装不宜过厚，一般喷涂 140～150g/m²，刷涂 120～130g/m²，且一般施工两道。

② 固化温度高　多数有机硅涂料需要高温烘烤，如烘烤型纯有机硅树脂涂料的涂膜烘烤温度为 120～130℃，时间为 1～1.5h，限制了该涂料在塑料、木材等底材上的使用。

③ 纯有机硅涂料黏度低，与颜料制成的磁漆易沉淀、不稳定。

④ 价格较高。

以上这些性能决定了有机硅树脂涂料主要作为耐热漆、电绝缘漆和长效耐候漆等。有机硅树脂涂料的常用品种有 W₆₁₋₅₅、W₃₁₋₁、W₃₀₋₁、W₃₁₋₂、W₃₃₋₁ 等。

（2）氟树脂涂料

以含氟烯烃，如四氟乙烯（TFE）、三氟氯乙烯（CTFE）、偏二氟乙烯（VDF）、氟乙烯（VF）等为基本单元进行均聚或共聚，或以此为基础与其他单体进行共聚，以及侧链上含有氟碳化学键的单体自聚或共聚而得到的分子结构中，含有较多氟碳键（F—C）的聚合物称为氟碳树脂，以它为基础制成的涂料称为氟碳树脂涂料（fluorocarbonsresincoatings），在欧美等西方国家称之为"氟碳涂料"（fluorocarboncoating），日本称为氟树脂涂料，在我国习惯上称为"含氟涂料"或"氟涂料"。氟碳树脂涂料按其成膜方式可以分为热塑性、热固性、氟弹性体三大类型。

由于 F—C 键极性小、键能高（约 485kJ/mol），所以有极低的表面自由能和很高的耐热性，可在 250℃以下长期使用并有良好的低温柔韧性。由于 C—C 主链中不含活性官能团，且氟原子对 C—C 主链的屏蔽作用，使氟树脂具有优良的耐酸、耐碱、耐有机溶剂、耐高温介质、不燃等性质，甚至耐液氧氧化。由于氟树脂的表面张力低，因而具有良好的抗油、抗水、抗污染及表面不粘性。氟树脂摩擦系数很小，有优良的耐磨性。氟树脂的极性很小，吸水率几乎为零。同时由于氟树脂结构特殊，所以耐候性优异，可作为长效户外涂料。但是，由于氟树脂特殊的化学结构和高度僵硬的分子主链，使得它不溶于有机溶剂，且在 300～400℃高温熔融态下流动性低，所以它很难加工，主要作为功能性涂层应用。如聚四氟乙烯主要作为不粘性涂层、减摩性涂层，四氟乙烯-乙烯共聚物常作为耐化学涂层或衬里等。

① 热塑性氟树脂 热塑性氟树脂主要包括聚四氟乙烯（PTFE）、聚三氟氯乙烯（PCTFE）、聚四氟乙烯-六氟丙烯（FEP）、聚氟乙烯（PVF）等。热塑性氟树脂由于熔融温度高、不溶于有机溶剂，所以只能制成粉末涂料或悬浮液，涂覆后必须经 300℃以上高温烧结并淬火处理，才能形成有足够附着力的致密涂层。热塑性氟树脂的特性见表 3-1。

表 3-1 热塑性氟树脂的基本特性

氟树脂	PTFE	PCTFE	FEP	PFA	ETFE	ECTFE	PVDF	PVF
单体	$CF_2=CF_2$	$CF_2=CFCl$	$CF_2=CF_2$ $CF_2=CFCF_3$	$CF_2=CF_2$ $CF_2=CFOCF_3$	$CF_2=CF_2$ $CH_2=CH_2$	$CF_2=CFCl$ $CF_2=CF_2$	$CF_2=CH_2$	$CFH=CH_2$
耐热性①	250℃	150℃	200℃	250℃	150℃	150℃好	150℃	100℃
耐化学性	优	优	优	优	好	优	好	差
耐溶剂性	优	优	优	优	优	好	好	好
不粘性	优	优	优	优	好	优	差	好
抗电性	优	优	优	优	优	优	好	差
耐候性	优	优	优	优	优	○	优	优
模压	△	○	○	○	○	○	○	△
挤出	△	○	○	○	○	○	○	△
注塑	×	○	○	○	○	○	○	—
粉末涂料	×	×	○	○	○	×	○	×
悬浮	○	×	×	×	×	×	○	×
溶液	×	×	×	×	×	×	×	×

① 连续使用的最高温度。

注：○为可以，△为尚可，×为不能。

由于 PVF、PVDF 可用潜溶剂在高温下溶解，因此这两种氟树脂能够流平形成光滑、无针孔的耐候性薄涂层。

PVF 是结晶性化合物，由于 C—F 键能（485.3kJ/mol）远比 C—Cl 键能（334.7kJ/mol）大，所以耐候性优良。PVF 的力学性能介于聚酯（PET）和 PVC 之间，但耐化学稳定性优于 PVC。PVF 耐候性优异，在-70～150℃范围内，化学性能和力学性能稳定性好，不需添加增塑剂，具有长期增韧性，表面做适当处理便有较强的附着力。PVF 还具有良好的抗污性和防火性。PVF 薄膜在大于 300nm 波长中高度透明，它在户外暴晒 6 年，拉伸强度和伸长率保持 60%。

PVDF 的熔融黏度比 PTFE 低得多，在 260～310℃时为 $10^2～10^4$Pa·s。虽然 PVDF 加

工性能良好，但在做薄涂层时，易产生针孔且附着力很差，不能直接配制涂料。通常采用丙烯酸树脂与 PVDF 共混改善其熔融流动性和涂膜附着力。该共混涂层光泽很低，很难作为装饰性涂层，但具有优良的耐化学性、抗污性、低表面张力，是非常优异的工业涂料。

　　② 热固性氟树脂　PTFE、PVDF、PVF 系列产品虽然性能优异，但是存在溶解性差、需要高温烘烤成膜、光泽低等缺点，使其应用范围受到限制。为了弥补氟碳涂料这些不足，主要研究方向是将氟碳树脂优异性能和某些涂料树脂优良的成膜性能及适应性结合起来。在此方面最成功的是氟烯烃和烷基乙烯基醚共聚的含氟树脂多元醇（FEVE），及异氰酸酯配合的热固性氟碳树脂涂料。FE 代表氟烯烃单元，VE 代表烷烯基醚单元。其基本结构如下。

　　FEVE 氟碳树脂是氟烯烃和烷基乙烯基醚或氟烯烃和烷基乙烯基酯交互排列的共聚物。从化学和空间结构看，氟烯烃单元保护了不稳定的乙烯基醚结构单元，使其免受氧化侵蚀。侧链上的烷烯基醚提供了树脂溶解性、透明度、光泽，羧基基团提供了颜料润湿性、附着性，羟基基团提供交联基团。

　　FEVE 氟碳涂料是由含羟基的 FEVE 氟碳树脂和脂肪族异氰酸酯组成的双组分涂料。—OH 和—NCO 反应生成交联基团—NHCOO—，因此 FEVE 氟碳涂料本质上是一种含氟聚氨酯涂料。配漆技术可借鉴丙烯酸聚氨酯涂料。通过溶剂、助剂的选择制备了多种用途的氟涂料，如风电发电设备专用涂料、卷材涂料和重防腐涂料等。由于 FEVE 树脂结构中氟烯烃基团的存在，使得对颜料的润湿分散性较差，因此涂料制备中选用润湿分散性好的颜填料并且选用合适的润湿分散助剂，才能制得性能优异的常温固化氟涂料。使用 FEVE 树脂清漆罩光，由于 FEVE 树脂紫外线透过性好，透过的 UV 会对底层涂料产生破坏作用，因此在清漆中加入紫外线吸收剂。

　　由于氟原子与碳原子之间形成的 F—C 键键能（486kJ/mol）极大，比 C—H 键（410kJ/mol）、C—O 键（kJ/mol）、C—C 键（356kJ/mol）和 C—Cl 键（334.7kJ/mol）等的键能高得多，从而使紫外线难以离解 F—C 键。再由于氟原子电负性极大（4.0），原子半径（0.135nm）比氢原子（0.11~0.12nm）大，致使未成键的原子间排斥力大，使 C—C 主键形成一种螺旋结构，碳链上的氟原子可相互紧密接触，将 C—C 键覆盖形成一个完整圆柱体，对 C—C 键起着隐蔽性保护作用。基于上述特点，氟碳涂层具有极为优良的耐热性、耐候性和耐化学药品性。但 FEVE 氟碳树脂最突出性能是它的超耐候性。阳光型加速老化试验 10000h 后，涂膜保光率在 80% 以上，有机硅改性丙烯酸树脂在 3000h 降低到 50%，丙烯酸聚氨酯树脂 2000h 降低到 10%。FEVE 氟碳涂层通过日光型碳弧灯 5000h 加速老化试验，漆膜的力学性能、对 CO_2、O_2 的渗透率、漆膜的弹性基本维持不变。

3.2.9 过氯乙烯涂料

聚氯乙烯（PVC）树脂由于链结构较规整，氯原子基团小，树脂紧密，结晶性较大，所以材料具有良好的耐化学性、耐磨性和耐腐蚀性。但树脂的结晶性、溶解性很差，无法配制溶剂型涂料，一般采用PVC糊配制溶胶型厚浆涂料，用于汽车底盘的抗石击涂料和汽车焊缝的密封涂料。

过氯乙烯树脂是PVC经过进一步氯化而得到的一类高分子材料，由于氯原子增多，极性增强，在溶剂中的溶解性增强，可以被酮、酯等溶剂溶解形成挥发型涂料。过氯乙烯树脂涂料具有下列特性。

① 干燥快　常温下2h即可实干。

② 具有良好的大气稳定性　过氯乙烯涂料在大气中暴露一年以后，涂膜几乎不变，在沿海地区使用优于耐候良好的醇酸漆。

③ 具有良好的化学稳定性　常温下在25%的硫酸、硝酸、40%的烧碱溶液中稳定达几个月之久，配套施工恰当时，可达两年以上，对酒精、润滑油、氧、臭氧等介质的稳定性也很好。

④ 具有良好的耐水性和突出的抗菌性　适合于湿热地区作为"三防"用漆。

⑤ 具有不延燃性　可用于制备防火涂料，防火性能好，在火源撤离后能迅速熄灭。

⑥ 具有良好的耐寒性　在寒冷地区能保持其力学性能，不易发生开裂。

过氯乙烯涂料的缺点是耐热性差，在温度145℃以上时，很快分解，漆膜颜色变深，变脆开裂，耐化学性能大大降低，一般使用温度低于60℃。溶剂释放性差，因过氯乙烯树脂有保留溶剂的特性，涂料虽然表干很快，但完全干燥很慢。在保留溶剂未完全挥发之前，涂膜软、附着力差，待全干后，漆膜硬度大大提高；固体含量低，喷涂一层所得漆膜很薄，为得到较好的保护性能，须进行多层喷涂，且涂膜的光泽度、丰满度低。附着力差，尤其是防腐漆，如果施工不当，会发生整张漆膜被揭起的现象。

3.2.10 功能涂料

功能涂料是一些具有特殊的光学性能、电磁性能、热性能、物理与生物性能的涂料。21世纪是一个科学技术迅猛发展的时代，我国将重点研究开发生物技术、信息技术、航天技术、新材料技术、新能源技术、海洋技术，追踪世界先进水平，这些科学技术的开发和应用，都将推动功能涂料的快速发展。本节选择几种典型的功能涂料进行简单介绍。

(1) 导电涂料

体积电阻率σ在$10^{-3} \sim 10^{12}\Omega \cdot cm$的涂料称为半导电涂料，体积电阻率$\sigma < 10^{-3}\Omega \cdot cm$的涂料称为导电涂料，两者总称为导电涂料。根据组成和导电机理可分为结构型（或本征型）和添加型（或掺和型），前者是以导电聚合物为成膜物，显示其独特的优越性，但由于合成、施工困难，目前品种很少。添加型导电涂料是以绝缘性聚合物为成膜物，依靠掺入导电微粒提供自由电子载流子。按填料接触理论，涂料的导电性主要取决于聚合物基料中填料的分散状态和用量。涂膜干燥前，填料在聚合物和溶剂中独立存在，处于互不接触的绝缘状态，当溶剂挥发、聚合物固化后体积缩减，填料互相连接而导电。填料在涂料中的比例非常关键，若填料过少，固化后填料无法连接，导电性不良；若填料过多，涂层不能获得稳定的化学、物理性能，填料不能牢固连接，也将使填料粒子间的接触机会减少，导电性下降。只

有当填料在涂料中形成网络状或蜂窝状结构时才具有良好的导电性。常用的导电填料有铜粉、镍粉等金属粉，炭黑、石墨等碳系材料，以及石墨粉包覆金属镍、石墨粉包覆银等复合粉末。按用途分为电导涂料、电磁屏蔽涂料、发热涂料和抗静电涂料，在电子、电器、航空、化工等领域得到广泛应用。

（2）磁性涂料

磁性涂料是制作各种磁带、磁盘、磁鼓、磁卡等磁性记忆材料的涂覆材料，也是重要的磁损性雷达吸波隐身涂料，在隐身飞机、舰船等方面有所应用，由作为颜填料的磁性粉末、成膜物基料、助剂和溶剂组成。为获得理想的磁记忆效果，磁性粉末在基料中分散要良好而且含量高，涂层具有适度的矫顽力、磁滞回线形状接近矩形；涂层与底材结合力优良，且表面涂布均匀，耐磨性和硬度高，涂膜化学稳定性好、磁化强度不随环境温度、压力变化，为防静电，涂膜的体积电阻率 σ 小于 $10^7 \Omega \cdot cm$。磁粉是磁性涂料的核心，分为氧化物磁粉和金属磁粉两大类，氧化物磁粉中包括 $\gamma\text{-}Fe_2O_3$、CrO_2、$BaFe$ 等，金属磁粉主要是针状铁粉、铁镍钴、铁镍、铁钴、钴镍磷等粉体。目前，磁性粉体正向纳米级材料发展。常用的树脂有聚氨酯树脂、环氧树脂、聚苯醚树脂、纤维素类、乙烯基树脂等，根据性能需要选择。

（3）太阳能选择吸收涂料

太阳投向地面的总辐射能量高达 $6 \times 10^9 kW$，相当于目前世界发电量的 5 万倍以上，是地球上最主要的能量源泉，而且属于清洁能源，但太阳能分散、单位面积的能量密度低，同时辐射能随季节、白昼等而异，给其利用带来了一定难度。通过特殊的材料，将太阳能吸收转化为热能或电能，即所谓的太阳能光热、光伏技术。目前获得太阳能选择吸收材料的方法很多，材料的品种也很多，但考虑到成本、施工工艺以及光转换效率等因素，真正得以广泛应用的并不是很多。太阳能选择性吸收涂料具有施工简单、成本相对低廉、组成和性能调整容易等突出优点，得到较大范围使用。太阳能选择吸收涂料与普通涂料组成相同，也是由主要成膜物和颜料、分散剂等组成，其中颜料为对太阳能辐射到地面的可见光波段（最大波长为 $450 \sim 500nm$）呈黑色，而在红外波段呈透明的物质，应用最普遍的是 PbS 和 $FeMnCuO_4$ 等。主要成膜物应在 $0.3 \sim 3\mu m$ 波段是透明的，而且在工作温度范围内稳定性、耐候性、附着力、对颜料的润湿性等性能优良，易施工、价廉。目前使用的有改性有机硅树脂、氟树脂、丙烯酸树脂、聚氨酯树脂等有机树脂，也有采用硅酸盐、钛酸盐、锆酸盐等无机聚合物的。组成不同，其光热效率差异较大，例如，以硫化铅为吸光材料、以聚硅氧烷为主要成膜物的太阳能选择性吸收涂料，在铝基体上厚度为 $2.5\mu m$ 时，太阳能吸收率为 0.9，辐射率为 0.4，达到较好的效果。随着科技研发水平的提高，相信会有更多的性能优异的太阳能选择性吸收涂料得以应用。

（4）隔热保温涂料

隔热保温涂料是涂层能在一定时间内将热能隔离，使其不易传导到基材的一类涂料，可以维持特殊环境中仪器设备工作、生物生存需要的正常温度环境，也是建筑节能的重要举措。按其保温隔热机理，隔热保温涂料可分为烧蚀隔热涂料、热反射涂料和保温隔热涂料。烧蚀隔热涂料是利用涂层本身在高温下发生物理、化学变化带走热量，主要用于宇航工业。热反射涂料又称为温控涂料，是利用涂层改变物体的表面热物理性质，以便在辐射热交换中有效控制物体温度，是宇航工业不可缺少的材料。保温隔热涂料是涂层中有密闭、多孔蜂窝结构的传导隔热涂料，调整其组成可同时具有隔声、防火、装饰等综合效果，是建筑保温涂料的重要研究方向。新一代保温隔热涂料要求保证隔热、保温效果的前提下，尽可能降低成本、便于施工、减轻质量、保证安全。目前使用的聚合物有橡胶改性丙烯酸乳液、改性聚氨酯乳液等耐候性好的有机高分子材料，铝镁硅酸盐等无机高分子材料以及有机与无机混合的成膜物质，填料有陶瓷空心微粒、复合纤维等。该领域市场前景广阔。

(5) 示温涂料

利用颜色的变化指示物体温度及温度分布的专用涂料。在一定条件和氛围下，示温涂料被加热到一定温度，就会出现某一颜色变化，由此可确定该涂料所指示的温度，用它来代替温度计或热电偶等测温工具指示温度。示温涂料颜色的变化，依靠所添加的变色颜料的受热变化来实现，变色过程有可逆和不可逆两种情况。可逆变色的示温涂料可重复使用，不可逆变色的示温涂料只能使用一次。可逆变色主要是颜料在一定温度下发生晶型转变、pH 变化及失去结晶水等而引起，当温度降低时颜料恢复原来的状态，颜色同时复原。不可逆变色主要由物质的升华、热分解、氧化等反应造成。示温涂料还有单变色和多变色品种，单变色示温涂料测温准确度高，多用于记录物体局部达到的极限温度；多变色示温涂料则用于指示物体的表面温度分布。示温涂料特别适用于温度计无法测量或难以测量的场合；多变色示温涂料能够显示表面温度分布，对设备设计、材料选择和结构改进等皆有指导意义；测温简单、快速、方便、经济而又准确，尤其适用于大面积温度测量，用不可逆示温涂料指示极限温度，是简便的超温报警和超温记载方法。示温涂料的变色范围，单变色可达 $40 \sim 1350 \, ℃$；多变色可达 $55 \sim 1600 \, ℃$。可用于飞机、炮弹、高压电路、电子元件、轴承套、机器设备的高温部件、高温高压设备及非金属材料的温度测量，在航空、电子工业和石化企业有着广泛的应用。

3.2.11 节能减排型有机溶剂涂料

有机溶剂型涂料使用中存在的最大问题是溶剂挥发严重，造成环境污染、资源浪费；高装饰性涂层大多需高温烘烤固化，能耗高。为此，人们研发了有机溶剂型高固体分涂料和光固化涂料，并在汽车、家具等领域得到推广应用。

(1) 高固体分涂料

按美国标准，在施工黏度下，固体分含量高达 62%（质量）以上的溶剂型涂料统称为高固体分涂料，现在大多以施工固体分含量 70% 衡量。主要品种有醇酸、聚酯、环氧、聚氨酯和丙烯酸等，其中丙烯酸高固体分涂料，施工固体分最高不超过 70%。一般溶剂型涂料原漆的固体分在 50%～60%，施工固体分在 30%～40%，挥发型涂料的固体分含量更低，一般在 15%～20%，因此高固体分涂料是一种低污染、节约资源的环保型涂料。

实现高固体分、降低涂料施工黏度的主要途径是降低高聚物的分子量，控制高聚物分子量分布范围，但高聚物分子量降低，必然影响涂层的机械、物理和化学性能，为此，必须调整聚合物的结构，提高高聚物的交联密度和固化反应活性，每个分子链上至少要有两个反应基团，确保固化后不存在低分子量树脂。同时选择使用合适的溶剂，降低涂料黏度，也是提高固体分含量的重要途径。

现以用途广泛的丙烯酸树脂涂料为例对高固体分涂料的特征、组成和用途等进行简单介绍。

热固性丙烯酸树脂分子量在 10000～20000，而高固体分丙烯酸树脂分子量在 2000 左右，固体分可达到 72%。其基本组成为：

高固体分涂料 1（以多元醇聚醚和六甲氧甲基三聚氰胺增加固含量，将苯乙烯等烯类单体接枝到聚醚上，单位为份）

高固体分丙烯酸树脂	534.2
钛白粉	406
有机硅表面活性剂	8.2
聚丙三醇	250.0

涂料黏度为 128s（37.5℃，福特-4 杯），密度 16.68g/cm³，常用滚涂、刷涂，180℃烘烤 10～20min。

高固体分涂料 2（以丁醇醚化三聚氰胺为固化剂，以含羟基低黏度聚酯树脂增加固含量，单位为份）

丙烯酸树脂	40
聚酯树脂（分子量 900，羟值 150～190mg KOH/g）	12
丁醇醚化三聚氰胺	30
环氧树脂（E52）	10
钛白粉	100

黏度 20s（20℃，涂-4 杯），80～160℃烘烤 20～30min，光泽度 90%（60°）。

高固体分丙烯酸树脂涂料常与轿车金属闪光底漆配套，一次涂层可达 40μm 以上，罩光后涂层光亮丰满，鲜映性高，装饰性优异。该涂料在卷材预涂等领域应用广泛，也可代替普通丙烯酸树脂涂料用于机械、家具等行业。

（2）非水分散涂料（NAD）

将粒径在 0.1～1.0μm 的较高分子量的聚合物，以胶态质点稳定地分散在非光化学活性剂中（一般是脂肪烃），形成非水分散乳液。其固体分高达 70%以上，黏度低，从广义上讲，也是一种高固体分涂料。非水分散乳液包括两大类型：一是将两种互不相溶的聚合物溶液混合，其中一种聚合物溶液为均相，另一种聚合物溶液以微粒状稳定地分散于其中，称为脱混型；二是在有机液体中，将不溶于它的高聚物以颗粒状稳定分散于其中，称为颗粒分散型。工业中应用最多的是后者。

NAD 分散聚合物通常为接枝共聚物，其中一端为能溶于溶剂（一般为烷烃类），形成连续相，另一端为只能分散于溶剂中的乳液相。选择接枝共聚物和溶剂的关键是使共聚物的一端能溶入溶剂，而另一端不溶，聚合物溶解端分布于胶粒表面，不溶端向凝聚体中心定向。稳定剂在 NAD 涂料体系中至关重要，其结构类似于乳化剂，由可溶链和固定基链两部分构成两亲化合物。

NAD 涂料与普通的溶剂型涂料相比，其固含量和黏度能在较大范围内调整，使用的是低毒、大气光化学惰性、低廉的溶剂，一次施工可得厚膜。与水性乳液相比，溶剂的蒸发焓小，节省能源，且溶剂的选择范围宽；有独特的成膜性能，厚膜施工而不致流挂，减少施工次数，减少施工成本；溶剂自身表面能低，流动性好，涂层不易产生缩孔等弊病；在金属闪光漆成膜时能使金属颜料定向排列，从而使涂膜闪光效果显著富于闪烁魅力，但溶剂价格成本高于水性乳液。

非水乳液涂料主要用于配制金属闪光装饰面漆，也可以用于配制其他各色面漆和罩光清漆，用于汽车、自行车、缝纫机等行业，在卷材涂料、木材封底涂料、玻璃纤维、纺织品等产品的涂装方面也有使用。

（3）光固化涂料（UV 固化涂料）

光固化涂料是由可光固化树脂（光活性低聚物，又称光敏树脂，是成膜物质），光敏剂，活性稀释剂（光活性单体），颜料等组成，利用紫外线照射固化成膜的涂料。

可光固化树脂是在原树脂品种中，引入不饱和官能团形成的。在整个体系中占较大比例，决定着固化后产品的基本性能（包括硬度、柔韧性、附着力、光学性能、耐老化等）。从低聚物分子结构来看，都为含有 C—C 不饱和双键的低分子量树脂，主要包括不饱和聚酯树脂、环氧丙烯酸酯、聚氨酯丙烯酸酯、聚酯丙烯酸酯、多烯硫醇体系、聚醚丙烯酸酯、水性丙烯酸酯及阳离子树脂。目前，最广泛使用的是丙烯酸环氧树脂，其附着力强，抗化学腐蚀，对颜料的润湿性好。

光敏剂（光引发剂）是光固化涂料的关键组分，其作用是能在紫外线提供的能量下，产生活性很高、具有引发聚合作用的自由基或有机离子，使可光固化树脂发生交联固化反应。一般分为自由基聚合光引发剂和阳离子聚合光引发剂。阴离子光引发剂的研究较少，尚未发现商业应用报道。自由基光引发剂分为裂解型和夺氢型两大类。目前常用的光引发剂有二苯甲酮、安息香双甲醚（UV651）、氯代硫杂蒽酮（2-CTX）、2,4-二乙基硫杂蒽酮（DETX）、异丙基硫杂蒽酮（ITX）、2-羟基-2,2-二甲基-1-苯基丙酮（UVI173）、1-羟基环己基苯甲酮（UV184）、2-苯基-2-N-二甲氨基-1-(4-吗啉苯基) 丁酮（369）和 2,4,6-三甲基苯甲酰基二苯基氧化膦（TPO）等。

光引发剂目前的发展方向。一是尽量开发使用可见光引发剂，如氟化二苯基二茂铁和双（无氟化苯基）二茂铁的吸收波长已延伸到 520nm，在可见区内有较大的吸收，将其用于引发丙烯酸酯的可见光聚合反应非常有效。二茂铁化合物在光的照射下产生漂白效应，涂层黄变指数小，深度固化好，有利于厚膜彻底固化。二是水溶性光引发剂。在普通引发剂基础上，引入铵盐或磺酸盐基团，使其与水相溶，如二苯甲酮、硫杂蒽酮、苯偶酰类化合物都可通过引入水溶性铵盐、磺酸盐基团而研制成水溶性光引发剂，但光引发剂聚合反应效率不高，固化后涂膜耐水性不良，应用受限，尚待改进。三是高分子光引发剂。将丙烯酸基、乙烯基、烯丙基等不饱和基团接在普通光引发剂分子上，或将普通光引发剂分子通过化学键接在高聚物主链上，是实现引发剂高分子化的两条途径。目前，已将二苯甲酮、硫杂蒽酮等光引发剂引入高分子主链。高分子光引发剂克服了光引发剂反应后过量的光引发剂的迁移，同时也解决了光引发剂与树脂体系不相容或相容性不好的弊病，减少了对人畜皮肤的渗透、刺激。

在光固化体系中，光活性单体（活性稀释剂）不但起到调节体系黏度的作用，而且通常都能参加固化成膜反应，很少挥发到空气中，赋予体系环保特性。按分子中含有的反应性基团，光活性单体分为单官能度、多官能度活性稀释剂。活性稀释剂要求活性大、固化快、稀释作用强、挥发性低、毒性小。苯乙烯、丙烯酸酯等是最常用的活性稀释剂。目前使用最广泛的光活性单体多为丙烯酸酯类，其已发展为第三代活性稀释剂，具有高反应活性、低收缩率等优点。近年来新型活性稀释剂得到了开发利用，乙氧基化或丙氧基化的丙烯酸酯类功能单体，不仅改善了某些单体对皮肤的刺激性，而且使单体性能更加完善。随着阳离子光固化体系的发展，多官能环氧化合物和乙烯基醚类单体也得到广泛应用。

目前，光固化涂料中，一般低聚物占 30%～50%；活性稀释剂占 40%～60%；光引发剂占 1%～5%；助剂占 0.2%～1%。

光固化涂料的基本工艺要求如下。

① 光源　紫外线波长范围为 300～450nm。100～200nm 的紫外线，光能大，易产生自由基，但易被物质吸收，穿透力弱，难以利用，况且，光能太强，会破坏树脂分子，影响涂膜性能。因此光固化涂料一般都用 300～450nm 的近紫外线来进行固化。

② 固化设备　常用的固化设备有低压汞灯、高压汞灯、镓 V（D）形灯等，使用寿命可达 3000h 以上。LED-UV 固化装置和混合型 UV 固化装置已经商业化，是新型光固化设备，

具有低电耗、长寿命、小型化、高应变性等特点，尤其是不使用汞，发热量低、无臭氧产生，从而具有无需配置排风管道、灯具能瞬间点燃或熄灭等诸多优点，已在日本应用于薄纸（0.06～0.3mm）印刷中。

③ 固化时间与温度　光固化涂料固化时间一般为几十秒到 2min，固化后光能量转化为涂层自身的能量，工件温度几乎不变，能量的利用率高达 95%，能耗仅是热固化涂料的 1/10。

溶剂型光固化涂料存在的问题如下：

① 活性稀释剂，主要是丙烯酸的单酯、二元酯及多元酯，对人体的皮肤、黏膜、眼睛有刺激性，有的有异味；

② 预聚物黏度大，喷涂时要加入大量的活性稀释剂，有时还要加入有机溶剂；

③ 光固化不可能达到完全聚合，涂膜中残留部分活性稀释剂、引发剂，不符合食品卫生的包装材料要求；

④ 采用自由基光聚合体系，预聚体和单体的固化速度快，故体积收缩大，影响涂膜与金属基材之间的附着力；

⑤ 涂布设备和容器清洗均需要使用有机溶剂；

⑥ 对立体的被涂覆材料，由于光照时有阴影，局部固化困难；

⑦ 遮盖力强的颜填料紫外线不能穿射，造成面干而底不干。

光固化涂料为单组分、无溶剂型涂料，基本无溶剂挥发，污染小，固化设备简单，占地少，生产效率高，尤其适用于塑料、木材、纸张、玻璃、中密度纤维板（MDF）等不宜于高温固化及热容较大的基体。从当前市场 UV 固化涂料的应用来看，其应用领域还比较窄。用于通信的光学纤维的 UV 固化涂料，2004 年为 23300t，2005 年为 25024t，2006 年为 29027t，2007 年为 32530t。因此，应扩大其应用领域和应用量，如应用在光纤方面的 UV 涂料和具有较高附加值的眼镜片；用于光学镜头方面的超硬耐溶型 UV 涂料及用于易拉罐、彩钢板上的 UV 金属涂料等。

由于一系列法规及公约的实施，要求研发无毒、无害、保证人体健康的与环境友好的单体和低聚物。采用新型的光引发剂，特别是对着色体系的高效、低价、无毒、无害的光引发剂，彻底解决丙烯酸酯低聚物的毒性问题。对三维工件使用 UV 固化涂料进行固化时应采用与热固化相结合的双重固化技术，为此必须设计生产出适应这一技术的固化设备。利用纳米技术来改进 UV 固化涂料，进一步提高 UV 固化涂料的物化性能。据介绍，目前广泛应用于手机、电脑、大量家具中的 UV 耐磨涂料以及皮革用 UV 涂料就是用纳米材料进行改性的。与水性和粉末涂料结合，研发出物化性能更好的水性 UV 固化涂料和 UV 固化粉末涂料。

由于 UV 固化涂料有着优良的物化性能，特别符合当前人类对环保、人体健康的需求，它是完全符合可持续发展的涂料产品。我们可以坚信 UV 固化涂料在未来的几年会得到更大的发展，会应用在更广泛的领域中。

3.3　涂料的选用与配套

3.3.1　涂料的选择

根据 3.2 介绍可知，不同的涂料其结构、性能差异很大，欲保证涂层质量，首先要正确选择和使用涂料。

（1）根据涂装目的和要求选择

工件或产品的涂装目的主要有防护性、装饰性与特殊用途。防护性涂层要求能防止机械损伤，延缓基体腐蚀，延长产品使用寿命。常用涂料中，像环氧树脂、酚醛树脂、沥青树脂、聚氨酯树脂、有机硅树脂等都具有优良的防酸、碱、盐、水侵蚀的能力。装饰性涂层除要求有一定的防护性外，主要体现其外观与户外使用性能，即涂层具有优美的色彩、适宜的光泽和良好的保光、保色性与丰满度。常用涂料中，像氨基醇酸树脂涂料、丙烯酸树脂涂料、聚氨酯（脂肪族）涂料等都具有很好的户外使用性能。特殊用途指绝缘、耐磨、示温、润滑、导电、屏蔽等各种功能作用。各类涂料的涂层性能对比见表 3-2。

表 3-2　各类涂料的涂层性能对比

涂层性能	耐盐雾	耐酸性	耐碱性	耐汽油性	耐水性	附着力	柔韧性	耐磨性	硬度	抗冲击性	最高使用温度/℃	耐候性	保光性	保色性	装饰性
酚醛	5	3	2	4	5	5	3	4	3	3	120～177	3	2	1	一般
沥青	5	3	4	1	5	5	5	2	3	5	70～93	2	—	—	一般
醇酸	5	1	1	3	2	5	5	3	4	4	93～100	4	4	3	好
氨基	4	2	3	4	3	5	4	4	5	4	100～150	5	4	4	优
硝基	5	3	1	3	3	2	2	2	4	2	65～82	3	3	5	好
过氯乙烯	5	5	5	4	5	2	2	4	3	4	60	4	4	4	较好
丙烯酸	5	2	3	3	4	4	5	4	5	5	180	5	5	5	优
环氧	5	3	4	5	4	5	3	4	5	4	150～200	2	2	2	较好
聚氨酯	5	3	4	5	5	5	5	4	4	4	150	4	5	4	优
聚酯	5	3	1	5	3	5	5	4	5	2	93	4	5	5	优
有机硅	5	3	4	2	5	2	2	2	4	3	200～500	4	5	5	好

注：5—优；4—好；3—较好；2——一般；1—差。

（2）根据涂层的使用环境选择

涂层所处的环境不同，涂层自身破坏、老化作用也不同，例如用于室外的涂料，要求耐大气性优良，耐紫外线侵蚀；用于室内的涂料，要求装饰美观、耐磨、耐洗涤。地区不同，环境条件差异很大，内陆风沙大，沿海海雾湿度大等，因此要根据涂层使用的具体环境条件和涂料自身的特性进行选择。影响涂层性质的环境因素大致分为九个方面，见表 3-3，各类涂层的环境适用条件列于表 3-4。

表 3-3　各类环境因素

序号	环境因素	具体情况
1	温度变化	气候变化与地区的冷热变化使涂层热胀冷缩，易使涂膜起泡、开裂与脱落
2	辐射	太阳光的紫外线照射，使涂膜老化
3	空气中的腐蚀物	空气中的 SO_2、HCl、H_2S、NO_2、NH_3 及 O_2，使涂层破坏
4	潮湿与雨水	雨水侵蚀，尤其是沿海潮湿气体使涂膜吸水膨胀而鼓泡
5	微生物的侵蚀	湿热带地区的微生物、霉菌的侵蚀使涂膜遭受直接破坏
6	化学腐蚀	酸、碱、盐、农药、化肥及其他化学品使涂层遭受直接破坏
7	生活用品	肥皂、洗涤剂等对涂膜产生腐蚀
8	机械作用	风沙、石击、摩擦、碰撞等使涂膜产生磨蚀和开裂、脱落
9	机油和汽油等	涉及涂膜的耐油性、耐溶剂性问题

表 3-4　各类涂层的环境适用条件

环境条件	油性漆	沥青漆	酚醛漆	醇酸漆	氨基漆	硝基漆	过氯乙烯	环氧漆	丙烯酸	聚氨酯	有机硅
一般大气条件下使用,对防腐和装饰要求不高	✓		✓								
在一般大气条件下使用,但要求耐候性好				✓	✓	✓	✓		✓	✓	
在一般大气条件下使用,但要求防潮防水性好		✓	✓				✓	✓		✓	
在湿热条件下使用,要求有三防性(防湿热、防盐雾、防霉)			✓			✓	✓	✓	✓	✓	✓
在化工大气条件下使用,或要求耐化学性较好		✓	✓				✓	✓		✓	
在高温条件下使用											✓

（3）根据涂装产品的材质选择

用来制造产品的材料有钢铁、有色金属、木材、塑料、皮革、橡胶、纸张、玻璃、陶瓷、复合材料等。由于各种材质的表面物理、化学性质不同,对涂料的适应性就不一样,施工要求也不同。例如,绝大部分涂料对钢铁表面附着力强,但在铝和锌合金等轻金属表面附着力不高,只能涂覆锌黄和锶黄底漆或预涂磷化底漆来改善附着力。

对木材来说,由于多孔性,涂料易渗透而被吸收、失光,必须预涂封闭剂。对某些塑料表面,易被涂料中的溶剂溶胀,甚至溶解侵蚀,也会造成涂膜失光,但绝大部分附着力差,必须选用专用塑料底漆或采取其他措施。

不同的材料由于腐蚀机理和本身的抗腐蚀性能的差异,设计的涂层体系也不一样。不能把钢铁表面的涂层体系照抄硬搬到铸铁或塑料表面上。例如,钢铁表面的涂层体系一般是底漆加面漆加清漆;铝合金表面的氧化膜有优良的防护性,只需着色后涂一道清漆;塑料主要是防止老化,只需按色彩规划涂一道彩色面漆。

各类涂料与不同材质的适应性参见表 3-5。

表 3-5　涂料与材质的适应性

涂料 ＼ 涂层性能	钢铁	轻金属	塑料	木材	皮革	玻璃	织物
油脂漆	5	4	3	4	3	2	3
醇酸树脂漆	5	4	4	5	5	4	5
氨基树脂漆	5	4	4	4	2	4	4
硝基漆	5	4	4	5	5	4	5
酚醛树脂漆	5	5	4	4	2	4	4
环氧树脂漆	5	5	4	4	3	5	—
氯化橡胶漆	5	3	3	5	4	1	4
丙烯酸酯漆	4	4	4	4	4	1	4
氯醋共聚树脂漆	5	4	4	4	5	4	5
偏氯乙烯漆	4	4	5	4	5	—	5
有机硅漆	5	5	4	3	3	5	5
呋喃树脂漆	5	3	4	5	3	3	3
聚氨酯漆	5	5	5	5	5	5	5
醋丁纤维素漆	4	4	4	4	1	2	3
乙基纤维素漆	4	4	5	3	5	3	5

注：5—最好;…;1—最差。

（4）考虑施工条件

施工条件是指涂装方法和涂膜固化条件，应根据企业实际情况选用适宜涂料。例如，如果单位烘干设施简单或不具备烘干条件，可选用自干型涂料或低温固化型涂料，像热塑性丙烯酸涂料、过氯乙烯涂料、硝基涂料等。在生产量大幅度提高时，可配合设备改造选用高品质的烘干固化涂料。每一种涂料都有适宜的涂装方法（见表 3-6），在选择时必须充分考虑，如氨基树脂涂料采用空气喷涂与静电喷涂时对涂料的要求差别很大。

表 3-6 各类涂料适宜的涂装方法和干燥条件

涂料	涂装方法	干燥条件
油性漆	刷涂,喷涂	自干,24h
酚醛漆	刷涂,浸涂,喷涂,高压无气喷涂	自干,18h
沥青漆	淋涂,刷涂,喷涂,热喷涂	自干及低温烘干(100℃,≤1h)
醇酸漆	喷涂,高压无气喷涂,刷涂,浸涂	自干(18~24h)及低温烘干(≤100℃,≤2h)
氨基漆	喷涂,淋涂,浸涂	烘干(90~150℃,1~2h)
硝基漆	喷涂,热喷涂,高压无气喷涂,浸涂,静电喷涂	自干,1h
过氯乙烯漆	喷涂,热喷涂,高压无气喷涂,浸涂,静电喷涂	自干,3h
丙烯酸漆	喷涂,热喷涂,高压无气喷涂,淋涂,滚涂	自干(1h)及烘干(140℃,1~2h)
胺固化环氧漆	喷涂,刷涂	自干,12h
环氧酯漆	喷涂,刷涂	自干(24h)及烘干
环氧酚醛漆	喷涂,刷涂,浸涂	烘干(180℃,1h)
聚氨酯漆	喷涂,刷涂,浸涂	自干,24h
有机硅漆	喷涂,刷涂,浸涂	自干(24h)及烘干
电泳漆	电泳涂装	烘干(160~180℃,1h)
粉末涂料	静电喷涂,流化床涂装	烘干(160~180℃,0.5~1h)

（5）考虑技术经济性

涂料的技术性主要指是否便于施工操作及能否保证施工过程中便于管理，保证质量稳定。这实际上体现了先进性与可靠性的关系，必须根据企业的技术管理水平，慎重选择。

经济性主要从涂料成本、施工费用、涂层使用寿命及涂层质量对整个产品价值的影响程度等方面考察。总的原则是涂层的造价和功能与产品自身的价格与功能相配套。例如，轿车涂装，涂层的保护性与装饰性能，决定着整个轿车的质量和档次，而且轿车本身的价位很高，因此，不论底层、中涂还是面层，都应选择高档涂料；而农用车本身的价格较低，涂层只要求具有一定的保护性和装饰性，因此选择涂料时就应适当降低标准。如底层选用阳极电泳底漆，面漆选用低氨基醇酸树脂漆等，既降低了涂层造价，又满足了涂装的基本要求。

（6）重视环境友好性

国家可持续发展战略对项目清洁生产水平提出了很高的要求，机械行业的清洁生产水平主要取决于涂装的清洁生产水平，涂料的选择是关键。选择符合"四 E"原则的涂料，如水性涂料、粉末涂料、高固体分涂料、光固化涂料等，可能材料费用有所增加，但施工效率、涂料利用率、涂层性能提高，三废处理费用显著降低，综合成本大大降低。同时，选择环境友好型涂料，环境污染减小，将产生巨大的社会效应。

3.3.2 涂层的配套性

涂料的主要成膜物、颜料等组成不同，性能差异较大，单一涂层往往不能满足各项指标要求，为了得到性能综合的涂层，必须合理选择底层、中间层、面层和罩光涂层，形成复合涂层。

为了保证涂层间结合力，使涂层发挥出最大效益，并尽可能减少复合涂层出现的缺陷，各层涂料必须配套使用，但配套时需注意以下问题：

① 同种树脂的涂料配套性最好，不同树脂的涂料配套时，常常出现一些弊病，需经过理论分析和实验验证。

② 最好烘干型底漆与烘干型面漆配套，自干型底漆与自干型面漆配套；烘干型涂料各层涂膜的烘干条件尽可能一致，以免涂膜过度交联导致脆性增大。

③ 涂层硬度和强度相一致的涂料，配套性较好。如果底层涂膜硬度过小，易发生起皱、脱落。

④ 强溶剂面漆对耐溶剂差的底层易产生咬底，若增加这类底层的颜料分，则可避免咬底现象。

⑤ 对于防护装饰性涂层，厚度不要求很高的情况下，也可以选用复层涂料。如环氧/丙烯酸自层离涂料（heteropHase and self-stratifying coating）、环氧/氯化橡胶自层离维护涂料等。它们只需涂覆一次，在成膜过程中自动发生两相分离，形成环氧防护性底层和丙烯酸面层。

⑥ 采用多层异类涂层时，若底层和面层不能直接配套，可通过中间层过渡。如过氯乙烯涂料与硝基涂料没有结合力，不能配套，通过热塑性丙烯酸涂料过渡后，配套性良好。

一般底漆侧重于防护作用，面漆侧重于装饰作用，所以两种涂料常常采用不同的基料。底层与面层之间的配套性可参考表 3-7。

表 3-7　底层与面层间配套关系

底　漆	面漆材料									
	油性漆	酚醛漆	沥青漆	醇酸漆	氨基漆	硝基漆	过氯乙烯	丙烯酸漆	环氧漆	聚氨酯漆
油性漆	√	√		√						
酚醛漆		√	√	√	√	√	√			
沥青漆				√						
醇酸漆		√	√	√	√	√	√		√	
氨基漆				√						√
硝基漆						√				√
过氯乙烯漆							√	√		
丙烯酸漆						√	√	√		
环氧漆		√		√		√		√	√	√
聚氨酯漆										√

3.4　溶剂型涂料的涂装工艺与设备

溶剂型涂料涂装就是利用一定的设备和合理的工艺将涂料薄而均匀地涂布在被涂物表面。常用的方法有刷涂、刮涂、浸涂、淋涂、喷涂等。本章主要介绍常用的工业涂装方法及设备。

3.4.1　浸涂

浸涂是指用人工或机械将工件浸入到涂料中，然后提出工件沥干余漆，使工件表面形成一层涂膜的过程。该工艺设备简单，可以实现连续化生产，涂料利用率高，不会产生涂装死角，但涂层厚度不均匀，常常上薄下厚，易产生橘皮、流挂等，同时溶剂损失量较大。该工艺适合于一些以防护性为主、工件形状复杂、不适合采用其他方式施工的工件涂装。

(1) 浸涂工艺

① 涂料　浸涂工艺中，涂料在涂料槽中停留时间长，难以密闭，因此要求涂料溶剂挥发速率慢，在槽中不易结皮，不易聚合胶凝。水的沸点高、挥发速率慢，尤其适合采用浸涂工艺；溶剂型的氨基醇酸树脂涂料等烘烤型涂料比较适合采用浸涂；醇酸树脂涂料、单组分环氧树脂涂料等靠氧化聚合固化成膜的涂料以及像沥青涂料等挥发性自干涂料也可以采用。双组分涂料如双组分聚氨酯树脂涂料等，由于混合后使用周期短，不适合采用浸涂工艺；密度较大的涂料易产生沉淀，快干型涂料由于干燥快、流平差、溶剂挥发快、存在安全隐患等，都不适合采用浸漆工艺。

② 浸涂工艺条件　涂料的施工黏度是浸涂的重要工艺条件，直接影响浸涂后涂膜的外观和涂层厚度。实际施工中，应根据温度变化不断调整施工黏度，室温（20℃）下施工黏度一般控制在 20～30s。施工温度越低，相同组成的涂料黏度越大。当施工黏度过低时，漆膜的流平性提高，但易出现露底等缺陷；施工黏度过高，涂膜的流平性降低，易出现橘皮等缺陷。施工温度是浸涂的另一重要参数。适当提高涂料温度，有利于涂层流平，提高外观质量，但造成溶剂损失。涂料的最佳施工温度为 20～30℃，施工中维持一定的温度范围，有利于保持浸漆槽的稳定性和涂层质量。

浸漆槽一般每 3～4h 搅拌一次，搅拌完毕应等气泡消失后再施工。

工件入槽时，应尽可能使工件最大平面垂直入槽，其他平面与涂料呈一定角度，以减少入槽及出槽阻力。

(2) 浸涂设备

浸涂槽是浸涂工艺的主要设备，按工作方式可分为间歇式和连续式两种。间歇式浸涂槽主要用于小批量生产，槽体较小，一般为矩形或柱形槽体，工件的起吊采用人工或行吊的方式。连续式浸涂槽主要用于大批量生产，槽体较大，一般为船形槽体，工件的运输主要通过悬链来完成。

为保证槽内涂料不出现沉淀及分层现象，浸涂槽最好设有搅拌装置。常用的搅拌装置可分为涂料循环搅拌装置和机械搅拌装置。循环搅拌装置主要用于连续式浸涂槽，由泵、溢流槽、过滤网组成。泵吸入溢流槽中的涂料，通过浸涂槽底部的管道排入到浸涂槽中，然后浸涂槽表面的涂料连同其中的泡沫溢流到溢流槽中，同时通过溢流槽中的滤网将其中的杂质过滤干净。

为保持固定的温度范围，需设置调温装置。调温装置包括加热装置和冷却装置。

冬季气温降低时，涂料的黏度升高难以施工，必须增加加热装置。常用的有盘管式、外套式等。盘管式加热装置位于槽内底部或两侧，以热水或蒸汽作为热源。该装置升温速度较快，但易出现局部过热，同时由于盘管位于槽内易造成施工不便。外套式加热装置是在槽体外部增加一夹层，夹层内以热水作为热源，热水与槽内涂料温差较低，不易出现局部过热，同时由于接触面积大，升温速度较快。

夏季气温升高时，溶剂挥发速度较快，不仅造成大量浪费而且易发生火灾危险，因此必须增加冷却装置。冷却装置以外套式居多，夹层内通冷却水，冷却水可采用深井水或制冷水。

沥漆装置可以提高涂料利用率、减少环境污染。常用的有自然沥漆和静电沥漆两种，前者靠重力作用使黏附在工件表面上的多余涂料自然滴落，后者则使工件接地（为正极），与工件相对的网状平板电极接负极，形成静电场，加速工件表面余漆的滴落，该方法尤其适合于大批量流水线生产中。

大型浸涂槽必须设有事故排放口，且要保证事故发生时槽内涂料在 5min 内全部自动排放至室外储漆槽。另外槽口必须设自动灭火装置。

3.4.2　高压空气喷涂

（1）高压空气喷涂的原理与特点

高压空气喷涂是利用空气从喷嘴中喷出时产生的负压将罐内的涂料吸出，吸出的涂料迅速扩散呈雾状，在压缩空气的带动下飞向工件表面而形成连续的涂膜。该工艺具有下列特点：

① 设备简单，投资小　因自动化程度、涂层质量要求不同，设备投资不同，最简单的空气喷涂只需喷枪和空压机组合即可，可以在不同场地很方便地完成喷涂作业。

② 操作适应性强　从理论上说，空气喷涂几乎可以适用于各种涂料和被涂物。

③ 漆膜质量好　空气喷涂的雾化效果较好，涂层均匀，喷涂后可得到均匀美观的涂膜。

④ 涂装效率较高　空气喷涂每小时可喷涂 150～200m² 工件，作业效率高。

⑤ 涂料利用率低　空气雾化导致涂料四处飞散，涂料利用率因工件面积大小而异，但一般在 50%左右。飞散的涂料污染作业环境，产生大量涂料废渣，造成施工成本提高。

（2）高压空气喷涂设备

高压空气喷涂的主要设备是喷枪，其性能决定着涂层的喷涂质量。按压缩空气的供给方式可分为内混式和外混式两种；按涂料的供给方式可分为重力式、吸上式和压送式三种。重力式喷枪主要用于喷涂样板及小面积修补用。吸上式喷枪主要用于小批量生产，压送式喷枪适用于批量大的工业化涂装。常见喷枪的种类见表 3-8。

表 3-8　喷枪的种类（日本工业标准）

涂料供给方式	按被涂物区分	喷雾方式	涂料喷嘴口径/mm	空气用量/(L/min)	涂料喷出量/(mL/min)	喷雾图形幅宽/mm	试验条件
重力式	小型	圆形	(0.5)①	40 以下	10 以下	15 以下	喷涂空气压力 0.3MPa；喷涂距离为 200mm；喷枪移动速度为 0.05m/s
			0.6	45	15	15	
			(0.7)①	50	20	20	
			0.8	60	30	25	
			1.0	70	50	30	
吸上式	小型	扁平型	0.8	160	45	60	
			1.0	170	50	80	
			1.2	175	80	100	
			1.3	180	90	110	
			1.5	190	100	130	
			1.6	200	120	140	
	大型	扁平型	1.3	280	120	150	喷涂空气压力 0.35MPa；喷涂距离为 250mm；喷枪移动速度为 0.1m/s
			1.5	300	140	160	
			1.6	310	160	170	
			1.8	320	180	180	
			2.0	330	200	200	
			(2.2)①	330	210	210	
			2.5	340	230	230	

续表

涂料供给方式	按被涂物区分	喷雾方式	涂料喷嘴口径/mm	空气用量/(L/min)	涂料喷出量/(mL/min)	喷雾图形幅宽/mm	试验条件
压送式	小型	扁平型	(0.7)①	180	140	140	喷涂空气压力0.35MPa；喷涂距离为200mm；喷枪移动速度为0.1m/s
			0.8	200	150	150	
			1.0	290	200	170	
	大型	扁平型	1.0	350	250	200	喷涂空气压力0.35MPa；喷涂距离为200mm；喷枪移动速度为0.1m/s
			1.2	450	350	240	
			1.3	480	400	260	
			1.5	500	520	300	
			1.6	520	600	320	

① （ ）内的口径一般不使用。

常见喷枪的型式见图3-1。

喷枪从结构上包括喷头、调节机构、枪体三部分，结构见图3-2。

图3-1　喷枪的型式（按涂料供给方式）

(a)吸上式　　(b)重力式　　(c)压送式

图3-2　喷枪结构图

1—空气帽；2—喷嘴；3—针阀；4—喷雾图形调节旋钮；5—涂料量调节旋钮；6—空气阀；7—空气管接头；8—空气量调节旋钮；9—枪身；10—扳机；11—涂料管接头

喷头由涂料喷嘴、空气帽和针阀等组成，是决定涂料雾化及喷流图形的关键部件。调节机构可调节涂料及空气的喷出量，还可调节喷涂扇面的大小。枪体上装有开闭针阀的枪机和防止泄漏涂料及气的密封件，并制成便于手握的形状，以便于施工操作。喷枪喷嘴一般由合金钢制作，经过热处理，提高其使用寿命。喷嘴的口径有0.5～5.0mm多种规格，一般0.5～0.7mm的口径用于着色剂等易雾化涂料的喷涂；1.0～1.8mm的口径用于合成树脂涂料等的喷涂；2.0～2.5mm的口径用于橘形涂料等黏度较大的涂料；3.0～5.5mm的口径用于塑溶胶和抗石击涂料等黏稠涂料。

空气帽的主要作用是将涂料雾化，并形成所要求的喷涂图形及效果。空气帽上有喷出压缩空气的中心孔、侧面空气孔和辅助空气孔。孔的位置、数量和孔径等因用途不同各有差异。空气帽种类见图3-3。中心孔与涂料喷嘴是同心圆，其间的间隙为0.15～0.3mm。中心孔喷出压缩空气在涂料喷嘴的前端形成负压区，负压的作用是使涂料吸出喷成圆的喷雾图形。侧面空气孔喷出压缩空气将从中心孔喷出的圆形喷雾图形挤压成所需的形状。其作用见图3-4。辅助空气孔喷出压缩空气使空气帽喷出空气量与压力均衡，调节喷雾图形的大小并

图 3-3　空气帽种类

1—中心孔；2—辅助空气孔；3—侧面空气孔

图 3-4　空气帽侧面空气孔的作用

保持稳定，还可促进涂料雾化，并吹掉涂料喷嘴上的残余涂料。

空气帽有少孔型和多孔型两种。少孔型有中心孔一个，两边各有一个辅助孔，其特点是空气用量少，但雾化能力差，涂着效率低。多孔型有多个空气孔和辅助孔，其特点是空气用量大，雾化能力好，涂着效率高。

针阀由喷嘴内部的阀针与针阀杆组成。当扣动扳机使阀针后移时，涂料通道打开，涂料即喷出。喷嘴与针阀应配合好以防闭合后涂料泄漏。

调节机构包括空气量的调节机构、喷雾图形的调节机构和涂料喷出量的调节机构。空气量的调节机构位于喷枪的下部，旋动旋钮即可调节压缩空气的喷出量和压力。没有空气量调节机构的喷枪必须在枪外增加减压阀以调节压缩空气的喷出量和压力。

喷雾图形的调节机构位于喷枪的最上端，旋动旋钮即可调节侧面空气孔的空气流量，当侧面空气孔全部关闭时，喷雾图形呈圆形；当适当增加侧面空气孔的空气流量时，喷雾图形逐渐变成椭圆形。涂料喷出量的调节机构位于喷雾图形的调节机构的下方，旋动旋钮即可调节喷嘴开启的大小，控制涂料的喷出量。

所有的调节机构和枪罐全部装在枪体上，扣动扳机即可调节压缩空气和涂料的喷出。当扣动扳机时，压缩空气先喷出，继续扣动扳机，涂料才喷出。当松开扳机时，涂料先停止喷出，然后压缩空气再停止喷出。

为适应不同场合的特殊用途，还有各种特殊喷枪。常见的特殊喷枪有长枪头喷枪、长柄喷枪、自动喷枪、无雾喷枪。长枪头喷枪适合于管道内壁及死角的涂装；长柄喷枪适合于高空作业的涂装；自动喷枪适合于连续化自动喷涂；无雾喷枪可提高涂料利用率。特殊喷枪的结构见图 3-5。

为解决高压空气喷涂涂料利用率低的问题，近几年出现了一些新型喷枪，涂料利用率显著提高。

① HVLP 空气喷枪　HVLP 是英文 highvolume low pressure 的缩写。它是利用空气帽限制空气压力（10psi 以下，1psi＝6894.76Pa），达到减少涂料反弹或过喷的目的，同时增加空气流量来补偿压力损失而达到雾化所需的能量。HVLP 喷枪将涂料的利用率提高到 65%，同时涂料的过喷量减小，降低了污染。但 HVLP 喷枪存在两大缺点：一是无法喷涂高黏度涂料，因喷涂是借助于高空气量及低空气压力将空气雾化，而非传统空气喷涂的高雾化压力，因此对黏度有所限制，一般黏度超过 18s（涂-4 杯）便无法获得好的雾化效果；二是需要空气量大，增加了投资成本，相对于传统空气喷涂 8～17cfm（cubic feet per minute，流量单位，立方英尺每分钟）的空气消耗量来说，HVLP 喷枪 12～25cfm 的空气消耗量明显大出很多，必须换用更大的空压机。

(a) 长枪头喷枪　　　　　　　　　　　　　(b) 长柄喷枪

(c) 自动喷枪　　　　　　　　　　　　　(d) 无雾喷枪

图 3-5　特殊喷枪的结构

②LVLP 空气喷枪　LVLP 是英文 low volume low pressure 的缩写。其雾化压力为10～21psi，与 HVLP 差别不大，但空气消耗量却只有 12～17cfm，可喷涂涂料的黏度达到25s，涂料的利用率达到 65%。其缺点是由于以低压低空气量雾化，喷涂速度明显比传统的空气喷涂差很多，影响了施工速度，增加了生产成本。

③LVMP 空气喷枪　LVMP 是英文 low volume medium pressure 的缩写，它是通过独特的空气帽及枪体结构设计，使喷涂时的速度及雾化效果都优于 HVLP 和 LVLP，且空气消耗量只需 9～12cfm，有效地降低了能源的消耗。LVMP 的雾化压力为 30psi，尽管比 LVLP 高一些，但其涂料的利用率却能达到 72%，是目前较好的一种空气喷涂技术。

空气喷涂喷枪的维护：

①喷枪喷涂后应立即用所喷涂涂料的配套溶剂清洗干净，特别是双组分涂料，由于涂料采用固化剂固化，如不立即清洗，涂料会在枪内固化，造成喷枪报废。

②空气帽、喷嘴等应用毛刷蘸溶剂清洗。空气孔堵塞时应用软木针疏通，不可用钢钉等金属器具清理，否则会损坏空气孔或造成空气孔出气不均，影响涂料的雾化效果。

③涂料调节螺栓、空气调节螺栓及枪体内部的弹簧应定期涂油，以保证活动灵活并防止生锈。

④不可将枪体及配件长期浸泡在溶剂中。

⑤使用时应轻拿轻放，避免碰伤或摔伤。

选择喷枪的原则：

①喷枪的型式　重力式喷枪主要用于涂料使用较少、颜色更换频繁的场合，涂料利用率高，所用涂料可完全用完，也较适合于实验室的喷涂，但不适合于仰面的喷涂。另外重力式喷枪的重心较高，不适合于长时间的连续喷涂。

吸上式喷枪主要用于涂料使用量稍大、颜色更换频繁的场合，中小批量生产一般都用这种喷枪。

压送式喷枪主要用于涂料使用量大、颜色较为单一的场合。由于不带罐，枪体重量较轻，使用比较方便，由于不需频繁加涂料，操作效率较高。

② 喷枪的大小　小型喷枪枪体重量轻，主要用于喷涂比较复杂的工件及实验室喷涂样板，但由于出漆量及出气量较小，操作效率较低。大型喷枪主要用于喷涂量较大、平面度较多的场合，操作效率较高。

③ 喷嘴口径　喷嘴口径应根据工件的大小及形状、喷涂作业的工作量、涂料的品种等选择。一般工件小或复杂的工件应用小口径喷嘴，喷涂作业工作量较大的场合选择较大的喷嘴，橘纹漆宜选择 2.5～3mm 的喷嘴。在雾化性要求较高的场合，应选用较小的喷嘴。

（3）空气喷涂的作业要点

在空气喷涂作业的操作过程中，喷涂距离、喷枪运行方式、喷雾图样搭接和涂料黏度是喷涂的四大要点，也是喷涂技术的基础。

① 喷涂距离　喷涂距离是指枪头与被涂物之间的距离。一般口径低于 1.5mm 的喷枪喷涂距离为 15～20mm；口径高于 1.5mm 的喷枪喷涂距离为 20～30mm；空气雾化的手提式静电喷枪喷涂距离为 25～30mm。喷涂过程中喷涂距离恒定是保证漆膜厚度均匀的重要因素，为达到这一目的，喷涂时喷枪必须与被涂物垂直，并且运行轨迹保持与被涂物平行。如果喷涂时喷枪与被涂物呈弧度运行，所喷涂工件的中部与两边的厚度必然存在较大差别。在同等条件下喷涂距离过近，涂料易形成堆集而产生流挂；喷涂距离过远涂膜变薄，涂料浪费较大，还易造成虚漆等漆膜缺陷。喷涂距离与涂膜厚度及涂着效率关系见图 3-6、图 3-7。

图 3-6　喷涂距离与涂膜厚度的关系

图 3-7　喷涂距离与涂着效率的关系

② 喷枪运行方式　喷枪运行方式包括喷枪与被涂物的角度及喷枪的运行速度。喷枪与被涂物应呈直角并保持垂直运行，如果喷枪倾斜或呈圆弧状运行就得不到厚度均匀的漆膜。喷枪的运行速度一般控制在 30～60cm/s 的范围内，实际运行速度根据涂料的喷出量及工件的复杂程度确定。

③ 喷雾图样搭接　喷雾图样搭接是指喷涂的喷雾图样的部分重叠。搭接的宽度应保持一致，前后搭接程度一般为有效喷雾图样幅度的 1/4～1/3。如果搭接的宽度多变，膜厚不均匀，就能产生条纹或斑痕。

④ 涂料黏度　涂料施工黏度必须调整到工艺规定的范围之内。黏度过高时，涂料的雾化差，涂料不易喷出，易产生橘皮等缺陷；黏度过低时，一次喷涂的厚度薄，且易产生流挂等缺陷。

不同品种涂料的施工黏度也不一样，施工时应根据涂料的施工要求确定施工黏度。

（4）喷涂时的常见故障及防治

喷涂时常见故障及防治见表 3-9。

表 3-9　喷涂时的常见故障及防治

序号	故障的现象	产生原因	解决方法
1	涂料喷涂不连续	①枪罐中涂料不足 ②涂料的黏度过高 ③涂料通道中进入空气 ④枪罐盖上的空气孔堵塞 ⑤针阀密封垫圈损坏	①补加涂料 ②调整合适的涂料黏度 ③防止空气进入涂料通道 ④除去堵塞物 ⑤更换
2	喷涂扇面不均匀	①枪罐中涂料不足 ②空气帽的角孔堵塞 ③涂料喷嘴的一侧有污物	①补加涂料 ②除去堵塞物 ③将涂料喷嘴清理干净
3	喷涂扇面中间厚、两头薄	①涂料喷嘴过大 ②空气压力过低 ③涂料压力过高 ④涂料的黏度过高	①更换合适喷嘴 ②调整合适的空气压力 ③调整合适的涂料压力 ④调整合适的涂料黏度
4	喷涂扇面中间薄、两头厚	①空气压力过高 ②涂料的出漆量过低	①调整合适的空气压力 ②调整合适的出漆量
5	涂料雾化不良	①喷枪的质量差 ②涂料的黏度过高 ③出漆量过大	①更换喷枪 ②调整合适的涂料黏度 ③调整合适的出漆量

3.4.3　高压无气喷涂

高压无气喷涂是通过高压泵使涂料加压至 $11\sim25MPa$，获得高压的涂料在喷嘴处快速雾化而涂着在被涂物上的一种方式。高压泵常用压缩空气作为动力源，但压缩空气不参与涂料的雾化，故叫高压无气喷涂。

目前，高压无气喷涂采用柱塞泵或隔膜泵加压获得压力，涂料的雾化效果好。

为适应不同环境下的涂装要求，高压无气喷涂与其他涂装方式相结合使高压无气喷涂有了更新的发展。高压无气喷涂与静电喷涂相结合，大大提高了涂装效率及涂料利用率；高压无气喷涂与空气喷涂相结合实现空气辅助无气喷涂，提高了涂料的雾化效果；为适应双组分涂料的喷涂，又出现了双组分高压无气喷涂。

（1）高压无气喷涂的原理

高压无气喷涂是通过压力泵不断向密闭的管路内输送涂料，从而在密闭空间内形成高压力，然后释放连接于涂料管末端的喷枪扳机，在喷出的瞬间以高达 $100m/s$ 的速度与空气发生碰撞，同时迅速膨胀而雾化。

（2）高压无气喷涂的特点

① 涂装效率高　高压无气喷涂的涂装效率是空气喷涂的 3 倍左右，特别适用于造船、建筑等大型工业领域。

② 涂料利用率高　因不采用空气雾化，涂料飞散少，涂料的利用率可达到 $60\%\sim80\%$。

③ 一次性喷涂厚度大　由于采用高压雾化，喷枪的喷嘴可任意更换，高压无气喷涂可一次获得较高膜厚。

④ 对环境的污染小　较低的涂料飞散及漆雾回弹减少了对环境的污染，也改善了工人的操作环境。

⑤ 对涂料的适应范围广　由于喷涂压力高，可喷涂高黏度涂料，获得较厚漆膜的涂层。在汽车涂装中高黏度的抗石击的 PVC 涂料及焊缝密封胶都是采用高压无气喷涂。

（3）高压无气喷涂的主要设备

高压无气喷涂主要由动力源、高压泵、过滤器、输漆管、涂料容器和喷枪组成，高压无气喷涂设备的结构见图 3-8。

① 动力源　高压无气喷涂的动力源主要有压缩空气源、油压源、电动压力源三种。其中压缩空气源由于具有操作方便、简单、安全可靠等特点，在生产中得到了广泛的应用。油压源和电动压力源主要用于一些较为特殊的工作场合。

② 高压泵

图 3-8　高压无气喷涂设备
1—动力源；2—高压泵；3—涂料容器；
4—蓄压过滤器；5—涂料输送管道；6—喷枪

a. 气动高压泵　气动高压泵以压缩空气作为动力源，是使用最广泛的泵。它具有安全可靠的特点，在使用过程中无电火花的产生，特别是在有机溶剂存在的场合下，无任何火灾危险。使用压缩空气的压力一般为 0.4～0.7MPa，涂料经泵压缩后压力是压缩空气压力的几十倍。决定压力比（涂料的压力和压缩空气压力的比值）的主要依据是柱塞的面积和加压活塞面积的比值。在实际操作过程中，工作压力比受涂料喷出量的影响，随喷出量的增加而减小。通过减压阀调节压缩空气的压力来调整涂料的压力。

b. 油压高压泵　油压高压泵是以油作为动力源，其技术性能以最高喷出压力来表示，大小通过减压阀来调节，其最高压力可达 6.87MPa，通常工作压力为 4.9MPa。油压高压泵的主要优点是无排气管、噪声低、动力利用率高（约为气动泵的 5 倍）、维护简单；缺点是利用油做动力，油在喷涂环境中可能影响到喷漆质量。

c. 电动高压泵　电动高压泵以交流电作为动力源，分自动停止型和溢流型两种。自动停止型是指喷涂工作停止时，泵也自动停止；溢流型是指喷涂工作停止时，泵仍然运行，泵出的涂料通过溢流阀在泵与涂料桶之间循环。目前这种泵的喷出压力最高为 19.6MPa，喷出量为 1.3L/min 左右。电动高压泵的主要优点是移动方便，不需要特殊的动力源，只要有电源即可使用

③ 蓄压过滤器　蓄压过滤器有蓄压与过滤两种作用，其结构见图 3-9。蓄压靠的是蓄压筒体，当柱塞做上下活塞运动时，在上下的转折点时涂料停止输出，此时靠涂料蓄压筒体的缓冲作用才不至于使涂料压力不稳定，以达到稳定的喷涂效果。过滤靠的是其中的过滤器，可将涂料中的杂质及异物过滤掉，避免喷涂过程中喷枪堵塞。

图 3-9　蓄压过滤器构造图
1—筒体；2—网架；3—滤网；
4—出漆阀；5—放泄阀

④ 输漆管　输漆管也是高压无气喷涂设备的主要部件之一，不仅要耐溶剂，而且要耐高压（24～52MPa），同时又要兼有消除静电的作用。输漆管的管壁构造分为三层，内层为尼龙管，中间层为化学纤维或不锈钢编织，同时编入接地导线以便喷涂作业时保持接地状态，外层用尼龙、聚氨酯或聚乙烯包覆。软管内径一般有 4.5mm 和 6.9mm 两种，长度为 5～30m。

⑤ 涂料容器　涂料容器是在喷涂作业过程中盛装涂料的工具，一般配有搅拌器，以便于调整黏度和将涂料混合均匀，在一些特别的场合，涂料容器外部还可配备加热套，保证涂装作业过程中涂料恒温，以获得最佳的涂装效果。

⑥ 喷枪　高压无气喷枪主要由枪体、喷头和调节机构三部分组成。高压无气喷涂工作时涂料的压力较大，因此枪体要承受较高的压力，必须有较高的耐压性和较好的密封性。喷头是决定涂料雾化及喷雾图形的关键部件，涂料的喷雾图形、喷出量和喷幅宽度是由喷嘴的几何形状、孔径大小和加工精度决定的。涂料喷嘴可分为标准型喷嘴、圆形喷嘴、自清型喷嘴和可调喷嘴，常见喷嘴见图 3-10。

(a) 标准型喷嘴

1—喷嘴; 2—橄榄形开口

(b) 圆形喷嘴

1—喷嘴; 2—圆形开口; 3—紧固螺母

(c) 自清型喷嘴

1—喷嘴; 2—喷嘴开口; 3—换向反冲阀

(d) 可调喷嘴

1—喷嘴; 2—调节阀

图 3-10　常见喷嘴结构

调节机构可调节涂料的喷出量，还可调节喷涂扇面的大小，与空气喷涂不同的是高压无气喷枪没有压缩空气通道。

(4) 新型高压无气喷涂设备

① 双组分无气喷涂设备　由于双组分涂料可常温固化也可低温加热固化，涂膜硬度、光泽度高，干燥速度快，节能显著，因此是一种符合"四 E"原则的涂料，在生产中的应用越来越广泛。但由于双组分涂料采用固化剂固化，双组分混合后如不在规定时间内用完，涂料会增稠直至固化，施工很不方便，也容易造成涂料浪费，双组分无气喷涂设备采用双组分分别输送，在枪内混合，很好地解决了这一难题。

双组分无气喷涂设备采用两个不同的泵将涂料主剂和固化剂分别输送，输送量靠流量计来控制，计算时应根据涂料的密度将质量比换算成体积比。涂料的混合方式有内混式和外混式两种。内混式是指涂料主剂和固化剂在枪内的静电混合器内混合均匀后喷出，主要适用于主剂与固化剂的比例为 1:1～6:1 的涂料。外混式是指双组分分别喷出后在枪外雾化的过程中混合，主要适用于主剂与固化剂的比例为 20:1～100:1 的涂料。

② 富锌涂料无气喷涂设备　富锌涂料由于具有阴极保护作用，在船舶、桥梁、钢结构等使用环境比较苛刻的工件上得到了广泛应用。但由于锌粉的密度较大且具有金属特性，在喷涂过程中极易产生沉淀，又易造成金属器件的磨损，因此必须使用专用设备。富锌涂料无气喷涂设备必须具有以下特点:

a. 涂料桶配有专用的搅拌设备，涂料管内配有自循环系统，以保证涂料在喷涂过程中不发生沉淀;

b. 高压泵的活塞与连杆的运动速度缓慢，以降低压送机构的磨损；

c. 与涂料接触的部件均用耐磨材料制作，以延长使用寿命；

d. 由于密度及喷出量均较大，空气管及涂料管的口径均比一般的无气喷涂大。

③ 空气辅助无气喷涂设备　空气辅助无气喷涂是一种结合了空气喷涂和高压无气喷涂两种技术而成的喷涂方式，既保留了空气喷涂涂料雾化好、漆膜质量高的优点，又保持了高压无气喷涂出漆速度快、出漆量大、效率高的优点，同时又保证了涂料的利用率。

空气辅助无气喷涂设备与高压无气喷涂设备不同的是空气辅助无气喷涂设备配有空气帽和喷雾图形调节装置，空气流一方面可以提高雾化效果，另一方面包围漆雾以防止漆雾飞散。

（5）高压无气喷涂机的维护

① 喷枪喷涂后应立即用所喷涂涂料的配套溶剂清洗干净，特别是双组分涂料，由于涂料采用固化剂固化，如不立即清洗，涂料会在枪内固化，造成喷枪堵塞，严重时造成喷枪报废。

② 清洗或空载运转时应采用低压，压力过高时将缩短零部件及密封件的使用寿命。

③ 涂料调节螺栓、枪体内部的弹簧应定期涂油，以保证活动灵活并防止生锈。

④ 喷涂时压缩空气的压力应低于设备所容许的最高压力，在达到喷涂效果的情况下尽量选用低压，以提高喷枪的使用寿命。

⑤ 不可将枪体及配件长期浸泡在溶剂中。

⑥ 使用时应轻拿轻放，避免碰伤或摔伤。

⑦ 喷涂设备及涂料输送管道必须保持良好的接地。涂料高速喷出时产生的静电必须通过良好的接地来消除，否则易产生火灾危险。

⑧ 清洗时不要用喷枪喷射溶剂，过量的挥发溶剂易引起危险事故，同时也不利于操作者身体健康。

（6）高压无气喷涂机的选择原则

① 根据所具备的动力源选择　在工作现场有压缩空气存在的情况下，一般选用气动高压无气喷涂机。在没有压缩空气存在的情况下，可根据现场的动力源来确定。

② 根据所喷涂涂料的物性选择　一般情况下涂料的黏度都不是很高，各种高压无气喷涂机基本都可以使用。喷涂黏度较大涂料时，比如 PVC 涂料，必须选用压力比较大的喷涂机。特殊的涂料，比如水性涂料、富锌涂料、双组分涂料等，必须选用特殊的喷涂机。

③ 根据所喷涂工件的形状及批量选择　所喷涂工件的形状比较复杂或批量比较小时选择小型喷嘴；所喷涂工件的形状比较简单或批量比较大时选择较大型喷嘴。

④ 根据对表面质量的要求选择　一般对表面质量的要求较低的情况下，为提高膜厚及喷涂效率，可选用压力比较大的喷涂机；对表面质量的要求较高的情况下，一般选用压力比较小的喷涂机。

（7）高压无气喷涂的作业要点

① 根据涂料的品种选择合适的作业条件　不同品种的涂料需要不同的作业条件，常见涂料的种类、施工黏度、施工压力见表 3-10。

② 选择合理的喷雾图样搭接　高压无气喷涂由于压力比较大，扇面内的流量及压力比较均匀，喷雾图样搭接要比空气喷涂小一点，仅搭接上即可。

表 3-10　常见涂料种类、施工黏度、施工压力

序号	涂料种类	黏度(涂-4 杯)/s	压力/MPa
1	磷化底漆	10～20	8～12
2	乳胶漆	35～40	12～13
3	调合漆	40～50	10～11
4	醇酸树脂漆	30～40	9～11
5	硝基漆	25～35	8～10
6	乙烯树脂漆	30～40	12～15
7	氨基醇酸树脂漆	25～35	9～11
8	丙烯酸树脂漆	25～35	8～10
9	氯化橡胶漆	30～70	12～15
10	聚酰胺固化环氧树脂漆	30～50	12～15
11	煤焦油沥青环氧树脂漆	40～80	14～18

③ 选择合适的涂料喷出量　涂料喷出量决定了高压无气喷涂的效率，主要由喷嘴的口径决定。在喷嘴口径一定的情况下，涂料喷出量还随涂料的密度及喷涂压力而变化。

④ 选择合适的涂料压力　输漆管较短时，涂料在输漆管内的压力损失可忽略不计，枪头的涂料压力即为高压泵出口压力表的指示值。当输漆管较长或涂料黏度较大时，选择涂料压力必须考虑压力损失。压力损失可按黏性流体的 Hagen-Poiseuille 公式计算：

$$\Delta p = 128\mu LQ/(\pi d^4) \tag{3-1}$$

式中　Δp——压力损失，MPa；

　　　　μ——涂料黏度，Pa·s；

　　　　L——管子长度，m；

　　　　Q——涂料流量，L/min；

　　　　d——输漆管内径，mm。

⑤ 注意涂料管的弯曲半径　弯曲半径应大于 50mm，否则内侧胶管易损坏，缩短使用寿命。

(8) 喷涂时的故障及维护方法

为保证喷涂设备的正常运行，必须经常检查设备的运行情况，及时发现故障并采取排除措施。常见高压无气喷涂时的故障及维护方法见表 3-11。

表 3-11　常见高压无气喷涂时的故障及维护方法

序号	常出现的问题	主要原因	解决方案
1	涂料喷出压力不足	①动力源不足或调压阀未打到合适的位置 ②吸漆阀或蓄压过滤器堵塞 ③涂料的黏度过高 ④V 形衬垫磨损或球阀泄漏 ⑤涂料输送管道太长或管径太小 ⑥涂料管路中进入空气 ⑦高压泵增压系统不正常	①检查动力源或将调压阀打到合适的位置 ②用溶剂清洗 ③调整合适的涂料黏度 ④更换衬垫或球阀 ⑤缩短涂料输送管道的长度或更换管径大的涂料管 ⑥检查涂料管路 ⑦检查并维修
2	喷出的涂料雾化不良	①涂料的黏度过高 ②涂料喷出压力不足 ③泵工作不正常	①调整合适的涂料黏度 ②调整合适的涂料喷出压力 ③检查泵的工作状态

续表

序号	常出现的问题	主要原因	解决方案
3	喷雾图形不正常	①喷嘴选用不恰当 ②涂料喷出压力不足 ③喷嘴过度磨损 ④喷嘴里有异物	①更换合适的喷嘴 ②调整合适的涂料喷出压力 ③更换喷嘴 ④用软木针清理
4	喷枪漏漆	①针阀的衬垫磨损 ②喷嘴里有异物	①更换衬垫 ②用软木针清理

3.4.4　静电涂装

（1）静电涂装原理

现以旋杯式静电涂装法来讨论静电涂装原理。

如图 3-11 所示，当在一平板电极和一针状电极之间加上 60000～80000V 高压静电电场时，针尖端强烈放出电子，使针尖附近的空气离子化。这种离子化的空气分子被平板电极吸引而引起空气流动，产生所谓的"离子风"，从而使空气呈现一定导电现象，即所谓的电晕放电。

旋杯式静电涂装与上述电极之间高压电场的情况完全相同。旋杯是一个具有锐利边缘、高速旋转的金属杯，在旋转杯和地之间接上直流高压电源，旋杯为负极，工件为正极，于是在旋杯和

(a) 直流电晕放电示意　　　(b) 静电喷涂示意

图 3-11　静电涂装原理

地之间形成一个高压电场。当涂料被送到旋杯内壁，由于回转效应，涂料受离心力的作用向四周扩散成均匀薄膜状态，并向旋杯口流甩。

流甩到旋杯口的涂料受到强电场力的分裂作用，进一步雾化成涂料的微粒子并获得电荷成为负离子漆粒，在电场力的作用下，涂料粒子成弧状轨迹迅速飞向工件并放电，这样涂料便均匀、牢固地吸附在工件表面上。

但是在实际喷涂中，被甩出来的"离子漆粒"不只受到电场力的作用，因为"离子漆粒"在离开杯口时，还有一定的切线速度和重力作用，使"离子漆粒"并不完全沿着电场力方向运动，而是与杯口成一夹角。所以对于不同的被涂工件，应选择不同口径的旋杯并进行工艺调试，才能获得良好的喷涂效果。

（2）静电涂装工艺条件选择

根据被涂物形状、大小、生产方式、涂装现场条件、所用涂料的品种、漆膜质量等因素选择和设计好静电涂装设备，以确保有最好的涂装效率和最高的经济实效，在操作过程中还必须选择好工艺条件。

① 静电电场强度与喷涂距离　电场强度是静电涂装的动力，它的强弱直接影响静电涂装效果。在一定的电场强度范围内，电场强度越强，静电雾化和静电引力效果越好，涂装效率越高；反之，电场强度小到一定程度，电场变弱，漆滴的荷电量减少，静电雾化和涂装效率变差。

静电场电场强度主要取决于所用的电压和放电极与被涂物之间的距离（称为极距）。它与电压高低成正比，与极距大小成反比。静电场的电场强度一般用平均电场强度来计算，按式(3-2)计算平均电场强度。

$$E=U/L \tag{3-2}$$

式中　E——静电场的平均电场强度，V/cm；

$\quad\quad U$——电喷枪上所加的直流电压，V；

$\quad\quad L$——放电极与被涂物之间的距离，cm。

在一般空气中，均匀电场火花放电的电场强度接近 10kV/cm，而在不平均电场中此值显著下降，超过 4.3～4.35kV/cm 就能产生火花放电。不均匀电场的平均电场强度小于 2kV/cm，电晕放电很小，静电涂着效率很差。根据经验，静电涂装最适宜的平均电场强度为 3～4kV/cm。

静电涂装所用的电压一般为 50～100kV，固定型静电涂装为 80～100kV，手提式为 50～60kV 左右。电压增高，电场强度变强，涂着效率提高。但使用 100kV 以上电压时，电场集中，绝缘困难。

被涂物与电极之间的距离（极距）和电压的高低有关，电压增高，极距必须增大。电压在 80～100kV 时，极距一般为 25～30cm，所以在装挂被涂物时还须注意物件形状。例如四角形的物件，在自转时要注意最近和最远距离，极距小于 20cm 时就有产生火花放电的危险，而当极距大于 40cm 时，涂着效率非常差。

② 喷枪布置和电网位置　各种类型的喷枪都规定了一定的喷出量，喷出量过大，涂料荷电不足，雾化不良，影响涂装效果。为满足涂装工艺的需要，常在同一涂装室中采取多支电喷枪。在布置电喷枪时，除注意与被涂物的距离外，还应注意与相邻电喷枪、其他接触物（如地面、喷枪支架、喷漆室的壁板等）的距离。与相邻电喷枪的距离以两支电喷枪的喷流及其图像不相互干扰为原则。如枪位不当，会使漆粒相互碰撞，造成离子同性相斥，漆雾乱飞，甚至漆粒向后溅。见图 3-12，甲喷枪与乙喷枪旋杯带相同的电荷，漆粒相互排斥，向后飞溅，造成大量溅漆。因此，凡因工件所限，两只电喷枪不可能在同一平面上的，枪距至少应在 1m 以上。

(a) 旋杯式不装极针涂形　　(b) 旋转式装极针涂形

图 3-12　漆雾间相互干扰

在喷枪对面和上方一定距离处，常装有漆包线绕成的电网，该电网接高压负极，对漆雾粒子有排斥作用，所以能把大部分窜过工件以外的漆雾弹回到工件上，既能减少涂料的消耗，又能改善环境条件。

③ 外电场对喷涂的影响——极针、导线、屏蔽作用　极针是用直径 2～3mm 铜棒制成的头部尖形零件，连接在喷杯附近，由于极针和喷雾都带有高压负电，所以在极针周围形成高压负电场，喷雾飞上去时被负电场弹回来。运用这个道理，可以把漆雾控制在需要的范围内，当然还是有小部分漆雾能冲过电场飞到外面去。旋杯式喷枪装上极针可以改变原来的涂形。

用极针改变涂形，喷在四周的漆比较多，有时控制不当还会影响涂着质量。如喷自行车车架时，中间一支枪的下面装上极针就会影响下面一支喷枪的涂着率，个别地方会喷不到漆。这主要是由于极针上的负电场与负电荷的喷雾微粒相互排斥的结果。

当负高压电缆接在一支枪上，用导线再与另外一支枪相连时，每一支喷枪都带上同样的高压电，如果不注意，也会使漆雾后溅。所以要把导线、极针装在旋杯稍后一点才可避免漆雾后溅的问题。

④ 旋杯的转速　在旋杯式静电涂装中，涂料的雾化主要依靠旋转机械能，并辅助于静电雾化。雾化涂料粒子在电场中沉降速度为：

$$U_d = 2gr^2(\rho_c - \rho_a)/gU_a \qquad (3\text{-}3)$$

式中，g 为重力加速度；ρ_c 为涂料密度；U_a 为黏性系数；ρ_a 为空气密度；r 为涂料离子半径。

由上可见，涂料离子的沉降速度与离子半径平方成正比，因此在静电涂装时涂料雾化是非常重要的一个环节。为充分保证涂料雾化，旋杯的转速一般可选择在 2000～4000r/min。速度越高，雾化越有利，但同时由于离子速度提高，对其在电晕区荷电是不利的，因此应根据喷杯口径大小、电场强度、涂料品种等因素来确定旋杯转速。例如氨基漆约为 2800r/min、沥青漆约为 2500r/min。

⑤ 旋杯口径与雾化面积　喷杯式喷杯口径大，喷雾涂形直径大，中心孔随之也大，雾化粒子则细；反之雾化粒子粗，这是因为喷雾涂形直径和涂料粒子线速度有关，见图 3-13。

从图 3-13 可以看出，喷杯口径大，外径 R 和内径 r 随之增大。当喷杯口径在 55～75mm 范围内则反常，这是由于喷杯是腰鼓形的关系，见图 3-14。

图 3-13　喷杯口径与喷雾涂形直径的关系

图 3-14　喷杯结构图

选择喷杯是很重要的，应根据不同条件选择喷杯口径，才能获得满意的结果。雾化面积除与所选择的喷杯口径大小有关外，还与喷出量、电压、喷杯转速及涂料黏度等有关。一般是电压高，雾化面积小；转速快、黏度大、出漆量大，都会使雾化面积大，见图 3-15。

⑥ 涂料电性能　静电涂装的效果不仅取决于静电涂装设备和管理技术，而且还要考虑所用涂料品种是否符合静电涂装的要求。静电涂装时，要求涂料的电阻率低，其值在 5～50MΩ·cm 比较合适。涂料的电阻率除与树脂有关外，还与选用的溶剂关系甚大。因此在实际生产中，往往采用加入溶剂的办法来调整其电阻率的大小。

一般的涂料电阻率比较高，而静电涂装时希望所用的涂料电阻率比较低。因此可适当添加低电阻的极性溶剂来降低涂料的电阻率，如溶纤剂、酮、酯等。

⑦ 涂料流率　涂料流率是指单位时间内输给旋杯或转盘的涂料量，也称为喷涂流量、出漆量等。在其他条件不变的情况下，涂料流率降低，雾化效果越好，溶剂挥发也越多；涂料流率过高会形成波纹状的涂膜，当流量过大导致旋杯或转盘过载时，旋杯或转盘边缘的涂膜增厚至一定程度，导致旋杯或转盘上的沟槽纹路不能使涂料分流，出现层状涂膜，产生气泡或涂料滴大小不均的现象。实际调整涂料流率时应考虑到旋杯或转盘口径、转速、涂料黏度、涂层质量要求和喷涂工件的区域。

⑧ 工件的悬挂　工件的悬挂是否合理，对静电涂装效果影响很大。工件之间以互不碰

图 3-15　雾化面积与电压、喷杯转速、涂料黏度、出漆量的关系

撞为原则，工件距地面的高度不小于1m，被涂物上端至运输链的距离不应小于0.5m。在静电涂装过程中被涂物最好能自转，这样有利于漆膜厚度均匀。但自转速度不能过快，一般3~4次/min即可。同时应注意挂具的维护，以确保被涂物悬挂正常。

⑨ 静电涂装室的风速　静电涂装的排风主要是排出在静电涂装过程中产生的溶剂蒸气，使室内溶剂蒸气的含量低于有机溶剂爆炸浓度的下限，以确保安全。静电涂装室内风速应控制在0.3~0.7m/s为宜。风速过大会影响涂装效果，同时在排风装置中应有风速调节装置。

（3）静电涂装操作程序

开机程序：先开旋杯电动机使旋杯转动，观察旋杯转速是否正常；开高压静电发生器低压开关，然后开高压开关，这时高压指示灯亮及高压发生器中绝缘油有轻微震动。喷枪上的高压目前都不能测量，根据工厂的经验，如需要判断喷枪是否有高压，操作者可手持一良好的绝缘棒，在棒的一端绕上接地电线，当电线逐渐靠近喷枪时就会产生火花放电现象，拉弧1cm估计电压为10kV，拉弧一般为8~12cm；打开高压发生器后，人不要进入喷漆室，以免电击；开动输漆泵，这时旋杯上就有漆雾喷出，判断正常后可关掉输漆泵，待工件进入时再打开输漆泵。

停机程序：先关掉输漆泵，停止输漆；关闭高压发生器；将输漆管接到稀料筒上，罐入稀料清洗管道；关闭旋杯动力。

静电喷涂具有以下几个特点。

① 大幅度提高涂料利用率　静电涂装是靠静电引力将涂料离子涂到被涂物上，因而能大幅度减少由喷雾回弹和喷逸现象造成的漆雾飞散。在普通喷涂时，涂料利用率仅为30%~60%，为网状或管状被涂物时，利用率仅为10%~30%。静电涂装具有环保效果，一般涂料利用率为80%~90%，涂料的耗用量约为空气喷涂的59%~90%。

② 成倍提高生产率　静电涂装适用于大批量流水线生产。根据资料介绍，静电涂装的运输链最高可达24m/min，而普通喷涂运输链最高为4m/min。

③ 减轻劳动强度，改善卫生环境　静电涂装实现了自动化、连续流水作业，提高劳动效率。在生产过程中不产生大量的漆雾，改善了生产环境，有利于操作者的身体健康。

④ 涂装质量好　能使被涂物的凸出部分、顶部、角部等良好涂着。

⑤ 由于静电涂装采用高电压，有发生火灾的危险，必须有可靠的安全设施，严守操作规程。

⑥ 因静电屏蔽作用和电场力分布不均匀，导致漆膜不均匀，一般凸出、尖端、锐边部位比较厚，而凹陷处很薄，其至涂不上漆。

⑦ 对所用涂料的溶剂有一定的要求，如涂料的电性能、溶剂的沸点和溶解性等都有特殊的要求。

（4）静电喷涂装置

静电喷涂装置类型很多，有栅网式静电涂装、旋杯式静电涂装、手提式静电喷涂、圆盘式静电喷涂等。下面介绍最常用的两种，即旋杯式和圆盘式静电涂装。

① 旋杯式静电涂装（图 3-16）　旋杯式静电涂装设备包括旋杯式静电喷枪、高压静电发生器、静电喷涂室、供漆装置和工件输送装置等。

图 3-16　旋杯式静电喷漆系统

旋杯式静电喷枪的结构有多种，国内应用最广泛的结构形式是旋杯口径为 $\phi25$ 和 $\phi26$ 两种，旋杯旋转速度为 2790r/min，输漆量为 20～180mL/min，常用的输漆量为 50mL/min。

通常根据工件的外形，旋杯式喷枪安装在工件的一侧或两侧。安装在一侧时，工件能自动回转；安装在两侧时，两喷枪之间的距离（沿工件运动方向）应大于 1200mm，以免静电场相互干扰。为了扩大喷涂面积，喷枪可安装在升降机构上，一般用汽缸或油缸作为升降机构的动力。

高压静电发生器作为静电喷涂的直流高压电源，主要技术参数为：输入电压 220V，输出直流电压 60～100kV（连续可调），输出电流 300μA，功率 185W，高频整流倍压级数为 8 级。

自流式供漆装置是依靠重力供漆，即利用高位槽让漆自动流下，适用于小型工件的静电喷涂，常与死端式喷漆室配套使用。压力罐式供漆装置是直接采用油漆加压筒供漆，压力一般采用 0.1～0.15MPa，并可同时向 2～3 支静电喷枪供漆。

旋杯式静电喷漆室由室体、通风装置和照明装置等部分组成。室体是喷漆室的主体，一般为通过式，采用悬挂输送机运送工件，工件距地面的高度不小于 1000mm。室体分工作间和操作间。工作间放喷枪，操作间设置静电发生器、涂料输送装置等。通风装置在室体顶部，由风机、风管等组成。通风量比手工喷漆室小，可按门洞处空气流速为 0.3m/s 来计算。

室体内的照明装置最好采用防爆型。

② 圆盘式静电喷装　由于工件在喷漆室前后的走向类似于字母 Ω，所以圆盘式静电喷涂设备又称 "Ω" 静电喷涂设备。这类设备的最大特点是圆盘喷枪能按工件涂层要求，上下升降，使涂层十分均匀。

圆盘式静电喷涂设备包括室体、圆盘喷枪、喷枪操作装置和供漆装置等（见图 3-17）。

圆盘式静电喷枪采用高速旋转的静电雾化式喷盘，喷盘结构有多种，典型的结构形式为中心呈凹形，用作涂料输入槽，喷盘直径为 $\phi200\sim600mm$，其边缘锐利，转速为 3000r/min，涂料由切线方向飞出雾化，喷盘的结构示意见图 3-18。

图 3-17　圆盘式静电喷涂设备

(a) 喷漆示意　　　　(b) 端部示意

图 3-18　圆盘式静电喷枪

（5）静电喷涂设备的检查与维护

① 由于长期静电涂装生产，放电极上附着涂料，使荷电效率下降。因此作业完毕后，应定期将放电极、电喷枪的喷嘴及其内部用棉纱蘸溶剂擦洗干净。在擦洗前，放电极应接地放电，严禁将内部装有保护内阻的静电喷枪本体浸放在溶剂中。

② 在静电喷枪、支架固定座、输漆管、气管、高压电缆等电器绝缘件上附着涂料后，不仅会产生漏电现象，而且有发生表面放电和绝缘电阻被烧坏引起火花放电的危险。所以作业完成后应用棉纱蘸溶剂擦洗干净并晾干。同时进行检查，发现部件损坏时立即更换。

③ 借助于高压静电发生器上附带的直流电压表和电流表，定期地测定涂装过程中的电压和电流，检查有无异常，并应保持高压静电发生器及其周围的干燥和清洁。

④ 在静电涂装时被涂物必须接地。通常被涂物的接地途径为：被涂物—吊具—运输链—房屋钢架—接地。其中吊具易附着涂料，并且反复使用，涂料越积越厚，因而在吊具连接点处易产生接地不良，导致被涂物接地不良。不仅影响涂装效率和环保性，而且蓄积电

荷，当人或其他接触物与其接近或接触时，有产生火花放电的危险。所以要经常检查被涂物接地是否良好。

检查被涂物接地状况可用 1000V 的摇表测定。当大地与被涂物之间的绝缘电阻超过 1MΩ 时，则表示接地不良，需剥离吊具上的涂层。另一种检查方法是采用非接触式的静电荷检验器，测定刚涂装后的被涂物表面电位，如有电位，则可判定接地不良。

(6) 静电涂装时应遵守的安全规则

① 涂装室内所有物质（高压系统除外）都必须接地，但在喷涂导电性涂料时，输漆系统不能接地。

② 静电喷枪的高压部位、高压电缆等高压系统与接地物体的距离，应保持大于该产品制造厂所规定的间隔。

③ 进入涂装室内的人员必须穿导电鞋，使人处于接地状态。操作手提式静电喷枪时必须用裸手。

④ 涂装室内不应积存废漆、废溶剂，特别是地面要清扫干净。

⑤ 一旦静电涂装作业停止，应立即切断高压电源，接地放电。

3.4.5　机器人涂装

机器人涂装是利用智能化的机器人代替人工进行涂装，具有仿形喷涂轨迹精确、涂料利用率高、机器人利用率可达到 90%～95%、易于操作和维护等优点，已在汽车等涂装中广泛使用，可实现多品种车型的混线生产。

机器人涂装是在机械手涂装基础上发展起来的，机械手涂装一般只进行简单的往复式运动，其柔性小，喷涂区域小，喷涂一辆轿车车身需要由顶喷机和侧喷机组成静电喷涂站（ESTA），大约需要 6～9 支旋杯式喷枪，设备投资大，运转成本、管理成本高。喷涂机器人是按一定程序运行的高智能化的涂装设备，具有仿形功能，提高了涂膜的均匀性和外观质量；工作范围大，并可实现工件内外表面涂装，因此一台轿车或卡车车身只需要 3～4 台机器人即可完成。常用的喷涂机器人外形及旋杯结构见图 3-19。

图 3-19　常用喷涂机器人外形及旋杯结构

机器人喷枪组成与结构见图 3-20。

机器人喷涂中，涂料的雾化以旋杯式静电雾化机理为主，因此喷涂工艺参数的选择及对喷涂质量的影响与旋杯式静电喷涂相似，但也有其独特性。

旋杯转速直接影响涂料的雾化程度和膜厚，应根据涂料种类、涂层质量要求进行调整。

图 3-20　机器人喷枪组成与结构

1—罩子；2—分环；3—螺旋管挡件；4—尾部支架；5—螺旋涂料管；6—带螺纹罩体；
7—肘形组件；8—快速连接板；9—喷射器和喷射器支架；10—涡轮；11—成型空气组件；
12—杯头；13—UHT157 高压发生装置；14—低压连接装置；15—机器人适配器

一般情况下，空载旋杯转速为 $6 \times 10^4 r/min$，负载时转速范围为 $(1.0 \sim 4.2) \times 10^4 r/min$，误差 $\pm 500 r/min$。涂料流率调整应考虑到旋杯口径、转速、涂料黏度、涂层质量要求和喷涂工件的区域，如当喷涂工件的大面积区域时，涂料流量适当增大，当喷涂面积小的区域时，喷出量适当减小，并在喷涂过程中能够自动控制、调整，但一经确定，应相对稳定。目前，高速旋杯静电喷涂机器人喷枪的出漆量一般为 $300 \sim 500 mL/min$。喷枪的移动速度也是机器人喷涂的重要参数，直接影响涂装效率和喷涂质量，一般控制在 600mm/s 左右。旋杯的整形空气是从旋杯后侧均匀分布的小孔中喷出的压缩空气，用于限制喷涂幅度，防止漆雾飞散，避免旋杯和电晕电极环污染，进而影响喷涂装置间交叉区域涂层厚度和性能。整形空气压力适当增加，喷涂区域变窄，涂膜增厚；如果空气压力过高，会产生干扰气流，促使涂料附着在旋杯后侧，污染喷涂器具。当整形空气压力过低时，不能有效控制喷幅，同样污染旋杯。整形空气压力应根据涂料流率、旋杯转速、喷漆室风速等调整。

3.5　溶剂型涂料与涂装的管理

涂料储存、运输、使用中常出现问题及解决办法列于表 3-12。

表 3-12　涂料储存、运输、使用中常出现问题及解决办法

常出现的问题	主要原因	解决方案
结皮(自干溶剂型涂料与空气接触后出现表面固化的现象)	①涂料桶未密封好或涂料与空气接触面积太大 ②催干剂添加量太大 ③未添加防结皮助剂 ④储存期过长或储存温度过高	①涂料桶应尽量密封好,同时应尽量减小涂料与空气的接触面积 ②将催干剂的添加量调整到合适范围 ③添加适量防结皮助剂 ④注意储存环境
沉淀(涂料在储存或使用过程中出现部分沉底的现象)	①涂料中使用的填料过多 ②颜料分与树脂分密度差别过大,例如富锌涂料 ③颜料与树脂发生反应生成沉淀物 ④储存期过长或储存温度过高	①降低填料含量或选择合适填料 ②使用时充分搅拌均匀 ③调整合适配方 ④选择合适的储存温度及储存期
增稠(涂料在储存或使用过程中黏度不断增加,直至超出技术指标规定上限的现象)	①涂料中的颜料与树脂的酸碱性不同,反应生成皂 ②涂料中溶剂挥发过多 ③双组分涂料配好后随时间增长而增稠 ④储存期过长或储存温度过高	①选择同等性质的颜料与树脂配套 ②涂料应尽量密封 ③双组分涂料配好后应在涂料规定的适用期内用完 ④选择合适的储存温度及储存期
流挂(涂料在施工后发生局部垂流而产生厚度不均的流痕的现象)	①涂料的施工黏度过低 ②一次喷涂漆膜过厚 ③涂料喷涂不均匀 ④施工环境温度过低 ⑤所用溶剂在施工条件下挥发速度太慢	①调整合理的施工黏度 ②控制合适的漆膜厚度 ③提高操作者的熟练程度 ④尽量避免在低温下施工 ⑤选择合适溶剂
橘皮(涂料喷涂后在干燥的过程中形成的类似橘皮状的表层)	①涂料的黏度过大,流平性差 ②涂料的表干速度太快 ③流平时间太短 ④喷枪与工件的距离太远 ⑤压缩空气的喷涂压力太低 ⑥喷枪的雾化差 ⑦涂料在制造过程中流平助剂的添加不合理	①调整涂料的黏度至工艺规定的范围之内 ②溶剂中适当增加部分高沸点溶剂 ③流平时间适当增加 ④调整喷枪与工件的距离 ⑤调整合理的喷涂压力 ⑥选择雾化和出漆量合适的喷涂工具 ⑦调整涂料配方
露底(底涂层喷涂后露出工件面或面涂层喷涂后露出底涂层的现象)	①涂料的遮盖力差 ②喷涂时厚度不均匀 ③涂料的施工黏度太低 ④漆膜太薄 ⑤边角或死角处漏涂 ⑥底面漆色差过大时喷涂高亮度的浅色涂料 ⑦涂料在施工前未彻底搅匀,上层的颜料分过低	①调整涂料配方 ②选择雾化好的喷枪,提高喷涂技巧 ③调整合理的施工黏度 ④多喷一遍或降低走枪速度 ⑤不易喷到的部位先喷一遍 ⑥选择底涂层时颜色尽可能与面涂层接近 ⑦施工前将涂料彻底搅匀
咬漆(面漆喷涂后底涂层与工件局部脱离而产生胀起或起皱的现象)	①底漆的耐溶剂性太差 ②面漆中溶剂的溶解能力太强 ③面漆中溶剂的挥发速度太慢 ④面漆一次喷涂过厚 ⑤底漆未干透即喷涂面漆 ⑥施工环境温度太低,面漆的干燥速度慢	①选择耐溶剂性好的底漆 ②在条件允许的条件下适当降低溶剂的溶解能力 ③提高溶剂的挥发速度,特别是在冬季 ④先喷涂薄薄的一层,表干后再喷涂下一层 ⑤底漆干透后再喷涂面漆 ⑥降低面漆溶剂的溶解能力或提高挥发速度

续表

常出现的问题	主要原因	解决方案
气泡(涂料喷涂后在干燥的过程中形成的泡状鼓起的现象)	①涂料在生产过程中消泡剂的添加不合理 ②涂料黏度过高,溶剂挥发速度太快 ③涂料搅拌过程中产生的气泡未消失即进行涂装 ④底材中含有水分或空气 ⑤涂料未流平好即进行剧烈烘干 ⑥刷涂时刷子走动过快	①选择合理的消泡剂及添加量 ②选择合理的涂料黏度及溶剂挥发速度 ③涂料搅拌后静止一会 ④增加底材处理工序 ⑤烘干前适当延长涂料的流平时间 ⑥刷涂时均匀刷涂
缩孔(涂料在施工过程中或干燥过程中产生抽缩而露出被涂面后形成的类似于鱼眼状或点状小孔的现象)	①工件上的油污未清理干净 ②工件在焊接过程中使用了含硅油的焊接防飞溅剂 ③压缩空气中含有油 ④塑料件在制造过程中使用了含有机硅或油蜡型脱膜剂 ⑤同一条生产线上使用表面张力差别大的涂料	①提高工件的清洗力度 ②改用水性焊接防飞溅剂 ③增加油水分离工序 ④改用过氯乙烯或聚乙烯醇类脱膜剂 ⑤同一条生产线上尽量使用同一厂家、同一类型的涂料
针孔(涂料喷涂后,在干燥的过程中形成的针状小孔的现象)	①涂料的溶剂体系不合理 ②涂料未流平好即进行剧烈烘干,表干速度太快 ③被涂工件或施工环境的温度太高 ④施工环境空气湿度过高 ⑤涂料中混入了不纯物	①选用合适的涂料 ②涂料喷涂后适当延长晾干时间 ③改变施工环境或适当增加部分高沸点溶剂 ④改变施工环境 ⑤注意涂装工具的清洁及溶剂的质量
光泽低(涂料在施工干燥后出现光泽达不到预期要求的现象)	①涂料本身的光泽低 ②涂料的干燥速度太快 ③被涂物含有的细微空隙吸收了表面的涂料 ④涂料过烘干 ⑤在高温高湿的环境下施工	①选用合适的涂料 ②改变涂料的溶剂体系 ③喷涂前增加一道封底底漆以减少被涂物对涂料的吸收 ④严格按规定条件烘干 ⑤改善施工环境
鲜映性差(涂层的光泽与平滑性较差的现象)	①涂层的厚度不够 ②涂料施工后橘皮太大 ③涂装环境较差,空气中含有细小灰尘	①可在面漆前增加一道流平性好的中涂层 ②按产生橘皮的原因解决 ③改善涂装环境
修补印(修补部分与原涂层存在明显的光泽与色相的差别)	①修补部分与原有涂层存在颜色或光泽差别 ②修补处层间附着力差,接口处无法打磨平滑 ③修补处腻子吸收面漆而出现修补印 ④修补处的边缘由于虚漆而产生修补印	①修补部分与原有涂层在颜色和光泽上尽可能一致,否则应重新全部喷涂 ②接口处用腻子或砂眼灰过渡 ③腻子处补喷一道封底漆 ④边缘喷接口水平滑移或修补面扩大到无明显几何分界处
过烘干(由于烘干温度过高或烘干时间过长而出现的变色、失光、发脆等现象)	①涂料的烘干温度与设备的温度不匹配 ②烘干设备的温控器失灵 ③面涂层的烘干温度高于底涂层的烘干温度 ④烘干时间过长	①调整设备的烘干温度 ②更换温控器 ③选择合理的涂装体系,使底面涂层的烘干温度相匹配 ④根据工艺规范选择烘干时间
砂纸纹(施工后砂纸打磨的纹路在涂层上显现的现象)	①选用的砂纸型号不对,太粗或质量太差 ②涂料的遮盖力差或涂层的厚度不够 ③涂层未干透即进行打磨	①按工艺要求选择砂纸,必要时选择水砂纸水磨 ②选择遮盖力好的涂料或增加涂层的厚度 ③涂层干透后再进行打磨

续表

常出现的问题	主要原因	解决方案
虚漆(施工完毕后涂层表面附着漆粉的现象)	①涂料的干燥速度太快 ②喷涂环境风速太低或风向太乱 ③被涂工件堆放于喷漆室中或距离太近 ④喷广告字时不许喷涂的部位未遮盖好 ⑤喷枪离工件太远	①换用高沸点溶剂 ②采用上送风下抽风的方式,保持风速在0.5m/s以上 ③喷涂完的工件应移出喷漆室,喷涂工件保持一定距离 ④喷广告字时不许喷涂的部位用不干胶粘贴好 ⑤调整合适的距离
色差(喷涂后的涂层与标准色板存在色相、光泽差别的现象)	①涂料本身不同批次之间存在色差 ②喷涂前涂料未搅拌均匀 ③更换颜色时喷枪或管路未清洗干净 ④补漆的修补印造成色差	①加强涂料的进厂检验 ②涂料搅拌均匀后喷涂 ③更换颜色时喷枪或管路应彻底清洗干净,以防残余涂料带来色差 ④按修补印缺陷处理
颗粒(涂层干燥后表面呈现许多点状凸起的现象)	①室外施工或喷漆室的空气洁净度差 ②被涂物表面的浮尘与杂质未清理干净 ③涂料变质导致漆基析出或返粗或颜料凝聚 ④双组分涂料固化剂变质 ⑤涂料施工前未过滤	①改善操作环境,保证空气除尘充分 ②被涂物必须用洁净的压缩空气吹干净 ③更换涂料 ④更换固化剂 ⑤喷涂前用滤网过滤或供漆管路上安装过滤器
起皱(涂层在干燥过程中出现的皱状突起的现象)	①耐溶剂较差的涂料表面喷涂溶解性较强的涂料 ②涂料喷涂过厚或局部过厚 ③涂料生产过程中添加过多的钴锰催干剂	①改变涂料的配套体系 ②按工艺控制涂层厚度 ③涂料生产过程中尽量少添加钴锰催干剂
渗色(底涂层的颜色浮到面涂层的现象)	①底涂层用了易渗色的颜料,例如国产大红粉 ②面涂层颜色较浅或厚度不足	①面涂层之前增喷一道黑色涂层 ②增加漆膜厚度

涂层常见问题及解决办法列于表 3-13。

表 3-13　涂层常见问题及解决办法

常出现的问题	主要原因	解决方案
脱落(底涂层与工件的附着力差或层间附着力差而出现剥离的现象)	①被涂物表面表面处理差,表面含有油、蜡、灰、水等杂质 ②底、面涂层间的配套性差 ③涂料品种选择不正确 ④被涂物表面喷过高硅涂料 ⑤涂料本身的附着力差	①喷涂前将工件表面彻底清理干净 ②选择合理的涂层配套体系 ③根据不同底材的工件选择不同的涂料品种 ④高硅涂料表面不适合喷涂其他品种的涂料 ⑤改变涂料配方
变色失光(在使用过程中涂层的颜色逐渐发生变化、光泽降低的现象)	①受户外恶劣环境的影响,涂层发生老化而变色失光 ②双组分涂料的固化剂易发生黄变 ③橡胶上喷涂浅色涂料 ④受化学介质的污染	①户外条件下使用时应选择耐候性好的涂料 ②选择耐黄变的固化剂 ③中间增加一道封底漆 ④选择耐化学介质的涂料
粉化(在使用过程中涂层的表层呈粉状脱离的现象)	①受户外恶劣环境的影响,涂层发生老化而粉化 ②不同颜色的涂料调色时,由于酸碱颜料的中和,而降低了涂料的性能	①户外条件下使用时应选择耐候性好的涂料 ②调色时应注意颜料的性质
变脆(弹性变差的现象)	①涂层过烘干 ②涂层的附着力差 ③固化剂添加过量 ④面涂层的烘干温度高于底涂层的烘干温度	①按涂料的施工规范施工 ②按脱落项解决 ③按涂料的施工规范添加 ④选择合理的涂装体系,使底面涂层的烘干温度相匹配

续表

常出现的问题	主要原因	解决方案
起泡(涂层表面部分出现含有液体或气体的泡状鼓起的现象)	①涂料本身的耐水性差 ②被涂物表面被污染,含有汗水、手纹、酸碱等杂质 ③被涂物在高温高湿的环境下使用 ④涂层未彻底干燥即投入使用	①选择耐水性好的涂料 ②喷涂前将被涂物表面彻底清理干净 ③根据使用环境选择合适的涂料品种 ④按涂料的施工规范选择合适的干燥条件
溶解(在使用过程中涂层受到介质的侵蚀而溶掉的现象)	①涂层本身耐某种介质的性能较差 ②涂层表面接触了强溶剂	①根据接触介质的不同选择合适的涂料品种 ②涂层尽量避免与强溶剂接触
水迹(被涂物水洗或雨淋后留下痕迹的现象)	①涂层本身耐水性差 ②涂层未彻底干透即接触雨水	①选择耐水性好的涂料 ②涂层未彻底干透不得室外存放
发黏(已干燥的涂层表面重新变软的现象)	①所用涂料含有半干性油 ②底材含有碱性物质使涂层皂化而软化 ③热塑性涂层在高温环境下使用	①更换涂料品种 ②涂装前将底材彻底处理干净 ③高温环境下必须使用热固性涂层

涂料及涂层的主要检测指标及相应标准列于表 3-14。

表 3-14　涂料及涂层的主要检测指标及相应标准

序号	主要检测指标	相应标准	序号	主要检测指标	相应标准
1	涂料黏度	GB/T 1723—1993	12	漆膜柔韧性	GB/T 1731—1993
2	涂料细度	GB/T 1724—1979	13	漆膜抗冲击强度	GB/T 1732—1993
3	涂料固体含量	GB/T 1725—1979	14	漆膜厚度	GB/T 1764—1979
4	涂料遮盖力	GB/T 1726—1979	15	漆膜耐磨性	GB/T 1768—1979
5	涂料干燥时间	GB/T 1728—1979	16	漆膜耐水性	GB/T 1733—1993
6	涂料流平性	GB/T 1750—1979	17	漆膜耐热性	GB/T 1735—1979
7	涂料使用量	GB/T 1758—1979	18	漆膜耐汽油性	GB/T 1734—1993
8	涂料抗流挂性	GB/T 9264—1988	19	漆膜耐湿热性	GB/T 1740—1979
9	漆膜附着力	GB 1720—1989	20	漆膜耐盐雾性	GB/T 1771—1991
10	漆膜光泽	GB/T 1743—1979	21	漆膜耐老化试验	GB/T 1865—1993
11	漆膜硬度	GB/T 1730—1993	22	漆膜抗石击试验	

3.6　喷漆室结构与设计

喷漆室(spray booth)是减少环境污染,提供特殊涂装环境,保证涂层质量的专用设备。其基本作用是收集涂装过程中产生的溶剂废气、飞散涂料,最大程度地使涂装废气、废渣得到有效处置,减少对操作人员及环境的危害,避免对被喷涂工件质量的影响。另外,提供一个适合于不同涂层质量要求的涂装环境,包括温度、湿度、照度、空气洁净度等。喷漆室一般要求温度为 15~22℃,溶剂型控制相对湿度大约为 65%,水性涂料喷涂相对湿度控制在 70%。光照度应保证操作者操作、观察、检验的照明要求,一般涂装和自动静电涂装在 300lx 左右,照明电力 10~20W/m²,普通装饰性涂装照明在 300~800lx,照明电力 20~35W/m²,高级装饰性涂装照明在 800lx 以上,照明电力 34~45W/m²,超高装饰性涂装在

1000lx 以上。喷漆室空气洁净度从 100000 级到 100 级（表 3-15），因涂层质量要求不同而不同，空气运动方向应保证逸散漆雾和溶剂蒸气不污染涂膜。

表 3-15 空气洁净度等级

等级	≤0.5μm 尘粒数 /m³(L)空气	>0.5μm 尘粒数 /m³(L)空气	等级	≤0.5μm 尘粒数 /m³(L)空气	>0.5μm 尘粒数 /m³(L)空气
100 级	≤35×100(3.5)		10000 级	≤35×10000(350)	≤2500(2.5)
1000 级	≤35×1000(35)	≤250(0.25)	100000 级	≤35×100000(3500)	≤25000(25)

注：1. 空气洁净度等级的确定应以动态条件下测试的尘粒总数值为依据。

2. 本表摘自原电子工业部《工业企业厂房设计规范》。

3.6.1 喷漆室的结构形式

喷漆室的结构形式很多，一般按供排风方式和捕集漆雾的方式分类。按供排风方式分为敞开式（无供风型）和封闭式（供风型）。敞开式仅装备有排风系统，无独立的供风装置，直接从车间内抽风，适用于对涂层质量要求不高的涂装。封闭式装有独立的供排风系统，从厂房外吸新鲜空气，经过滤净化，甚至经调温、调湿后供入喷漆室，适用于对装饰性要求高的涂层涂装。供排风方式有垂直层流的气流模式（即上供下抽式）和水平层流的气流模式（即侧供、侧抽或侧下角方向抽风）。

按捕集漆雾的方式分为干式喷漆室和湿式喷漆室。前者是借助折流板、过滤层（袋）捕集漆雾，后者借助于循环水系统清洗喷漆室的排气，捕集漆雾，循环水中添加有涂料凝聚剂，使漆雾失去黏性，在循环水槽中漂浮或沉淀。湿式喷漆室捕集漆雾的原理是使带漆雾的喷漆室排气通过漩涡作用与水充分混合，利用不同风速、挡水板和风向的多次转换，使水和漆滴与空气分离，带漆渣的水流回循环水槽，过滤后再循环使用，除掉漆雾的空气通过排风机排向室外或送往有机溶剂废气处理装置。

湿式漆雾捕集装置（又称排风洗涤装置或气水混合分离室）按水洗方式分为喷淋式、水幕式、漩涡式（含文丘里型、水旋动力管型和漩涡型等多种）。它是喷漆室的关键装置，直接影响喷漆室的主要性能——漆雾捕集率（或称除尘埃效率）。喷漆室的除漆雾（尘埃）效率应达到 99% 以上，排出量 1mg/m³，最好能达到 0.2～0.4mg/m³。

按涂装作业的生产性质可分为间歇式生产和连续式生产。间歇式生产的喷漆室多用于单件或小批量工件的涂装作业，也可用于小工件的大批量涂装作业。其形式按工件放置方式有台式、悬挂式、台移动式三种。间歇式生产的喷漆室多为半敞开式。连续式生产的喷漆室用于大批工件的涂装作业，一般为通过式，由悬挂输送机、电轨小车、地面输送机等运输机械运送工件。连续式生产的喷漆室可与涂漆前预处理设备，涂膜固化设备，运输机械等共同组成自动涂装生产线。

按喷漆室内气流方向和抽风方式，又可分为横向抽风、纵向抽风、底部抽风和上送下抽四种。室内气流方向在水平面内与工件移动方向垂直称横向抽风，与工件移动方向平行称纵向抽风。室内气流方向在重垂面内与工件移动方向垂直称底部抽风和上送下抽风。

3.6.2 干式喷漆室

干式喷漆室采用折流板、过滤材料和蜂窝过滤纸等漆雾处理装置，经过折流或过滤的空气一般可直接排放，被折流板或过滤材料留下的漆粒，经清理折流板或更换过滤材料后直接作为固废处理，属于危险固体废物（HW12）。

干式喷漆室由室体、排风装置和漆雾处理装置组成。室体一般是钢结构件，漆雾处理装置通过减慢流速及增加漆雾粒子与折流板或过滤材料的接触机会来收集漆雾。折流板一般由金属板或塑料板构成，过滤材料可采用纸纤维、玻璃纤维以及蜂窝形、多孔帘式纸质漆雾过滤材料等专用漆雾过滤材料，最近德国杜尔公司推出了一种用石灰作为过滤材料的干式喷漆室，正在不断完善推广。折流板、过滤材料等一般设置在排气孔前面，利用空气流速减慢、折流板造成空气突然改变方向或过滤材料的机械隔离作用捕捉漆雾。排风机排风量的大小，直接影响喷漆室内气流的方向和速度。

蜂窝过滤式喷漆室是一种新型的干式喷漆室，其漆雾处理装置是蜂窝形纸质漆雾过滤器。

图 3-21　蜂窝形纸质喷雾过滤器

该过滤器由框、支架、蜂窝形滤纸组成一个单元，单元公称尺寸为（500×500×35）mm。单元过滤风量720m³/h，根据需要可将单元组成各种大小的过滤面，见图 3-21。蜂窝形滤纸是一种专用漆雾过滤材料，具有防火、抗静电、过滤空气阻力小、容漆量大等特点，因此使用周期长，是一种较理想的漆雾过滤材料。由蜂窝形滤材组成的过滤器，漆雾过滤效率大于 92%，漆雾平均截获量约 3kg/m²，过滤器空气阻力小于 200Pa，工作面风速为 0.6～0.8m/s，喷漆室噪声＜80dB。

Ω 喷漆室是专供圆盘式静电装置使用的特殊干式喷漆室。由于静电喷漆时漆雾逃逸的可能性很小，排风口一般设在喷漆室下部，排气风速在喷漆室的开口部为 0.1～0.2m/s。其外形见图 3-22。

由于干式喷漆室捕集漆雾所用材料的容量有限，不能再生利用，黏附有涂料废渣的过滤材料属于危险废物，必须委托有资质的专业公司处理，运行成本高。因此，干式喷漆室目前主要用于实验室、小批量、小工件生产及静电喷涂。德国杜尔公司推广使用的以石灰为漆雾捕集材料的新型干式喷漆室，虽然在汽车等涂装线上已使用，但存在易堵塞管路等问题。由于喷漆室不用水等液态介质，湿度等容易控制，涂层质量较高。

图 3-22　Ω 喷漆室示意图

3.6.3　湿式喷漆室

湿式喷漆室一般用水捕集漆雾，具有效率高、安全、干净等优点，所以广泛用在各种喷漆作业中，尤其在生产线上大量采用这种方式，但运行费用高，含漆雾的水需设置专用废水处理装置。

按喷漆室的捕漆雾原理也可分为过滤式、水帘式、文丘里式、水洗式、水旋式等。此外，还有敞开式喷漆室和移动式喷漆室。

（1）水帘式喷漆室

水帘式喷漆室是利用流动的帘状水层来收集并带走漆雾（如图3-23所示）。帘状水层一般设置在含漆雾空气流的正前方，在横送风的喷漆室内，水帘像布帘一样垂放在操作者正前方的壁上。大型上送下抽风喷漆室内水帘被布置在室底，斜坡放置，气流冲向水帘时，漆粒冲击水滴而被附着留下，水帘由专用循环水泵维持，调节阀调节水量大小，以控制水帘形状的完整。水帘喷漆室的室壁不易污染，处理漆雾效果较好，结构简单，但废水必须进行再处理。另外，由于使用大面积水帘，水的蒸发面积大，室内空气湿度大，可能影响喷涂层的装饰质量。

（2）水帘-水洗式喷漆室

通过水泵-喷嘴将水雾化喷向含漆雾的空气，利用水粒子的扩散与漆粒子的相互碰撞，相互凝聚将漆雾收集到水中，然后对水进行再处理，该类喷漆室称为水洗式喷漆室（图3-24）。水粒子的多少，即水量和水的雾化效果直接影响漆雾收集效率，含漆雾空气的流动速度也会影响漆雾的收集效率。普通水洗式喷漆室室壁容易污染，喷嘴容易堵塞，处理漆雾的效果较差，现已被水帘-水洗等新式组合式喷漆室所代替。组合方式大致分三种，即多级水帘或多级水洗式喷漆室；水帘、水洗多级组合式喷漆室；水帘、水洗加上曲形风道式喷漆室。组合的基本原理是增加漆雾处理时间，使漆雾逸出工件直至风机排出前多次处理，保证处理充分；增加水粒与漆雾的接触机会，使漆雾充分相互凝聚，或使漆雾在液膜、气泡上附着，或以粒子为核心产生露滴凝聚，以此提高漆雾处理效率；增加漆粒在重力、惯性、离心力下抛向处理室壁或水面的机会，使大粒、重漆粒得到更好的收集和处理。

图 3-23　水帘式喷漆室示意图

图 3-24　水洗式喷漆室示意图

水帘-水洗式喷漆室形式很多，图3-25为几种典型水帘-水洗喷漆室的结构简图。当漆雾处于喷漆室下部时，应选用图3-25（a）所示方式。气流组织为横向抽风，下部过滤。由溢流槽溢出水，形成的水帘和水池的水面在水流前方，漆雾碰到水帘或水池面会被水吸附，积存于水槽中。没有碰到水帘的漆雾由水帘下部进入喷漆室的后部，由喷管7喷出的水雾冲洗，二次收集漆雾。喷嘴水洗的收集漆雾率，随喷射形状，水粒大小和喷射速度不同而变化。由于漆粒会堵塞喷嘴，喷嘴宜选用圆形喷射状态喷嘴。一般水幕和水洗的收集漆雾率为3:1，两次捕集共可捕捉95%的漆雾，约有2%的漆雾黏附在排风系统的风机和风管上，少量被排入室外的大气中。

当漆雾主要处于喷漆室上部则应选用图3-25（b）所示方式。由喷管7喷出水形成前后两道水帘，含漆雾的废水由上部经两道水帘进入喷漆室后部再经水洗后排出。若漆雾处于喷漆室中部，一般选用图3-25（c）或图3-25（d），废气分别由喷漆室上部和下部进入室体，经水帘，水洗，分离水气后排入大气。

在喷漆环境的温度、湿度、洁净度达不到要求的地方或对漆膜有较高要求的地方，常需将经过处理的风从顶部送进，漆雾从底部的栅格或水帘的下部进入过滤装置，以达到上述要求和处理漆雾，并进一步改善操作者的操作环境，图3-25中（e）、（f）即是上送风，下处理漆雾的结构。

图 3-25　几种水帘-水洗喷漆室示意图

1—室体；2—淌水板；3—溢流槽；4—注水管；5—通风机；6—气水分离器；
7—喷管；8—水泵吸口；9—转盘；10—工件；11—折流板；12—栅格板；
13—送风口；14—过滤器；15—调节阀口

市场上常见的水帘-水洗喷漆室的规格及主要技术参数见表 3-16。

表 3-16　常见水帘-水洗喷漆室主要参数

型号	规格（L×B×H）/mm	风机			水泵			照明/kW	排风量	
		风量/(m³/h)	风压/Pa	功率/kW	流量/(m³/h)	扬程/m	功率/kW		管径/mm	管距/mm
LX10	1000×1300×950	6000	120	1.5	18	15	1.5	0.03×2	φ630	
LX15	1500×1500×1150	8000	120	1.5	18	15	1.5	0.03×2	φ630	
LX20	2000×1500×1150	8000	120	1.5	35	15	2.2	0.03×2	φ630	
LX25	2500×1500×1150	8000×2	120	1.5×2	35	15	2.2	0.03×2	φ630×2	1000
LX30	3000×1500×1150	8000×2	120	1.5×2	35	15	2.2	0.03×2	φ630×2	1500
LX08	800×100×750	6000	120	1.5	35	15	2.2	0.03×2	φ630	
LX12	1200×1300×950	8000	120	1.5	35	15	2.2	0.03×2	φ630	
LX35	3500×1500×1150	1200×2	180	1.5×2	50	15	3	0.03×4	φ630	1500

注：1. 其中风机根据条件可选防爆型或普通型。

2. 通过式喷漆室的门洞尺寸可自行选择。

（3）无泵喷漆室

无泵喷漆室是因无水泵得名，其工作原理见图3-26。喷漆室内空气在风机引力的作用下通过水面与旋涡室的狭缝时形成高速气流，高速气流在水面上出现文丘里管现象，将水吸入气流中雾化，以此代替喷嘴雾化作用。喷漆室风机启动后，含漆雾的空气在压力作用下，以 20～30m/s 的高速经窄缝进入清洗室，空气中的漆雾与水在卷吸板的作用下，旋转进入清洗室，密度较大的漆粒在离心力的作用下，被卷吸板的水膜收集，其余的漆粒与水粒一起在清洗室里反复碰撞，凝聚成含漆雾的水滴，落入清洗室水槽，流到水槽前部存积处理。除去漆雾、水粒的空气经风机排向室外。

无泵喷漆室不用水泵，结构简单（图 3-27），为得到高速空气流，风机的静压高，一般为 1200～2500Pa。另外为保证狭缝处截面大小稳定，须保持水面高度，使用设备前，须补充一定水分。

图 3-26　无泵喷漆室原理图

图 3-27　无泵喷漆室工作示意图
1—水槽；2—锯齿板状；3—吸卷板；
4—挡板气水分离器；5—返回水路；
6—清洗室

该喷漆室处理漆雾效率高，用水量少。常见无泵喷漆室主要技术参数见表 3-17。

表 3-17　无泵喷漆室主要技术参数

型号	尺寸($L \times B \times H$)/mm	风量/(m^3/h)	电机功率/kW
WB15	1500×2000×2000	6600	3.7
WB20	2000×2000×2000	8700	5.5
WB25	2500×2000×2000	10800	5.5
WB30	3000×2000×2000	12900	7.5
WB35	3500×2000×2000	15000	7.5
WB40	4000×2000×2000	17400	2×5.5
WB50	5000×2000×2000	21600	2×5.5

（4）文丘里管喷漆室

文丘里管喷漆室主要利用文丘里管将水雾化来捕捉漆雾，其结构见图 3-28。文丘里管喷漆室通常采用顶送风下抽风形式，与普通顶送风底抽风的喷漆室相比，文丘里管喷漆室在栅格板 8 之下，安装有倒喇叭形抽风罩，抽风罩使从室顶送进室内的空气逐渐收缩，然后由抽风罩中心的间隙排出。使室内的气流成为向中间收缩的层流状，有效地把漆雾向中间压，漆雾不再向操作者方向扩散。

文丘里管喷漆室使用了水帘、文丘里管雾化水、折流板三种收集漆雾的方法，效率高于一般喷漆室，其处理漆雾过程如下：

含漆雾的空气被层流状态的气流压到抽风罩，从溢流槽 9 溢出的水在抽风罩表面形成水

图 3-28 文丘里管喷漆室结构示意图

1—水槽；2—折流板；3—喇叭形抽风罩；
4—给气室；5—滤网；6—照明灯；7—工件；
8—栅格板；9—溢流槽；10—排气管

帘，漆雾接触水帘时被带入水中，其余的漆雾随空气一起流向抽风罩的间隙形成高速气流，高速气流经过槽下水面与折流板间狭窄间隙时，形成文丘里管现象，将水面的水分吸入空气雾化成水粒。水粒与漆粒通过碰撞、吸附、聚凝成含漆雾的水滴，当水滴通过折流板后，含漆雾的水滴及其他水分被分离掉，进入水槽1中，被净化的空气则从排气管10排向室外。

文丘里管喷漆室处理漆雾效率高，一般除去漆雾的效率可达97%～98%；文丘里管喷漆室采用文丘里管现象使水雾化，不仅效率高，而且由于没有复杂的喷管系统和分离器，结构简单，不存在堵塞问题，整个系统的保养、管理、维修工作量小。文丘里管喷漆室的送入空气可预先经过处理，使其温度、湿度和洁净度达到工艺要求，可以满足高质量漆膜的施工要求。在要求高的喷漆室中，送风量应稍大于抽风量，使喷漆室内保持正压，防止灰尘、水分侵入室内。此外，还应保证室内的温度、湿度和高洁净度。

但文丘里管喷漆室由于文丘里管现象要求狭缝小，雾化水的效果才好，为了提高处理效率，抽风机必须有较大的静压，因此设备耗能大。文丘里管喷漆室用水量较大，处理每千克含漆雾的空气约需3～3.3kg水。由于使用下吸风罩，室底必须有较深的地坑，给整个喷漆室制作增加了难度和费用。

一般文丘里管喷漆室宽敞明亮，室内温度、湿度稳定，室内洁净度高，适用于高装饰性的大型工件，特别是各类中、小型客车、轿车。

（5）水旋式喷漆室

水旋式喷漆室是20世纪70年代后期在国外出现的技术上较完备的喷漆室。在地面上该喷漆室与文丘里管喷漆室相似，采用层沉技术，从上向下送风防止漆雾扩散，将漆雾压向中间从下抽走。但在地面下，水旋式喷漆室完全改变了以上喷漆室所用的水洗、文丘里管、折流板等除去漆雾的方法，采用一种称为水旋器的结构除去漆雾，效率可达98%～99.5%，而且结构简单、用水量小，约为文丘里管喷漆室的一半，地坑浅，约1～1.4m；水旋式喷漆室是当前应用较多的一种大型喷漆室。其室体情况见图3-29，其结构简单，如图3-30所示。

图 3-29 水旋式喷漆室

1—全宽度格形地板；2—可调节挡风管；3—供风装置；
4—轮廓顶板；5—照明装置；6—排风装置；7—玻璃壁板；
8—排渣门；9—循环水管；10—水旋器；11—溢水底板

　　水旋式喷漆室大体可分为五部分：室体，送风系统，漆雾过滤装置，抽风系统和废漆处理装置。

　　室体为钢结构，其形式基本上有两种：一种为弓形顶棚双侧下抽风；另一种为平面顶棚单侧下抽风（图 3-31）。该室体上部主风道与送风系统连接，设静压室、空气过滤层、照明系统、施工平台或小车、防火系统、地坪栅格板等。送风系统送来的气流由主风道进入室体上方，经过多孔调节板，均匀进入静压室，静压室起稳压作用，使整个静压室到地坪栅格板间形成稳定的压差，保证室内空气流速均匀。当工件（如汽车）进入室内，室内气流速度发生变化，靠近工件附近的空气流速增加，工件边较高的气流可保证漆雾被气流带走，限制了漆雾的飞扬，保护室壁及照明装置不被漆雾污染（图 3-31）。工件边的气流流速应考虑喷漆时的漆雾流速，气流速度太小，保证不了室内空气的卫生要求；气流速度太大，又会过分地带走漆雾，增加耗漆量，加重漆雾处理装置的负担（测定条件：喷漆室顶宽 6m，喷漆室长每米空气流量为 $2.16 m^3/s$）。

图 3-30　水旋式喷漆室结构简图

1—仿形端板；2—空气过滤分散顶板；3—供风管；

4—照明装置；5—玻璃壁板；6—溢水辅助底板；

7—水旋器；8—挡板

图 3-31　水旋式喷漆室空气流速分布图

（单位：m/s）

　　送风系统是向喷漆室提供合乎工艺要求的温度、湿度和洁净度的新鲜空气的设备，其构成如图 3-32 所示。送风量、空气温度、湿度和洁净度取决于涂层外观的质量要求，喷漆室所在的环境和操作人员的作业要求。

　　送风系统的送风量要根据喷漆室内截面积和风速来决定。一般空气喷涂，溶剂的扩散速度为 $0.7～0.8 m/s$，喷漆室内的风速一般为 $0.3～0.6 m/s$。

　　送风温度一般应控制在 $15～22℃$。送风湿度多控制在相对湿度 65% 左右。应指出，经加热的空气一般湿度下降较多，这在高装饰性涂装时不适宜。

　　送风装置是由进风段、过滤段、淋水

图 3-32　送风装置结构图

1—吸入口风道；2—转动过滤器；3—喷水洗；

4—水滴分离器；5—加热管；6—送风机

段、加热段、过渡段、风机和送风段等组成，每段的个数根据需要确定。

进风段设置在厂房外，根据一般机械送风系统进风口的位置要求：

① 应设在室外空气清洁的地点。

② 应设在排风口常年最小频率风向，且低于排风口 2m。

③ 进风口的底部距离室外地坪，不宜低于 2m。

④ 进风口应设有较牢的金属网，以防止异物及生物被吸入。

过滤段根据需要设置 1～3 段，一般设置初过滤段和中过滤段。过滤装置可采用黏性过滤器、干性过滤器、静电过滤器等。黏性过滤器是用油浸湿玻璃丝、金属丝的滤网做成。适用于过滤粒度大于 5μm 的灰尘，不易堵塞，使用时间较长。干性过滤器是由纤维布、毛毡、滤纸等组成，适用于粒度大于 1μm 的灰尘，但易堵塞，阻力大，运行费用稍高。静电吸尘器是在风道内建立高压静电场，通过风道的空气中微尘被极化带电，带电微尘被集尘板收集，主要用于微尘。其性能好、运行费用低，但设备一次性投入较高。通常使用的过滤器以涤纶无纺布干性过滤器为多，一般采用 10～15mm 厚的涤纶无纺布，在过滤器面风速为 1.5～2.8m/s 时，初阻力约为 20～100Pa。由于空气中尘埃物的积累，过滤器的除尘效率会逐渐下降，室内空气的洁净度也会随之降低，因此必须定期清理或更换过滤元件。

淋水段的主要功能是增加空气的湿度，一般以喷温水为宜，使用水淋时不允许水滴滴落在送风管道与喷漆室顶部的过滤器上。此外水中不能添加防锈剂和防腐剂。

淋水段属于加湿降温段。调节湿度的处理段还有淋水表冷器，表冷器属于减湿降温段。表冷器一般指水冷式空气表面冷却器，其中铝轧肋片水冷式空气表面冷却器，重量轻、热交换效率高、使用寿命长。

加热段使用的加热器可以是板状散热片或管状散热片。热源一般使用蒸汽或温水，使用较多的加热器是钢管绕皱褶钢片的加热器，散热翅片与散热排管旋绕接触紧密，具有传热性能良好、空气阻力小等优点，适用于蒸汽（压力≤6MPa）或热水（温度≤130℃）两种热媒。风机段安装送风风机和消声装置。为减小风机噪声，送风机一般除应安装在远离喷漆室的户外，还配有相应的消声装置，消声管腔一般由双层微孔板组成若干短型消声通道，微孔具有较大的声阻，吸声性能良好，不起尘，摩擦阻力小。设计正确的消声通道可降低噪声 5～15dB。

水旋式漆雾处理装置（见图 3-33）由水旋器和溢水底板组成。溢水底板上的水层垂直

(a) 常压式　　　　　　　　　(b) 真空式

图 3-33　Hydropac 废漆清除装置简图

1—水位控制罐；2—收集器；3—蓄水器；4—闸门；5—水力喷射管；

6—盖子；7—真空控制件；8—真空计

于喷漆室内空气的流向，成为过滤漆雾的一道水帘，初步收集空气里的较大漆粒。水旋器（见图 3-34）由洗涤板、管子、锥体、冲击板等组成。水和空气按一定比例同时进入圆管子，水由洗涤板溢入圆管，在圆管中形成中空的螺旋圆柱水面。空气在风机的抽力下从螺旋圆柱水面进入水旋器，空气进入水旋器的风速推荐为 15～20m/s，空气在锥体出口的风速推荐为 20～30m/s，由于水和空气的速度相差很大，根据有关气液两相混合物的雾化原理，水在空气中很好地被雾化，与空气中漆雾充分接触、凝聚，然后混合物以 20～30m/s 的速度冲向冲击板，水和漆雾的粒子进一步接触凝聚，空气冲向冲击板后突然转向，水和漆雾被留在水中，然后对水进行进一步处理。

图 3-34 水旋器
1—冲击板；2—冲击板支架；3—锥体；
4—管子；5—洗涤板

图 3-35 E.T 喷漆室漆雾捕集装置
1—喷漆室内被漆雾污染的空气；
2—带水幕的风管；3—分离室

废漆清除装置是从水旋喷漆室的循环水中除去漆渣的装置。

从水中除去沉积的废漆泥和漂浮的废漆的工作是一件既脏又累的工作，如不及时清除或清除不净，容易在管道和喷嘴中沉积，使喷嘴和管堵塞，造成喷漆室除雾效率严重下降，并增加以后的清除维修工作难度。所以一般在喷漆室附近或在室外设置废漆沉淀池。并在水中添加凝聚剂使漆雾尽量完全沉淀或完全漂浮在液面上，以便清除漆渣、延长循环水的使用周期。

凝聚剂可以破坏油漆粒子的黏性，使之凝聚而结块，保证设备正常运转，避免经常挖渣，水可以循环使用，大大减少了废水排放量，进一步保护环境。凝聚剂控制管理简单，只需检查 pH 值。不同漆料所控制的 pH 值略有区别，一般控制在 9～13。

为了进行废漆清除工作，国外开发了一种叫 Hydropac 的高效率的清除废漆装置。其工作原理是运用固液分离和漆雾具有聚集的性质，使漆粒子黏附在微小气泡上凝聚悬浮，将此种含漆雾的水引到 Hydropac 清除废漆装置的蓄水器中，靠液位差或带有多孔塑料袋的筐，将筐子提起，把废渣倒入储存桶中，以利于处理或利用。这种方法的废漆清除率可达 95%。Hydropac 废渣清除装置有常压式和真空式两种（图 3-33）。这种装置与一般的沉淀池相比具有占地面积小、设备结构简单、维修工作量小、节省水和化学药品、减轻污水处理工作量、清除废漆容易等优点。

E.T 喷漆室由美国 Binks 公司开发，其工作原理与水旋喷漆室的工作原理相似（见图3-35），主要区别是旋风管的水幕不是溢流形成的，而是用喷嘴喷出伞形水幕，能保证每个旋风管的除漆雾效率相似，而水旋式喷漆室的溢水波动和各个水旋器口的水平精度都可能影响部分水旋器的漆雾处理效率。

E.T 喷漆室的漆雾处理效率可达 99.6%。

3.6.4　喷漆室的有关计算

（1）喷漆室尺寸计算

喷漆室本体大小与被涂物大小、作业方式、捕集漆雾形式、通风方式等有关。

① 作业间长度计算　通过式喷漆室长度按式(3-4) 计算：

$$L=(Ftu+2e)\times1000 \tag{3-4}$$

式中　L——通过式喷漆室的长度，mm；

　　　F——被涂件最大喷漆面积，m^2；

　　　t——喷涂每平方米工件所需的时间，min/m^2，对于手工喷漆，取 $t=1\sim5min/m^2$；

　　　u——输送机移动速度，m/min；

　　　e——被涂件至出入口的距离，m，一般取 $e=0.6\sim0.8m$。

间歇式输送（工件喷涂时静止）喷漆室长度按式(3-5) 计算：

$$L=e+2e_1 \tag{3-5}$$

式中　L——喷漆室的长度，mm；

　　　e——被涂件的最大长度，mm；

　　　e_1——被涂件至喷漆室出入口的距离，mm，一般取 $e_1=1000\sim1500mm$。

② 喷漆室作业间宽度　喷漆室的宽度（见图 3-36）按式(3-6) 计算：

$$B=b+b_1+b_2+b_3 \tag{3-6}$$

式中　B——喷漆室的宽度，mm；

　　　b——被涂件的最大宽度，mm，若工件要求回转，b 应为工件最大回转直径；

　　　b_1——被涂件外沿至操作口的距离，mm，对于小型台式喷漆室 $b_1=300\sim400mm$，对于横向抽风通过式喷漆室 $b_1=500\sim650mm$，对于上送底抽风式喷漆室，$b_1=1200\sim1500mm$；

　　　b_2——被涂件外沿至漆雾过滤器之间的距离，mm，一般取 $b_2=500\sim850mm$；

　　　b_3——漆雾处理器宽度，mm，在计算室体宽度时，可先取 $b_3=1000mm$，然后根据喷漆室产品尺寸选取。

对于上送底抽风式喷漆室，宽度按 $B=b+2b_1$ 计算。如果被涂物在喷涂过程中旋转，则 $B=(b^2+e^2)^{1/2}$。b 为被涂件的最大宽度，mm；e 为被涂件的最大长度，mm。

③ 喷漆室作业间高度计算　悬挂链喷漆室高度（见图 3-37）按式(3-7) 计算：

图 3-36　室体宽度和高度的计算图

图 3-37　门洞和高度的计算图

$$H = h + h_1 + h_2 \tag{3-7}$$

式中　H——喷漆室的高度，mm；

$\quad h$——吊挂后被涂件的最大高度，mm；

$\quad h_1$——被涂件底部至喷漆室地坪的距离，mm，$h_1 = 500$mm；若采用台车运送被涂件或固定转台时，h_1 为台车的高度或固定转台的高度；

$\quad h_2$——被涂件顶部至悬挂输送机轨顶之间的距离，mm，一般取 $h_2 = 600 \sim 1200$mm，汽车等大型工件取 1500mm 以上，若采用台车运送被涂件或固定转台时，h_2 为被涂件顶部至室顶的距离，根据操作方便和满足气流流向的要求决定。

地面链输送时，喷漆室高度为：

$$H = h + h_1 + h_2 \tag{3-8}$$

式中　H——喷漆室的高度，mm；

$\quad h$——吊挂后被涂件的最大高度，mm；

$\quad h_1$——被涂件底部至喷漆室地坪的距离，mm，$h_1 = 300 \sim 500$mm；

$\quad h_2$——工件离顶棚的距离，对上送风下抽风式取 $1500 \sim 2000$mm，对侧抽风式喷漆室取 $600 \sim 1200$mm。

④ 喷漆室外形尺寸

总高度＝喷漆室作业间高度＋动、静压室高度（约 3m 左右）＋地坑深度或漆雾捕集装置高度（与漆雾捕集方法有关）

总宽度＝喷漆作业间宽度＋壁板厚度（$70 \sim 80$mm×2）

还要考虑灯箱和检修通道的宽度、分段排风场合宽度、排风机的位置等。

总长度＝喷漆作业间长度＋壁板厚度（$70 \sim 80$mm×2）

⑤ 门洞尺寸计算　门洞的宽度（见图 3-36）按式（3-9）计算：

$$b_0 = b + 2b_1 \tag{3-9}$$

式中　b_0——门洞的宽度，mm；

$\quad b$——被涂工件的最大宽度，mm，当被涂件对称吊挂时，b 为工件的实际最大宽度，若不对称吊挂时，b 按吊挂中心至工件外沿最大距离的 2 倍计算；

$\quad b_1$——被涂件与门洞之间的间隙，一般取 $b_1 = 100 \sim 200$mm。

门洞高度计算（参见图 3-37）按式（3-10）计算：

$$h_0 = h + h_1 + h_2 \tag{3-10}$$

式中　h_0——门洞的高度，mm；

$\quad h$——被涂件的最大高度，mm；

$\quad h_1$——被涂件下部至门洞底边的间隙，一般 $h_1 = 100 \sim 150$mm；

$\quad h_2$——被涂件顶部至门洞上边的间隙，mm，一般取 $h_2 = 80 \sim 120$mm。

（2）喷漆室废气的排放浓度和废物排放总量计算

喷漆室内用漆量的多少直接影响废气的排放浓度和废物排放总量。喷涂过程中，漆粒和溶剂的一部分逸散在空中，使涂料的利用率下降。逸散在喷漆室空间的漆粒和溶剂蒸气被喷漆室的气流带出喷漆室。

① 喷漆室内的废气排放浓度　喷漆室内的废气排放浓度可按式（3-11）计算：

$$c' = 3600 f Q / V \tag{3-11}$$

式中　c'——喷漆室内废气排放浓度，mg/m³；

　　　Q——漆粒和溶剂逸散量，mg/s；

　　　V——喷漆室通风量，m³/h；

　　　f——喷漆作业不均衡系数。

　　废气通过漆雾处理装置后排放，其排放浓度如下：

$$c = \eta c' \tag{3-12}$$

式中　c——废气经漆雾处理后的排放浓度，mg/m³；

　　　η——漆雾处理装置的净化效率。

　　排放浓度 c 即风管排风口排放浓度，可参考有关环保手册。一般计算方式是先求出废气有效排放高度后，再用适当的大气扩散公式。目前有许多烟气排放的半经验公式可供借用。

　　② 有效排放高度的估算　由于一般喷漆室排气量属于中小气源，采用霍兰德（Holland）公式计算有效排放高度：

$$H_e = H_0 + \Delta h \tag{3-13}$$

$$\Delta h = 1.5 V_g D / V \quad （未考虑热力作用） \tag{3-14}$$

式中　H_e——有效排放高度，m；

　　　H_0——排风管高度，m；

　　　Δh——废气动力学增高，m；

　　　V_g——废气从管排出速度，m/s；

　　　V——排风管口处大气平均风速，m/s；

　　　D——排风口排风直径，m。

　　霍兰德（Holland）公式是通过风洞实验取得的，适用于中性的气象条件。如果大气不稳定，计算结果 Δh 值要增加 10%～20% 的修正值。

　　③ 废气扩散公式　对于平原地区，中性气象条件，污染源下风向地面的有害物质最大浓度 $c_{\max}$ 可用萨顿（Sutten）扩散公式计算。

$$c_{\max} = \frac{235 Q}{U H_e^2} \left(\frac{\sigma_z}{\sigma_y} \right) \quad （mg/m³） \tag{3-15}$$

　　若规定了有害物质的最大允许浓度 $c_{\max}$，可由上式求出该有害物质的允许排放量 Q：

$$Q = U H_e^2 \left(\frac{\sigma_y}{\sigma_z} \right) c_{\max} \tag{3-16}$$

　　萨顿扩散公式计算时最大浓度点的距离为 $X_{\max}$。

$$X_{\max} = \left(\frac{H_e}{C_z C_y} \right)^{\frac{2}{2-n}} \quad （m） \tag{3-17}$$

式中　Q——有害物的排放量，g/s；

　　　H_e——排风管有效排放高度，m；

　　　U——排风管口高处平均风速，m/s；

　　　C_y——水平方向的废气扩散系数；

　　　C_z——垂直方向的废气扩散系数；

　　　σ_y——水平方向的大气扩散系数；

　　　σ_z——垂直方向的大气扩散系数；

　　　n——大气稳定度的参数 0～1。

萨顿提出的不同稳定度下的 C_y、C_z、n 值见表 3-18。表中 n 值由湍流特性决定，σ_z、σ_y 由帕斯圭尔曲线决定，其值见表 3-19 和表 3-20。

表 3-18　C_y、C_z 值

烟筒有效高度	强递减 $n=0.20$		弱递减或中性 $n=0.25$		中等逆温层 $n=0.33$		强逆温层 $n=0.50$	
	C_y	C_z	C_y	C_z	C_y	C_z	C_y	C_z
0	0.42	0.24	0.24	0.14	0.15	0.09	0.12	0.07
10	0.107	0.42	0.24	0.24	0.14	0.15	0.09	0.12
25	0.24		0.14		0.09		0.07	
30	0.23		0.13		0.085		0.065	
45	0.21		0.12		0.075		0.06	
60	0.19		0.11		0.07		0.055	
75	0.18		0.10		0.065		0.05	
90	0.16		0.09		0.055		0.045	
105	0.13		0.07		0.045		0.035	

注：C_y、C_z 值根据大气稳定度参数 n 及烟筒有效高度 H_e 选取。

表 3-19　σ_y 和 σ_z 值

距离 /km	A		B		C		D		E		F	
	σ_y	σ_z	σ_y	σ_z	σ_y	σ_z	σ_y	σ_z	σ_y	σ_z	σ_y	σ_z
0.1	27.0	14	19.1	10.7	12.6	7.14	8.37	4.65	6.05	3.72	4.19	2.33
0.2	49.8	29.5	35.8	20.5	23.3	14.0	15.3	8.37	11.6	6.05	7.91	4.19
0.3	71.4	47.4	51.6	30.2	33.5	20.5	21.9	12.1	16.7	8.84	10.7	5.58
0.4	92.1	72.1	67.0	40.5	43.3	26.5	28.8	15.3	21.4	10.7	14.4	6.98
0.5	112	105	81.4	51.2	53.5	32.5	35.3	18.1	26.5	13.0	17.7	8.37
0.6	132	153	95.8	62.8	62.8	38.6	40.9	20.9	31.2	14.9	20.5	9.77
0.8	170	279	123	84.6	80.9	50.7	53.5	27.0	46.0	18.6	26.6	12.1
1.0	207	456	151	109	99.1	61.4	65.6	32.1	48.8	21.4	32.6	14.0
1.2	243	674	178	133	116	73.0	76.7	37.2	57.7	24.7	38.1	15.8
1.4	278	930	203	157	133	83.7	87.9	41.9	65.6	27.0	43.3	17.2
1.6	313	1230	228	181	149	95.3	98.6	47.0	73.5	29.3	48.8	19.1
1.8			253	207	166	107	109	52.1	82.3	31.6	54.6	20.5
2.0			278	233	182	116	121	56.7	85.6	33.5	60.5	21.9
3.0			395	363	269	167	173	79.1	129	41.9	86.5	27.0
4.0			508	493	335	219	221	100	166	48.8	102	31.2
6.0			723	777	474	316	315	140	237	60.9	156	37.7
8.0					603	409	405	177	305	70.7	207	42.8
10					735	498	488	212	366	79.1	242	46.5
12							569	244	427	87.4	285	50.2
16							729	307	544	100	365	55.8
20							884	372	659	111	437	60.5

表 3-20　稳定度级别

地面风速 (10m 高处) /(m/s)	白天			阴云密布的 白天或夜晚	夜晚	
	日照				薄云或低云 云量≥4/8	云量≤3/8
	强	中等	弱			
<2	A	A、B	B	D		
2~3	A、B	B	C	D	E	F
3~5	B	B、C	C	D	D	E
5~6	C	C、D	D	D	D	D
>6	C	D	D	D	D	D

注：帕斯圭尔稳定度分 6 级，A 类为最不稳定，F 类为最稳定。不管风速如何，白天或夜晚的阴天都定为中性 D 类。夜晚指日落前 1h 到日出后 1h 这段时间。

强日照系指晴空下太阳高度大于 60°（例如，盛夏阳光充足的中午）；所谓弱日照系指相当于晴空下太阳高度角从 15°到 35°（例如，隆冬阳光充足的中午）。

由上式可知，喷漆室的废物排放量和排放浓度与用漆量、喷漆方式、通风量、漆雾处理效率等有关。其中用漆量是直接因素，它影响对喷漆室的通风量和漆雾处理效率等技术指标的选择。为了在满足环保要求的前提下，使喷漆室的各项指标得到最佳的技术经济比，要调整喷漆方式，使用漆量减少，用漆均衡，并尽量减少漆雾飞逸。由此来降低喷漆室的能耗和投资。同理，在用漆量很小的情况下就不必追求对喷漆室的高要求。

（3）风速与供排风量

① 风速　喷涂作业区风速是喷涂室的重要指标，原则上，风速不应小于溶剂蒸气的扩散速率（0.2m/s），确保操作工位处于新鲜的流动空气中，并将在喷涂作业中产生的漆雾、溶剂迅速排出。在设计时，应使喷漆室内气流定向均匀流动，不留死角，风速过大，浪费动能且影响喷涂质量。

不同涂装方法及不同工位的风速一般为：手工喷涂区 0.35~0.50m/s，自动静电喷涂区 0.25~0.30m/s，擦净间换气 30~40 次/h，点补间、注蜡间供排风量 2000m³/(m·h)，PVC 车底涂料喷涂间 2000m³/(m·h)（其作业面宽 5mm），晾干室换气 30 次/h 以上。

② 风量计算　供风量按式(3-18)计算

$$Q = 3600AV \qquad (3-18)$$

式中　Q——供风量，m³/h；

　　　A——气流通过部位的截面积，m²；

　　　V——风速，m/s。

排风量一般略大于供风量，使喷漆室内处于微正压状态以避免喷漆室外未经净化的空气进入喷漆室。

对没有供风装置的喷漆室，考虑到风阻等因素，在式(3-19)基础上增加 10%~20%。也可以按喷涂作业间换气次数计算喷漆室供、排风量。一般，单位时间喷涂量少的作业间换风量不小于 120 次/h，喷涂量大的作业间应不小于 300 次/h，自动静电涂装室不小于 200 次/h。

对于体积很大的工件，如货车车厢、大客车等，涂装用喷漆室的供、排风量很大，为节约能源，可采用分段供、排风。

（4）喷漆室总给水量计算

喷漆室给水量大小与漆雾捕集效果密切相关。

① 水空比计算法 湿式喷漆室的给水量与排风量、漆雾捕集装置类型、结构等有关，给水量与排风量的比例称为水空比，即洗涤 1m³ 空气的用水量。水空比与水洗方式有关，喷射式水洗的水空比为 1.2～2.0kg/m³，水幕式水洗的水空比为 1.5～3.0kg/m³，中型瀑布喷淋式水空比为 1.5～2.5kg/m³，多级水帘式水空比为 1.6～2.5kg/m³，大型水旋式水空比为 1.4～1.6kg/m³，大型文丘里式水空比 3～3.3kg/m³。湿式喷漆室的总给水量可按式(3-19) 计算

$$W = Qe/1000 \qquad (3-19)$$

式中 W——喷漆室的总给水量，m³/h；

$\qquad Q$——喷漆室总排风量，m³/h；

$\qquad e$——水空比，kg/m³。

② 按喷漆室长度（或水幕长度）计算法 见式(3-20)。

$$W = 60LK \qquad (3-20)$$

式中 W——喷漆室的总给水量，m³/h；

$\qquad L$——喷漆室或水幕的长度，m；

$\qquad K$——经验数据，其值大小取决于水幕漆雾捕集装置的结构，文丘里式比水旋式大，单侧旋涡式及侧面水幕式比两侧双排式旋涡式小，一般取 0.2～0.45m³/(min·m)。

③ 水幕式捕集漆雾装置的供水计算方法 按式(3-21)计算。

$$W = 3600Lvh \qquad (3-21)$$

式中 W——喷漆室的总给水量，m³/h；

$\qquad L$——喷漆室（供水槽、淌水板）长度，m；

$\qquad h$——溢流水槽或淌水板上水层的平均厚度，约 3～5mm；

$\qquad v$——水流速度，约 0.4～1.0m/s。

喷漆室的水循环利用，由于蒸发等原因，需定时补加新鲜水。喷淋式每小时补充循环水量的 1.5%～3%，其他方式每小时补加 1%～2%，因环境温度、风量等因素而变化。

(5) 水旋式喷漆室水旋动力管设计举例

水旋动力管的工作原理是在抽风系统的作用下，使含有漆雾的气体和水流在水旋动力管内高速旋转的同时充分混合，随后急速扩散和冲击，使漆粒、水滴与空气分离，落到槽底的水中，将空气中的漆雾滤掉。其关键在于气水的混合，混合得越充分，过滤效果就越好。根据流体力学的理论，当某一流体在管道内达到一定流速时就会产生横向运动，从而形成湍流（或称紊流）产生旋涡，决定流态的这一物理量叫做雷诺数（Re）。其函数关系式为：

$$Re = D\omega\rho/\mu \qquad (3-22)$$

式中 D——水旋动力管管径，m；

$\qquad \omega$——流体在水旋动力管内的平均流速，m/s；

$\qquad \rho$——流体的密度，kg/m³；

$\qquad \mu$——流体的黏度，s/m²。

当 $Re \leq 2000$ 时，流态属于层流，当 $Re \geq 4000$ 时，流态属于湍流，当 $2000 < Re < 4000$ 时，流态是不稳定的，可能是层流也可能也是湍流，属于过渡流。显然，决定流态的是雷诺数。

由此可知，在水旋动力管内，当 $Re \geqslant 4000$ 时流态属于湍流。只要保证雷诺数的值不变，水旋动力管内的流态就不变，过滤漆雾的能力就保持不变。流体在水旋动力管内弥漫得才最充分、捕捉漆雾的能力才最强。

通过水旋动力管的流体有两种：水和含漆雾的空气。如果两种流体都处于层流状态，那么两种流体的速度方向均沿管道方向。此时，含有漆雾的空气将在水流的间隙流过，两种流体以各自的流速运动。当水旋动力管内的流体处于湍流状态时，由于流体产生横向运动使两种流体互相碰撞，在旋涡碰撞过程中大颗粒的水变成了小颗粒的水而弥漫了整个水旋动力管，这样水与含漆雾的空气充分混合，此时两种流体合二为一，以共同的速度运动。则此时混合流体的平均流速为：

$$\omega = (Q_气 + Q_水)/F \tag{3-23}$$

式中　$Q_气$，$Q_水$——分别是气体、水的流量，m^3/h；

F——管道横截面积，m^2。

由于该喷漆室的水空比 $e = 1.4 \sim 1.6$，取水空比 $e = 1.5$，即 $G_水/G_气 = 1.5$。

$$G_气 = Q_气 \rho_气 = Q_气 \times 1.2 \ (kg/m^3)$$

$$G_水 = Q_水 \rho_水 = Q_水 \times 1 \times 10^3 \ (kg/m^3) = eQ_气 \times 1.2 \ (kg/m^3) = 1.5Q_气 \times 1.2 \ (kg/m^3)$$

则　　　　　　　　$Q_气/Q_水 = 1 \times 10^3/(1.2 \times 1.5) = 556$

由此可见，$Q_气$ 比 $Q_水$ 大得多，下面的计算只考虑空气的因素而忽略水流的因素。这样混合流体的平均流速 $\omega = Q_气/F$。为了保证水旋动力管的雷诺数不变，即 $Re = D\omega\rho/\mu =$ 常数。其中介质参数 $\rho\mu$ 几乎没有什么变化，可以认为是常数，则得出结论 $D\omega =$ 常数。这样我们可以根据水旋动力管的特定工艺参数，计算出 $D\omega$ 这一常数值，从而求出任意工艺条件下水旋动力管的几何尺寸。

设计必需参数的确定：水空比 e，根据水旋动力管的特性，确定取水空比 $e = 1.5$。

水旋动力管内的必需风速：由于在水旋动力管内水流和气流在高速通过时，才能产生湍流，达到清洗气流中的漆雾的目的，所以确定管内的气流速度需大于 20m/s。

排风机风压：由于水旋动力管内混合流体的流速很高，故需要风压较高的风机。根据所要确定的风速，所选用风机的风压需要在 $150mmH_2O$（$1mmH_2O = 9.8Pa$）左右。

水旋动力管内水膜的必需厚度：由于水旋动力管是用水来清洗漆雾的，故必须保证水旋动力管的管壁上的水膜具有一定的厚度，否则就会因水量不足而达不到清洗的效果。因此确定水旋动力管壁上的水膜平均厚度为 $3 \sim 4mm$。

通过水旋动力管的风量 $Q_气$：由于水旋喷漆室主要用于汽车喷漆行业，故该水旋动力管就针对目前通用的汽车喷漆室进行设计。目前汽车喷漆室中，喷漆室的室体宽通常为 5000mm，喷漆室内的平均截面风速为 0.5m/s。水旋动力管沿喷漆室长度方向的中轴线布置，一般为每 1000mm 布置一个水旋动力管。

第4章 粉末涂料及其涂装

4.1 概述

4.1.1 粉末涂料涂装发展史

粉末涂料是一种含有100%固体分,以粉末形态进行涂装成为涂膜的涂料。它与一般溶剂型涂料和水性涂料不同,不使用溶剂或水作为分散介质,而是借助空气作为分散介质。

20世纪40年代随着石化工业的迅速发展,聚乙烯、聚氯乙烯、聚酰胺等热塑性树脂产量快速增长,人们开始研究如何将树脂熔融涂覆于金属表面,相继出现了滚涂、散布和火焰喷涂等工艺方法。1952年联邦德国的Gemmer发明了流化床涂覆法,该法借助空气动力使粉末在专门容器内流动游浮,具备了液体特性,使散布法能连续自动地予热工件表面熔融涂覆上一层致密光滑的涂层,当时应用的树脂主要是热塑性树脂。热固性环氧树脂问世后,流化床涂覆工艺开始进入实质性发展阶段,在电气绝缘和化工防腐领域中获得了工业化生产的应用。

1964年Shell公司开创了现今广泛使用的熔融挤压法生产粉末涂料的方法,使粉末涂料实现连续生产工艺,走上了工业化生产道路。1962年法国Sames公司研究成功粉末静电喷涂装置,首次实现了粉末涂覆于未预热的工件表面,它为粉末涂装技术的快速推广应用奠定了基础。在使用过程中,人们根据不同工件、不同领域的实际需要,陆续研发了静电流化床、摩擦静电涂装、静电热喷涂等各种粉末涂装工艺与设备。

涂料品种从最初的热塑性粉末涂料,到以环氧树脂为主的热固性粉末涂料;从以防护性涂层为主,发展到防护装饰性及特种用途粉末涂料,如重防腐型粉末涂料、低温固化粉末涂料、快固化节能型粉末涂料、UV光固化粉末涂料、专用搪瓷型粉末涂料、耐高温粉末涂料、薄涂层粉末涂料等;应用领域也从以家用电器、金属家具、办公用品等产品为主要对象,逐步推广应用到机械设备、仪器仪表、医疗器械、电子元器件、建筑行业、汽车零部件、邮电通信、航空航天、船舶轻工、自行车、摩托车、道路工业等各个领域。目前粉末涂料在石油、天然气及船舶管道内外壁的涂装、汽车中涂、罩光等领域也取得了应用。奔驰公司在法国的SMART轿车厂的中涂和面漆线采用全粉末涂装工艺体系,即粉末中涂+粉末色漆(仅有黑色和银灰色)+粉末罩光清漆,VOC排放接近于零。但由于粉末涂料的抗紫外线能力和耐候性较差,在汽车涂装方面的应用还不普遍。

全球粉末涂料产量从1980年的7万吨上升到2001年的79.3万吨,增长了10.5倍,年均增长率达13%。至2006年,北美地区粉末涂料年均增长率为6.8%,日本7.3%,西欧地区5.6%,亚太及拉美地区10%~15%。预计到2015年粉末涂料将占涂料总量的20%。随着粉末涂料薄膜化、低温固化和快速换色技术的发展,粉末涂料不仅可用于金属制作、家电、建筑、汽车、特种钢筋及管道方面,还可用于木制品、无机器材、卷材等领域,发展前景广阔。

广州电器科学研究所是我国最早研究粉末涂装技术的单位。该所于1965年首先研试成功环氧绝缘粉末和流化床涂覆电机铁芯工艺与设备，并在常州绝缘材料厂建立环氧绝缘粉末生产线。20世纪70年代中期到80年代初是我国粉末涂装技术研发的高峰期，各部委所属企事业单位不断取得了丰硕科技成果，为迎接我国第一次粉末涂装技术应用的高潮做好了准备。化工部涂料研究所开发了粉末涂料流平剂和装饰性环氧粉末涂料；电子工业部738厂、航空工业部345厂在国内率先建立了粉末静电喷涂流水生产线，对电子产品和洗衣机的壳体实施粉末静电涂装生产；航空工业部贵阳电机厂与国际同步研制成功静电流化床用于电机铁芯的静电粉末绝缘涂覆并投入批量生产。随着改革开放，我国粉末涂料行业发展迅猛，粉末涂料产量直线上升，迅速占领了洗衣机、电冰箱、空调机、微波炉、电风扇等市场。

20世纪90年代，国内已经形成许多品种粉末涂料，如装饰型环氧粉末涂料、绝缘型环氧粉末涂料、防腐型环氧酚醛粉末涂料、环氧丙烯酸型粉末涂料、环氧美术型粉末涂料、聚酯环氧型装饰粉末涂料、聚酯/TGIC粉末涂料、聚氨酯粉末涂料、半光或无光粉末涂料、其他功能性粉末涂料（包括阻燃型、导电型、耐热型等）。

目前，粉末涂料的生产过程基本无"三废"排放。经过30多年的发展，我国粉末涂料的生产工艺技术已经非常成熟。粉末涂料的产品收率超过95%，生产过程中产生的含量小于5%的超细废粉通过回收系统回收后，可以重新用于生产，基本做到了零排放。同时，粉末涂料的储存、运输及销售环节没有溶剂型涂料固有的火灾隐患和环境隐患，运输、储存与使用安全。更重要的是，粉末涂料的涂装过程无污染物排放，粉末涂料的一次上粉率可以达到70%以上，过喷的粉末经过回收系统回收后返回供粉桶中，与新粉混合后可重复使用。

《涂料行业科技中长期发展规划》提出，未来10年，我国将大幅削减传统溶剂涂料在工业涂料中的比例，使其所占份额由目前的50%锐减至5%。用10～15年时间，对传统涂料产业实行新技术嫁接与改造，最终将传统溶剂涂料市场份额缩减至1%以下。这些规划为环保型粉末涂料的发展提供了难得的机遇，粉末涂料的环保、节能与经济性能，也会不断被人们认识并且接受，最终它会成为工业、民用、建筑等领域的首选涂料品种。

随着人们对粉末涂料研究的不断深入，解决了粉末涂料在实际应用中存在的许多问题，使其应用范围不断扩展，现在国外汽车工业越来越多的中间层色漆/透明面漆选用粉末涂料。汽车用粉末涂料有环氧/聚酯混合型、聚酯、聚氨酯和丙烯酸等类型。随着技术的日趋完善和性能的提高，粉末涂料现已完全能满足轿车涂装的各项要求，如外观装饰性、耐候性、耐化学性、抗划伤性、抗紫外线性等。由于受技术水平的限制，目前汽车用粉末涂料只是单色漆系列，如中涂和罩面清漆，这是由于粉末涂料不能像液态涂料那样可以迅速换色。今后，汽车用粉末涂料的发展将在进一步提高耐候性、抗紫外线性、低温化、薄膜化和装饰性方面努力。上水管道采用无毒粉末涂料也正在开发应用，木材和塑料制品采用低温固化粉末涂料和UV光固化粉末涂料的开发取得了长足进展，钢筋的粉末涂装也提到了日程上。随着应用领域的开拓，需要开发的粉末涂料品种有：重防腐型粉末涂料、低温固化粉末涂料、快固化节能型粉末涂料、UV光固化粉末涂料、聚氨酯粉末涂料、丙烯酸粉末涂料、专用搪瓷型粉末涂料、耐高温粉末涂料、薄膜层粉末涂料等。

4.1.2 粉末涂装工艺的分类

为了使读者对当前已有的一些粉末涂装工艺方法有一个较为系统的了解，按照它们的涂装原理和工艺特点进行如下排列归类。

上面列出的是粉末涂装工艺发展过程中曾经研究过的一些工艺方法，原则上可以划分为热涂装工艺和冷涂装工艺两大类，每一类工艺的涂装原理都是相同的。但冷涂装工艺中的喷胶冷涂法例外，它是对被涂件需涂粉末的部位喷（刷）胶液，然后喷粉进行热熔流平成膜。总之，不管用什么方法，只要能使粉末涂料均匀地涂布于被涂件的表面，经过加热熔融流平成膜，这种工艺方法就可归类于粉末涂装工艺。如果工件需要预热来熔融粉末，则属于热涂装工艺范围；工件能够在常温下进行粉末涂装，经过热熔流平成膜的就属于冷涂装工艺范围，当前应用最为广泛的冷涂装工艺主要是粉末静电喷涂工艺。通过上面介绍，如果遇到新出现的工艺方法和涂装设备问世时，读者就可以按其涂装原理和工艺特点自行归类了。

4.1.3　粉末涂料涂装的特点

粉末涂料涂装技术作为省资源、节能源、低公害和生产高效率的新型涂料技术得到各国高度重视。

① 粉末涂料不含有机溶剂，避免了有机溶剂带来的火灾、中毒和运输中的不安全问题。虽然存在粉尘爆炸的危险性，但是只要把体系中的粉尘浓度控制适宜，爆炸是完全可以避免的。

② 粉末涂料是百分之百的固体，可以采用闭路循环体系，喷逸的粉末涂料可以回收再利用，实际使用率通常能达到95％以上，而溶剂型涂料固体含量只有35％～60％，使用过程中产生大量危险废物。

③ 粉末涂装一次可得厚膜涂层，耐腐蚀性能好，可大大提高生产效率，降低生产成本，特别适合于以防护或以防护装饰为主的工件。粉末涂装设备体积小，占地面积少，设备投资低。

④ 粉末喷涂不需要调配颜色和流平挥发工作区域，喷涂后可直接进烘道固化，生产车间占地面积小。

⑤ 在施工应用时，不需要随季节变化调整黏度，施工操作方便，不需要很熟练的操作技术，厚涂时也不易产生流挂等涂膜弊病。

⑥ 粉末涂料不是易燃品，不论在使用上、储存上和运输上都比溶剂型涂料安全方便、简单经济。因粉末涂料的喷室、喷枪易于清理，在施工时对工人技术要求较低，容易保持施

工环境的卫生，附着于皮肤上的粉末可用压缩空气吹掉，或用温水、肥皂水洗掉，不需要用有刺激性的清洗剂。

目前，粉末涂料主要存在三个方面的问题。一是颜色不能调整，换色困难。粉末涂料不像溶剂型涂料，使用中可根据需要，按照颜色间的相互关系，调配得到需要的各种颜色，作为施工单位只能根据涂料生产厂家提供的涂料样本选择其中的颜色，或向涂料生产厂家提供样板，按要求生产所需要的粉末涂料，涂料品种少，颜色选择灵活性低。同时，施工中若需要更换颜色，需将粉末涂装设备进行彻底清理，工作量很大，粉尘污染严重。二是粉末涂装难以得到高装饰性涂层。各种粉末涂装工艺一次涂装难以得到$50\mu m$以下薄层涂膜，涂层流平性不好，容易出现橘皮等弊病，装饰性不高，所以粉末涂装目前仍以防护性涂层为主。三是粉末涂层固化温度一般在$160\sim180℃$，限制了在塑料、木材等耐热性低的基体上的使用。

粉末涂料作为一种新型涂料，毕竟才发展了数十年，存在不足之处是难免的。随着科技的发展，这项新技术必将不断趋于完美。表4-1是粉末涂料与溶剂型涂料的优缺点对比。

表 4-1 粉末涂料与溶剂型涂料的涂装特点比较

项目	粉末涂料涂装	溶剂型涂料涂装	项目	粉末涂料涂装	溶剂型涂料涂装
一次涂装涂膜厚度/μm	50~500	10~30	粉尘污染	有，但少	没有
薄涂	难	易	粉尘爆炸问题	有，但不大	没有
厚涂	易	难	涂装劳动生产效率	高	一般
涂装线自动化	易	难	专用涂装设备	需要	不需要
喷逸涂料的回收利用	可以	不可以	专业生产操作技术	不需要	需要
涂膜防护性能	好	一般	涂料调色和换色	麻烦	简单
溶剂带来的大气污染	没有	有	溶剂(能源)浪费	没有	有
溶剂带来的火灾危险	没有	有	涂料运输方便程度	方便	不方便
溶剂带来的毒性	没有	有	涂料的储存	比较方便	不方便

我国各种粉末涂料厂生产的粉末涂料所占比例见表4-2。

表 4-2 我国各种粉末涂料厂生产的粉末涂料所占比例

品种	比例/%	品种	比例/%
环氧	10~15	聚酯/TGIC	10~15
环氧聚酯	75	聚氨酯	<5

表4 3和表4-4列出钢门采用不同工艺技术的经济性比较和涂料质量对比。

表 4-3 钢门涂装工艺技术经济比较

对比项目	粉末喷涂	氨基烘漆	常规喷漆	对比项目	粉末喷涂	氨基烘漆	常规喷漆
设备投资/万元	30	40	5	每班工人	8	9	24
主要工序	4	4	9	占用场地/m²	230	350	200
材料利用率	>95%	40%~50%	30%~40%	生产周期/h	6	6	43
劳动保护	无毒	二次污染	有毒	耗电量/(度/件)	0.75	0.9	0.21
劳动强度	轻	中	高	工人工资/(元/件)	0.33	0.33	1
安全性能	安全	易燃	危险	原辅料费用/(元/件)	13.5	15.2	17.5
自动化程度	高	高	极低	每件成本/(元/件)	13.95	15.67	18.52

表 4-4　钢门涂膜质量对比

检验项目	粉末涂料	氨基烘漆	常规油漆	测试方法
附着力/级	1	2	3	GB 1720—79
柔韧性/YY	1	2	3	GB 1731—79
冲击强度/kg·cm	50	45	40	GB 1732—79
光泽/%	98	100	85	GB 1743—79
硬度	>4H	>2H	<2H	GB 2168—82
耐化学性(90 天) 　25%H_2SO_4 　25%NaOH	 无变化 无变化	 锈蚀落点 布满锈点	 严重锈蚀 起泡起皱	GB 1763—79

粉末涂料的主要品种有环氧树脂、聚酯、丙烯酸和聚氨酯等。目前粉末涂料在汽车工业中多用于汽车发动机、车底盘、车轮、滤清器、操纵杆、反光镜、雨刮器和喇叭等零部件的涂装，但基本上都是黑色的，只有一部分是透明涂层。

在国外，透明粉末涂料已应用到轿车车身罩光和车辆的罩光。汽车对涂层的要求高，不但要求有好的物理和化学性能，还要求外观平整、光滑、光泽高，对于轿车更是要求"光亮如镜"，粉末涂料虽有很好的理化性能，但涂层的外观与溶剂型涂料相比还存在着差异，所以至今轿车的外壳还没有大量使用粉末涂料涂装。近几年国外为将粉末涂料用于汽车涂装做了大量的努力和研究工作，在树脂的合成、粉末的制造和涂装技术上均有了很大的进步。美国 BGK 公司将"高红外"加热技术引用到粉末涂料的涂装上来，使金属先发热，然后用金属底板的热量来固化粉末涂料，在 9s 内固化了喷在 1mm 钢板上的环氧/聚酯粉末涂料，而一般的热风循环或远红外设备需要 18min 才能固化。固化速率提高了 120 倍。"高红外"加热技术的应用可以使生产效率大大提高，可以缩短烘道长度，节约投资，更重要的是涂层表面的平整光亮度得到提高。

我国的汽车涂装中粉末涂料的应用还不多，这里面存在着粉末涂料的品种、质量、技术上的一些制约因素。我国粉末涂料的品种结构不利于汽车的涂装，汽车涂料对耐候性要求高，而我国粉末涂料产品结构中占多数的是环氧/聚酯混合型粉末和环氧型粉末，适用于室外的改进型环氧粉末、聚氨酯粉末、TGIC 聚酯粉末、丙烯酸粉末的产品并不多，而且在质量上还有不少问题。但在美国适用于室外的粉末涂料产量占总产量的一半以上，显然我国粉末涂料的品种结构与发达的西方国家相比存在着较大的差距，另外在喷涂设备和烘烤设备方面也存在着质量和规模上的差距。粉末涂料在汽车工业上的应用比起家电行业来说有很大的差别。

4.2　粉末涂料

4.2.1　热固性粉末涂料

（1）分类

按照使用范围，热固性粉末涂料分为绝缘用粉末涂料、重防腐用粉末涂料、装饰用粉末涂料、建筑用粉末涂料；按照粉末涂料的涂膜状态分为有光型（光泽在 70%以上）、半光型（光泽在 6%～70%）、平光型（光泽在 6%以下）、美术型（皱纹、龟纹和枝纹等）；按照粉末涂料的成膜物质分为环氧类粉末涂料（固化剂有双氰胺、二酰肼、咪唑类、酸酐类等），聚酯类粉末涂料（带羧基聚酯树脂主要用于环氧聚酯粉末涂料和耐候的 TGIC 聚酯粉末涂料，带羟基聚酯树脂主要用于聚氨酯粉末涂料），丙烯酸类粉末涂料以及热固性氟树脂粉末涂料等。

（2）制造工艺

熔融混合挤出法是目前国际上通用的生产热固性粉末涂料的唯一方法，其生产工序见图 4-1。

图 4-1　热固性涂料生产工艺

① 混合　预混合工序是将树脂粉末、颜料、固化剂、流平剂以及各种助剂等成分按配方混合均匀，要求混合机具有较高的混合效率，并在短时间内完成混合过程，以利于控制物料的温升，混合机结构应密封，防止粉末飞扬。

② 熔融混合挤出　通过混炼将粉末涂料各组分在树脂熔融状态下达到均匀分散，克服了干态混合时由于物料密度不同而造成组分的分离。

挤出机有两种类型，即单螺杆挤出机和双螺杆挤出机。前者结构简单，价格便宜，但推力小，自清洁能力差，所以这种机型应用愈来愈少。双螺杆挤出机的主要部位是机筒，它采取加料、压缩和均化三段分布，三段区域有着不同的温度要求。加料段设有冷却装置防止粉末熔融，保证粉末料能连续进入螺槽内。粉料在压缩段受热并通过物料间摩擦作用，形成高黏度的熔融物，均化段也有加热系统，主要保证出料的稳定和熔融物均匀。挤出机挤出的熔融物经滚压成为薄片并及时冷却打成碎片。

③ 细粉碎　目前国内采用的细粉碎机大多将粉碎机与粒度分级的部分联合组成粉碎机组，粉碎后的粉末颗粒，通过风力送入旋风分离器或旋转筛筒进行分级，最后收集产品，并将大的粒子重新送回粉碎机再次粉碎，超细微粉末被收集在回收布袋中，这样可以得到较为理想的粒度分布产品。

粉碎过程中要注意加料速度和机内温升问题。机内温度过高会影响产量，一般控制机内气流低于 40℃ 就可以连续运行生产。在生产过程中应定时取样，检验产品的粒度及粒度分布情况，出现问题及时寻找原因，采取措施保证产品质量。

（3）生产设备

① 预混合器　混合分散为熔融混合挤出创造一个良好的均匀体系。预混合器具有较高的均化分散效率、高的剪切力、搅拌区无死角和密闭性好等特点。预混合器主要有高速混合机和 V 形混合器（用于大容积混合）。

高速混合机对树脂、颜料和填料的分散效率高，即使在原配的物料中存有高黏度成分，其分散率仍很高，一次预混合仅需 3～5min，即能有效地粉碎大颗粒树脂，具有混合时间短，分散效率高和操作灵活方便等优点；不足之处是一次性投料量过少，容易造成批量之间的颜色变化。低速大容量混合机使用人力少，由于一次性投料量大，涂料色差容易控制，质量较为稳定；不足之处是混合时间较长，一般需要 20～30min，且分散效果略差一点。表 4-5 是两类混合器生产效能的比较。

表 4-5　两种类型混合器生产效能的比较

机型\项目	高速混合机	低速大容积混合器	机型\项目	高速混合机	低速大容积混合器
混合器容量/L	150	3000	混合时间/min	5×10=50	40×2=80
每班分散批数	10	2	卸料时间/min	5×10=50	30×2=60
批量/kg	100	600	总时间/min	250	260
装料时间/min	15×10=150	60×2=120	总生产量/kg	1000	1200

②　熔融混合挤出机　熔融混合挤出机是粉末涂料生产的关键工序，它是将混合后的物料在挤出过程中受热熔融，并在高剪切力的作用下，使物料熔融成适宜的黏稠度以保证在挤压时产生较高的剪切力，有利于物料的高度分散，使各组分成为一个均匀的体系。如果温度过高，挤出物料太稀，剪切力降低造成混合分散效果很差。如果温度太低，则使挤出物变稠，机器负荷增加，同样也影响物料的均匀分散，所以控制合适的挤出温度非常重要。国内外使用的螺杆挤出机有单螺杆和双螺杆型两种，设备性能应能使添加剂均匀地分散在整个物料中，能精确地调节和控制温度与速度，物料在机筒内停留时间不能过长并且无死角，部件要容易拆装清洗。

表 4-6 是国内制造的挤出机有关性能的介绍。

表 4-6　挤出机类型和性能关系

性　能	单螺杆	双螺杆同向旋转		双螺杆逆向旋转
		低速	高速	
挤出效率	小	中	中	大
分散和混合效果	小	中～大	中～大	大
剪切作用	大	中	大	小
自清理效果	小	中～大	大	小
能源利用率	小	中～大	中～大	大
发热情况	大	中	大	小
温度分布	大	中	小	小
停留时间	大	中	小	小
最高转速/(r/min)	大 100～300	小 25～35	大 300～500	小 35～45
螺杆有效长度	大	小	大	小
L/D	30～32	7～8	30～40	10～21

热固性粉末涂料要求在机内只进行物理性混炼，而不能在机内发生局部固化等化学反应，因此物料在机内停留时间要短。停留时间取决于螺杆结构、转速和间隙，国产双螺杆挤出机一般控制在 10s 以内。

机筒加热温度控制在 80～100℃，使热量正好满足物料的熔融。加料段不但需要机筒外部冷却，还需要中空螺杆冷却，冷却液以水为常用液体。加料、压缩和均化段的升温，冷却系统均应能自动控制，以确保温度的稳定。加料口处应装有自动定量加料器，并附有金属检测器，以防止金属粒子进入挤出机损坏机器或影响产品质量。挤出机出料处要配备冷却滚筒和冷却带，使物料冷却到 35～40℃并滚压成薄片。冷却带的末端装有破碎辊，将冷却后呈脆性的薄片粉碎成粒径为 1～3mm 的物料供微粉碎机使用。

③ 微粉碎机　粉碎过程中必须能精确调整粉碎成品的粒度，具备精确的粒度分级能力，使产品的粒度分布范围较窄；设备应及时排走因粒子撞击运动产生的热量并能防止过多粉末微粒进入集尘袋而发生爆炸危险。当前生产商都采用 ACM 微粉碎机，该机具有生产效率高，粉末粒径分级后分布范围窄，粒径能按风量和分级器转速进行调整，易于清洗和运转安全等特点。

图 4-2　ACM 微粉碎机
1—成品和空气口；2—旋转分级器；
3—加料器；4—转动皮带轮；
5—锥形环；6—柱销；
7—空气入口

ACM 微粉碎机的结构如图 4-2 所示。其工作原理是将经破碎的片状物料经螺旋加料器慢慢加入研磨室，转子上装有销柱，高速旋转的销柱不断碰撞粉末颗粒使其粉碎，被粉碎的粉末颗粒在自下而上的空气流作用下被带到分级转子上进行粒度分级。在分级过程中，大颗粒粉末因离心力作用大，被甩向研磨室内壁返回到销柱旋转区继续进行粉碎。细颗粒被空气流夹带，通过分级转子带出研磨室进行收集。

ACM 微粉碎机系统一般采用袋式集尘器，其滤袋都装在一个可移动的支架上，如果要换颜色，打开袋式集尘器大门，移出滤袋支架就可方便地清扫集尘器内部或更换滤袋，性能见表 4-7。

表 4-7　ACM 微粉碎机技术参数

技术参数	型　　号		
	10ACM	30ACM	60ACM
主发动机功率/kW	7.5	22	45
分级器功率/kW	1.1	4	7.5
加料发动机功率/kW	0.37	0.37	0.37
风量/(m³/h)	700～1200	2200～3600	4000～7000
转子速度/(r/min)	7000	5000	3000
分级器转子速度/(r/min)	670～4000	485～2920	600～2400
相对生产率	1	2.7～3.2	5.4～6.5
净重/kg	500	900	2000
基架尺寸/mm	580×1250	800×1800	1700×2500
高度/mm	920	1250	1700
占地面积/m²	1	2	3

④ 过筛分级　过筛分级是粉末涂料生产的最后一道工序，此分级设备可直接在 ACM 微粉碎机系统后部，也可作为一个独立的分离设备。粉末涂料生产厂常用的振动筛是 G 型筛或罗赛尔筛，其工作原理是振动电机上端偏重块的旋转引起筛面的水平振动，使由中心加入的物料向四边移动，电机下端偏重块的旋转引起筛面垂直和切向运动，使筛发生三元回转运动，物料流动方式靠上下偏重物的相位调节，振动筛具有振动频率高，筛网规格可调换，拆卸简单迅速和使用方便等优点。如在筛网面涂覆抗静电涂料消除粉末带电堵塞筛孔，将明显提高生产效率。

（4）涂料配方与性能

有机粉末涂料由五大类原料组成。基料：环氧树脂、环氧/聚酯、聚氨酯、丙烯酸聚酯等；填料：碳酸钙、硫酸钡、滑石粉、石英粉等；固化剂：与基料预先混合；颜料：各种颜色；添加剂：流平剂、催化剂等。

以上五大类原料用搅拌器调和均匀后，输入到加温挤压机中加温至 130℃ 左右使之胶化（但不固化），挤出、粉碎，再经过筛网筛选出不同颗粒的粉末，并按照一定的比例，将不同颗粒的粉末混合在一起，制成性能各异的粉末涂料，从而满足人们对各种表面涂装的要求。

① 环氧粉末涂料　环氧树脂都带有反应性环氧基团，其基团的反应活性随树脂分子量的大小和树脂结构有所差别，粉末涂料用树脂具有下列特点。

a. 树脂分子量小，玻璃化温度高于 50℃，树脂发脆，在常温下容易机械粉碎得到所要求的粒度，粉末在常温下不易结块。

b. 树脂在粉末涂料固化温度下，熔融黏度低，容易流平得到比较薄而平整的涂膜。

c. 树脂的品种很多，混合不同软化点、黏度和环氧值的树脂，可调节所需技术指标的树脂，制成不同需求的粉末涂料。

d. 树脂对颜料和填料的分散性好，对不同固化剂（或交联树脂）的配粉性能好，可配制不同性能的涂料品种。

e. 树脂的带静电性能和熔融流平性好，对不同施工方法的适应性也好。

国内主要使用的环氧树脂为 E-12 型树脂，其性能见表 4-8。

表 4-8　我国粉末涂料用环氧树脂的主要规格

树脂型号	E-20(601)	E-20(603)	E-12(604)	E-12(607)
外观	淡黄色至黄色透明固体	浅黄色至黄色透明固体	黄色至琥珀色透明固体	黄色至琥珀色透明固体
环氧值/(eq/100g)	0.18～0.22	0.10～0.18	0.09～0.14	0.04～0.07
软化点(环球法)/℃	64～76	78～85	85～95	110～135
无机氯/(mol/100g)	≤0.001	≤0.001	≤0.002	—
有机氯/(mol/100g)	≤0.002	≤0.002	≤0.002	—
挥发物/%	≤1	≤1	≤1	—

环氧粉末涂料使用的固化剂除应具备粉末涂料固化剂的一般要求外，还应具备可与环氧树脂中的环氧基、羟基等进行交联反应的活性基团。这类固化剂品种很多，主要有双氰胺、双氰胺衍生物、芳香族胺、酸酐、三氟化硼胺络合物、咪唑啉、环脒、酚醛树脂、聚酯树脂等，工业中使用量最大的还是双氰胺、咪唑类和环脒类等。表 4-9 是咪唑类促进双氰胺固化的环氧粉末配方，这种固化体系在环氧粉末涂料中用得最多。

表 4-9　咪唑类促进双氰胺固化的环氧粉末配方[①]

组成	用量/质量份	组成	用量/质量份
环氧树脂 E-12	700	钛白	105
双氰胺	28	轻质碳酸钙	94.5
2-甲基咪唑	1.05	群青	9.45
氢化蓖麻油	35	炭黑	0.28
聚乙烯醇缩丁醛	14	流平剂	35

① 固化条件为 180℃×20min。

酚醛树脂改性环氧树脂粉末涂料可用作重防腐涂料,适用于涂装金属罐内壁、食品储槽、铁桶、管道和钢筋等,但涂膜的柔韧性较差,配方见表 4-10,涂料及涂膜性能见表 4-11。

表 4-10   线型酚醛树脂改性环氧树脂粉末涂料组成

组成	用量/质量份	组成	用量/质量份
改性环氧树脂	57	助剂	2
线型酚醛树脂	20	流平剂	1
颜、填料	20	促进剂	少量

表 4-11   线型酚醛树脂改性环氧树脂粉末涂膜性能

项 目	性能指标	项 目	性能指标
固化条件/(℃×min)	$180×4,230×1$	阴极剥离[①]/mm	≤8
附着力[①]/级	1	10%盐酸溶液(90 天)	无变化
抗弯曲[①]/级	1	10%氢氧化钠溶液(90 天)	无变化
抗冲击[②]/J	23.4	10%氯化钠溶液(90 天)	无变化
耐磨性[③]/(L/μm)	≥3.0	蒸馏水浸泡(90 天)	无变化
绝缘电阻/(Ω·m²)	$>1×10^8$		

① CAV/CSA-2245.20-M92。

② ASTMG 14-77。

③ASTMD 968-1981。

不同固化剂环氧粉末涂料及涂膜性能比较见表 4-12。

表 4-12   不同固化剂环氧粉末涂料和涂膜性能比较

项目	双氰胺	双氰胺衍生物	二羧酸二酰肼	咪唑类和环脒类	酚醛树脂	酸酐
固化温度/℃	180~200	150~200	150~200	130~180	130~200	150~200
储存时间(21℃)/月	≥12	≥12	12	3~12	6~12	6
涂 膜						
平整性	很好	很好	很好	很好	很好	一般
光泽	很好	很好	很好	良好	良好	一般
白度	很好	很好	很好	差	差	很好
硬度	一般	一般	一般	很好	很好	很好
柔韧性	一般	一般	很好	一般	差	一般
冲击强度	很好	很好	很好	一般	一般	一般
连续使用最高温度/℃	100	100	100	100	150	150
间断使用最高温度/℃	200	200	200	200	200	200
耐热水和水蒸气	很好	很好	很好	良好	很好	良好
耐水(常温)	很好	很好	很好	很好	很好	很好
耐盐水	很好	很好	很好	很好	很好	很好
耐酸性	好	良好	良好	良好	良好	很好
耐碱性	良好	良好	良好	良好	良好	差
耐溶剂性	一般	一般	一般	一般	一般	一般
低毒性	好	好	好	好	好	好
保色性	良好	良好	良好	差	差	良好

② 聚酯环氧粉末　聚酯环氧粉末涂料可以说是聚酯树脂为固化剂的环氧粉末涂料，也可以说是以环氧树脂为固化剂的聚酯粉末涂料。目前是我国产量最大、用途最广的粉末涂料品种，它的主要成膜物质是环氧树脂和羧基聚酯。这种体系的固化反应如下：

主要反应是环氧树脂中的环氧基与聚酯树脂中的羧基之间的加成反应，在反应中没有副产物。

在聚酯环氧粉末涂料配方中，聚酯树脂和环氧树脂基本上是等物质的量。根据聚酯树脂酸值和环氧树脂环氧值，可以任意改变聚酯树脂和环氧树脂之间的质量配比，这种配比的范围是聚酯∶环氧＝80∶20～20∶80。用得最多的配比是 50∶50。如果聚酯树脂和环氧树脂等物质的量配制时，100g 环氧树脂所需要聚酯树脂的计算公式如下：

$$W_p = E_e / A_p \times 56100 \tag{4-1}$$

式中　W_p——聚酯树脂质量，g；

　　　A_p——聚酯树脂酸值，mgKOH/g；

　　　E_e——环氧树脂环氧值，eq/100g；

　　56100——换成 KOH 毫克数的系数。

对于不同酸值的聚酯树脂和不同环氧值的环氧树脂之间的配比也可按此公式计算。实践证明，这两种树脂质量比例配制范围宽，在计算量±10%的误差之内，对涂膜性能的影响不太大。一般聚酯树脂的价格比环氧树脂便宜，适量多加点不仅降低成本，涂膜性能也好，但过量使用则会降低涂膜的物理机械性能。

配方实例：

例 1：白色有光粉末涂料

环氧树脂	25	聚酯树脂	25
钛白粉(R 型)	12	硫酸钡	5
氧化锌	3	增光剂	0.7
流平剂	0.6	安息香	0.3
群青和永固紫	适量		
合计	71.6		

例 2：棕色有光粉末涂料

环氧树脂	27	聚酯树脂	27
钛白粉(R 型)	3	硫酸钡	4.5
氧化锌	3	轻钙	2
增光剂	0.8	流平剂	0.7
安息香	0.4	铁红	2.4
中铬黄	2.6	铁蓝	0.4
甲苯胺红	1	炭黑	0.2

③ 聚酯/TGIC 粉末涂料　人们通常所说的纯聚酯粉末涂料是指用 TGIC 固化含羧基聚酯制得的粉末涂料（PES/TGIC）。TGIC 是一种白色结晶粉末或颗粒，熔点为 95℃，与端羧基聚酯组合可以成为性能良好的粉末涂料。其固化机理是 TGIC 中的缩水甘油基和聚酯树脂中羧基进行开环加成，实现交联固化。其固化反应简式如下：

PE～～C—OH + CH₂—CH—CH₂—N　N—CH₂—CH—CH₂ →
（端羧聚酯）

（羧酸和环氧加成物）

上述固化反应无挥发物发生，故聚酯/TGIC 粉末涂料可制成无气孔的厚涂膜。由于 TGIC 是一种环状多氧化合物，其稳定的环状结构使该化合物具有优良的耐候性。聚酯/TGIC 粉末涂料具有优良的耐热、耐化学、电气和力学性能；其最突出的优点在于它的耐候性，经 2000h 人工老化试验光泽损失率仅为 13%～15%，而聚氨酯粉末涂料为 19%。表4-13介绍了纯聚酯粉末涂料在佛罗里达户外暴晒情况。聚酯/TGIC 粉末涂料的主要缺点是固化剂 TGIC 毒性大，见表4-14，且对皮肤有刺激性，已被国家列入淘汰产品。

聚酯/TGIC 粉末涂料参考配方如下：

聚酯树脂(PC-53)	60	流平剂(924-3)	5.5
TGIC	5.5	颜、填料、添加剂	4
钛白粉	25		

表 4-13　纯聚酯粉末涂料在佛罗里达户外暴晒后光泽变化情况

涂料		原始光泽	暴晒时间												
			6 个月		9 个月		12 个月		15 个月		18 个月		21 个月		24 个月	
			A	B	A	B	A	B	A	B	A	B	A	B	A	B
白色	一次挤出	91	86	88	71	86	47	75	25	70	21	76	16	73	5	69
	三次挤出	92	86	90	78	91	46	78	26	77	22	73	11	82	9	72
黄色	一次挤出	84	83	87	84	87	84	87	83	87	83	87	81	87	77	94
	二次挤出	88	86	89	88	89	88	89	86	89	87	89	85	89	81	95
棕色	一次挤出	83	84	88	86	88	84	88	75	81	71	87	52	85	37	86
	三次挤出	84	85	89	87	89	86	89	78	89	76	86	53	87	40	88
透明	一次挤出	99	96	100	98	100	97	100	97	99	95	98	94	98	92	98

注：A—洗涤；B—擦亮。

表 4-14　几种常用的聚酯固化剂的黑鼠毒性试验

固化剂	LD$_{50}$（经口）	固化剂	LD$_{50}$（经口）
异佛尔酮二异氰酸酯	2660	固体环氧树脂	＞1000
ε-己内酰胺封闭异氰酸酯	1220	TGIC	320
六甲氧甲基三聚氰胺	＞5000		

制备工艺：Slg-50A 型双螺杆挤出机，挤出温度为 110～120℃；烘烤条件，190～200℃/12～20min。

涂膜主要性能：光泽（60°），90%；柔韧性，1mm；冲击强度，4.9N·m；外观，涂膜平整，有轻微橘皮；耐候性（人工加速老化1000h），失光3级、变色2级、粉化1级。

④ 聚氨酯粉末涂料　聚氨酯粉末涂料的户外暴晒性和物理机械性能均可与聚酯/TGIC 粉末涂料媲美，而其装饰性却优于聚酯/TGIC 粉末涂料。芳香族聚氨酯粉末涂料的物理机械性能和成本与环氧/聚酯型粉末涂料相当，而户外耐候性却优于后者。聚氨酯粉末涂料的主要缺点是烘烤时引起封闭剂的解离，从烘炉中会排出封闭剂产生白烟，当涂膜较厚时容易产生气泡。

聚氨酯粉末涂料适合于户外使用，由于其易于薄膜化，所以也适用于家电产品的涂装，特别适合于金属板预涂（PCM）的涂装。

聚氨酯粉末涂料配方设计时含羟基聚酯与固化剂的比例是按等物质的量的羟基和异氰酸基配合，或后者略过量一些，计算如下：

$$\frac{固化剂用量/g}{树脂用量/g} = \frac{树脂的羟基/56100（质量/g）}{固化剂异氰酸基含量/42（质量/g）}$$

这种体系的固化温度决定于封闭剂的解离温度，因此要求尽量使用解离温度低的封闭剂。据介绍 ε-己内酰胺封闭剂的解离温度约为175℃。如需降低烘烤温度，可加有机锡化合物作为封闭异氰酸基的解离催化剂，如二丁基月桂酸锡用量约 0.5%～1%，固化温度可降低 10～15℃。由于烘烤固化时会释放气态封闭剂，因此涂膜厚度不宜超过 80μm。表 4-15 是一聚氨酯粉末涂料配方。

表 4-15　聚氨酯粉末涂料配方

组成	用量/质量份	组成	用量/质量份
含羟基聚酯(天津石油化工公司研究所)	100	安息香	0.6～1
封闭异氰酸固化剂	20～22	TiO$_2$	50～60
流平剂(Modafolw Ⅲ)	1～2		

涂料制备工艺：挤出机采用单螺杆挤出机，挤出温度为 120～135℃，挤出次数为 2 次，烘烤条件为 165～190℃/25min。

表 4-16 是不同固化剂配制的粉末涂料性能。

表 4-16　不同固化剂配制的粉末涂料性能

固化剂	CARG Ⅱ 2400	CARG Ⅱ 2450	BP Ⅰ-303	BP Ⅰ-304	BP Ⅰ-305
外观	平整光滑	平整	稍有橘皮	平整	平整光滑
光泽(60°)/%	93	90	92	90	95
冲击强度/kgf·cm	50	＞50	＞50	＞50	50

固化剂	CARG II 2400	CARG II 2450	BP I -303	BP I -304	BP I -305
附着力/级	1～2	1～2	2	2	1～2
铅笔硬度	HB	H	H	H	HB
柔韧性/mm	1	1	1	1	1

注：1kgf＝9.8N。

聚氨酯粉末涂料的耐候性能可与聚酯/TGIC 和丙烯酸粉末涂料相媲美，用 IPD 固化的聚氨酯粉末涂料其性能已基本接近丙烯酸粉末涂料。此外聚氨酯粉末涂料的抗结块性特别好，而丙烯酸和聚酯/TGIC 粉末涂料的储存稳定性较差。从价格上看，封闭异氰酸酯要比 TGIC 便宜，毒性小得多。

⑤ 丙烯酸粉末涂料　丙烯酸粉末涂料是由丙烯酸树脂和相应的固化剂配制而成，其组合方式见表 4-17。它的固化反应主要为丙烯酸树脂中的环氧基和固化剂中的羧基之间发生开环加成反应，如下所示。

$$2R'\sim\sim CH_2-CH-CH_2 + HOOC-R-COOH \longrightarrow$$
$$\underset{O}{\overset{}{\diagup}}$$

$$R'\sim\sim CH_2-CH-CH_2-O-C-R-C-O-CH_2-CH-CH_2\sim\sim R'$$
$$\quad\quad OH \quad\quad\quad O \quad\quad\quad O \quad\quad\quad OH$$

表 4-17　由活性单体组成的丙烯酸树脂和固化剂的组合

树脂反应基团	树脂活性单体组成	固化剂
—C(=O)OCH₂CH₂OH 或 —C(=O)OCH₂CH₂CH₂OH	甲基丙烯酸羟乙酯 甲基丙烯酸羟丙酯 丙烯酸羟乙酯 丙烯酸羟丙酯	氨基树脂 羧酸酐 封闭型异氰酸酯 羧酸 烷氧甲基异氰酸加成物
—CONHCH₂OR(R为H或CH₂)	羟甲基丙烯酰胺 烷氧甲基丙烯酰胺	自交联 环氧树脂
—COOH	甲基丙烯酸 丙烯酸 顺丁烯二酸 衣康酸	多元羟基化合物 环氧树脂 唑啉
—C(R)(CH₂)O(环氧)	甲基乙烯酸缩水甘油酯 丙烯酸缩水甘油酯	多元羧酸 多元胺 多元酚 羧酸酐

丙烯酸粉末的最大特点是比环氧粉末涂料和聚酯粉末涂料的装饰性好，特别是保光、保色性和户外耐久性非常好，并且可以进行薄涂。表 4-18 为不同粉末涂料及性能比较。

丙烯酸粉末涂料具有优良的保光、保色和耐候性能，主要应用于建筑涂料，如建筑门窗和部件；汽车工业，如轻型卡车表面涂层；交通器材，如汽车和摩托车的附件、自行车身和道路隔离栏等；家庭用具，如庭院用具、扶手和栅栏等；家用电器，如空调器、冰箱、洗衣机和微波炉等；金属预涂材料，如 PCM 钢板；其他如农业机械、交通标志和路灯等。

表 4-18　不同丙烯酸粉末涂料和涂膜性能比较

性能	树脂反应基团						
	—OH			H —C—NCH₂OR ‖ O	—COOH		R —C—CH₂ ＼O／
	固化剂						
	氨基树脂	封闭型异氰酸酯	甲氧甲基异氰酸酯加成物	自交联	唑啉	环氧树脂	二元羟酸
烘烤条件/(℃/20min)	200	200	200	220	180	240	180
涂膜外观	○	○	○	△	○	○	○
柔韧性	×	○	○	△	○	○	○
耐污染性	○	○	○	○	△	○	○
耐化学药品性	○	○	○	○	○	○	○
耐腐蚀性	△	△	△	△	△	○	△
硬度	○	○	○	○	○	○	○
耐候性	○	○	○	○	○	△	○
耐粉末结块性	△	○	○	○	○	○	○
粉末储存稳定性	○	○	○	××	×	○	○
低温固化性	△	△	△	×	○	○	○
耐热泛黄性	○	△	○	○	×	△	○
固化时产生气体	多	多	一般	无	无	无	无
厚涂时产生针孔可能性	大	大	一般	少	少	少	少

注：○优良；△尚可；×差；××很差。

配方实例：

丙烯酸树脂	100	流平剂	0.5
癸二酸	17.5	TiO₂	30

丙烯酸树脂由丙烯酸缩水甘油酯 15%，甲基丙烯酸缩水甘油酯 10% 及其他单体组成，软化点 108℃。

将上述原料投入混合器中混合均匀，经熔融挤出，冷却、粉碎、过筛（180 目）制得粉末涂料。固化条件为 180℃/20min。表 4-19 是丙烯酸树脂粉末的耐候性数据。

表 4-19　涂膜耐候性数据

试验时间/h	涂膜光泽保持率/%	试验时间/h	涂膜光泽保持率/%
1000	92.5	3000	89.9
2000	90.8		

注：试样采用人工加速老化仪暴晒，测定涂膜光泽保持率，试验条件是紫外线照射 8h，聚光 4h。

⑥ 紫外光固化粉末涂料（简称 UV 固化粉末涂料）　采用传统粉末涂料和 UV 固化技术相结合的新技术而制成。UV 固化粉末涂料的最大特征是工艺上分为 2 个明显的阶段：熔融流平阶段和光照固化阶段。涂层在熔融流平阶段不会发生树脂的早期固化，从而为涂层充分

流平和驱除气泡操作提供了充裕的时间，这样就从根本上克服了热固化粉末涂料的顽疾，也消除了 UV 固化液态涂料的不足。

光固化环氧丙烯酸树脂的合成反应为：

$$CH_2\text{—}CH\text{—}R\text{—}CH\text{—}CH_2 + CH_2\text{=}C\text{—}C\text{—}OH \xrightarrow[\text{加热}]{\text{催化剂}} CH_2\text{=}C\text{—}C\text{—}O\text{—}CH\text{—}C\text{—}R\text{—}C\text{—}HC\text{—}O\text{—}C\text{—}CH\text{=}CH_2$$

$$R = *\text{—}O\text{—}C_6H_4\text{—}C(CH_3)_2\text{—}C_6H_4\text{—}O\text{—}CH_2\text{—}CH(OH)\text{—}CH_2\text{—}*_n$$

采用 TPO 为引发剂，在紫外线诱发下可产生游离基：

$$\text{(2,4,6-三甲基苯甲酰基)—P} \xrightarrow{h\nu} \text{(2,4,6-三甲基苯甲酰基)}\cdot + \cdot P$$

常温下，将环氧丙烯酸树脂、光引发剂（其质量分数为 5%）等放入高速万能粉碎机中粉碎 3min，间隔 10min，待粉碎机机身温度降低后再粉碎 3min。然后过筛至 80μm，用静电喷枪喷至马口铁片上，涂膜厚度控制为 0.2～0.3mm，放入 IR-UV 固化机中，先用 IR 灯加热至 120℃，预热 3min，使其充分流平，然后紫外线照射，灯距 8cm，固化时间 15～25s。

4.2.2 热塑性粉末涂料

热塑性粉末涂料主要用于对涂膜性能有特殊要求的特种领域。它一般需要用液体涂料打底，以获得适当的结合力。热塑性粉末涂料要求必须有一定的颗粒尺寸或容易承受收缩的颗粒尺寸；具有低熔黏度，以获得良好外观；有良好的热稳定性，室温下不发黏，以免黏附流化槽壁；结晶度合适，防止在工件边缘冷却时产生收缩；还要有较高的韧性。

（1）聚氯乙烯粉末涂料

工业上用得最多的热塑性粉末涂料是聚氯乙烯（PVC）粉末涂料。典型配方为：聚氯乙烯 50%；增塑剂 33%；颜料 17%；其他添加剂根据需要添加。

如果不加增塑剂，聚氯乙烯树脂的熔融黏度太高，涂膜不能流平成连续涂膜。用于流化床施工的聚氯乙烯粉末，粒径介于 65～90μm 为佳。典型增塑剂有邻苯二甲酸异癸酯、己二酸二(2-乙基己基)酯，对苯二甲酸二(2-乙基己基)酯、邻苯二甲酯双十三烷基酯、邻苯二甲酸双十一烷基酯、环氧化大豆油和偏苯三酸三(2-乙基己基)酯。

添加剂包括稳定剂、填料、颜料及其他专用组分。稳定剂（主要是长链脂肪酸的金属盐）可防止乙烯树脂受热或光诱发分解；填料加入可降低成本并能提高涂料某些物理性能，但加入量不宜过高，一般为树脂总量的 10%；为提高粉末流动性，可适量加入细颗粒、低孔隙率乙烯基树脂；根据涂料性能要求，还可加入其他添加剂，如发泡剂、表面活性剂、润滑剂、阻燃剂和防霉剂等。

大部分乙烯基涂料采用干渗混合法生产。该涂料比较适合于流化床施工，比其他类粉末涂料软，屈挠性更强，具有良好耐候性，能耐大部分稀酸、稀碱液，有优异的边角覆盖率，能经受弯曲、压花、拉伸等机加工操作，其存在问题是流平温度接近分解温度。因此除了严格准确控制烘箱温度外，在配方中加入适量的热稳定剂是必要的。

（2）尼龙粉末涂料

尼龙粉末涂料中以尼龙-Ⅱ为主要品种。它具有优良的韧性和润滑性，易于涂装施工。

它不仅摩擦系数低，而且具有良好的耐刮性能。为了增强与底材结合力，需要对工件进行底漆处理。

尼龙树脂价格贵，所以一般用于高质量物品的涂装，如研究院所的家具、食品加工设备、管道配件、材料处理设备等。表 4-20 列出尼龙粉末的品种和质量指标。

表 4-20　尼龙粉末的品种和质量指标

指标	外观	熔点/℃	相对黏度	细度	水分/%
尼龙-Ⅱ	白色或微黄色	184～260	>1.7	96%通过 80 目	<1
尼龙 1010	白色或微黄色	>200	>1.7	96%通过 80 目	<1
二元尼龙(1010/6)	白色或微黄色	195	>1.7	96%通过 80 目	<1
三元尼龙(1010/66/6)	白色或微黄色	160～170	>1.8	96%通过 80 目	<1
低熔点尼龙 ML-1	白色或微黄色	<130	1.6～1.8	40～80 目	<3
低熔点尼龙 ML-2	白色或微黄色	<130	1.6～1.8	96%通过 80 目	<3

改性耐磨尼龙粉末涂料配方见表 4-21。

表 4-21　耐磨尼龙粉末涂料配方和配制

序号	材料配方	干燥条件	配制工艺	塑化温度/℃	涂层色泽
配方 1	尼龙 1010,95%;石墨,5%	60～80℃/4h	球磨 24h	220～250	黑色
配方 2	尼龙 1010,98%;二硫化钼,2%	60～80℃/4h	球磨 24h	210～240℃	黑色

(3) 聚酯粉末涂料

热塑性聚酯树脂由各种二元羧酸、二元醇经缩聚反应而合成。这种粉末可用于流化床浸涂或静电喷涂，但多用于流化床涂覆以取得较厚涂膜。涂膜对底材的附着力、涂料的储存稳定性、涂膜的物理、力学性能及耐化学药品性能都比较好，特别具有优良的绝缘性、户外耐候性、韧性和耐磨性。它主要用于涂装钢管、变压器外壳、储槽、马路安全栏杆、户外标识、文具货架等。表 4-22 列出其涂膜性能，这种粉末涂料的缺点是耐热和耐溶剂性较差。

表 4-22　典型热塑性聚酯涂膜性能

项目	性能
树脂密度/(g/cm³)	1.33
树脂软化点/℃	70
涂膜光泽(60°)/%	90～100
涂膜抗拉强度/MPa	53.7
涂膜伸度展率/%	2～4
涂膜耐磨性(Taber's CS-17g)	0.06
涂膜邵氏硬度	0.83
涂膜铅笔硬度	F～H
涂膜冲击强度/N·cm	1.09×10^3
涂膜耐候性(户外 1 年保光率)/%	90～95
涂膜人工老化试验(8500h)	很好
涂膜耐盐水喷雾试验(划伤,1200h)	浸蚀 3mm(浸蚀 6mm,涂膜剥离)
涂膜耐盐水喷雾试验(未划伤,2000h)	无变化
涂膜浸 10%硫酸,盐酸	一个月无变化
涂膜浸 25℃水 11 周	无变化

（4）氯化聚醚粉末涂料

氯化聚醚粉末是一种物理和化学性能皆优的热塑性粉末涂料。它是一种乳白色半透明结晶性热塑性聚合物，难以燃烧，离火即自熄。其最突出的性能是具有优异的耐化学腐蚀性，仅次于聚四氟乙烯，在大多数无机酸、碱和盐中，在相当宽的温度范围内基本上无腐蚀，但不耐强氧化剂，如硝酸、双氧水等的腐蚀，此外还具有优异的耐磨性和电绝缘性。涂膜耐热性好，能在 100℃ 下长期使用，该性能超过聚氯乙烯。吸水性极小，吸水率仅为 0.01%，适于长期埋于地下及海洋气候条件应用。力学性能优良，涂膜硬度、机械强度、耐磨性都大大超过聚乙烯、聚丙烯、醋酸纤维素等。施工性能好，能够采用各种方法施工，与各种添加剂混溶性好，能根据要求配制各种颜色，还能采用其他树脂对氯化聚醚改性处理，它的缺点是低温脆性大。其主要理化性能见表 4-23。

表 4-23　氯化聚醚粉末涂料理化性能

试验项目	性能指标	试验项目	性能指标
抗拉强度	400kgf/cm²	10%乙酸 70℃/1080h	优
抗弯强度	700~760kgf/cm²	30%硫酸 100℃/144h	优
抗压强度	870kgf/cm²	盐酸 100℃/1080h	优
硬度	洛氏 100°（M）	磷酸 100℃/144h	优
相对密度	1.4	40%氢氧化钠 70℃/1080h	优
附着力	2~3 级	20%三氯化铁 70℃/1080h	优
乙醇 50℃/1080h	优	硫化氢 100℃/1080h	优
丙酮室温/1080h	一般	甲苯室温 2000h	优
93%乙酸 100℃/14h	优		

静电喷涂氯化聚醚粉末涂料的工艺流程如下：

工件表面喷砂除锈处理—三氯乙烯去油—烘干 100℃、4h—喷涂多异氰酸酯胶液—室温晾干—喷涂氯丁胶液—室温晾干—喷涂改性氯化聚醚粉末涂料（静电喷涂，电压 60~80kV）—塑化（220~250℃，待粉末全部熔融呈透明状时出炉）——第二次喷涂改性氯化聚醚粉末涂料（静电喷涂，电压 60~80kV）—第二次塑化（220~250℃，视塑化完全后出炉）—冷水淬火处理—烘干或晾干—检验。

4.3　粉末涂料涂装工艺

4.3.1　流化床涂装

流化床涂装工艺是粉末涂装中较早用于工业化生产的施工工艺。表 4-24 为流化床涂装产品的应用范围。

表 4-24　流化床涂装产品的应用范围

行业	产品实例	涂料	特点
交通道路	公路、桥梁、铁路、海港、轮船、防护栏、路标、信号牌、广告牌、客车扶手、货架、自行车、摩托车筐	聚乙烯、聚氯乙烯、氯乙烯改性 EVA	防腐、美观、耐用
建筑	街道、园林、公寓、民电、工厂用安全隔离网围栏、钢制门窗、阳台栏杆及门窗护网、运动场围网、混凝土钢筋、钢管桩	聚乙烯、氯乙烯、尼龙、改性聚酯	耐腐蚀美观、密封性好、寿命长

续表

行业	产品实例	涂料	特点
电气通信	空调机、电冰箱、洗衣机的部件、商品陈列架、电风扇、仪器、仪表、电控柜、配电盘、电线管	聚乙烯、环氧、聚氯乙烯	绝缘、装饰、耐低温
管道	供排水管、石油天然气、燃气管道、食品工业输送管、栏杆、管接手、异形管	聚乙烯、环氧、聚氯乙烯	耐腐蚀、卫生、美观
养殖	动物园隔离网、草原围网、鸡笼、水产养殖、网箱	聚乙烯、聚氯乙烯、改性 EVA	耐腐蚀、美观、卫生
家庭办公	厨房、卫生间挂具、鞋架、衣架、脸盆架、衣帽钩、水果、蔬菜、肉类盛装筐、文件、文具筐、书架、货架、垃圾筐	各种涂料	美观、卫生、耐用
其他	灯具杆架、钓鱼竿	各种涂料	美观、耐用

（1）流化床涂装原理

流化床的工作原理是用均匀分布的细散空气流通过粉末层，使粉末微粒翻动呈流态化，气流和粉末建立平衡后，保持一定的界面高度，将需涂覆的工件预热后放入粉末中，即可得到均匀的涂层，最后加热固化（流平）成膜。

流化床是固体流态学的第二阶段，也是比较复杂和难以控制的阶段。固体流态化过程分为三个阶段：固定床阶段、流化床阶段、气流输送阶段。从理性上认识这三个阶段的特点和相互关系，对于掌握流化床涂装技术是很重要的。

① 固定床阶段　当流体速度很小时，固体粉末颗粒静止不动，流体从粉末颗粒间隙穿过。当流体速度逐渐增大时，固体颗粒位置略有调整，即颗粒间排列方式发生变化，有松动的倾向。此时固体颗粒仍保持相互接触，床内粉层高度 H 与粉末层体积也没有变化，这个阶段由图 4-3 中的 ab 段所表示。此阶段，床内粉层高度并不随流体速度的增大而增加，但是 Δp 却随流体速度的增大而增加。图 4-3 中 W 为流体速度，W_{kp} 为临界速度，W_{max} 为极限速度。

图 4-3　流化床内粉层高度及压强降与流体速度关系

② 流化床阶段　在固定床的基础上，继续增大流速 W，床层开始膨胀和松动，床层高度开始增加，单个粉末颗粒被流体托浮起，因而离开原来位置作一定程度移动，这时便进入流化床阶段。随着流体速度增大，粉末运动加剧，且上下翻滚，如同液体加热达到沸点时的沸腾状态，这个阶段为图 4-3 中的 bc 段所表示。此时床内粉层膨胀，高度随流体速度的增大而增加，但床内压力并不增大。因此在一个较大范围内变动流速而不影响流体所需的单位功率，这是流化床的特征之一。图 4-3 的 b 点就是固定床与流化床的分界点，称为"临界点"，此时的速度称为"临界速度"。

③ 气流输送阶段　流体速度继续增加，当达到某一极限速度时，固体粉末颗粒被流体从流化床中吹送出，这个阶段称为气流输送阶段。从图 4-3 中 c 点开始即为此阶段。c 点处的速度称为流化床的极限速度。由上可知，在掌握流化床涂装技术中，应当将流体速度保持在临界速度 W_{kp} 和极限速度 W_{max} 之间。

（2）流化床的均匀性

流化床内粉末流化状态的均匀性是保证涂膜均匀的关键因素，当气体流速不太大时，床层比较平稳，若加大速度，即增加流化数 $\overline{W}$（$\overline{W}=W/W_{kp}$），床层内粉粒运动加剧，就会出现气泡,气泡随着平均流化数 $\overline{W}$ 的增加由小变大。出现大气泡时,粉粒被强烈地搅拌到界面上方,再增大 W 时,大气泡就可能占据流化床整个截面,这时床层将被割成几段,产生"气截"、"腾涌"等现象。如图4-4(a)所示,大气泡猛烈冲击粉粒,当气泡破裂时,粉粒被抛提很高,然后落入床层内。气截现象将引起压力的剧烈波动,并恶化气流与固体粉粒的接触,使压力比正常情况要大。

引起流化床床层不均匀的另一原因是沟流现象,见图4-4(b)。粉末粒度不均匀,其中细小颗粒容易产生内聚而形成孔渠,气流从孔渠中流过的现象称为"沟流"或"气沟"。沟流现象会使床层趋于不均匀,压力降波动较大。因为首先是由孔渠中的小颗粒转入流化,继而两旁粉粒开始运动,远离孔渠的粉粒则可能仍维持在固定床状态。截面较大的流化床,其粉末流态化不均匀现象主要是由"大气泡"和"沟流"现象引起的。

(a) 床层结构随 W 的变化　　　　　　(b) 沟流现象

图4-4　床层结构示意图

流化床控制得很均匀是比较困难的,流化数必须经过大量试验才能找出最佳值。一般流化数的选择能够满足流化床涂覆操作即可,没有必要苛求绝对均匀。刚开启流化床时,气量给得小一些,再逐渐增加气量,达到相对均匀就可使用了。流化床内粉末的悬浮率最高可达30%～50%。

(3) 流化床涂装的主要设备

流化床是流化床涂装设备的关键设备,主要由气室、微孔透气隔板和流化槽三部分组成。图4-5是较为常见的流化床结构。

该设备气室部分采用环形的铜管出风,并在两块多孔的均压板之间夹一层羊毛毡,使上升气流更均匀。流化槽的槽壁带有1:10的锥度,有利于粉末流得更均匀。为了提高流化槽的空间利用率,流化槽亦可做成矩形或椭圆形。

图4-5　振动式流化床结构示意图

流化槽可用钢板、铝合金板、聚氯乙烯板或有机玻璃板等材料制作。流化槽底部安装振动机构,使槽内粉末流化得更均匀,称为振动式流化床,如图4-5所示。

微孔透气隔板是保障流化床达到均匀流化状态的主要元件,微孔板有微孔陶瓷板、聚乙烯或聚四氟乙烯制作的微孔板,采用环氧粉末和石英砂黏合制作的微孔板力学性能优良。微孔板每平方米的透气量一般为 $60\sim100m^3/h$ 左右,其气孔尺寸在 $1.6\sim85\mu m$ 范围内。

(4) 涂装工艺

流化床涂装获得的涂膜厚度与被涂工件的材质、工件的热容量、基材的直径或厚度、工件加热温度、工件加热时间、浸粉时间以及粉末涂料和性能有关。图 4-6 列出了涂膜厚度与有关因素的关系。

图 4-6　有关工艺因素与膜厚关系

流化床涂装工艺流程如下：

工件 → 前处理 → 预热 → 浸涂 → 固(塑)化 → 冷却 → 成品

① 工件预热　工件预热温度一般高于粉末涂料熔化温度 30～60℃。预热温度过高，会导致粉末树脂裂解，涂膜产生气泡、焦化，涂层过厚或流挂等现象。温度过低会造成涂膜流平不好、不平整，达不到涂膜厚度要求等弊病。热容量大的工件其预热温度要偏低一些，热容量小的工件其预热温度要偏高一些。

预热工件浸涂时与粉末之间进行热量传递。由工件将热量传给粉末，使其温度升至熔融温度以上而黏附于工件表面达到初步流平，这个热量可用下式计算：

$$\Delta H = mC_p\Delta T \qquad (4\text{-}2)$$

式中　m——黏附于工件上的粉末质量；

　　　C_p——粉末的比热容；

　　　ΔT——粉末与工件的温差。

② 流化床浸涂　将预热后的工件迅速浸入流化槽中，粉末即熔融黏附于工件表面。工件浸沉于粉层后应保持运动，可以转动也可作水平或垂直方向移动，这有利于涂膜的均匀，图 4-7 表示的是 Hostalen 厂高密度聚乙烯粉末涂料浸涂时间与涂膜厚度的关系曲线。对于涂膜要求特别厚的工件，可以进行多次涂覆，多次涂覆既能保证工件达到所需厚度，又能避免在涂层中形成气泡，可以消除针孔等缺陷。

造成涂膜不均匀有下面一些原因：

a. 粉末流化是由于向上的气流造成的，与液体有本质的不同。因此只要局部气流受阻，就会出现局部粉末流化状态不好，造成工件的上表面粉层堆积，下表面涂膜却很薄或不连续的现象。阻挡面积越大这种现象越严重，因而尽量将工件最小截面向床内粉层垂直浸入涂装。

b. 工件下部总是先浸入粉层中而又是最后离开粉层，所以工件涂装后总存在上下部位涂膜厚度的差异。一般采取工件翻转 180℃涂装可消除不均匀度。

c. 粉末流化状态不均匀，使槽内各部分粉末密度不均匀，也会使涂膜不均匀。因而选择透气均匀的微孔板和采用振动式流化床涂装是非常重要的。

③ 加热固化（塑化）　加热固化工序对热固性粉末来讲，是使树脂获得交联聚合；对热塑性粉末则是充分流平成膜。图 4-8 曲线反映了固化时间对涂膜性能的影响。

图 4-7　高密度聚乙烯粉末涂料浸涂时间
与涂膜厚度的关系曲线

图 4-8　固化时间与涂膜性能的关系

适用于流化床涂覆的粉末涂料，其粒径为 $100 \sim 200 \mu m$ 较为合适，且重量应占粉末总重量的 $70\% \sim 80\%$。

（5）应用实例

流化床浸涂钢丝的生产工艺过程见图 4-9。

图 4-9　钢丝粉末流动浸塑示意图

1—放线；2—酸洗；3—磷化；4—水洗；5—矫直；6—预热；

7—浸塑；8—塑化；9—冷却；10—收线

① 钢丝表面预处理　预处理包括酸洗、磷化和水洗等工序，其好坏对涂膜与钢丝之间的附着力影响很大。不同表面状态对涂膜性能的影响见表 4-25。

表 4-25　不同表面状态对涂膜性能的影响

钢丝表面状态	耐环境开裂应力/h	力学性能		黏结特性	
		耐冲压（一次）加重 500kg	耐滚压次数（ϕ6.5）加重 50kg	黏结强度/MPa	腐蚀扩展/mm
钝化处理	183	不裂	大于 120	37.2	2.1
	23	不裂	76	28	3.9
磷化处理	143	不裂	大于 1000	33.3	2.3
	1	不裂	49	26	4.2
镀锌	89	不裂	29	14.9	11.1
	1	不裂	4	17.4	12.6
镀铜	43	不裂	16	8.2	9.3
	4	不裂	2	6.2	7.5

表 4-25 试验条件为：涂膜用聚乙烯粉末涂料的熔融指数为 0.6g/10min；耐环境应力开裂试验是将涂塑钢丝紧密缠绕 10 圈，芯径为其 8 倍的弹簧圈作为试样，浸入纯海鸥洗涤剂中保温 25℃，观察弹簧圈上涂膜出现开裂的起始时间；耐冲击试验中的冲头曲径半径为 300mm，自由落下，高度为 100mm；耐滚压试验的速度为 15～30mm/s，行程为 600mm，以往复一次计；涂膜黏结强度试验是 100mm 的涂塑钢丝，一端留下长 15mm 的涂膜，其余

涂膜剥去，并清除干净，在拉力机上把留下的涂膜拨出所需的抽力，再除以涂膜与钢丝的黏结面积；涂膜腐蚀扩展试验是将涂塑钢丝试样在其中间部位切开 10mm 的环形切口，并把涂膜清除干净，然后弯成 U 形，将其投入 1% 的 Na_2SO_4 溶液中，以试样为阴极，在试样和溶液间加入 100V 的直流电压，并使通过试样的电流恒定为 10mA，在室温下试验 100h，检查试样切口处涂膜与钢丝间腐蚀扩展的最大距离。

从表 4-25 可见，钢丝经磷化、钝化处理后涂塑，其黏结力最好，其次镀锌，镀铜最差。

② 钢丝预热　预先加热钢丝使其温度高于涂料熔点，并储存足够热量，以保证熔融黏附所需粉末涂料，其表面温度按经验公式计算：

$$T_o = mT_r \tag{4-3}$$

式中　T_r——粉末涂料的熔融温度，℃；

　　　T_o——钢丝表面预热温度，℃；

　　　m——钢丝进入流化床前降温系数，m 值取 1.17～1.24。

预热炉气温由下式求得：

$$T_c = CT_o \tag{4-4}$$

式中　T_c——钢丝预热炉气温，℃；

　　　C——钢丝规格系数，一般取 2.01～2.46。

③ 钢丝浸塑　预热好的钢丝进入流化床中，流化床内的粉末调整到最佳流动状态，并控制好钢丝的线速度，钢丝浸沉于粉层中时间越长其涂膜越厚。涂膜厚度与钢丝温度和速度等因素的关系可用下式计算：

$$S = C' \frac{(T_1 - T_2)T}{\varepsilon' M'} \tag{4-5}$$

式中　S——钢丝涂膜厚度，mm；

　　　C'——钢丝规格及速度系数，取 2.01～2.46；

　　　T_1——钢丝进入流化床的温度，℃；

　　　T_2——钢丝从流化床出来的温度，℃；

　　　T——钢丝与流化床中粉末接触的时间，min；

　　　ε'——流化床中粉末流化状态，g/cm^3；

　　　M'——流化床透气板的透气率，m^3/cm^2。

④ 固（塑）化　钢丝经流化床浸涂后涂膜尚未完全熔融流平固化，还需进入烘道进行固（塑）化。塑化温度应低于粉末涂料的分解点，温度过高会造成树脂裂解、发黄，过低则塑化流平不充分。不同粉末涂料的塑化温度不同，常用粉末涂料的涂塑条件见表 4-26。

表 4-26　常用粉末涂料的涂塑条件

涂料	预热温度/℃	塑化温度/℃	冷却条件
聚乙烯	270～290	220～300	风冷或水冷
聚氯乙烯	240～280	200～250	风冷或水冷
聚丙烯	260～370	200～310	风冷或水冷
聚酰胺(尼龙)	240～430	200～290	风冷或水冷
环氧树脂	180～230	150～220	风冷或水冷

4.3.2　熔射法涂装

（1）工作原理

熔射喷涂法又称火焰喷涂法，主要对金属表面实施涂装金属粉末或热塑性粉末。其工作原理是用压缩空气将粉末涂料从火焰喷嘴中心吹出，并以高速通过从喷嘴外围喷出的火焰区域，使其成为熔融状态喷射黏附到工件表面，火焰喷枪是火焰喷涂施工的主要装置。被涂物需经预热还是直接喷涂，取决于所用的粉末涂料品种以及喷涂后涂膜能否借助喷枪提供的热能达到流平或交联固化。

(a) 喷涂主要设备

(b) 喷枪结构

图 4-10　火焰喷涂的主要
设备和喷枪的原理
1—喷射器；2—火焰喷枪；
3—丙烷气；4—压缩空气；
5—控制板；6—粉末涂料槽；
7—冷却空气；8—燃料气体；
9—树脂粉末；10—火焰喷枪头；
11—熔融树脂；12—涂膜；
13—被涂物

火焰喷涂的主要设备和喷枪结构见图 4-10。粉末涂料从流化床粉末槽通过喷射器输送到乙炔或丙烷火焰喷枪，将粉末涂料熔融后喷涂到已经预热的被涂物表面，经流平或交联固化成膜。一般被涂物的预热方法是采用火焰喷枪或焊枪将其预热到粉末涂料熔融温度以上，这样可以防止粉末颗粒遇冷降低黏度造成流平与黏附性能的下降。

（2）特点和应用

火焰喷涂法涂装设备简单，价格低廉，可以在工作现场施工操作；一次喷涂可得到较厚涂膜（达 $500\mu m$ 以上）；不需要烘炉，因而适用于大型工件的涂装和维修；可以在 100％相对湿度和低温环境下施工。缺点为涂膜厚度不易控制；施工中粉末飞扬严重，需在现场设置吸尘装置；喷涂太大工件或形状复杂工件时较难控制质量。

火焰喷涂法中用的粉末涂料主要是热塑性粉末涂料，如乙烯-醋酸乙烯共聚物（EVA）、聚乙烯、聚酰胺（尼龙）等，热固性粉末涂料常用的有快速固化环氧粉末涂料。火焰喷涂法常用于化工设备、化工池槽、机械零件涂装或修补，用作防腐涂层、耐磨涂层和一般装饰性涂层，也可用于对静电喷涂管道或流化床浸涂大工件出现的疵病进行现场修补以及喷涂钢管的接口、大型储槽的内壁涂装或户外耐久性构造物、桥梁等的涂装和修补。

（3）应用实例

尼龙 1010 粉末涂膜不仅耐磨性、硬度、抗冲击性能较好，且具有良好的隔热、隔声和绝缘等性能，因此在船舶工业中得到广泛应用，在手柄、垫块、罩壳、叶轮零部件等已采用火焰喷涂尼龙 1010 粉末涂料，同时也可对磨损零件进行喷涂修补，喷涂后的零件进行车、铣、磨等机械加工就可获得合格产品。下面介绍船用零件采用火焰喷涂尼龙粉末的施工工艺。

① 设备　喷砂机；预热设备：电鼓风烘箱；氧-乙炔焰；冷水槽：工件能全部迅速浸入槽内为宜；气瓶：二氧化碳气瓶，输出压力为 0.05MPa，用作输送粉末及冷却保护；氧气瓶，输出压力 0.2MPa；乙炔瓶，输出压力 0.05MPa；火焰喷枪：枪头不积粉，出粉畅通，操作方便，粉末损失少；供粉桶；加热器：二氧化碳从固态到气态需吸收大量热能，所以在二氧化碳出口处的压力调节阀前装一个加热器；辅助用具：半导体测温仪、钳子、点火枪、筛网、防护用品等。

② 喷涂工艺　粉末处理：尼龙粉末粒度在 80 目以上，使用前必须进行烘干，否则涂膜会出现气泡；为提高涂膜性能，可在粉末中加入各种改性剂，如加入 5％二硫化钼，可使涂膜耐磨性提高 30％，加入各种颜料可增添涂膜美观。

③ 工件前处理　除油：用氧-乙炔火焰局部灼烧除油，也可用清洗液除油；表面处理：喷砂处理最为理想，可使工件表面粗糙，增大涂膜与工件间的接触面积，提高涂膜的附着力；屏蔽：不需喷涂的表面用石棉布遮盖。

④ 工件预热　工件预热与尼龙粉末品种有关，使用尼龙 1010 粉末的工件预热温度为 270℃左右，保温时间视工件壁厚和数量来决定，每炉一般 2～3h。

⑤ 喷涂　先把各气瓶调节到所需压力范围，检查出粉是否畅通，再打开氧-乙炔气开关，调整火焰后即可喷涂，涂膜厚度不超过 1mm，要求一次喷涂完成。

⑥ 淬水　把喷涂好的工件立即投入冷水槽（应在涂膜尚未凝固前进行）。

当前改进的新型火焰喷枪不断问世，正在逐步克服大型或形状复杂工件喷涂涂膜不均匀及粉尘飞扬等缺点，其应用领域也将逐步扩大。

(4) 火焰喷涂技术的进展

常用喷涂装置有 SHP-A 和 FSP-Ⅱ 塑料火焰喷涂装置；QT-PPS-5 型手提式高效火焰喷塑机和多功能火焰喷涂装置，它既能喷涂高熔点陶瓷粉末，又能喷涂金属合金粉末和低熔点塑料粉末。

国内火焰喷涂设备与国外相比最大的差距在于施工效率。国内设备一般施工速度为 8～10m²/h，而美国的火焰喷涂设备施工速度可达到 18～36m²/h。

目前对火焰喷涂设备的操作大多是手工的，因此涂膜的均匀性主要取决于操作人员的熟练程度，如果采用计算机来自动控制喷涂速度就可以获得均匀涂膜。

近来研制出无火焰的新型塑料热喷枪，它以普通燃气为热源，利用燃气产生的热气流以对流换热方式直接对塑料粉末进行加热，而喷枪外部无明火，塑料粉末不与火焰接触。该工艺的最大特点是温度温和可调，能使塑料粉末均匀熔化，避免了过热或温度不足，因此现场施工可获得均匀的涂膜。

国外用 EVA 特殊塑料粉末，工件不预热即可进行火焰喷涂，使喷涂大型钢结构工艺大为简化，但因粉末价格昂贵，应用受到限制。国内的研究方向是先在基材表面喷涂一层 DQ-10 氨基树脂底漆，底漆干燥后就可在其表面进行火焰喷涂。

4.3.3　静电粉末涂装

1962 年法国 Sames 公司研究成功粉末静电喷涂装置，它为粉末涂装技术快速发展奠定了基础。粉末静电喷涂法是静电涂装施工中应用得最为广泛的涂装工艺，它采用静电粉末喷枪，借助静电库仑力将粉末吸附于被涂物表面。粉末静电喷涂技术的最大特点是实现工件在室温下涂覆，涂料利用率可达 95％以上，涂膜较薄（50～100μm）并且均匀，无流挂现象，工件尖锐的边缘和粗糙表面均能形成连续平滑的涂膜，便于实现工业化流水作业。

(1) 原理

高压静电喷涂中高压静电由高压静电发生器提供，当前一般都采用电晕放电理论作为其工作原理。如图 4-11 所示静电喷枪口的高压放电针与高压发生器输出的负高压相连接，空气雾化的粉末涂料从枪口喷出。由于放电针端部产生电晕放电使其周围空间存在大量自由电子，当粉末通过该区域时吸收电子而成为带负电荷的粉末颗粒。粉末在空气推力和电场力作用下奔向带正电性的接地工件并吸附其表面。这种粉末能持久吸附于工件表面而不掉落下

图 4-11 粉末静电喷涂示意图

图 4-12 电荷分布示意图

来，但用毛刷或压缩空气可将粉末清除。虽然大量静电粉末涂装实践中遇到的一些现象，很难运用电晕放电理论进行圆满解释（国内外学者都在进行深入研究和探讨），但目前还没有更加完善的理论代替，所以本节仍以电晕放电理论作为重点介绍。

① 电晕 从静电学中知，带电的孤立导体表面电荷的分布和表面曲率半径有关，曲率最大地方（即最尖锐的地方）的电荷密度最大（如图 4-12 所示），其附近空间的电场强度也最大。当电场强度达到足以使周围气体产生电离时，导体的尖端产生放电，如果是负高压放电，那离开导体的电子将被强电场加速，它与空气分子碰撞，使空气分子电离而产生正离子和电子，新生的电子又被加速碰撞空气分子形成了一个"电子雪崩"过程。正离子奔向负极的放电针接受电子复合还原成中性分子，这种电离现象仅发生在电极针周围。电子质量很轻，当它冲击电离区域后，很快就被比它重得多的气体分子吸收，气体分子变成了游离状态的负离子，这种负离子在电场力作用下奔向正极，在电离层处产生一层晕光，这就是所谓的电晕放电。当粉末通过电晕外围区域时，会受到奔向正极的负离子碰撞而充电。

理论上讲，正负电晕都可用于粉末充电。但实践中静电喷涂大多用的是负电晕，因为正电晕产生偶发火花击穿的电压比负电晕的电压偏低，它所能得到的电晕电流也相对要小一些，因而充电效率要低一些。

② 粉末的充电 大多数工业用粉末涂料是结构复杂的高分子绝缘体。只有当粉粒表面存在合适接受电荷位置时，负离子才能吸附到粉粒表面的这个地点。对负离子来说，这个接受位置可以是粉末组成中的正电荷杂质或组分形成的位能坑，也可以是纯机械性的。但不论是哪种机理造成的吸附，对离子来说在每个粉粒上的有效沉积并不是容易的，高电阻率本身对粉粒的有效充电就是一种限制。

分析图 4-13 所示粉粒充电的过程。假定发生碰撞的每个离子都被严格地"锁定"在粉粒表面的碰撞点上，由于粉粒的表面电阻很高，电荷就不会类似地在导电微粒表面那样因导电而重新分布，使表面各处的电荷密度相同。因此图 4-13 的绝缘粉粒充电的模式是有代表性的，也就是说，吸附到工件上的带电粉粒表面具有电荷岛状态，而且表面电荷的分布是不均匀的。

上面设想的绝缘粉粒的离子充电模式，再加上 3 个限定条件，就可进行粉粒充电量的计算。a. 在离子云中的一个绝缘粉粒，当其电势与它周围环境电势相等以前一直在吸附离子。b. 粉粒是球形的，并且离子在所有方向碰撞粉粒的概率是均等的，这样粉粒表面电荷分布将是均匀的（这种假定只有当粉粒完全不动的情况下才有可能存在，实际喷涂中是不可能有这种情况的）。c. 对绝缘粉末来讲，都存在一个最大的充电表面电荷值。

如图 4-14 所示，假定粉粒表面的所有区域都充电，离子碰撞粉粒表面的运动，在粉粒的电势等于周围环境电势时将立即终止。这是因为图中的电场 E 是由粉粒表面电荷产生的，

负离子　　　　　　　绝缘粉粒

图 4-13　电绝缘粉粒的离子充电

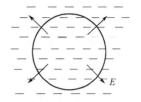

图 4-14　绝缘粉粒的最大表面电荷

它是粉粒和它周围环境之间界面的电场。随着电荷积聚的增加，E 值也将同步增加。当 E 值达到某个值时，离子不能再附着于粉粒表面，这时粉粒积聚的表面电荷即为最大表面电荷量，表面电荷的这个极限值可由 Pauthenier 公式计算得到：

$$Q = 12\pi\varepsilon_0 \frac{\varepsilon}{\varepsilon + 2} E\alpha^2 \tag{4-6}$$

式中　Q——最大表面电荷；

　　　ε_0——自由空间介电系数；

　　　ε——粉末相对介电系数；

　　　E——电场强度；

　　　α——球形粉粒半径。

上面分析的是粉末粒子在负电晕下的充电，如果是正电晕充电，其带电特性和由 Pauthenier 公式求得的最大表面电荷仍然是有效的。只是粉末粒子在电离区域内的电晕充电方式与负电晕充电有所不同。由于电极上施加了正高压，电子将从中性空气分子被剥离而产生正离子，同时电子很快被电极收集。正离子向接地工件移动，并以与负离子相同的方式与粉末微粒碰撞充电，使粉末成为带正电性的微粒。国内外学者对上述粉末粒子的这两种电晕充电机理做了不少研究，但是对于每一个粉粒表面的吸收机理和离子附着机理（电的、机械的或两者的结合）都尚未研究得十分清楚。

③ 粉末的吸附　粉末静电吸附情况大体上可分为三个阶段，如图 4-15 所示。

(a) 第一阶段　　　　(b) 第二阶段　　　　(c) 第三阶段

图 4-15　粉末带电粒子吸附情况

图 4-15(a) 为第一阶段，带负电荷的粉末在静电场中沿着电力线飞向工件，均匀地吸附于正极的工件表面；图 4-15(b) 为第二阶段，工件对粉末的吸引力大于工件表面积聚粉末对后来粉末的排斥力，工件表面继续积聚粉末；图 4-15(c) 为第三阶段，随着粉末沉积层的不断加厚，粉层对飞来的粉粒的排斥力增大，当工件对粉末的吸引力与粉层对粉末的排斥力相等时，工件将不再吸附飞来的荷电粉末。

吸附在工件表面的粉末经加热后，使原来"松散"堆积在表面的固体颗粒熔融流平固化（塑化）成均匀、连续、平整、光滑的涂膜。

（2）施工工艺

施工工艺对粉末成膜的影响至关重要。不同的工件应选择相应的工艺参数才能获得理想的涂膜。粉末静电喷涂时，粉末粒子除受静电场力推动吸附外，还受空气流和重力等作用。它们对于喷涂凹处等受静电场屏蔽的死角有一定帮助。施工时应注意利用和掌握好这一因素。

粉末静电施工中影响涂膜质量的因素很多，除喷涂工艺参数外，还与粉末涂料特性有关。

① 静电喷涂工艺参数

a. 喷涂电压　在一定范围内，喷涂电压增大，粉末附着量增加，但当电压超过 90kV 时，粉末附着量反而随电压的增加而减少；电压增大时，粉层的初始增长率增加，但随着喷涂时间的增长，电压对粉层厚度增长率影响变小；当喷涂距离（喷枪头至工件表面距离）增大时，电压对粉层厚度的影响变小，所以一般喷涂距离保持在 150～300mm 为宜；喷涂电压过高，会产生反离子流造成涂层击穿，影响涂膜质量，喷涂电压控制在 60～80kV 为宜。表 4-27 列出各种粉末涂料喷涂时选用的电压电流参数。

表 4-27　不同粉末涂料静电喷涂时的电压电流数据

粉末品种	输出工作电压/kV	输出工作电流/mA	备注
环氧粉末	60～80	50～70	
低压聚乙烯	50～70	20～40	二次喷涂
环氧聚酯粉末	60～80	50～70	
聚酯粉末	60～80	50～70	
尼龙 1010	60～80	50～70	预热
氯化聚醚	80～100	60～100	预热
聚四氟乙烯	80～100	60～100	
聚三氟氯乙烯	80～100	60～100	
聚丙烯	80～100	60～100	

b. 供粉气压　当喷粉量不变，其他喷涂条件相同情况下，供粉器的供粉气压增大，沉积效率反而下降，见表 4-28。

表 4-28　供粉气压与沉积效率的关系

供粉气压/MPa	沉积效率/%	喷涂条件	供粉气压/MPa	沉积效率/%	喷涂条件
0.05	100①	喷涂距离 250mm	0.15	88	喷涂电压 90kV
0.07	97	喷粉量 60g/min	0.2	84	环氧粉末涂料
0.1	94	喷涂时间 20s			

① 以 0.05MPa 的沉积效率 100% 为标准。

c. 喷粉量　粉层厚度的初始增长率与喷粉量成正比，但随着喷涂时间的增加，喷粉量对粉层厚度增长率的影响不仅变小，还会使沉积效率下降。喷粉量是指单位时间内喷枪口的出粉量，一般喷涂施工中喷粉量控制在 100～200g/min，较为合适。

喷粉量可用下面公式计算：

$$Q = \frac{Q_1 - Q_2}{t} \tag{4-7}$$

式中　　Q——喷粉量，g/min；

　　　　Q_1——供粉器中加入的粉末质量，g；

　　　　Q_2——供粉器中余下的粉末质量，g；

　　　　t——喷涂时间，min。

　　d. 喷涂距离　当喷涂电压不变时，随着喷涂距离增大电场强度 E 将变小，E 值的变化对涂膜厚度的影响非常敏感，它是控制最大膜厚的一个重要参数，因而喷涂距离增大时粉末的沉积效率将降低，见表 4-29。

表 4-29　喷涂距离与沉积效率的关系

喷涂距离/mm	沉积效率/%	喷涂条件
250	100①	喷粉量 60g/min
300	91	喷涂时间 20s
400	56	喷涂电压 90kV

①　以 250mm100％涂覆为标准。

　　② 粉末特性影响　粉末粒度对涂覆工艺性能的影响见表 4-30。

表 4-30　粉末粒度对涂覆工艺的影响

涂覆工艺性能	粒度 大小	备注	涂覆工艺性能	粒度 大小	备注
粉末流动性	→	变差	喷枪的堵塞	→	易堵塞
涂覆性	→	中间粒度好	膜厚	→	变薄
被吹散倾向	←	易飞散			

　　③ 粉末体积电阻　粉末体积电阻对施工工艺的影响见表 4-31。

表 4-31　粉末体积电阻对施工工艺的影响

体积电阻/Ω·cm	施工性能
$<10^9$	易放出带电电荷,粉末粒子容易脱落
$10^{10}\sim10^{14}$	施工性能好,在此范围内的低电阻值可得厚膜涂层
$>10^{15}$	粒子电荷不易放出,不能得厚的涂膜

　　④ 屏蔽保护　工件不需要涂覆的部位需要采取屏蔽保护措施。下面介绍几种屏蔽保护的方法。

　　阀件：阀件内腔涂覆粉末涂料作为保护层，但阀两侧与阀体活动接触部分需要蔽覆时，一般在需蔽覆处涂上一层硅酯，硅酯表面的粉末固化后很容易除掉。

　　内螺纹：一般采用相应规格的螺钉封堵螺纹孔，内孔要直接用紧配合的圆柱体堵封。

　　外螺纹：外螺纹之类圆柱可用胶带包封也可用套管蔽覆。

　　在批量生产时常采用蔽覆夹具进行保护，可采用模压硅橡胶夹具，它有很高的弹性和机械强度，能长期承受 180℃ 高温，粉末涂料与其黏结性很差，容易清理掉。对于特殊部位需要蔽覆保护的也可配制液体硅橡胶进行涂刷，室温固化，即可进行粉末静电喷涂。对于批量大的金属蔽覆夹具，可对夹具表面涂刷甲基硅橡胶脱模剂，并在 200℃ 下烘烤 1～2h。这种脱模剂经烘烤后能牢固地附着于金属表面，因而夹具可以多次重复使用。甲基硅橡胶脱模剂配方为：甲基硅橡胶酯：溶剂汽油＝1：10。大面积不需喷涂部位可先用纸张遮盖好，喷涂完毕再将纸张取下。

⑤ 喷涂 自动喷涂时，在施工前应注意根据工件高度调整好喷枪上下行程，使其在保证对工件充分喷涂的前提下尽量减少喷枪走空造成沉积效率降低。手工喷涂时，手提高压静电喷枪，开启高压静电发生器，同时开启供粉开关，调整好喷涂电压和喷粉量，使雾化粉末均匀喷到工件表面上。喷涂大工件时，根据工件形状尽量保持喷枪与工件表面的距离，连续往复喷涂。喷涂的移动速度尽量均匀一致，形状比较复杂的工件一般先喷凹槽和边缘，最后喷涂主要面。开始喷涂时，喷枪可离工件近一些，当工件吸附一定量粉层后，喷枪应离工件远一点进行喷涂，这样既可提高上粉速度又可防止因喷枪离工件太近使电场强度 E 增大而产生反离子流击穿粉层，造成涂膜针孔和麻孔。

对于阀件、仪器、仪表等壳体需要进行内壁喷涂时，应将专用喷枪头伸进壳体内进行喷涂，供粉气压要适当调小并注意防止边角和台阶堆积过多的粉末。

工件表面以装饰防腐为主时，涂膜厚度为 $60 \sim 80 \mu m$，对于防腐性能要求高的工件需适当加厚涂层，但一次喷涂不宜太厚，否则涂膜易产生麻点和流挂现象，对此，可采用多次喷涂或工件预热后喷涂。

⑥ 固化 表 4-32 列出了各类粉末涂料的固化温度和时间。

表 4-32 粉末涂料的固化（塑化）温度和时间

粉末品种	温度/℃	时间/min	备注
环氧	160～180	30～15	
聚酯环氧	180～220	20～10	
聚酯	190～220	20～10	
酚醛环氧	220	3	
氯化聚醚	220～250	15～10	工件预热 10～20min
聚四氟乙烯	300～350	30～20	
聚三氟氯乙烯	260～280	25～15	
聚氨酯	180～220	20～10	
低压聚乙烯	180～200	30～20	半塑化 180℃,3～5min

固化（塑化）时间要求严格，必须在工件涂膜的温度达到规定温度后开始计时，时间太短则涂膜固化不完全，涂膜性能特别是力学性能变差，时间过长，会引起热老化使涂膜产生色差，物理性能也会下降。

快速固化粉末涂料（如酚醛环氧粉末）在热喷涂后，可利用工件的余热进行固化，不必进入烘炉固化，只要工件储存的热量能够满足其固化条件即可。

工件在烘箱或烘道内彼此应留有足够距离和空隙，保证热空气畅通对流，同时避免相互接触破坏涂膜。

⑦ 后处理 后处理是对固化（塑化）后的涂膜进行整理、修补及后热处理。整理是指除去蔽覆材料，修整工件，拆除螺钉、夹具、剥去遮盖保护层，操作时防止损伤和损坏涂膜。修补一般指涂膜在涂装施工中受到损伤后，在允许范围内可以对受损涂膜采用的修补方法。质量要求高的产品应进行重新喷涂，需重喷的表面应用砂纸打磨干净后再进行静电喷涂，送入烘箱固化。对于损伤部位很小，不是主要装饰面，可用同色油漆或其他液体状树脂

涂料修补，在室温下干燥固化即可。修补时要注意修补面积尽量小，修补后的色泽要与原样基本一致。当工件在熔融流平后发现涂膜存在缺陷时，可对损伤部位局部加热使之温度超过粉末涂料熔点，使粉末均匀涂于损伤部位，待涂料熔融填满缺陷冷却后将其砂磨平整，再将工件送入烘箱固化可得合格产品。另外一种修补方法是将粉末涂料调和少许水，将其涂布于缺陷处自然晾干后进行固化也可得到满意修补效果。

后热处理一般指减热脆处理。如尼龙 1010 经高温塑化后，在冷却过程中会产生内应力。为了防止涂膜变脆和碎裂，可将工件置于 120～140℃ 的油容器或烘箱中保温，再缓慢冷却至室温消除应力。

（3）工艺流程及设备

① 粉末静电喷涂工艺流程如下所示。

② 高压静电喷涂设备

a. 高压静电发生器　高压静电发生器有电子管式和晶体管式。微处理式高压发生器属新一代产品，发生器输出的负高压可以无级调节数字显示，一般最高输出电压为 100kV，最大允许电流为 200～300μA，采用恒流-反馈保护电路，当线路发生意外造成放电打火时，即会自动切断高压，保证安全，微处理式高压发生器具有高压接地保护、高压短路自动保护、声光信号报警和显示工作状态的功能，设备使用寿命长。

近来推出的智能型手动力喷粉系统采用反馈电流（AFC）自动控制三种喷涂模式，改变了喷粉系统只采用一套静电参数来适应各种不同形状工件喷涂的传统模式。这种控制系统可根据工件形状（如平板、深腔补喷等）自动设置最佳静电参数的输出，以获得满意喷涂效果。采用 AFC 控制，当喷枪与工件距离变化时可自动调节电压保持最佳的粉末荷电量和外部电场强度。这种精确的控制对穿透法拉第笼屏蔽区域有很大帮助。

b. 静电喷粉枪　喷枪主要功能是使喷出的粉末具有良好雾化状态并充分荷电，以保证粉末能均匀高效地吸附到工件表面。同时还要考虑到它的安全可靠、结构轻巧、使用方便等综合因素。图 4-16 是手提式静电喷粉枪示意图。

衡量喷枪的标准是喷枪应能保证喷射出的粉末充分带电；出粉均匀，喷出的粉末能均匀地沉积在工件表面；雾化程度好，无积粉和吐粉现象，能喷涂复杂的表面；能适应不同喷粉量的喷涂，喷出的粉末几何图形可以调节；结构轻巧，使用方便，安全可靠；通用性强，能方便地组合成固定式多支喷枪的喷涂系统；喷枪的技术性能包括：最高工件电压为 100kV，喷粉量为 50～400g/min，喷粉几何图形的直径大约在 φ150～450mm，沉积效率大于 80%。

常用的静电喷粉枪分手提式和固定式两种。还有一些结构独特新颖的喷枪，如栅式电极喷粉枪、转盘式粉末自动喷枪和钢管内壁专用喷枪。这些喷枪的主要特点是具有较高带电效应，操作简便、安全、能长时间连续工作，适用于喷涂流水线。枪柄设有空气清洗按钮的喷枪，打开清洗气流可减少枪管内积粉和涌粉，对喷涂易结块或易撞击熔融的粉末特别有效。

图 4-16　手提式静电喷枪结构

1—喷杯；2—塞头；3—喷头；4—套筒；5—导电螺丝；6—喷嘴；7—导电柱；
8—顶头；9—弹簧；10—电阻套盖；11—送粉管；12—高压合成电阻；13—电阻套管；
14—锁紧螺钉；15—扳机；16—螺钉；17—手柄；18—锁紧套；19—枪身；
20—低压导线套管；21—枪尾塞；22—螺钉；23—高压电缆；24—低压导电线；
25—微动开关；26—开关固定螺钉；27—螺钉；28—弹簧

设有标准气洗功能的喷枪，采用低速清洁空气流防止粉末积累在电极上，能明显改善金属粉和低温固化粉的喷涂质量。此外不需要高压静电发生器的摩擦静电喷枪也已成功地应用于喷粉生产线。

③ 供粉器　供粉器的作用是将粉末涂料连续、均匀、定量地供给静电喷粉枪，它是粉末静电喷涂取得高效率、高质量的关键部件。多数静电喷涂设备都采用抽吸式流化床供粉器。

抽吸式流化床供粉器是利用文丘里泵的抽吸作用来输送粉末的，其原理是在压缩空气通过（正压输送）的管路中设置文丘里射流泵（又称粉泵），空气射流会使插入粉层的吸粉管口产生低于大气压的负压，处于该负压周围的粉末就被吸入管道中并输送至喷枪。由于流化床内流动的粉末具有液体特性，因而使粉泵吸粉管口不断有粉末补充，保证喷出的粉雾均匀、连续，流化床内气流速度以 0.8～1.3m/min 为好。静电喷粉施工中常用的有横向抽吸式和纵向抽吸式流化床供粉器，如图 4-17 所示，后者在生产中应用得最多。图中所示一次气流（主气流）射入粉泵后，吸粉管口产生负压，将流化床粉末吸至输粉管中。二次气流（稀释气流）用于调节喷出的粉末的几何图形大小，同时使粉末的成雾性更好。这种供粉器的优点是供粉均匀稳定，供粉精度高，一个供粉桶可装置多个粉泵，粉泵清理和更换方便。

图 4-17　供粉器结构示意图

容量为 40kg 的抽吸式流化床供粉器的规格如下：

供粉器容量	0.04m³	供粉量	50～300g/min(可调)
供气压力	0.01～0.2MPa	输粉管长度	8m

④ 喷粉柜　喷粉柜可用金属板制成也可用塑料板加工，其大小取决于被涂物的大小、工件传送速度和喷枪的喷粉量，喷粉柜设计的关键是空气流通的状况。确定喷粉柜的尺寸大小时应考虑被涂物的最大长度、宽度和高度，自动还是手工喷涂；传送速度的设计值，单位时间内涂装被涂物的表面积等。

喷粉柜中空气流通的方式有三种：空气向下吸走，空气水平方向吸走以及两种方式的结合。向下吸的喷粉柜，在底部制成漏斗状的吸风口，适用于大型的喷粉柜。第二种背部通风型喷粉柜的优点是粉末通过被涂物后水平方向被吸走，适用于直线通过喷粉柜的传输带的喷涂。底部和背部两个方向抽风的优点是空气流通较为均匀。

设计喷粉柜时，除了考虑便于清理和换色外，还要考虑粉末回收时的风速与风量。空气流速不能过大，避免吹掉工件上吸附的粉末，降低沉积效率；施工过程中不能让粉尘从开口处外逸，一般开口处的风速宜为 0.5m/s 左右；喷室内粉尘浓度应低于爆炸的下限值。

喷粉室与粉末回收装置相连接，使喷室保持一定的负压，其吸入的空气量 Q_1 应根据喷室大小和操作技术要求按下面经验公式计算：

$$Q_1 = KS \quad (\mathrm{m^3/min}) \tag{4-8}$$

式中，K 为经验系数，一般取 1.8～3.6，S 为喷室所有的开口部位面积。

从粉尘爆炸极限浓度考虑，回收装置的排风量为：

$$Q_2 = \frac{D(1-\eta)}{P} \quad (\mathrm{m^3/min}) \tag{4-9}$$

式中　Q_2——喷室内粉尘浓度达到爆炸极限的排风量；

　　　　D——涂覆时单位时间内喷粉量，g/min；

　　　　η——粉末沉积效率；

　　　　P——粉末涂料爆炸极限的下限浓度，g/m³。

喷粉室设计的实际使用排风量 Q 应符合下面原则：$Q \geqslant Q_1 > Q_2$。

上式说明，实际排风量 Q 不能小于经验排风量 Q_1，这两者的风量都必须大于粉尘爆炸极限浓度下限值时的排风量 Q_2。

⑤ 粉末回收装置　粉末静电喷涂时喷室中的粉末涂料受到四种力的作用：喷枪输粉管中压缩空气的推力，充电后受到的电场力、自身重力和回收气流的抽吸力。这四种作用的综合结果是部分粉末吸附到工件表面、部分粉末沉降于喷室底、喷室壁、其他粉末飘浮于空气中随回收气流进入回收装置。尽可能让喷室内粉末浓度低于粉末爆炸浓度下限值的一半。一般工件的上粉率约为 50%～70%。

粉末回收装置种类较多，有袋式回收器、旋风式回收器、龙卷风式和滤带式回收器。国内生产实际中用得较多的是旋风布袋二级回收器。它是由扩散式旋风分离器和布袋除尘器组成，如图 4-18 所示。

第一级旋风分离器与喷粉柜相连接，回收 70%～90% 的粉末，第二级袋式回收器发挥的作用有两点，其一是帮助旋

图 4-18　旋风布袋二级回收器

1—喷室；2—管道；3—旋风分离器；

4—活动式粉桶；5—洁净空气室；

6—布袋除尘器；7—粉末回收器

风分离器提高回收率，其二是将第一级回收器除不掉的细粉全部回收。这两级回收器的总除尘效率可达 99％以上。

滤芯组回收器的特点是滤芯外形呈圆筒状，滤面做成手风琴折叠式，滤芯组体积不大，但过滤总面积远大于纤维布袋。滤芯纸质表面经过特殊树脂处理后不仅不吸潮，而且还具有提高耐脉冲反吹气流的机械强度。

滤芯中间设有旋转的 U 形管，两侧管壁开有多个小孔，脉冲反吹气流通过 U 形管，从小孔吹出，清除滤芯表面的积粉。由于反作用力使 U 形管快速旋转形成风刀，达到较为彻底清除滤芯表面积粉的作用。

近期采用透气塑料膜替代纸质滤芯材料，使滤芯使用寿命大大提高，并可捕集 $1\mu m$ 的超细粉末。上海新星静电喷涂设备有限公司生产的 HZY-1 型转翼式滤芯粉末回收装置，就属于上述新一代高效粉末回收装置。

旋风回收器正从单个大型回收器向多个小型组合式回收器方向发展。取代单个旋风回收器的小旋风回收器数目愈多，不仅其高度可以明显下降，半径也可缩小且能取得更佳的回收效果。已知离心力 $F = mv^2/R$，如果回收气流速度 v 不变，回收器半径 R 愈小，则离心力 F 愈大。因此小尺寸的回收器可以获得更大的离心力，能捕集到尺寸更小的粉粒，故而有更高的回收效率。

国外最近推出塑料烧结板回收器，它是将塑料粉末和致孔物质一起烧结成锯齿形表面的中空过滤器。它有较大的过滤表面和较高的耐脉冲反吹强度，在特殊情况下还可以用水冲洗。

（4）应用实例

图 4-19 是电冰箱箱体喷涂流水线布置图。生产线各部分设备情况介绍如下：

图 4-19　电冰箱箱体喷涂流水线布置图

① 悬挂式输送机　全长约 200m，链条节距为 304mm，挂钩承载能力最大 60kg，运行速度为 1.4m/min。张紧装置采用气压式及重锤式同时使用，输送链上装有自动雾式润滑装置。

② 前处理设备　前处理全长 19m，分为脱脂、清洗、磷化、清洗等部分，采用喷淋式，喷淋压力 0.1～0.15MPa，脱脂温度 60～70℃，时间 3min。磷化采用锌系磷化剂，温度40～50℃，时间 2min。清洗使用室温净化自来水，时间 1min。

③ 干燥烘道　烘道全长 10m，采用燃油加热炉，烘道内温度控制在 120～140℃，即可烘干工件。

④ 静电喷涂设备　喷室长 3.6m，两侧相对各设有 2 把自动喷枪，另有一个手工补喷工位，室内安装一套红外线火警探测仪及自动灭火装置。

⑤ 固化烘道　烘道全长 32m，采用桥式燃油加热炉，热风送入烘道保证烘道内温度均匀。

（5）涂膜施工中出现缺陷的原因分析

见表 4-33。

表 4-33　涂膜缺陷原因分析

涂膜缺陷	原　　因
涂膜光泽不足	1. 固化时烘烤时间过长；2. 温度过高；3. 烘箱内混有其他有害气体；4. 工件表面过于粗糙；5. 前处理方法选择不妥
涂膜变色	1. 多次反复烘烤；2. 烘箱内混有其他气体；3. 固化时烘烤过度
涂膜表面橘皮	1. 喷涂的涂层厚度不均；2. 粉末雾化程度不好，喷枪有积粉现象；3. 固化温度偏低；4. 粉末受潮，粉末粒子太粗；5. 工件接地不良；6. 烘烤温度过高；7. 涂膜太薄
涂膜产生凹孔	1. 工件表面处理不当，除油不净；2. 气源受污染，压缩空气除油、除水不彻底；3. 工件表面不平整；4. 受硅尘或其他杂质污染
涂膜出现气泡	1. 工件表面处理后，水分未彻底干燥，留有前处理残液；2. 脱脂、除锈不彻底；3. 底层挥发物未去净；4. 工作表面有气孔；5. 粉末涂层太厚
涂层不均匀	1. 粉末喷雾不均匀；2. 喷枪与工件距离过近；3. 高压输出不稳
涂膜冲击强度和附着力差	1. 磷化膜太厚；2. 固化温度过低，时间过短，使固化不完全；3. 底金属未处理干净；4. 涂覆工件浸水后降低附着力
涂膜产生针孔	1. 空气中含有异物，残留油污；2. 喷枪电压过高，造成涂层击穿；3. 喷枪与工件距离太近，造成涂层击穿；4. 涂层太薄；5. 涂膜没有充分固化
涂膜表面出现小颗粒疙瘩	1. 喷枪堵塞或气流不畅；2. 喷枪雾化不佳；3. 喷粉室内有粉末滴落；4. 有其他杂物污染工作表面
涂层脱落	1. 工作表面处理不好，除油、除锈不彻底；2. 高压静电发生器输出电压不足；3. 工件接地不良；4. 喷粉时空气压力过高
涂膜物理机械性能差	1. 烘烤温度偏低，时间过短或未达到固化条件；2. 固化炉上、中、下温差大；3. 工作前处理不当
涂膜耐腐蚀性能差	1. 涂膜没有充分固化；2. 烘箱温度不均匀，温差大；3. 工件前处理不当
供粉量不均匀	1. 供粉管或喷粉管堵塞，粉末喷嘴处黏附硬化；2. 空气压力不足，压力不稳定；3. 空压机混有油或水；4. 供粉器流化不稳定，供粉器粉末过少；5. 供粉管过长，粉末流动时阻力增大
粉末飞扬、吸附性差	1. 静电发生器无高压产生或高压不足；2. 工件接地不良；3. 气压过大；4. 回收装置中风道阻塞；5. 前处理达不到要求或虽处理后又重新生锈
喷粉量减少	1. 气压不足，气量不够；2. 气压过高，粉末与气流的混合体中空气比例过高；3. 空气中混有水气和油污；4. 喷枪头部堵塞
喷粉量时高时低	1. 粉末结块；2. 粉末混有杂质，引起管路阻塞；3. 粉末密度大；4. 气压不稳定；5. 供粉管中局部阻塞
喷粉阻塞	1. 由于喷粉管材质缘故，粉末容易附着管壁；2. 输出管受热，引起管中粉末结块；3. 输粉管弯折、扭曲；4. 粉末中混有较大的颗粒杂质

4.3.4　其他涂装

（1）摩擦静电喷涂法

摩擦喷枪使粉末带电的原理与高压静电喷枪不同，它是利用枪管壁材料与粉末颗粒间的紧密接触充电以及粉末颗粒运动中产生的摩擦电效应，使粉末颗粒充电的。生产中使用的摩擦喷枪管都是采用电阴性材料四氟乙烯制作的。对于弱电性的环氧、聚酯环氧一类粉末涂料可以获得良好的带电效果，但对于阴电性较强的聚乙烯、聚丙烯类粉末涂料，其充电效果就很差了。表 4-34 列出几种常用材料的相对电阴性。

表 4-34　几种常用材料相对电阴性

材料	相对电阴性
聚氨酯	弱电阴性
环氧	
聚酰胺	
聚酯	
聚氯乙烯	↓
聚丙烯	
聚乙烯	
聚四氟乙烯	强电阴性

摩擦静电喷涂具有下列特点：

① 能较好地克服法拉第屏蔽效应，只要带电粉末避免进入凹槽孔隙都可获得良好的吸附效果，尤其对形状复杂零件的喷涂可取得高质量涂膜。

② 可以喷涂较厚的涂层，不易产生反电离现象，可避免出现"雪花"状凹坑、麻点等缺陷。

③ 设备简单，不需要高压发生器和高压电线，不存在喷枪对工件产生火花放电和高压电极针积粉等隐患。

④ 对粉末涂料品种有选择性，主要适用于环氧和聚酯环氧粉末，其他粉末应用效果较差。

⑤ 喷枪内的粉末通道要窄小，约为 1mm 左右，对气压控制要求高，必须保证粉末通过喷枪后获得足够的电荷。

⑥ 对粉末储存要防潮，施工场地的空气湿度不宜高，压缩空气必须干燥，否则都会影响粉末颗粒带电量，降低沉积效率。

⑦ 喷粉量不宜过大，一般喷涂控制在 80～100g/min，否则会减弱粉末带电量。为了加大喷粉量常采取多通道摩擦枪来增加摩擦面积，如图 4-20 所示。

图 4-20　各种形式的多通道摩擦静电喷枪

⑧ Pauthenier 公式不适用于摩擦喷涂粉末充电的最大表面电荷量的计算。

摩擦喷枪在涂装质量上有优于高压静电喷枪之处，但其使用寿命较短，对环境、气源要求比较严格，在应用范围上受到了限制。

（2）静电流化床涂装法

如图 4-21 所示,静电流化床槽底放置一个接负高压的电极,当电极产生电晕时,其附近生成大量的自由电子,电极埋在粉末中使粉末获得电子而成为负离子粉末。这种负离子粉末能被吸附到正电性的工件上去。

静电流化床法与静电喷涂法相比,特点是设备结构简单、集尘量和供粉量比较小、粉末屏蔽容易解决。对于形状较为简单的工件,如线材、带材、电子元件和电器等具有效率高、设备小巧、投资少,易于实现自动化生产等优点。但这种方法涂覆的工件,沿着床身高度方向会出现涂层不均匀现象。

图 4-21　线圈静电涂覆示意图

1—流化床;2—流态化粉末;
3—铜条线圈;4—充电电极;
5—透气隔板;6—气室

静电流化床中粉末密度分布为两个区域,槽上部飞扬的气态粉雾为低密度粉末区域,槽下部具有液态特性粉末为高密度粉末区域。工件沉浸于液态粉末中很快就会吸上一层厚厚粉末;在气态粉末中吸粉的速度要慢得多,粉末涂层的厚度要薄一些。从均匀度看,工件在液态粉末中上下运动涂覆,涂层均匀度较好;在气态粉末中涂覆很容易出现涂层的不均匀。

根据上述特性可采用两种涂覆方法:一种是将接地工件浸于液态粉末中作上下运动或横向摆动、转动,这种方法适用于形状简单的工件,如棒材、螺杆、钢条等,其特点是涂覆效率高,涂层均匀度好,涂层厚,其最小厚度大于 0.15mm。一般采用手工或半机械化涂覆。

另一种方法是将工件在气态粉雾中涂覆。它的特点是工件上的涂层沿床身方向会产生不均匀性,即使延长时间也得不到克服;涂层达到一定厚度后,容易发生反离子流的冲击,使涂层产生麻坑和边角崩落现象。但可以得到较薄涂层,工件通过气态粉雾时很方便,易于实现自动化涂覆施工。

应用静电流化床涂覆工艺要注意以下事项才能获得优质涂膜:流化床的粉末应有良好的流化状态,低密度区域的气态粉雾要均匀;在一定工作电压下,工件离开电极的距离要适当,太远就会加剧涂层的不均匀性;防止粉末受潮,输入流化床的压缩空气必须经过油水净化处理,受潮粉末不但在涂膜固化时形成针孔,而且在静电涂覆时会使涂膜表面粗糙,堵塞零件的槽孔;在气态粉末中,卧式涂覆零件时采取零件自转来弥补涂层的不均匀性;在液体粉末中,上下运动涂覆零件时,最好将工件进行 180°调头涂覆,反复多次操作可以弥补零件上下涂层的不均匀性;电场力要求均匀,集尘气流最好与粉末运动方向一致,通过微孔板的气流要均匀。

(3) 静电热喷涂法

静电热喷涂工艺主要用于重防腐粉末涂覆,它可在较短时间内涂覆 300μm 以上的厚涂膜。下面介绍钢管内外表面同时静电和热喷涂工艺过程(见方框图)。

静电热喷涂生产线可以喷涂直径为 φ114、φ159 和 φ219 等规格钢管,钢管长度 6~10m。环氧粉末涂膜厚度可达 250~350μm,最大厚度可达 500μm,粉末喷涂吸附效率可达 80%~85%。

喷涂时，钢管放到工作台上，工作台总长 25m，架子长 10m，架子装有预热装置（一般采用中频加热方式）和喷涂箱，并随着平车移动。平车轨道长 15m，平车上装有拉杆，钢管边平移边旋转，边加热边进行外喷涂。涂膜厚度与钢管预热温度、喷涂时间和喷粉量有关，见表 4-35。

表 4-35　涂膜厚度与预热温度的关系

喷粉条件		钢管预热温度/℃	涂膜性能		
喷粉量/(g/min)	涂装时间/min		膜厚/μm	光滑性	针孔
85	4	25	50	好	有
85	4	80	105	好	无
85	4	120	140	好	无
85	4	160	180	好	无
85	4	180	200	好	无
243	8	27	91	好	有
243	8	100	189	好	无
243	8	150	216	好	无
243	8	200	240	好	无
243	8	230~240	313	好	无

从表 4-35 知，涂膜厚度随预热温度提高而增厚，但是预热温度不能提得过高，否则会使粉末树脂老化变质。

（4）真空吸涂法

真空吸涂法一般用于小口径管道和弯管内壁涂装。自来水管内壁吸涂的工艺流程如下：

前处理 → 预热 → 吸涂 → 固化 → 冷却 → 检验 → 成品

① 前处理　自来水管镀锌内壁用 $9m^3/min$ 的大容量空压机进行喷砂处理后，可增大其表面粗糙度，达到增强涂料与底材的结合。

② 加热装置　一般采用电炉加热，也可用燃油燃气炉加热。选择适中的加热方式均能达到内热涂塑目的。

③ 吸涂设备　吸涂装置由拨叉、摩擦轮系统、旋转装置、供粉装置和吸风系统组成，配上预热装置和固化炉就可以形成流水线操作。生产节拍一般为 1 根/5min，加热炉每进一根管子，固化炉同时出一根成品管子。

④ 影响涂膜厚度的因素

a. 供粉量　水管进行吸涂时，涂膜厚度随供粉量增大而有所增加，但不明显。由于真空吸涂时，粉末涂料都是过量的，大小对其厚度影响不大。

b. 预热温度　因为真空吸涂属于预热涂覆范畴，粉末与空气混合后进入管道内，它与高温管壁接触时熔融黏附于管壁表面。抽吸过程中气流带走管壁部分热量使其温度下降，粉末黏附量也将随之减少，甚至黏附不上。因此管道预热温度的高低对涂膜厚度变化影响很大。

图 4-22 所示为环氧粉末涂料对 DN15mm 管道进行吸涂得到的试验结果。预热温度与涂膜厚度呈直线关系。

图 4-22　管材预热温度与涂膜厚度的关系　　　图 4-23　供粉时间与涂膜厚度的关系

c. 供粉时间　涂膜的厚度对供粉时间十分敏感。在同等条件下，供粉时间越长，涂膜越厚，见图 4-23；吸涂施工过程中，管道温度因散热、粉末吸热和抽吸气流带走的热量使其不断下降，当管壁温度下降到难以熔黏粉末时，即使供粉时间再长也不能增加涂膜的厚度。

在生产施工中，随着管径变化、批量大小、生产节拍的快慢等因素的变化，应该相应调整有关工艺参数来获取满意的涂膜。

（5）粉末电泳涂装法

粉末电泳（electrophoretic powder coating）简称 EPC。EPC 是粉末涂装和电泳涂装的结合，也就是在具有电泳性质的树脂溶液中，把固体粉末粒子像颜料一样分散，然后使这些粒子带电进行电沉积的涂装方法，如图 4-24 所示。

在有电泳性质的树脂水溶液中，把粉末像颜料那样分散于溶液中，粉末粒子的表面浸润有作为分散介质的树脂水溶液，使它带上分散介质所具有的电荷，这些粒子向电极移动后析出来，显示出通常的电泳涂装的特性。把分散介质叫基料（Bi），

图 4-24　EPC 的原理

被分散的粉末粒子叫分散粉末（Po）。Bi 和 Po 同时在电极上析出，烘烤时它们将同时构成涂膜。

Bi 和 Po 有相溶性，在固化时会互相影响。Bi 和 Po 应用于 EPC 的必要条件是：Po 粒子要有良好的电泳性能。粒子不一定粒度小的就好，而要有合适的粒度分布。Po 是由一般的固体树脂和颜料组成的，它们都不溶于 Bi 的水溶液中，Po 中的颜料应均匀地分散在固体树脂中。

Bi 同 Po 的树脂基本上有相溶性，固化时可以自行固化或者与 Po 树脂进行交联，当前用于工业化的 Po 有环氧树脂，Bi 有环氧类的阴极电泳树脂（阳离子型树脂）。

EPC 涂装的优点是：涂装效率高，在数秒钟内即可获得涂膜，电泳槽体积小；通过调节电压和电极的位置，可方便地控制涂膜厚度在 $40\sim100\mu m$，可得到高质量的涂膜；不存在粉尘爆炸和操作者患肺病的问题，烘烤时无刺激性气氛，不污染大气；容易回收，可用沉淀法沉降粉末回收利用。

缺点是 EPC 的涂膜含有一些水分，烘烤时容易出现气泡和针孔，烘烤温度较高；容易

产生缩边，特别当溶液搅拌不均匀时会影响涂膜质量。

EPC 涂装的工艺参数如下：Po 与 Bi 的影响　EPC 的涂装质量与 Po、Bi 及 Po/Bi 有关。Po/Bi 和 Po 的粒度对 EPC 的涂装性能有很大影响，从图 4-25 可知 Po/Bi、Po 变大时，涂膜厚度增加。

图 4-25　电沉积条件与涂膜厚度关系

电沉积条件的影响　EPC 涂装特性随电沉积条件变化的状况如图 4-25 所示。EPC 电沉积在非常短的沉积时间内就能达到一定的沉积量，膜厚随沉积电压增高而变厚。

EPC 涂装的应用　国外已将 EPC 涂装技术应用于汽车涂装上。EPC 也适用于建筑钢材、钢管等产品的防腐涂装，EPC 基本上属于粉末涂装范畴。表 4-36 是 EPC 同其他涂装工艺的综合性能比较。

表 4-36　EPC 与其他涂装工艺的比较

类型	粉末涂装	阴极电泳	EPC	EPC 逆向涂装	粉末涂料逆向涂装
涂膜性能	A	B	A	A	C
泳透力	D	A	C	A	A
自动化	B(补喷涂)	A	A	A	B(补喷涂)
节能	C	C	C	B	C
回收成本	C	B	B	B	C
公害对策	A	B	A	A	A
安全性	C(粉末爆炸)	A	A	A	C(粉末爆炸)
环境卫生	C(粉尘)	B	B	B	C(粉尘)

注：优劣次序为 A>B>C>D。

EPC 汽车涂装工艺流程如下：

EPC 技术正处于发展阶段，其内容涉及树脂合成、分散技术、粉末制造、电化学等多种学科，其应用前景十分诱人。

（6）UV（光固化）涂装技术

传统的热固化涂料一般采用加热方式使涂料固化，而 UV 固化技术则是利用紫外线引发涂料聚合固化。这使 UV 涂料的配方、工艺、性能等具有自己的特色。

UV 固化技术用于液体涂料比较成功，特别适用于透明漆的应用。透明漆大多用于产品外表面的罩光，漆膜薄，透光度好，因而 UV 固化的成功率比较高，已在木地板、手机塑料外壳的涂装中取得成功应用。

粉末涂料的涂膜比漆膜厚得多，品种多数为有色涂膜，这给紫外线的穿透和吸收带来困难。另外粉末涂料在固化成膜前必须熔融流平达到一定的平整度和需要的光泽度，这无疑给 UV 粉末涂料的配方、施工工艺和施工设备提出了更多的难题，这里将重点介绍粉末涂料的 UV 涂装技术。UV 涂装技术的核心内容是 UV 固化技术。

① UV 粉末涂装技术　工艺特点：UV 粉末涂装工艺除具有热固化粉末涂料的优点外还有下面一些特点。如只需较低的成膜温度；较短的固化时间；较少的能量消耗；不含有机挥发物（VOC）或有毒化合物；可在光学材料、热敏材料（木板、塑料）上使用；材料利用率大于 95％；材料成本高于劳动力和维护的成本；UV 固化设备占用的场地远远少于传统的加热烘道。

涂装工艺：UV 粉末涂装工艺路线与热固化粉末涂料相同，即：

表面处理 → 静电涂装 → 熔融流平 → UV固化 → 检验 → 成品

图 4-26 所示是 MDF 纤维板静电涂装 UV 粉末涂料涂装的设备平面布置图。它与热固化粉末涂料类同，只是固化炉应设计成当 UV 光照射到粉末涂层上时固化反应才被激活。

UV 粉末涂料的熔融流平与固化过程是前后分开各自独立完成的，而热固化粉末涂料的流平与固化存在着重叠交错的过程。二者的固化技术不同因而固化设备也存在着较大差异。

图 4-26　MDF 纤维板 UV 粉末涂料涂装生产线

固化工艺参数　热固化粉末多数在 180℃下固化 20min（含熔融流平过程），所以生产流水线的烘道长达数十米。而 UV 粉末涂料的流平固化仅需数分钟时间，其中 UV 固化时间只需数秒，因此，即使运行速度较高，UV 固化设备的长度也远比前者短。

UV 粉末涂料固化所需热量较少，所需热量主要用于粉末涂料的熔融流平，粉末的熔融流平过程可在较低的温度（90～120℃）下完成。在这阶段粉末不会因受热而发生分子间的交联反应，只有当粉末接受到足够强度的紫外线照射后，涂料中的光引发剂组分才会发挥作用，促使涂料分子产生交联聚合作用，并且在极短的时间内完成固化反应。所以说 UV 粉末涂料的流平固化是前后分开各自独立完成的两个阶段，UV 固化烘道由流平加热段（红外段）烘道和 UV 段烘道两部分组成。

UV 粉末涂料在流平阶段所需时间的长短是决定涂装生产率的关键因素，所以 UV 烘道施加到工件表面粉末涂层的温度至关重要。图 4-27 所示的三条温度曲线，开始都有一个温度高峰值，升温时间很短。这个峰值尤为重要，它对缩短流平时间有很大影响。温度达到峰值后必须快速下滑至工艺要求值（90～120℃）并保持恒温，以保证粉末能够充分流平获得良好的表面外观质量。同时也避免了高温对热敏材料（木材、塑料）的伤害。图 4-27 同时也说明 UV 粉末涂料的光固化时间很短，仅为数秒。所以 UV 固化设备的结构设计是不同于热固化粉末涂料烘道的。

② UV 固化设备的结构　热敏材料的 UV 固化炉结构较为复杂，由熔融流平红外段和 UV 固化段组合而成，在两段烘道各自具有独立运行输送带的情况下，两段烘道必须用保温

图 4-27　用于熔化和流平 UV 粉末涂料的加热过程

段将其联结成一个整体烘道。工件进入红外段粉末涂层流平后，仍能在保温状态下平稳地过渡到 UV 固化段的传输带上，完成 UV 固化工序，确保良好的涂膜外观。

　　红外段（熔融流平）加热方式　烘道采用 IR 辐射和对流热风结合的加热方式。第一步 IR 强辐射加热，使粉末快速熔融；第二步 IR 对流热风使粉末进一步熔融流平；第三步用对流热风使工件（特别是三维工件）表面的粉末得到充分流平获得满意的外观。

　　加热灯管　红外线的波长为 $0.78\sim400\mu m$，其中短波为 $0.8\sim1.4\mu m$，中波为 $1.6\sim2.6\mu m$，其余为长波。只有当红外线波长与被加热材料的分子振荡相匹配时，这部分红外线才能被吸收并转化为热量。其余波长的红外线则穿透工件或被材料反射，因此波长的匹配是影响加热效率的关键。对于厚型材料，短波红外线能穿透到材料深处并被吸收，而中波红外线只被材料外层吸收。对许多材料而言，红外线的最佳吸收范围为 $2\sim3.5\mu m$。所以选用中波红外灯作为辐射加热元件最为有效，它发射的红外线波长为 $2.4\sim2.7\mu m$。德国贺利士（Heraeus）辐射器公司的中波孪管红外灯规格见表 4-37。

表 4-37　常用的中波孪管红外灯规格

单位长度功率/(W/cm)	$5\sim3.5$		
截面尺寸/m²	33×15	22×10	18×8
最大加热长度/mm	6000	2000	1000
灯丝温度/℃	900		
最大辐射波长/μm	2.4		
输出功率密度/(kW/m²)	$20\sim80$		
升温、冷却时间/s	$60\sim240$		

　　加热元件的排布　烘道内加热元件的排布，一般是采取进口端中波红外灯管密布的排列方式，中段的灯管散开排布，烘道尾部送入对流热风，通向进口端抽出循环使用。其中部分热风送向 UV 固化段，使连接段保持所需的温度，这种加热元件的排布方式比较符合 UV 粉末涂料流平的工艺要求。中波红外灯管采取横向排布（与烘道长度垂直的方向）较好，有利于涂膜受热均匀。

　　UV 固化段　国际上投入运行生产的几条 UV 粉末涂料涂装生产线都是采用美国福深公司的 UV 灯，光强度可在 0～100% 范围内调节，灯宽 250mm，功率 240W/cm，灯管的波长分布见图 4-28。

　　在不同速度下运行时，工件表面粉末涂层吸收 UV 剂量的状况见图 4-29。

　　③ MDF 纤维板 UV 固化设备　这里介绍的是 UCB 联合化学（中国）公司实验室使用的 MDF 纤维板 UV 固化设备，见图 4-30。烘道是上海新星静电喷涂设备公司在分析比较比

图 4-28　汞蒸气灯（H 型）/镀镓汞蒸气灯（V 型）光谱分布

图 4-29　UV 剂量与线速度的关系
□─ UV-A 2只H灯, 160W;
□─ UV-V V灯+H灯, 160W

红外加热烘道(长3m)　　　紫外固化烘道(长1m)

图 4-30　上海新星公司的 UV 固化设备
1—机架；2—传送带；3—排气孔；4—红外加热器Ⅰ；
5—红外加热器Ⅱ；6—支架；7—顶部防风罩；8—送风风机；
9—热风送风机；10—UV 灯；11—冷却风机

图 4-31　日本 UV 固化设备

利时和日本的某些固化设备的优缺点后，结合自己的独特构思设计试制成功的。设备总体结构比较紧凑合理，调节工艺参数方便，维修也方便。下面将新星公司的 UV 固化设备与日本的 UV 固化设备进行对照分析（见图 4-31），这样可以更好地了解分析涂料 UV 固化设备的构造和各部件的功能，掌握有关工艺参数的调控方法。

加热元件的排布方式　图 4-31 设备的红外段采用中波红外灯，排布方式是前面密布，后面散布。循环对流热风是通过红外灯上方设置的两组盘式电阻加热器提供热量。用电扇将对流热风向下吹送，再通过烘道侧面的排气管送出。

图 4-30 固化设备红外段中波红外灯，排布也是前面密布，后面散布，循环热风由烘道外顶部的热风发生器供给，从红外段尾部向烘道进口处及连接保温段两个方向输送对流热风。向两端输送的风量分配可通过风量调节装置进行调控，这种对流热风的流向能满足 UV 粉末涂料熔融流平的要求。

红外辐射强度调节　红外辐射能量与距离平方成反比，也就是说当红外灯与工件距离缩短一半时，工件表面接受的热量将增加到 4 倍。因此调节红外灯与工件之间的距离可以明显改变工件的表面温度。日本设备调节这个工艺参数的措施是将整个输送带机构装于一台升降机上，变动升降机高度便可调节灯管与工件的距离。新星公司设备通过红外灯加热器的高度调节可以快速方便地调节灯管与工件距离。

对流热风的调节　两种设备的对流热风加热器的加热功率可调节，新星公司设备还可调节进风风量，有利于更精确地满足流平工艺要求。

设备的维护　从红外加热器、热风发生器以及灯管与工件距离的调节机构来看，新星公司设备的保养维修显得更方便些。

使用寿命　日本设备的热风发生器处于烘道内的高温区，这是不理想的，会影响其使用寿命。

4.4　粉末涂料涂装管理

粉末涂料和涂装作业是一种新材料新技术操作，只有科学地组织生产管理，才能确保安全生产和生产质量。

（1）组织一支优秀的干部队伍

选拔组织一支重科学善管理的厂级和车间级管理干部队伍，包括必要的技术队伍，质量管理人员，设备维修人员。

（2）生产组织管理

粉末涂料制造和涂装作业，在生产组织管理上有许多共同之处。即选用合格设备；建立生产岗位责任制；建立安全防火制度；制订生产计划；建立质量管理体系；建立劳动保护和保健制度等。其中安全生产制度和质量管理制度尤为重要。

制粉生产和涂装作业又有不同之处，其生产组织的侧重点也有所不同。

从工艺流程来考虑，制粉生产的组织大致分成以下几个部分：

① 原材料组织管理　粉末涂料的原材料包括树脂、固化剂、流平剂、颜料、填料和其他助剂。原材料购进后，首先分类存放在仓库；对原材料进行理化检验，不合格的材料不用或处理后再用；对大块的原材料进行粗粉碎，粉碎成半成品备用。

② 按工艺配方组织配料　一般原材料产地、厂家不同，其性能会有所差异，应首先进行小试、中试，然后再大批量组织生产。

③ 按生产流程严格组织各个工序生产　生产出来的成品粉，应按规定组织包装入库，其包装要求能防潮、防压、防破碎，可以采用铁桶、木桶、硬纸桶或浸塑硬纸盒包装，在产

品说明书里应注明产品种类、颜色、主要成分（如主要颜料、填料、成膜物质）、容重、闪点、熔点以及爆炸极限、运输及储存温度要求及注意事项、简要劳动安全防护事项等内容。

对于粉末产品的包装要求是：注明化学危险品的类别、级别及危险品的包装标志；注明简要劳动安全卫生防护知识；注明严防挤压、冲撞、摩擦、明火等防火防电要求；注明防潮、防雨、防破损等保质要求；包装内产品应放置产品合格证。

（3）涂装施工生产管理

涂装施工按工艺流程分为：前处理、喷粉涂装、加热固化、包装存库。它们的生产管理应注意以下事项。

① 前处理工段的生产管理　前处理有手工操作工艺和自动化操作工艺，后者又分自动喷淋和自动浸渍两种工艺。工件在喷粉前必须进行表面处理，这个过程中用药液较多，有除油剂、表调剂、磷化剂等。

有些工厂处理重油重锈工件，常采用强碱、浓硫酸、盐酸等作为去油除锈剂的主要成分。如果管理不善很容易发生人体伤害事故，严重的会导致肢体残疾、甚至危及生命。所以对前处理管理，首先重要的就是制定必要的强酸强碱购买、运输、保管和使用制度，给工人提供必要的保护服装、安全可靠的盛装、搬运、配制器具，以及制定万一发生事故时的紧急处理措施、抢救方法。

在前处理工段，由于存在一定量的废气、废液等三废物质，所以在环保措施方面，必须配置抽气排气、排液和三废处理装置。

前处理过的工件质量，由于前处理液及工艺流程不尽相同，其质量会有差异。处理好的工件为了防止因工序间的停留而重新生锈，一般在除油、水洗后进行磷化或钝化处理，并在喷粉前将磷化处理的工件进行干燥去水，对于小批量生产可采用自然晾干、晒干或风干等方法。

前处理质量好的工件表面磷化膜分布均匀、细密，附着力良好，无油、无杂质、无水气黏附。在未喷粉前应妥善放置以免重新污染受潮，存放时间不宜过长，因空气中水汽易透过磷化膜而使基体再次生锈。

② 喷粉涂装的组织生产　对于小批量工件，一般采用手工喷粉装置，对于大批量工件生产，可采用手动或自动喷粉装置，为了保证产品质量，采用自动喷粉成套设备比较有保障。

无论是手工还是自动喷涂，把住质量关非常重要。严格控制喷涂工序，确保被涂工件吸附的粉层均匀、厚度一致，防止薄喷、漏喷、剥落等缺陷。发现喷涂不合格的工件要及时补喷或重喷，保证合格的半成品进入下道工序。进入固化之前尽可能将工件挂具上的粉末清理掉，防止挂钩上多余粉末固化。对于无法清理的挂具上的粉末，在其固化后应及时剥离掉以保证挂具良好的导电性。剥离方法采用敲击、化学处理或火烧。

粉末涂料在投入批量生产前，应先制作样板，试验检查其质量是否达到技术指标要求。使用回收粉时应在供粉桶内加入新粉，新旧粉比例以 2∶1 为宜。要防止灰尘杂质混入供粉桶内。换色时，要彻底清除旧粉，彻底清扫喷房、输粉管、供粉桶和回收装置，确保不残留杂粉，避免换色后喷粉的粉末受到污染干扰。

喷粉工序的管理人员应加强操作人员的技能和安全生产责任性的培训。严禁违章作业。注意操作人员的卫生保健，确保工人身体健康，防止职业病。另外，坚持设备的维护保养，严格防范火灾和燃爆事故的发生。

③ 固化工序生产管理　喷粉合格的半成品经过加热才能固化成膜。如果是小批量单件生产，工件进入固化炉前应注意防止碰落粉末，如有擦粉现象应及时补喷粉末。烘烤时严格执行工艺规定的温度和时间，防止出现色差，过烘或固化不足等弊病。

④ 包装管理　固化后的工件从生产线卸下，应及时清点，挑出不合格品。合格品及时包装入库，注意防止机械损伤，不合格品能返修的集中一起返修，不能简易返修的可用除膜剂去掉表面的涂膜，重新前处理后进入喷粉室喷粉涂装。还有一种较为简便的方法是采用上海新星静电喷涂设备有限公司生产的水性 SY 型导电液，喷涂于返修工件表面，使涂膜表面空间电荷分布发生改变而呈现带电性。晾干或吹干后进行静电喷粉，即可得到均匀吸附的粉层。SY 型导电液是无臭、无色、不燃的环保型产品。

第5章 水性涂料及其涂装

以水为溶剂或分散介质的涂料称为水性涂料，其中，水溶性涂料和乳胶涂料占主导地位。由于采用水作为分散介质，降低了大气污染，改善了作业环境条件，节省大量资源，生产成本低，无火灾隐患，对操作要求相对较宽，符合绿色生产要求，具有十分广阔的发展前景；水性涂料在湿表面和潮湿环境中可以直接涂覆施工，对材质表面适应性好，涂层附着力强，水性涂料涂装工具可用水清洗，大大减少清洗溶剂的消耗；施工方便，可刷涂、喷涂、浸涂及电泳涂装，可实现涂料施工机械化与自动化；电泳涂层的均匀性、附着力、耐蚀性等优于其他涂层，涂料的利用率高。水性涂料存在的主要问题是对施工过程中及材质表面清洁度要求高，因水的表面张力大，污物易使涂膜产生缩孔；水性涂料对涂装设备腐蚀性大，需采用防腐蚀衬里或不锈钢材料，设备造价高，输送管道也需采用不锈钢管；水性涂料水的蒸发潜热大，烘烤能量消耗大。同时，目前水性涂料中仍含一定量的低毒性醇醚类有机溶剂。

自 1966 年美国加州颁布实施第一个挥发性有机化合物（VOC）法令以来，各国对严格控制 VOC 排放量、限制高 VOC 涂料产品的生产和使用已经提升到了法律法规的高度。水性涂料因其 VOC 含量低，且节省能源而成为现代涂料工业发展的主流方向。北美地区水性工业涂料占 43%，溶剂型工业涂料占 51%；西欧地区水性工业涂料占 34%，溶剂型工业涂料占 52%；而在我国，水性工业涂料只占 15%，溶剂型工业涂料则高达 80.5%。由此可见，在涂料水性化领域我国与发达国家的差距还很大。

5.1 乳胶涂料

树脂以极细的颗粒（颗粒在 $0.1\sim10\mu m$）分散在水中，形成非均相体系，然后将颜料、填料、助剂等分散在乳胶液中，从而形成的双重非均相系统称为乳胶涂料。根据制备方法，乳胶分为分散乳胶和聚合乳胶两种。分散乳胶是在乳化剂存在下，靠机械强烈搅拌使树脂等分散在水中，形成的乳液或酸性聚合物加碱中和分散在水中形成的乳液；聚合乳胶是在乳化剂存在下，不饱和单体聚合而成的小颗粒团分散在水中形成的乳液。制造涂料主要用聚合乳胶，常用的有聚醋酸乙烯乳液、丙烯酸酯或苯乙烯改性丙烯酸酯乳液、丁苯乳液、氯-偏乳酸以及醋酸乙烯和丙烯酸酯、乙烯等其他不饱和单体共聚乳液。

5.1.1 建筑乳胶涂料

乳胶漆多用作建筑内外墙涂料，其中以醋酸乙烯乳胶、丙烯酸酯乳胶的产量最大。前者耐候性不高，主要作为内墙涂料主要成膜物；聚丙烯酸酯户外耐久性、保光保色性好，主要作为外墙涂料的主要成膜物，为提高外墙涂料的耐候性，可添加长油度醇酸树脂、聚氨酯树脂等耐候性好的涂料。近几年建筑涂料的发展很快，出现了各种装饰性品种，如多彩内墙涂料、条纹涂料等，从涂料组成上，出现了氟碳树脂类新型建筑涂料等。氟树脂是迄今为止发现的耐候性、耐久性最为优异的成膜聚合物，用其配制或改性的涂料，力学性能、耐候性、耐久性、耐化学性等十分优异。1982 年，日本旭硝子推出常温固化氟树脂，使氟碳涂料迅速发展，其应用领域不断拓宽，高性能的水性氟碳涂料是建筑涂料的新秀。现举例说明乳胶涂料的组成。

建筑用低 VOC 平光乳胶漆（单位：份）：

水	400	高岭土	105
颜料分散剂	4	钛白粉	230
消泡剂	2	老粉	278
羟乙基纤维素	5.5		

以上组分在高速下分散至刮板细度 2～3 级，然后在低速下加入以下组分：

水	120	缔合增稠剂	20.6
壬基酚＋9EO	3.5	消泡剂	2.5
醋酸乙烯/乙烯/丙烯酸酯乳液	260	防腐剂	0.5

建筑用水性氟碳涂料：

组成：水 6％，分散剂 1.1％，润湿剂 0.2％，消泡剂 0.4％，金红石型钛白粉 22％，成膜助剂 2％，增稠剂 0.5％，水性氟碳乳液 66％，消泡剂 0.3％，防腐防藻剂 0.2％。

制备工艺：准确称量前 5 种原料加入容器中，搅拌 10min，然后用砂磨机分散 2～3h，细度合格后，低速搅拌下加入后面原料的混合液，再用分散机分散约 1h。

水性氟碳涂料的性能：搅拌后均匀无硬块，含氟丙烯酸基料中氟含量≥20％，表干时间≤1h，涂膜附着力≤1 级，耐碱性 240h 不变化，耐酸雨性 168h 不变化，耐水性 240h 不变化，耐湿冷热循环性 5 次合格，耐洗刷性＞10000 次，耐沾污性（白色和浅色）（含铝粉、珠光颜料的涂料除外）≤8％，氙灯加速老化（白色和浅色合格品）3000h 变色≤1 级，失光≤2 级，粉化 0 级，氙灯加速老化（白色和浅色优等品）5000h 变色≤2 级，粉化≤1 级。

5.1.2　工业用乳胶涂料

近几年，开发成功了多种用于金属表面的乳胶防锈漆，进一步扩大了乳胶漆的应用范围。以苯-丙乳液、丙烯酸酯等为主要成膜物的乳胶涂料在机床、汽车传动轴、车桥等汽车零部件上已取得了较好的效果，国内已有北京奔驰等几家汽车生产厂在汽车中涂、面漆等涂装中使用水性涂料，随着涂料品种增加、性能不断提高，其应用前景非常广阔。

现以水性丙烯酸树脂涂料为例说明其组成、制备技术及涂装工艺。

水性丙烯酸浸涂漆（灰色高光）配方：去离子水 6.3％，炭黑 0.5％，丙二醇 1％，钛白 5％，分散剂 0.5％，水性丙烯酸乳液 73％，润湿剂 0.3％，成膜助剂 11％，pH 调节剂 0.2％，闪锈抑制剂 0.5％，消泡剂 0.4％，防腐杀菌剂 0.1％，增稠剂 1％。其制备过程为：将去离子水、丙二醇按照配方量投入釜中，低速搅拌均匀后，依次加入分散剂、润湿剂、pH 调节剂、消泡剂和防腐杀菌剂，混合均匀后，加入炭黑和钛白，高速分散，制得均匀的漆浆。然后将漆浆研磨至细度≤25μm。将研磨后的漆料打入调漆罐中，依次缓慢加入水性丙烯酸乳液、成膜助剂、闪锈抑制剂，搅拌均匀，然后加入消泡剂和增稠剂，调整至合适的黏度。制得涂料的固体分≥30％，细度≤25μm，膜厚 20～30μm 时 60°光泽 75％±5％，表干时间 0.5h，实干时间 12h，铅笔硬度≥H，柔韧性 1 级，耐冲击性 50kg·cm，附着力 1 级，耐水性 168h 不起泡、不生锈。

浸涂工艺：原漆在施工过程中要根据温度、湿度等条件进行调整，将黏度、固体分、pH 值等参数调整到浸涂槽液要求的数值，以达到最佳的浸涂效果。浸涂槽液的主要技术参数为：固体分 20％～30％，黏度（涂-4 杯，25℃）23s±2s，pH 值 7.5～8.5，环境温度 15～30℃，浸涂时间 15s，沥漆时间 15～20min，烘烤温度 70℃±5℃，烘烤时间 30min。

水性环氧聚酯防腐涂料配方：水性环氧聚酯树脂（75%±2%）45%～65%，润湿分散剂 0.5%～2%，消泡剂 0.5%～2%，硬质炭黑 1.5%～2.8%，高岭土 2%～8%，沉淀硫酸钡 4%～12%，防锈颜料 18%～25%，甲醚化氨基树脂（CYMEL303）10%～20%，对甲苯磺酸催化剂 1%～2%，稀释剂丙二醇甲醚/水 10%～20%。

水性环氧聚酯防腐涂料的性能指标：涂膜外观应光滑平整，细度≤35μm，黏度（涂-4杯）60～120s，干燥时间（140℃）30min，附着力≤1 级，耐冲击性 50kg·cm，柔韧性 1mm，硬度≥0.6（GB/T 1730—1993），耐水性（240h）无变化（GB/T 1733—1993），耐盐水性（3%NaCl）480h 不起泡，耐盐雾性 480h 无异常。

履带浸涂生产线工艺流程举例：履带（喷砂）→装挂具→酸洗磷化（喷淋）→履带浸入浸涂槽浸涂→履带出槽→进入沥漆区→进入烘干区→出烘干区→下件。履带完全浸入浸涂槽液保持 15s 左右，进入沥漆区大约 15～20min，使履带上多余的漆液滴落，并使漆膜达到表干，进入烘干区，烘烤温度控制在 70℃±5℃，30min。

漆膜的厚度主要取决于物体提升的速率和漆液的黏度。在漆液的黏度稳定后，通过试验确定合适的提升速率，按此速率均匀地提升被涂物件。提升速率快，漆膜薄；提升速率慢，漆膜厚且不均匀。

5.2　自泳涂料及其涂装

自泳涂料又叫自动沉积涂料（auto deposition coatings），是一种不用通电，通过化学反应使涂料自动覆盖在钢材表面的全浸式水系涂料。在 20 世纪 70 年代由美国 Achem 公司发明，并开始应用于工业涂装。80 年代美国、加拿大、法国、日本等已用于汽车零部件的涂装。80 年代中期，我国一些中小型汽车厂开始用自泳涂料作为车身底漆，90 年代我国就建成了汽车驾驶室自泳涂装线，目前已获得相当规模的应用。

自泳涂料主要由酸、氧化剂、成膜聚合物分散体和颜料组成。酸和氧化剂一般叫做自沉积涂料的活化液，常用的酸有氢氟酸、磷酸、乙酸等；氧化剂多用过氧化氢、过硫酸铵、碘酸盐等；有的加入柠檬酸与铁离子络合，有效地保持槽液的活性与稳定性；成膜物一般由不饱和活性单体在表面活性剂存在下，于水介质中聚合而得，目前主要以丙烯酸酯、聚偏二氯乙烯（PVDC）和环氧基聚酯类聚合物为主。以三类树脂为主要成膜物的自泳涂料形成涂膜的性能见表 5-1。

表 5-1　不同成膜物自泳涂料的性能

类　型	环氧类	PVDC	丙烯酸酯类
漆膜厚度/μm	15～25	12～25	12～25
划格法附着力	无脱落	无脱落	无脱落
光泽（60°）/%	40～90	5～10	5～15
铅笔硬度	2H～5H	4H～7H	1H～2H
耐石屑性（−30℃）	通过	通过	通过
耐潮湿（1000h）	无脱落	无脱落	无脱落
耐水性（240h）	无脱落	无脱落	无脱落
中性盐雾划痕（3mm 平均距离）/h	336～600	600～1000	336～500

自泳涂料成膜机理：依靠整个成膜体系与被涂物表面产生化学（或物理化学）作用，从而在金属表面快速凝结出成膜物形成涂层（颜料也伴随成膜物一起沉积）。

自泳涂料槽液呈酸性，pH 值一般为 1.6～5，槽液固含量一般为 3%～7%，黏度接近于水。当钢铁工件表面与槽液接触时，在酸性自泳涂料溶液中形成微电池化学作用，钢铁表面溶出 Fe^{2+}，并与槽液中的氧化剂反应生成 Fe^{3+}，当钢表面 Fe^{3+} 浓度超过某一值时，使乳液聚合物脱稳而沉出，附着于钢件之上，形成有如粉末涂料般的涂层。开始附着的涂层表面呈多孔状态，金属离子通过扩散继续反应使涂层增厚。经过固化成膜，自泳涂料成膜首先发生在阳极部位，如边缘、高点或其他缺陷部位。

漆膜厚度具有时间和温度依赖性。因为随着漆膜厚度的增加，反应速率减慢，只要离子能在金属与漆膜间不断产生，则漆膜就能持续增加，这也使得在复杂几何器件上的涂装能得到均一的漆膜厚度，一开始沉积速率快，随着漆膜厚度的增加而速率减慢。主要反应为：

$$2FeF_3 + Fe \longrightarrow 3Fe^{2+} + 6F^-$$
$$2HF + Fe \longrightarrow Fe^{2+} + H_2 + 2F^-$$
$$2Fe^{2+} + H_2O_2 + 2HF \longrightarrow 2Fe^{3+} + 2H_2O + 2F^-;$$
$$Fe^{3+} + 3\,聚合物胶团^- \longrightarrow Fe(聚合物胶团)_3$$
$$2Fe^{3+} + 6F^- \longrightarrow 2FeF_3$$

自泳涂料及涂装特点：自泳涂装除了具有水性涂料低污染，高安全性等共性外，还具有投资省、低成本、低能耗、高泳透力、涂层均匀、耐蚀性好、操作简单、管理方便、优良的附着力和选择性等优点。自泳涂装生产设备简单，涂装过程中控制技术简便，工件不需要磷化和预烘干，自泳涂装槽液不需要进行超滤，设备投资仅是阳极电泳的 50%，阴极电泳的 20%，占地面积可节省 30%～50%。自泳涂料以浸渍进行涂装，不需要用电，与电泳涂装相比节电 50%～60%。自泳涂装后，产品无死角，无电泳涂装的 L 效应和屏蔽效应，对断面闭合的工件和细长管件有独特的处理效果，其泳透力比其他涂装方式高得多，凡是自泳涂料槽液能达到的部位，均能获得厚度均匀的涂层，没有浸涂产生的流挂。根据其成膜原理，涂层只涂装在金属部分，具有很好的选择性，而且固化温度低，允许涂装金属橡胶或金属塑料装配器件。涂层耐腐蚀性能好，目前盐雾试验已达 600h 以上，已经大大超过阳极电泳涂层，大约是喷涂漆膜的 3 倍，浸涂漆膜的 2 倍。自泳涂装工艺稳定，与面漆配套性好。

由自泳涂料沉积机理决定，目前只能适用于钢铁工件，且色调单一，一般只能作为底漆使用；自泳涂料成膜过程较为特殊，在常温下自泳沉积的涂层仅仅是球形胶粒互相凝聚的结果，胶粒间存在无数孔隙，必须超过一定的温度（即 MFT）胶粒与胶粒才能互相融合，最后形成涂层，故对自泳涂料的 MFT 值要求十分严格；自泳前的清洗要求比电泳涂装高得多，自泳涂装成败的关键在于前处理的质量和工件表面的粗糙度，自泳涂装几乎所有的问题都与其有关。由于自泳涂层孔隙高，为提高其耐蚀性，常常进行钝化处理。

自泳涂装工艺基本工艺流程包括：除油—水洗—自沉积涂装—水洗—后处理—烘干。

客车车架、方管等部件自泳涂装的典型工艺如下，供参考。

上件→碱洗脱脂（50～60℃，4～6min）→水洗（室温，1～2min）→酸洗（35℃，35～40min）→水洗（室温，1～2min）→中和＋出槽喷淋（室温，2～3min）→手工冲洗（喷淋式，50℃，1～2min）→水洗（室温，1～2min）→纯水洗（室温，1～2min）→自泳漆浸涂（21℃，1.5～2.5min）→水洗（室温，1～2min）→反应水洗（室温，1～2min）→烘干固化（115℃，45min）→冷却→下件。

鉴于自泳浸渍的特殊性，各道工序中必须保证槽液进入需要涂装的表面（尤其是封闭内腔），同时也必须保证工件在一定的摆放位置状态下，各道槽液能通畅地流出。因此，在一些封闭的方管两端需要增加工艺孔。工件表面如有锈应进行酸洗除锈处理，然后水洗和中和，洗净后才能进行自泳涂装。自泳涂装时将工件放入 $20\sim23℃$ 的自泳涂料槽液中，停留 $2\sim3min$，使工件表面形成涂层。水洗 $20\sim30s$，洗去工件表面的残液。后处理是将水洗后的工件放入电导率为 $1800\sim2300\mu s/m$，pH 值为 $8\sim9$ 的封闭剂中处理 $1\sim2min$，最后才进行烘烤，固化温度一般为 $110\sim120℃$。

自泳槽可用中碳钢作为槽体，内衬橡胶或 PVC 软塑。所有管道均可采用 PVC 或 PP 材质，自泳涂料加料泵为特氟龙聚乙烯隔膜泵，用冷热交换系统控制槽液温度，避免过冷和过热。

自泳涂料配槽时，先在槽中加入 1/2 去离子水，加入计算量的自泳涂料，将去离子水加至 3/4 处，同时进行搅拌，不能产生泡沫，加入定量的促进剂后，将去离子水加到规定水位，搅拌 2h 后取样测试。

5.3　电泳涂料

带电荷树脂粒子溶于水形成均匀的胶体溶液，在直流电作用下，带电胶体粒子电泳到工件表面放电沉积，这类水溶性涂料称为电泳涂料。如果胶体粒子带负电荷（阴离子涂料），涂装时工件为阳极，称为阳极电泳涂料，如果胶体粒子带正电荷（阳离子涂料），涂装时工件为阴极，称为阴极电泳涂料。

5.3.1　电泳涂料及涂装的发展

电泳涂料的原理发明于 19 世纪 30 年代，但因当时水性涂料尚不发达而未得到工业应用。直到 20 世纪 60 年代初期，阳极电泳涂料才在美国福特汽车公司投入工业化应用。阳极电泳涂料存在阳极腐蚀，影响涂层的颜色、光泽，故一般仅适用于防腐底漆，不能满足表面装饰的要求。随着新型电泳涂料的开发和涂装技术的进步，1971 年美国 PPG 公司首先研制成功第一代以环氧胺系为主的阴极电泳涂料，欧美各汽车厂陆续以阴极电泳涂料取代了阳极电泳涂料。经过不断研究开发，交联剂也由水性氨基树脂发展到聚酰胺树脂、多异氰酸酯封闭物等，使涂膜的防腐性能显著提高，固化温度由 200℃ 降至 180℃，pH 值由 4 升至 $5\sim6$。1976 年美国通用汽车公司首先将汽车部件采用阴极电泳，1977 年该公司用阴极电泳漆涂装汽车车身（车身底漆），其防锈性能比过去的阳极电泳漆高出 $5\sim8$ 倍，并克服了第一代阴极电泳漆存在的槽酸性大、对设备腐蚀严重、烘干温度高等缺点，达到了汽车工业生产的要求。1978 年美国通用汽车公司和福特汽车公司基本上把原有的阳极电泳底漆全部改用阴极电泳底漆。日本、英国汽车工业 1978 年也开始部分向阴极电泳转化。至 1985 年，汽车车身的阴极电泳化率达 90% 以上，至今全世界大量流水线生产的汽车车身几乎 100% 都采用阴极电泳涂装打底。从环保、资源利用、作业性和涂层质量等方面来评价，阴极电泳涂装现今仍是先进的汽车车身的涂底漆工艺，尚无理想的工艺来取代它。阴极电泳涂装技术在其他工业涂装领域（如建材、轻工、军工、农机、家用电器等金属件涂装领域）也得到普及和推广应用。

我国开发电泳涂料与涂装技术已有几十年的历史，1965 年 9 月成功开发了阳极电泳涂料，兵器部五四研究所（现改为重庆五九所）坚持走自主创新的道路，进行了大量的研究开发工作，终于在 1979 年成功研制了第一代阴极电泳涂料。由于阴极电泳自身的特点，不仅在金属表面处理的防腐、装饰方面得到广泛应用，而且在功能性电泳涂装及环境保护方面发挥着重要作用。在近 20 年中，我国汽车工业获得超高速的发展，尤其是轿车工业的发展更迅猛，带动汽车涂装及涂料飞跃式发展。据不完全统计，我国已有年产 5 万辆以上的汽车车身阴极电泳涂装线近百条（其中年产 20 万辆以上的 10 条、10 万～20 万辆 44 条，还有在建和正在筹建的车身阴极电泳涂装线 18 条），还有车架、车轮、车厢、中小冲压件等汽车零部件阴极电泳涂装线上百条。世界著名的涂料公司（如美国 PPG、杜邦，日本关西、立邦，德国 BASF 等）在华建立了独资或合资公司，并靠近汽车生产基地建厂。他们的阴极电泳涂料产品几乎占领了国内轿车阴极电泳涂装市场，并且几乎是从哪个国家引进的轿车产品就采用哪个国家的阴极电泳涂料产品。国内多家涂料公司，如上海金力泰、天津丽华、广东中山大桥、科德、东莞优立、武汉双虎、天津灯塔和科瑞达、吉化研究院等，自主开发或在消化引进技术基础上开发生产阴极电泳涂料，供应商用汽车、农用车、车厢、车架、车轮和其他工业金属件等电泳涂装市场，并在价格上有一定的优势。

由于我国轿车车身阴极电泳涂装线半数以上是在近 10 年汽车工业高速发展期中建设的，并且好多是由国外涂装设备公司承建的，所选用阴极电泳涂料也是以选用国际涂料公司的最新产品为主，因此我国汽车车身阴极电泳涂装的工艺水平和装备水平，不仅与国际接轨，并且是世界一流水平。

经过 30 多年的发展，阴极电泳涂料不断更新换代，向着高泳透力，低固化温度，低污染（无铅、无锡、低 VOC、低加热减量），高耐候、低颜基比、边角覆盖效果好、功能化等方向发展。无铅、无锡阴极电泳涂料是为满足当今环保要求应运而生的品种，2000 年时，欧美发达国家基本完成含铅电泳涂料向无铅电泳涂料的替换。我国无铅化替换时间稍晚，大约始于 2004 年，目前国内无铅电泳涂料/有铅电泳涂料比例约为 3/2，低于全球的 87/13，但这几年无铅化的速度明显加快。新上的电泳涂装线几乎全部采用无铅电泳涂料，老线也在加快替换的速度。进一步提高泳透率，使车身的底漆膜厚更均一化，降低外板膜厚在 20～22μm，提高内板膜厚在 13～16μm，降低单台涂料使用量的情况下，提高车体整体耐盐雾水平，保证在 1000h 以上。烘干温度可选择 150℃×20min 或 160℃×10min 进行烘干，降低烘干温度与缩短烘干时间，从而大量节约能源消耗。加热减量控制在 4％ 以内，一般在 2％ 左右，减少挥发物（焦油量与毒性气味）排放，降低环境污染。采用不同的技术，控制槽液中的有机溶剂的含量在 2％ 以内，降低阴极电泳涂料的 VOC（挥发性有机化合物）排放量。采用独特表面控制技术，降低电泳涂膜的表面粗糙度 R_a≤0.2μm 以内，提高电泳涂膜的表面平滑性，增加中、面漆的外观装饰性。

在当今建设环境友好型、资源节约型社会的形势下，在市场竞争激烈、只有优质低成本才有竞争力的大环境下，阴极电泳涂料与涂装将在以下几方面重点发展：

① 进一步提高阴极电泳涂料的泳透力，以提高车身等内表面及空腔的涂装质量，提高生产效率、减少阴极电泳涂料的使用量。

② 根据各种被涂物产品技术标准和用户需求，在现有阴极电泳涂料的基础上，改进或开发新的各种功能的阴极电泳涂料，如锐边耐蚀性阴极电泳涂料、耐候性（耐 UV 型）阴极电泳涂料（供底面合一涂装或与金属闪光色面漆配套的两涂层涂装使用）、厚膜阴极电泳涂料（含粉末阴极电泳涂料）等。

③ 进一步提高阴极电泳涂料与涂装工艺的环保性，开发 VOC 含量更低的（溶剂含量≤

1%)、固化时分解物更少和无 HAPs（有害物质）的阴极电泳涂料；依靠 ED-RO 技术提高水的利用率，实现电泳涂装污水"零"排放。

④ 开发采用节能减排型的阴极电泳涂料与涂装技术。如开发采用省搅拌型的阴极电泳涂料，除在工作时间需搅拌外，停产时和节假日可停止搅拌（最长可达 10 天不需搅拌），因而可不设备用电源，削减停产时循环搅拌槽液的能耗。开发采用电泳涂膜与随后涂层的"湿碰湿"工艺，如在湿电泳涂膜上（吹掉附着的水分后）喷涂抗石击涂层（CGP）或中涂后一起烘干，减少烘干次数，达到节能减排和降低成本的目的。开发采用节能型阴极电泳涂料（烘干温度低温化）和烘干固化设备及技术。加强管理，实现无缺陷的电泳涂装，废止打磨工序。现状是大多数的电泳涂装线烘干固化后电泳涂膜表面存在各种各样的异物和表面缺陷，为此在中涂前需进行打磨、平整被涂面，如果未消除，进入中涂、面漆线，造成不良率上升。日本汽车涂装界提出和已实现"无缺陷的电泳涂装、废止打磨工序"，其具体措施是：a. 白车身进入涂装线前应彻底清扫，清除掉车身外表面的附着物，真空吸除掉车身内的铁粉，削磨掉钢板端面的毛刺、锐角等；b. 提高洗净除去车身异物的效率和除掉磷化沉渣的效率，如保持各槽液的污染度在工艺许可的范围内，改进车身的吊挂和输送方式（如采用旋转浸渍输送机，使车身的顶盖外表面在浸渍处理时朝下），确保车身的主要表面不积异物（如磷化沉渣等）；c. 电泳涂装的槽液应彻底净化，利用夜间槽液全过滤，完全除去异物，改进槽液的流动及创造气泡、沉淀物不附着的槽液环境；d. 防止从输送设备上掉落异物，应设吊装挂具清扫工位；e. 被涂物通过途径（含烘干室）应彻底净化，确保无尘化。

⑤ 推广使用双层阴极电泳涂料。双层阴极电泳的开发成功是电泳涂料发展史上的一项重大进步。通过二次电泳涂装可以完全省略中间涂层，从而简化工艺，减少操作人员、传统中涂的涂料渣和 VOC 排放等，提高了涂料利用率，并且进一步提高了车身的抗腐蚀能力，降低了成本；降低烘干固化温度，可以节省能源和降低加热减量，加热减量从 15% 左右降到了 4% 以下；溶剂的含量从 2%～3% 降到了 0.4%～0.8%，大大降低了 VOC 的排放；用无机酸代替有机酸可以有效地防止细菌的生长，从而提高了工作液的稳定性。目前欧洲 Herberts 公司生产的双层阴极电泳涂料 EC5000 已在汽车零件厂和少数整车涂装线上使用。

5.3.2　电泳涂料的分类

根据电泳涂料所用大分子树脂带电荷性质的不同，电泳涂料可分为阳极电泳涂料（阴离子树脂涂料）与阴极电泳涂料（阳离子树脂涂料）两大类型。

根据所用树脂的类型不同，目前使用的阳极电泳涂料包括纯酚醛树脂型、聚丁二烯树脂型、醇酸树脂型、环氧树脂型、丙烯酸树脂型、聚氨酯树脂型、氟树脂型等。阴极电泳涂料可分为环氧树脂型、改性环氧树脂型、丙烯酸树脂型、胺改性的丙烯酸树脂型、环氧丙烯酸树脂型、丙烯酸聚氨酯树脂型、聚氨酯树脂型、改性聚丁二烯树脂型等。

根据膜厚可分为薄膜型、中厚膜型、厚膜型、超厚膜型电泳涂料。薄膜型涂料膜厚为 $10\sim20\mu m$，中厚膜型涂料膜厚为 $20\sim30\mu m$，厚膜型涂料膜厚为 $30\sim40\mu m$，超厚膜型涂料膜厚可达到 $60\mu m$ 以上。①薄膜型电泳涂料主要为透明无色或彩色电泳涂料，装饰性较为突出。②中厚膜型电泳涂料外观平整、光滑，在漆膜硬度、杯突、柔韧、防腐蚀、附着力等性能方面同厚膜型相当。③厚膜型与超厚膜型电泳涂料可以改善涂层的抗石击性、抗碎裂性和锐边防腐蚀性；进一步提高耐腐蚀性、简化工艺流程、取代中间涂层；涂层弹性好、平整性与表面光泽显著提高，对工件碰疤或磷化膜的缺陷有弥补作用；槽液稳定性好，泳透力高。

根据涂膜的耐腐蚀性能可分为优质防腐级、良好防腐级和一般防腐级三个级别。①对汽车而言，优质防腐级采用厚膜型阴极电泳涂料，适用于轿车底盘、车轮等零部件的涂装。②良好防腐级采用进口薄膜阴极电泳涂料，适用于车身与耐腐蚀性能要求较高的汽车零部件的涂装。③一般防腐级采用国内自行开发研制的阴极电泳涂料，适用于汽车车厢、车架、汽车内饰件等。

根据防腐性、装饰性、力学性能等不同，电泳涂料可分为电泳底漆、边角防锈型、高耐候性、底面二合一（彩色）电泳涂料、电泳面漆、金属光泽型、二次（双层）电泳、粉末电泳、抗石击型、高抗碎裂性、高泳透率型等。①对于带棱边与尖角的工件，过去常用的防锈措施是在设计上边角部不外露、打磨边角部位、在连接处涂布密封胶等办法，但费时费工。边角防锈型电泳涂料在工件边角的覆盖率比一般阴极电泳涂料高出一倍以上，解决了涂膜在高温烘烤过程中，因电化学作用、固化收缩、漆膜流动性增强与受表面张力的影响，造成边缘与锐角部位的涂膜薄，甚至产生露底，导致该部位防腐蚀性能下降的问题。总的来说，目前边角防锈型电泳涂料尚处在研制阶段，真正形成大规模生产的产品不是很多。②底面二合一（彩色）电泳涂料是根据树脂表面张力的差异，底层采用表面张力较大、防腐性能优良的环氧树脂，面层采用表面张力较小、装饰性能优良的丙烯酸树脂。该类型的电泳涂料具有优良的防腐性、耐候性、装饰性、保光性等优点，在国内占有较大的市场空间，有着广阔的应用前景。③二次（双层）电泳可以省略车身的中间涂层工序，简化工艺流程，减少了人员，提高了涂料利用率（最高可达98%），杜绝了传统中涂工序的涂料废渣、VOC（挥发性有机化合物）等废物的排放，可进一步提高车身的防腐蚀能力，降低了加热减量，降低涂料成本。例如日本神东公司开发了一种厚膜型两层结构的阴极电泳涂料及其涂装方法。涂装时采用两步电泳：车身先采用220V/2min的工艺条件电泳，然后再采用600V/2min的工艺条件电泳，结果形成70μm厚的涂膜，其底层以环氧树脂为主，表层以丙烯酸树脂为主，所得涂膜具有优良的耐腐性、耐候性、装饰性等。④粉末电泳涂料是近年来发展起来的一种涂装新技术，通俗地说就是利用电泳法进行粉末涂装，它是将粉末涂料像染料或颜料一样分散在水溶性（或水乳型）树脂中，通过电泳法把粉末微粒与树脂共同沉积在工件上，具有涂装效率高（数秒内便能成膜）、涂层较厚（50~100μm）、库仑效率高、易于控制膜厚（通过调整电压、工件与电极的距离来控制）、附着力极强、其抗蚀性好于阴极电泳、对底材要求不严格、可在其湿膜的基础上直接进行阴极透明电泳等优点。同时克服了粉末涂料静电喷涂中存在的粉尘爆炸，过喷粉末回收及换色难，静电喷涂表面的分散性不好等缺点。故粉末电泳涂料有广阔的发展前景，但也存在稳定性不如电泳涂料、固化温度过高、泳透率小等缺点。一般适用于汽车配件的底漆、建筑材料、钢管等重防腐蚀工件。

根据涂膜的外观光泽不同，可分为光亮、半光、亚光（消光）等电泳涂料。亚光（消光）电泳涂料一般为高温固化型涂料。所得涂膜具有色泽均匀、外观呈缎面效果、又能减少仪器内壁的漫反射、充分提高产品的附加值等优点，故其主要用于高档产品的防护与高装饰方面。

根据固化温度的不同，电泳涂料可分为紫外线（UV）固化型、低温固化型、中温固化型、高温固化型等。①紫外线（UV）固化型电泳涂料具有固化温度低、速度快，节能、省时、节约空间的优点，适用于受热易变形的工件，如电子、塑料电镀、精密、低温金属等产品。②低温固化型电泳涂料的固化温度一般为120~140℃，该涂料能减少能量消耗、焦油量与毒性排放、提高材料利用率、降低成本、烘烤时不产生油烟，减少或杜绝涂膜因烘烤而变色，从而提高其质量。但低温固化也带来诸多不便，涂料在常温下易发生副反应，造成存储稳定性差，另外涂膜的平滑性不好。该涂料适用于锌合金铸件（解决了高温烘烤时会起泡的问题）、带有塑料与橡胶的汽车零部件等。③中温固化型涂料的固化温度一般为 $150\sim180℃$。④高温固化型涂料的固化温度一般为 $210\sim230℃$。

根据是否环保，电泳涂料可分为含铅含锡型、无重金属（如无铅无锡等）型、低溶剂含量型、超低加热减量型、无 VOC（挥发性有机化合物）型、低颜料含量型等。铅是一种毒性很强、世界公认的致癌物，但在电泳涂料的防腐性、催化、钝化和加速交联方面起着重要的作用。随着欧盟指令（RoHs 和 PAHs）、北美等最新环保法规的执行，环保型电泳涂料将会显出更旺盛的生命力。美国 PPG 公司为适应环保的需要，预测电泳涂料与涂装的四个零发展方向：挥发性有机溶剂含量等于零，超滤液排放量为零，重金属含量与颜料含量为零。这种预测是正确的，有的已开发成功并已实现应用，如采用超滤（UF）与反渗透（RO）配套装置，实现切实可行的电泳后的全封闭清洗，并进一步净化超滤液，最终实现超滤液排放量为零；无有害重金属型电泳涂料已经商品化等，有的正在开发研究中。

根据涂料成分组合不同，电泳涂料可分为单组分与双组分两大体系。美国 PPG 体系为双组分、水乳液型；德国 Hoechst 体系为单组分、高固体分、水溶性型。其他涂料公司都是引进这两家公司的技术生产的，或在引进技术基础上改进成自己的体系。

根据其用途，阴极电泳涂料可分为两大类。一是以提高耐腐蚀性为主要目的的阴极电泳底层涂装，主要用于汽车、冰箱、洗衣机、自行车、摩托车等壳体和部分相关零件。二是以装饰性为主要目的的阴极电泳涂装，专门用于装饰性镀层保护和装饰性金属保护。如金属眼镜架、手表、装饰五金产品、家用电器、建材等。

根据所用树脂类型、染料或颜料及其配比的不同，电泳涂料可分为透明无色、透明彩色和不透明彩色三大类。前者主要用于罩光，在贵金属电镀层（镀金、镀银等）、铝材氧化膜等表面进行透明电泳处理，起到防氧化变色、耐用、美观、清澈透明、通过减少贵金属镀层厚度来降低成本等效果。透明色包括金色、黄铜色（仿金色）、仿古红铜色、亚金（雾金）色、亚银（雾银）色、古银色、枪色（黑珍珠色）、亚镍色（珍珠色）、仿古青铜色等，可以依照客户的不同要求配色。电泳涂膜色彩五颜六色，鲜艳华丽，不失底材金属质感的外观，一般用于高档装饰品。基材必须经抛光、拉丝、氧化膜、电镀等较严格的处理，才能达到透明彩色的最佳状态。以上树脂一般为丙烯酸树脂型、聚氨酯树脂型、丙烯酸聚氨酯树脂型等。不透明色（如白色、亚白色、光亮黑色、亚黑色、绿色等）电泳涂膜色彩单调，失掉底材金属质感的外观，一般用于中低档装饰品或零件的防腐蚀处理。此类一般为环氧树脂型、聚氨酯树脂型、聚氨酯改性环氧型、丙烯酸改性环氧型、丙烯酸聚氨酯型等。基材可不经抛光、拉丝、氧化膜、电镀等处理，直接在基材表面进行不透明彩色电泳。

电泳涂料按供应状态可分为高固体分（约 $65\%\sim70\%$）、高黏度和低固体分（约 40%）、低黏度。电泳涂料按中和度不同，可分为完全中和及未完全中和两种。

另外，还有高度润滑性干膜、导电、滚镀或篮镀、高硬度外覆、亚光效果双层、珠光、高绝缘性、耐人工汗水性能、耐高温的聚酰亚胺、纳米、铝型材等电泳涂料。由于都是刚刚研制的新产品，一般成本较高，正逐步推向市场，在此不再一一赘述。

对于同一种电泳涂料，不是独立存在的一种类型，而是兼具多种类型。例如黑色亚光（消光）型阴极电泳涂料，同时可以兼具高温固化型、改性环氧树脂型、中厚膜型、良好防腐级、底面二合一型、无铅无锡型、单组分等多种类型。

5.3.3 电泳涂料的组成

电泳涂料主要由树脂、架桥剂（固化剂）、中和剂、助溶剂、染料或颜料五种成分组成。阳极电泳涂料和阴极电泳涂料组成的比较见表 5-2。

表 5-2 阳极电泳涂料和阴极电泳涂料组成的比较

项　目	阳极电泳涂料	阴极电泳涂料
树脂	含羧基的合成树脂，以聚丁二烯树脂为代表	环氧、丙烯酸、聚氨酯树脂
架桥剂(固化剂)	无(氧化聚合)	封闭异氰酸酯树脂
中和剂	KOH、有机胺	有机酸(甲酸、乙酸、乳酸、羟基乙酸等)
助溶剂	低沸点的有机溶剂(单一品种)	中、高沸点的有机溶剂(几种物质的混合物)
染料或颜料	碱性	酸性
工作液	碱性(水溶性-分散体)	酸性(水溶性-乳液)
涂膜	酸性	碱性

① 树脂 水溶性阳离子树脂是阴极电泳涂料的重要组成部分，由于构成漆基的阳离子树脂通常是含氮的聚合物，形成的涂膜呈碱性，对金属有钝化作用，因此有较好的防腐蚀性能，且涂膜不被金属污染，因此可制成浅色电泳涂料。阳极电泳涂料采用水溶性阴离子型树脂，经常用的都是多羧酸的聚合物。实践证明对一定类型的树脂而言，分子量较小，则树脂的水溶性好，作为面漆时光泽好，但形成涂膜的附着力、防腐蚀性及电渗性较差，易流挂，长期使用，涂料液的颜基比易变化。反之，分子量较大时，树脂的水溶性较差，但涂膜平整光滑、防腐蚀性、电渗性、泳透性和物理性较好。故一般在保证树脂具有良好水溶性的前提下，尽量使水性树脂分子量大一些。

② 架桥剂 又叫固化剂，水溶性树脂具有较低的分子量和高度亲水性的特征，但在漆膜形成之后，不应再有水溶性，可通过化学反应使大部分亲水性基团发生变化而降低它的极性，并增加它的交联度来解决。一般在树脂中常加入架桥剂（或固化剂），在涂膜烘烤过程中产生架桥作用，得到致密的涂膜。常用的固化剂有水溶性三聚氰胺甲醛树脂、苯代三聚氰胺甲醛树脂、脲醛树脂、酚醛树脂等，其中以水溶性六甲氧甲基三聚氰胺用得比较普遍。

③ 中和剂 通常为稳定性良好的水溶性酸或碱，它的好坏直接影响树脂的水溶性、涂料的储存稳定性、黏度、固化速度及涂膜的泛黄性。

④ 助溶剂 助溶剂虽不参与电泳中的阴阳极反应，但其性质和用量对电泳涂层质量产生显著影响。它能增加树脂在水中溶解度，帮助树脂分散于水中，同时调节树脂溶液黏度，提高电泳涂料的稳定性，同时在涂膜沉积时作为造膜助剂，达到烘烤后平滑流展的效果，以改善涂膜的流平性和外观。助溶剂改变了工作液的导电能力，对沉积量、泳透力、涂膜平整度等产生影响。一般情况下，工作液中助溶剂量增加，沉积量随之增加、泳透力降低、工作液气泡较易消除，涂膜外观得以改善；助溶剂含量过高时，易产生漆膜臃肿、过厚、泳透力和破坏电压下降、再溶现象加重等缺陷。当含量较低时，易产生膜厚不足、火山口或针孔、槽液的稳定性变差，漆膜干瘪等缺陷。

⑤ 染料或颜料 赋予电泳涂料各种颜色。必须有较稳定的分散性，在水介质中保持着较高的化学稳定性。其含量的高低直接影响漆液的泳透力与稳定性、涂膜的光泽与防腐蚀性等。常用的黑色染料或颜料为炭黑（软质炭黑、硬质炭黑、乙炔黑等）、铁黑、石墨。常用

的白色染料或颜料为钛白粉、钛钡白、立德粉。常用的黄色染料或颜料为铅铬黄、铁黄等。常用的蓝色染料或颜料为酞菁蓝、群青。常用的红色染料或颜料为铁红、大红粉、透明红。

电泳涂料原液性能包括气味、在容器中状态、固体分、细度、颜色、储存稳定性、储存有效期等；工作液指标包括固体分、pH 值、电导率、沉淀性、灰分、筛余分、溶剂含量、有害金属含量、泳透力、颜基比；施工性能包括库仑效率、L-效果、施工电压、泳涂时间、干燥性能、再溶性、槽液温度、破坏电压、使用稳定性（包括存放与对杂质离子的稳定性）、膜厚；漆膜性能包括外观、柔韧性、冲击强度、附着力、杯突性、耐酸性、耐碱性、耐湿性、耐溶剂性、耐汽油性、耐机油性、耐柴油性、耐老化性、耐汗水性、耐磨损性、光泽、耐盐雾性、耐中涂与面漆配套性、铅笔硬度。

在上生产线之前，首先应根据不同产品选取不同牌号的电泳涂料，从电泳涂料供应厂家获取小样，一般配制 10L 的工作液，熟化 48h 后，进行原液、工作液、施工、漆膜性能检测与工作液敞口搅拌稳定性试验，五项检测结果均合格后，综合考虑产品价格、供应保障性和售后服务三个方面，遴选涂料供应厂家。某涂料厂家生产的灰色改性环氧阴极电泳底漆性能检测方法和检测结果见表 5-3。

表 5-3　某涂料厂家生产的灰色改性环氧阴极电泳底漆性能检测方法和检测结果

	项目	技术指标	检查结果	检测方法	备　注
原液	气味	无不良气味	合格		技术指标由厂家提供
	在容器中状态	无异物、无明显分层、易搅起	合格	目视	
	固体分/%	色浆：43～46；树脂：35～37	43.8；36.2	GB/T 6751	
	pH 值	色浆：6.5～7.5；树脂：6.3～6.9	6.62；6.68	pH 计	
	电导率/(μS/cm)	树脂：2400～2800	2358	HG/T 3335	
	细度/μm	色浆：≤15	5	GB/T 1724	
	颜色	色浆：灰；树脂：乳白色	合格		
	沉淀性	适用于双组分乳液，120h 不分层，无絮状物析出	合格		
工作液性能	固体分/%	18～20	19.3	GB/T 6751	
	pH 值	6.2～6.6	6.35	pH 计	
	电导率/(μS/cm)	1000～1600	1475	HG/T 3335	
	沉淀性	24h 静置工作液不分层，颜料沉淀≤5mL/L，易搅起	合格	HG/T 3952	
	筛余分/(mg/L)	≤20	5	HG/T 3952	
	泳透率/%	≥75	90		220V
施工性能	L-效果	水平面与垂直面无明显差别	合格	HG/T 3952	
	施工电压/V	80～350	200～260		20～30μm
	泳涂时间/min	1～3	3		
	库仑效率/(mg/C)	≥25	28.3	HG/T 3337	
	干燥性能	175℃×20min≥4 级		HG/T 3952	
	加热减量/%	≤10	9.5	HG/T 3952	
	再溶性/%	≤10	6	HG/T 3952	
	膜厚/μm	15～35	20～30	测厚仪	

项目		技术指标	检查结果	检测方法	备注
漆膜性能	外观	平整光滑无缩孔	合格	目测	
	柔韧性/mm	1	1	GB/T 1731	
	冲击强度/N·cm	490	合格	GB/T 1732	
	附着力/级	1	1	GB/T 9286	
	杯突性/mm	≥5	9.2	GB/T 9753	
	耐酸性/h	≥8	合格	GB/T 1763	
	耐碱性/h	≥240	合格	GB/T 1763	
	光泽/%	15~65	60	GB/T 9754	
	耐盐雾性/h	≥1000	1200	GB/T 1771	单侧扩腐不超 2mm

注：在进行电泳涂料的选择与性能检测试验时，除向厂家索取产品技术指标数据外，也可参见标准，阴极电泳涂料（HG/T 3952—2007）、阴极电泳涂装通用技术规范（JB/T 10242—2001）等。

电泳涂装具有很多优点。①由于高分子树脂带电粒子是在电场作用下定向沉积于工件表面，故涂膜均一，致密性与附着力强，冲击强度高。②可实现自动化、无人化大生产，减轻劳动强度。③泳透力好，涂层均匀，边缘覆盖性高，适应形状复杂的工件涂装，内腔、点焊焊缝、隅角、孔穴等表面也能沉积成膜，提高工件内腔的防腐性，尤其阴极电泳涂膜的防腐功能最佳。④涂膜五颜六色、色彩鲜艳，采用不同的颜料及其配比不同，可以得到各种颜色的涂膜。⑤电泳涂膜的外观好，烘干时有较好的展平性及延展性。⑥根据不同的工艺条件（控制施工电压、泳涂时间、固体分、槽液温度、阴阳极面积比、极间距等）可以得到不同厚度的涂层。⑦由于工作液固体含量低，以水作为稀释剂黏度小，被工件带出槽外的涂料少，采用闭路循环超滤（UF）装置、超滤液净化器与反渗透（RO）装置，涂料的利用率可达98%以上，甚至可达100%。⑧湿膜含水量很低，不存在流挂、垂滴、流痕、滞痕、浸涂漆膜烘干时产生的溶剂气洗等漆膜疵病。⑨电泳涂装基本不含有机溶剂，以水为分散介质，安全性与涂装效率高，无火灾爆炸危险与溶剂中毒问题，不存在漆雾，从根本上改善了传统喷漆工艺劳动条件差及污染环境的缺点。⑩润滑、电绝缘、导电、耐人工汗水等功能性电泳涂料，适用于电子、光学仪器、眼镜等不同的领域。⑪选择不含有毒及重金属离子的漆液，水处理负荷小，溶剂含量低，大幅度削减了VOC（挥发性有机化合物）的排放量，有利于环境保护。

但电泳涂装同时具有很多局限性。①由于电泳必须在通电情况下进行，故适用于具有导电性的被涂物，像木材、塑料等绝缘体不能采用此法。②当涂膜烘烤固化后，形成绝缘层，用普通的电泳涂料不可能进行第二次电泳涂装。③导电特性不一样的多种金属组合成的被涂物，不宜采用电泳涂装工艺，如有一些电泳涂料对 Cu、Sn 等金属离子会产生过敏现象。④由于电泳后得到的湿涂膜必须经烘烤后，才能流平固化成致密的涂膜，故不能耐高温的被涂物也不能采用电泳涂装工艺。⑤电泳工作液更新期的要求为 6 个月以内，所以对小批量生产场合不宜采用，否则影响工作液的稳定性。⑥要求有强大的技术力量作为支持，特别是彩色电泳，要做到预期的颜色效果，在调色时有一定的难度。⑦电泳涂装是一种专门性行业，必须严格加强工艺管理，工程管理人员必须具有充足的现场经验，以应付突发的问题。⑧变换颜色困难，不适于要求经常更换产品涂层颜色的工件。⑨挂具的挂钩部位因覆盖电泳涂层而被绝缘，必须确保挂具与工件接触牢靠，导电性能良好，易于拆卸和更换，故挂具设计、制造是一个至关重要的问题。⑩不适于漂浮物件、难排净溶液的物件等，如汽车、拖拉机油箱的涂装。

5.3.4　电泳涂料树脂结构

（1）阳极电泳涂料（阴离子树脂涂料）

阳极电泳涂料是以含有羧基的阴离子型树脂作为成膜高分子聚合物，目前常用的有水溶性聚丁二烯阳极电泳涂料、水溶性环氧树脂阳极电泳涂料、水溶性丙烯酸酯阳极电泳涂料等。虽然它们的性能不同，但制备原理及生产步骤相近，包括酯化、加成、中和等反应。下面以最常用的水溶性环氧树脂和水溶性聚丁二烯树脂为例，说明其反应机理与涂料特点。

① 水溶性环氧树脂涂料　该涂料以双酚 A 型环氧树脂与干性油酸加成酯化后，与顺丁烯二酸酐加成，在环氧树脂链上引入羧基，以醇胺中和至 pH 7.5～8.5。

实际上，在中和反应阶段，只是部分羧基与一乙醇胺发生反应，使树脂分子有足够残存官能度，电泳涂装后通过它们进行氧化或酯化，使漆膜固化。

涂料细度＜50μm，固体分 50％±2％，pH 7.5～8.5。

涂膜平整光滑，固化温度 150～160℃/0.5～1h，抗冲击 490.3N·cm，韧性弯曲 1mm，附着力（画圈法）1～2 级，耐盐雾（3.5％NaCl 水溶液，40℃）＞24h 无变化，耐蒸馏水（40℃浸泡）48h 无变化，耐湿热（47℃±1℃，湿度 96％±2％）16 天无变化。

环氧树脂型阳极电泳涂料具有环氧树脂涂料的共性，在钢铁等极性基体上具有良好的结合力，耐酸性优异，但由于结构中含有酯键，耐碱性稍弱。

② 聚丁二烯阳极电泳涂料

$$nCH_2=CH-CH=CH_2 \xrightarrow{1,4加成} \quad \{CH_2-CH=CH-CH_2\}_n$$

$$\xrightarrow{1,2加成} \quad \{CH_2-CH\}_n \quad (CH=CH_2) \xrightarrow{\text{顺丁烯二酸酐}\atop\text{加成}}$$

固体分 50%±2%，pH 值（15%，25℃）7.5～8.0，细度＜50μm，固化 140℃/1h，韧性 3mm，附着力画格法 100/100，耐冲击 490.3N·cm，耐盐雾（3% NaCl 溶液浸泡，40℃）＞48h，耐蒸馏水（40℃浸泡）＞1 月。

从树脂结构和上述数据看出，聚丁二烯树脂由于结构中没有活性官能团，因而耐蚀性优于环氧树脂，尤其是耐碱性更优；但聚丁二烯自身极性小，在钢铁等基体上的结合力较弱，因此还要对其进行改性；树脂中有残留双键，"泛黄"严重；聚丁二烯树脂具有很好的韧性和力学性能。由于树脂原料易得，价格便宜，因此聚丁二烯阳极电泳涂料在农用车等机电产品上用量很大。

由于阳极电泳涂料被涂物是阳极，在电沉积的过程中，被涂物可溶性金属及表面处理膜被离子化溶出，不但使电沉积涂膜的颜色加深，失去光泽，还使物理性、机械性、防腐性等下降；阳极电泳涂装在电沉积时，由于阳极区水的电解，产生氧气，这对于容易受氧化的树脂，影响很大，必要时还需加抗氧剂；由于阳极电泳涂膜呈酸性，故耐腐蚀性不如阴极电泳涂料好。故阳极电泳涂料一般只作为防腐底漆，不能满足表面装饰的要求，并且阳极电泳涂装一般不适用于铜、铜锡合金、银、锡、钛等有金属离子溶解的金属材料，仅适用于铝材及镀金件等。

（2）阴极电泳涂料树脂结构

阴极电泳涂料（阳离子树脂涂料）以含有羟基、氨基、醚基、酰胺基等阳离子型树脂作为成膜高分子聚合物，目前最常用的有改性环氧树脂阴极电泳涂料、丙烯酸阴极电泳涂料、丙烯酸聚氨酯树脂型、聚氨酯阴极电泳涂料等。

现以环氧胺类阴极电泳涂料为例说明其制备过程及结构特点。由环氧树脂与胺的加成物，引入半封闭的多异氰酸酯作为交联剂，经乙酸或乳酸中和至 pH 5.5～6.5，形成铵盐而制得。在该 pH 值下，封闭的异氰酸酯常温下是稳定的，不会导致漆液被破坏。但是当涂料电沉积后，所形成的漆膜在高温下烘烤时，封闭的异氰酸酯裂解生成异氰酸酯基团，立即同树脂中的活性氢反应，使漆膜交联。分解出的封闭剂在高温下从涂膜中挥发出来，对漆膜性能没有影响。现简单介绍其制备反应：

① 环氧树脂与胺加成

$$\text{~~CH—CH}_2 + \text{NHR}_2 \longrightarrow \text{~~CH—CH}_2\text{NR}_2$$

② 环氧胺加成物再与半封闭的二异氰酸酯反应

③ 以酸中和形成铵盐型水溶性树脂

用上述树脂、颜料及其他添加剂制成的涂料就是阴极电泳涂料，硬度、耐盐雾性、耐碱性、耐酸性、耐丝锈性试验等性能良好，价格低，但由于较多的芳香族环氧树脂耐光性较差，在紫外线照射下，易于粉化及褪色。故改性环氧树脂阴极电泳涂料主要用于以防腐蚀、室内产品、耐化学品或作为底漆为目的的产品，目前广泛应用于汽车底漆、机电产品、家具、家电、自行车与摩托车配件等。

丙烯酸阴极电泳涂料以其涂膜色浅、光泽高、保光、具有良好的耐候性和装饰性等优点，可以用作底面合一的装饰性电泳面漆或透明漆，但价格稍高，且在日光长期照射下，涂膜仍泛黄及裂开。故丙烯酸阴极电泳涂料广泛应用于金属眼镜架、首饰、五金工具、电镀产品、电子产品、制笔、家电等。丙烯酸聚氨酯树脂型阴极电泳涂料，克服了在日光长期照射下，涂膜泛黄及裂开的缺点，具有不黄变、耐候性与耐腐蚀优良、外观华丽、电泳施工性能好、边角覆盖效果好等特点，是目前极力推广的新产品之一。聚氨酯阴极电泳涂料具有最佳的耐候性、保光性、装饰性、硬度、光泽、耐腐蚀性等性能，但涂料价格较高，主要用于高档装饰性面漆，目前广泛应用于奖杯、眼镜架、人造首饰、工艺品、银及镀银器等高档产品。

阴极电泳涂料优点如下。①由于被涂物是阴极，电沉积时金属表面不易发生离子化溶出，涂膜本身具有碱性，含氮基团对底材具有阻蚀作用，故阴极电泳涂膜的防腐蚀效果更佳，涂膜具有突出的耐腐蚀性能，实践证明防腐性一般为阳极电泳涂料的 3 倍以上，耐盐雾性可超过 1000h，同时溶解金属对涂料的污染问题也不存在。②阴极电泳涂膜的耐碱性（5%NaOH 溶液）比阳极电泳涂膜提高 20～40 倍。③阴极电泳的库仑效率比阳极电泳提高 2～3 倍，耗电量减少 30%。④阴极电泳的工作液具有良好的稳定性，其存放、使用、对杂质离子或微生物的稳定性优于阳极电泳，不易受杂质离子或微生物的影响而变质。⑤虽然阴极电泳涂料的价格较阳极电泳涂料稍贵，但由于其泳透力高不需设置辅助电极，库仑效率高节省电量，耐腐蚀性能高减小了膜厚，耐碱性高等，故阴极电泳涂料的综合成本反而较低。⑥阴极电泳的泳透力为阳极电泳的 1.3～1.5 倍，适用于复杂的工件内部（如汽车车身）的涂装，且不需加辅助电极即可获得厚度均匀的涂层。

同阳极电泳涂料相比,阴极电泳涂料的缺点如下。①阴极电泳涂料的价格较阳极电泳涂料稍贵。②阴极电泳液的 pH 在弱酸性范围,对设备存在腐蚀性,相关设备需用不锈钢制作,设备投资费用较高。金属槽体之内表面需绝缘,以防金属溶出。③以环氧树脂为基础的阴极电泳涂层耐候性较差。④另外,虽然阴极电泳工作液比较稳定,不易变质,但在工艺管理上要比阳极电泳复杂、要求高,参数控制更为严格。⑤在电泳过程中,阴极释放出的氢气使涂膜易出现针孔、麻坑等疵病。

鉴于阴极电泳涂料在产品防腐和表面装饰方面具有很多优点,故本章重点介绍阴极电泳涂装的有关问题。

5.4 电泳涂装的基本原理

电泳涂装(electro-deposition coating)是在电泳涂料胶体中,将具有导电性的被涂物作为阳极(或阴极),在槽的两侧另设置与其相对应的阴极(或阳极),在两极间通直流电,在直流电场作用下,带电荷涂料胶体粒子向工件移动,在被涂物表面上析出均一、绝缘、水不溶的涂膜的一种涂装方法。根据被涂物的极性和电泳涂料的种类,电泳涂装可分为阳极电泳涂装(anodic electro-deposition,AED)与阴极电泳涂装(cathodic electro-deposition,CED)。电泳涂装过程伴随着电解、电泳、电沉积、电渗四种物理化学作用。

(1) 电解 (electrolysis)——小粒子的电极反应

在电解质溶液中通入直流电,电极上小带电粒子进行的氧化与还原反应叫做"电解"。

首先是水的电解反应:

阳极:$2H_2O - 4e^- \longrightarrow 4H^+ + O_2 \uparrow$

阴极:$2H_2O + 2e^- \longrightarrow 2OH^- + H_2 \uparrow$

阳极电泳过程中阳极可能发生:

$$Fe - 2e^- \longrightarrow Fe^{2+}$$

阴极:$N^+H_3CH_2CH_2OH + e^- \longrightarrow NH_2CH_2CH_2OH + [H]$

$\qquad 2[H] \longrightarrow H_2$

因此,在阳极周围呈现很强的酸性,放出氧化性很强的氧气。对阳极电泳涂料,一方面造成铁、锌等被涂物表面或磷化膜溶解腐蚀,影响涂层的耐蚀性;另一方面,阳极附近溶出的金属离子能与阳极电泳涂料粒子发生反应,生成深色高分子皂类涂膜,影响阳极电泳涂层颜色;同时,氧气的生成,对涂料、涂层具有氧化作用,对涂层性能产生不利影响。阴极的周围放出氢气则呈现较强的碱性,使用阴极电泳涂料则避免了上述问题。

在阳极电泳过程中,由于阴极电量完全用于析出小分子胺,因此随着电泳的不断进行,槽液的 pH 值将不断升高。

阴极电泳过程中的电解反应除了水的电解外还有:

阴极:$2H^+ + 2e^- \longrightarrow H_2 \uparrow$

阳极:$4CH_3COO^- - 4e^- + 2H_2O \longrightarrow 4CH_3COOH + O_2 \uparrow$

由于辅助阳极的电量完全用于析出小分子羧酸,使得阴极电泳槽液的 pH 值不断降低。

电解反应在电泳涂装中是不可避免的,但应适当控制施工电压和电泳时间,避免采用高电压,尤其在工件入槽阶段,否则将导致不良后果。若电解反应过于剧烈,逸气严重,沉积漆膜容易产生针孔、气泡等弊病;涂料泳透力下降,降低漆膜附着力;同时,电解过程中,辅助电极产生的小分子胺、小分子羧酸将使施工过程中电泳涂料的 pH 发生变化，进而影响涂料及涂层的性能，必须从工艺和设备上加以控制。

(2) 电泳（electrophoresis）——带电聚合物粒子分别向工件表面泳动的过程

分散在极性介质（如纯水）中的带电粒子（胶体树脂粒子与颜料粒子），在直流电场的作用下，向与它所带电荷极性相反的方向作物理运动的现象，称为"电泳"。

$$U = \xi DE/(K\pi\eta) \qquad (5\text{-}1)$$

由此式显示泳动速度（U）与电动电势（ξ），所加的电场强度（E）及介质的介电常数（D）成正比，与溶液的黏度（η）成反比，K 为与粒子形状有关的常数（对于球形粒子 $K=6$，棒形粒子 $K=4$）。

因此，电泳涂装中提高槽电压、增大电位梯度、降低涂料黏度，可加快沉积速度。由于槽液的温度、pH 等直接影响涂料的介电常数、电位梯度和黏度等参数，进而影响涂装质量，因此选择和控制适宜的漆液温度、施工电压和漆液 pH 等工艺条件是保证涂装质量的重要因素。

(3) 电沉积（electrodeposition）——带电的聚合物分别在工件表面沉积的过程

在直流电场作用下，带电高分子粒子夹带着颜料、填料等移向工件并放电，在工件表面上沉积，生成不溶于水但含水约 5%～15% 的漆膜的过程叫电沉积。这是电泳涂装过程中的主要反应。

阳极电泳涂料中，涂料粒子主要为羧酸盐，电沉积反应包括：

① $RCOO^- + H^+ \longrightarrow RCOOH$ （由于电解反应，使电极表面 pH 值达到 2～3）

该反应认为是阳极电沉积的主要反应。

② $2RCOO^- - 2e^- \longrightarrow R\text{—}R + 2CO_2$ （科尔伯反应）

③ 工件为阳极，通电时钢铁部分溶解，溶解下来的 Fe^{2+} 与泳动过来的胶体粒子结合并沉积于涂层中。

$$2RCOO^- + Fe^{2+} \longrightarrow Fe(RCOO)_2$$

由于 $Fe(RCOO)_2$ 为深色，导致阳极电泳涂膜颜色加深，影响涂膜的装饰性，因此阳极电泳涂装不能作为高装饰性涂层。同时由于电沉积膜的主要成分为高分子羧酸，其导电性很弱，当基体表面形成完整的涂层后，电场力基本消失，阳极电泳涂料自身为碱性（pH 值为 7.5～8.5），因此如果长时间浸泡在槽液中，涂膜会发生溶解失光，这种现象称为漆膜的再溶解现象。

阴极电泳涂料的主要成分为带正电荷的铵盐，电沉积反应为：

$R\text{—}NH^+(C_2H_4OH)_2 + OH^- \longrightarrow R\text{—}N(C_2H_4OH)_2 + H_2O$（阴极表面 pH 值为 9～10）

由于阴极电泳涂层为中性高分子胺，而阴极电泳涂料为弱酸性（pH 值为 5.5～6.5），同阳极电泳涂料一样，如果浸泡时间过长，也存在漆膜再溶解问题。但涂膜中不夹杂金属皂，涂膜颜色不会因电沉积而改变，因此阴极电泳涂层可以作为高装饰性涂层。

通过单位电量时析出漆膜的质量称为电沉积的库仑效率。一般阳极电泳底漆的库仑效率为 10～20mg/C，阴极电泳涂料的库仑效率为 30～35mg/C。

电泳涂料泳涂到背离辅助电极一侧及泳涂到工件狭缝、内腔的能力称为电泳涂料的泳透力。目前，阴极电泳涂料的泳透力达到或接近 100%，阳极电泳涂料的泳透力为 70% 以上。

影响泳透力的因素很多，主要取决于涂料自身的性质，如电导率、涂膜电阻率等，也与施工条件，如电压、极比、极间距、pH 值、温度等因素有关。

（4）电渗（electroand osmosis）——沉积的电泳涂膜收缩、脱去大量水分，形成均匀致密的湿膜

电渗是电泳的逆过程，也称为电内渗。即刚沉积到被涂物表面上的涂膜具有很多毛细孔，在电场的持续作用下，涂膜中的大量水分从涂膜中渗析到槽液，使涂膜脱水，最后形成几乎连电流也通不过去的含水率极低的、电阻很高的致密涂膜的现象，称为"电渗透"。电渗使亲水的涂膜变成憎水涂膜，脱水而使涂膜致密化。电渗性好的电泳涂料泳涂后的湿漆涂膜可用手摸也不粘手，脱水后的湿膜牢牢黏附在工件上，通常用水清洗不掉，可用水冲洗掉黏附在湿涂膜上的电泳余液。

电渗的作用是将沉积下来的涂膜进行脱水，通常使形成的涂膜中含水量为 $5\% \sim 15\%$。这样就可以直接进行高温烘干固化。若电渗不好，涂膜中含水量过高，烘烤时会产生大量气泡并发生流挂现象，影响涂膜质量。

实践证明，电泳涂料工作液的颜基比越大、水溶性树脂的分子量越大、阴极电泳涂料的 pH 值高、阳极电泳涂料的 pH 值低，电泳涂膜的电渗性好。

以阳极电泳涂装为例，描述涂装过程如下：

阳极电泳与阴极电泳涂装的沉积反应比较详见表 5-4。

表 5-4　阳极电泳与阴极电泳涂装的沉积反应比较

项目	阳极电泳（阴离子型电泳涂料）	阴极电泳（阳离子型电泳涂料）
基本原理图	中和剂：KOH，有机胺类	中和剂：有机酸
工作液pH值	碱性，在 pH 值下降时析出	酸性，在 pH 值上升时析出
阳极反应	阳极（被涂物） ① $2H_2O \longrightarrow 4H^+ + 4e^- + O_2\uparrow$（电解）　（酸性） ② $Me \longrightarrow Me^{n+} + ne^-$　被涂物 金属（阳极）溶解 ③ $RCOO^- + H^+ \longrightarrow RCOOH\downarrow$　（涂膜沉积） （水溶性）　（水不溶性） ④ $nRCOO^- + Me^{n+} \longrightarrow (RCOO)_n Me\downarrow$　（析出、水不溶性） 　当阳极通直流电后，阳极（被涂物）表面的 pH 值下降，使含羧基树脂凝聚涂着	阳极（极板） $2H_2O \longrightarrow 4H^+ + 4e^- + O_2\uparrow$ $4CH_3COO^- - 4e + 2H_2O \longrightarrow 4CH_3COOH + O_2\uparrow$
阴极反应	阴极（极板） $2H_2O + 2e^- \longrightarrow 2OH^- + H_2\uparrow$ $N^+H_3CH_2CH_2OH + e^- \longrightarrow NH_2CH_2CH_2OH + [H]$	阴极（被涂物） ① $2H_2O + 2e^- \longrightarrow 2OH^- + H_2\uparrow$（碱性） ② $RNH^+ + OH^- \longrightarrow RN\downarrow + H_2O$（涂膜沉积） （水溶性）　（水不溶性） 　当阴极通直流电后，阴极（被涂物）表面的 pH 值上升，使含氨基树脂凝聚涂着

5.5　电泳底漆涂装工艺条件及其控制

电泳涂装是一个复杂的物理化学、胶体化学和电化学过程。电泳工作液又是一个兼具胶体和悬浮体的多组分体系，其组分和条件的改变将影响涂料液的电化学特性，进而影响电泳涂层质量。为确保生产的正常进行，必须对其工艺条件（或称工艺参数）、涂装质量等进行严格科学管理。在电泳涂装时需控制的工艺条件包括 4 个方面 14 个条件。

工作液组成方面：固体分（NV，或称不挥发分）、灰分（或称颜基比）、中和当量（MEQ 值）、助溶剂。

工作液特性方面：pH 值、电导率。

电泳施工条件方面：电泳电压、电泳时间、槽液温度、极间距和极比。

电泳特性方面：库仑效率、泳透力、最大电流值、膜厚。

（1）固体分（NV，或称不挥发分）

电泳涂料或槽液在 （105±2）℃下烘干 2h 挥发掉水分和有机溶剂后，所留下来的不挥发部分称为电泳涂料的固体分。

$$固体分（NV，或称不挥发分）＝残留物质量/样品起始质量×100\%$$

电泳工作液的固体分是电泳涂装的重要工艺参数之一，直接影响电泳涂层的质量。当固体分含量较低时，涂膜电阻增加，导致水的电解反应剧烈，气泡多，易产生针孔，泳透力低，漆膜较薄，颜料易沉淀，电泳槽液的稳定性差。相反，漆液黏度增大，离子与粒子泳动速度减慢，过高时泳透力降低，电渗性不好，黏附于涂膜表面而带出的槽液较多，浪费大，电泳涂膜易产生粗糙、疏松、附着力差、花脸等缺陷。

电泳原液的固体分一般为 35%～60%，电泳涂料树脂类型不同，其电泳工作液的固体分不同，改性环氧树脂型为 18%～20%，丙烯酸型或聚氨酯树脂型为 10%～15%。随生产施工的进行，不断消耗电泳涂料，工作液的固体分逐渐下降，为保证涂装质量，根据化验结果计算后，必须及时补加电泳原液，使工作液的固体分在正常工艺范围内工作。有经验者，也可不用化验，根据所加工的产品数量（涂装面积）与相应的原漆补加量的关系，及时进行补加原料调整工作液。

对于小槽，或当原漆固体分与工作液固体分比较接近时，可直接向槽内或循环管路中所设的加料口中补加原漆。对于高固体分原漆，可设计一个加料混合装置（图 5-1），将计算好的原漆、纯水与助溶剂加入混料罐中，启动搅拌机，充分搅拌 20～30min，使其混合稀释均匀后，用泵通过过滤器输入电泳槽内。加料后小槽连续循环搅拌 1.5～2h 后才能继续工作，对于大槽，由于补加量较大，一般下班后加料，连续循环搅拌 12h 后再继续工作。

物料在生产作业过程中，一般禁止添加，若必须迅速调整槽液的成分时，应以少量多次慢慢添加后，连续循环搅拌 1.5～2h 后才能继续工作，否则将影响涂膜质量。

在日常生产中工作液的固体分上升的可能性很小，但若停产时间较长，因循环搅拌或气温造成水和助溶剂挥发后，导致其固体分升高，此时可根据化验结果补加适量的纯水即可。

图 5-1　电泳涂料补加示意图

1—搅拌器；2—混料槽；3—阀；4—泵；
5—过滤器；6—热交换器；7—电泳槽

（2）灰分（颜基比）

灰分是指固体分或干涂膜经高温灼烧后的残留分，表示涂料、槽液和干漆膜中含颜料量。颜基比是指电泳涂料、槽液和干涂膜中颜料（或染料）与基料（如树脂）含量的比值。两者对电泳特性和涂膜性能都有较大的影响。

由于电泳涂料是一个复杂的多组分体系，在电沉积中各种组分极难均一同步沉积，即在电泳过程中颜料和树脂不一定按原配比电沉积到被涂物上。因而工作漆液组成不断变化，这使电沉积效果随着沉积进行逐渐发生变化。当颜基比过高时，膜厚下降，涂膜粗糙无光泽（或光泽不均匀），涂膜硬度与附着力、抗针孔性、抗缩孔性提高。相反，当颜基比过低时，涂膜光泽太高，易产生针孔或火山口，抗腐蚀性、硬度与附着力也会变差。因此需定期检测槽液的颜基比，按检测的结果添加树脂乳液和色膏调整槽液的颜基比。当颜基比过高时，加入树脂。相反，则加入色膏，使工作液达到设定标准。

颜基比的测定有烧结法和离心法。

烧结法：称取 1～2g 漆液于已知量的坩埚中，在烘箱中高温烘至恒重，然后烧结至恒重。按下式计算：

$$颜基比 = \frac{C-A}{H-C} \times 100\%$$

式中　A——坩埚质量，g；

　　　H——坩埚+漆液烘干后质量，g；

　　　C——坩埚+漆液烧结后质量，g。

离心法：取一定量漆液，用离心法将水与固体分分离，沉淀物用酸（氨）加蒸馏水洗涤，然后取出烘干，即测出颜料含量；再取出同样漆液，测固体分，进行换算，即得颜基比：

$$颜基比 = \frac{颜料量}{漆液量 \times 固体分含量} \times 100\%$$

（3）中和当量（MEQ 值）与 pH 值

电泳涂料是利用有机碱或有机酸中和漆基中羧基或氨基，并保持一定的酸、碱度而获得的较稳定的水溶液或乳液。

为使电泳涂料保持在一定的 pH 范围内，所需中和剂的总量包括化合和游离两部分。电泳涂料的中和当量（MEQ 值）表示中和单位质量电泳涂料所用酸或碱的量，pH 表示的是游离酸、碱量。

当电沉积涂料配成槽液以后，槽液中就同时含有游离的酸或碱、中和成盐的树脂以及未中和的树脂，形成了一个类似于缓冲溶液的体系。当槽液中的酸或碱略有增减时，体系能够自动调节，以维持 pH 稳定。仅当有较大量的游离酸或碱变化时，体系的 pH 才会发生明显变化，进而影响生产。因此，仅通过 pH 的变化来表征槽液的中和剂含量存在一定的局限性。把 pH 和 MEQ 共同作为控制槽液的重要参数更能全面反映电泳槽液的实际状况。阳极电泳涂料的原液和工作液呈碱性，一般控制在 7.5～8.5 工艺范围之内。阴极电泳涂料的原液和工作液呈酸性，根据树脂类型不同，其工艺范围不同，对于改性环氧树脂一般控制在 6.0～6.4，对于丙烯酸一般控制在 4.5～5.1，对于聚氨酯一般控制在 4.0～4.5。

MEQ 和 pH 值是电泳涂装中重要的工艺参数，对涂料的稳定性和涂层质量有很大影响。

在阴极电泳工作液中，若 MEQ 过高，伴随 pH 值降低，树脂被过度中和，亲水性增强，可溶性增加，但乳化效果变差，树脂包裹颜料能力下降，工作液颜料容易聚沉，槽液稳定性下降，涂膜变薄，泳透力下降；被过度中和的树脂在电场力作用下，碳链结构容易被拉直，柔韧性变差，易发生断裂而产生小分子物质，从而进一步影响涂膜质量和槽液稳定性；同时，MEQ 过高也增加了涂膜再溶解的可能性和对设备的腐蚀性。槽液的电导率过高，施工时脉冲电流过大，电泳过程中电解作用加剧，漆膜容易出现针孔、麻脸、粗糙、附着力不好等缺陷。若 MEQ 过低，伴随 pH 值增高，则树脂中和程度不够，漆粒之间的静电斥力和空间位阻作用均下降，树脂水溶性变差，易聚集沉降，严重时产生不溶性颗粒，槽液易分层、沉淀、电导率下降、堵塞阳极隔膜和超滤膜，涂膜外观变差（失光、发粗、粗糙、颗粒）、新沉积的湿涂膜易出现针孔、附着力不好等缺陷。

为此，在生产现场必须加强对电泳工作液 pH 的精心管理，及时调整与维持其在正常工艺范围之内。控制方法如下：

① 加药法　当工作液的 pH 超出工艺范围时，可采用少加勤加、边加边检测、先稀释后添加的方式加入相应的中和剂，阳极电泳一般加入乙醇胺等，阴极电泳一般加入有机酸（甲酸、乙酸、乳酸、羟基乙酸等），直到达到工艺范围为止。也可采用添加新鲜的电泳涂料原液，这样既能起到提高工作液固体分，又能利用工作液中过剩的中和剂，将补加进去的新涂料稀释溶解，从而达到调整 pH 的目的。

② 电极隔膜法　电极隔膜法又称阳极或阴极罩法，其结构是将极板安装在隔膜罩内，罩内充满极液（纯水），并用隔膜（半透膜）与槽液分开。电泳时，在电场力的作用下，小分子胺或小分子羧酸、水分子及带入漆液中的杂质离子等小分子可以通过隔膜（半透膜），进入到极液内，不会返回漆液中，而树脂、颜料等大分子则不能透过。将各个极罩内的极液汇聚于极液槽中，调整好极液的 pH 或电导率后返回极罩，形成极液循环系统，可维持工作液的 pH 在一定工艺范围。极罩结构见图 5-2，其循环过程见图 5-3。这是生产上最常用的方法，对槽液稳定效果显著。

隔膜罩由塑料（如未增塑的聚氯乙烯等）框架和隔膜（半透膜）组成，阳极电泳系阴极隔膜，采用阳离子交换树脂膜；阴极电泳系阳极隔膜，采用阴离子交换树脂膜。极罩可以调节电泳槽内槽液的酸度、降低槽液的电导率、阻止阳极溶入的铁离子进入电泳槽内的漆液。

進水管接头
回水管接头
PVC壳体
电极

离子交换膜
外层塑料网
内层塑料网

图 5-2　隔膜电极
结构示意图

③ 超滤（UF）法　超滤是一种压力驱动的膜分离过程，采用特定孔径的多孔隔膜（半透膜），膜孔的直径在 $0.001 \sim 0.01\mu m$，在一定压力（称为渗透压，一般 $0.10 \sim 0.15MPa$）下，电泳槽液中的有机溶剂、水、无机（杂质）离子等连同分子量低的溶质透过超滤膜，称为超滤液或透过液，排到槽外用于电泳湿涂膜的清洗或处理后达标排放；而槽液中悬浮的颜料和高分子树脂（分子量大于 5000）为膜所截留，称为浓缩液，全部流回电泳槽液中用于生产。从而实现大、小分子的分离、浓缩、净化目的，使电泳槽液保持在正常的工艺参数范围内。图 5-4 为超滤原理示意图。

图 5-3 极液循环系统

1—被涂件；2—电泳槽；3—衬里；4—电泳涂料；
5—极液出管；6—纯水供管；7—溢流口；8—阳极液；
9—阳极板；10—阳极罩；11—半透膜；12—极液回管

图 5-4 超滤原理示意图

○ 高分子物质；·低分子物质及无机盐；
▨ 溶剂和水；   平均压力$\bar{P} = \dfrac{P_{进}+P_{出}}{2}$

超滤在电泳涂装中具有以下作用：

a. 稳定槽液，提高漆膜质量，延长工作液寿命。

实践证明，在连续生产中，无论怎样对电泳涂装工艺严格控制和管理，都不可避免带入杂质离子。杂质离子的存在对漆液的电沉积特性、稳定性及漆膜产生极坏的影响，因此，必须严格控制其含量在一定的范围之内。

电泳槽液中的杂质离子、有机溶剂、小分子树脂等可以通过超滤液的排放来有效控制其含量，从而保证生产稳定连续的进行。

b. 回收电泳涂料，降低电泳后清洗纯水的用量，提高经济效益。

使用超滤装置，实现电泳后的"封闭回路"水洗方式，利用超滤液充分洗涤除去黏附在被涂物上的电泳涂料，再配合使用超滤液净化器，涂料回收利用率可达 98% 以上（甚至可达 100%），节约电泳涂料。而不使用超滤装置，其电泳涂料使用效率仅为 70%～80%。

c. 减少后冲洗水的脏物，减少污水处理量及费用，降低生产成本，并有利于环境保护。

中和剂、助溶剂、杂质离子等会通过超滤膜进入超滤液，通过外排废弃超滤液，及时添加纯水，可维持工作液的 pH 在一定工艺范围。此法较适宜于小型生产线。

如果施工中 MEQ 值、pH 变化较大，应注意检查阳（阴）隔膜是否破裂与密封是否不良（注意观察极液颜色），极液是否溢出到工作液内。

（4）助溶剂

工作液的助溶剂含量一般是指工作液中除水以外的有机溶剂的百分含量。新配制的工作液中原漆带入的有机溶剂含量较高，一般需要一定时间的熟化过程，以挥发掉低沸点的有机溶剂，才能泳涂工件。

助溶剂可改善树脂的水溶性及漆膜的表面状态，同时可以调节涂料的黏度，提高涂料的稳定性，它的含量是电泳涂装的重要工艺参数之一，必须控制在工艺范围之内。通常阴极电泳槽液中助溶剂的含量控制在 2%～5%。助溶剂含量偏高时，漆膜臃肿、过厚、泳透力和破坏电压下降，再溶现象加重。助溶剂含量偏低时，槽液的稳定性变差，漆膜干瘪，膜厚与泳透力降低，同时树脂溶解性变差，树脂容易析出。

助溶剂因蒸发而减少，尤其当超滤时，助溶剂会随渗滤液排出损耗一部分，故在实际生产过程中要定期检测与补加调整。另外，新配制的槽液中原漆带入的有机溶剂含量较高，一般在槽液的熟化过程中，挥发掉低沸点的有机溶剂，或者超滤排掉一部分渗透液，以降低电导率和助溶剂的含量。

由于助溶剂的检测需要气相色谱仪等设备，操作也较为烦琐，因此中小型厂家一般只凭经验添加，助溶剂的含量很难控制在稳定的工艺范围内，产品质量不稳定。笔者经过大量的试验总结出了一种测定助溶剂含量的方法，可供参考：

对于改性环氧型阴极电泳漆，取 20mm×60mm 的不锈钢板，在槽液温度为 23℃，工件电压为 150V，时间为 1.5min 下电泳涂膜，由于助溶剂具有挥发性，故样板经电泳清洗后立即测试。用右手大拇指与食指稍用力捏电泳涂膜，当有黏感，并且捏后留有手纹，用手擦不掉，此时助溶剂在工艺范围之内；当有手纹，且有拉丝现象并且手指粘有少量漆膜，此时说明助溶剂含量偏高；当无黏感，并且捏后无手纹时，说明溶剂含量过低。

（5）电导率

在电泳涂装工艺中，工作液、UF 液、极液和所用纯水的质量都用电导率表示，其单位为 μS/cm。

电泳工作液的电导率与工作液的固体分、pH 值、工作液的温度和杂质离子的含量等因素有关，其大小对于电泳涂料的稳定性、涂层质量和涂料的泳透力等有直接影响。电泳涂料的品种不同，相应电导率工艺范围不同。

电泳涂料的电导率增大，沉积量增大，沉积速度加快，伴随膜厚和电流密度增加。电导率过大，由于电解加剧，分散性变差，击穿电压降低，导致涂膜出现针孔、水痕、流平性差、光泽降低、附着力低、外观不好等缺陷，涂膜质量下降，甚至难以形成完整的涂膜。电导率下降，伴随膜厚降低、均一性不良。因此控制槽液的电导率在正常工艺范围内至关重要。

实践表明，在槽液电导率较高时，可选择低电压，同时减少电泳时间，降低槽液温度，防止电泳漆膜既粗又厚，产生针孔、橘皮等不良现象。电导率较低时，可选择高电压，延长电泳时间，提高槽液温度，从而提高电泳漆层的厚度、分散能力和亮度等。

在电泳涂装过程中，影响电导率的主要因素是带入电泳工作液的杂质离子，主要包括由被涂物经前处理带入电泳工作液、由补给水带入、电极溶解产生有害离子三条途径，主要离子为 Na^+、Fe^{2+}、Ca^{2+}、Pb^{2+}、Cl^-、NO_3^-、PO_4^{3-} 等。

若因电泳工作液中杂质离子超过其许可程度，导致工作液的电导率超过规定值的上限时，可外排 UF 液，补给纯水即可。由 pH 引起的电导率偏高，可通过排放阳极（阴极）液来调整。若电泳工作液的电导率偏低，可通过补加电泳涂料原液、调整助剂等解决。

（6）电泳电压

电泳电压分为工作电压、破坏电压和临界电压。在工作时，能获得优良外观与规定涂膜厚度时的电压值，称为工作电压（简称泳涂电压）。工作电压有一定的范围，当超出工作电压上限一定值时，电极上反应加剧，产生大量气体，使沉积的涂膜炸裂、击穿，绝缘膜层被破坏，产生异常附着，这一电压称为破坏电压。低于工作电压下限某一值时，几乎泳涂不上漆膜（或沉积与再溶解涂膜量相抵消），这一电压值称为临界电压。工作电压应介于破坏电压与临界电压之间。

电压对涂膜的影响很大，随电压升高，电沉积速度加快，泳透力提高，涂膜增厚。这是因为当电压升高时，电场强度增加，电泳工作液中带电粒子的泳动、沉积速度也加快。但电压过高，电解反应加剧（逸气增多），气泡增多，造成涂膜过厚、粗糙有针孔、烘干后有橘皮、臃肿等疵病。电压过低，电解反应变慢，电沉积量减少，漆膜变薄，泳透力降低，内腔和夹缝处涂膜太薄甚至无涂膜。

在连续式阴极电泳流水线上，有带电入槽、全浸带电和初期电压控制的阶段带电等方

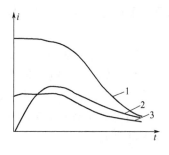

图 5-5　带电方式对电流影响
1—全浸带电；2—带电入槽；
3—阶段带电

式。三种带电方式电流随时间关系见图 5-5。对于大工件如果采用全浸后供电，开始有一个很大的冲击电流，电解剧烈，容易产生针孔等弊病，因此该带电方式更适合于小工件生产。采用带电入槽给电方式，可以避免全浸带电初始的冲击电流，但涂层在运动中沉积，工件入槽过程中，由于速度不均匀、电流变化不连续、工件通电时间不相同等原因容易出现阴阳脸，在入槽部位由于泡沫黏附沉积，容易失光、多孔。因此像汽车车身这样的工件，涂装面积大，涂层质量要求高，上述两种带电方式都难以满足要求，多采用初期电压控制或阶段带电方式。如起始 15～30s 采用低电压，随后徐徐升到工作电压，这称为"软启动"。随着控制设备的智能化，在设计上，工件电压最少分两个区域：约 1/3 的阳极板为第一区段，该区段控制在工作电压的下限值，电压低有利于提高涂膜质量。约 2/3 的阳极板为第二区段，该区段控制在工作电压的上限值，电压高有利于提高泳透力，使工件内腔涂上漆从而保证其防腐蚀性。也有分 3～6 个区域的，电压分布以阶梯式升压为佳。

电压的选择与电泳涂料的类型、被涂工件的材质、表面积大小、阴阳极之间的距离、工作液的固体分、槽液温度等有关。尤其对那些表面几何形状复杂、表面积较大的工件，欲获得一定厚度的均匀电泳涂膜，必须通过试验来确定。在保证涂膜厚度及泳透力的前提下，应采用尽可能低的电压进行沉积。

对于阴极电泳涂料，根据所用树脂类型不同，其工作电压的工艺范围不同。如改性环氧树脂型一般控制在 80～350V，对于丙烯酸型或聚氨酯型一般控制在 20～100V。为获得高泳透力、高耐蚀性涂层，电泳底漆的施工电压呈升高趋势。

（7）电泳时间

电泳时间是指被涂物浸在工作液中通电（成膜）时间，通常限定在 2～4mim。时间一旦设定，将不再变动，除非有提高或降低生产线速度的需要。

电沉积量与电流随时间变化见图 5-6。刚开始电泳阶段，被涂件完全裸露为良导体，电流很大，电沉积速度较快，膜厚迅速增加（一般为 1min 之内）；由于电泳涂层为绝缘体，当膜厚达到一定厚度时，极间电阻显著增大，相应的电泳涂层表面与工作液间的电位差降低，电极反应趋于缓和，故电流急剧下降，最终只呈现残余电流，并趋于一个稳定的电流值（一般为几安培，甚至几乎为零），沉积反应基本停止，此时膜厚趋于稳定（一般为 1.0～1.5min）。但此时涂膜水分含量较高，直接烘烤固化，由于大量溶剂快速蒸发，容易造成气孔，适当延长时间，一般为 1.0～1.5min，使涂层发生电渗过程，降低湿涂层含水量。当涂层达到一定的厚度，继续延长电泳时间，就可能导致电泳涂膜出现再溶解现象，涂层出现失光、粗糙、橘皮、针孔等。

图 5-6　电沉积量与电流
随时间变化曲线
1—电沉积量时间曲线；
2—电流时间曲线

在工艺范围内，随电泳时间的增长，膜厚与泳透力提高，适当提高泳涂电压可缩短电泳时间，达到同样泳涂膜厚。若时间太短，膜厚不足，影响其涂膜性能。对于结构形状复杂的工件或击穿电压较低的镀锌钢板，电沉积时间可酌情延长，以保证较高的泳透力和膜厚。

电泳时间的长短与电压、固体分、涂料类型、工件形状等有关。必须严格控制在其工艺范围之内,电泳底漆(如改性环氧树脂电泳涂料)实际通电时间一般为 2～3min,丙烯酸和聚氨酯等阴极底面合一或电泳面漆一般控制在 20～120s。

(8) 槽液温度

槽液温度是指被涂物浸在槽液中通电(成膜)时的温度,为保证泳涂质量与槽液的稳定性,必须将槽液温差控制在 ±1℃ 的范围内。长时间停产时一般槽液温度控制在 20～25℃。在正常连续生产状态下,槽液的温度一般处于上升状态,故大部分时间是对槽液进行冷却。在寒冷地区的冬季(尤其是北方),间歇式生产状态下,开工前温度一般较低,需要升高槽液温度。阴极电泳槽液一般控制在 (27±1)℃ 范围内。

槽液温度对涂膜的厚度、槽液的稳定性等有很大影响。随着槽温度的升高,漆液黏度降低,涂料粒子的布朗运动加快,电阻降低,电泳电流密度增大,泳透力降低,涂膜增厚,同时槽液温度高了,易使有机物的水溶液变质加速,加剧溶剂的挥发,不利于电导率控制和槽液的稳定性。当槽液温度较高(>35℃)时,电沉积过程中电解作用加剧,电泳涂膜易出现针孔、橘皮等缺陷,若时间过长,树脂分子易产生氧化聚合、交联、水解等化学变化,致使稳定性变差,槽液极易产生老化变质、凝聚结块沉淀现象,易堵塞管道和过滤装置,并使涂层力学性能下降。温度过低(<15℃),对槽液的稳定性有利,涂料的水溶性降低,漆液黏度大(被涂物面的气泡不易排出,易产生厚薄不均、针孔等疵病),电沉积量减少,涂膜较薄,易产生涂膜粗糙、光亮性与丰满度不好等缺陷。

连续生产时,在通电电泳、电解、电沉积过程中,部分电能转化为热能,循环搅拌时机械摩擦产生的热量,以及夏季周围环境温度的影响等,容易使槽液温度上升。间歇式生产时,冬季工作前(尤其是北方),温度一般较低,需要升高槽液温度。为使泳涂质量稳定,必须将槽液温度控制在 ±1℃ 的波动范围内。

为此,在生产现场必须严格管理电泳槽液温度,及时调整与维持其在正常工艺范围内。调温系统由平板式或列管式热交换器、循环泵与管路、温水加热器、冷水槽、冷却塔、温度自动控制器、调节阀等组成,可单独运行,也可与循环搅拌系统共同组成循环搅拌、控温系统。由于大部分时间需要降温,因此大型电泳涂装生产线需配备冷冻机组等辅助设备,对于投资较小的单位,也可以用循环地下水冷却。

(9) 搅拌

由于电泳涂料施工黏度很低,颜基比较大,涂料静置时颜料及填料易沉淀,水平面由于颜料的自然沉降导致涂膜光泽度降低,形成"阴阳脸",因此被涂面处槽液流速维持在 0.1m/s 左右;电泳过程中,由于电解等原因,被涂面上产生气体和热量,搅拌可防止气泡停在漆膜中,并保持温度均匀。因此,为确保得到优良的电泳涂膜的外观质量,维护槽液的稳定性,不论正常施工,还是节假日,都不能停止搅拌。长时间停止电泳时,可采用间歇搅拌,如搅拌半小时,停止 1h。为防止长时间停电,车间必须配备发电设备。

搅拌包括内循环与外循环搅拌。内循环采用浸入式混流搅拌器,外循环采用离心泵使涂料以一定压力从设在电泳槽底部的喷嘴喷出,对槽液起到搅拌作用。外循环搅拌是最常用的搅拌方式,在外循环系统中应串联磁性过滤器和圆筒过滤器,以除去磁性微粒和机械杂质。圆筒过滤器的滤网采用约 100 目的不锈钢丝或尼龙丝网,漆液通过滤网流速为 2～3m/min,最大压力损失为 0.05MPa。目前在外循环系统中,往往将超滤器、热交换器联合设置。

搅拌强度通常为电泳槽容量的 4～6 倍/h,对于像汽车车身这样的大件,可控制在 10～

15 倍/h，管路中涂料的流速应达到 2～3m/s，且不应设经常关闭的旁路系统。

（10）极间距和极比

极间距是指电极与被涂物之间的相对距离。对于阴极电泳涂装而言，是指阳极与阴极（被涂物）之间的距离。极比是指相对电极面积与被涂物表面积的比值。对于阴极电泳涂装而言，是指浸入电泳工作液的阳极板面积与阴极（被涂物）表面积的比值。

极间距与极比对电泳涂膜的电沉积效率、厚度、外观等有直接影响。极间距过小，极间电阻下降，产生局部大电流，沉积效率高，膜厚增加，易发生涂膜破坏（针孔、流挂、橘皮等），对于形状复杂件易产生涂层不均匀。相反，极间距过大，极间电阻加大，涂着效率就差，膜厚减小，泳透力下降，局部甚至无涂层。故必须控制适当的极间距离，一般控制在 200～800mm。极间距因涂料品种与工件的形状而异，工件形状简单的可适当减小，反之应适当加大，以得到均匀的涂层。对于较大的工件，必要时可设置辅助阳极，以达到合理的极间距范围。另外，带电入槽时，从被涂物入槽部位到第一个阳极的距离短的话，易产生涂膜阶梯、颗粒等弊病。

极比过大，被涂物表面易产生异常电沉积，沉积出的涂膜厚且粗糙，附着力也降低。相反，极比过小，电沉积效率降低，涂膜变薄，泳透力也低。阴极电泳极比一般控制在 4：1～5：1，阳极电泳极比为 0.5～2：1。铝阳极氧化的工件表面进行阴极电泳涂装时，极比控制在 1：1 效果更佳。

（11）库仑效率

有两种定义：①每通过 1C 电量时沉积出漆膜的质量，称为涂料的库仑效率，又称电效率，单位为毫克/库仑（mg/C）；②沉积 1g 固体漆膜所需电量的库仑数。单位为库仑/克（C/g）。

电泳涂料的库仑效率是表示涂膜生长难易程度的值，涂料的库仑效率越高，需要沉积出一定质量漆膜所消耗的电量就越小。阴极电泳涂料的库仑效率为 28～35mg/C，阳极电泳涂料的库仑效率为 15～20mg/C。

库仑效率是电泳涂料重要的特性之一，可采用库仑计测定与计算。

（12）泳透力

在电泳过程中使被涂物背离电极（阴极或阳极）的部位（内腔、凹面、缝隙处等）泳上涂膜的能力称为泳透力。也就是说，使结构形状复杂的工件全部表面均匀涂上漆膜的能力。也表示电泳涂膜在膜厚分布上的均一性，故又称泳透性。泳透力的高低直接影响电泳涂装生产效率和其涂膜的防腐性，故它是电泳涂料的重要特性之一。

电泳涂料本身的特性，如湿涂膜的比电阻、树脂类型、分子量高低、涂料配方等是影响泳透力的主要因素。泳透力与电泳槽液的电导率和湿涂膜比电阻的大小有关，电泳工作液的电阻越小，而电沉积出湿涂膜的电阻越大时，其泳透力越高。相反，若电沉积出湿涂膜的电阻较小，则电沉积过程中电场强度就很少移动，结果在被涂物靠近阳极（或阴极）的外表面电沉积出局部过厚的涂膜，而背离阳极（或阴极）的工件内表面还不能均匀涂覆，防腐蚀性能受到影响。

泳透力与电泳涂装的工艺条件也有关系，一般来说，泳透力与电泳电压、时间及涂料固体分成正比，与工作液的 MEQ、温度及极间距成反比。

在电泳涂装中采用泳透力高的涂料可以使结构形状复杂（内腔、凹面、缝隙处等）的工件在不加辅助电极时，就能获得较均匀的涂膜，这既节省了涂装过程中装卸辅助电极的工作量，又大大提高了电泳涂膜的防腐蚀能力。阴极电泳涂料的泳透力一般在 75%～90% 以上，阳极电泳涂料的泳透力较低，一般不超过 70%。

泳透力的测定方法很多，有钢管法、间隙法、福特盒法和四枚盒（4BOX）法等，目前国内常用的是"一汽钢管法"，它是在伏特盒法的基础上改进而制定的电泳工作液的泳透力测量法。

一汽钢管法测定泳透力的装置如图 5-7 所示。

将一 ϕ20mm × 300mm 的钢管（或塑料管）浸入装满漆液的圆漆筒中（ϕ230mm × 250mm），将一 20mm × 300mm 的不锈钢片，插入钢管或塑料管（当涂料泳透力较小时，采用塑料管）中，按照规定的施工条件电泳 2～3min。取出钢片，用水冲洗，烘干。钢片按涂层的质量可分为 A、B、C 三段，A 段为正常沉积区，B 段为过渡区，C 段为无沉积区。把 $A+B/2$ 叫该条件下漆膜渗入高度，钢管内径不同，电沉积漆膜的渗入高度各异，二者成反比关系。管径大小选择，以已有的泳透力最高的涂料电沉积时漆膜渗入高度为浸入管长的一半为原则。

图 5-7　钢管法测定泳透力的装置

$$泳透力 = \frac{A+B/2}{150} \times 100\%$$

管子插入漆液为 150mm。管状法对测定泳透力较高的涂料比较有效。

图 5-8　平行板法测定泳透力装置

另外，还有平行板法。平行板法是利用多层板电极，其中所有的板都是平行的。实验时可用 5 块 150mm × 150mm 的钢板，试样彼此间隙为 1mm，整组试样与辅助电极平行，中心试样离阴极 30mm，如图 5-8 所示。接通电源电泳 3min 后取出来，烘干后称重。按下式计算每块板的平均沉积量：

$$平均沉积量 = \frac{每块板之沉积量/五块板之沉积量}{5} \times 100\%$$

泳透力以 5 块极板的平均沉积量的相近程度来评定，越接近，泳透力越高；越远，泳透力越低。

（13）最大电流值

一般来说，最大电流值与工作液的固体分、MEQ、助溶剂含量、槽液温度及电泳电压成正比，与工作液的灰分（颜基比）成反比。若最大电流值过高，所得涂膜质量变差，涂膜易产生橘皮、粗糙、火山口等疵病，甚至漆膜破裂。故在保证涂膜质量的前提下，尽量降低最大电流值。

5.6　阴极装饰性电泳涂装工艺

阴极装饰性电泳涂装可获得无色透明涂层、彩色透明电泳涂层、各种亚光涂层及适于户外使用的各色电泳面漆、底面合一涂层等。电镀层或表面经过抛光、拉丝、氧化膜后，电泳阴极无色透明或彩色透明涂膜可减小金属镀层厚度，但仍可维持同样或更长使用寿命，甚至可取代镀金,大大降低生产成本。可简化或取消电镀流程,缩短生产时间,降低电镀成本,减少电镀废水排放。例如,在锌、铝、铝合金等基材上,不必镀铜及镀镍打底,经适当的前处理后,可直接电泳仿金色、金色等有色电泳涂料,可获得电镀金的装饰效果。进一步提高工件(镀层)的防腐性能、体现更为美观、多色调、华贵典雅的装饰效果。仿电镀电泳涂料取代了部分电镀工艺,获得了巨大的经济效益。如仿亮镍、仿金、仿银、仿铜等仿电镀电泳涂料已成功应用于生产。底面合一(彩色)的涂装工艺减少涂装的处理工序,降低涂装对环境的污染。

20 世纪 80 年代,阴极装饰性电泳涂装主要应用在眼镜架、家用五金、文具等装饰性产品上,被称为"彩色电镀";20 世纪 90 年代,开始应用在建材、家用电器、金属饰品、照相器材等领域;21 世纪,功能性电泳涂装在电子、信息等高科技产品上得到应用。目前装饰性电泳涂装已在材料表面处理领域中得到迅速发展,广泛应用于汽车零部件、摩托车配件、自行车零件、灯饰等。例如,自行车采用装饰性阴极电泳,可以实现多彩的金属外观和多种装饰效果,兼具防锈、耐冲击、耐酸碱、不黏附等优越的性能,可实现由交通工具演变为娱乐和运动工具。建材、五金采用电泳涂装可获得耐久、耐腐蚀和装饰性涂层,尤其是利用低温紫外线固化工艺或光亮彩色电泳工艺,可轻松解决材料表面处理的种种难题。电泳涂装的丰富色彩和各种外观效果不仅可以体现眼镜架的时尚新潮,还可以满足金属眼镜架耐汗水、防镍过敏等性能上的要求。尤其是 21 世纪推崇的轻质、耐腐蚀、柔韧性优越的钛金属眼镜框架,与阴极装饰性电泳涂料的高结合力、多彩、耐汗水、高耐磨性等出色性能融合,使金属眼镜达到完美境地。底面二合一(彩色)电泳涂料与含氟树脂润滑性的电泳涂料在耐蚀性和耐候性方面大大超出传统环氧树脂电泳涂料,同时增加了装饰性,使汽车等产品更具表现力。

同一颜色透明彩色电泳涂料,用在不同金属或电镀层上,会出现深浅不同的色差,涂层厚度、颜料或染料含量直接影响涂膜的色泽,透明彩色电泳涂料不能遮盖金属底层的瑕疵,相反不透明彩色电泳涂料可略微遮盖金属底层的瑕疵。钢铁工件闪镀银再做金色电泳涂层,可获得真金效果;铜色电泳涂料可直接涂在抛光良好的锌合金表面,或钢铁件光亮镀锌表面;透明彩色电泳涂料应用在锌合金、铝合金等材料时,表面必须抛光良好;应用在钢铁等材料时,必须先电镀光亮镍或锌。相反不透明电泳涂料金属底层不需电镀打底,只需略微抛光即可。

(1)"金属电镀层+透明无色或透明彩色电泳涂膜"组合电泳涂装工艺

① "贵金属镀层+透明电泳涂膜"组合电泳涂装工艺 典型工艺流程:

化学除油→水洗→电解除油→热水洗→水洗→活化→水洗→预镀镍→回收→水洗→活化→水洗→光亮酸铜→水洗→活化→水洗→光亮镍→回收→水洗→活化→水洗→镀银(薄金、仿金、K 金、枪色)→回收→水洗→纯水洗→透明电泳→回收→水洗→纯水洗→助洗→预烘→干燥固化。

该工艺可减小贵金属镀层厚度,但仍可维持同样或更长的使用寿命,甚至可取代镀金,大大降低生产成本。可采用丙烯酸树脂型、聚氨酯树脂型与丙烯酸聚氨酯树脂型阴极电泳涂料。为防止镀银(薄金、仿金、K 金、枪色)层氧化变色,电镀后立即做透明电泳处理。

② 亮白色高锡青铜工艺流程

钢铁件→磨光→除油→除锈→中性镍→光亮酸铜→白色高锡青铜→透明电泳→烘干→成品。

亮白色高锡青铜可作为镍的代用镀层（或称为无镍镀层），凡是销往欧洲市场的有镍镀层的产品，都采用此工艺。

③ "电镀层＋透明彩色电泳涂膜" 组合电泳涂装工艺

a. 金色电泳

钢铁或不锈钢工件→化学除油→水洗→电解除油→热水洗→水洗→活化→水洗→预镀镍→回收→水洗→活化→水洗→光亮酸铜→水洗→活化→水洗→光亮镍→回收→水洗→活化→水洗→闪镀银→回收→水洗→中和→水洗→纯水洗→金色电泳→回收→水洗→纯水洗→助洗→预烘→干燥固化。

b. 青铜色电泳

磨光（抛光或滚光）→上挂具→阴极电解除油→水洗→酸洗→水洗→镀锌→水洗→纯水清洗→青铜色电泳→回收→水洗→纯水清洗→助洗→吹风（预备干燥或晾干）→烘烤→下挂具→品检→包装。

该工艺采用阴极聚氨酯电泳涂料，颜料为黄：红＝2.5：1，电压为 30V，时间为 30s，烘干条件为 160℃/30min。由于金色电泳为透明色，钢铁件表面粗糙，颜色发暗，故直接在钢铁件上金色电泳，不能得到 K 金的颜色。钢铁件经镀锌后直接青铜色电泳，可简化电镀流程，缩短生产时间，降低电镀成本，从而减少电镀废水及其处理成本。

（2）电泳不透明颜色（如光亮黑、亚光黑、白色、亚白色、绿色、乳白色、灰色等）

典型工艺流程：

磨光（抛光或滚光）→上挂具→阴极电解除油（或超声波清洗机除油）→水洗→中和→水洗→表调→磷化→水洗→纯水清洗→电泳（不透明颜色）→回收→水洗→纯水清洗→助洗→吹风（预备干燥或晾干）→烘烤→下挂具→品检→包装。

当涂层的耐腐蚀性要求不很高时，表调、磷化与水洗工序可以省略，这样更有助于电泳槽液的管理维护。

（3）"（转化膜、抛光、拉丝或丝印等）＋透明无色或透明彩色电泳涂膜" 组合电泳涂装工艺

典型工艺流程：

① 电泳咖啡色

磨光（抛光或滚光）→上挂具→阴极电解除油→水洗→中和→水洗→表调→磷化→水洗→纯水清洗→透明咖啡色电泳→回收→水洗→纯水清洗→助洗→吹风（预备干燥或晾干）→烘烤→下挂具→品检→包装。

② 铜的仿古效果

铜表面转化膜（主要是黑、褐、绿等）→凸出部分轻度抛光→超声波清洗→水洗→纯水清洗→透明电泳→回收→水洗→纯水清洗→助洗→吹风（预备干燥或晾干）→烘烤→下挂具→品检→包装。

③ 锌（铝）合金压铸件电泳珠光镍

拉丝→除油→水洗→纯水洗→电泳珠光镍→回收→水洗→纯水洗→吹风→烘干。

对于铜的仿古工艺，先在零件的表面生成各色的转化膜，再对零件凸出的部分进行轻度抛光，磨去转化膜，露出铜的基体，而凹下的部位因抛不到而保留膜层，然后再做透明电泳处理，进行增加光泽、耐磨、防腐、防变色等保护。这样，可使零件表面立体感与产品附加值大为增加。

对于锌合金件，若锌含量高，则颜色偏暗，所得珠光镍色泽不良。为得到珠光镍色泽，需增加铝的含量，使色泽变白。

（4）"塑料电镀层＋彩色电泳涂膜"组合电泳涂装工艺

典型工艺流程：

① "塑料电镀层＋透明彩色电泳涂膜"

上挂具→除油→水洗→亲水→粗化→水洗→中和→水洗→预浸→催化→水洗→解胶→水洗→化学镀镍→水洗→酸活化→闪镀铜→水洗→酸活化→酸性镀铜→水洗→酸活化→水洗→镀光亮镍→回收→水洗→纯水洗→透明彩色（金色、枪色、粉红色等）电泳→回收→水洗→纯水洗→助洗→预烘→干燥固化。

② "塑料电镀层＋不透明彩色电泳涂膜"

上挂具→除油→水洗→亲水→粗化→水洗→中和→水洗→预浸→催化→水洗→解胶→水洗→化学镀镍→水洗→酸活化→闪镀铜→水洗→纯水洗→不透明彩色（如光亮黑、白色等）电泳→回收→水洗→纯水洗→助洗→预烘→干燥固化。

采用紫外线（UV）固化型阴极电泳涂料，以避免因烘干温度过高，造成镀层起泡脱皮、塑料件变形等疵病。

（5）花色处理

双色、柔光、立体浮雕、渐变色或自然花色等花色处理，使产品表面五彩缤纷，图案、花样、文字、商标等更醒目，对消费者具有相当的吸引力。

花色表面处理必须把电镀工艺、涂装技术、丝网印刷、着色与染色、转化膜、机械加工等表面装饰的品种和花样有机地结合起来。

① "电镀双色或浮雕＋彩色电泳涂膜" 典型工艺流程：

a. "金银双色＋透明电泳涂膜"

超声波除油→水洗→电解除油→热水洗→水洗→活化→水洗→中性镍→回收→水洗→活化→水洗→光亮酸铜→水洗→活化→水洗→光亮镍→回收→水洗→活化→水洗→镀金→清洗→丝网印刷→褪金→清洗→活化→清洗→镀银→清洗→褪除油墨→水洗→纯水洗→透明电泳→回收→水洗→纯水洗→助洗→预烘→干燥固化。

b. "不锈钢化学刻蚀浮雕＋彩色电泳涂膜"

超声波除油→清洗→活化→清洗→电解除油→清洗→干燥→丝网印刷→彩色电泳→烘干→褪除油墨→清洗→化学刻蚀→清洗→罩光涂饰→烘干。

工件首先镀上一种色泽的镀层，然后丝网印刷，使工件表面一部分被丝印油墨遮盖，未遮盖部分镀上另一种镀层或经着色等其他处理，形成双色。同样道理，浮雕工艺也要借助丝网印刷遮盖一部分表面，未遮盖部分镀厚铜或厚镍，使之凸出表面形成浮雕。也有用化学刻蚀的工艺使未遮盖部分凹陷而表面形成浮雕。

② "转化膜＋机械加工＋透明电泳涂膜" 黑白双色工艺流程：

钢铁圆柱形外套工件发蓝→磨光→超声波清洗→水洗→纯水洗→透明电泳→回收→水洗→纯水洗→助洗→预烘→干燥固化。

采用外圆磨床把外套表面凸出部分磨掉，露出金属基体表面，凹陷部分仍为发蓝色泽，在后序加工时，避免破坏发蓝膜。

③ 渐变色或自然花色的电泳涂装工艺　在电泳涂装过程中使工件有规律或无规律地提升或下降，或者有规律或无规律地升高或降低电泳槽液面，从而使工件部分或全部有规律或

无规律地露出液面，使涂料有规律或无规律地沉积在工件上，进而改变工件上沉积膜层的厚度与电阻，在工件表面不同区域实现色彩渐变或自然花色效果。通过工件表面被涂装部位与电解液液面的相对位移，使工件表面被涂装部位涂装上单色、双色、多色、单色渐变、双色渐变、多色渐变或自然花色。从而满足为了提升产品的装饰性，而在产品表面形成不同颜色、不同图案的外观要求。

（6）"电泳底漆＋喷彩色面漆"组合电泳涂装工艺

电泳底漆具有较高的防腐蚀性，喷涂金属闪光漆、珠光漆、弹性（橡胶）漆等具有色彩多样化的装饰效果与功能效果，二者相互结合，达到防腐、装饰与功能的完美境界。

5.7　电泳涂装的后处理

（1）水洗

水洗的目的在于除去工件在电泳涂装过程中由于浸渍而黏附在漆膜表面的浮漆，以防止漆膜出现花脸，同时防止黏附的浮漆对漆膜有再溶现象。

水洗包括超滤水洗和去离子水洗。目前超滤水洗工艺主要采用二级循环超滤水洗或一级超滤水洗，前者适用于大批量流水线生产，后者通常用于小批量间歇式生产。二级循环超滤水洗系统见图 5-9。

也有的在溢流槽上方设置喷嘴，工件离开电泳槽前，将大部分浮漆冲回槽中，大大减轻其他水洗工序的负担。

因为超滤水中含有溶剂、小分子助剂和无机盐离子，因此还必须用去离子水将涂层表面的超滤水洗净。一般采用一道循环去离子水洗，一道纯去离子水洗。在水中添加 0.5%～3% 的表面活性剂，对改善漆膜外观、增加光洁度、克服水痕等均有好处。

图 5-9　二级循环超滤水洗系统
1—超滤器；2—电泳槽；3—第一级超滤水冲洗设备；
4—第二级超滤水冲洗设备；5—去离子水冲洗设备

按工件清洗方法不同，水洗方式有浸渍水洗法、喷淋水洗法、喷浸结合法三种。清洗中需注意：

① 根据被涂物的结构及对涂膜装饰性要求选择清洗次数和方式　像汽车车身那样复杂的被涂物则需选用 6 道工序以上的喷、浸结合式的清洗工艺；结构较简单，无内腔结构的被涂物可仅选用喷式清洗工艺。对涂膜装饰性要求较低的被涂物（如汽车车身下部件等），则可清洗 1～2 次。

② 清洗时间　在槽上（含溢流槽）清洗，工件出槽就马上冲洗，保持工件湿润，不使表面沾污和干结。喷洗时间 10～30s（置换清洗液）；浸洗时间：浸入即出，在槽上的输送链的水平段上不要求过长。

③ 沥液时间　槽上清洗后，到第一道循环 UF 液清洗之前的沥液时间≤1min；新鲜 UF 液和新鲜去离子水清洗之前只需 10～20s 沥水时间；其他各清洗工序之间的沥液时间应为≥1min。

④ 应注意消泡问题　由于槽液本身易起泡，因此含有槽液的清洗液在喷淋清洗时易产生泡沫，喷射压力应调整到（0.5～1.2）×10^5Pa，压力过高易造成清洗液起泡或湿涂膜脱

落疵病。浸洗槽的溢流槽应设在进口端，以确保被涂物出槽时不带泡沫。清洗液的落差要小，排放管应接到液面下，可采用消泡专用喷嘴。设计和选用喷嘴类型和设备结构时优先选用产生泡沫最少的。

⑤ 为保证清洗质量，泵和喷嘴之间应安上过滤器，浸洗液每小时要过滤 2～3 次，过滤精度大于 25μm。冲洗液流量为 15～20L/(m²·min)。新鲜 UF 液和去离子水的清洗供给量为 1.2L/(m²·min) 左右。

⑥ 后清洗设备（泵、管路、过滤器、槽子和壳体等）必须用不锈钢或惰性材料制造。如槽子和壳体等用碳素钢钢板制造，则需经高质量的喷砂处理，涂耐化学药品的环氧层（或衬里）。

⑦ 一般使用立式泵，也可用卧式泵，但后者需要水密封。喷管设计应考虑在不生产时能排净管中的液体。

⑧ 新鲜 UF 液、循环 UF 液无论在生产和不生产场合均逆工序方向流回电泳槽，在槽上进行冲洗，其回收 UF 液量应少于 UF 装置的输出流量 8～12L/min。

⑨ 喷嘴可采用莲蓬头形或螺旋形，喷嘴与工件的距离为 250～300mm，喷嘴之间的距离为 200～250mm。

⑩ 为避免各级清洗室之间串液，在各清洗室之间设置一定间隔，通常为工件高度的1.5～2 倍。

⑪ 有的在溢流槽上设置喷嘴，工件离开电泳槽前，将大部分浮漆冲回槽中，大大减轻了后序水洗的负担。

⑫ 在所有进入电泳槽和后清洗槽的纯水、自来水和 UF 液管路上可安装止回阀，以防虹吸倒流串液。

⑬ 为防止清洗水中的电泳涂料凝固沉淀，应增加冲洗水的循环次数，设计时水槽容积不宜过大，可取水泵每分钟流量的 0.8～1 倍。也可在水洗槽内增设搅拌装置，一般在水泵出水管处接一支管，引入槽底由喷嘴喷出，进行循环搅拌，每小时的搅拌量可取水槽容积的2～3 倍。此外，还应在支管中安装闸阀调节搅拌流量。

典型封闭式汽车车身电泳后清洗工艺介绍如下。

工艺流程为：电泳主槽→出槽 UF 液喷洗(出槽至清洗的间歇时间≤60s)→UF 液循环喷洗(冲洗 30～40s,沥液≤60s)→UF 液浸洗Ⅰ(全浸没,浸入即出)→UF 液浸洗Ⅱ→新鲜 UF 液喷洗(冲洗 30～40s,沥液≥60s)→循环去离子水浸洗(沥液 10s)→新鲜去离子水喷洗(沥液≥60s)。

实现系统封闭，电泳质量较好且易于控制，节省去离子水，电泳涂料利用率高、基本实现零排放。缺点是设备要求高，投资大。

采用喷浸结合方式，以提高车身内表面和焊缝的清洗质量，消除二次流痕。后清洗质量与清洗次数、清洗液的压力和流量、喷嘴的状态和清洗液的清洁程度等有关，在工艺设计时应认真考虑，尤其在生产运行时应将喷嘴调整到最佳状态。喷洗阶段喷嘴压力不宜过大，以免损伤电泳湿涂膜。仅要求防腐蚀性，对装饰性要求不高的汽车底盘等，电泳后清洗工艺可简化，浸洗或冲洗 1～2 次即可。

中小型手动或龙门步进式电泳后清洗工艺介绍如下。

工艺流程为：电泳主槽→UF 液浸洗Ⅰ(全浸没,浸入即出,沥液 10～15s)→UF 液浸洗Ⅱ→自来水浸洗Ⅰ→自来水浸洗Ⅱ→新鲜去离子水浸洗(沥液 10～30s)。

（2）烘干

电泳湿涂膜很软且带有黏性，极易被划伤或碰伤，耐腐蚀性、涂膜硬度、附着力等极差，必须在规定的温度与时间下才能流平固化，得到外观与力学性能均优良的涂膜。

当被涂工件的湿膜表面上（尤其是水平面、盲孔和夹缝中）有积水或水珠（滴）时，在烘干固化时水滴先沸腾，损伤湿涂膜，易产生水痕，影响涂膜的平整度与外观。为提高并保证电泳涂膜的外观质量，在清洗后烘干前可设置沥水、晾干、预加热等工序。晾干室一般为30～40℃，晾干时间为5～10min，在进烘干室前，可采用60～100℃，预备干燥10min，先把涂膜表面的水滴烘干后，再进烘干室干燥固化。

烘干温度与时间对电泳涂膜的固化至关重要。若低于规定的烘干温度与时间，涂膜未干透，不能固化，严重影响其性能，如涂膜的附着力、耐腐蚀性、抗石击性、耐崩裂性等较差，并严重影响后序中涂和面漆的涂装质量。若烘干温度过高，保温时间较长，易产生过烘干，涂膜光泽性不好（失光）、涂膜脆性大易脱落、附着力差、抗冲击强度差等疵病。

品种不同的电泳涂料烘干条件不同，应根据供货厂家推荐的工艺规范、被涂物的大小和试验来确定。工艺规范中的烘干温度是指工件温度，烘干时间不包含升温时间，仅为保温时间。

正确评估电泳涂膜的干燥程度，对确保涂装质量十分重要。在生产现场，涂膜出烘干室时处于热态、不冒烟、不黏，涂膜已基本干透。若粘手，说明烘干条件不足，湿膜仍未干透；若发黄，说明烘干温度过高或时间过长，出现了过烘干现象。

检测电泳涂膜干燥程度的最可靠方法是用溶剂擦拭法。工件在电泳涂装后，烘干并冷却至常温，用镊子夹起脱脂棉球浸渍甲基异丁基酮（丙酮、甲乙酮或异丙醇），在该工件表面上进行擦拭，施加压力约9.8N，往复擦拭距离5cm为1次，共10次。检查脱脂棉球有无粘色，被擦拭表面干燥后与未擦拭表面比较有无失光。以脱脂棉球未粘色，被擦拭表面无失光为合格。

（3）品检

主要包括涂膜的外观（光滑、致密、色泽、平整性等）、厚度、柔韧性、冲击强度、附着力、杯突性、耐酸性、耐碱性、耐盐雾性等。

5.8　电泳涂装管理

为确保生产的正常进行、获得稳定的涂装质量，必须进行严格的科学管理，工程管理人员必须具有丰富的现场经验，以应对突发的问题，同时做好记录。主要包括投槽、生产现场管理、槽液维护三个方面。

（1）投槽

投槽包括设备功能试验→设备清洗→槽液配制→槽液熟化与检测→试涂装→试生产→小批量生产→大批量生产。

新建电泳涂装生产线投槽是电泳涂装工程中最关键的工作之一，必须做好充分准备、认真组织与对待、精心安排、保证质量。当设备空车调试完成，所需原材料、相关技术人员、相关负责人、操作人员、试验工件等全部到位后，由用户组织电泳涂料供应商、生产线承建单位、设备制造厂家等有关人员成立电泳线投槽工作组，商定详细工作计划，分工明确，责任到人，各司其职，分头准备。

① 设备功能试验　又称设备冷调试或设备检查，当设备安装完后先从电气调试（输入软件）开始，检查泵、风机的电动机的转向是否正确，清扫设备和环境，分区加水打压试验，检查有无渗漏部位，并检查循环搅拌系统、过滤器、阳（阴）极系统等管路系统内有无异物，检查喷嘴角度是否正确、热交换系统温控是否正常、UF 系统出口是否全开、烤炉温控是否正确、输送带运行是否平稳等。

加水至满足循环的部位，启动泵连续运转数小时，进一步检查有无渗漏部位、各部件的功能是否已达到招标书和设计图纸的技术要求。

电泳涂装线的设备功能试验是一个复杂又重要的工作，设备质量的好坏直接影响产品的质量，具体的检查项目及内容要根据不同的设备情况适当调整，直到全部设备达到其技术要求为止。

② 设备清洗　各设备功能调试全部合格后，首先将电泳涂装室、输送设备、防尘间、电泳烘干室、前处理设备、水洗设备等彻底擦洗干净，再把周围环境彻底清扫干净。

随后按以下程序清洗电泳槽、备用槽、水洗槽、电极隔膜、UF 装置、补加料设备等，以及它们的循环管路系统。

a. 先卸开难清洗的部件（如阀门的球阀、泵的轴封、极罩等），若有肉眼可显见的油污必须用溶剂洗净，用水冲洗掉尘埃。必须达到表面光洁干净、无油污、无杂物污垢等，再把其组装好。

b. 把槽内的杂物和污垢彻底清除干净，用蘸上溶剂的棉布擦拭槽内及周边，并用水冲洗掉尘埃。

c. 使有关阀门处在工作位置，向电泳槽与副槽加满自来水，启动循环泵和超滤泵（不装滤芯）运行 1～2h 后，停止循环，静止 10min，通过排污阀放掉 2%～5% 的水。

d. 加入总容量 2‰～5‰ 的溶剂，必要时加入 0.5‰ 的冰醋酸或乳酸，若有油污可酌情加入适量的洗洁精，再用自来水补满水位。启动循环泵和超滤泵（不装滤芯）运行 8～20h，在运行中应反复开、闭阀门 5～8 次，以洗净阀门内部。完毕后排放或供清洗备用槽、水洗槽等设备用。清除槽底的污物。

e. 加自来水循环清洗 1～2 次，每次循环 2～8h，在运行中应反复开、闭阀门 5～8 次，以洗净阀门内部。随时进行缩孔检查试验。

f. 用去离子水冲洗槽内及其循环管路。

g. 加纯水至可循环的水位，启动循环泵和超滤泵（不装滤芯）运行 2～8h，取水样测试电导率（必须$\leqslant 25\mu S/cm$）。若不合格，放掉后再次更换纯水，循环与检测电导率。

h. 按工艺配制电泳涂料工作液适量，泳涂样板，浸入新鲜纯水中洗，取出烘干。所得的涂膜外观无缩孔或缩孔个数、大小相同，则判为合格。否则查找原因，对症处理。

③ 槽液配制　新建的电泳设备清洗合格后，在配制前必须先检查全部阀门的开闭状态是否正确，安装好滤网、过滤芯、超滤管（膜）等，检查极罩安设情况，投加极液，检查槽内喷嘴状态，槽内有无遗忘件，有无二次污染等。

阴极电泳涂料的类型不同，其配制方式与操作步骤也不同，详细阅读其使用说明书，或由供货厂家技术人员现场指导。下面列举两例供参考。

例 1　改性环氧树脂黑色电泳底漆的配制
① 先加入电泳槽体积 1/3 的纯水（电导率$< 5\mu S/cm$）。

② 根据电泳槽的体积（包括管道的体积）与配方含量计算各成分的数量。

如已知树脂与色膏的固体分分别为 36% 与 45%，二者的混合比率为 4∶1，电泳槽与管道的总体积约为 650L，配制后槽液固体分为 18%，则配制此槽所需的树脂与色膏量为：

设配制此槽所需色膏的数量为 x（kg），$650 \times 18\% = 4 \times 36\% x + 45\% x$。

$x = 61.9$kg，则所需的树脂的数量为：$4 \times 61.9 = 247.6$（kg）。

③ 在强烈搅拌下，将称量好的树脂乳液快速全部加入电泳主槽中。

④ 向称量好的色膏中加入其 1/5 的纯水，稀释搅拌均匀后，在强烈搅拌下，快速加入电泳主槽中。

⑤ 在强烈搅拌下，慢慢加入纯水，使液面达到规定的液位。

⑥ 开泵循环。

例 2　透明丙烯酸聚氨酯型电泳漆的配制

① 根据电泳槽的体积（包括管道的体积）与配方含量计算所需原漆的数量。

如已知原漆的固体分为 60%，假设电泳槽与管道的总体积为 1000L，配制后槽液固体分为 11%，则配制此槽所需原漆的数量为：$1000 \times 11\% \div 60\% = 183.33$（kg）。

② 将称量好的原漆液分批次加入搅漆罐中，在搅拌过程中，必须严格控制添加纯水（电导率 $< 5\mu S/cm$）的量，电泳漆在解稠点内时，应少量添加纯水，一般控制在原漆总量的 3%～6%，添加后充分强烈搅拌，待充分搅均匀后再第二次添加纯水，重复多次后（一般 10～15 次）直至解稠点，再适当增大纯水量，同时应不断强烈搅拌，搅好后慢慢加入副槽，同时开泵循环过滤。必须严格遵守以上操作规程，否则若在搅漆过程中因添加纯水过快或过量或搅拌不充分，电泳漆液中易产生絮凝状或未分解的电泳涂料，在工作时对电泳涂膜产生不良影响。此时建议报废或经沉淀过滤处理后，作为搅漆用的纯水使用。如果电泳槽的体积较小，也可采用人工在塑料桶中搅漆，但必须保证漆液搅拌均匀。

③ 将上面搅好的漆液加入槽中。

④ 在强烈搅拌下，慢慢加入纯水，使液面达到规定的液位。

⑤ 开泵循环。

④ 槽液熟化与检测

a. 为保证电泳原漆的水溶性，通常加入大量的有机溶剂助溶，以保证存储的稳定性。阴极电泳涂料加纯水调配成工作液，搅均匀后不能立刻泳涂被涂物，一般要在 27℃±1℃ 敞口搅拌一定时间（一般 48h，有的较短），才能泳涂出合格样板，这个时间称为工作液的熟化期。熟化的目的是使原漆中的低沸点有机溶剂挥发掉，使树脂完全溶解或分散在水中。若熟化时间不足，泳涂所得涂膜臃肿、过厚，在烘干时产生流挂。新配槽液的电导率和溶剂含量均较高，若此时操作涂装易出质量问题，必须利用超滤（UF）排出一定量的渗透液，以降低电导率和溶剂含量，使之达到标准范围才能涂装。

如果原漆的水溶性好，又不是靠大量有机溶剂来助溶，则熟化时间可短。国外已有配槽后熟化 1～2h 就可使用的阴极电泳涂料。

b. 检测槽液的固体分、灰分、pH、MEQ、电导率、助溶剂含量等工艺参数。若发现异常现象，查清原因，采取对策，直到恢复正常为止。

⑤ 试涂装　先泳涂数件样板，待其涂膜性能检测、槽液性能检测、设备运行等均正常

后，转入试涂装程序。

a. 准备好数件经前处理合格的工件。

b. 根据实验室样板的试验结果，设定第一组电泳施工条件（电压、时间、温度）、烘干条件（温度、时间）等，同时做好记录。新配槽液的电导率和溶剂含量均较高，操作时可适当降低温度与电压、缩短时间。

c. 采用设定的施工条件电泳后经水洗表干后检查湿膜的质量状况，同时做好记录。

d. 烘干固化后检查干涂膜的外观、膜厚、铅笔硬度、附着力等性能，同时做好记录。

e. 根据以上数据，对电泳施工、烘干、水洗等条件做出相应调整，设定第二组电泳施工条件（电压、时间、温度）、烘干条件（温度、时间）等，同时做好记录。

f. 重复 c.～e.，同时做好记录。

g. 直到调试后得到合格的电泳涂膜为止。

h. 在操作的过程中，注意观察设备运行情况、槽液循环搅拌情况等，并做相应调整。

⑥ 试生产　试涂装合格后，转入试生产程序。试生产的操作方法与试涂装相同，只是试验的工件数量增多，在试生产中采用整挂具的工件进行试验与调试。待调试得到合格的电泳涂膜后，确定工艺条件，从而转入小批量生产、大批量生产。

(2) 生产现场管理

充分做好生产现场管理是形成和保证连续、大批量、稳定生产的必要条件，也是电泳涂装工程中最关键的工作之一，必须全力以赴地做好此工作。

① 槽液管理　电泳槽液的维护和管理是电泳涂装施工过程中的一项重要工作，管理好坏不仅影响施工质量，也直接影响电泳涂料工作液的稳定性。

a. 定期检测槽液的固体分与灰分，检测频率一般为 1 次/周，并根据检测结果及时补加树脂与染料或颜料。

b. 定期检测槽液助溶剂的含量，由于助溶剂的消耗量较少，故检测频率一般为 1 次/月，并根据检测结果与电泳涂膜的外观及时调整。

c. 定期检测槽液的 pH 值与电导率，检测频率一般为 1 次/班或 1 次/天，并根据检测结果及时调整。

d. 注意循环搅拌系统与温度控制系统运行是否正常，并定期测量温度是否在工艺范围之内，测量频率一般为 2 次/班，并及时调整。

e. 经常测定库仑效率，并与初配槽时的库仑效率进行比较，检测频率一般为 1 次/周，并及时调整。

f. 定期测定施工条件下的泳透力，检测频率一般为 1 次/月，并检查运转过程中的变化，根据影响泳透力的因素，及时查找原因并调整。

g. 随时检查通电条件，如电压、电流等，以及时了解是否符合规定条件，如果发现电流密度不正常，应检查槽液的固体分、pH 值、温度和电导率是否正常，再检查涂料是否变质。

h. 由于在施工过程中，电泳槽液中都不可避免带入杂质离子，如电泳槽液中的杂质离子（每月检测 1 次钠离子与铁离子的含量）、有机溶剂、小分子树脂等含量超过规定值，对电泳涂膜产生不良影响，因此应定期对槽液进行超滤后外排超滤液处理。

② 涂膜质量管理

a. 经常检查涂膜的外观，不应有针孔、水痕、火山口、色泽不均、灰尘等缺陷，检测频率一般为至少 2 次/班。

b. 定期检测涂膜性能，如柔韧性、冲击强度、附着力、杯突性、耐酸性、耐碱性、光泽、耐盐雾性等。

c. 经常测量涂膜的厚度是否在工艺范围之内，并根据测量结果及时调整施工条件与槽液成分的含量。

③ 设备管理　电泳涂装设备管理基本上包括观察机器运行是否正常、机械装置的磨耗和劣化、定期检修维护与保养设备，确认设备有无异音、异臭，并记录数据的变化等管理要点。

a. 在施工过程中，每天至少检查一次电泳主槽液面的落差、泡沫、流速是否正常，泵、槽体、管道等是否渗漏液，泵的声音是否异常，各部位的压力是否正常等，并及时调整。

b. 对于超滤机，每天至少检查一次超滤管的总透过量、超滤管进出口的压力差、各超滤管的透过量等是否正常，并及时反冲洗超滤管，停用时要及时做系统灭菌处理。

c. 每天至少检查一次电泳涂装电源运行是否正常，直流电压、电流是否在工艺规定的范围之内。

d. 对于烘干设备，每天至少检查一次设备运行是否正常，设定的烘干时间与温度参数是否符合工艺，室内温度是否均匀，热电偶是否灵敏等，并及时维修与调整。

e. 检查气泵运行是否正常，并及时放掉气泵滤油器里面的油污。

另外，还要检查纯水机、输送链、前处理、后处理、调温等设备，发现不良现象及时调整。

④ 现场环境管理　电泳涂装的整齐、清洁是达到优质涂装的必要条件。故电泳涂装车间应按精益生产方式及 "6S" 现场管理的方法来组织生产和加强现场管理。

精益生产是在 "日本丰田汽车生产系统" 基础上发展来的，被证明是当今汽车生产的最卓越的生产方式。精益生产管理，是一种以客户需求为拉动，以消灭浪费和不断改善为核心，使企业以最少的投入获取成本和运作效益显著改善的一种全新的生产管理模式。它的特点是强调客户对时间和价值的要求，以科学合理的制造体系来组织为客户带来增值的生产活动，缩短生产周期，从而显著提高企业适应市场万变的能力。其核心内容是生产组织中的准时化、自动化及与之相应的一个流水生产形式，零库存、多能化、少人化，把权力和责任同时落实到基层的现场管理体制，计算机技术和看板方法形成一体化，贯彻在现场的整个过程中。追求不断的降低生产成本，更好的质量，以 "零缺陷" 作为质量目标，达到更高的经济效益，从而也具有更强的竞争力。

"6S管理" 由日本企业的 5S 扩展而来，是现代工厂行之有效的现场管理理念和方法。6S 的本质是一种执行力的企业文化，强调纪律性的文化，不怕困难，想到做到，做到做好，作为基础性的 6S 工作落实，能为其他管理活动提供优质的管理平台。其内容为：整理、整顿、清扫、清洁、素养、安全。其作用为：使工作环境整洁有序，提升企业形象，减少浪费，提高效率，质量保证，预防为主，安全保障，提高设备寿命，降低成本，交期准。

（3）槽液维护

① 补充料　随着生产的进行，电泳槽液的固体分逐渐下降，其灰分、中和剂和助溶剂的含量也在变化，需根据涂装面积和实际测定的结果，计算并制定相应的涂料和助剂的补加

量、补给配比、补加方式和补给周期。对于大型生产线一般配有专用的投料装置，小型电泳槽可直接向槽中投料。在生产作业过程中，一般禁止添加。若必须迅速调整槽液成分，应以少量多次慢慢添加到副槽内，连续循环搅拌 1.5～2h 后才能继续工作，否则将影响涂膜质量。

② 清槽　为移走掉落的工件、检查并刷洗极罩与极板、清除沉淀物与污垢、清理管路内的堵塞物、维修或更换损坏的部件等，必须定期（视情况而定，一般为≤6 个月）清槽。操作步骤如下：

a. 借助泵把槽液打入洁净的备用槽中。

b. 排净极罩内的极液、所有管路内的余液。

c. 彻底清理槽内的工件、沉淀物与污垢等，用蘸上溶剂的棉布擦拭槽内及周边，并用水冲洗掉尘埃，维修或更换损坏的部件。

d. 加满自来水和总容量 2‰～5‰ 的溶剂，必要时加入 0.5‰ 的冰醋酸或乳酸，启动循环泵和超滤泵（不装滤芯）运行 1～2h，完毕后排放。

e. 清洗方式可参考前面设备清洗的步骤。

f. 更换过滤芯、刷洗或更换滤网、反冲洗超滤管（膜）等，投加极液。

g. 把槽液倒入电泳槽内。

③ 停产期间的维护　为保持槽液各成分混合均匀，防止颜料沉淀至槽底与堵塞管路，一般工艺要求电泳槽液 24h 连续循环搅拌，或搅拌 1h 静止半小时。对于小槽，可通过适当调整槽液成分及其含量，调节漆液的黏度，以增加槽液的水溶性与稳定性，防止颜料沉淀，从而实现"干活时开循环，不干时停循环"，在长假期间，可按规定每天循环搅拌 2～3h，并及时补加纯水与助溶剂。

5.9　特殊基材上的电泳涂装工艺

(1) 锌合金与铝合金压铸件电泳涂装工艺

锌合金与铝合金压铸可使形状复杂的零件一次成型，具有生产效率高、价格低廉、加工精度高等特点。由于重量轻、有一定的强度及表面光亮度，故广泛应用于日用五金、轻工、家电、机械、电子、汽车工业和工艺品制造中。但由于加工成型及材料自身特点，锌合金、铝合金压铸件表面电镀、涂装合格率较低，成本高，从而限制了其使用。现介绍几种锌合金、铝合金压铸件经适当前处理后直接进行电泳涂装的典型工艺。

① 工艺流程　电泳不透明颜色（如光亮黑、亚光黑、黄色、枪黑色、白色、亚白色、绿色、乳白色、灰色等）、珠光镍或青铜色电泳：

锌合金压铸件→沙滚光→水洗→上挂→自来水清洗→活化→自来水洗→纯水洗→电泳不透明颜色→回收→水洗→纯水清洗→助洗→吹风（预备干燥或晾干）→烘烤→下挂具→品检→包装。

仿古青铜色电泳：

拉丝→上挂具→除油→水洗→浸黑→打磨→水洗→纯水清洗→青铜色电泳→回收→水洗→纯水清洗→助洗→吹风（预备干燥或晾干）→烘烤→下挂具→品检→包装。

透明金色电泳：

抛光或滚光→上挂具→超声波除蜡→超声波化学除油→水洗→活化→水洗→镀碱铜→水

洗→镀光亮酸铜→水洗→镀光亮镍→水洗→纯水清洗→透明金色电泳→回收→水洗→纯水清洗→助洗→吹风（预备干燥或晾干）→烘烤→下挂具→品检→包装。

② 工艺介绍

a. 活化　活化的目的是最后除去制件表面所形成的极薄氧化膜，使之显露出金相组织而提高基体与涂层的结合力，活化操作时间以工件的表面有均匀小气泡冒出，并呈现轻微变色为最佳状态。

b. 沙滚光　采用海沙或河沙滚光，除去毛坯表面毛刺、分模线、飞边和油污等。一般用六角形清理滚筒，转速控制在 20～60r/min，应先装满工件，然后再边装入沙，边冲入自来水，再加入适量的 OP 乳液及磷酸三钠，滚光的时间控制在 30～50min（因其材质较软，必须严格控制时间，以免因时间过长损伤与报废工件，造成浪费）。

c. 抛光　最好采用布轮抛光，避免清理过程中过多地损伤压铸件表面的致密层（厚度仅为 0.05～0.1mm），一旦被破坏，露出孔隙多的内层，电镀就很困难。透明彩色电泳涂料应用于锌合金、铝合金等材料时，表面必须抛光良好。

d. 材料与压铸密度　必须采用纯料，以避免因再生料中含有油污，造成在烘烤时起泡。压铸过程中尽量提高压力，从而提高其密度，以避免因皮下孔隙大、气体多等缺陷，造成在烘烤时起泡。

e. 烘烤温度　在电镀层上进行电泳涂装，烘烤温度不宜过高，否则镀层起泡掉皮，一般采用较低固化温度的电泳涂料。

（2）铜及铜合金件电泳涂装工艺

电泳不透明颜色（如光亮黑、亚光黑、黄色、枪黑色、白色、亚白色、绿色、乳白色、灰色等）：

磨光（抛光或滚光）→上挂具→阴极电解除油（或超声波除油）→水洗→中和→水洗→纯水洗→电泳（不透明颜色）→回收→水洗→纯水洗→助洗→吹风（预备干燥或晾干）→烘烤→下挂具→品检→包装。

金色电泳：

黄铜件：抛光→上挂具→阴极电解除油（或超声波除油）→水洗→中和→水洗→纯水洗→无色透明电泳→回收→水洗→纯水洗→助洗→吹风（预备干燥或晾干）→烘烤→下挂具→品检→包装。

铜件：抛光→上挂具→阴极电解除油（或超声波除油）→水洗→活化→水洗→镀光亮镍→水洗→闪镀银→水洗→中和→水洗→纯水洗→透明金色电泳→回收→水洗→纯水洗→助洗→吹风（预备干燥或晾干）→烘烤→下挂具→品检→包装。

青铜件：抛光→上挂具→阴极电解除油（或超声波除油）→水洗→中和→水洗→纯水洗→红色透明电泳→回收→水洗→纯水洗→助洗→吹风（预备干燥或晾干）→烘烤→下挂具→品检→包装。

由于铜材质软，最好采用布轮抛光，对于透明彩色电泳涂料，表面必须抛光良好。闪镀银中一般不加光亮剂，为防止镀银层氧化变色，镀完银后经中和清洗，立即电泳涂装。

（3）铝型材彩色电泳涂装工艺

铝型材进行彩色电泳涂装具有很多优点。①铝型材经阳极氧化和电解着色后再进行电泳涂装，有双层保护。具有高透明、高度金属质感、高耐蚀及高耐候性，比喷漆、粉末喷涂更具装饰性，深受用户喜爱，已广泛进入家庭装修业（如门窗等）。②工艺容易实施，只要在原生产线上增加几个槽，与铝氧化着色即可形成流水线生产。③更重要的是电泳型材更具魅力，是高档、豪华型材的典范，可提高其附加值，它为生产厂家带来可观的经济效益。拥有电泳涂装线成为铝型材厂综合技术水平的重要标志。

① 工艺流程

a. 电泳不透明颜色（如光亮黑、亚光黑、黄色、枪黑色、白色、亚白色、绿色、乳白色、灰色等）

上挂具→脱脂→水洗→化学抛光→水洗→纯水清洗→电泳（不透明颜色）→回收→水洗→纯水清洗→助洗→吹风（预备干燥或晾干）→烘烤→下挂具→品检→包装。

b. 金色或青铜色电泳

机械抛光→上挂具→脱脂（或超声波除油）→水洗→化学抛光→水洗→纯水清洗→金色或青铜色透明电泳→回收→水洗→纯水清洗→助洗→吹风（预备干燥或晾干）→烘烤→下挂具→品检→包装。

c. 铝型材彩色电泳

上挂具→脱脂→水洗→碱蚀或酸蚀→水洗→阳极氧化→水洗→电解着色（或染色）→水洗→纯水清洗→无色透明电泳→回收→水洗→纯水清洗→助洗→吹风（预备干燥或晾干）→烘烤→下挂具→品检→包装。

② 工艺介绍

a. 电泳涂料　一般采用阳极电泳涂料，由于丙烯酸树脂具有优异的耐候性、耐磨性、装饰性、性能可调性、稳定性等，因此丙烯酸类型的阳极电泳涂料占据了铝型材电泳涂料的主流。采用有色聚氨酯电泳漆，性能较好，工艺简单，可取消阳极氧化、着色、封闭工艺，有利于节约成本。

b. 碱蚀　使用磨砂剂（雾面剂）的量和处理时间视零件要求消光的程度而定，磨砂剂（雾面剂）的量越大，处理时间越长，消光效果越好。

c. 阳极电泳　电极上析出的新生态氧可使铝表面自然形成一层氧化物保护膜，既能防止铝材表面溶解，又不会影响电泳涂料树脂在其表面的沉淀析出。

（4）铁基粉末冶金件电泳涂装工艺

铁基粉末冶金件的表面疏松多孔，基体的内部含有油污，在进行电泳加工过程中，各种溶液会渗入孔隙中，电泳湿膜在烘干固化时，极易产生起泡、脱皮、异常附着（涂膜凝结粗粒）等问题。另外，若处理不当便会使电泳涂层和基材在储存、使用过程中产生腐蚀与起泡。故铁基粉末冶金件的表面处理是一个棘手的问题。

笔者针对粉末冶金件材料的特殊性，经多年的工艺筛选与试验，成功开发了铁基粉末冶金件电泳涂装的特殊工艺，现已成功应用于生产，并已在生产中得到推广与应用。

① 工艺流程

烘烤除油→干喷砂→封孔→自来水洗→纯水洗→吹风→低温烘干→纯水洗→电泳→回收→水洗→纯水清洗→助洗→吹风（预备干燥或晾干）→烘烤→下挂具→品检→包装。

② 工艺介绍

a. 烘烤除油　由于铁基粉末冶金件在压铸、机加工、热处理过程中，油污不可避免地浸入到基体孔隙中，电泳前必须把油污除净，否则易产生起泡、涂膜凝结粗粒等问题。可采用 200℃温度烘烤 1～2h。

b. 干喷砂 采用干喷砂来去除铁基粉末冶金件表面的较厚的锈蚀产物、干油垢、热处理炭化残留物、顽固氧化皮等，露出基体表面。

c. 封孔 针对电泳涂装高温固化，必须采用耐高温专用封孔剂，否则普通封孔剂高温易熔化，造成封孔失效。

d. 低温烘干 可采用 80～100℃温度烘烤 20～30min，直到表面彻底干燥、无水迹为止，以使封孔剂流平后完全填充孔隙。

e. 电泳 适当提高电泳电压，延长电泳时间，提高槽液固体分，以使基体表面完全覆盖均匀的电泳涂膜。

(5) 镁合金压铸件电泳涂装工艺

镁合金质轻、可回收，日益成为现代工业产品的理想材料。随着现代科技的发展，曾经困扰镁合金产业的相关技术问题如压铸问题、回收问题已经相继得到解决，但表面处理技术不像铝合金那样成熟和规范。目前形成批量生产的表面处理方式为：彩色电泳、静电喷粉（喷塑）、喷漆等。由于镁合金彩色电泳工艺相对简单、成本低、效率高、附着力好、耐腐性高，故得到推广与应用。

① 工艺流程

合金化处理—电泳：

上挂具→脱脂→水洗→酸洗→水洗→弱腐蚀→通电活化→合金化→水洗→去氢→水洗→纯水清洗→电泳→回收→水洗→纯水清洗→助洗→吹风（预备干燥或晾干）→烘烤→下挂具→品检→包装。

化学转化膜处理—电泳：

表面打磨整平→水洗→脱脂→水洗→去氧化皮→水洗→化学氧化膜→水洗→纯水清洗→电泳→回收→水洗→纯水清洗→助洗→吹风（预备干燥或晾干）→烘烤→下挂具→品检→包装。

② 工艺介绍

a. 镁合金表面合金化处理技术，可在基体表面沉积镍合金膜层，耐磨、耐热、防腐、导电、厚度均匀，与基体附着力优良，宜作为电泳涂装的预处理。此工艺简单，便于自动化生产。

b. 化学氧化膜主要包括铬系无机盐转化膜、非铬系无机盐转化膜（磷酸盐、锰酸盐）、非铬系有机转化膜和化学氧化膜。铬系无机盐转化膜因含 Cr^{6+} 而无法满足环保要求，已较少应用。非铬系无机盐转化膜目前以磷酸盐、锰酸盐系列为主，逐渐成为当前研究和生产所采用的主流工艺。非铬系有机转化膜最早研发于日本，国内部分外资企业已开始引进运用于生产，主要针对既要求高耐蚀性又须具备良好导电性能的 3C 制品。化学氧化膜是通过各种化学氧化方法获得的转化膜，主要应用于要求不高的低端产品的涂装前处理及工序间临时防护处理。

5.10 电泳涂装设备与设计

电泳涂装生产线由前处理设备、电泳涂装设备、水洗设备、输送被涂物设备、烘干室等组成。根据输送被涂物的方式不同，电泳涂装生产线分为连续通过式、间歇固定式与小型手动式三大类。

连续通过式生产线（图 5-10）的输送设备有普通悬链、推杆悬链和摆杆链。适用于大批量、工件表面积与重量均大、品种较单一的全自动连续生产。

间歇固定式生产线的输送设备有自行电葫芦和程控行车（见图 5-11）。由于电葫芦和行车对烘干室的适应能力差，电泳清洗后需转载到其他输送机上进行烘干，故适用于中等批量、品种多、工件表面积与重量中等的半自动间歇生产。

小型手动式（图 5-12）生产线靠人工输送挂具完成，适用于工件数量大、表面积与重量均较小、品种多的生产。如渔具、各种日用小五金配件等。鉴于我国国情，目前在国内仍占有较大的市场。

另外，最近几年针对汽车车身开发了两种新型的前处理电泳用输送设备，分别是全旋反向输送机和多功能穿梭输送机（见图 5-13）。均采用翻转技术，工艺性能好，基本上解决了车身空气包问题，输送机长度短，适用于单品种大批量生产，来替代摆杆式输送机或其他运输设备。

图 5-10　连续通过式电泳涂装生产线

图 5-11　程控行车电泳线

图 5-12　小型手动式电泳涂装生产线

图 5-13　多功能穿梭输送机

电泳涂装设备是指电泳涂装的专用设备。它一般由电泳槽、水洗设备、超滤系统、循环搅拌过滤装置、槽液补加装置、电极装置与阳极系统、纯水设备等组成。图 5-14 为电泳涂装设备示意图。

阴极电泳涂装设备和阳极电泳涂装设备的组成相近，不同点如下：

① 极向不同，前者被涂物为阴极，后者被涂物为阳极。

② 涂料离子电荷相反，因此选用的极罩隔膜和 UF 膜有所不同。

③ 阴极电泳的槽液呈酸性，对设备有腐蚀性，需选用的不锈钢器材（管、槽体和泵等）多，故造价要贵一些。

④ 阴极电泳的电压略高一些，以确保有更高的泳透力。

图 5-14 电泳涂装设备示意图

1—主槽；2—直流电源；3—喷嘴；4—输送链；5—供电机构；6—工件；7—搅拌器；
8—溢流槽；9—涂料补充槽；10—泵；11—循环泵；12—磁性过滤器；
13—过滤器；14—热交换器

在设计和考虑电泳涂装设备时，必须首先确定被涂工件的尺寸、重量、生产量、电泳涂料特性、工艺条件等。有了这些参数，就能较好地考虑电泳涂装设备的选择和设计。各设备（装置）的功能、构造与设计（选用）原则介绍如下。

5.10.1 电泳槽及辅助设备

（1）电泳槽

电泳槽的功能是存装电泳工作液，槽体通常由主槽和溢流槽组成。

① 槽体形状　根据工件输送方式不同，槽体分为船形槽和矩形槽。船形槽一般适用于连续通过式电泳涂装生产线，矩形槽一般适用于间歇固定式与小型手动式电泳涂装生产线。

② 槽体材料与防腐　主槽必须有足够的强度，槽内壁要求耐电泳液的酸、碱，大型电泳槽一般采用 6～10mm 普通钢板双面焊接而成，槽内可用 PVC、PP、橡胶、改性环氧树脂或不饱和聚酯玻璃钢（涂层总厚度约为 2～3mm）等材料衬里，起到防腐与绝缘作用。电泳槽外表面经喷砂处理后，涂 2～3 遍锌铬黄环氧底漆防腐。小型槽可直接采用 PVC、PP 等材料制作，必须采用加强筋增强。

③ 槽体绝缘　阳极电泳槽内表面在不采用隔膜电极的场合，可不用绝缘衬里。由于阴极电泳槽液呈酸性和易发生阳极金属溶出，故电泳槽内表面及所有裸露金属表面都必须进行绝缘防腐处理，以防止电泳槽壁穿孔腐蚀。

要求击穿电压为 ≥20kV，槽体安装好后，一般在干态经过 15kV 绝缘耐压试验，确保系统的安全性。确保槽体与槽液之间的绝缘很重要，不然电泳时槽内壁或裸露金属处会泳上漆，不电泳时漆膜又会碎落溶下，成为颗粒杂质，影响涂膜质量。

④ 槽体容积　槽体容积在满足各种要求的前提下应尽可能小，以缩短更新期和减少配槽投料的资金。尤其极间距不宜放大，否则增加投料成本，致使电泳电压增高，泳透力降低。

⑤ 避免死角　主槽横断面形状应与槽液流向相适应，以提高搅拌效果。无论何种形状的槽体，为避免死角造成电泳涂料沉淀，槽底和转角都要求采用抛物面或圆弧过渡。在断面预留好安装电极位置，使罩面与槽底圆弧相切，避免构成死角而造成沉淀。

⑥ 底座　主槽设有底座，以便安装时易于找平，同时也便于在底部安装各种管道。

⑦ 槽体尺寸　船形槽与矩形槽的内部大小取决于被涂物（或装挂挂具）的大小、形状、电泳施工条件。船形槽两端的斜坡长度取决于被涂物出入槽的角度（30°或45°）、悬链轨道升角与弯曲半径等，平段的长度根据生产线速度（链速）、工件长度与电泳时间确定。为保证槽液较好的搅拌状态和最佳极间距，槽体与被涂物之间要留有间隙，典型电泳槽间隙尺寸详见表5-5。

表 5-5　典型电泳槽间隙尺寸　　　　　　　　　　　单位：mm

项目	A	B	C	D	E
汽车车身	200～250	250～300	450～500	250～300	500～550
建材	150～200	200～250	100～150	250～300	450～500
家用电器	125～150	150～200	400～450	200～250	350～450
零件	125～150	125～150	375～400	125～200	300～350

注：A为液面到槽上边沿的距离；B为被涂物上表面到液面的距离；C为被涂物下表面到槽底的距离；D为电泳槽底座的高度；E为被涂物侧面到槽内侧面的距离。

⑧ 为防止漏电和电沉积，与电泳槽连接的槽液循环管、排列管在靠近电泳槽1m左右或阀门前也要进行绝缘处理。

（2）溢流槽

在电泳槽的一侧或出口端设有溢流槽，也称辅槽。其功能是控制主槽内槽液的高度，盛接电泳槽表面流带入的泡沫和尘埃，并有消除泡沫的功能。设计时应考虑的原则如下：

① 主槽与溢流槽之间设一可调堰，以调节槽液位及表面流动状态。槽液到溢流槽的落差最大不许超过150mm（一般为50mm以内），以防起泡。

② 溢流槽的体积一般为主槽的1/10，否则，不能保证槽液的正常循环。

③ 溢流槽上可安装滤网，以除去槽液的杂质与产生的泡沫。滤网通过量可按40～50m³/(h·m²)流量计算，网孔大小为40～80目，其材料可采用尼龙丝或不锈钢丝等制造。滤网的面积与网孔大小必须选择适当，否则会产生大量泡沫。

④ 设置在出口端时，可以回收工件带出的余漆，但溢流的泡沫会随工件出槽黏附在涂膜表面，引起涂膜恶化。设置在主槽一侧时，有利于减少泡沫的黏附，其结构可做成几个相互连通的槽子。

⑤ 槽底为锥形，其锥角应小于120°。在锥顶安装循环管道，以消除漆液在槽内的沉淀。

（3）备用槽

备用槽供清理、维修电泳槽时储存电泳槽液用，故又称转移槽。设计时应考虑的原则如下：

① 其形状取决于安置的场所，可以是长方形、圆柱形。

② 其容量应能容纳全部槽液，并留有足够的余量。

③ 备用槽内表面涂层不需要绝缘性，仅需防腐处理。

④ 槽底要倾斜并设最低点排放口，用以排除槽内的清洗液。

⑤ 应具有足够的强度和刚度，防止装满液体后产生变形。

（4）电泳涂装室

电泳涂装室的功能是防止灰尘与油烟等污染电泳槽液、防溶剂蒸气扩散、防触电等，并提供悬挂输送装置的支撑。一般大型槽必须设有涂装室，小型槽可不设。设计时应考虑的原则如下：

① 基本结构　以型钢为骨架，以薄钢板组成的封闭结构。一般用镀锌钢板，最好用铝合金或不锈钢材料制成，若用普通钢板，表面涂环氧涂层防腐。

② 室内设照明装置，以方便观察操作情况。

③ 室内设排风换气系统，以排出有机溶剂蒸气，一般换气次数为 15～30 次/h。

④ 设有玻璃窗和出入门，门上装有安全保护联锁装置，以防止非工作人员误入，发生触电事故。

⑤ 其骨架必须具有足够的强度和刚度，以支撑悬挂输送装置、工件和自身的质量。

5.10.2　电泳涂装超滤系统

（1）超滤系统的结构

超滤系统主要由供漆装置、预滤器、控制及检测装置、超滤器、反清洗装置五部分组成。图 5-15 为超滤系统示意图。

① 供漆装置　根据超滤器本身的结构特性，在保证超滤器内部电泳涂料一定流速和流量的前提下选择供漆泵。小型电泳槽采用直供式，即供漆和超滤循环共用一台泵。大型槽可专设供漆泵，其流量一般为超滤器透过量的 20 倍，从超滤器装置回到电泳槽的电泳涂料量为超滤液量的 19 倍。这一数量要很好的把握，否则会堵塞超滤膜。

② 预滤器　预滤器预先将电泳工作液中的机械杂质清除，以防止机械粒子进入超滤器，划伤或堵塞超滤膜，影响其寿命。预滤器的结构有很多种，常见的是圆筒预滤器，由筒体和圆筒形过滤袋（芯）等组成。漆液从预滤器上部进入，

图 5-15　超滤系统示意图

经过滤袋（芯）过滤后，从下部出口排出。目前常用的过滤袋（芯）是尼龙高纺布过滤袋、PP 熔喷滤芯等，其过滤精度为 25～50μm。随着过滤袋（芯）逐渐堵塞，压力损失逐渐增加，必须及时清洗或更换滤袋（芯）。

③ 控制及检测装置　当超滤器供漆泵停止运行时应自动用干净超滤液将漆液排到电泳槽内，并用干净的超滤液将超滤膜浸泡。系统中安装玻璃转子流量计和浊度计，随时观察透过量的变化和超滤膜有无破损现象。在超滤器的进口安装高压、高温报警器与保护器，一旦超过许可范围，就自动停机。

④ 超滤器　超滤器是整个超滤系统的关键部件，根据电泳涂料的品种不同，可分为阴极电泳超滤器与阳极电泳超滤器。

超滤器的结构形式有管式、中空纤维式、卷式和板式四种。其中中空纤维式超滤膜，以进液方式的不同可分为内压式和外压式两种。图 5-16 为内压式电泳专用中空纤维膜组件。

图 5-16　内压式电泳专用中空纤维膜组件

超滤膜的材料有聚丙烯、聚丙烯腈、改性聚氯乙烯、聚砜、聚偏氟乙烯、醋酸乙烯等。一些电泳涂料对超滤膜的种类和规格有选择性。

透过率与截留率是衡量超滤器性能的重要参数。透过率是单位面积超滤膜在一定时间内所能透过液体的量，单位为 L/(m² • h)。槽液的压力、温度和流速越高，其透过率越大。此外还与槽液的固体分及电泳涂料的种类有关。在上述条件相同的情况下，透过率越高，超滤器性能越好。截留率是超滤膜阻止槽液中高分子成膜物通过的能力，截留率愈高，超滤透过液水质愈好。影响截留率的因素除与超滤膜自身材料的性能有关外，还与槽液中成膜物的分子量大小有关。截留率按下式计算：

$$R = (C_O - C_{UF})/C_O \times 100\%$$

式中，R 为截留率；C_O 为工作液的固体分；C_{UF} 为超滤液的固体分。

根据多个超滤器的连接方式不同，管式超滤器可分为串联、并联或串并联相结合的组合方式。

串联方式一般采用水平安装，所需要的水泵流量小，流量相等，压力不等，但占地面积大，透过液量小，维修不方便，目前已较少采用。并联方式容易调节各个超滤器的压力和工作液流量与流速，使之趋于相等，结构紧凑，占地面积小，透过液量大，但要求水泵流量也大，目前较多采用。

随着生产的连续进行，由于浓差作用或其他不当（如粗过滤有欠缺、设备经常停滞等）造成超滤膜逐渐被堵塞，其透过率呈下降趋势，当超滤液透过量下降到额定值的 70% 时，很难保持后冲洗系统的用水量，此时必须进行清洗，以恢复到良好的工作状态。

为保证超滤膜的透过量，超滤膜必须定期反清洗。超滤膜反清洗采用循环过滤清洗方式，清洗泵应与超滤器配套，在清洗泵的进口处装有 100μm 左右过滤袋（芯），预先将清洗液中的机械杂质清除，洁净的清洗液在一定压力下通过超滤膜，通过药液对膜的冲击力与药液化学作用除去超滤膜上的漆渣及污垢，以恢复超滤液的透过量。在超滤器中，由于清洗液的流向与槽液的流向相反，故称为反冲洗。

操作时，调整阀门进入反冲洗系统，先排净超滤器内的电泳槽液，向超滤液存储槽中加入清洗液，开启清洗泵循环清洗 20～35min（视情况可延长时间），关闭清洗泵，排净清洗液。然后加入纯水，重复以上过程。最后调整阀门，用纯水封闭超滤器或对电泳液超滤处理。

超滤膜的清洗方法，清洗液配方，清洗程序，可由超滤器供应商提供，或参照表 5-6 方案（以与阴极电泳漆配套使用的卷式超滤膜为例）。

表 5-6　超滤膜不同堵塞情况的清洗方式

堵塞类型	清 洗 方 式
轻微堵塞或短暂停机	超滤液循环清洗
正常维护性清洗或堵塞不严重时清洗	用涂料的中和剂、溶剂、助剂配制混合清洗液，或采用质量分数为 1％丁基溶纤剂、2％乙酸溶纤剂、3％甲酸的去离子水溶液进行循环清洗
碳酸铅、磷酸铅堵塞	0.5％硝酸清洗
磷酸铁堵塞	0.5％磷酸清洗
金属杂质离子堵塞	2％柠檬酸清洗
生物堵塞	$(200\sim400)\times10^{-6}$ 的氯气水溶液反复清洗

对于表 5-6 中各种清洗方案，在实际使用中应严格控制清洗时间和清洗液温度（低于 40℃）。

（2）超滤系统的组装形式

根据超滤装置流量与电泳槽搅拌循环流量的关系，超滤系统又可组装成三种形式。

① 独立组装形式　独立组装形式（图 5-17）是超滤系统和电泳槽的搅拌系统各自独立。这种组装形式超滤泵选择方便，仅需考虑超滤装置的压力和流量的需要，不必考虑对电泳槽搅拌的影响。此种形式适用于电泳槽大，生产批量小，即电泳槽液的搅拌量远远大于超滤系统供液量的情况。

图 5-17　超滤系统独立组装形式
1—电泳槽；2—预滤器；3—滤器；4—超滤；
5—搅拌泵；6—搅拌管道

② 超滤系统和搅拌系统相结合的组装形式　这种组装形式（图 5-18）是将超滤系统和电泳槽的搅拌系统组合在一起。该组装形式不需要专门设置搅拌泵，用一台超滤泵即可同时满足超滤和电泳槽液搅拌的需要，结构紧凑，动力消耗较小，运行较为经济，主要适用于超滤流量和搅拌量相当的条件。

图 5-18　超滤系统和搅拌系统相结合的组装方式
1—电泳槽；2—泵；3—预滤器；4—超滤器；
5—热交换器；6—搅拌管道

图 5-19　馈给-泄流组装形式
1—电泳槽；2—预滤器；3—循环搅拌泵；
4—过滤循环泵；5—超滤器

③ 馈给-泄流组装形式　这种组装形式（图 5-19）是在超滤系统中另外设置超滤循环泵，使漆液在管路中馈给循环以增大超滤装置的供液量。此种组装形式超滤循环泵的流量完全决定于超滤装置所需的流量，而循环搅拌量因采用了涂料供给泵而不受超滤流量的影响，结构紧凑，但系统较复杂，适用于生产批量大，电泳槽小，即所需透过液量大而循环搅拌量小的情况。

（3）超滤器的维护与管理

① 整个超滤系统在投产前，应对超滤器、所有管路、供漆装置、预滤器、反清洗装置等进行彻底清理杂物与清洗。尤其是新配置的超滤器已加入了防冻、防霉菌等药液，先放净药液，然后用纯水冲洗，再加入 2‰～5‰ 的溶剂配成清洗液，若有油污可酌情加入适量的洗洁精，启动超滤泵（不装滤芯）运行 1～2h，在运行中应反复开、闭阀门 5～8 次，以洗净阀门内部。完毕后排放，用纯水清洗 2 次。

② 对于超滤装置，严格按照使用说明书和超滤厂家要求操作，启动设备时，阀门的开启、关闭动作要缓慢，以免造成较大的压力波动而损伤膜元件，或反冲洗时，杜绝因反冲洗液浓度太高而损坏超滤膜。

③ 超滤器进出口压力要稳定，并在要求的范围之内。超滤器漆液返回管路压力较低，应在使用中防止受到影响，以免超滤器受到背压而损坏膜管。

④ 应根据过滤系统的压差及时更换过滤袋，以免影响超滤膜管的进口压力。

⑤ 超滤膜的出水率随运行时间而呈下降趋势，在超滤器透过液流量低于设计量的 70% 时，应对超滤膜进行清洗。如果延误了清洗，则会产生膜面及膜孔吸附与堵塞现象，以至于再清洗后也很难恢复到原透过量。一般平均每 30～40 天需要清洗一次，以保证超滤浸洗和冲洗所需的超滤水。超滤膜的清洗方法、清洗液配方、清洗程序可由超滤器供应商提供。

⑥ 为保证超滤系统的正常运行，要对系统运行状态、参数进行记录，如超滤器进出口压力，每根膜管的流量，超滤液的清澈程度，过滤袋的进出口压力等，并做相应调整。

⑦ 超滤系统一经运行后，应连续运行，严禁间断运行，以防超滤膜干枯。

⑧ 在夏季（特别在 28～30℃ 时）超滤管极易滋生芽孢杆菌、酵母菌与白地菌等，影响超滤膜透过量、槽液和涂膜质量，堵塞冲洗喷嘴。故停用时要及时清洗后加入防霉菌药液（0.2% 的甲醛溶液或 5mg/kg 的次氯酸钠溶液等）做系统灭菌处理。长时间停机时，用纯水清洗后，加入 80% 的甘油与纯水溶液进行保护。

⑨ 为防止超滤器冻裂，可增加保温层；或用时间继电器控制，定期启动超滤供液泵，每 30min 开动 10min。在长假期期间，可清洗干净后，加入甘油溶液防冻。

⑩ 关机前先用超滤液反冲洗超滤器，再用纯水清洗后封闭超滤膜，最后关机。

⑪ 当超滤液电导过高时，可排放部分超滤液，添加新鲜去离子水，并及时向槽液中添加部分助溶剂、电泳漆和色浆加以调整。

（4）超滤系统设计或选用原则

① 根据每小时的最大涂装面积，计算与选择 UF 装置的滤液量。系统设计一定要有为每平方米涂装面积提供 1.2～1.5L 超滤液的能力，另外还应考虑 3%～4% 的系数。UF 装置透过量随运行时间延长而下降，所以设计流量应大一些，即使在低流量的情况下，也能保证每平方米涂装面积 1.2L 的要求。如果超滤膜出水量太低，不能满足工艺所需水量，则用超滤液来冲洗和浸洗工件就得不到保证，超滤液浸洗槽的固体分无法控制在工艺范围内，从而会降低漆膜外观质量和减少电泳漆的回收率。

② 超滤装置的供给泵吸口建议设置在电泳副槽底部，这样可以减轻超滤系统中过滤装置的负荷。泵及管路的配置安装应保证管路中漆液处于湍流状态，干管流速不应低于 3m/s（管式 UF 每排通路流速不小于 3.5m/s），以避免出现漆液沉积和堵塞现象。管式超滤装置的过滤精度应不低于 50μm，卷式、板式与中空纤维超滤装置的过滤精度应不低于 25μm。良好的过滤，可以去除电泳槽液中的机械杂质，保证漆膜质量和超滤膜不被机械杂质堵塞或

损坏。

③ 超滤器与电泳槽相互位置的高低在设计中也应充分考虑，一般超滤器设置位置高于电泳槽液位，一方面超滤器清洗时可以将其内的漆液很顺利地排放至电泳槽。另一方面，超滤液可以依靠液位差自动实现转移。

④ 分别设计超滤系统、循环（过滤）系统和反冲洗系统，并且三个系统都应独立操作，这样可以形成连续化的大生产。

⑤ 系统有温度和压力的声光报警与安全保护装置。

⑥ 轴封液箱采用浮球液位计控制，若液位过低，各相关泵停止运行，并报警。

⑦ 对于卷式超滤，每只膜组件上的透过液，均配备流量计，整个系统的透过液配备总流量计。每个膜组件进出口均有排放阀，以排净元件内的漆液及残液，方便膜的清洗。配备的清洗系统，可进行整个超滤系统的单支清洗，也可整机清洗。

⑧ UF 系统的管路、阀门等采用不锈钢或塑料制成，其储液槽和清洗槽可用不锈钢、玻璃钢或塑料制成，UF 储液槽容积应能储存 UF 装置 3h 的透过液量。

⑨ 为防止霉菌的生成，设计时尽量减少超滤液与空气接触，循环冲洗区的冲洗水储水槽体积尽可能小，使冲洗水的回收期短，抑制霉菌的繁殖。

⑩ UF 膜与电泳涂料的品种或助溶剂有一定的匹配性，故在选购时要向供货商说明所采用电泳涂料品种、型号与所属系列。

⑪ 熟悉各制造厂 UF 装置的性能及规格，根据价格和兄弟厂使用经验，综合评价后选购。

⑫ 在设计中必须考虑能方便清洗更换过滤袋（芯）或超滤器，另外，由于过滤袋较软，必须将其固定在不锈钢网支撑体上。

⑬ 超滤器应尽量设计成并联形式，以保证每组超滤器均具有相同的压力和漆液流速。在制造时管道必须密封严实，完全杜绝渗漏液的不良现象。

5.10.3　循环搅拌过滤装置

对于槽液容量大的电泳槽，循环搅拌过滤装置一般由循环过滤、循环热交换过滤（控温装置）、超滤（UF）三条独立的回路组成。对于槽液容量小的电泳槽，可把以上三条回路合并成一条回路，即把循环过滤、控温、超滤合并成一台设备，称为超过滤机。

循环搅拌过滤一般使用卧式或立式端吸式离心泵，分体卧式泵已成功应用于阴极电泳涂装，泵的转速以 1450r/min 为宜。泵的材质优先选用不锈钢，近年来多用工程塑料材质的耐腐蚀泵。大型槽管路一般用不锈钢管，在槽内分布的喷管用 PVC 管和塑料喷嘴。小型槽可全部用 PVC 管。管路布置时均有一定的倾斜度，保证液体全部排空，并装低点排放口。可选用闸阀、偏心阀、球阀和蝶阀等，其结构、材质和布置对延长使用寿命很重要。为防止涂料沉淀，安装时必须合理布置，杜绝死角、"盲肠"等不良现象。宜采用直通式球阀，尽量不用截止阀，以减少管道内漆液的沉淀。压力表的布置对减少堵塞极为重要，将其安装在管线的上端，不能水平或环形连管。为避免堵塞问题，可用膜片式压力表。大型槽的法兰用量较多，一般采用不锈钢或与管路相同的材料制成。垫圈材质首选异丁橡胶和聚四氟乙烯，其次是天然橡胶、丁腈橡胶、氟化橡胶等，不能用氯丁橡胶和丁苯橡胶。对于大型槽，为达到更好的循环搅拌效果，一般安装引流喷嘴，利用文丘里原理，使喷嘴通过引流器喷出的槽液量扩大 3~4 倍。对于小型槽，可不用喷嘴，仅在导流塑料管上钻一些均匀分布的小孔即可。

常见的循环搅拌系统有外循环搅拌、内循环搅拌、内外循环组合搅拌和管式引流循环搅拌等。

外循环搅拌是用离心泵将漆液从溢流槽或主槽抽出，经过滤器、热交换器等再输入给主槽底部的喷嘴喷出，主槽内的漆液再流回溢流槽，以此循环，达到漆液循环搅拌的目的。其特点是使槽体的结构简单，容易串联过滤器、热交换器、超滤装置等，但搅拌效果差，管道长，阻力大，泵的功率大，喷管与槽底容易形成死角，由于底部设置喷管而减小了主槽的有效容积。外部循环搅拌系统一般适用于中小型电泳槽。

内循环搅拌是用搅拌器将漆液从主槽抽出，再从主槽底部的喷漆口喷出，使漆液在槽内进行循环搅拌。其特点是漆液的流动方向有规律性，从槽底围绕工件流动，阻力小，搅拌均匀，电动功率小。槽底部无管道，避免了死角而造成的漆液沉淀，也不影响其有效容积，并从根本上消除了从连接处吸入空气的因素，同时也避免了漆液在管道内的沉积。但内循环系统不能串联过滤器、热交换器、超滤装置等部件，给槽液的控制带来一定的困难。故正规设计或生产不单独采用，仅用于非正规生产和小槽。

管式引流循环搅拌是在主槽两侧分别设置作用不同的立式搅拌器，一侧是漆液从上部吸入，至槽底喷出；另一侧是漆液从槽底吸入，至上部喷出，通过引流而使漆液搅拌得更均匀。这种形式特别适用于大型槽的内循环搅拌。

在槽液循环过程中确保液面流速 0.2～0.3m/s，靠近槽底部的流速≥0.4m/s。在连续通过式生产场合，槽液流向与被涂物前进方向一致，液流速度为工件移动速度的 2～4 倍。为防止管路系统内的沉淀，槽液在循环管道系统内的流速必须保持在 0.4m/s 以上，一般为 2.5～3.5m/s。槽液的循环次数根据所选用的电泳涂料品种不同有差异，一般为 2～10 次/h，以此来选用循环泵的流量。加快循环速度，漆液的沉淀和气泡减少，但电沉积效率降低，并加快漆液的老化变质。为了防止空气由循环泵吸入漆液中，循环泵的入口必须严格密封。外循环搅拌的喷嘴安装在间隔 400～1000mm 的管子上，间距 300mm 左右，槽底部的喷嘴一般与底平面的倾斜角度为 10°，喷管距槽底的高度一般为 100～150mm，槽大而浅时取小值，槽小而深时取大值。

为保证电泳涂膜的外观质量，必须在槽液的循环、电泳后清洗的 UF 液循环及纯水循环管路中安装过滤器，以便对其进行最大限度的过滤。根据过滤器清除污染物的不同，可分为杂质颗粒过滤器、吸油过滤器和磁性过滤器。

随着生产的运行，槽液中的尘埃颗粒（环境、外界和被涂物带入的脏物）、凝聚颗粒（前处理带来的酸碱等杂质与漆反应生成的絮状污垢）及其他机械污染物逐渐增多，必须采用杂质颗粒过滤器清除干净，否则影响涂膜的表面质量。要求通过过滤器的槽液量为槽容量的 4～6 倍/h，最小不能低于槽容量。常用的有滤袋式和滤芯式两种材质。

滤袋式多为尼龙高纺布、无纺布等制成，要求质地均匀，安装在金属或塑料结构的支撑筒内，根据过滤器进出口压力来确定是否更换或清洗滤袋，进出口压差控制在 0.05～0.08MPa。无纺布式过滤袋的精度有 15～25μm、50～75μm 两种，分别用于不同要求的场合。常用的滤袋式过滤器有单袋、双袋、三袋、四袋等形式。

滤芯式一般是纤维质或塑料烧结而成，常用的有 PP 熔喷滤芯、线绕式滤芯等，一般初期压差≤0.02MPa，当压差达 0.08MPa 时就需要换新滤芯。熔喷纤维滤芯是采用连续聚丙烯纤维缠绕制成，不使用黏合剂和其他物质，由外向内，纤维直径由粗到细，过滤孔经由大逐渐变小。内侧部分，纤维直径保持不变。孔径大小均一固定，实现绝对过滤效果，是预过滤和终过滤合二为一的高效新型深层过滤材料。过滤精度有 0.5～50μm 各种规格。

输送带的油脂、工件表面的油污等若处理不当会带入槽液中，导致涂膜产生缩孔，故在过滤系统中至少安装一个吸油的袋式过滤器。国外已成功开发了吸油过滤器，并应用于工业生产上，把它装在标准袋式过滤器内，在除油和降低流速方面均获得了最佳效果。另外，PPG 公司开发了一种轻便的、不用装在管路中的滤油器，其最大流量为 10gal/min（gal 加仑，1gal＝4.546dm³）。

磁性过滤器用于吸掉槽液中的铁粉、铁屑颗粒等，一般在溢流槽口安置一种磁性过滤器。

阴极电泳槽液的过滤精度，在好的场合能 100％ 通过 25μm 滤袋式或 50μm 胶卷式过滤器，最低为 70～80μm。过滤器的壳体及支承架等应用耐酸钢或合成材料制造。小型槽的过滤器可全部用塑料（如 PVC）制造。有时可先采用钢网粗过滤器，除掉粗粒子以延长滤芯的使用寿命，然后再通过精过滤器（或两层）过滤。过滤效果的好坏，除过滤精度外，还取决于循环液的吸口位置。如，从溢流槽吸槽液过滤密度小的尘埃及颗粒；从电泳槽的进口端倾斜的底部沟中抽出槽液过滤密度大的尘埃及颗粒。从转移槽中返回电泳槽的槽液应能 100％ 过滤。过滤器的面积和流量是根据电泳槽的容积和槽液循环次数而确定的，一般每小时的过滤量为槽液的 2～10 倍，过滤面积为 0.06～0.1m²/t。

5.10.4　循环热交换过滤（控温装置）

整个调温系统由热交换器、泵与冷水（或温水）循环管路、温水加热器、调温（冷却）槽、冷却塔、冷却机组、温度自动控制器、调节阀等组成，可随时调整与控制温度。在连续生产状态下，若厂房温度能保证在 10℃ 以上时，可不考虑温水加热。

热交换器有夹套、蛇管、平板式及列管式等类型。除夹套外，其他的热交换器均借助于外循环搅拌系统的循环泵，使漆液循环进行冷却或加热。

夹套热交换器是将电泳槽壁做成双层结构，在两层之间，通入冷却或加热介质，产生热交换。对于船形槽，夹套热交换器设置在主槽的两侧壁，对于矩形槽，则设置在四周槽壁。该装置结构简单，保温效果好，因传热系数小，温差小，故换热效率低，不宜单独作为降温设施使用，应与其他热交换器配合使用。对于中小型电泳槽，夹套的宽度在 150～200mm；对于大型电泳槽，夹套的宽度在 300mm 以上。为增加换热介质的流速，提高传热系数，增强槽体的刚度，在夹套水平方向上，可用钢板隔成类似蛇管的箱形管状结构。

蛇管热交换器是将设置在调温（冷却）槽中的蛇管，串联在外循环管路系统中，使漆液在管内流动，进行漆液的冷却或加热。其结构简单，加工容易，热交换率比夹套高。但受冷却槽容量的限制，仅适用于小型电泳槽的调温。升温时可用蒸汽或电加管把槽内的水加热至 40～60℃，槽液温度满足工艺时，要向调温槽内通入冷水适当降温。降温时可通入 7～15℃ 的冷水或深井水。

平板式及列管式热交换器与专用的冷却设备配套能够组成完善的漆液温度调节装置。由专用冷却设备供给冷却介质。其特点是热交换效率高，冷却降温可靠，操作管路方便，但是结构复杂，需要专用的冷却设备，占地面积、运转费用与投资大，适用于大型电泳槽连续生产过程中漆液的降温。

在结构设计上，控温装置应当考虑减少漆液在热交换器中的沉淀，若有沉淀产生，要容易清理，否则会降低热交换效率。漆液在蛇管内的流速一般为 2.5～3.5m/s。为防止热交换器表面锈蚀而影响换热效果，其材料宜选用不锈钢板（管）。在升温加热漆液时，热交换器表面的温度不能大于 50℃。否则温度过高，造成漆液局部老化变质。故宜采用 40～60℃ 的热水，不能直接采用蒸汽等作为加热介质。

热交换器安设在循环管路中，槽液经过滤后再进入热交换器，槽液压力要始终超过冷却水的压力，以防槽液污染。在热交换器上要装有排放口和纯水冲洗连接管路。应设有自动控温装置、报警器与温度保护装置，测量与控温精度要高，可任意设定与控制槽液温度在工艺范围之内。

5.10.5　槽液补加装置

随着生产进行，电泳槽液的固体分下降，其颜基比、中和剂和有机溶剂的含量也都有所变化，需根据涂装面积和实际测定的结果，算出相应的涂料和各种助剂的补给量、补给配比和设定补给周期。对于大容积的电泳槽，由于向槽内直接补充的高浓度的原漆，不能很快均匀地分散在工作液之中，此时，若电泳涂装加工，易造成涂膜一系列的疵病，为使原漆均匀地分散在工作液之中，故需设置加料装置。

专用的涂料补加装置包括混合罐、搅拌机、输送和内循环用泵、过滤器等。按涂料调配的要求，先将涂料在混合罐中与槽液或去离子水充分混合（或加中和剂调好 pH 和稀释）搅匀后，再借助泵将调好的涂料输入电泳槽。此法一般适用于大型槽。混合罐的容积一般为主槽容积的 10%～15%。为防止电泳槽和混合罐之间的管道内涂料的沉淀，二者之间应经常循环。电泳涂料补加装置如图 5-20 所示。

图 5-20　电泳涂料补加装置

另一种加料方式是在槽液循环管路上安设混合器补加。在混合器一端分别输入槽液和补加的涂料，从混合器另一端输出，补加涂料与槽液混合比一般为 1：（50～100）。有的直接用泵分别将颜料浆和乳液供给到两条槽液循环管线上，在循环泵的进口端注入。颜料浆的注入速度不应大于 38L/min，乳液的注入速度不应大于 76L/min。对于小槽、初配槽液的调整、补加涂料的浓度与槽液浓度相近等场合，可直接向副槽内补加，但原则上不提倡这种方式。

采用何种补加方式取决于涂料品种。高固体分、高黏度的和未完全中和的电泳涂料一般都采用第一种补加方式。

5.10.6　电极装置与阳极系统

电极装置的作用是使被涂物之间在电泳槽液内形成电场，使槽液中的涂料离子移向被涂物表面形成涂层。根据不同使用条件，电极装置可分为极板（裸）电极、隔膜电极和辅助电极等。在大批量连续生产中均用隔膜电极。

(1) 极板（裸）电极

极板（裸）电极是最简单的电极装置，如阳极电泳涂装直接采用钢板槽体作为极板（电极）就是其中的一种，该法容易被工件碰撞造成短路，造成槽体击穿等现象，现已很少采用。

极板材料根据电泳涂料的种类不同而异，阳极电泳极板常采用普通钢板或不锈钢板，厚度为 1~2mm 左右；阴极电泳极板常采用 3mm 以上的 316 不锈钢板（管）、石墨板或钛合金板，在阳极板表面镀有钌的氧化物镀层，其使用寿命要比不锈钢长几倍，但初期投资较大。

阴极电泳极比一般控制在 4:1~5:1，阳极电泳极比为 0.5~2:1。铝阳极氧化的工件表面进行阴极电泳涂装时，极比控制在 1:1 效果更佳。在阴极电泳中，为保持酸度一定，极板（裸）电极面积不能太大，一般按隔膜电极:极板（裸）电极＝3~5:1~2 设计。

(2) 隔膜电极

隔膜电极除具有极板（裸）电极的作用外，还具有除去槽液中的有害离子，调节 pH 等特殊作用。

图 5-21　管式阳极隔膜电极

对于阴极电泳，阳极隔膜可分为板式、管式与弧形等形式。板式阳极的电场分布不均匀，维护困难；管式和弧形阳极的电场分布较均匀，易维修。关于阳极面积，管式阳极为浸入有效面积；板式、弧形为浸入的正面面积。由于管式阳极消除了裸电极或板式阳极上析出或沉积颗粒现象，最为常用。管式阳极隔膜电极外形见图 5-21，其内部由不锈钢钢板与不锈钢管焊接成一体，既降低了成本，又减轻了电极重量，见图 5-22。

图 5-22　管式电极内部结构示意图

(3) 辅助电极

同电镀一样，电泳时工件内部也有法拉第效应，存在屏蔽作用，为提高被涂物内外表面涂膜厚度均匀性，解决被涂物在某些部位涂不上漆的问题，在被涂物上装挂极性相反的电极，它与被涂物绝缘，且与被涂物一同移动，这种电极称为辅助电极。现随着高泳透力电泳涂料的开发，辅助电极几乎已被淘汰。当被涂物结构复杂且又不能开工艺孔时，在已采用高电压、高泳透力的电泳涂料，内腔仍涂不上漆的场合，仍需采用辅助电极。

辅助电极的形状和设置位置决定于被涂物的外形。对于高度远小于宽度的被涂物，为使中间部分获得均匀的涂层，在被涂物的上部亦应设置辅助电极。为不阻碍漆液搅拌时的流向，辅助电极宜做成网状。

（4）阳极布置

阴极电泳的阳极布置方式如下：

① 阳极沿着槽壁布置，浸入槽液中的深度不得小于槽垂直壁槽液深度的40%。

② 在全浸泳涂时间≥3min场合，阳极从出槽口向前排，一般在入槽端靠近入槽车身部位不布置阳极。

③ 对较大的工件（如汽车车身），可在底部和顶部也布设阳极，以使涂层厚度均匀。通常安装在第二段电压区，若安装在第一段电压区，则可能会因为电压低而导致效果不佳。

④ 在分段供电场合，为防止涂料在电压较低的阳极和极罩上沉积，要求分段电极之间距至少要大于一个极罩的间隙。如分段电压差≥75V时，要留3个极罩的间隙。如果采用了防止回流的二极管，留一个极罩间隙即可。

（5）隔膜电极结构

阳极系统包含阳极液系统和阳极电源两部分。阳极液系统是阳极系统的主要组成部分，由阳极隔膜系统、极液往返循环管路、泵、极液槽、电导率和浑浊度控制仪、去离子水供给管路等组成。阴极电泳涂装的阳极系统如图5-23所示。

图 5-23　阴极电泳涂装的阳极系统

① 管式阳极隔膜　由阳极罩（含离子交换膜）和阳极两部分构成，是过去板式阳极的替代产品。其结构紧凑，膜电阻小，耗电量低，泳透力高，单位膜面积大，使用寿命长，检修和管理方便。由于其体积小、质量轻，可安装于电泳槽的侧面、底部或上部，以满足不同涂装工艺的要求。阳极电极材料一般采用316L不锈钢，厚度最好不小于3.2mm。在正常情况下，阳极缓慢溶解，其寿命取决于通过电泳槽的生产率。实践证明，氧化钌或钛基氧化物的电极使用寿命较长。

② 阳极液循环系统　阳极液循环管路必须用能耐pH值为2～5有机酸的不锈钢管或塑料管制成。阳极液的循环量为每平方米有效极面积6～10L/min，不断冲洗阳极，带走有机酸等阴离子。每个阳极罩的进液管上要装一个流量计，以监视阳极液流量。如果阳极液返回

管为塑料管，应考虑采取阳极液接地措施（防止接触阳极液时有电击）。在阳极液循环系统中必须使用立式泵，而不宜使用卧式泵。这样可以避免卧式泵在密封失效时带来的不良影响。阳极液循环系统设计时要为每个极罩配一个安培计，以便连续观察各极罩的运行情况，极罩状况及操作数据随时可得，在各个极罩上连接的分流器或直流变压器可很好地监视每个极罩。

③ 阳极液电导率　阳极液系统要能够控制阳极液电导率在设定点为 $70\sim100\mu S/cm$。控制器及仪器量程应为 $0\sim2000\mu S/cm$，高泳透力产品要求量程为 $0\sim10000\mu S/cm$，阳极液槽的电导率传感器要装在远离阳极液返回管的位置。阳极液槽用"无极（electrodless）"电导率传感器时工作性能较好。

④ 去离子水　去离子水质量对电泳槽槽液的稳定性至关重要，除电导率、杂质离子等理化指标外，细菌数也是一个非常重要的指标。一般在进入系统的去离子水管路上装有紫外灯杀灭细菌。尽管如此，仍然要在电泳实验室中检测去离子水系统的菌落数。

⑤ 阳极电源　电泳涂装电源是电泳涂装工艺中主要设备之一，它的特点是高电压低电流，电源选择是否恰当直接决定涂膜的性能及生产的连续性。阳极电源是将交流电转换为直流电，直流整流器应能使电压在 0 至 500V 之间可调，实践经验表明：厚膜电泳漆电量消耗大约为 $0.22A\cdot h/m^2$，系统设计要考虑 50% 的电流余量以供将来发展，可用下式计算泳涂一台车所需的总电流：

$$所需总电流(A)=0.22A\cdot h/m^2\times S\times60min/h$$

式中，S 为每分钟能涂的面积。

考虑安全系数，这个安培数乘以 1.5 来求出放大的规格，把总流量分成两部分，每一部分单独配整流器，设计要考虑配有专用及独立启动的备用整流器，以确保整流器发生故障时生产能连续进行且质量不降低。建议采用限流整流器以保护设备。电泳整流设备具有以下特点：

a. 具有 $0\sim180s$ 任意设定软启动功能，杜绝了因冲击电流大而造成漆膜外观粗糙等疵病。

b. 采用微机数字触发控制技术，不需转换即可实现对负载的恒压、恒流自动控制，稳压精度为 $\pm3\%$，直流电要经滤波，纹波系数 $<5\%$，漆膜产生孔隙的概率小，质量好。

c. 采用专用晶闸管多功能控制器，能自动完成设定的各种电泳工艺曲线，质量稳定，可以满足连续大生产要求。

d. 该设备保护功能齐全，设短路、缺相、超温、过流、过压和过载等保护功能，并且节省电，成本低。

另外，整流器最好与运输链联锁，如停链 $10\sim15s$ 后能自动将涂装电压逐渐降为零。运输链再启动时，电压要在 $10\sim15s$ 内徐徐升到正常电压。

（6）阳极系统维护

① 安装维护

a. 在电泳槽投槽之前，必须安装好阳极系统，除设备（整流电源、循环管路、阳极槽及控制仪表）完好外，安装阳极是一件非常重要的工作，在安装前，所有阳极罩都要做渗漏试验，在投槽时，极罩中必须装有去离子水，以防隔膜破裂，极罩渗漏或损坏时应立即更换。

b. 阳极液循环系统要安设阳极液电导率的自动控制装置，预先设置阳极液电导率为一定值，当偏差为 $100\mu S/cm$ 时，系统会自动排放阳极液，加入新鲜去离子水，电导率传感器要装在阳极液槽中远离阳极液返回管的位置，一般装在进液管路上。

c. 当阳极液 pH 值接近 3、电导率明显超过设定值时，说明阳极液中已含有大量的酸根离子和金属离子，这些都会对形成良好的电泳漆膜产生不利影响，因此要及时充分排放阳极液（即阳极液置换）。

d. 阳极液必须清澈而透明，在新槽投槽的前几周，尤其要注意阳极液的颜色，很快变色则表明阳极系统有问题。如果浑浊说明有槽液进入阳极液或细菌污染。若阳极液变得颜色和槽液接近，则也可能是阳极膜破损。当槽液进入阳极液，通电时会使阳极隔膜内表面涂上漆，使阴、阳极之间的流动受影响，从而影响涂层质量和生产效率。若阳极液颜色虽然变深了（棕色或黑色），但是仍然是透明的，则说明不锈钢阳极棒腐蚀过快，或流量低，或电导率过高等。当发现阳极液浑浊时，应立即停止极液泵，在可能的情况下，切断直流电源，查出有漏洞的阳极罩，将其与系统隔断，停产后检修或迅速更新。

② 日常维护

a. 小心维护阳极及阳极系统对电泳涂装过程至关重要。阳极构成电路使电流畅通，而阳极液控制槽液的 pH，必须经常监视阳极的溶解情况以便及时换调有可能损坏的阳极。

b. 要经常检查阳极系统，特别是阳极泥及细菌生长情况，当阳极槽液中出现类藻类生物黏液时，说明阳极系统内已滋生大量细菌，必须及时对阳极系统杀菌，否则会堵塞阳极液循环回路，甚至污染电泳槽液。

c. 阳极液槽中的电导率测头要定期清理，阳极液电导率要进行实验室检查以校准槽子的计量仪表，不是所有的不锈钢阳极材料都能同样地防止阳极罩中酸性介质的腐蚀。

d. 电泳倒槽时阳极膜应保湿，当电泳主槽倒空时，阳极液循环系统必须保持循环状态，并不断给阳极膜喷洒去离子水，否则会造成电泳漆干结在阳极膜上和阳极膜干透，干结的电泳漆将增大电阻，而且阳极膜一经干透将永久失去半透膜的渗透功能。

e. 应对软化水罐、纯水罐进行定期清理（1 次/月），有条件的公司在水处理工艺上加装紫外线杀菌装置，杜绝细菌的来源。

f. 每个月进行一次阳极液、UF 液的细菌测试，发现异常立即进行杀菌。

g. 每个阳极隔膜都要保持适当的阳极液流量，而且每个阳极单元的流量都应该能够单独监控。阳极液维持正常的流量是至关重要的，每天都应该进行检查。

③ 停产期间阳极系统维护　轿车涂装线经常会停产检修设备，停产期间阳极系统维护相对电泳槽而言较简单，除断开阳极直流电源外，应保证控制检测系统正常运行。此外还应进行如下操作：

a. 排空阳极槽液，补入新鲜去离子水，循环至阳极槽内流体电导率小于 $100\mu S/cm$，停止补水，保持阳极泵运行。

b. 恢复生产前，排空槽内液体，加入新鲜去离子水，用乙酸将电导率调到 $400\mu S/cm$ 以上即可。

（7）阳极液系统杀菌

若细菌大量附着在阳极膜上，则会导致电阻变大，泳透力较差，电压损失较大，电流密度变小使被涂物膜厚偏薄，故应及时进行杀菌处理。

电泳漆阳极系统内杀菌除去生物黏液是对系统的特殊操作，施工人员必须熟悉系统、原材料性能、设备使用的安全要求，预备防护目镜和橡胶手套，首先要将阳极液的进、回液管间短路连接，让流体不通过阳极管，以避免杀菌剂对阳极造成损害。操作人员必须穿着全套的安全防护服（包括防护面具、防护手套、外套、围裙、防护靴），操作程序如下。

① 仔细检查系统是否泄漏和确保合适的密闭循环回路。不要试图一次就清理完全，系统有可能因清理太多的生物黏液而导致回液管路堵塞。

② 对附着在阳极槽及回液管路端口上的大面积黏液进行机械清理，以防止进、回液管的进一步堵塞。

③ 首先清洗阳极液储存槽，再排干系统内的液体。

④ 用尽可能大的去离子水冲洗系统内的泵、管道、过滤器，以除去明显的生物黏液。

⑤ 在阳极槽内回液管口安装 100 目的过滤网袋。

⑥ 将阳极与进回液管路隔离开，以使杀菌剂可以在系统内所有管路循环但不通过阳极。

⑦ 按 4∶1000 的比例向阳极槽中加入 35％过氧化氢进行循环，循环时间持续 6h 以上或直至系统清洁为止，在循环过程中要注意过滤袋网是否堵塞并随时更换。

⑧ 清洗完成后排干清洗液，加入新鲜去离子水循环（多次）至系统清洁为止。

⑨ 对于阳极管，应逐根拆下并用新鲜去离子水仔细清洗阳极管和极棒，冲洗干净后在管中装满新鲜去离子水并立即安装复原。

⑩ 将系统管路连接恢复，并加入新鲜去离子水循环。检查系统内各单元是否堵塞，泄漏，并予以处理。

⑪ 系统杀菌后，初期生产的一段时期要加强阳极液的排放和置换，并加强生产现场的情况跟踪。

5.10.7 电泳涂装所用纯水状况、用量与水质标准

纯水的水质直接影响电泳工作液的稳定性和电泳涂膜质量。电泳前采用纯水洗，可防止前处理或自来水中的杂质离子带入槽液中，影响槽液的电沉积特性、稳定性及漆膜的性能。电泳后采用纯水洗，可去除工件表面的超滤水。

在电泳涂装中，泳前纯水洗、电泳工作液的调配、电泳极液更换、泳后纯水洗等均采用纯水，其用量取决于处理工件的涂装面积，一般为 $3\sim4L/m^2$。设计时可根据被涂物每小时的涂装面积，经计算可得到所需纯水设备的产水量（m^3/h）。

不同行业使用的纯水有不同的标准，涂装用纯水水质要求控制其电导率在 $5\mu S/cm$（25℃）以下，pH≈7。

纯水的制备方法通常为蒸馏法、电渗析法、反渗透法与离子交换法四种方法，目前应用最广的是反渗透法，其次是离子交换法。

5.11 电泳涂装设备的计算

电泳涂装设备的计算主要包括槽体尺寸、循环搅拌系统、通风装置、漆液温度调节装置和整流器的选择等。

（1）槽体尺寸的计算

① 主槽长度的计算 设计入槽后通电的通过式电泳涂装设备时，l_2 和 L 都必须相应加长一定距离。这样可使浸没在漆液中的工件表面的水珠有一定的扩散时间（一般为 10s 左右）。

固定式电泳涂装设备的主槽长度（参见图 5-24）按式（5-2）计算：

$$L=l+2(l_1+l_2+\delta+l_3) \tag{5-2}$$

式中　L——主槽长度，mm；

　　　l——挂件最大长度，mm；

　　　l_1——挂件至电极间的距离，mm，应根据挂件大小、电极装置要求和挂件输送方式等具体情况确定，以挂件安全出入槽为准；

　　　l_2——电极至槽内壁间的距离，一般 $l_2=0\sim80$mm；

　　　δ——槽壁夹套厚度，一般 $\delta=150\sim300$mm；

　　　l_3——槽外壁至支撑型钢外沿的距离，mm。

　　② 主槽宽度的计算（通过式和固定式设备相同）　电泳涂漆设备的主槽宽度（参见图5-25）按式(5-3)计算：

$$B=b+2(b_1+b_2+\delta+b_3) \tag{5-3}$$

式中　B——主槽宽度，mm；

　　　b——挂件最大宽度，mm；

　　　b_1——挂件至电极间的距离，对通过式，一般 $b_1>150$mm，对固定式，应根据挂件大小、电极装置要求和挂件输送方式等具体情况以挂件安全出入槽为准；

　　　b_2——电极至槽内壁间的距离，一般 $b_2=0\sim80$mm；

　　　δ——槽壁夹套厚度，一般 $\delta=150\sim300$mm；

　　　b_3——槽外壁至支撑型钢外沿的距离，mm。

图 5-24　固定式电泳涂漆设备
主槽长度计算图

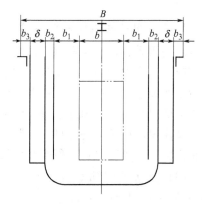

图 5-25　固定式电泳涂漆设备
主槽宽度计算图

　　③ 主槽高度的计算（通过式和固定式设备相同）　见图 2-28。

电泳涂漆设备的主槽高度按式(5-4)计算：

$$H=h+h_1+h_2+h_3+h_4 \tag{5-4}$$

式中　H——主槽高度，mm；

　　　h——挂件最大高度，mm；

　　　h_1——浸渍式设备槽体底面最高点与底座最低点之间的距离，h_1 与底面断面形式和底座尺寸有关，应根据具体情况确定，mm；

　　　h_2——最大高度的挂件距槽底（槽底最高点）的最小距离，一般为 $200\sim400$mm，对于磷化设备，h_2 可适当加大；

　　　h_3——最大高度的挂件浸没在槽液中的最小深度，一般为 $100\sim200$mm；

h_4——槽沿至漆面的距离，一般 $h_4=150\sim200\mathrm{mm}$。

（2）循环搅拌系统的计算

① 离心泵或混流搅拌器总流量的计算　离心泵或混流搅拌器的总流量按式（5-5）计算：

$$Q=Vn \tag{5-5}$$

式中　Q——离心泵或混流搅拌器的总流量，$\mathrm{m^3/h}$；

　　　V——电泳涂漆设备主槽的有效容积，$\mathrm{m^3}$；

　　　n——循环次数，次/h。

对于单独采用离心泵进行外部搅拌的设备，一般取 $n=4\sim10$ 次/h（当搅拌水溶性环氧铁红底漆时，取 $n=5\sim7$ 次/h 为宜）。对于单独采用混流搅拌器进行内部搅拌的设备，一般取 $n=10\sim15$ 次/h。对于采用内、外搅拌配合使用的设备，混流搅拌器的流量与单独使用时相同，而离心泵的流量比单独使用时小，一般取 $n=2\sim3$ 次/h。

② 泵扬程的计算　混流搅拌器不需计算扬程。离心泵的扬程，决定于系统中的阻力。而阻力又与漆液在管道中的流速和各种阻力因素（如过滤器、热交换器、管道长度和管件的局部阻力等）有关。当管道的直径等于泵出口直径时，可取漆液流速为 $2\mathrm{m/s}$ 左右进行阻力计算。实际计算时，可在 $2.5\sim4\mathrm{MPa}$ 内选择水泵扬程。

当超滤系统与外部搅拌系统串联时，水泵流量及扬程的计算应满足超滤装置要求。

③ 搅拌器数量的计算　外部搅拌，一般采用单台离心泵进行搅拌。内部搅拌，一般采用混流搅拌器，其数量按式（5-6）计算：

$$Z=\frac{Q}{Q_1} \tag{5-6}$$

式中　Z——混流搅拌器的数量，台；

　　　Q——混流搅拌器的总流量，$\mathrm{m^3/h}$；

　　　Q_1——单台混流搅拌器的流量，$\mathrm{m^3/h}$。

（3）通风装置的计算

① 通过式电泳涂装设备通风装置的计算　每小时的通风量按式（5-7）计算：

$$Q=3600Fv \tag{5-7}$$

式中　Q——通过式电泳涂装设备的通风量，$\mathrm{m^3/h}$；

　　　F——通过式电泳涂装设备通风室挂件出入口面积之和，$\mathrm{m^2}$；

　　　v——挂件出入口的空气流速，一般 $v=0.6\sim0.8\mathrm{m/s}$。

由于电泳涂装设备通风装置阻力较小，因此根据风量选择低压离心通风机即可满足要求。

② 固定式电泳涂装设备通风装置的计算　对于间歇生产的固定式泳涂装设备，通常采用槽边抽风。有关槽边抽风的计算可参见第 2 章浸渍式前处理设备关于通风装置计算的有关内容。

（4）漆液温度调节装置的计算

在漆液温度调节装置的热力计算时，必须计算下列热量：电沉积过程中电能转换的热量；循环搅拌机械摩擦产生的热量；挂件带入（或带走）电泳槽内的热量；槽壁的传热（吸热或散热）以及由于槽中水蒸发而散失的热量等。

在计算热交换器时，一方面须计算工作时即热平衡状态的总热量，另一方面还须计算槽中漆液初始温度与工作温度差值的热熔量（按每小时计算，对于大型电泳涂装设备可按 2h

计算)。两者相比,取其大值,作为热交换器的计算热量。

另外,对于既需要冷却又需要加热电泳漆液的温度调节装置,因通常采用同一热交换器,计算时,选取其最大热交换量作为热交换器的计算热量。

① 工作时,即热平衡状态下总热量的计算

漆液冷却时: $\qquad Q_h = Q_{h_1} + Q_{h_2} + Q_{h_3} + Q_{h_4} - Q_{h_5}$ (5-8)

漆液加热时: $\qquad Q_h = Q_{h_5} - Q_{h_1} - Q_{h_2} - Q_{h_3} - Q_{h_4}$ (5-9)

式中　Q_h——工作时的总热量,W;

$\qquad Q_{h_1}$——电沉积过程中电能转换的热量,W;

$\qquad Q_{h_2}$——循环搅拌机械摩擦产生的热量,W;

$\qquad Q_{h_3}$——挂件带入电泳槽内的热量,W;

$\qquad Q_{h_4}$——槽壁传递的热量,W;

$\qquad Q_{h_5}$——槽中水分蒸发而散失的热量,W。

a. 电沉积过程电能转换的热量按式(5-10)计算:

$$Q_{h_1} = \frac{860 I U}{1000}$$ (5-10)

式中　I——电泳时的电流强度,A;

$\qquad U$——电泳时的工作电压,V。

此外,Q_{h_1} 也可按概略指针计算,其式为:

$$Q_{h_1} = q_h F$$ (5-11)

式中　q_h——每平方米工件表面积在电泳过程中放出的热量,一般 $q_h = 160 \sim 170 J/m^2$;

$\qquad F$——按涂装表面积计算的生产率,m^2/h。

b. 循环搅拌机械摩擦产生的热量可按式(5-12)计算:

$$Q_{h_2} = \sum P \times 860 \, \eta_1 \, \eta_2$$ (5-12)

式中　$\sum P$——电动机的总功率,kW;

$\qquad \eta_1$——电动机效率;

$\qquad \eta_2$——搅拌器效率。

c. 挂件带入电泳槽内的热量按式(5-13)计算:

$$Q_{h_3} = GC(T_{c_1} - T_c)$$ (5-13)

式中　G——按质量计算的生产率,kg/h;

$\qquad C$——工件的比热容,J/(kg·℃);

$\qquad T_{c_1}$——工件初始温度,℃;

$\qquad T_c$——槽中漆液工作温度,℃。

d. 槽壁传递的热量计算按式(5-14)计算:

$$Q_{h_4} = KF(T_{c_0} - T_c)$$ (5-14)

式中　K——电泳槽的传热系数,$K = 9.3 \sim 17.5 W/(m^2 \cdot ℃)$;

$\qquad F$——电泳槽壁的表面积,m^2;

$\qquad T_{c_0}$——车间温度,℃。

e. 槽中漆液由于水分蒸发而散失的热量可按式(5-15)计算:

$$Q_{h_5} = g_\omega F_2 r$$ (5-15)

式中　g_ω——每平方米漆液面每小时蒸发的水分量,一般 $g_\omega = 0.18 \sim 0.22 kg/(m^2 \cdot h)$;

F_2——电泳槽的工作液表面积，m^2；

　r——水的蒸发焓，kJ/kg；取 $2259kJ/kg$。

② 槽中漆液初始温度与工作温度差值的热焓量可按式(5-16) 计算

$$Q'_h = \frac{V \rho_y c_1 \Delta T_e}{t} \qquad (5\text{-}16)$$

式中　Q'_h——漆液初始温度与工作温度差值的热焓量，W；

　　　V——电泳槽的有效容积，L；

　　　ρ_y——电泳漆液的密度，kg/L；

　　　c_1——电泳漆液的比热容，$J/(kg \cdot ℃)$；

　　ΔT_e——槽中工作液初始温度与工作温度的差值,℃，当工作液需加热时，Δt_e 应为槽中工作液工作温度与初始温度的差值；

　　　t——槽中工作液从初始温度冷却（或加热）到工作温度时所需要的时间，h。

③ 交换器的水消耗量按式(5-17) 计算：

$$G_\omega = 3600 \frac{Q_{h_{max}} k}{C_2 (T_{e_3} - T_{e_2})} \qquad (5\text{-}17)$$

式中　G_ω——热交换的水消耗量，kg/h；

　$Q_{h_{max}}$——热交换器的计算热量，W；

　　　k——其他未估计到的热量系数，一般取 $k=1.1$；

　　　C_2——水的比热容，$J/(kg \cdot ℃)$；

　　T_{e_3}——热交换器出口水的温度,℃；

　　T_{e_2}——热交换器进口水的温度,℃。

④ 热交换器的面积按式(5-18) 计算：

$$F = \frac{Q_{h_{max}}}{k(t_{e_m} - t'_{e_m})} \qquad (5\text{-}18)$$

$$t_{e_m} = \frac{t_{e_4} + t_e}{2} \qquad (5\text{-}19)$$

$$t'_{e_m} = \frac{t_{e_2} + t_{e_3}}{2} \qquad (5\text{-}20)$$

式中　F——热交换器的面积，m^2；

　　　k——热交换器的传热系数，$k=116 \sim 349 W/(m^2 \cdot ℃)$；

　　t_{e_m}——漆液的平均温度,℃，可按式(5-19) 计算；

　　t_{e_4}——槽中漆液的初始温度,℃。

　　t'_{e_m}——冷却（或加热）介质的平均温度,℃，可按式(5-20) 计算。

（5）整流器的计算与选择

整流器的容量根据电泳的电压和电流进行选择。

电泳电压可根据涂料特性和工件材质进行选择，电泳电流根据不同的通电方式进行计算。

① 连续通电入槽　由于工件是连续通电入槽，因此工件出入槽的面积可以认为是相等的，所以电流是均匀的，其电流强度可按式(5-21) 计算

$$I = \frac{F\delta \rho_{y_1} \times 1000}{3600q} \tag{5-21}$$

式中　I——电泳时的电流强度，A；

　　　F——按涂漆面积计算的生产率，m^2/h；

　　　δ——漆膜的平均厚度，一般 $\Delta = 20\mu m$；

　　　ρ_{y_1}——干漆膜的密度，一般 $= 1.3 \sim 1.5 g/cm^3$；

　　　q——涂料的库仑效率，对阴离子型电泳漆，$q = 10 \sim 20 mg/C$，对阳离子型电泳漆，$q = 20 \sim 30 mg/C$。

② 入槽后通电　在入槽后通电的瞬间有相当大的过载电流。如果采用控制过载电流来设置整流器（即不过滤瞬间过载电流），就可以把电流和时间的关系近似视为直线关系来计算。这样，入槽后通电的最大电流为平均电流的 2 倍（图 5-26）。

③ 连续入槽后通电　在工件连续入槽后通电情况下，由于工件完全形成漆膜后变为绝缘体，所以在有效电泳时间内，其电流强度可以看成与电泳时间成直线关系。第一挂工件电流最大，最后一挂为零（图 5-27），因此，总电流强度可以按式(5-22) 计算：

$$I = n\left(\frac{I_1 + I_n}{2}\right) \tag{5-22}$$

$$I_1 = \frac{2F'\delta \rho_{y_1} \times 1000}{q^t} \tag{5-23}$$

式中　I——总电流强度，A；

　　　n——在有效电泳时间内进行电泳的工件挂数；

　　　I_1——第一挂工件的电流强度，A，可按式(5-23) 计算；

　　　F'——该挂工件电泳涂漆面积，m^2；

　　　t——有效电泳涂漆时间，一般 $t = 120s$；

　　　I_n——第 n 挂工件的电流强度，A，$I_n = 0$。

为确保安全，整流器容量按上述式(5-22) 和式(5-23) 计算出的数值再酌情加大约 20%。

图 5-26　单个工件入槽后通电电流和电泳时间的关系

图 5-27　连续入槽通电电流强度计算图

④ 按概略指针计算整流器的电流　按概略指针计算法，整流器的电流可按式(5-24) 计算：

$$I = JF \tag{5-24}$$

式中　I——整流器的电流，A；

　　　J——电泳涂装的电流密度，一般 $J = 10 \sim 50 A/m^2$；

F——在有效电泳时间内进行电泳的涂装面积，m^2。

（6）超滤系统的计算与选择

① 计算依据　超滤系统冲洗级数，最大生产率（按涂装表面计算，m^2/h），电泳槽容积（m^3），电泳漆液的固体含量（％），末级冲洗水的固体含量（％）。

② 透过液量计算　一级冲洗系统透过液量按式（5-25）计算：

$$Q_p = \frac{C_B - C_{R_1}}{C_{R_1} - C_F} q' \tag{5-25}$$

式中　Q_p——所需的透过液量，L/h；

C_B——电泳漆液的固体含量，％，一般取 $C_B = 10\% \sim 15\%$；

C_{R_1}——一级冲洗水的固体含量，％，一般取 $C_{R_1} = 1\% \sim 1.5\%$；

C_F——透过液的固体含量，％，随超滤膜的种类、槽液的浓度、膜面流速等参数的不同变化，一般取 $C_F = 0.3\%$；

q'——工件表面带出的涂料量（不包括成膜涂量），L/h，q' 数值可按式（5-26）计算。

$$q' = q_0 F \tag{5-26}$$

式中　q_0——单位表面所带出的涂料量，L/m^2，对不同涂料、不同形状和尺寸的工件，其表面带出的涂料量是不同的，一般应根据实际使用情况测出，在没有实测数据情况下，可参照表 5-7 选取；

F——按涂料表面积计算的生产率，m^2/h。

表 5-7　工件的涂料带出量

工作特征	带出量/(mL/dm²)	工作特征	带出量/(mL/dm²)
垂直悬挂工件		水平工件	
除水很干净	0.16	除水很干净	0.326
		除水很差	4.070
除水一般	0.814	环形工件	
除水很差	1.628	除水很干净	3.26
		除水很差	9.80

二级冲洗系统透过液量按式（5-27）计算：

$$Q_p = \left(\sqrt{\frac{1}{4} + \frac{C_B - C_{R_2}}{C_{R_2} - C_F}} - \frac{1}{2} \right) q' \tag{5-27}$$

式中　Q_p——所需的透过液量，L/h；

C_{R_2}——第二级冲洗水的固体含量，％，一般取 $1\% \sim 1.5\%$。

若将二级冲洗和一级冲洗所需的透液量做一比较可以看出，一级冲洗所需的透过量约为二级冲洗所需的透过量的 3～4 倍。因此在系统设计中，在工艺布置许可情况下，采用二级循环冲洗系统是比较合理的。

③ 透过液排放量的计算　为了净化电泳工作液，需要排放部分透过液，以排除影响电泳涂料性能的有害离子，其排放量按式（5-28）计算：

$$Q_r = \frac{C_1}{C_1'} q' \tag{5-28}$$

式中　Q_r——透过液的排放量，L/h；

C_1——工件从前处理工序中带入电泳槽中的有害离子浓度，mg/L；

C_1'——透过液中的杂质离子浓度，mg/L，对磷酸根离子，$C_1' = \dfrac{C_1}{0.5 \sim 0.6}$。

实际确定电泳漆中有害离子浓度是比较困难的，这是因为除了工件带入前处理工序中的杂质离子外，外界空气中的杂质也会落入电泳工作液中。在实际应用中，透过液的排放量，可根据电泳漆液电导率值来确定。电泳漆液的电导率一般控制在 $2.5 \sim 3.0 \text{mS/cm}$ 范围内，若电泳漆的电导率太高，透过液的排放量就需增大，反之可减小排入量。

④ 超滤器数量的计算　超滤器数量按式(5-29)计算：

$$n = \frac{Q_p + Q_r}{F_o q_p} \tag{5-29}$$

式中　n——超滤器的数量，台；

Q_p——透过液的需要量，L/h；

Q_r——透过液的排放量，L/h，在电泳漆液管理较好的情况下，Q_r 值很小，对 n 值影响不大，可以忽略不计；

F_o——单台超滤器的有效超滤膜面积，m^2，可根据国内生产的超滤器性能予以确定；

q_p——超滤膜透过率，$\text{L/(m}^2 \cdot \text{h)}$。

⑤ 计算举例　计算依据：以二级超滤封闭循环冲洗系统为例，最大生产率（按涂装槽面积计算）$128\text{m}^2/\text{h}$，电泳槽容积 18m^3，电泳漆液的固体含量 12%，末级冲洗的固体含量 1.0%，超滤膜透过率 $25\text{L/(m}^2 \cdot \text{h)}$。

透过液量计算：

$$Q_p = \left(\sqrt{\frac{1}{4} + \frac{C_B - C_{R_2}}{C_{R_2} - C_F}} - \frac{1}{2} \right) q'$$

式中　$C_B = 12\%$，$C_{R_2} = 1.0\%$，取 $C_F = 0.3\%$，则 $q' = q_0 F$，取 $q_0 = 0.35 \text{L/m}^2$，$F = 128\text{m}^2/\text{h}$，则：

$$q' = 0.35 \times 128 = 44.8 \ (\text{L/h})$$

则

$$Q_p = \left(\sqrt{\frac{1}{4} + \frac{0.12 - 0.01}{0.01 - 0.003}} - \frac{1}{2} \right) \times 44.8 = 156.6 \ (\text{L/h})$$

超滤器数量的计算：

$$n = \frac{Q_p + Q_r}{F_o q_p}$$

若选用 W_4 型超滤器，则 $F_o = 2.5\text{m}^2$，$Q_p = 251\text{L/(m}^2 \cdot \text{h)}$。若 Q_r 忽略不计，则：

$$n = \frac{156.6}{2.5 \times 25} = 2.5$$

取 $n = 3$ 台。

5.12　电泳涂装常见故障的排查与处理

（1）故障排查方法

电泳涂装过程是复杂的电化学、物理化学与胶体化学过程，所涉及的学科繁多，影响其故障的因素太多，且各影响因素之间的关系错综复杂，有相互关联的，也有相互对立的，有时当一个问题出现时，很难确定是哪一个因素在起作用。有时同一故障多次出现，但产生原因不尽相同，解决起来比较棘手。甚至有时各参数都在工艺要求的范围内，但生产出的产品不合格。这就是为什么电泳涂装出现问题的概率高于其他涂装方法的原因所在。

电泳出现故障分经常性和偶然性两种情况。通常自动线出现故障的概率小于手动线，这是因为自动线的自控程度较高，工艺稳定性好，人为因素少；手工线工艺控制难以到位，人为因素较多，甚至设备上和工艺上存在先天不足，更容易引起故障。

当故障发生时，作为"工业医生"的电泳技术人员，必须沉着冷静，杜绝恐慌。一般情况下，故障排查可按"设备—电泳工作液—前处理—后处理—材质—操作方法—工艺（工艺规范、纪律等）"的顺序逐一进行排查与排除。根据产品出现故障的现象、位置、严重程度来分析，确定产品故障的主要原因和次要原因，并采用"故障—分析原因—解决或防治方法—采取措施"的顺序对造成故障的多个因素逐一排查与排除。必要时测量各槽液成分的变化情况，然后根据经验和检测结果确定解决对策。

虽然电泳体系是大量操作变量的动态平衡，但通过科学管理和适当的调整，完全可以获得稳定的、优质的电泳涂膜。为了降低故障率，提高电泳涂装质量，将返工率减小到最低限度甚至为零，最有效的措施是千方百计完善有关的管理文件（规定）。严格工艺管理，提高工艺水平；确保设备正常运行，工艺参数处于最佳状态；操作到位，提高工人的生产积极性、自觉性、主动性、质量意识与责任心。在生产中不断地摸索与积累经验，勤于思考，善于总结，勤观察，勤分析，勤调整，勤测量，做好原始记录，做到防患于未然。尽量弥补设备和工艺上的先天不足，消除故障隐患。

（2）故障处理方法

由于电泳涂装方法的独特性，产生的涂膜疵病虽与一般涂膜相同，但其病因及防治方法不同，有些疵病是电泳涂装独有的。现将常见疵病（故障）的名称、现象、产生原因及防治方法列于表 5-8 中，供参考。

表 5-8　电泳涂膜常见疵病（故障）的名称、现象、产生原因及防治方法

名称（代号）	现　象	产生原因	防治方法
（1）火山口或缩孔（陷穴）：(D_5)	在湿的电泳涂膜上看不见，当烘干后漆膜表面出现火山口状的凹坑，直径通常为 0.5～3.0mm，不露底的称为陷穴、凹坑，露底的称为缩孔，中间有颗粒的称为"鱼眼"。主要原因是电泳湿涂膜中或表面有尘埃、油污、与电泳涂料不相容的粒子等，成为陷穴中心，使烘干初期的流展能力不均衡，而产生涂膜缺陷。	①颜料分太低 ②前处理除油不完全 ③冲洗水中混入油污 ④涂料受油污染或矿物酸污染 ⑤槽液受油污染或矿物酸污染 ⑥沉积速度太快 ⑦烘干箱内不净，循环风内含油分 ⑧涂装环境差，空气可能含有油雾、漆雾、有机硅物质等污染被涂物或湿涂膜	①测定 P/B 比率，使其达到标准 ②严格控制前处理 ③提高冲洗水的质量 ④加强涂料管理，不合格的不能添加入槽 ⑤在槽液循环系统设除油过滤袋，并查清原因，严禁油污带入槽内 ⑥降低电压与温度，延长工作时间 ⑦保持烘干箱与循环风的清洁，加装滤油器 ⑧保持涂装环境洁净
（2）光泽太高	电泳涂膜光亮度较高。主要原因是烘干固化条件不充分，或灰分（颜基比）太低	①烘烤温度太低 ②烘烤时间太短 ③色浆含量太少	①提高烘烤温度 ②延长烘烤时间 ③加入色浆，使槽液满足工艺要求
（3）光泽太低或光泽不均匀	电泳涂膜光亮度较低或局部失光。主要原因是过烘干、电泳工作液或水洗槽质受污染，或灰分（颜基比）太高	①涂料受污染 ②电泳后水洗中含矿物质太多 ③颜料比太高	①检查涂料 ②检测纯水的水质，电导率太高时，及时更换 ③加入树脂，使槽液满足工艺要求

名称(代号)	现　象	产生原因	防治方法
(4)水痕(水滴迹)：(N_8)	电泳涂膜在烘干后局部漆面上有凸凹不平的水滴斑状，影响涂膜平整性，这种涂膜疵病称为水痕(水滴迹)。主要原因是湿电泳漆膜上有水滴，在烘干时水滴在漆膜表面上沸腾，液滴处就产生凹凸不平的涂面	①水洗不良或纯水洗中含较多的矿物质 ②被涂物上存在积水现象 ③烘烤温度梯度太大，即温度上升太快，水滴未干前已沸腾 ④挂具和悬链上的水滴滴落在被涂物上 ⑤漆液中低分子量树脂增加	①调整纯水洗水质 ②应设法倾倒积水 ③检查烘干箱或在烘烤前先用热风吹干 ④采取措施防止水滴落在被涂物上 ⑤及时排放超滤液，严格控制电泳漆质量
(5)灰尘或颗粒：(A_2、A_4)	在烘干后的电泳涂膜表面上，存有手感粗糙的较硬的粒子，或肉眼可见的细小"痱子"，往往被涂物的水平面较垂直面严重，这种涂膜疵病称为灰尘或颗粒	①环境太差，灰尘污染 ②槽液温度太高，漆液不稳定 ③烘干箱内不干净 ④膜厚不足 ⑤循环过滤系统太粗糙或过滤循环速度太慢 ⑥涂料受污染凝结粗粒 ⑦涂料周转率低或存放太久 ⑧槽液pH值偏高 ⑨磷化后水洗不彻底	①改善工作环境 ②降低液温 ③采用吸尘器清理烘干箱 ④调整电压或升高温度 ⑤检查过滤系统，压力是否过高，并做适当调整 ⑥用较密微过滤系统过滤 ⑦降低槽液固体分 ⑧调整pH值 ⑨磷化后加强清洗，彻底清除磷化膜表面的磷化沉渣
(6)电泳涂膜粗糙(漆面不匀)	烘干后涂层外观不丰满，光滑度不匀，重的手感不好(用手摸有粗糙的感觉)	①色浆加入过多 ②槽液温度较高 ③沉积速度较快 ④被涂物表面污染导电性物质 ⑤槽内有油脂污染 ⑥高电压涟波 ⑦溶剂太多或有脱落现象 ⑧磷酸膜处理不良 ⑨搅拌不均匀	①调整 ②调整冷却系统 ③调整电压、温度、pH、电导率、溶剂量 ④检查纯水电导率，并做适当调整 ⑤查明原因，并做适当调整 ⑥检查整流器，使涟波电压勿超5%，并采取对策 ⑦排放超滤液 ⑧调整 ⑨电泳前应充分搅拌
(7)电泳涂膜太厚：(Z_{11})	被涂物表面的干漆膜厚度超过工艺规定的膜厚，若漆膜外观仍很好，一般不算造成不合格品的疵病，主要是涂料消耗增大，成本增高	①电泳电压偏高 ②槽液温度偏高 ③槽液固体分过高 ④pH值偏高(低) ⑤溶剂量太多 ⑥电泳时间较长 ⑦槽液的电导率高 ⑧被涂物周围循环不好	①调低电泳电压 ②降低槽液温度 ③降低槽液固体分含量 ④调整 ⑤排放超滤液，添加纯水 ⑥缩短电泳时间 ⑦排放超滤液，添加纯水 ⑧通常因泵、过滤器和喷嘴堵塞而致，清理
(8)电泳涂膜不足(偏薄)：(I_3)	被涂物表面的干漆膜厚度不足，低于工艺规定的膜厚。主要原因是工艺参数执行不严，槽液老化、失调、导电不良和再溶解造成	①电泳电压偏低 ②槽液温度偏低 ③槽液固体分过低 ④pH值偏低 ⑤溶剂量太少 ⑥电泳时间太短 ⑦槽液的电导率较低 ⑧阳极面积太小 ⑨电源连接不良	①调高电泳电压 ②提高槽液温度 ③提高槽液固体分含量 ④调整 ⑤根据检测结果，及时添加溶剂 ⑥延长电泳时间 ⑦减少排放超滤液 ⑧增加阳极面积 ⑨检查线路或接点部分

名称(代号)	现　象	产生原因	防治方法
(9)针孔：(E₄)	电泳涂膜在烘干后干漆膜表面产生针尖状的小凹坑或小孔,这种涂膜疵病称为针孔。它与缩孔(陷穴)的区别是孔径小、中心无异物,且四周无漆膜堆积凸起。由湿涂膜再溶而引起的针孔,称为再溶解针孔;由电泳过程中产生的针孔,称为带电入槽阶梯式针孔,一般产生在被涂物的下部	①电镀表面针孔 ②烘烤前湿膜表面有水滴,且烘烤温度太快 ③电泳涂膜太厚或太薄 ④槽液中杂质离子含量过高,电解反应剧烈 ⑤磷化膜孔隙率高 ⑥电泳涂装后被涂物出槽不及时,湿膜产生再溶解 ⑦槽液温度偏低或搅拌不充分,气泡附着在湿膜表面产生反应 ⑧循环不良,泡沫累积 ⑨清洗水不干净 ⑩助溶剂含量偏低	①杜绝有针孔的零件入槽 ②晾干或采用压缩空气吹干后再烘烤 ③调整电压、温度或溶剂含量 ④排放超滤液,加纯水 ⑤调整磷化工艺配方,使磷化膜结晶细致 ⑥被涂物出槽后,立刻清洗 ⑦加强搅拌,确保槽液温度在规定的范围内 ⑧检查管路系统及泵,工作是否正常 ⑨更换清洗水 ⑩检测后及时补加助溶剂
(10)异常附着：(N₆)	由于被涂物表面或磷化膜的导电性不均匀,在电泳涂装时电流密度集中于电阻小的部分,引起漆膜在这个部位集中成长,其结果是这个部位呈堆积状态的附着。当泳涂电压偏高,接近破坏电压,造成涂膜局部破坏,也呈堆积状态的附着	①槽液过滤不良 ②过量的磷化液污染电泳槽液 ③槽液污染高导电度的物质 ④槽液长期关闭 ⑤极间距太近 ⑥pH值太高 ⑦溶剂含量太高或太低 ⑧电压太高,且槽液温度太高,涂膜被破坏 ⑨被涂物表面有黄锈、氧化皮、油污等	①检查过滤系统运转是否正常 ②排放超滤液,加纯水 ③排放超滤液,加纯水 ④补充新料 ⑤控制极间距至适当距离 ⑥加入中和剂或排放超滤液,并补加纯水 ⑦排放超滤液或补加溶剂 ⑧降低电压与温度,检查冷却系统是否失控 ⑨彻底清除工件表面的黄锈、氧化皮、油污等
(11)湿涂膜再溶解：(N₅)	湿涂膜被槽液或UF清洗液再次溶解,产生涂膜变薄、失光、针孔露底等现象	①槽液的pH值偏低,溶剂含量较高 ②被涂件电泳后在槽液中停留时间太长	①检测pH值与溶剂含量,及时调整 ②电泳完后立即出槽清洗

第 6 章　特种涂装工艺与设备

6.1　达克罗技术

6.1.1　达克罗技术简介

(1) 达克罗涂料的形成

20 世纪 60 年代，汽车工业绝大部分钢铁零部件都采用镀锌作为防护层，随着工业的发展和环境变化，很多零件达不到预期使用年限就已经锈蚀。在一些地区，冬天雪下得很大，路面积雪严重，用来防止路面结冰的防冻盐所含有的大量氯离子，更是进一步加快了镀锌零件的腐蚀。在这种环境中行驶的车辆受到氯离子侵蚀，加速了镀锌零件的腐蚀破坏速度，致使交通事故频发，汽车零部件不得不进行返修或更换。为满足汽车工业防腐技术的需要，国内外学者开展了多方面的研究工作。美国 Diamond Shamrock 公司的技术人员在 20 世纪 60 年代末开始研究电镀锌的替代技术，他们发现用金属锌粉末和铬酸盐水溶液等混合形成的体系，采用浸涂或刷涂等方法经高温烧结后，可形成耐蚀性非常好的表面涂层，尤其是耐盐水腐蚀性能优异。其后，技术人员又进一步完善工艺，改善溶液的配比，添加有机溶剂、增稠剂、润湿剂、还原剂和分散剂等物质，形成实用化产品供应用户，并开发相应的配套设备，这些措施使得达克罗涂料技术在较短的时间内迅速得到推广。由于达克罗涂料技术先进、涂层性能优越，已成为目前表面处理方面重要技术之一，被誉为表面处理行业具有划时代意义的产品。

(2) 国内外水溶性达克罗涂料的发展

1963 年，美国大洋公司 (Diamond Shamrock Corp. U. S. A) 开始研制达克罗涂料工艺，1972 年申请了第一个技术专利，作为一种新的金属表面防锈处理法，目前已先后在美国、欧洲、日本等 30 多个国家获得专利权。达克罗涂料以其独特的优点使其得到迅速发展，从而大大提高了钢铁基体材料的防腐性能。1976 年前后，大洋公司将达克罗涂料的技术分别转让给了美国的 MCII 公司、法国的 DACRAL 公司和日本 NDS 公司。日本油脂株式会社与美国 MCII 公司合资成立的日本达克乐沙姆罗克株式会社（日本 NDS 公司）促进了达克罗涂料技术的工业化，并在日本国内得到迅速发展，使日本成为世界达克罗涂料产业的"盟主"。目前全球的达克罗涂料产业被分为 4 个区域，日本 NDS 公司负责亚太地区业务，美国 MCII 公司负责北美地区业务，法国 DACRAL 负责欧洲地区业务，巴西金属涂覆公司 (MCB) 负责南美洲业务，4 家国际公司相互参股，结成同盟，共同垄断该技术，并做好了严密的技术保密工作。

达克罗涂料因其具有一系列传统电镀、涂装无法比拟的优点，因而能迅速推向世界。目前，欧洲已有每小时处理 1t 以上零件的生产线 60 多条，在 NDS 公司负责的亚太地区已有 70 多个能进行达克罗涂料处理的厂家，仅日本就有 60 多家，每月可处理零件 1.5 万吨，每年可销售 18 万吨达克罗涂料的处理液。美国有 70 多家工厂能进行达克罗涂料的处理。许多汽车、飞机零件已被指定必须进行达克罗涂料的处理，如美国的通用、福特、克莱斯勒，德国的大众，意大利的菲亚特，日本的丰田、本田、三菱等著名汽车公司均已形成生产规范。除汽车行业外，建筑、电力、船舶、铁路以及家电等行业使用达克罗涂料的技术也日益普遍，而且应用范围已扩展到军事工业。在达克罗涂料涂层的冲击下，传统镀锌行业日趋萎缩。

达克罗涂料由于其具有独特的优点，其应用领域越来越广阔，如电子电器行业的各种电子产品、通信器材、高低压开关（柜），交通行业的地铁、轻轨、桥梁的金属结构件、标准件、预埋件、高速公路的波形护栏杆等，经达克罗涂料处理后的工件表面美观耐蚀，节约了维修费用。此外，达克罗涂料在航天、航空、海洋工程、石油化工、军事工业等领域也有着广泛的应用，业已成为近几年来发展迅速的一种金属防腐加工方法。

我国从 20 世纪 90 年代开始应用达克罗涂料。1993 年，中国航空工业总公司南京宏光空降设备厂首次从国外引进了这项技术，开始了该技术在我国的应用与发展。但是到目前为止，受技术条件的影响，在原材料、处理液的寿命和涂层的耐蚀性等方面，同国外先进技术相比还有一定差距，另外在无铬达克罗涂料的发展上，我国的研究和应用相对滞后。

（3）达克罗涂料及其优缺点

虽然有机涂层、热浸镀和电镀是目前钢铁金属防腐最常用的方法，但热浸镀镀层不均匀、厚度不易控制、金属消耗量大、镀层附着力直接受工件表面处理质量的影响，不适合镀覆带螺纹和盲孔的小型工件。而电镀过程会产生"氢脆"现象，影响工件的机械强度。再者，电镀和热浸镀会对环境造成不同程度的污染。热浸镀镀覆过程中产生大量刺激性气体 NH_3、HCl 和 NH_4Cl 浓烟，锌液在高温下，亦使金属锌不断蒸发，产生大量锌蒸气。锌渣的存在，污染环境，浪费材料。电镀工艺过程中，产生的有毒和有害的废气、废水、废渣等，对环境的污染比较严重。机械镀锌则由于技术条件和镀层性能的原因，应用面比较窄。推行清洁生产，最大程度减少和消除表面处理生产给环境带来的污染和危害，是实现表面处理行业经济效益和环境效益的统一，走可持续发展的必由之路。达克罗涂料的涂层具有性能优异，处理工艺环保，节约材料等明显优点，采用该技术具有显著的经济效益、社会效益和环境效益。

达克罗涂料在涂覆过程中不排放有毒有害的废水和废气，与基体或各种有机涂层结合性好，并且达克罗涂层的适用面广，可用于钢铁、铸铁、粉末冶金材料、铝及其合金等材料的表面防护，能够有效防止金属腐蚀。

① 超常的耐蚀性　达克罗涂料中锌铝粉的电化学保护作用、钝化以及锌铝的屏蔽效应使得达克罗涂料的膜层具有很高的耐蚀性。而电镀锌层等防护性镀层只有单层，是用电沉积法把金属锌沉积于金属表面，电镀后在锌层表面上形成很薄的多孔铬化合物钝化膜，这种镀层孔隙大，渗透距离短，对腐蚀介质的阻挡作用小，腐蚀介质容易直接渗透到基体。

② 极佳的耐热性　达克罗涂层是经过高温烧结形成的，因此在较高温度下长期使用，外观可基本保持不变，并能保持良好的抗蚀性能。电镀锌层经钝化处理，在较高的温度下会失去结晶水，使钝化层产生网状龟裂，表面颜色变灰白，并逐渐产生锈蚀，耐蚀性能大大降低。达克罗涂料的涂层耐热温度可达 300℃，在 250℃下连续长期使用，其耐蚀防锈性能几乎不受影响，而电镀锌层表面钝化膜不耐高温腐蚀，超过 100℃，水分被蒸发而产生孔隙，使腐蚀介质更容易渗入，加速了锌的溶解，抗腐蚀能力急剧下降。

③ 无氢脆性　达克罗技术处理过程中不进行任何酸洗处理，没有电镀锌过程导致析氢的电化学反应，不会使钢铁基体产生氢脆。因此，特别适合于处理弹性零件和高强度的钢工件。

④ 良好的装饰性　达克罗涂料的涂层外观为银灰色（如银粉漆，可与铝型材相媲美），

与基体材料、各种油漆、涂料均有良好的结合力，可作为面层使用，也可作为各种涂料的底层使用，在美、日汽车生产中常用作涂装底层取代磷化处理。

⑤ 良好的工艺性能和优异的渗透性 达克罗涂料处理液是水溶性液体，流动性好，对深孔零件、弹簧和其他电镀不易达到的地方，该工艺都能形成良好的涂层，能渗入工件紧密结合处，形成防锈膜。

⑥ 环保和节能 电镀锌存在锌、酸、碱和六价铬等的污水排放问题，会造成较大的污染。热浸锌时温度较高，释放的锌蒸气和 HCl 对人体健康危害极大。由于达克罗涂料的处理是一个封闭的处理工程，涂液是水基型，在烘烤过程中挥发的物质主要是水，不含有环保法规控制的有害物质，对环境污染极小。达克罗涂料技术处理温度不高（最高 300℃），节约能源，尤其是自动生产线节能效果显著。

⑦ 优异的耐候性和耐化学性 经达克罗涂料处理的零件可长期在海洋环境、工业地区及大气污染严重的地区使用而不易腐蚀。此外，它对各种清洁剂、油脂、酸、碱等具有良好的化学稳定性。

⑧ 再涂覆能力强 达克罗涂料由于是片状金属粉末的层层重叠，因而表面的微观粗糙度较大，在其上面再涂覆其他涂层时，之间能够产生很好的结合力。

⑨ 不产生电偶腐蚀 达克罗涂层与铝及其合金不产生电偶腐蚀，适用于与铝及其合金接触的钢铁工件的保护。

达克罗涂层虽有许多优点，但它也有一些不足之处，主要体现在以下几点。

作为一种可代替电镀锌的无污染的表面处理新工艺，其最主要的不足是其涂层中所含的铬元素是有毒的，尤其是其中的六价铬离子对人体非常有害。因此，国外一些与达克罗生产相关的企业，开始着手达克罗液无铬化研究，寻找铬的替代品。无铬达克罗技术将是今后的研究方向。

锌铬膜的固化温度偏高，达克罗涂层需经过 300℃烧结成膜，这是锌铬膜技术消耗成本最大的地方。同时它不适用于回火温度低于 300℃的零部件，另外涂层的颜色单一，需要多样化。

达克罗涂层本身的硬度仅有 1H～2H，又由于它较薄，抗划伤能力不强（如不划伤基体，则对工件的防腐能力影响较小），不适用于运动件或在高磨损条件下使用。

达克罗涂层的结合力受到一定的限制，经过达克罗加工的工件，如弯曲幅度较大，会造成膜层的脱落，影响工件的防腐能力。

达克罗涂层的导电性能不好，如电器的接地螺栓等。对于油路、气路上的零部件，如阀体、管接头等，在装配过程中内部易出现锌和铝粉颗粒，会直接影响到油、气系统的清洁度。所以，这类零件仍需采用镀锌处理。

（4）达克罗涂料的涂层结构和防腐机理

达克罗涂层结构见图 6-1。

图 6-1 水溶性达克罗涂料的涂层结构

由图 6-1 可以看出，片状铝粉夹杂在片状锌粉中间，片状锌粉层层叠叠堆积在金属基体的表面，就像多层防护墙，保护着基体不受腐蚀破坏。腐蚀介质对钢铁基体的腐蚀路线被大大延长。涂层中，金属铬的一部分氧化物在其中起着黏合剂的作用。该涂层在腐蚀环境下，会形成无数个原电池，即先腐蚀掉电极电位比较负的 Al 和 Zn，直到它们被消耗后才有可能腐蚀至基体本身。

达克罗涂料的涂层之所以具有极佳的耐蚀性，与涂层的组成及结构有着直接关系。其耐蚀机理可从以下几方面考虑：

① 阻挡效应　由于鳞片锌、鳞片铝呈层状重重叠叠及含铬非晶态复合物的屏障作用，减少了涂层的孔隙，阻碍了 H_2O 和 O_2 等腐蚀介质以及去极化剂到达基体。

② 阳极保护作用　达克罗涂料涂层比钢铁基体的电位负得多，它们之间的电位差足够使达克罗涂料涂层对钢铁基体起到牺牲阳极保护作用。

③ 牺牲阳极作用速度受到控制　铝的存在和贯穿整个涂层的全面钝化，控制了锌的消耗速度，使阳极牺牲速度减慢，从而使涂层的耐蚀防护寿命大大延长。

④ 钝化作用　涂料中的六价铬，能够将金属粉末表面氧化形成致密的氧化膜，该氧化膜耐蚀性能良好。与传统电镀锌层表面钝化不同的是，镀锌层表面钝化只是在金属表面，而达克罗涂料涂层是对整个涂层的每一片金属粉末的表面都进行钝化。

⑤ 自修补作用　当钝化膜破损时，涂层中残留的 CrO_3 能够将金属粉末表面重新氧化形成钝化膜；当涂层破损时，残留的 CrO_3 还可钝化基体表面；而且其附近的锌粉、铝粉腐蚀产物（主要是金属氧化物）等物质，会沉积于破损处，起到密封作用，从而修补涂层。而镀锌层只是在外表面有一层很薄的钝化层，当有限的六价铬消耗完时，其自修补作用的效果就会很快下降。

（5）我国工艺研究的现状和存在的问题

我国达克罗涂料的研究和应用始于 20 世纪 90 年代中期，从日本 NDS 公司引进该技术，通过消化、吸收，已初步掌握了该技术，为国内的应用和推广奠定了基础。随着技术人员对达克罗涂料技术研究的深入，该技术的应用范围不断拓宽。目前，该工艺已不仅仅局限于在钢铁零件表面的涂覆，在铝及其他金属表面亦可应用，进一步提高了该技术的应用价值。随着世界制造业向中国的转移以及国家环保力度的加强，大量的电镀锌工艺将会被环保、清洁的达克罗涂层这一绿色表面处理技术所取代。

目前，我国以一汽集团、东北大学、哈尔滨工业大学等为代表的科研人员对此工艺进行了多方面的研究，也取得了一定成果。但在达克罗涂料的国产化中，尚存在一些问题，如锌粉、铝粉的国产化，涂料的稳定性，涂层的质量等问题。上述问题在很大程度上制约了该技术的推广与应用。而无铬的达克罗涂料的报道则更少，需要解决的问题还有很多。

综合目前我国对这方面所做工作的文献报道，在涂液配制等方面，尚存在以下几个方面的问题：

① 处理液的配制和性能　国外文献对该工艺保密，而国内的研究，受原材料和技术条件的限制，配制的溶液体系存在不稳定、易失效、颜色不符合要求、耐蚀性不高等缺点，很难达到国外提供的涂液的质量。

② 国内很少有人从涂料角度出发，对涂料各成分的作用机理进行深入的理论研究，而只是给出简单的工艺配方，且提供的配方大都缺乏实践性。国内对于取代传统达克罗涂料的无铬涂料的技术与理论研究更少。

③ 国内文献对涂层的形成、固化、耐蚀机理等方面的理论研究，尚缺乏有力的实证，需要进一步验证、补充和完善，以指导工艺参数的选择。

(6) 纳米微粒增强达克罗涂层技术

① 纳米 SiO_2 微粒增强达克罗涂层 达克罗涂层本身存在固化温度偏高、硬度较低、耐划伤性差和摩擦系数高等缺点。将纳米 SiO_2 微粒加入到达克罗涂层中，利用纳米微粒的一些特有的性能，可以提高涂层的硬度、耐划伤性、减摩性和耐腐蚀性，同时，还保持了涂层本身的优点。

达克罗涂层是由片状锌和铝叠加而成的，在片层之间存在一定的孔隙，影响了涂层的硬度。将纳米 SiO_2 微粒加入到达克罗涂层中，涂层的硬度提高了约 4 倍，这是由于当加入纳米微粒后，纳米微粒除了存在于涂层表面起到增强作用外，还有一部分填充于片状孔隙处，使得涂层表面致密、均匀，这也有利于硬度的提高，这两者的协同作用使得涂层的硬度提高。由于纳米微粒的自润滑作用，耐磨性也有一定的提高。有试验证明，纳米复合涂层的减摩性和抗划伤性分别提高了 20% 和 1 倍，说明纳米 SiO_2 微粒在涂层中起到了减摩抗磨作用；由于涂层中纳米微粒的小尺寸效应，所以与基体界面的黏结作用加强，颗粒分布均匀，使得涂层受力时有利于应力传递，阻止外界对基体的割裂作用。同时，纳米微粒的粒径小、涂层致密、微孔少，当受到液固两相流冲击时，能量可以均匀地分散在各个颗粒上，不致片层脱落，造成蚀坑。另一方面，涂层致密孔隙小，增长了离子的扩散通道，缩小了扩散面积，延缓了腐蚀介质渗透到金属表面的速率；同时，加入纳米 SiO_2 微粒后，更有利于涂层中非晶态物质 $nCrO_3 \cdot mCr_2O_3$ 的生成，从而有利于提高涂层的耐腐蚀性。

② 纳米 SiC 微粒增强达克罗涂层 锌铝基耐蚀涂层有其固有的缺点，它的硬度和强度较低，限制了其在高速、强摩擦等特殊军工服役条件下的应用。针对上述不足，在传统锌铝基耐蚀涂层配方的基础上，通过添加 SiC 纳米粒子对涂层进行改性，提高了锌铝基耐蚀涂层的硬度和强度。添加 SiC 纳米粒子后，涂层的硬度明显增大，并且随着 SiC 纳米粒子添加量的增加而增大。添加 SiC 纳米粒子后，SiC 纳米粒子聚集分散在片状锌粉、铝粉周围的铬的氧化物中。SiC 纳米粒子是一种硬质颗粒，其自身性质决定了在添加一定量的 SiC 纳米粒子后涂层的硬度将会提高。正是由于 SiC 纳米粒子的存在，使得涂层在高速、强摩擦条件下，能够克服自身强度、硬度低的缺点，满足服役性能要求。添加 SiC 纳米粒子与否，以及 SiC 纳米粒子不同的添加量，都没有给涂层的附着强度和耐冲击强度带来负面影响。涂层的附着强度和耐冲击强度仍然决定于锌铝基耐蚀涂层的主体成分和结构，可以保持在 0 级。添加 SiC 纳米粒子后，涂层的腐蚀电流密度有所增大，并且存在随着 SiC 纳米粒子添加量的增加而增大的总体趋势。添加 2% 的 SiC 纳米粒子，涂层的腐蚀电流密度只增加了 $80\mu A/cm^2$，SiC 纳米粒子对涂层耐蚀性能的影响是较小的。盐雾试验表明，添加 2‰ 的 SiC 纳米粒子后，涂层的耐盐雾性能不发生明显改变，648h 盐雾试验后都没有出现明显锈点。同时，SiC 纳米粒子在其表面能作用下，易发生团聚，不易均匀分散。这些团聚的 SiC 纳米粒子的粒度较大，存在于片状锌粉、铝粉周围的铬的氧化物中，可能成为腐蚀介质的快速扩散通道，使涂层的腐蚀电流密度增大。但 SiC 纳米粒子在涂层中的分散还是较为均匀的，因此涂层的腐蚀电流密度只是略有增大，仍然有优异的耐盐雾腐蚀性能。

6.1.2 达克罗涂料组成

达克罗涂料的基本成分有：锌粉、铝粉、钝化剂、表面活性剂、增稠剂和其他助剂等，涂料质量的优劣与这些材料的选择有着密切关系。

(1) 锌、铝粉及其制备方法

锌、铝粉的品质直接影响到达克罗涂液质量和涂层防腐性能。早期的研究均采用球状锌粉，后来基本上采用鳞片状锌、铝粉的混合物，这是因为鳞片状锌粉具有优良的屏蔽性能、电接触性能、平行搭接性能和易悬浮的特性，使得采用鳞片状锌达克罗涂料的防腐以及施工性能明显优于传统的球状锌涂料。

国外以前制备锌粉主要采用冷轧微小锌片法。国内对制备优质鳞片状锌粉的研究很多，一般采用湿法研磨和低温压制法。陈岁元等采用湿式球磨和辊轧法技术制备了微细锌片，在工艺条件一致的前提下，虽然轧制法历时比球磨法长，但是轧制法所制得的微细锌片的形状、圆度和粒径分布更适合涂料的技术要求。宁振立等采用干法球磨工艺轧制法将球状锌粉加工成鳞片状锌粉，并添加十八酸甘油酯、铝粉分别作为助磨剂、黏结剂，得到符合涂料技术要求的鳞片状锌粉。目前，世界上较先进的制备超微细锌、铝片的方法是气体保护干式球磨法。

制备鳞片状铝粉的方法有：化学法（即甲酸铵和乙二醇还原法）、物理法（即 PVD法）、机械研磨法和可以改变金属粉体性能的机械化学法。关于铝粉在涂层中的作用，有文献指出是铝的存在抑制了锌的消耗速率，从而减慢了阳极牺牲的速率，但未见到相关的研究。

鳞片状锌铝粉的性能指标主要是粒度和粒度分布，片状形貌，松密度，径厚比等。

① 能鳞片状锌铝粉性能指标　锌铬涂料希望锌铝片的松密度锌片为 1kg/L、铝片为0.2kg/L，平均厚度≤0.4μm，宽度≤15μm、长度≤30μm。见表 6-1。

表 6-1　鳞片状锌铝粉性能指标

鳞片状锌铝粉	Al	Zn	鳞片状锌铝粉	Al	Zn
原料平均粒度/μm	15.0	10.0	径厚比($D50/T$)	53.33~93	66.66~83.33
平均片厚 $T/\mu m$	≤0.3	≤0.3	松密度/(kg/L)	0.2	1

② 鳞片状锌铝粉性能指标测试方法　鳞片状锌铝粉由于达到超细状，所以微观很难检测，必须采用高精度、先进的精密仪器检测。见表 6-2。

表 6-2　鳞片状锌铝粉性能指标测试方法

指标	检测方法	指标	检测方法
粒度和粒度分布	粒度分布仪、透射电镜(TEM)、筛分法	成分分析	化学分析、电子探针
松装比	专用国家标准设备	径厚比	扫描隧道显微镜测出厚度和片径,计算其值
片状形貌	透射电镜(TEM)		

(2) 钝化剂

早期的达克罗涂液中采用铬酐作为钝化剂，后来有人采用铬酐＋重铬酸钾＋钼酸铵（钠）。由于铬酸盐、钼酸盐的双重钝化，并在烘烧中形成无定形的复合新生盐，使锌、铝、铁处于受控的阳极牺牲保护状态，可进一步改善涂料的耐腐蚀性能。也有人采用重铬酸钠（钾)＋磷酸二氢钠（钾）作为双重无机黏结剂和钝化剂，目的是用磷酸盐代替部分铬盐，从而降低涂料中铬盐的用量，使涂料中六价铬的含量低于 2%（质量分数）。还有一些人研究发现，加入适量硼酸和铬酐的配比液，用其替代单一的铬酐，不仅可以得到性能更好的膜层，还可以降低涂层中六价铬的含量。这是因为硼酸能够和锌、铝反应，生成难溶于水的硼酸锌和硼酸铝沉淀，这些沉淀不仅起到一定的成型剂作用，还能够改善涂层的外观，有效提高涂层的结合力。高节明等将一种有机酸与无机酸混合，再加入另一无机盐得到混合钝化酸，用其替代铬酸后得到了不含铬的涂层，虽然此涂层的耐盐雾等性能不及达克罗涂层优良，但比电镀锌（镍）层的防腐蚀能力则强得多。目前，出于对环保的考虑，选择合适的黏结剂比如硅烷或钛酸酯类偶联剂和腐蚀抑制剂替代铬酸盐已成为国内外研究的重点。

（3）表面活性剂

因为金属粉体有较高的活性，易团聚，会影响粉体的质量及性能，需进行分散处理，所以加入表面活性剂作为助磨剂。一般使用有机类的表面活性剂，比如高级脂肪酸及其盐类、醇类和酯类，但通常采用的则是成膜能力极佳的羟基纤维素作为非离子型的表面活性剂。其他用到的还有无机类表面活性剂，如亚硫酸盐废液（如木质硫磺酸）、棕榈油、松油等。有人通过实验证明，选择复合表面活性剂为助磨剂比使用单一表面活性剂的效果好。

（4）增稠剂

添加增稠剂的目的是调节涂液的黏度，使金属粉末能够稳定悬浮于涂料中，调节涂层的流平、流挂性。常用的增稠剂一般为羟甲基纤维素、羟乙基纤维素、聚丙烯酰胺和黄原胶等。作为增稠剂，基本要求是不与溶液中的盐类相互作用而凝聚，失去增稠效果。

（5）其他助剂

① pH调节剂　因为达克罗处理液的稳定性与其pH直接相关，所以需要调节涂液的pH。当pH值在$3.5\sim5.0$时，处理液的稳定性和膜层质量最佳。通常可供选择的调节剂有锂（钙）的氧化物、碳酸盐及其氢氧化物、氧化锌（锶），比较多的是氧化锌。亦可采用氨水或不活泼金属的碳酸盐等。

② 润滑剂　为了改善涂膜的被划伤性和调整摩擦因数，增加涂层的润滑性，可加入聚四氟乙烯，其体积仅占涂层的$0.5\%\sim10\%$。

③ 还原剂　无论是有机还原剂，还是无机还原剂，其主要作用都是在烧结过程中使六价铬被还原，将CrO_3还原为无定形Cr_2O_3，从而将金属锌、铝粉黏结成致密的保护膜。常提及的有机还原剂有甲醛、甲酸、丙烯酸、丁二酸、天冬氨酸、脂肪酸、丙三醇、一缩二丙二醇、乙二醇单甲醚、二乙二醇乙醚、葡萄糖等，无机还原剂有碘化钾、次磷酸钠等。此外，加入的铁粉或达克罗处理液中的锌也可视为一种无机还原剂。

6.1.3　达克罗涂覆技术与设备

达克罗涂覆的基本工艺流程为：

工件脱脂→机械抛丸→涂覆→预热烘烤→烧结固化→冷却→涂覆→预热烘烤→烧结固化→冷却→检验。

（1）达克罗涂覆前处理

前处理一般有除油和除锈两个过程。工件表面有油会影响涂液在基材表面的润湿、铺展和流平，进而影响到最终涂层的外观及防腐性能；涂层300℃固化时，油污会炭化挥发影响涂层的附着力；工件表面有锈蚀会影响涂液与基体的结合，而且锈蚀与涂层中锌铝的电极电位差较大，会加速涂层的腐蚀速度，所以锈蚀会影响涂层的附着力和耐蚀性。

目前常用的脱脂工艺有四种，即碱性脱脂、中性脱脂、高温烘烧脱脂和有机溶剂脱脂。碱性脱脂除油在行业内很少使用，因为碱液清洗不净，对酸性达克罗涂液非常有害。中性脱脂除油是目前脱脂较好的方法。它效率高、不易燃、对人身体无害。采用 3%～4% 的中性水基清洗剂，处理温度 65℃，时间 5～8min。溶剂清洗除油可根据油污状况，选用成本低、溶解力强、毒性小和不易燃的溶剂，常用的溶剂有 200# 溶剂油、三氯乙烯、四氯化碳等，但这些溶剂或多或少对人体有一定的伤害，在除油过程中要在专门的密封容器中进行，并有回收装置。图 6-2 是封闭式二氯甲烷超声波清洗机。高温烘烧除油有利有弊，有利的是可以利用烧结炉的余温在 280～300℃ 时进行高温炭化除油，除油干净，效率高，工艺操作简单，节省能源。不利的是高

图 6-2　封闭式二氯甲烷超声波清洗机

温炭化除油会产生大量的油烟，不易排除，影响室内环境，再有高温炭化会使工件的表面生成氧化膜，氧化膜在抛丸过程中需清除掉，因而会给后续抛丸工序增长时间，增大工序压力，故不太适合作为来料本身锈蚀严重、M10 以下螺栓等小型工件和薄壁板件等不适合长时间抛丸的工件脱脂除油处理。

抛丸工艺中所用钢丸的尺寸对达克罗产品质量、效果和生产影响很大，所以要根据工件选择不同种类的钢丸，否则会影响达克罗涂覆后工件的外观和附着力。铸铁工件可采用 0.3～0.6mm 钢丸，高强螺栓、螺母、冲压件可采用 0.3mm 的钢丸。完成抛丸的工件，停放时间必须小于 4h，当环境湿度大于 75% 时（如梅雨季节等）停放时间不得超过 2h。

（2）达克罗涂料的涂覆

涂覆一般采用浸涂工艺，但大型工件或有盲孔、凹槽等不利于涂层甩干的工件宜采用刷涂、喷涂，以免涂层积液严重，影响外观。如工件有不易喷涂的部位或死角，应考虑采用刷涂沥干方法或喷刷结合的方法。

① 涂液的配制　达克罗涂液的配制不同于一般多组分涂料按比例混合分散，达克罗涂料混合配制过程是一个氧化还原反应过程，所以在涂料混合分散过程中，需要有一个合适的温度条件，这就要求混合搅拌容器桶有加热或制冷功能。反应温度过高，Cr^{6+} 还原过多，pH 值过高，加速涂料老化；反应温度过低，反应不充分，pH 值低，涂料中 Zn、Al 片钝化不充分，反应时间要加长，且影响增黏剂加入后的溶解。

② 涂覆的技术参数　涂覆工艺参数包括温度、黏度、六价铬含量、pH 值、相对密度等。

达克罗涂料在循环槽内由热电偶自动控温在 18℃±2℃。温度太高，氧化还原反应加速，槽液老化速度加快，影响料液寿命，且涂覆后的工件会因温度过高，脱水加快，不易流平；温度太低，由于温差影响，涂层的涂覆量降低，影响涂层的耐蚀性能；同时，会造成黏度太大，形状复杂的工件易堆积等。

达克罗成品液配制后在 20℃ 持续慢速搅拌状态下，储存期不宜超过 30 天。由于特殊原因不能连续生产时，料液最好从涂覆机中放出来，储存在 10℃ 以下的环境中。

涂料黏度的高低直接决定涂覆层的薄厚，而涂覆层薄厚是决定防腐性能的重要因素。所以黏度指标需要天天检测，以保证最佳使用状态。在涂覆过程中，涂液的黏度应采取较低

值，根据用户耐蚀要求，采用 2～3 层涂覆。

六价铬是锌铬涂层中的重要成分，其主要功能是对锌片的钝化和涂层的粘接作用，使锌铬涂层中的锌片，有良好的钝态保护作用，并在涂层划伤后有自我修复功能。一般料液中的 $Cr^{6+} \geqslant 25g/L$，最高含量不应大于 $30g/L$。六价铬含量太高，涂层颜色变黄，同时也会给环境造成污染；六价铬含量太低，结合力差，涂层易掉粉，防腐效果变差。达克罗涂料的适用期，是根据 Cr^{6+} 含量来控制的，涂料 Cr^{6+} 必须超过 $25g/L$。当含量减小到大约 $22g/L$ 时，涂层附着力变差，颜色变暗、变黑。当 Cr^{6+} 含量减小到 $20g/L$ 以下时涂液已不能使用。

在料液其他成分不变的情况下，pH 值控制在 $3.8～5.2$ 防腐效果最好，我们通常把 pH 值控制在 4.5 左右。随着料液放置时间延长，pH 值会慢慢升高，pH 值超过 5.2 会使涂层附着强度变差，再高会有掉粉现象，使涂层耐蚀性下降。

相对密度值是料液中锌、铝片状粉量多少的表征，一般控制在 $1.28～1.38$ 为宜，测试要在 $18～20℃$ 下进行，采样时要取正在搅拌中的料液并马上测试，以保证其准确性。在干燥季节达克罗液因蒸发脱水相对密度增加，在夏季潮湿季节它缩合吸湿相对密度减小，不管相对密度增加或减小，变化均不会太快。相对密度的调整主要靠料液中的 A 剂来调整。例如相对密度太低应适当多加一些 A 剂，通常通过补充新液来维持相对密度和延长料液的寿命。

（3）涂装

达克罗涂装方法主要有浸渍-甩干式、浸渍-沥干式和静电涂覆式三种。

浸渍-甩干式处理方法主要适用于处理螺栓、螺帽、弹簧及冲压件等尺寸较小的金属零件。先将经前处理的零件放入网篮浸涂，然后用离心旋转法除去多余的涂料，再进行烘烤和烧结。这是目前应用最广的一种处理方法。图 6-3 是半自动达克罗涂覆机的示意图。

对于无法放入网篮的大型零件，如管件、车厢壳等可采用浸渍-沥干式。将工件悬挂于传送带上，吊入涂覆槽中，浸渍后沥去多余涂料，待涂料均匀垂流后再进行烘烤，一般采用一次涂覆一次烘烤。

图 6-3　半自动达克罗涂覆机示意图

外观要求高的零件通常采用静电涂覆式。该方法是将零件置于吊架上，用静电喷枪在零件表面均匀喷涂一道涂料，然后烘烤。一般采用一次喷涂一次烘烤。

大工件亦可采用刷涂或喷涂，再除去多余的涂料。一般浸涂一次涂层厚度 $5\mu m$ 左右，可根据工艺要求多次涂覆，常用设备有自动化机械化涂覆机或普通涂覆设备。

（4）离心

把放冷后的工件在料液槽内浸渍 $0.5～1.5min$ 后，即进入离心工序。离心的主要目的是甩掉多余的料液，使料液在工件表面均匀、平整。离心速度是一个动态参数，不同的工件有不同的转数。一般情况下，采取 $240～280r/min$。在离心机转数已定的情况下，增加离心次数，只对工件表面状态有所改变，对涂层厚度影响不大，每浸一次厚度约在 $3～4\mu m$。

（5）烧结固化

固化温度和时间，可根据不同的材料，几何形状和体积确定。浸涂后的工件浸入炉内后先在低温区（80±10）℃烘烤 10～30min，使水分逐渐逸出避免涂层起泡。然后在高温区（300±10）℃下固化 15～30min，形成牢固的锌铬涂层。目前，固化炉多采用网带式电阻炉或燃气烧结炉。后者制造成本高于前者，但运行成本低，也可以采用一些简易的固化炉，如间歇式烘箱或烘道。图 6-4、图 6-5 分别为电热式和燃气式网带固化炉的示意图。

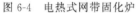

图 6-4　电热式网带固化炉　　　　　图 6-5　燃气式（或燃油式）网带固化炉

对有力学要求的弹性工件，如碳素钢弹簧件定型回火温度为 260～280℃，温度升高和保温时间长，都会影响弹簧的弹性，设定固化温度为 280～300℃；合金钢弹簧件则因回火温度高不受其影响，故固化温度可以设定为 300～320℃，对于拉伸弹簧，切不可为了避免积液的产生将拉伸弹簧拉开烘烤。

达克罗涂装中，除油是否彻底非常关键，否则会降低涂层的附着力和耐蚀性。涂液在使用过程中，要定期进行技术指标检测和调整，避免出现外观和内在质量问题。涂覆和烧结过程中工艺的设定要满足涂层厚度和氧化还原的技术要求。不同使用环境的产品，应选用恰当的后处理工艺。注意产品的包装、装卸和装配，减少磕碰和损伤。

6.1.4　达克罗涂层检测标准、技术及设备

（1）达克罗前处理工序检验

达克罗除油和除锈等前处理是涂覆过程中较为关键的工序，是取得高质量涂层的前提。在前处理工序中必须把工件表面的油污、锈蚀与氧化皮彻底清除干净。

除油效果检验可采用水膜法、验油试纸法等。后者检验过程是先用洁净的非金属小棒除去被检验表面的明显积水。对水平位置的表面，把 0.1mL（口径约 2mm 的滴管滴 2 滴左右）标准 G 型极性溶液滴在被检表面上，随即用洁净小玻璃棒把溶液铺开，使其铺盖面积不小于 20mm×40mm。对竖立位置的表面，用吸管把 0.5mL 标准 G 型极性溶液均匀地涂覆在被检表面上。

用特制的 A 型验油试纸紧贴在溶液膜上，经 1min 后观察试纸变色情况。若试纸显色状况呈完整、连续一片，即为合格。若显色状况不完整、不连续，呈稀疏点状或块状，即为不合格。

除锈效果采用 GB 8923—88 进行检验。

（2）达克罗液的检验

涂料细度的测定按 GB 1724—79 进行。在配制时可以使用 3.8～5.4 的精密试纸粗测涂料的 pH 值，操作时以洁净的玻璃棒蘸取少许涂料涂在试纸一面后，以试纸另一面与比色板

相比。涂料配制搅拌完后使用酸度计精确测量 pH 值。涂料的 pH 值应控制在 3.6～5.2。

涂料黏度的测量方法有很多种，但对达克罗涂料来说通常使用流量杯来测量，以涂料从杯内流出的时间（s）来表示。各国采用的流量杯黏度计均有不同的名称。美国采用的称为福特杯，德国的称为 DIN 杯，我国采用 GB 1723—79 的涂-9 杯黏度计法。还有一种用于施工现场的流出型黏度计称为察恩黏度计，国内称为柴氏杯。达克罗涂料通常使用体积为 50mL 的柴氏 2 号杯。

涂料中 Cr^{6+} 含量的测定采用硫代硫酸钠滴定法和硫酸亚铁铵滴定法。

硫代硫酸钠滴定法是用移液管吸取涂料 5mL，置于 100mL 容量瓶内，用蒸馏水稀释至刻度，摇匀过滤。反复冲洗滤纸至 250～350mL，将过滤液（呈棕黄色）倒入 500mL 烧杯，在其中加入 10mL 盐酸，5mL 20% 的碘化钾溶液和 5mL 5% 的淀粉溶液，此时溶液变为紫色。在搅拌状态下用 0.05mol/L 硫代硫酸钠溶液滴定至无色，静止 30s 后不返色，记录其滴定的量。

$$含铬酐的量 = \frac{8}{3}cV \times \frac{100}{5}$$

式中　c——硫代硫酸钠的浓度；
　　　V——消耗硫代硫酸钠的体积。

硫酸亚铁铵滴定法是用移液管吸取涂料 5mL，置于 100mL 容量瓶内，用蒸馏水稀释至刻度，摇匀过滤沉淀。用移液管吸取过滤液 10mL，置于 250mL 锥形瓶中，加水 80mL，硫酸（1∶1）10mL，磷酸 1mL，冷却后，加苯基代邻氨基苯甲酸指示剂数滴，溶液变为紫红色。以 0.1mol/L 标准硫酸亚铁铵滴定至由紫红色突变为绿色为终点。

$$含铬酐的量 = \frac{1}{3}cV \times \frac{1}{5} \times \frac{100}{10} \times 100$$

式中　c——硫酸亚铁铵的浓度；
　　　V——消耗硫酸亚铁铵的体积。

测定涂料相对密度时，取洁净干燥的量筒（直径 50mm，容积 250mL）置于工作台上，将试样倒入量筒，静止片刻，排除气泡，同时调整试样至测试温度。将相应刻度的相对密度计放入试样中，勿使其与筒壁接触，当相对密度计静止不动时，按液面接触相对密度计刻度的上边缘记下读数，即得到涂料的相对密度。

（3）涂层性能的测试

① 涂层的外貌　在自然折射光下肉眼观察，达克罗涂层应光滑平整，基本色调呈银灰色（经改性后涂层也可以获得其他颜色，如黑色等）。涂层应连续（无漏涂、气泡、剥落、裂纹、麻点、夹杂物等缺陷）、基本均匀（无明显的局部过厚现象）、不变色，但允许有小黄色斑点存在。

② 涂层涂覆量的测定　用溶解称量法 GB/T 18684—2002 对涂层涂覆量进行测试。质量大于 50g 的试样（若试样质量小于 50g，则应累积若干试样以达到 50g 以上的质量后，再进行试验），采用精度为 1mg 的天平称得原始质量 m_1（mg）。将试样置入 70～80℃的 20% NaOH 溶液中，浸泡 10min，使锌铬涂层全部溶解（若涂层浸泡 10min 后未完全溶解，则应延长浸泡时间，直到涂层完全溶解为止）。取出试样，充分水洗后立即烘干，再称取涂层溶解后试样的质量 m_2。量取并计算出工件的表面积 S，按下式计算出涂层的涂覆量。

$$m_S = \frac{m_1 - m_2}{S}$$

③ 涂层厚度的测定　根据 GB/T 1764—79 和 GB/T 6462 进行涂层厚度的测定。不管是喷涂还是刷涂的样品，由于技术及操作问题，涂层厚度不可能很均匀，所以采用上述标准方法测量的结果误差较大，故可以采用平均厚度法。

$$平均厚度＝涂覆量/干膜密度$$

干膜密度以 $3.5g/cm^3$ 计。但涂层中是否加入铝和加入铝量的多少等因素使得涂层密度不尽相同，所以此平均厚度仅为参考值。

④ 涂层附着力的测定　采用刃口角 $30°$、刃口厚度 $50\mu m$ 的专用刀具在涂层上切出间距为 1mm，切割数为 6 或 11 的十字形方格（采用手工切割时用力要均匀，速度要平稳无颤抖）后，用软毛刷沿格阵两对角线方向轻轻地往复各刷 5 次，按表 6-3 中的分级评定。

表 6-3　附着力测定分级标准

分级	说明	脱落表现（以 6×6 切割为例）
0	切割边缘完全光滑，无一脱落	
1	在切割交叉处有少许薄片脱落，但画格区受影响明显不大于 5%	
2	切口边缘或交叉处涂层脱落明显大于 5%，但受影响明显不大于 15%	
3	涂层沿切割边缘部分或全部以大碎片脱落，或在格子不同部位上，部分或全部脱落，明显大于 15%，但受影响明显不大于 35%	
4	涂层沿切割边缘大碎片剥落，或一些方格部分全部脱落，明显大于 35%，但受影响明显不大于 65%	
5	严重剥落	

另一种是采用胶带试验方法检测，按 GB/T 5270—1985 的 1.4 进行。试验后涂层不得从基体上剥落或露底，但允许胶带变色和黏着锌、铝粉粒。

⑤ 涂层耐硝酸铵快速腐蚀测定　硝酸铵快速试液的配制为：在烧杯中加入 1000mL 的去离子水，然后加入硝酸铵（试剂级）至溶液浓度为 20% 于烧杯中搅拌均匀。试验步骤：将配制硝酸铵溶液的烧杯放在电炉上水浴加热至 $75℃±5℃$，用温度计测量。将要测试的试样用塑料绳扎牢，轻轻地浸入硝酸铵溶液中，悬挂固定，避免试样与试样、试样与烧杯壁之间接触。硝酸铵溶液的温度控制为 $75℃±1℃$，按一定的时间间隔观察记录试样的表面变化。对照表 6-4 的数值，判断试样是否合格。如果要重新做硝酸铵快速试验，必须重新配制硝酸铵溶液。

⑥ 涂层耐盐雾试验　一般采用中性盐雾试验。在 $25℃±2℃$ 时，将化学纯的氯化钠溶于蒸馏水或去离子水中，配制浓度为 $(50±5)g/L$ 的氯化钠溶液。调整溶液 pH 值在 $6.5～7.2$。将盐雾箱内的温度调整到 $30℃±2℃$，压力控制在 $70～170kPa$，调整喷雾压力使得盐雾沉降量经 24h 连续喷雾后，每 $80cm^2$ 为 $1～2mL/h$。

表 6-4　硝酸铵测试时间与盐雾试验时间对比

硝酸铵测试时间/h	盐雾试验测试时间/h	硝酸铵测试时间/h	盐雾试验测试时间/h
0.25	120	1.0	500
0.5	240	1.5	720
0.75	360	2.0	1000

将试样放入盐雾箱内，被测面朝上，并与垂直方向成 20°±5°角。保持试样不接触箱体，也不可相互接触。要避免盐雾直接喷射试样表面，试样或支架上的液滴不能落在其他试样上。

连续试验 36h，检查 1 次，2 次检查后，每隔 72h 检查 2 次，每次检查后，样板也应变换位置。至样品出现锈蚀痕迹，记录下时间即可。

⑦ 涂层硬度测试　达克罗涂层硬度及耐磨性不好，故此涂层不适合高硬度高耐磨性场合，所以一般不把硬度作为其考察指标。若要测其硬度可以用克氏硬度来表示，或按铅笔硬度法 GB 6739—86 测试。

⑧ 涂层耐湿热测定　湿热试验在湿热试验箱中进行，湿热试验箱应能调整、控制温度和湿度。试验方法：将湿热试验箱温度设定为 40℃±2℃，相对湿度为 95%±3%，将样品垂直挂于湿热试验箱中，样品相互不接触。湿热试验箱达到设定的温度和湿度时，开始计算试验时间。连续试验 48h 检查一次，看样品是否出现红锈。2 次检查后，每隔 72h 检查 1 次，每次检查后，样品变换位置，240h 检查最后一次。标准中规定，只对 3 级和 4 级涂层进行耐湿热试验，要求涂层在 240h 内不得出现红锈。

⑨ 涂层耐化学试剂性测定　根据 GB 1763—79 对涂层的耐盐水性和耐碱性进行测定。

涂层在经过耐化学试剂及耐湿热试验后，涂层会老化、破坏，涂层破坏的程度、数量、大小评级方法的基本原则参照 GB 9277.2—88，详见表 6-5～表 6-7。

表 6-5　涂层起泡等级的评定

涂层等级		密度	涂层等级		大小
涂层起泡密度的等级	0	无泡	涂层起泡大小的等级	S0	10 倍放大镜无可见的泡
	1	很少，有几个气泡		S1	10 倍放大镜有可见的泡
	2	少，有很少气泡		S2	正常矫正视力下可见的泡
	3	中等，有中等数量气泡		S3	<0.5mm 直径的泡
	4	较多，有较多数量气泡		S4	0.5～5mm 范围的泡
	5	密集，有密集型气泡		S5	>5mm 直径的泡

表 6-6　涂层生锈等级的评定

涂层等级		生锈面积/%	涂层等级		锈点大小
生锈面积的等级	0	0	涂层锈点大小的等级	S0	10 倍放大镜下无可见锈点
	1	0.05		S1	10 倍放大镜下有可见锈点
	2	0.5		S2	正常矫正视力下刚可见锈点
	3	1		S3	<0.5mm 锈点
	4	8		S4	0.5～5mm 锈点
	5	40～50		S5	>5mm 锈点

表 6-7 涂层开裂等级的评定

涂层等级		开裂数量	涂层等级		开裂大小
涂层开裂数量的等级	0	无,即无可见的开裂	涂层开裂大小的等级	S0	10 倍放大镜下无可见开裂
	1	很少,刚有一些开裂		S1	10 倍放大镜下有可见开裂
	2	少,有少量开裂		S2	正常视力下可见开裂
	3	中等,有中等数量开裂		S3	正常视力清晰可见开裂
	4	较多,有显著数量开裂		S4	达 1mm 的大开裂
	5	密集,有密集型的开裂		S5	比 1mm 宽的很大开裂

⑩ 氨水试验 即滴黄试验,是检查涂层烘烤是否得当的一种简易方法。即在涂层表面滴 1~2 滴氨水,若涂层在 30~60s 内泛黄,则说明烘烤得当,否则说明烘烤不足或过度。但需注意,若工件烘烤过头,氨水试验也会出现黄色,试验时要结合工件的烘烤和固化时的情况进行分析判断,不能单凭颜色作为判断产品合格的依据。

⑪ 涂层 Cr^{6+} 溶出量的测定 将测定涂层涂覆量试验中的溶出液以 Cr^{6+} 法检测,即可得涂层 Cr^{6+} 溶出量。

⑫ 涂层耐热腐蚀性 将试样在 300℃ 的烘箱里放置一定时间后取出,与标准试样比较,看涂层的变化,从而判断其耐热腐蚀的能力。

6.2 液体浸塑工艺与设备

6.2.1 概述

金属浸塑涂装技术的历史并不长。1952 年德国 Hoechst 公司所属的 Knapsack Griesheim 公司 Erwin Gemmer 发明了流化床浸塑工艺。利用流化状粉末塑料,在金属表面形成有机薄膜,从而获得具有装饰、防腐、绝缘等优良性能的钢塑复合产品。当时所采用的涂装材料为聚乙烯。1957 年日本的某商会从联邦德国 Crisheim 公司引进浸塑设备,并经改良,得到了很大的发展。我国在浸塑方面的研究比静电喷涂迟些,20 世纪 60 年代初对热固性环氧粉末进行了流化床涂装研究,并取得成功。应用领域局限于机电产品的绝缘与防腐。总体来讲,80 年代前有一些手工浸塑工艺。1987 年冶金部派员考察,从日本仲田株式会社引进大型自动浸塑生产线,产品扩展至高速公路浸塑隔离栅,商场货架,养殖笼网及生活用品等产品,国内的研究中心郑州金属涂塑研究所由此浸塑线又以河基为基地,通过不断的学习改进,积累了丰富的经验。浸塑用的聚乙烯粉末涂料以廊坊、燕美和富华化工领先,质量接近国际标准,户外使用寿命可达十几年。因此,浸塑工艺由此得到推动。后来又开发了液体浸塑液,而液体浸塑液在中国试制成功至目前批量生产仅有 10 多年的历史,才刚刚开始扩大使用范围,属于新型装饰材料。

浸塑产品已在国外生产和生活的各个方面得到广泛应用,它是一种塑料涂覆工艺。按照浸塑使用的原材料不同可以分为液体浸塑和粉末浸塑。液体浸塑又可以分为两大类,一种是光面浸塑,另外一种是麻面（毛面）浸塑。在这两大类上又可以划分出不同的软硬度,不同的颜色,根据不同的需要配制出抗老化,抗酸碱,耐腐蚀等不同的产品。根据被涂物是否需要预热,粉末浸塑又分为流化床浸涂法与静电流化床浸涂法。另外,还有一次成型塑粉,无需流化床。由于粉末浸塑在本书第 4 章粉末涂料及其涂装中已有介绍,故本节重点介绍液体浸塑有关技术。

液体浸塑技术是工件经适当的前处理后，把工件预热到 PVC 浸塑溶液（浸塑溶胶）熔融温度以上，再按一定的速度浸入浸塑溶液（浸塑溶胶）中，并停留一段时间，这时涂料就被熔融而均匀地附着在工件上面，然后按一定的速度离开 PVC 浸塑溶液，最后将被涂物放入烘烤箱中加热熔融流平或交联固化成膜（塑熟），得到均一、绝缘、色彩鲜艳的塑料保护层。图 6-6 为五金工具与阀门手柄液体浸塑实物照片。

图 6-6 五金工具与阀门手柄液体浸塑实物照片

液体浸塑涂装具有很多优点。

① 经浸塑液处理后的工件，色彩缤纷，具有瓷器般的美丽光泽，达到很好的装饰效果。

② 产品性能优越，附着性强、耐磨、耐拉、耐热、耐晒、耐老化、耐高压、不褪色、具有很高的抗冲击强度、高绝缘度，寒冬盛夏不缩不裂，柔软手感好，防腐蚀性高，使用寿命长，安全可靠。

③ 品种很多，可生产加工各种颜色的硬光面、软光面、细毛面、粗毛面、透明、亚光、夜光的浸塑液产品。

④ 浸塑液中不含有毒及重金属离子，抗菌环保无毒，加工流变性能好，原料可循环利用并全部变成产品。在生产过程中几乎无废水、废液、废渣等产生，生产条件相对来说比较温和，有利于环境保护，是目前最新的低公害表面处理方法之一。

⑤ 根据不同的工艺条件，可以得到不同的涂层厚度。

⑥ 设备投资较少，生产管理很方便。

⑦ 同喷塑相比，液体浸塑在厚度上占有绝对优势，如浸塑后的工具手柄在厚膜状态下结实耐用，更具有高弹性、独特柔和的手感及特别的柔软塑料质感，可增大表面摩擦力，从而可大大提高产品表面的握持力，更有利于操作者的使用。

任何事物都是一分为二的，液体浸塑涂装也有它的缺点。

① 烘烤温度高，有时影响工件的硬度或产生变形，故不能耐高温（160～280℃）的工件，不宜采用浸塑加工工艺。

② 由于变换涂层的颜色须分槽浸塑，故要求经常更换涂层颜色的产品不宜采用液体浸塑加工工艺。

③ 在浸塑液中不能下沉的产品，不宜采用浸塑加工工艺。

④ 对于基体本身存有气孔的生铁铸造工件，在浸塑时易产生鼓泡、气孔的缺陷，故其不能浸塑。

⑤ 由于大型工件操作复杂，塑料涂膜质量不易保证，故不适用于大型工件的整体或局部浸塑。

⑥ 同喷塑、电泳相比，液体浸塑层的厚度较大，不适合要求薄膜涂层的产品。

鉴于液体浸塑涂装具有很多优点，故其适用范围较广，而且呈逐年递增趋势，目前已应用于各行各业。五金工具手柄浸塑：各种扳手、管钳、尖嘴钳、钢丝钳、斜口钳、园林工具、各种剪刀等。健身器材：哑铃、单双杠、跑步机配件、各种健身器材的手柄等。机电产品：电动工具配件、风机配件、汽车内装饰件、电器绝缘元件等。建筑五金：各种阀门手柄、门锁、拉手、防盗门、防盗窗、楼梯、家具等。日用五金：各种衣架、车筐、锁链、垃圾筐、车用锁具、各种类型链条等。塑料套管：医用高级塑料套管、长条塑料套管、彩色套管等。

6.2.2 液体浸塑工艺

（1）液体浸塑涂装材料与性能

液体浸塑工艺中绝大部分采用热塑性浸塑液，热塑性塑料涂膜具有遇热软化，冷却后又能固化成膜的特性，主要是物理性熔融塑化成膜过程，加工和生产比较简单。目前最典型、最常用的是聚氯乙烯（PVC）浸塑液，是严格按照配比以聚氯乙烯（PVC）掺混 10 多种高级助剂和添加剂的合成原料，经过精工混合，进行反应精制而成。采用此浸塑液加工所得的涂膜具有很多优良性能。

① 原材料的来源丰富，价格比较便宜，无毒。

② 颜色配制范围宽，不仅可以配制各种颜色，还可配制硬光面、软光面、细毛面、粗毛面、亚光、夜光的浸塑液。

③ 涂膜的耐湿热、耐盐水喷雾、耐酸、耐碱、耐醇类、耐汽油、耐海水、耐化学品等性能好。

④ 涂膜的电气绝缘性能优良，即使浸泡在盐水溶液中也能保持其特性。

⑤ 涂膜的耐候性性能优良，在露天使用不会产生裂纹。

⑥ 平整光滑，色彩鲜艳夺目，具有优良的物理化学性能。

⑦ 抗低温性好，可用于北方严寒的环境。

⑧ 拉伸强度、柔韧性及断裂伸长率优异。

当然，聚氯乙烯（PVC）浸塑液也存在缺点，如涂膜不耐芳香烃类、酯类、酮类和氯化溶剂等。某浸塑液的性能检测指标和检测结果见表 6-8。

表 6-8　某浸塑液的性能检测指标和检测结果

检测项目		单位	指标	实测	检测依据
外观	塑化		均匀、无气泡、裂痕、突起	合格	目测
	色泽		一致、无杂色	合格	
介电强度		MV/m		15	GB 1408—78
体积电阻率		Ω·m		3.5×10(20c/h)	GB/T 1410—1989
拉伸强度		MPa	>10	11	GB/T 1040—92
断裂伸长率		%	>150	310	GB/T 1040—92
铅（Pb）含量		%		0.0004	GB/T 1040—92
硬度		Ha		60～80	GB/T 1040—92
闪点（开口）		℃		加热 100℃ 未出现闪点	GB/T 1040—92

续表

检测项目		单位	指标	实测	检测依据
外观	塑化	单位	均匀、无气泡、裂痕、突起	合格	目测
	色泽		一致、无杂色	合格	
黏度		cP		1200～5000	黏度计
耐热性		℃	成品	无异常	测定180℃×3min×3次
耐寒性		℃	成品	断裂伸长率、拉伸长度无异常	-40℃冷冻测定30天
耐候性			成品	合格	夏天暴晒一周
燃烧性				自熄	
耐酸性				常温下可耐任何浓度盐酸、90%的硫酸、60%乙酸、20%以下烧碱溶液	
相对密度				1.10～1.30	比重天平(25℃)

注:$1cP=10^{-3}Pa \cdot s$。

以上各项技术指标均符合企标 QJ/HJ 03.01—92 标准,此产品具有少挂点、自动去泡、高强度、拉力高、耐寒和自熄性、无毒等特点。目前国内生产浸塑液的厂家很多,经样品试制合格后,直接购买即可。

(2) 液体浸塑工艺条件及其控制

液体浸塑涂装是一个复杂的物理化学和胶体化学过程。其工艺条件直接影响塑料涂层的质量,为确保生产的正常进行,必须对其工艺条件进行严格科学管理。

① 被涂物预热温度 一般预热温度与塑料涂层厚度成正比关系,温度高即热容量高,涂料熔融量多、附着于被涂物表面的涂料量就多、固化后涂层必厚;反之涂层必薄,甚至达不到起码的厚度值。

② 浸涂时间 预热温度设定后,一般浸涂时间的长度与塑料涂层厚度成正比关系,浸入时间越长,黏附的涂料量就越多、涂层也就越厚;反之就越薄。

③ 浸入角度 被涂物的浸入角度直接影响涂层厚度的均匀性,若一端先浸入浸塑液,其接触涂料液时间比后浸入的一端多,结果必定是涂层厚度不均,要保持整个被涂物表面涂层厚度一致,必须将其平行浸入浸塑液中,也就是零角度浸入。

④ 被涂物浸入浸塑液的速度(即装浸塑液的容器上升速度) 太快时,浸塑层易包入空气产生洞孔的缺陷。太慢时,由于被涂物先浸入浸塑液的部位温度高,接触涂料液的时间长,则涂层厚;相反,后浸入浸塑液的部位温度低(在浸塑的过程中,被涂物温度呈逐渐下降趋势),接触涂料液的时间短,则涂层薄,故太慢时易产生浸塑层厚薄不均等缺陷。由此可见,被涂物浸入浸塑液的速度太快或太慢时,均会影响塑料涂层外观质量。因此必须采用自动设备,把其严格控制在工艺范围之内。

⑤ 被涂物离开浸塑液的速度(即装浸塑液的容器下降速度) 太快时,浸塑层易产生流痕(流挂)、挂点等缺陷。太慢时,由于被涂物的温度与接触涂料液的时间不同,易产生浸塑层厚薄不均等缺陷。二者均会影响塑料涂层的外观质量,故必须采用设备控制被涂物离开浸塑液的速度在工艺范围之内。

⑥ 烘烤塑化条件(规范) 被涂物经预热后所得的热塑性塑料涂膜必须在规定的温度与时间下才能聚合、流平或交联固化成膜(塑熟),得到外观与力学性能均优良的涂膜。刚浸完没有烘烤塑化的浸塑层,硬度较低,极易被划伤或碰伤,色泽较暗,不鲜亮,经塑熟后的

浸塑层硬度较高，耐划伤，色彩鲜艳。

烘烤塑化条件（规范）主要包括烘烤温度与时间，通常以烘烤温度（℃）×烘烤时间（min）来表示，即在此条件下烘烤所形成的塑料涂膜性能应是该浸塑液和配套工艺涂层的最佳性能。

烘烤塑化条件（规范）对塑料涂膜的质量至关重要。若低于规定的温度与时间时，涂膜未塑熟，严重影响其外观和力学性能，如涂膜的附着力、耐腐蚀性、硬度、拉伸强度、介电强度等较差。相反，若高于规定的温度与时间时，塑料涂膜易发生烧焦变黑、色泽较暗、不鲜亮、力学性能变差等不良现象。

⑦ 室内温度　冬季时气温低，工件预热后温差大、降温快；相反，在夏季时气温高，工件预热后温差小、降温略慢。同一产品在预热和浸塑条件相同的前提下，夏季所得的涂层厚度高于冬季。故在冬季时，应做好室内取暖工作，或者是在不影响产品热处理性能的前提下，冬季时可适当提高产品的预热温度，来平衡温差造成的影响。

⑧ 工作环境　工作环境必须保持清洁，每班及时用水刷洗地面，防止灰尘和杂质带入浸塑液中，并及时清理浸塑液内与烘干室内的污物，生产完成后，及时盖好浸塑液的槽盖，预防尘埃混入。

（3）基本工艺流程及工序简介

液体浸塑涂装工艺一般由前处理、预热、浸塑、烘烤塑化四道主要工序组成。基本工艺流程为：

前处理（喷砂、除油、除锈、磷化、发蓝或电镀处理）→上挂具→预热（150～260℃，5～15min）→浸塑→烘烤塑化（160～280℃，1～3min）→冷却（风冷或水冷）→下挂具→品检→包装→出货。

工序简介如下：

① 前处理　在液体浸塑工艺中，对工件进行前处理的目的与其他涂料的涂装一样，一方面是提高浸塑涂层的防锈、防腐蚀能力，延长涂层的使用寿命；另一方面是提高浸塑涂层对被涂物底材的附着力；再一方面就是能够得到均匀美观的涂层外观。

对于整体浸塑工件，前处理一般为喷砂、除油、除锈等。对于局部浸塑工件，前处理一般为磷化、发蓝或电镀处理等。

② 上挂具　在液体浸塑生产中，挂具在设计时应遵循的基本原则是：挂具应有足够的机械强度，工件与挂钩要接触牢靠，装卸方便，重量要轻，坚固耐用，在设计时应尽可能提高生产效率。对于一般的工件一般直接采用挂钩即可，对于体积较小的工件，也可以采用强力磁铁固定工件。

③ 预热　工件的体积、材质、热容量大小、所要求的硬度和塑料涂层厚度等不同，预热的温度与时间也不相同。应根据现场情况，经试验后选择合适的工艺条件。一般工件的体积越小，预热的温度越低、时间越短；工件的体积越大，预热的温度越高，时间越长。一般情况下，预热温度为 150～260℃，时间为 5～15min。

千万注意，对于硬度有严格要求的工件，其预热温度与时间不能超过工件的回火工艺条件，否则影响其硬度。实践证明，高质或硬度过高的钢材浸塑时，其预热温度不能超过260℃。为克服此缺点，现已开发了低温预热与烘烤塑化的浸塑液，并已成功应用于生产。

另外，不同品种的浸塑液其工件预热与涂膜烘烤塑化的工艺规范不同，应根据供货厂家推荐的工艺规范，严格进行试验筛选后，最后再确定最佳工艺参数。

④ 浸塑　浸塑液在配制时，首先把浸塑槽彻底刷洗干净，再把其表面的水迹采用压缩空气吹干或烘干后，接着把浸塑液慢慢（速度必须慢，否则浸塑液产生气泡后直接影响涂膜质量）加入浸塑槽中，然后静置 30min 以上（春冬季节，由于气温较低，至少静置 1h 以上）。当发现浸塑液中无气泡产生时，经小样试验合格后，再转入批量生产。

一般情况下，被涂物浸入浸塑液的速度不能超过 10mm/s，被涂物离开浸塑液的速度不能超过 3mm/s。在浸塑液中停留的时间应根据产品体积、质量和浸塑层的厚度来设定，一般控制在 1~30s，停留的时间越长，浸塑层的厚度越大。千万注意浸塑液中切勿带入任何油脂和水，并避免受潮，否则严重时易造成槽液报废的不良现象。另外，被涂物的表面不能凹凸不平，以免包入空气产生洞孔。

⑤ 烘烤塑化　工件的体积、材质、热容量大小、所要求的硬度和塑料涂层厚度等不同，烘烤塑化的温度与时间也不相同。应根据现场情况，试验后选择合适的工艺条件。一般情况下，烘烤塑化温度为 160~280℃，时间为 1~3min。对于光面浸塑液，当涂膜色泽鲜亮、手感滑爽时，说明涂膜已塑熟；对于麻面（毛面）浸塑液，当涂膜表面无白点、色匀为塑熟。另外，一般麻面（毛面）浸塑液的烘烤塑化温度比光面低 5~10℃。

⑥ 冷却（风冷或水冷）　产品离开烘烤箱后，用风或水充分加速冷却，这样可以提高生产效率，并形成批量生产。

⑦ 品检　成品表面色泽应一致，不存在杂色、颗粒、流痕、露底、塑层剥落、针孔、气泡、裂痕等浸塑层缺陷，并且根据不同客户的不同标准进行品质检查。

⑧ 包装　产品包装应力求稳当，避免在托运过程中出现擦伤。

6.2.3　双色液体浸塑工艺

目前双色、柔光、自然花色、夜光等花色处理不但使产品表面五彩缤纷，而且其花样、色泽等外观更具表现力，产品外观对消费者具有相当的吸引力，提高了其附加值。

工艺流程：前处理（喷砂、除油、除锈、磷化、发蓝或电镀处理）→上挂具→预热(150~260℃，5~15min)→浸塑（色泽 1）→烘烤塑化（160~280℃，1~3min）→浸塑（色泽 2）→烘烤塑化（160~280℃，1~3min）→冷却（风冷或水冷）→下挂具→品检→包装→出货。

双色液体浸塑工艺通过控制浸塑液的高度，可以在同一个产品的表面得到两种不同颜色的浸塑涂层，互相衬托，具有较好的装饰性，外观非常美观，产品外观对消费者具有相当的吸引力，提高了其附加值。另外，通过两次浸塑，增加了塑层厚度，在厚膜状态下更具有高弹性、独特柔和的手感及特别的柔软塑料质感，可增大表面摩擦力，从而可大大提高产品表面的握持力。同单色浸塑层相比，具有更好的物理机械强度及良好的耐腐蚀性能。

具体操作方法：第一次正常浸塑得到一种色泽，烘烤塑化后立即趁热浸入第二种色泽，浸入高度低于第一种色泽的高度（根据产品外观形状，视情况留出第一种色泽的高度），再经烘烤塑化交联固化成膜，得到色彩艳丽的双色塑料涂膜。

6.2.4　不良品的处理

对于不良品，可先采用小刀、锥子等尖锐工具把塑料涂层划破，然后再剥离塑料涂层即可。剥离所得的塑料涂层可以回收后再利用，仅经简单处理就可重新配制或加工浸塑液。

同喷塑、电泳、喷漆等涂装相比，对液体浸塑涂层不良品的处理，无废渣、废水、废气等产生，更有利于环境保护并减少了因褪除喷塑、电泳、喷漆等涂层所消耗的化学药品（如脱漆剂等）的费用、造成的废水处理等项费用，因此液体浸塑涂装被各行各业广泛采用。

6.2.5 液体浸塑设备

采用手工液体浸塑加工,由于先把工件放进烘烤箱内预热,然后一人用钳子夹件,另一人挂件浸塑,每次仅能干一件,因此生产效率极低。烘烤箱空间大,功率较高,每次装载量小,故损耗较大。当工件局部浸塑时,采用人工加工时,浸塑层的分界线不好控制。由于进出浸塑液的速度不好控制,浸塑层易产生洞孔、流挂等缺陷。因此,应根据工件及加工量,设计相应的挂具和工装,实现连续、稳定生产,提高生产效率和成品率、减小能耗。

下面以每班生产 5000 件扳手为例,简单介绍扳手局部浸塑半自动生产线的有关设备。本设备的设计原则为:针对该产品的特点,制定合理的工艺流程,设备选型立足于经济实用、可靠、半自动化的原则,采用现行成熟可靠的技术进行设计,使本设备档次达到国内同行业的先进水平。图 6-7 为扳手局部液体浸塑半自动生产线的结构示意图。

图 6-7 扳手局部液体浸塑半自动生产线结构示意图

本设备为通过式,分上挂具、预热、浸塑、烘烤塑化、冷却(风冷)与下挂具六个工位。采用八台镀锌模板小车传递输送工件,每台小车上分别配备一套强力磁铁,把工件按一定的间隔距离排好后,放到连接轨道上,手持铁钩往前轻推小车。两台烘烤箱均采用对流式烘干设备,可使烘烤箱室内温度均匀,热传导的效果较好,从而可确保浸塑层质量,并在烘干设备顶部设有废气排放管、蝶阀及止回阀,或者设计成自拔风筒的形式,随时把烘干过程中产生的废气排出烘干室外。烘烤箱的进出门采用升降门,加热元件采用不锈钢电加热管。浸塑时,无级调速升降台上升,到位后时间继电器启动并开始计时,浸塑完毕,无级调速升降台下降。为使浸塑液面保持一定液位,采用浸塑泵浦及时补充浸塑液。工件烘烤塑化后,把小车推到冷却电风扇的上部,充分冷却后,从连接轨道上取下小车,工件下挂具,再把小车放到上挂具的位置。

虽然液体浸塑技术在我国工业生产上应用时间很短,但是由于它自身的特点,不仅在产品表面处理的防腐、装饰方面得到广泛应用,而且在功能性涂装及环境保护方面发挥着重要作用。由于液体浸塑品一般应用于劳动密集型产品,是我国的优势所在,因此将会大大增加液体浸塑品的需求量。同时,随着国内对液体浸塑产品的逐渐了解与熟悉,再加上液体浸塑工作者不断的努力,它一定会显出更旺盛的生命力。

6.3 水披覆转印工艺与设备

6.3.1 概述

传统的印刷方式(如铅印、胶印、速印、凹印等)只能对平面(或近似平面)纸张及塑料进行印刷，不能在复杂的曲面、凹凸立体面、圆弧形内侧等不规则部位印刷，也不能在金属、玻璃、陶瓷、碳纤、木材等材质表面印刷。随着社会经济的不断发展，人们对产品的个性美、包装美的要求也越来越高，对于印刷行业来说，印刷的概念早已不是人们印象中的传统纸类印刷了。从我们的日常生活用品到办公用具，再到通信、装饰、工艺、汽车等各行各业，都需要更多、更好、更实用的表面精饰包装，而这些产品大多是外形不规则的物品，用料也包罗万象。在这种情况下，就应运而生了水转印技术，它能够适合不同形状和不同材质的图纹转印。图 6-8 为水披覆转印产品照片。

图 6-8　水披覆转印产品照片

依据日本文部省（1998）文献，水转印是日本人中西干育所开发，而由中西干育氏以此技术与铃木钢所共同创建铃木总业的历史沿革（2004）显示，专利登记于 1974 年；然而依据其他文献之记载，最早的原型是 1931 年由英国人 George Thorne 开发后提出专利，而后Bennett 也以改良的类似方法提出专利。但当时还未成熟，仅处在萌芽期。日本印刷公司则在 1978 年开发称为 Curlfit 的曲面印刷技术（DNP，2004），将中西干育制程明细化分解，开始商业化的运作。

到 20 世纪 90 年代，在国外水转印得到了进一步发展，由于受技术与昂贵的加工成本的限制，仅在汽车（如方向盘、仪表盘、门把手等内装饰件）等高档产品上开始应用。当时在汽车产业中最显而易见的成果是琳琅满目的木纹内装，该成果成功的关键即是水转印技术，它暖化了机械的冷硬感，同时也软化了消费者的心。21 世纪的产品竞争力不再只是价格，而符合消费者需求的产品外观设计起到更主导的作用。为了在原有材质成型品基础上进一步提高其美感，实现产品的高档化，进而提高产品的附加值，在 21 世纪初期，水转印技术得到了迅猛发展并趋向成熟，由单一的纹路（如木纹等）发展为常用图纹色样就达 1000 多种，可根据不同客户的要求制作所需的个性化图案，并广泛应用在汽车、摩托车、电子、日用精品、工艺品、居室用品、五金建材、鞋材用品等方面。这种印刷工艺被称为印刷技术的一次革命，在国内研制推广和工业化生产只是近 10 年的事。

据文献记载水转印在发展历程中有许多不同的名称，如曲面印刷、水转印、曲面披覆印刷、水压转写、流动立体印刷、浸涂立体印刷等。根据水转印的实现特征，目前水转印技术有两类，一种是水标转印技术，另一种是水披覆转印技术。水标转印是依靠水压将转印纸上的图纹完整地转移到承印物表面的工艺，一般是在承印物表面进行小面积（局部）的文字和写真图案转印。水披覆转印（cubic transfer）是对物体的全部表面进行装饰，将工件的本来面目遮盖，能够对整个物体表面（立体）进行图案印刷。

水披覆转印技术是目前市场上唯一能在不规则物体上全面性披覆转印，且能达到最具质感及最佳效果的印刷方式，由于此技术对成型品的加工具有相当大的自由性，使得产品设计有更多元丰富的创意空间，此外应用领域广泛，因此预期未来将有相当可观的市场。鉴于此，故本节重点介绍水披覆转印的有关技术。

水披覆转印工艺是将印有图案的经特殊处理的高分子薄膜（可溶性聚乙烯醇膜）放在水中展平活化，在水压的作用下薄膜上的图案（图纹）均匀地转印在喷好底漆或没有喷底漆的工件上，薄膜自动溶解后，将印有图案的工件清洗、烘干，然后在其表面再喷一遍透明面漆进行保护。该工艺的诞生，填补了人类历史上立体曲面印刷装饰的空白，故又称为仿真曲面水披覆转印。

水披覆转印技术具有很多优点，总结如下：

① 彩色图案与物体表面有良好的附着力，涂膜均匀，质量稳定，耐腐蚀、耐光、耐磨、耐老化等。

② 图纹与网点清晰，层次感丰富，美感强，图案效果逼真，可采用四、六色柯式印刷。

③ 工艺简单快捷，可操作性好，灵活方便，生产效率高，成本低。

④ 无论是简单的平面，还是复杂的凹凸立体面、圆弧形内侧等不规则部位都可用水披覆转印工艺处理。

⑤ 水披覆转印膜纸的图案品种多（如高档的木纹、石纹、动物纹、水纹、艺术纹、迷彩纹、水晶、大理石纹、花鸟图、人物画、卡通等），常用图纹色样就达 1000 多种，可根据不同客户的要求制作所需的个性化图案和纹路等，其效果可达到以假乱真的程度。

⑥ 由于各种彩色纯天然图案的色泽生动活泼与形象逼真，独特的外观也是提高竞争力的热点，可提高产品档次，从而大大提高其附加值和使用效果。

⑦ 在某种意义上说，本技术能取代天然资源。如笔者经与当地十几家外资家具厂沟通后，把艺术造型部件由木材更换为 ABS、PP 等易压铸的塑胶材质，其表面经过各种高档木纹的水披覆转印处理后，图案效果逼真，同原木质部件相差无几，获得了国内外消费者的认可与青睐。不但彻底解决了木材加工时所带来的生产效率较低、不易成型的难题，而且大大降低了生产成本，改变了家具装饰花纹单一、色彩单调、环境污染与资源浪费等较严重的现状，从而提高了经济与社会效益。

⑧ 能适合各种不规则形状与各种材质的产品，以及特别适合个性化转印的特点而颇受业界关注和青睐。

⑨ 由于是间接印刷，产品表面不需与印刷膜接触，可避免损害产品表面及其完整性。

⑩ 转印膜本身安全无毒，符合环保安全标准，是一项比较环保的技术。

水披覆转印技术也有它的缺点。

① 在转印过程中，可溶性聚乙烯醇（PVA）膜受入水后会膨胀、溶解、伸缩等因素的影响，导致图样完全与承印物接触时难免发生拉伸变形。为了避免这个缺点，通常把水披覆转印膜上的图纹设计成较小、具有具体造型，且变形后也不影响观赏的简单重复图案（如木纹、水纹等）。即实际上用在这种水转印薄膜上面的印刷图纹，大多只具有装饰色彩的油墨块和简单的重复图案。

② 用于立体转印的转移膜难以胜任细小文字和层次图案的转印复制。

③ 设备的自动化程度不高，目前的操作过程基本都是手工操作。

④ 不能完成精确的多色定位，在水披覆转印过程中使用的一些化学物质对人体有一定伤害。

目前该工艺已经在塑胶（ABS、PP、PC、PU、PS、PVC、TPU、PE、TPR、EVA、PET、PBT、PPS、尼龙等）、金属、玻璃、陶瓷、碳纤、木材、石材、竹器、树脂（POLY）等材质表面获得了广泛的应用，并在各行各业得到了推广。如汽车（摩托车）行业的仪表板、方向盘、门把手、纸巾盒、茶杯座、磁带架、香水盒、观后镜框、车锁等内装饰件。机电产品的氧吧、空气净化器、遥控器、音箱、数码相机、电视机、空调、电器面板、冰箱等。日用精品的美容椅、眼镜盒、眼镜、笔架、笔、艺术相框、台历架、球拍、球杆、渔具、饰品、化妆盒、香水瓶、蜡烛台、雨伞握把、箱包装饰、插笔筒、发饰、钟表、各类套柄等。居室用品的沙发、茶几、茶具、保温杯、橱柜、灯具、烟缸、花瓶、各类器皿等。五金建材的门、窗、门锁、拉手、墙砖、地板、吊顶、饰条等。家具行业的高档仿木纹家具、仿木纹板材、艺术造型部件等。通信产品的手机、电话、传真机等。文具礼品行业的闹钟、挂钟、摆设件、各类工艺品等。计算机行业的鼠标、打印机、音箱、机壳等。其他行业如仪器仪表、运动器材、鞋材用品（鞋底、鞋楦、鞋面部件）等。

6.3.2 水披覆转印工作原理

（1）水披覆转印膜活化原理

披覆转印技术使用一种容易溶解于水的水溶性薄膜来承载图纹。将水披覆转印薄膜平铺于转印水槽的水面上，图纹（油墨）层朝上，保持水槽中的水清洁，且基本处于中性状态，在水中置放一定的时间后，薄膜吸水后和水形成平行的存放状态，自由地漂浮于水面上，由于水的表面张力，油墨层也会均匀地平铺于水面上。再用活化剂在图纹表面均匀地喷涂，水披覆转印膜纸恢复到原始的"湿"的、并具有较高附着力状态，使图纹层活化，易于与载体薄膜分离。活化剂是一种以芳香烃为主的有机混合溶剂，它与聚乙烯醇薄膜发生化学反应，能够迅速溶解并破坏聚乙烯醇薄膜（水披覆转印薄膜），但不会损坏图纹（油墨）层，使图纹处于游离状态。水披覆转印薄膜活化原理如图6-9所示。

图 6-9 水披覆转印薄膜活化原理

图 6-10 水披覆转印过程

（2）水披覆转印原理

在活化剂的作用下，水转印薄膜会在温水中迅速自动溶解，仅存图纹（油墨或印墨）浮于水面上，呈现游离状态。此时将需要水转印的产品，沿其轮廓逐渐贴近水转印薄膜，图纹（油墨）层会在水压的作用下慢慢转移到产品表面上，由于油墨层与承印材料或者特殊涂层固有的黏附作用而产生极强的附着力，很容易缠绕于产品表面形成图纹层，产品表面就像喷漆一样得到截然不同的外观。转印过程中，承印物与水披覆膜的贴合速度要保持均匀，避免薄膜皱褶而使图纹不美观。原则上讲，应保证图纹适当的拉伸，尽量避免重叠，特别是结合处，重叠过多，会给人以杂乱的感觉。越是复杂的产品对操作的要求越高。水披覆转印过程如图6-10所示。

6.3.3　水披覆转印材料

水披覆转印材料主要包括水披覆转印膜纸、活化剂、界面剂。

（1）水披覆转印膜纸

水披覆转印膜纸是用凹版印刷机采用传统的印刷工艺在水溶性聚乙烯醇（PVA）塑料薄膜表面印刷图纹的结果。水披覆转印膜纸的基材伸缩率非常高，且张力极佳，使得它很容易紧密地缠绕于产品表面形成图纹层，这也是它适合在整个产品表面进行转印的主要原因。伸缩性大的缺点也是显而易见的，首先容易使薄膜表面的图纹变形；其次，转印过程处理不好，薄膜有可能断裂。不过对水披覆技术要求过高是不妥当的，还没有哪一项技术可以完美无缺，为避免这个缺点，可把水披覆转印膜上面的图纹印刷成不具实际造型、变形后也不影响观赏的重复图案。水转印膜在凹版印刷机上印刷能够获得很高的伸长率，使成本大大降低，同时凹版印刷机具有精确的张力自动控制系统，一次也可印刷出 4～8 种颜色，套印准确度较高。使用的油墨是水转印油墨，与传统的油墨相比，水转印油墨的耐水性好，干燥方式也是挥发性干燥。

水披覆转印膜纸的基材为聚乙烯醇薄膜（polyvinyl alcohol，PVA），其密度为 $1.26\sim1.29g/cm^3$，折射率为 1.52，紫外线照射后发蓝白色光。吸水性大，浸入水中能溶解。纤维的含水率可达 $30\%\sim50\%$，在 65%RH，$25℃$ 环境下的含湿率也可达 4.5%，能透过水蒸气，但难透过醇蒸气，更不能透过有机溶剂蒸气、惰性气体和氢气，聚乙烯醇薄膜的阻隔性甚至优于偏二氯乙烯薄膜。

聚乙烯醇薄膜是以聚乙烯醇为主体，加入改性剂等助剂，经过特殊工艺加工、可以被土壤中的微生物完全降解的绿色环保功能性材料。它可在短时间内降解为二氧化碳和水，并有改良土地的作用。聚乙烯醇薄膜最大的优点是水溶性，最大的缺点是耐水性差。之所以耐水性差，是由于其分子中带有亲水性的羟基（—OH）。如果能将羟基适当封闭，接上耐水性基团，就可提高 PVA 薄膜的耐水性。PVA 含有羟基，可发生多元醇的一切典型反应，选用适当的缩聚物，在添加量不大的情况下，就能与 PVA 中的羟基适度交联，使 PVA 形成一种强韧的三维结构，稳定了 PVA 在湿态条件下的气密性，提高了耐水能力。PVA 薄膜的特性是可浮于水面上，延展性质佳，易溶于水，适合用于水披覆转印。

聚乙烯醇薄膜按照溶解特性分为 4 类，即常温溶薄膜（NT 型，又称快溶薄膜、冷溶薄膜），溶解温度 $25℃$；中温溶薄膜（IT 型，又称中溶薄膜、热熔薄膜），溶解温度 $65℃$；高温溶薄膜（HT 型，又称难溶薄膜、耐溶薄膜），溶解温度 $85℃$；特种薄膜，可以根据具体用途设计配方和工艺，达到特殊使用的要求。其中常温溶薄膜适合水转移印刷，在该薄膜上印刷后可转印到曲面上。

水披覆转印膜纸是一种水溶性薄膜，它能被水溶解或破坏，当印刷上水转印图纹后即可用于水披覆转印。水溶性包装薄膜的主要特点是：

① 环保安全，100% 降解，降解的最终产物是 CO_2 和 H_2O，无有害物质产生。

② 使用者的直接接触不会造成健康损害。

③ 强度、韧性、塑性良好，很容易缠绕于产品表面形成稳定的转移层。

水披覆转印膜纸具有以下性能：

① 含水量　水溶性薄膜用 PE 塑料包装，当水溶性薄膜从 PE 包装中取出后，其自身的含水量会随环境温度发生变化，性能也随之有所变化。一般来说，在 $20℃$ 的室温条件下，相对湿度是 45%、65%、80% 时，相对应的水披覆转印膜纸含有的平衡水分大致分别为

$4\%\sim6\%$，$8\%\sim9\%$，$11\%\sim13\%$。

② 防静电性　水披覆转印膜具有良好的抗静电性能，所以对绝大多数产品的附着力不受静电影响，但是环境中的灰尘会对产品表面造成瑕疵。

③ 水分及气体透过率　水披覆转印膜对水分及氨气具有较强的透过性，但对氧气、氮气、氢气及二氧化碳具有良好的阻隔性。所以转印车间或储藏地点的温度和湿度一定要保持恒定，不能有氨气成分弥漫。

④ 力学性能（温度20℃）　水披覆转印膜在不同的湿度条件下的力学性能有明显变化，主要是延伸率会随着湿度的升高而增大，所以转印车间的湿度可以比储藏室的湿度高一些。通过调湿来控制转印不同产品的延伸率以达到控制图纹变形的程度。

⑤ 印刷性能　水溶性薄膜可以用凹版印刷方法进行印刷，亦可用网版印刷来印。网版因本身原理简单、操作容易、印墨范围广、墨膜厚度高等特性，能节省凹版印刷制程与印刷成本。

⑥ 耐油性及耐化学药品性　水溶性包装薄膜具有良好的耐油性（植物油、动物油、矿物油）、耐脂肪性、耐有机溶剂和碳水化合物等。但强碱、强酸、氯自由基及其他可与PVA发生化学反应的物质（如硼砂、硼酸、某些染料等）会对水披覆转印膜造成破坏。

⑦ 转印条件　水披覆薄膜的水溶性与其厚度和温度有关，对于厚度为 $25\mu m$ 的转印膜，水披覆转印膜在水中的溶解时间会随着温度的升高而缩短，所以控制稳定的、适宜的水温有助于水披覆转印的稳定进行。经验的数据是在 20℃、30℃、40℃ 的温度条件下，不喷活化剂，在水中的溶解时间分别为 $65\sim80min$、$45\sim50min$、$25\sim30min$。

水披覆转印膜纸厚度有 $20\mu m$、$25\mu m$、$30\mu m$ 与 $40\mu m$ 四种规格；宽度有50cm、80cm、90cm、100cm 四种规格，常用的是50cm；每卷长度可分为1000m与500m两种规格。目前，国内应用的水披覆转印膜纸主要依靠进口，国产水披覆转印膜纸产量较小，质量还存在一定的问题，但其迅速发展的势头是不可忽视的。

（2）活化剂

为了便于水转印膜纸的保存与运输，在其上面印上图案后，即把油墨干燥，活化剂的作用是使水转印膜纸恢复到原始的"湿"的、并具有较高附着力的状态，有利于水转印的进行。活化剂含有树脂、溶剂与可塑剂，应符合下列要求：

① 协助油墨膨胀与湿润，从而软化油墨，使其与水转印膜同步伸展。

② 含有溶剂但不会在水转印过程中干掉，使图案延时破裂与扩散。

③ 增加油墨与被印物间的结合力，且在加工过程中不会脱离。

（3）界面剂

由于工件的材质不同，其物理、化学性能各异，在水转印加工过程中应采用不同的加工条件，故必须对工件的表面稍作改变，使印刷图案能够顺利披覆上去。界面剂的作用便是改变工件表面特性，使印刷图案能够充分附着在上面，增加其附着力。

6.3.4　水披覆转印工艺

（1）承印材料

采用水披覆转印技术可装饰日常生活中的大部分用品，如塑料、金属、玻璃、陶瓷、木质的平面和成型体等。根据转印前是否需要涂层，可以将承印材料分为容易转印的材料，如聚苯乙烯（PS）、ABS、有机玻璃、聚碳酸酯（PC）、聚氯乙烯（PVC）等材质，无需涂层就可以转印，转印原理与印刷原理相似。需要涂层的材料，如玻璃、金属、陶瓷等非吸收性材料，以及聚乙烯、聚丙烯等非极性材料都需要先涂布专用涂层，才能进行水转印。涂层是一些对转印材料有良好附着力的油漆，可以用网印、喷涂、滚涂的方式加工。从印刷角度来讲，涂层技术解决了对许多无法印刷的材料进行表面装饰的难题，现在流行的很多转印工艺，如热升华转印、热熔转印、陶瓷贴花转印、感压转印等，都需要在承印材料表面先进行涂布处理。

（2）水披覆转印膜（图案）的影响因素

① 转印膜纸　水披覆转印膜纸为高分子膜，在水转印过程中，其主要用途是固定印刷图案。膜纸的优点是基材的伸缩率高，容易紧密地贴附于整个物体表面。缺点是在印刷和转印过程中，膜纸表面的图案容易变形，若转印过程处理不好，膜纸会破裂。当把转印膜纸放在水转印槽中时，膜纸会逐渐被水所溶解，而膜纸上的印刷图案的主要成分为油墨，故不会与水互溶而浮在水面上。在短时间内，图案会在水转印槽中保持固定的样式。图案一旦膨胀后，膜纸依赖水压力与吸力包覆在复杂形状的物体上。水转印完成后，残余的胶膜须立即除去。

在转印过程中，水披覆转印膜纸上的油墨面朝上并缓慢地平放在水中，以避免膜纸与水面形成气泡。因为存有气泡的部位其膜纸得不到较好的活化与溶解，从而造成图案缺损、皱褶等缺陷。水转印膜纸在运输与储存过程中必须密封保存，否则会因受潮而丧失功能，并根据工件的形状与大小来裁剪膜纸。

② 活化剂　所谓的活化剂是一种能够溶解和破坏水溶性薄膜聚乙烯醇的以芳香烃为主的有机混合溶剂，当把活化剂均匀地喷洒到水转印膜上面时，薄膜成分会被破坏和溶解，而薄膜上面的油墨则仍然保持在水面的漂浮状态，使图案恢复到原始的"湿"的、并具有较高附着力的状态，有利于水披覆转印的进行。

活化剂的喷涂必须均匀、适量。若活化不足，则油墨太硬会导致针孔的形成；若涂布过量，则油墨被溶解掉，使水披覆转印膜流动导致图案变形，直接影响转印的质量。水披覆转印膜纸上的油墨（图纹）层愈厚，则活化的时间愈长，此时应适当增加活化剂的喷涂量。相反，若油墨（图纹）层愈薄，则活化的时间愈短，此时应适当减小活化剂的喷涂量。

活化剂通常用 PP 塑料瓶包装，有 1L 与 5L 两种包装规格。它是一种无色有刺激性气味的低黏度透明液体，具有挥发性，能够溶解于水，且对环境有一定的污染。

③ 工作环境　由于水披覆转印膜纸具有高度的吸水性，很容易受环境温度与湿度的影响。在较低的温度与湿度下，水转印膜纸会变脆、硬而容易撕破，导致活化不良及膨胀瑕疵（如皱纹等）；相反，在较高的温度与湿度下，水转印膜纸会变软，在膨胀时易变形、卷曲与活化瑕疵，图样边缘一旦卷曲，便无法进行完整图样的转印。若湿度较大，可在水披覆转印膜纸入水前先进行烘干处理，以克服膜纸过于潮湿、下水后易卷曲的问题。但烘干的设备与时间不易掌控，若烘烤过久，膜纸易发生变脆、断裂或不平的情形。

同时，工作室内必须清洁卫生、无灰尘污染，因为灰尘对每个生产步骤都会造成损坏，干净整洁的工作环境有利于转印油墨层紧密地附着在承印物表面，空气中飘浮的尘埃最容易影响转印效果。由此可见，在披覆水转印过程中应设有密闭的工作室，以便控制环境温度与湿度，以及防止外界灰尘的渗入。

④ 转印温度　转印槽内水的温度直接影响膜纸的溶解性。水温过低，膜纸溶解性下降；水温过高，膜纸溶解加快，易对图案造成伤害，引起图案变形。若没有加强对水温的控制，则水披覆转印生产不稳定。故水温必须保持稳定，以使膜纸保持恒定的溶解状态，从而保证

产品质量。通常，温度控制在 25～32℃。

⑤ 转印速度　转印过程中，承印物与水披覆膜的贴合速度要保持均匀，避免薄膜皱褶而使图纹折叠不美观。

⑥ 转印角度　在转印之前应根据承印物的表面形状与图案的类型或纹路性不同，选择适当的下水角度（一般呈 45°），以利于空气排出，防止产生气泡等疵病。

⑦ 膜纸的溶解时间　在工艺范围内，随着水温的升高，膜纸的溶解性增大，溶解时间缩短；相反，随着水温的下降，膜纸的溶解性减小，溶解时间延长。若膜溶解时间不足，易使图案中存有细皱纹；相反，若膜溶解时间过长，易产生图案模糊不清。故必须严格控制膜纸的溶解时间，以保证稳定的产品质量。

（3）水披覆转印工艺流程及工序简介

水披覆转印工艺流程：前处理→上夹具→喷底漆→烘干→转印→水洗→烘干→补膜→喷面漆→烘干→静置→下夹具→品检→包装→出货。

① 前处理　对于不同材质的工件，其前处理方式不同。钢铁件一般采用除油、除锈与磷化的处理方式；塑料件可在稀释剂或丙酮中浸泡，并用毛刷刷净表面的污垢，自然晾干或用压缩空气吹干。要获得理想的清除效果，最好采用超声波清洗或阴极电解除油处理钢铁件，用去静电除尘与火焰处理法处理塑料件。

② 上夹具　夹具一般由固定板与弹性挂钩两部分组成。固定板用于支撑工件，使其平放时不易翻倒，其材料一般采用厚木板或三角铁。挂钩部分采用弹簧钢丝制造，挂钩的形状据产品类型灵活选择，一般采用三点或四点接触形式。上夹具时，应注意工件转印的方位，便于喷漆与水洗。在水披覆转印过程中，夹具的主要作用是固定与周转工件，因此，其设计和制造至关重要。水披覆转印夹具在设计、制造及使用时应注意生产效率，工作时能保证被装挂工件牢固不易掉落，能使工件之间保持适当的距离和角度。所装的夹具可适合各道工序的要求，操作时不用再次更换，避免重复装卸工件带来的麻烦。对于结构与几何形状较复杂的工件应设计制作专用夹具。

③ 喷底漆　喷底漆时应考虑底漆与印刷图案的配合性、底漆与工件的附着力。首先，底漆的颜色应与图案相搭配，即若要转印不同的图案，必须使用不同的底色。如迷彩纹一般使用暗绿色，木纹一般使用棕色、咖啡色、土黄色，水纹常使用棕色、土黄色，石纹以白色为主等。从成本方面考虑，对于容易转印的塑胶工件的色泽，在加工时最好能与膜纸图案相搭配，这样可以省掉喷底漆工序，从而可降低生产成本与提高生产效率。其次，底漆与工件要有良好的附着力。底漆一般采用硝基底漆，因其成本较低，而且漆膜坚硬，耐磨性、耐油性、漆膜光泽、结合力、耐化学性能等也较好。

另外，还需根据承印材料来确定是否喷底漆，容易转印的材料无需涂层就可以转印，玻璃、金属、陶瓷等需要涂层的材料都需先涂布专用底漆后再转印。

④ 烘干　涂层经过干燥以后才能与工件表面紧密粘连、不致脱落。同时，干燥后的涂层具有一定的硬度、强度和耐磨性，达到保护、装饰工件、防止金属腐蚀的目的。另外，底漆必须彻底干燥后才能进行水披覆转印处理，否则会产生漆膜剥落、麻点、水转印图案撕裂不完整等缺陷。应在专用的烘干机上进行，温度、速度要可调可控。温度要视素材的塑性与熔点而定，塑料产品干燥温度不能太高，大致在 50～60℃，温度太高容易使承印物变形，对于金属、玻璃、陶瓷等材料温度可以适当提高。

根据油漆类型来确定烘干工艺条件（温度与时间），注意有的油漆不要求在烘干机内烘干，在室内自然干燥即可。

⑤ 转印 将水披覆转印膜纸平放在上膜设备的水面上，图案面朝上，保持水槽中的水清洁。为防止膜纸在水中晃动，其四周可采用挡水板固定位置。薄膜吸水后和水形成平行的存放状态，自由地漂浮于水面上，由于水的表面张力，油墨层也会均匀地平铺于水面上。放置的时间一般在 60s 左右，然后将膜纸表面均匀地喷上活化剂，5～15s 后，图案层与膜纸分离，此时手持已经摆放好工件的支架按一定方向下降，沿工件的轮廓逐渐贴近水转印薄膜，在水压的作用下将膜纸上的图案转印在工件表面上。当膜溶解后，及时用网或专用工具捞取水中的杂质颗粒，以便保持水体清洁并基本处于中性状态，否则影响产品质量。具体操作方法如下。

a. 确定适当水温（25～32℃），水面保持溢流状态。b. 保持水槽表面无活化剂残留及杂质。c. 置膜：确定膜的正反面，印刷层向上，以适当的角度将膜平放于水面。d. 配合水温设定溶解时间，一般水温约为 25～32℃，溶解时间约为 45～120s。e. 视印刷油墨之厚度，判定喷涂活化剂的时间，油墨层厚，可在尚未完全溶解时，提前喷涂活化剂，让油墨活化时间加长，而一般作业情况，膜溶解 60s 左右即可喷涂活化剂，待膜呈镜面而平坦扩展（约 5～15s）即可上膜。f. 在上膜之前需视加工物的外形或纹路性，选择下水角度，以利于空气排出。g. 上膜后，不可立即拿出水面，需在水面下轻轻来回摇动 3～5s，以切断边缘的膜或油墨，并增加纹路咬住被加工物的时间。h. 活化剂喷涂需以 0.8×4 孔喷枪及可搅拌式压力桶作业，喷涂距离约 30cm，空气压力调整适当，不可有水花产生。i. 水喷洗的水压需调整适当，以避免图纹脱落，必要时水温可加温到 35℃，水槽的水量需做溢流，并保证最后一道水彻底干净，清洗完成需经空气吹干并经品管修整后再入炉。

为了达到预期效果，必须根据不同的产品决定最佳转印条件，同时，考虑转印的方向、角度、速度、时间等。原则上允许图纹可适当拉伸，尽量避免重复；特别是结合处，重叠过多，给人以杂乱的感觉。越是复杂的产品对操作的要求越高。对于并不要求整体披覆的产品，采取遮挡措施是很重要的环节。

⑥ 水洗及烘干 水洗的目的是清除残留油墨与未溶解的残余薄膜。水洗需用专用的清洗机，且洗涤必须彻底，否则会产生颗粒杂质、污垢等缺陷。注意调好水压，过大时会损坏转印的图案。

水洗后烘干的目的是除去水分及残留的活化剂，有利于转印墨层的彻底干燥，使图案和物体形成紧密的结合力，增加牢度。烘干机设有摇动夹具装置，使水分流出，并用压缩空气吹去残留水分，或采用软质碎布辅以热风吹干水转印膜内所存的水分，以防转印后残存水分导致产生气泡。烘干时必须确保热量均匀分布在工件上，并检查盲孔或凹洞内是否存在水分，因为残留的水分会在烘烤后产生水痕缺陷。

⑦ 补膜 准备与不良品图案相同的水披覆转印膜纸与稀释剂，准备与不良部位大小类似的小毛笔，用一点稀释剂让水转印膜纸的油墨溶解，在水转印膜纸上找到与不良部位色调相近的地方，用小毛笔蘸少许油墨后涂上，用海绵轻抹修整好的部位，以防止其凸起，重新上面漆。

⑧ 喷面漆 喷面漆的目的是保护图案的完整性，并增强图文层对环境的抵抗性，在面漆中加入光泽剂、透明剂或颜料，可以增加产品外观的美感，从而进一步增加产品的附加值。面漆选择时必须考虑面漆与油墨及材料间的黏着性，且易于生产，然后再从产品价格、供应保障和售后服务三个方面进行考虑。如汽车与摩托车用品、日用精品等高档产品宜采用

国外较高档的面漆，其他低档产品可采用国内较便宜的面漆。利用 PU 透明面漆可得到亚光或镜面的效果。

喷面漆之前要检查前道转印情况是否良好（对于不良品即不用喷面漆），转印膜表面是否含有水分，表面是否干净（若不干净，喷面漆前应先除尘，并采用锯条或小刀修理工件棱角处的残留油墨等）。

⑨ 静置　为了进一步增加漆层结合力、防腐蚀性等性能，应将烘干后的工件连同夹具一起放在钢铁焊接架子或铁架台上静置 24h 以上。

⑩ 品检　品检项目包括检查工件涂装表面是否存在颗粒、流痕、露底、斑印、起皱、涂膜剥落、裂痕等涂膜缺陷，并根据不同客户的不同标准进行品质检查。

6.3.5　水披覆转印设备简介

水披覆转印设备是完成水披覆转印工艺的主要硬件设施，主要包括上膜、水洗、烘干、喷漆（油）设备，图 6-11 为水披覆转印设备照片。

上膜设备　　　　　　　　　　　　水洗设备

烘干设备　　　　　　　　　　　　喷油设备

图 6-11　水披覆转印设备照片

上膜设备主要完成水披覆转印膜上图纹的活化和薄膜向产品表面的转移。上膜设备实际上是一个具有恒温控制功能的水箱（槽），故也称为水披覆转印槽。一般采用硬聚氯乙烯（PVC）塑料、钢铁板内衬不锈钢板、不锈钢板或白铁皮焊接而成，槽体的大小由工件与产量来决定。在槽体的两侧通常设有溢流槽（沉渣槽），在水转印工作时，通过专用工具清除水中的杂质颗粒，并设循环过滤、全自动的温度控制装置，可以将水温控制在稳定的工艺范围内，以保证产品质量。对于形状相对简单统一的大批量工件，也可用专用的自动上膜设备代替手工操作，比如圆柱体工件，可以将它固定在转动轴上，再在薄膜表面转动，从而使图纹层发生转印。

全自动的上膜设备用于简单、标准型产品的上膜操作。它的机械手可以自如地拿放产品，大大提高了生产率，也简化了人工操作的程序。

水洗设备完成产品表面残余薄膜与没有固着在产品表面的浮层的清洗，主要由水槽和输送带装置构成。输送带装置完成产品的输送，水槽则用于产品的清洗。一般水洗设备制造为流水线形式，大幅度提高水洗质量和生产效率，便于分工合作与连续化生产。可采用自动喷淋式水洗处理机，通过式自动喷淋式水洗处理机的传动输送原理是辊子一端带有链轮，通过传动链作用带动辊子传动达到输送的目的。喷射系统包括喷管装置与水泵装置，可采用莲蓬头喷嘴或万向水洗喷头，并设有过滤除渣装置，以便及时除去残留油墨与未溶解的残余薄膜所造成的沉渣。

烘干设备用于残余薄膜清洗后、产品喷油操作后的干燥。水洗后的干燥主要是水分的蒸发，喷油后的干燥则是溶剂的挥发性干燥。水分蒸发后，图纹将和产品形成紧密的结合力；而面漆干燥后将形成光泽度高，致密坚硬的图纹保护层。

烘干设备有两种形式：单机柜式和流水线式。单机柜式常用于产品打样或小规模的生产，而流水线式干燥设备则用于大规模的生产。流水线式烘干设备由输送装置、烘干装置构成，一般设计的主要要求是产品在进入烘干单元后运输到终端能够彻底干燥。温度、速度要可调可控，烘干装置以红外加热方式为主。

烘干可采用热风对流、热远红外线辐射与热风对流加辐射三种方式。使用 UV 喷涂技术时，干燥的方式则是采用 UV 烘干生产线，UV 烘干生产线和传统的 UV 固化技术所用的 UV 固化机并无差别。

喷漆设备主要用于喷底漆与喷面漆。

6.3.6　水披覆转印常见疵病（故障）、产生原因及防治方法

由于水披覆转印方法的独特性，所产生的漆膜疵病与一般漆膜不相同，一般都是水披覆转印工艺所独有的，故其病因及防治方法也与其他工艺不同。水披覆转印过程是一个复杂的物理化学过程，涉及涂装、印刷等学科，影响其故障的因素较多。同时它又是一门新兴行业，目前从事此行业的技术人员较少，对此工艺有关技术、经验方面的报道介绍极少，至今还未有针对它的专用书具。故一般故障出现时，由于经验不足，解决起来比较棘手。

虽然水披覆转印是个"新事物"，但通过科学管理和适当的调整，完全可以获得稳定的、优质的水披覆转印涂膜。为了降低故障率，提高其质量，将返工率减小到最低限度甚至为零，最有效的措施是想尽方法完善有关的管理文件（规定）。严格工艺管理，提高工艺水平；确保设备正常运行，工艺参数处于最佳状态；操作到位，提高工人的生产积极性、自觉性、主动性、质量意识与责任心。在生产中不断地摸索与积累经验，勤于思考，善于总结，勤观察，勤分析，勤调整，勤测量，做好原始记录，做到防患于未然。尽量弥补设备和工艺上的先天不足，消除故障隐患。现将水披覆转印涂膜常见疵病（故障）、产生原因及防治方法列于表 6-9 中，供参考。

表 6-9　水披覆转印涂膜常见疵病（故障）、产生原因及防治方法

常见疵病（故障）	产生原因	防治方法
图纹中有细皱纹存在	膜溶解时间不足	延长溶解时间
图纹模糊不清	溶解时间过长	缩短溶解时间
图纹会流动	活化剂喷涂过量	减少活化剂喷涂量
图纹部分未附着	活化剂喷涂不均匀,气温、水温过高,活化剂蒸发过快	活化剂喷涂均匀,降低水温、气温,调整活化剂或吸风量
产品表面有气泡	转印时入水角度不对	改变入水方向或角度
转印后图纹附着不良	素材表面有油污、物品底漆烘烤太干	素材表面清洗或确认素材材质,底漆确认、降低烘烤温度或缩短烘烤时间
面漆附着不良	底漆与面漆或面漆与素材不合	变更涂料

续表

常见疵病(故障)	产生原因	防治方法
面漆涂装后起泡或龟裂	素材耐溶剂性低,物品的底漆硬化不足	面漆溶剂变换或变更面漆或将底漆干燥时间延长
面漆涂装干燥后变黄	干燥时间过长,温度过高	降低干燥温度与缩短烘干时间,如上述方法无法改善,请换耐黄变涂料
面漆涂装时不均匀	面漆中主剂过量、涂布量过多或吐出量太大	涂料秒数降低,吐出量减少

　　虽然水披覆转印技术在工业生产上的应用仅有近10年的历史,但因其突出的优点,在产品表面精饰、防腐方面得到广泛应用,而且在功能性涂装及环境保护方面也发挥着重要作用。但其设备自动化程度不高,目前以手工操作为主,不能完成精确的多色定位,在水披覆转印过程中使用的一些化学物质对人体有一定伤害,这些问题在一定程度上阻碍了该技术的发展。由于水披覆转印产品一般应用于劳动密集型产品,符合我国国情,因此,需求量将会大大增加。同时,随着社会发展、人们物质生活水平不断提高,人们对产品的审美观与个性化提出更高、更新的要求。随着大家对水披覆转印产品的逐渐了解与接受,加上相关工作者坚持不懈的努力与创新,相信水披覆转印技术将会显示出旺盛的生命力。尤其在数字技术飞速发展的今天,水披覆转印技术与这些高科技相结合,将会有更广阔的发展空间,市场前景看好。

第7章 涂层固化

涂装过程中，固化工艺和设备占有重要的地位。前处理后的脱水干燥，湿打磨涂层后的水分干燥、涂层的加热固化等都要用到固化（或烘干）设备。若对各种涂料的烘干温度和烘干时间掌握不准确，烘干设备设计不合适，都不能使涂层性能得到充分发挥。

7.1 涂层固化的机理

涂料覆盖于基体表面后，由液体或疏松固体粉末状态转变成致密完整的固体薄膜的过程，称为涂料或涂层的干燥或固化。涂料固化成膜主要靠物理作用或化学作用来实现，按其固化机理可分为非转化型和转化型两大类。例如：挥发性涂料和热塑性粉末涂料等，通过溶剂挥发或熔合作用，便能形成致密涂膜。热固性涂料必须通过化学作用才能形成固态涂膜。因此涂料成膜机理依组成不同而有差异。

7.1.1 非转化型涂料

仅依靠物理作用成膜的涂料称为非转化型涂料，它们在成膜过程中只发生物理状态的变化而没有进一步的化学反应。此类涂料包括挥发性涂料、热塑性粉末涂料、乳胶涂料及非水分散涂料等。

（1）挥发性涂料

挥发性涂料树脂分子量很高，完全靠溶剂挥发便能形成干爽的硬涂膜，常温下表干很快，多采取自然干燥或低温强制干燥。常见的挥发性涂料品种有硝基涂料、过氯乙烯涂料、热塑性丙烯酸树脂涂料、沥青树脂涂料等。

图 7-1 涂膜溶剂保留与时间关系
1—湿阶段；2—过渡阶段；3—干阶段

此类涂料施工以后的溶剂挥发分为三个阶段，即湿阶段、干阶段和两者重叠的过渡阶段。涂膜溶剂保留与时间关系如图 7-1 所示。

在湿阶段，溶剂挥发与简单的溶剂混合物蒸发行为类似，溶剂在自由表面大量挥发，混合蒸气压大致保持不变且等于各溶剂蒸气分压之和：

$$p = p_1 + p_2 + p_3 + p_4 + \cdots \tag{7-1}$$

式中，p 为溶剂的饱和蒸气压，mmHg（1mmHg=133Pa）。烃类、脂类溶剂的质量相对挥发速度 $E_w = 10p^{0.9}$；酮类、醇类溶剂的质量相对挥发速度 $E_w = 8p^{0.9}$。

很显然，增大环境气体流速，必将提高溶剂的挥发速度。另外，根据克劳修斯-克拉贝龙方程可推得以下关系式：

$$\lg E_{w_1}/E_{w_2} = 0.197\Delta H(1/T_2 - 1/T_1) \tag{7-2}$$

乙酸乙酯的 $\Delta H_{298K} = 44.38$kJ/mol，当温度由 25℃增至 35℃时，E_w 由 100 增至 170，显然温度对挥发性产生了很大的影响。涂料用溶剂挥发过快时，会带走大量热量，产生显著的冷却效应，造成水汽冷凝，涂膜易"泛白"。因此，为了降低溶剂的成本和平衡溶剂的挥发速度，采用混合溶剂，混合溶剂的挥发速度有以下关系式。

$$E_T = \Sigma \gamma_i c_i E_i \tag{7-3}$$

式中　E_T——总挥发速度；

γ_i——混合溶剂中 i 溶剂的活度参数；

c_i——i 溶剂浓度；

E_i——纯 i 溶剂的挥发速度。

在混合溶剂中加入高沸点的极性溶剂使溶剂的挥发速度降低，防止"泛白"。

在过渡阶段沿涂膜表面向下出现不断增长的黏性凝胶层，溶剂挥发受表面凝胶层的控制，溶剂蒸气压显著下降。

在干阶段溶剂挥发受厚度方向整个涂膜的扩散控制，溶剂释放很慢。例如硝基涂料在自然干燥 1 周后，涂膜中仍可含有 6%～9% 的溶剂。虽然其实干时间一般在 1.5h 左右，但这样的涂膜实际上是相对干涂膜。相对干涂膜中保留溶剂的释放可按式(7-4) 计算：

$$\lg C = A\lg(x^2/t) + B \tag{7-4}$$

式中　C——单位干涂膜质量保留的溶剂质量；

x——膜厚度，μm；

t——时间，h；

A，B——与涂料配方有关的常数。

对于指定配方的涂料，相对干涂膜中溶剂保留量取决于涂膜厚度。不同配方的涂料，影响溶剂保留率的因素包括溶剂分子的结构和大小、树脂分子结构与分子量大小及颜料、填料形状和尺寸。一般，体积小的溶剂分子较易穿过树脂分子间隙扩散到涂膜表面，带有支链、体积较大的溶剂分子易被保留，与溶剂的挥发性或溶解力之间没有相应的关系。

分子量高的树脂对溶剂的保留率较高，硬树脂对溶剂保留率较软树脂大。因此添加增塑剂或提高环境温度到玻璃化温度以上，将明显增强溶剂的扩散逃逸。

在涂料中添加颜料、填料或颜填料微细分散，甚至是片状颜料，都将使溶剂扩散逃逸性不断减弱。

根据以上挥发固化机理，挥发性涂料的固化过程与涂料自身性质、组成及环境条件有直接关系，必须了解树脂特性，确定施工条件。例如，过氯乙烯树脂对溶剂的保留能力很强，因此施工时，每次应薄喷，并控制好时间间隔，在实干以后重喷，以免涂层长期残留溶剂而整张揭起。

对同一挥发性涂料，应控制空气流速、温度和湿度。由于湿阶段溶剂大量挥发，表面溶剂蒸气达到饱和，此时提高空气流速有利于涂膜的表干。提高温度使涂膜中溶剂扩散性增加，有利于实干并降低溶剂保留率；但提高温度使溶剂饱和蒸气压大幅度增加，结果涂膜表干过快，流平性很差，在低温烘干强制干燥时，可通过控制一定的闪干时间来解决该矛盾。湿度增大，溶剂蒸发过程中空气中的水分易在涂层上凝结，一般控制相对湿度低于 60%。

另外，为保证涂层的装饰性，必须控制涂层固化环境的粉尘度，以免灰尘沉积到涂层表面，造成涂层弊病。

（2）乳胶涂料

乳胶涂料的成膜过程如图 7-2 所示。

图 7-2 乳胶涂料成膜过程示意图

此类涂料的干燥成膜与环境温度、湿度、成膜助剂和树脂玻璃化温度等相关。环境温度极大地制约着成膜湿阶段水的蒸发速率，提高空气流速可大大加快涂膜水的蒸发；当乳胶离子保持彼此接触时，水的挥发速率降至湿阶段的 5%～10%，若此时微粒的变形能力很差，将得到松散不透明且无光泽的不连续涂膜。乳胶漆膜为赋予应用性能，树脂的玻璃化温度均在常温以上。故加入成膜助剂来增加微粒在常温下的变形能力，使乳胶漆的最低成膜温度达到 10℃ 以上，彼此接触的微粒将进一步变形融合成连续的涂膜。在微粒融合以后，涂膜中水分子通过扩散逃逸，释放非常缓慢。

一般，乳胶涂料的表干在 2h 以内，实干约 24h 左右，干透约需要两周的时间。

（3）热熔融成膜

热塑性粉末涂料、热塑性非水分散涂料必须加热到熔融温度以上，才能使树脂颗粒融合形成连续完整的涂膜。此时成膜基本没有溶剂挥发，主要取决于熔流温度、熔体黏度和熔体表面张力。

7.1.2 转化型涂料

靠化学反应由小分子交联成高分子而成膜的涂料称为转化型涂料。此类涂料的树脂分子量较低，它们通过缩合反应、加成聚合反应或氧化聚合反应交联成网状大分子固态涂膜。

由于缩合反应大都需要外界提供能量，因此一般需要加热使涂膜固化，即需要烘干，像氨基烘漆、热固性丙烯酸树脂涂料等，固化温度都在 120℃ 以上；靠氧化聚合成膜的涂料，依赖于空气中 O_2 的作用，既可常温固化，又可加热固化，如酚醛涂料、醇酸涂料、环氧酯型环氧树脂涂料等；按加成聚合反应固化成膜的涂料，一般可在常温下较快反应固化成膜，所以此类涂料一般为双组分涂料，如丙烯酸聚氨酯涂料、双组分环氧树脂涂料、湿固化聚氨酯涂料等，为了提高涂层的光泽度和硬度，该涂料通常在常温固化后，再进一步低温烘干流平。

总之，转化型涂料不管按什么反应进行固化，一旦成膜后，涂层即交联成不溶不熔的高分子，所以转化型涂料形成的涂层均为热固性涂层。

7.2 涂层的固化方法

按涂膜固化过程中的干燥方法可分为自然干燥、烘干和辐射固化三类。

（1）自然干燥

自然条件下，利用空气对流使溶剂蒸发、氧化聚合或与固化剂反应成膜，适用于挥发性涂料、气干性涂料和固化剂固化型涂料等自干性涂料，它们的干燥质量受环境条件影响很大。

环境湿度高时抑制溶剂挥发，干燥慢，造成涂膜发白等缺陷；温度高时溶剂挥发快、固化反应快，干燥快，这对减少涂膜表面灰尘有利，但可能使流平性变差。当环境温度过高时，应在涂料中添加适量的防潮剂。

因此，自然晾干区，最好设置空调系统和空气过滤系统，以保证涂层质量。

（2）烘干

烘干分低温烘干、中温烘干和高温烘干。固化温度低于100℃的称为低温烘干，主要是对自干性涂料实施强制干燥或对耐热性很差的材质表面涂膜进行干燥，干燥温度通常在60～80℃，使自干性涂料固化时间大幅度缩短，以满足工业化流水线生产作业方式。

中温烘干温度在100～150℃，主要用于缩合聚合反应固化成膜的涂料。当温度过高时，涂膜发黄，脆性增大，此类涂料的最佳固化温度一般在120～140℃。

固化温度在150℃以上的涂料为高温固化，如粉末涂料、电泳涂料等。

根据加热固化的方式，烘干可分为热风对流、热远红外线辐射及热风对流加辐射三种方式。

热风对流式固化是利用风机将热源产生的燃烧气体或加热后的高温空气引入烘干室，并在烘干室内循环，从而使被涂物对流受热。对流式烘干室分为直接燃烧加热型和使用热交换器的间接加热型两种。

热风对流加热均匀、温度控制精度高，适用于高质量涂层，不受工件形状和结构复杂程度影响，加热温度范围宽，所以该方式应用很广泛。但该方式升温速度相对较慢，热效率低，设备庞大，占地面积大，防尘要求高，涂层温度由外向里逐渐升高，外表先固化，内部溶剂挥发时，容易造成涂层针孔、气泡、起皱等弊病。

所用热源有蒸汽、电、柴油、煤气、液化气和天然气等。选择热源时应根据固化温度、涂层的质量要求、当地资源及综合经济效果。常用热源的使用范围见表7-1。

表 7-1　常用热源的使用范围

热源种类	常用的固化温度/℃	适用范围	主要特点
蒸汽	<100	脱水烘干、预热、自干、低温烘干型涂料的固化	可靠的使用温度低于90℃。热源的运行成本较低，系统控制简单
燃气	<220	直接燃烧适用于装饰性要求不高的涂层；间接加热适用于大多数涂料的固化	热源的运行成本较低，但系统的投资相对较高。系统控制和管理要求较高
燃油	<220	直接燃烧适用于装饰性要求不高的涂层；间接加热适用于大多数涂料的固化	热源的运行成本较低，但系统的投资相对较高。系统控制和管理要求较高
电能	<200	适用于大多数涂料的固化	运行环境清洁，控制精度高，维护保养方便。运行成本相对较高
热油	<200	适用于大多数涂料的固化	使用不普遍。运行成本较低。系统投资较高，系统控制及管理要求较高

电加热器件有远红外电加热板、远红外电加热带、远红外加热灯等，安装方便、调试简单、易于维修管理。燃油价格便宜，但油料雾化效果直接影响加热的质量。目前，国产燃油雾化器质量不理想，造成油燃烧不充分。燃气相对燃油简单，尤其我国北方，天然气资源丰富，是比较理想的加热方式。

热辐射加热通常使用红外线、远红外线辐射到物体后，直接吸收转换成热能，使底材和涂料同时加热，升温速度快、热效率高，溶剂蒸气自然排出，不需要大量的循环风，室体内尘埃数量减少，涂层质量高，烘干室短，占地面积小。但温度不易均匀，只适用于形状简单的工件。

红外线的波长范围为 0.75～1000μm。其中波长在 0.75～2.5μm 的为近红外线，辐射体温度约 2000～2200℃，辐射能量很高；波长在 2.5～4μm 的为中红外线，辐射体温度为 800～900℃；波长大于 4μm 的为远红外线，辐射体温度为 400～600℃，辐射能量较低。虽然远红外线的能量较低，但有机物、水分子、金属氧化物的分子振动波长范围都在 4μm 以上，即在远红外波长区域，这些物质有强烈的吸收峰，在远红外辐射下，分子振动加剧，能量得到有效吸收，涂膜快速固化。

为提高热辐射和吸收效率，保证涂层质量，使用远红外辐射加热时，需注意涂料的吸收能力和辐射波长的匹配。近红外线只产生电子振动，金属表面 1μm 的薄层即将其吸收，0.1μm 涂膜薄层则将远红外线全部吸收。因此远红外辐射固化可使金属表面和整个涂层同时吸收辐射并转化为热能，使涂膜有效地固化并且金属不会整体受热。

但是远红外线能量低，很多情况下，远红外辐射光谱曲线与涂料吸收光谱曲线并非达到最佳匹配。实验证明，辐射光谱与吸收光谱的匹配效果，既与波长有关，也与辐射光能量有关。在短波长范围内高温辐射元件，随温度不断提高，匹配效果也不断提高，达到最高的热效率。此时辐射是全波段的，属于高密度强力红外辐射，此类辐射加热也称为高红外辐射加热。

高红外线辐射元件的热源为钨丝，温度高达 2200～2400℃，辐射短波高能红外线；热源外罩石英管，外表温度约 800℃，辐射中波红外线；背衬定向反射屏，温度可达 500～600℃，辐射低能量远红外线。各波段红外线成分占有比例不均等，使之对被加热物的吸收有最佳的能量匹配，并伴随有快速热响应特征。

高红外线石英管规格分为 φ12 和 φ20 两种，长度为 1.0m、1.2m 和 1.5m，功率 3～5kW，使用寿命 5000h 以上。高红外线加热元件的表面功率为 15～25kW/cm²，启动时间仅 3～5s（远红外线元件的表面功率为 3～5kW/cm²，启动时间需 5～10min），热惯性小。因此高红外线加热的最大特点是瞬间快速加热到烘干温度。

对于透明石英管加热元件，钨丝 2200℃产生红外线几乎全部透过石英玻璃直接向外辐射，近红外线波段辐射能量高达 76%，中远红外线波段辐射能量仅占 24%，较多份额的高能量近红外线将穿透涂膜直接对底材加热升温，由内向外加热使涂膜中溶剂更快地蒸发逸出，升温时间只需几十秒，比由外向内加热的对流加热方式的升温时间（约十几分钟）大大缩短。因此，高红线加热是一新型加热方式，有着广泛的应用前景。

热风对流与辐射加热各有特点，为充分发挥各自的优点，在烘干室设计时，可将两者结合起来，即采用辐射加对流式。一般先辐射后对流，利用辐射升温快的优点，使工件升温并使溶剂挥发，再利用热风对流保温，保证烘干质量。

不管采用哪一种加热方式，涂层在烘干室的整个固化过程中，工件涂层的温度随时间而变化的过程，都可分为三段，即升温段、保温段和冷却段。固化温度与时间的关系称为涂层的固化曲线，如图 7-3 所示。

图 7-3 涂层固化曲线
1—工作温度；2—烘干室空气温度；
3—溶剂挥发率

涂层从室温升至所要求的烘干温度为升温段，所需时间为升温时间。在这段时间，需要大量的热量来加热工件，而大部分溶剂在此段迅速挥发，需要在此段加强通风，排除溶剂蒸气和补加新鲜空气。升温时间根据涂料溶剂沸点进行选择。沸点高,升温时间宜短(即升温速度快)以加速溶剂的挥发。但升温速度过快,溶剂挥发不均匀,涂层可能出现橘皮等缺陷。如果升温时间加长,涂层溶剂慢慢挥发,涂层质量好,但生产效率低,运行成本增加;溶剂沸点低,升温时间宜长,这样可以防止溶剂沸腾造成涂层的缺陷。一般涂层内90%的溶剂在5~10min内逸出,因此升温时间一般在5~10min内选择。

涂层达到所要求的烘干温度后,延续的时间称为保温段,所需时间为保温时间(即烘干时间)。在这段时间里,主要是使涂层起化学作用而成膜,但也有少量溶剂蒸发,所以不但需要热量,还需要新鲜空气,但需要量较升温段少。保温时间长短,根据涂层材料、涂层质量要求和烘干方式等因素选择,具体数据可参考供应商提供的资料,也可以通过试验确定。

涂层温度从烘干温度开始下降,这段时间称为冷却时间,一般指烘干室的出口区域。工件离开烘干室的温度一般较烘干温度低几十摄氏度,对于工件烘干后立即喷涂的情况(一般要求工件温度不高于40℃),烘干室后需要设置强制冷却段。

(3) 辐射固化

辐射固化是利用电子束、紫外线照射电子束固化涂料和 UV 涂料的一种新型固化方式。具有固化时间短(几秒、几十秒至几分钟)、常温固化、装置价格相对较低等优点。但照射有盲点,只适用于形状简单的工件,照射距离控制严格。

7.3 固化设备分类及选用的基本原则

由于涂层固化在涂装过程中占比较长的时间,一般也是涂装生产线耗能的主要工序,因此涂层的固化过程对产品的质量和成本有很大的影响。固化设备必须向高效率、低耗能、少污染的方向发展。

7.3.1 固化设备的分类

固化设备有不同的分类方法,按烘干室的形状分为通过式烘干室和间歇式烘干室。通过式烘干室分为直通式和桥式两种,如图 7-4 所示。通过式烘干室可以设计成多行程式,它通常与前处理设备、涂装设备、冷却设备、机械化输送设备等一起组成涂装生产流水线。间歇式烘干室一般适用于非流水式涂装作业,如图 7-5 所示。

(a) 斜桥式　(b) 矩形桥式　(c) 架空直通式

(d) 单行程式

(e) 双行程式

(f) 三行程式

(g) 四行程式

图 7-4　通过式烘干室形式示意图

按烘干室热源分为蒸汽、电能、气体燃料(城市煤气、液化气、天然气等)、液体燃料(煤油、柴油)、热油等。

图 7-5 间歇式烘干室示意图

按加热方式分为辐射式烘干室、对流式烘干室。

根据烘干室在涂装过程中的使用目的，以它们的用途名称进行分类。例如：脱水烘干室、底漆烘干室、腻子烘干室等。

7.3.2 固化设备选用的基本原则

（1）固化设备选用的基本条件

固化设备选用应根据工件（被涂物）单位时间的数量，即单位时间台车的数量或吊挂件的数量；工件的间距或输送设备的线速度；工件的外形尺寸（台车或吊具的外形尺寸及工件的外形尺寸）；烘干室出入口输送设备的标高及输送设备的型号；安置烘干室场地的限制，如屋架下弦、厂房的柱距；涂料的固化技术条件（涂料固化的温度、时间要求）；单位时间工件涂装的面积和涂料中溶剂和稀释剂的内容；热源的种类等条件选择。

（2）烘干室选用需要注意的问题

① 涂层在烘干室内的固化过程 明确涂层在烘干室内的整个固化过程中，工件涂层的温度随时间变化情况，即升温段、保温段和冷却段的时间、温度等条件。

② 热源的选择 热源的选择受需要固化涂料的温度、涂层的质量要求、当地的能源政策及综合经济效果等因素的限制，应综合考虑。

③ 烘干室的形状 在满足工艺布局需要的前提下，应尽可能考虑节省能耗、缩小烘干室有效烘干区的温差、减小占地面积、节约设备的用材、方便设备的安装运输及设备将来改造扩建的可能性。

7.4 热风循环固化设备

7.4.1 热风循环固化设备的类型

热风循环固化设备一般按加热空气介质的方式分为直接加热和间接加热两种形式。

直接加热烘干室是将燃油或燃气在燃烧室燃烧时所生成的高温空气送往混合室，在混合室内高温空气与来自烘干室内的循环空气混合，混合空气由循环风机送往烘干室加热工件涂层使之固化。直接加热的烘干室结构简单、热损失小、投资少并能获得较高的温度，但是燃烧生成的高温空气，往往带有烟尘，如除尘不尽很容易污染涂层。直接加热的热风循环烘干室仅适用于质量不高的涂层固化，如脱水烘干、腻子固化等。

间接加热烘干室是利用热源在空气加热器内加热空气，加热后的空气通过循环风机在烘干室内进行循环，通过热风循环方式加热工件涂层。间接加热的热风循环烘干室相对直接加热的热风循环烘干室，其热效率较低、设备投资较高，但是其热空气比较清洁。适用于表面质量要求较高的涂层固化，在汽车、摩托车领域应用最为广泛。近年来，随着市场对涂层质量要求的提高，间接加热热风循环烘干室的占有率正在迅速提高。

直接加热通过式热风循环烘干室如图 7-6 所示，间接加热通过式热风循环烘干室如图 7-7 所示。

图 7-6　直接加热通过式热风循环烘干室
1—排风管；2,4—密闭式风机；3—排气分配室；5—过滤器；6—燃烧室

图 7-7　间接加热通过式热风循环烘干室
1—排风分配室；2—风机；3—过滤器；
4—电加热器；5—排风管

7.4.2　热风循环固化设备设计的一般原则

在进行热风循环固化设备设计时，应考虑以下原则。

① 必须减小烘干室内有效烘干区的温差　按目前的技术一般可控制在±5℃以内。

② 合理确定烘干室的升温时间　烘干室的升温时间应首先按照烘干室加热器运行功率进行选择，兼顾实际生产的需要和操作工人的作息安排。

③ 尽可能减少烘干室不必要的热量损耗。

④ 应尽可能减小烘干室的外壁面积　采用桥式结构，准确确定烘干室的通风风量，合理选择循环风机的风量、风压；正确计算加热器的迎风速度；减小烘干室出入口尺寸；优化循环风管和送风口的布置等。

⑤ 烘干室内循环热空气必须清洁　应选择耐高温（一般250℃以下）的过滤器，过滤器的过滤精度可根据涂层的要求确定。正确安排过滤器的位置，方便过滤器的维护和过滤材料的更换。合理选择循环风管和烘干室内壁的材料或涂层，镀锌钢板是比较可靠理想的材料，

其经济性也较好。

⑥ 必须满足消防、环保和劳动卫生法规　应根据单位时间进入烘干室的溶剂内容（种类、数量）确定烘干室的通风量，以确保烘干室的安全运行。对于密闭的间歇式烘干室和较庞大的连续式烘干室，须考虑增设泄压装置，泄压面积按每立方米烘干室工作容积设置 $0.05\sim0.22m^2$ 设计。对于设有中央控制系统和自动消防装置的生产线，烘干室可设置火警装置，火警装置应优先使用可燃气体浓度报警器，循环管路及通风管路上均应设置消防自动阀。

溶剂型涂料的固化烘干室运行时会排放含有大量有机溶剂的废气，因此这类烘干室的排放空气须经过废气处理后才能排空。

由于热风循环烘干室的热空气循环是以加热器的循环风机为动力，因此热风循环烘干室相对其他形式的烘干室而言其噪声的控制显得相当重要。必须确保设备的整体设计，使工人操作区的噪声符合 GBJ—87 的规定。应减少风机的震动、隔断风机与循环风管间的硬联结及选择低转速、耐高温的风机。

⑦ 涂层烘干室设备的设计文件内容　按照国家标准 GB 14443—93《涂装作业安全规程涂层烘干室安全技术规定》，涂层烘干室的设备设计文件需包括此烘干室的工作容积、加热功率、最高允许工作温度、烘干室的工件装载量、涂层溶剂的名称、进入烘干室的最大溶剂量及需补充的新鲜空气量；必须在烘干室的醒目位置安置安全技术铭牌，铭牌中应包括此烘干室所烘干涂层的适用溶剂、最大允许溶剂量、最高工作温度、额定排气量、设计单位名称、制造厂名称及制造年月。

7.4.3　热风循环固化设备的主要结构

各种类型的热风循环固化设备，一般由烘干室的室体、加热器、空气幕和温度控制系统等部分组成，如图 7-8 所示。

图 7-8　热风循环烘干室结构组成示意图
1—空气幕送风管；2—空气幕送风机；3—空气幕吸风管；4—循环回风管道；
5—空气过滤器；6—循环风机；7—空气加热器；8—循环送风管；
9—室体；10—悬挂输送机

7.4.3.1　室体

（1）室体的构成

烘干室室体是由骨架（槽轨）和护壁（护板）所构成的箱式封闭空间结构。一般为框架式和拼装式两种形式。

框架式采用型钢构成烘干室的矩形框架，框架应具有足够的强度和刚度。室体的主要作用是隔绝烘干室内的热空气，使之不与外界交流，维持烘干室内的热量，使室内温度维持在一定的工作范围之内。室体也是安装烘干室其他部件的基础。

全钢结构有较高的承载能力，在构架上铆接或焊接钢板安装保温材料，也有将保温板预先制作好后安装在框架上的。框架式也可设计成一段一段的进行现场组合。框架式烘干室整体性好、结构简单，但使用材料较多、运输及安装均不方便，也不利于设备将来的改造扩建。目前框架式烘干室已趋于淘汰。

拼装式是采用钢板沿烘干室长度折成槽轨形式，将保温护板预先制作好，在安装现场拼插成烘干室，拼装形式如图7-9所示。

槽轨相当于烘干室的横梁，要求槽轨有一定的刚性和强度，槽轨的变形量与烘干室的支柱间距有关。常用槽轨形式如图7-10所示。

图 7-9　保温护板拼装形式　　　　　　　　图 7-10　常用槽轨的形式

保温护板由护板框架、保温材料、面板构成，如图7-11所示。护板框架采用$1\sim2mm$的钢板冲压或折边成槽钢形杆件焊接或铆接构成，高大的护板框架应增加中间横梁来提高框架的刚度。面板铺设在框架两侧，面板一般采用$1\sim2mm$的钢板，通常内面板采用镀锌钢板或不锈钢板，面板之间铺塞保温材料隔热。

一般保温层的厚度在$80\sim200mm$左右，烘干室顶部保温层应适当取厚一些。多行程烘干室中间纵向隔板可以利用循环风管取代，如果设置隔板时，中间隔板也可不设保温层。

护板与护板之间的联结要求密封。通常采用的联结方式有直接啮合式和间接啮合式，如图7-12所示。

(a) 直接啮合式　　　　　　　(b) 间接啮合式

图 7-11　保温护板示意图　　　　　　　图 7-12　保温护板的联结形式

1—面板；2—石棉板；3—框架；4—保温材料

直接啮合式由于结构简单、拼装方便和热量泄漏较少，使用更为普遍。

烘干室的进出口端是热量浪费的主要部分，从进出口端逸出的热量不仅造成了烘干室能耗的增加，而且也容易恶化车间的工作环境。为防止和减少烘干室进出口端热量的逸出，在室体设计上一般采用桥式结构。桥式结构的工作原理是：由于热空气的自然对流，较轻的热空气聚集在上部，通过桥板的阻留作用使其不易外逸。

　　桥式烘干室的桥段有两种结构：斜桥和矩形桥。斜桥一般采用框架式结构，矩形桥可参照保温护板设计成（啮合式）拼接式。

　　由于矩形桥的缓冲区域较大，防止热量散失效果比斜桥更好。而且为改善车间工作环境，现在越来越多地在桥段出口（进口）端进行排风，矩形桥的缓冲区域较大，对烘干室循环气流的影响较小，较适合这种场合的应用。对于三行程以上的烘干室，采用矩形桥结构，会使得烘干室的外观线条流畅，结构也变得更为简单。

　　悬挂输送机可利用保温护板的拼接部分进行安装，对于较宽的烘干室可以在室体内壁的拼接部分设置斜撑。多行程（三行程以上）或吊挂较重工件的烘干室需要在烘干室中央安置立柱，以确保烘干室结构不受影响。

　　对于断面较小的烘干室，考虑到安装、调试及维护人员进出的可能和方便，必须在人员方便进出的位置设置保温密封门。架空的直通式烘干室或桥式烘干室如果保温密封门位置较高，应设置人员进出平台，高度超过 2m 的平台周围需安装防护栏杆。

　　（2）保温材料的选择

　　护板内保温层的作用是使室体密封和保温，减少烘干室的热量损失，提高热效率。保温层必须采用非燃材料制作。保温层所用的材料和厚度应根据烘干室的温度、结构决定。一般要求烘干室正常运行时，烘干室保温护板 90%～95% 面积的表面温度不高于环境温度（车间温度）10～15℃，型钢骨架的表面温度不超过环境温度 30℃。

　　保温材料是烘干室的重要组成部分，它对降低热能损耗、改善操作环境有着重要作用。应该从以下几方面来对保温材料进行选择：

　　① 保温材料的绝热性　保温材料的绝热性即隔热能力，通常用热导率 λ 来表示。它与热损耗量 Q 的关系可用式(7-5) 表示：

$$Q=\frac{\lambda F(T_{\mathrm{m}}-T_{\mathrm{B}})}{\delta} \tag{7-5}$$

式中　Q——单位时间（小时）内通过保温材料壁板散失的热损耗量，W；

　　　δ——保温材料的厚度，m；

　　　F——保温材料导热面积，m^2；

　　　T_{B}——车间环境温度，℃；

　　　T_{m}——烘干室工作温度，℃；

　　　λ——保温材料的热导率，W/(m·℃)。

　　由式(7-5)可知，烘干室护板散失的热损耗量与保温材料的热导率 λ 成正比，因此希望保温材料的 λ 值低一些。不同的保温材料具有不同的热导率，即使对于同一种保温材料，随着材料的结构、密度、温度、湿度及气压的变化，其热导率一般也有差异。

　　② 保温材料的耐热性　由于烘干室的保温层长期处于高温环境下，因此它必须具有一定的耐热性。要求保温材料在受热后本身的组织结构不被破坏，绝热性不会降低；同时在升温和降温过程中能经受温度的变化。根据使用温度的不同，保温材料可分为高温（800℃以上）、中温（400～800℃）、低温（400℃以下）三种。涂装烘干室一般工作温度在 200℃以下，属于低温加热设备。

　　③ 保温材料的力学性能　烘干室的保温材料主要是填充使用，要求其具有一定的弹性，收缩率小。

　　④ 保温材料的密度　密度是保温材料的主要性能指标之一。其计算公式如下：

$$\gamma = \frac{G}{V_0} \tag{7-6}$$

式中 γ——保温材料的密度，kg/m^3；

G——保温材料的质量，kg；

V_0——保温材料在自然状态下的体积，m^3。

保温材料的密度越小，保温材料的保温性能就越好，因此应该采用密度小的保温材料。这样既可节约能源，又可减小烘干室的自重。对于安装上楼的设备，可降低楼板和基础的承载能力。

(3) 保温护板厚度的确定

保温护板的厚度应考虑既要满足烘干室的工艺要求、保证良好的操作环境及节约热能，又要尽量减少设备的投资，因此在选择保温护板的厚度时，应根据保温护板的温差进行计算。保温护板厚度可按式(7-7)进行计算：

$$\delta = \frac{\lambda(T_m - T_n)}{\alpha_n(T_m - T_B)} \quad (m) \tag{7-7}$$

$$\alpha_n = 1.43\sqrt{T_m - T_B} + 4.4\left[\frac{(273+T_n)^4 - (273+T_B)^4}{100^4(T_n - T_B)}\right] \tag{7-8}$$

式中 δ——保温材料的厚度，m；

α_n——保温护板外壁的放热系数，$W/(m^2 \cdot ℃)$；

T_B——车间环境温度，$℃$；

T_m——保温护板内壁温度，$℃$；

T_n——保温护板外壁温度，$℃$；

λ——保温材料的热导率，$W/(m \cdot ℃)$。

λ 值与保温层的平均温度成线性变化关系。其中保温材料的平均温度 (T_p) 可用式(7-10)进行计算。

$$\lambda = \lambda_0 + bT_p \tag{7-9}$$

$$T_p = \frac{T_m + T_n}{2} \tag{7-10}$$

式中 λ——保温材料的热导率，$W/(m \cdot ℃)$；

λ_0——保温材料在 $0℃$ 时的热导率，$W/(m \cdot ℃)$；

b——每升高 $1℃$ 时，热导率增加的常数；

T_p——保温材料的平均温度，$℃$。

7.4.3.2 加热系统

热风循环烘干室的加热系统是加热空气的装置，它能把进入烘干室内的空气加热至一定的温度范围，通过加热系统的风机将热空气引入烘干室内，并在烘干室的有效加热区形成热空气环流，连续地加热工件，使涂层得到固化干燥。为了保证烘干室内的溶剂蒸气浓度处于安全范围内，烘干室需要排除一部分含有溶剂蒸气的热空气，同时需要吸入一部分新鲜空气予以补充。

(1) 加热系统的分类

直接加热系统是在燃油或燃气型的加热系统中，燃烧后的高温气体直接参与烘干室的空气循环，这类加热系统称之为直接加热系统。

用煤气作为热源的直接加热系统如图 7-13 所示。

图 7-13　热风循环烘干室煤气直接加热系统

1—吸风管；2—空气过滤器；3—调节器；4—燃烧器；5—止回阀；6—蝶阀；

7—废气排放管；8—风机；9—送风管；10—烧嘴；11—煤气调节阀

工作时，煤气在燃烧室中燃烧产生高温生成物，它与经吸风管从烘干室中吸出的热空气及从空气过滤器引进的新鲜空气相混合。混合的热空气用风机经送风管送入烘干室内，对工件涂层连续加热。

间接加热系统如图 7-7 所示。为了满足热风循环烘干室各区段的热风量的不同需要，可设置多个不同风量的互相独立的加热系统，也可仅设置一个加热系统。在热风循环烘干室的升温段中，工件从室温升到烘干温度需要大量热量，而且大部分溶剂蒸气在此段迅速挥发，要求较快地排出含有溶剂蒸气的空气，因此这个区段要求加热系统能供给较大的热风量。在烘干室的保温段，涂层主要起氧化或缩聚作用而形成固态薄膜，同时也有少量溶剂蒸发，因此不但需要热量，而且还需要新鲜空气，但此区段所需的热量比升温区段要少。热风循环烘干室的加热系统，应根据室内各区段的不同要求，合理地分配热量。

（2）加热系统的组成

热风循环烘干室的加热系统一般由空气加热器、风机、调节阀、风管和空气过滤器等部件组成。

① 风管　加热系统的风管引导热空气在烘干室内进行热风循环，将热量传给工件。风管由送风管和回风管组成。

经过加热器加热的空气经送风口进入烘干室内，与工件和烘干室内的空气进行热量交换后由回风口回到加热器，这样必定引起烘干室内空气的流动，形成某种形式的气流流型和速度场。送回风管（口）的任务是合理组织烘干室内空气的流动，使烘干室内有效烘干区的温度能更好地满足工艺要求。送回风管（口）布置得是否合理，不仅直接影响烘干室的加热效果，而且也影响加热系统的能量耗量。

送回风口的位置对保证整个烘干室温度的均匀性有很大影响。送回风口的位置应能保证热空气在烘干室内形成合理的气流组织，使烘干室内有效烘干区温度均匀。

影响烘干室内空气组织的因素很多，如送风口的位置和形式、回风口的位置、烘干室的几何形状及烘干室内的各种扰动等。其中以送风口的空气射流及其参数对气流组织的影响最为重要。当加热后的空气从送风口送进烘干室后，该射流边界与周围气体不断进行动量、热量及质量交换，周围空气不断被卷入，由于烘干室内壁的影响而导致形成回流，射流流量不断增加，射流断面不断扩大。而射流速度则因与周围空气的能量交换而不断下降。应该注意到，相邻送风口的射流也会互相影响。因此送风口的开设应考虑到烘干室内有效烘干区的控制温差、送风口的安装位置、有效烘干区的最大允许送风速度和气流射程长度。

风管应合理敷设，在满足烘干室要求的条件下，应尽量减小风管的长度、减少截面和方向的变化，以减少管道中的热损失和压力损失。风管的室外部分表面应敷设保温层。为了保证较长的烘干室内各送风口的风量基本相同，送风管需要设计成变截面风管。考虑到制作和安装的方便，也可将送风管制成等截面的矩形风管，通过各送风口的阀门进行送风风量调节。风管之间用法兰或咬口连接，当用法兰连接时，为了提高连接的密封性减少漏风量，需在连接法兰之间放入衬垫，衬垫的厚度为3～5mm。如果风管内气流的温度大于70℃时，法兰之间要衬垫石棉纸或石棉绳进行密封。

风管一般采用镀锌钢板制成，钢板的厚度可根据风管的尺寸大小来选定。不同风管尺寸所需要的钢板厚度见表7-2和表7-3。送回风管（口）在烘干室内布置的方式较多，常用的有下送上回式、侧送侧回式和上送上回式。送回风管（口）在烘干室内布置方式的选择必须根据涂层的要求、设备的结构进行合理选择。送回风管各种布置的特点如表7-4所示。

表 7-2　圆风管钢板厚度选择

外径/mm	钢板制风管		外径/mm	钢板制风管	
	外径允许偏差/mm	壁厚/mm		外径允许偏差/mm	壁厚/mm
100～200	±1	0.5	560～1120	±1	1.0
220～500	±1	0.75	1250～2000	±1	1.2～1.5

表 7-3　矩形风管钢板厚度选择

外边长	钢板制风管		外边长	钢板制风管	
$A \times B$/mm	外边长允许偏差/mm	壁厚/mm	$A \times B$/mm	外边长允许偏差/mm	壁厚/mm
120×120～200×200	≈2	0.5	630×250～1000×1000	≈2	1.0
250×120～500×500	≈2	0.75	1250×2000～2000×1250	≈2	1.2～1.5

送风口的形式一般有插板式、格栅式、孔板式、喷射式及条缝式。插板式是在送风管开设矩形风口，风口的送风量可用风口闸板进行调节。插板式结构简单制作方便，一般下送上回式结构应用较多，但送风管的风速和送风口的风速必须选择合理，应尽量避免风口切向气流的产生；格栅式是在矩形风口设置格栅板引导气流的方向，一般下送上回式和侧送侧回式均可使用，但要增加烘干室的空间；孔板式是在送风管的送风面上开设若干小孔，这些小孔即送风口，一般下送上回式和侧送侧回式均可使用，它的特点是送风均匀，但气流速度衰减得很快；喷射式送风口是一个渐缩圆锥台形短管，它的渐缩角很小，它的特点是紊流系数小、射程长，适用于上送上回式结构；条缝式送风口在上送上回式结构中也有应用，一般是为了得到较高的送风风速，但它的压力损失较大。

送风气流方向要求尽量垂直于送风管，一般是依靠送风管的稳压层与烘干室内之间的静压差将空气送出。稳压层内的空气流速越小，送风口出流方向受其影响也就越少，从而保证气流为垂直送风管送出。若稳压层空气流速过小，送风管截面尺寸增大，影响烘干室体积，送风管内静压也可能过高，漏风量会增大。出风速度过高时，会产生风口噪声，而且直接影响加热系统的压力损失；因此一般限制插板式和格栅式、孔板式出风速度在 2～5m/s 范围内；限制喷射式及条缝式出风速度在 4～10m/s 范围内。为了保证送风均匀，则需要保证送风管内的静压处处相等。实际上，空气在流经送风管的过程中，一方面由于流动阻力使静压下降；另一方面，在送风管内由于流量沿程逐渐减小，从而使动压逐渐减小和静压逐渐增大。总之，送风管内的空气静压是变化的。为保证均匀送风，通常限制送风管内的静压变化不超过 10％。因此，在设计送风管时应尽量缩短送风管的长度。

表 7-4　送风管各种布置方式的特点

送回风管布置方式	布置位置	特点	适用范围
下送上回式	送风管沿烘干室底部设置，送风口一般设在工件下部。回风管利用烘干室上部空余空间设置。利用热空气的升力，送风风速低，送风温差较小	送风经济性好，气流组织合理，工件加热较均匀。烘干室内不易起灰，可保障涂层质量。须占用烘干室底部大量空间，烘干室体积相对较大	工件悬挂式输送，涂层质量要求较高，桥式烘干室更适用
侧送侧回式	单行程烘干室送回风管沿保温护板设置；多行程烘干室送回风管沿保温护板和工件运行中间空间布置	送风经济性好，工件加热较均匀。烘干室内不易起灰，可保障涂层质量。气流组织设计要求较高	涂层质量要求较高，多行程烘干室可使其体积设计得相对较小，因此更适用
上送上回式	送回风管均设计在烘干室上部，送风口侧对工件送风。一般送风风速高，射程长，卷入的空气量大，温度衰减大，送风温差也大	一般是为了利用烘干室的空余空间，因此烘干室体积相对较小，热损耗较小，但风机能耗较大。送风风速较高以防止气流短路，烘干室内容易起灰	因各种原因不能在烘干室下部布置风管的场合。桥式烘干室应用较少

② 空气过滤器　烘干室空气中的尘埃不仅直接影响涂层的表面质量，而且还会影响烘干室内壁的清洁及恶化加热器的传热效果，因此烘干室需要采用空气过滤器进行除尘净化。补充新鲜空气的取风口位置应设在烘干室外空气清洁的地方，使吸入的新鲜空气含尘量较小。

热风循环烘干室主要使用的是干式纤维过滤器和黏性填充滤料过滤器。

干式纤维过滤器由内外两层不锈钢（或铝合金）网和中间的玻璃纤维或特殊阻燃滤料制成的滤布组成。滤布的特点是由细微的纤维紧密地错综排列，形成一个具有无数网眼的稠密的过滤层，通过接触阻留作用、撞击作用、扩散作用、重力作用及静电作用进行滤尘。干式纤维过滤器的过滤精度较可靠，而且市场上也有产品供应，应该是首选设备。

黏性填充滤料过滤器由内外两层不锈钢（或铝合金）网和中间填充的玻璃纤维、金属丝或聚苯乙烯纤维制成。当含尘空气流经填料时，沿填料的空隙通道进行多次曲折运动，尘粒在惯性作用下，偏离气流方向并碰到黏性油上被粘住捕获。黏性填充滤料过滤器的黏性油要求耐烘干室的工作温度，而且不易挥发和燃烧。在实际使用中，由于黏性油不易选择，绝大部分的填充滤料过滤器都不使用，因此其过滤效果较差，在涂层质量要求较高的场合不能采用。

③ 空气加热器　空气加热器是用来加热烘干室内的循环空气和烘干室外补充的新鲜空气的混合空气，使进入烘干室内的混合气体保持在一定的工作温度范围内；空气加热器按其所采用热媒的不同可以分为燃烧式空气加热器、蒸汽（或热水）式空气加热器以及电热式空气加热器。

a. 燃烧式空气加热器　分为直接加热式和间接加热式两种。

(a) 直接加热式空气加热器通常称为燃烧室（见图 7-14），是将燃气或燃油通过燃烧器（烧嘴）在燃烧室内燃烧，然后将燃料燃烧生成物和热空气的混合气体送入烘干室加热工件涂层。这种加热器的优点是热效率高，缺点是热量不易调节，占地面积大，明火也不够安全。另外，混合热空气所含的烟尘较多，影响过滤器的使用寿命和涂层的质量。这种加热器一般不能用于质量要求高的涂层烘干。

(b) 间接加热式空气加热器（见图 7-15）是热源通过热交换器加热烘干室的循环空气。这种空气加热器的特点是安全，热空气清洁，热量容易调节，占地面积相对较小，但热效率相对直接加热式空气加热器要低一些。

图 7-14　直接加热式空气加热器示意图
1—喷嘴；2—新鲜空气入口；3—排气管；
4—混合室；5—燃烧室；6—循环空气入口；
7—循环空气出口

图 7-15　间接加热式空气加热器示意图
1—喷嘴；2—循环空气出口；3—排气管；
4—燃烧室；5—循环空气入口；6—热交换器

通常认为间接加热式空气加热器的效率是直接加热式空气加热器的 70%～80%左右。一般直接加热式空气加热器用于腻子或有后处理的底漆烘干室，间接加热式空气加热器可以用于面漆及罩光漆的烘干室。燃烧式加热器燃料供给系统必须设置紧急切断阀。直接加热式空气加热器，烘干室的空气循环系统的体积流量应大于加热系统燃烧产物体积流量的 10 倍。燃烧式加热器如使用直接点火装置，燃烧室应该安装火焰监测器，在意外熄火时可自动关闭燃料供给。

b. 蒸汽（或热水）式空气加热器　蒸汽（或热水）式空气加热器是利用蒸汽或热水通过换热器加热空气的装置。这类加热器中肋片式换热器得到了广泛的应用。其构造如图7-16所示。

空气换热器一般垂直安装，也可以水平安装或倾斜安装。但对于蒸汽做热媒的空气加热器，为了便于排除凝结水，水平安装时应考虑一定的坡度。

按空气流动的方向，换热器可以串联也可以并联。采用什么样的组合方式应根据通过空气量的多少和需要的换热量的大小来决定。一般来说，通过空气量多时应采用并联；需要的空气温升大时应采用串联。对于热媒管路来说，也有并联与串联之分。但是对于使用蒸汽做热媒的换热器，蒸汽管路与各台换热器之间只能并联。对于热水做热媒的换热器而言，并联、串联或串、并联结合安装均可。但一般相对空气而言并联的换热器，其热水管路也必须并联；串联的换热器，其热水管路也应串联。在热媒的管路上应有截止阀以便调节或关断换热器，还应设压力表（和温度计）。此外，对蒸汽系统，在回水管上还应安装疏水器。疏水器的连接管上应有截止阀和旁通管以利于运行中的维修。为了保证换热器的正常工作，在水管的最高点要设排空气装置，而在最低点要设泄水和排污阀门。

c. 电热式空气加热器　电热式空气加热器如图 7-17 所示。

图 7-16　肋片式换热器的构造

(a) 周折绕片　(b) 光滑绕片

(c) 串片　(d) 轧片　(e) 二次翻边片

图 7-17　电热式空气加热器示意图
1—支座角钢；2—电热元件；3—法兰；
4—外壳；5—接线盒

电热式空气加热器是利用电能加热空气的装置，它具有加热均匀、热量稳定、效率高、结构紧凑和控制方便等优点，因此在热风循环烘干室中应用较多。电热空气加热器有两种基本的电热元件（换热器），一种是裸线式，另一种是管式。裸线式是由裸电阻丝构成，这种电加热器的外壳是由中间填充保温和绝缘材料的双层钢板组成，在钢板上安装固定电阻丝的陶瓷（或其他耐高温的）绝缘子，电阻丝的排数多少根据设计需要决定。在定型产品中，常把电加热器做成抽屉式，使维护、检修比较方便。裸线式电加热器热惰性小、加热迅速、结构简单，但容易断丝漏电，安全性差。所以，在使用时必须有可靠的接地装置，并与循环风机联锁运行，以免造成事故。

管式电加热器是由管状电热元件组成。这种电热元件是将电阻丝装在特制的金属套管中，中间填充导热性好但不导电的材料，如结晶氧化镁等。电阻丝两端有钢质引出棒伸出管外，用来接通电源。当电流通过电阻丝时电阻丝产生热量，均匀地加热通过电热元件表面的空气。电热元件在电热空气加热器中均为错列布置。为了控制方便，加热器的电热元件分为常开组、调节组和补偿组。常开组的安装功率一般是加热器设计功率的 50%～70%；调节组的作用是通过接触器或可控硅精确控制烘干室的温度；在多种烘干温度的烘干室加热器中需设补偿组。

电热式空气加热器安装时要求加热器与金属支架间有良好的电气绝缘，其常温绝缘电阻必须大于 $1M\Omega$。

通过加热器的质量速度不宜取得过大或过小。过大时，空气阻力过大，因而消耗能量过多；过小时，阻力过小，但所需加热面较大，初建费用增加。当使用电热空气加热器时，风速在 8～12m/s 较合适，风速过高会使压力损失增加；过低时会影响效率。电热空气加热器的电热元件应错排，管间的距离为 40mm 较合适。

空气加热器在热风循环烘干室加热系统中，可以安置在循环风机后的送风段内，也可以安置在循环风机前的回风段内。空气加热器安置在循环风机后时，经过循环风机的空气温度较低，但热风容易从加热器中泄出，影响操作环境。在某些场合可以利用风机后空气加热器前的高压区排放烘干室的废气。空气加热器安置在循环风机前时，外部空气容易从加热器中渗入。这时经过风机的空气是在整个热风循环中温度最高处，不能利用风机后的高压区排放烘干室废气，否则会造成大量无谓的热能浪费。目前采用较多的是将空气加热器安置在循环风机前的回风段内。

正确合理选择空气加热器，应首先根据涂层的质量要求、烘干室的工作温度及加热风量，在熟悉各形式空气加热器的热工特性和结构特点的基础上，结合现场和使用的性质进行必要的技术经济分析，选用那些热效率高、安全性好、体积小、易控制、易维护和造价低的空气加热器。

④ 通风机　加热系统风机的作用是输送烘干室内的空气进入加热器得到加热，使之达到需要的工作温度，使烘干室内的空气在空气过滤器的作用下改善其洁净度；组织烘干室内的气流，提高热空气与工件涂层之间的热量传递。

通风机按其作用原理可分为轴流式和离心式两种，热风循环烘干室加热系统通常使用离心式通风机。对于固化溶剂型涂层的烘干室，为了防火、防爆，风机须选用防爆型产品。由于一般离心式通风机输送介质的最高允许温度不超过80℃，因此一般热风循环烘干室加热系统的风机都需要有耐高温的特殊要求。风机的外壳要求保温，以减少热损耗和改善操作环境。风机与风管之间的连接应该严密，防止由于连接不严造成的漏风现象发生。

为了防止震动，风机以及配套电机应该采取减震措施。通常在风机和电机座下安装减震垫、橡胶减震器或弹簧减震器。减振器应该根据工作负荷和干扰频率进行选择，必须避免共振的发生。

表 7-5　离心式通风机性能参数换算公式

改变密度 ρ、转数 n 时的换算公式	改变转数 n、大气压 p、气体温度 T 时换算公式
$\dfrac{L_1}{L_2}=\dfrac{n_1}{n_2}$	$\dfrac{L_1}{L_2}=\dfrac{n_1}{n_2}$
$\dfrac{H_{q_1}}{H_{q_2}}=\dfrac{\rho_1 n_1^2}{\rho_2 n_2^2}$	$\dfrac{H_{q_1}}{H_{q_2}}=\dfrac{(273+T_2)p_1 n_1^2}{(273+T_2)p_1 n_2^2}$
$\dfrac{H_1}{H_2}=\dfrac{\rho_1 n_1^3}{\rho_2 n_2^3}$	$\dfrac{H_1}{H_2}=\dfrac{(273+T_2)p_1 n_1^3}{(273+T_2)p_1 n_2^3}$
$\eta_1=\eta_2$	$\eta_1=\eta_2$

由于管路系统连接不够严密，会产生一些漏风现象，因此设计空气加热系统的空气量及压力损失时，应该考虑必要的安全系数。一般采用的安全系数为：附加漏风量0～10％；附加管道压力损失10％～15％。离心式通风机的性能一般均指在标准状况下的风机性能。所谓标准状况是指大气压力 $p=0.1$MPa，大气温度 $T=20℃$，相对湿度 $\psi=50％$ 时的空气状态。而热风循环烘干室空气加热系统风机的使用工况（温度、大气压力、介质密度等）均是在非标准状况下，因此设计选择离心式通风机所产生的风压、风量和轴功率等均应按表7-5中有关公式进行计算。在烘干室的安装调试中，常常要对风机的风压或风量进行调节。设计时可以在风机送风管道或进风管道上设置调节阀，通过调整调节阀来改变风机在管网上的工作点。在送风管道上减小调节阀开启度时，阻力增加风量减小，这个方法装置简单，但风量的调节范围较小，而且容易使风机进入不稳定区工作；在进风管道上减小调节阀开启度时，风机出口后的管网特性曲线不变，因此具有较宽的风量调节范围。

7.4.3.3　空气幕装置

对于连续式烘干室，一般工件连续通过，工件进出口门洞始终是敞开的。为了防止热空气从烘干室流出和外部空气流入，减小烘干室的热量损失，提高热效率，除了将烘干室设计成桥式或半桥式之外，通常在烘干室进出口门洞处或单个门洞处设置空气幕装置。空气幕装置是在烘干室的工件进出口的门洞处，以风机喷射高速气流形成的空气幕。

热风循环烘干室的空气幕一般是在工件进、出口门洞处两侧设置（双侧空气幕），空气幕的通风系统一般单独设置，即具有两个独立通风系统的空气幕，并分别设置在烘干室的进、出口门洞处。空气幕出口风速要求适当，一般为 10～20m/s。对于烘干溶剂型涂层的烘干室，应注意空气幕风机以及配套电机的防爆问题。对于烘干粉末涂层的烘干室，工件的进口门洞处不能设置空气幕，这时可考虑在工件出口处单独设置空气幕。

7.4.3.4　温度控制系统

温度控制系统的目的是通过调节加热器热量输出的大小，使热风循环烘干室内的循环空气温度稳定在一定的工作范围内，温度控制系统应设置超温报警装置，确保烘干室安全运行。

(1) 测温点和控温点的选择

通常烘干室温度的测量是采用热电偶温度计或热电阻温度计。一般常用的测温方法有单点式和三点式两种。

单点式是最简单的测温方法，将温度计插入烘干室侧面的保温护板，一般插入位置是在烘干室有效烘干区的中间，在保证不碰撞工件的条件下，尽可能靠近工件，此测温点测得的温度被认为是烘干室的平均工作温度，该测温点也用作烘干室的控温点。

三点式的测温方式是将温度计Ⅰ插入烘干室的保温护板，插入方法与单点式测温方法相同。温度计Ⅱ插入加热器的前端，该测温点测得的温度被认为是烘干室的最低工作温度。温度计Ⅲ插入加热器的后端。该测温点测得的温度被认为是烘干室的最高工作温度。必须注意：插入加热器前后端的温度计与加热器的燃烧室或换热器之间必须保持一定的距离，否则会影响温度计测温的正确性。三点式测温法的优点是可以观察到烘干室的平均温度和加热器的加热能力，能够比较全面准确地反映烘干室的实际工作情况，可以避免单点式测温法由于温度计的测温误差或故障而造成的控温失常。三点式测温法所采用的控温点一般是插入加热器前端的温度计Ⅱ或插入烘干室保温护板中间的温度计Ⅰ。

(2) 燃料型加热器的温度控制

当使用燃油或燃气作为加热热源时，可通过调整供应燃油和燃气的阀门或烧嘴来调整燃料的燃烧量，从而控制循环空气的温度。

(3) 蒸汽加热器的温度控制

对于蒸汽作为热媒的热风循环烘干室，温度控制主要是通过温控仪控制蒸汽电磁阀或蒸汽气动阀的开关或开启大小，调节通过加热器的蒸汽流量大小来实现的。蒸汽作为热媒的热风循环烘干室的温度控制也可以通过调节蒸汽的压力大小来控制烘干室的循环空气温度，但这种控温方法采用得较少。

(4) 电热空气加热器的温度控制

电热元件一般总是按 3 相 4 线制的 Y 接法连接，因此电热元件接线时必须注意对电源三相的平衡，电热元件的总数应该是 3 的整数倍。电热空气加热器的电热元件可分为常开组、调节组和补偿组。常开组和补偿组一般在开关烘干室时由手工启闭接触器开关，在非常情况下也能通过电气线路联锁切断,通常要求常开组单独开启时,烘干室的升温量是设计总升温量的 $50\%\sim70\%$。调节组需要通过温控仪自动控制,电热空气加热器调节组的温度控制主要有两种方法:开关法、调功法。

① 开关法　采用带控制触点的温度控制仪表,当被控参数烘干室温度偏离设定值时,温控仪输出"通"或"断"两种输出信号启闭接触器,使调节组电热元件接通或断开,从而使烘干室温度保持在一定的范围内。

位式控制过程"通"或"断"两种输出信号是在某一设定值附近的振荡过程,在控制对象和检测元件等环节的滞后及时间常数都比较小的情况下,振荡过程频率过高,非常容易使接触器疲劳。因此要求设定的烘干室工作温度范围不能太窄,以保障电气元件的使用寿命。由此可以看出,开关法适用于烘干室控温精度要求不高的场合。

② 调功法　在电热空气加热器调节组接线完成后,调节组电热元件的电阻就是一个固定值。这时电热元件的功率与加在它两端的电压平方成正比,即 $P=U^2/R$。所以调整电热元件的输入电压,可以方便地调整它的输出功率,目前普遍采用的是晶闸管调压。晶闸管调压由主回路和晶闸管触发回路两部分组成,常用的触发回路又可以分为移相触发回路和过零触发回路。

7.4.4　热风循环固化设备相关计算

7.4.4.1　计算依据

采用设备的类型;传热的形式;最大生产率(m^2/h 或 kg/h);挂件最大外形尺寸,长度(沿悬挂输送机移动方向,m),吊挂间距(m),宽度(m),高度(m);输送机的技术特性,型号,速度(m/min),移动部分质量(包括挂具,kg/h);涂料及溶剂稀释剂,种类,进入烘干室的涂料消耗量(kg/h),进入烘干室的溶剂稀释剂消耗量(kg/h);固化温度(℃);固化时间(min);车间温度(℃);热源种类;主要参数如蒸汽压力;电压;燃油后燃气的热值、密度等。

7.4.4.2　主体尺寸的计算

(1) 连续式烘干室室体长度的计算

① 单行程烘干室室体的长度　按式(7-11)计算:

$$L=l_1+l_2+l_3 \tag{7-11}$$

$$l_1=vt \tag{7-12}$$

式中　L——连续式烘干室的室体长度,m;

l_1——烘干区长度,m;

v——悬挂输送机速度,m/min;

t——固化时间,min;

l_2——进口区长度,m;

l_3——出口区长度,m。

当设备为直通式烘干室时,l_2、l_3 一般为 $2\sim4m$;当设备为桥式烘干室时,l_2、l_3 需要按照悬挂输送机升降段(桥段)的水平投影长度来进行计算。悬挂输送机升降段的水平投影计算可以参考式(7-13)。

$$l_2(l_3)=h\cot\alpha+2R\tan\left(\frac{\alpha}{2}\right) \tag{7-13}$$

式中　h——悬挂输送机的升降高度差,m;

R——悬挂输送机垂直弯曲段的弯曲半径，一般取 0.6m 或 0.8m；

α——悬挂输送机垂直弯曲段的升角，一般取 30°或 45°。

② 多行程烘干室室体的长度　按式(7-14)计算：

$$L=2(l_k+R_s+\delta)+\frac{l_2+l_3+vt-2(l_k+R_s)-(n-1)\pi R_s}{n} \qquad (7\text{-}14)$$

式中　L——连续式烘干室的室体长度，m；

l_k——悬挂输送机水平转弯处最远点距烘干室内壁的距离，m；

v——悬挂输送机速度，m/min；

t——固化时间，min；

R_s——悬挂输送机水平转弯段的弯曲半径，m；

n——行程数；

l_2，l_3——进、出口区长度，当设备为直通式烘干室时，一般 $l_2(l_3)=2\sim3$m，当设备为桥式烘干室时，$l_2(l_3)$ 可按照式(7-13)计算；

δ——烘干室保温护板厚度，一般取 $0.1\sim0.15$m。

(2) 连续式烘干室室体宽度的计算

室体的宽度按式(7-15)进行计算：

$$B=b+2R(n-1)+2b_1+2b_2+2\delta \qquad (7\text{-}15)$$

式中　B——连续式烘干室的室体宽度，m；

b——挂件的最大宽度，m；

n——烘干室的行程数；

R——悬挂输送机水平转弯轨道半径，m；

b_1——挂件与循环风管的间隙，m，应根据挂件的转向情况等因数确定；

b_2——风管宽度，m；

δ——烘干室保温护板厚度，一般取 $0.1\sim0.15$m。

(3) 连续式烘干室室体截面高度的计算

连续式烘干室高度计算示意图如图 7-18 所示。

室体截面的高度按式(7-16)计算。

$$H=h+h_1+h_2+h_3+\delta_1+\delta_2 \qquad (7\text{-}16)$$

式中　H——连续式烘干室的室体截面高度，m；

h——挂件的最大高度，m；

h_1——挂件顶部至烘干室顶部内壁的距离，m；

h_2——挂件底部至循环风管的距离，一般取 $0.25\sim0.4$m；当在高度方向不设风管时，h_2 就是挂件底部至烘干室底部内壁的距离，一般取 $0.5\sim0.6$m；

h_3——循环风管截面高度，当在高度方向上不设置风管时，$h_3=0$；

δ_1——烘干室顶部保温层厚度，一般取 $0.1\sim0.2$m；

δ_2——烘干室底部保温层厚度，一般取 0.1m。

图 7-18　烘干室高度计算示意图

7.4.4.3 门洞尺寸的计算

（1）门洞宽度的计算

工件通过处门洞的宽度按式（7-17）计算

$$b_0 = b + 2b_3 \tag{7-17}$$

式中 b_0——工件通过处门洞的宽度（通常指烘干室门洞宽度），m；

　　b——工件的最大宽度，m；

　　b_3——工件与门洞侧边的间隙，一般取 $0.1\sim0.2$m。

挂具通过处门洞的宽度按式（7-18）计算：

$$b_0' = b' + 2b_3' \tag{7-18}$$

式中 b_0'——挂具通过处门洞的宽度，m；

　　b'——挂具的最大宽度，m；

　　b_3'——挂具与门洞侧边的间隙，一般取 0.1m。

（2）工件通过处门洞高度的计算

工件通过处门洞的高度按式（7-19）计算：

$$h_0 = h + h_4 + h_5 \tag{7-19}$$

式中 h_0——门洞的高度，m；

　　h——工件的最大高度，m；

　　h_4——工件底部至门洞底边的间隙，一般取 $0.1\sim0.2$m；

　　h_5——工件顶部至门洞顶边的间隙，一般取 $0.08\sim0.15$m。

设置空气幕的进出口门洞应考虑空气幕管道的安装位置。

7.4.4.4 热损耗量的计算

热风循环烘干室设计时，热损耗量的计算一般按工作时单位时间热损耗量计算，然后再按升温时间的要求计算升温时热损耗量，两者进行比较，取其大值进行功率计算。

（1）工作时热损耗量的计算

工作时单位时间的热损耗量按式（7-20）计算：

$$Q = k(Q_1 + Q_2 + Q_3 + Q_4 + Q_5 + Q_6 + Q_7) \tag{7-20}$$

式中 Q——工作时总的热损耗量，W；

　　Q_1——通过烘干室外壁散失的热损耗量，W；

　　Q_2——通过烘干室地面散失的热损耗量，W；

　　Q_3——加热工件和输送机移动部分的热损耗量，W；

　　Q_4——加热涂料（或水分）和涂料中溶剂（或水分）蒸发的热损耗量，W；

　　Q_5——加热新鲜空气的热损耗量，W；

　　Q_6——通过烘干室外部循环风管散失的热损耗量，W；

　　Q_7——通过烘干室门洞散失的热损耗量，W；

　　k——考虑到其他未估计到的热损耗量的储备系数，一般取 $1.1\sim1.3$。

（2）通过烘干室外壁散失的热损耗量的计算

每小时通过烘干室外壁散失的热损耗量按式（7-21）计算：

$$Q_1 = KF(T - T_0) \tag{7-21}$$

式中 K——烘干室保温护板的传热系数，W/(m²·℃)，可按表 7-6 选取；

　　F——烘干室保温护板的表面积之和，m²，对于桥式或架空的直通式烘干室就是烘干室的外表面积，对于落地式烘干室即为烘干室外表面积除去底部面积；

T——烘干室的工作温度，℃；

T_0——车间（环境）温度，℃，取车间全年最低温度月份的平均温度。

表 7-6　保温护板传热系数 K 值表

保温护板厚度/m	0.08	0.1	0.12	0.15
传热系数/[W/(m² · ℃)]	1.4	1.6	1.2	1.0

（3）通过烘干室地面散失的热损耗量的计算

直接安装在地面（一般铺设耐火砖）上的烘干室，热空气直接与地面接触，每小时通过烘干室地面散失的热损耗量按式(7-22)计算：

$$Q_2 = K_1 F_1 (T_e - T_{e_0}) \tag{7-22}$$

式中　K_1——地面材料的传热系数，一般取经验数据 2.9W/(m² · ℃)；

F_1——烘干室所占的地面面积，m²；

T_e——烘干室的工作温度，℃；

T_{e_0}——车间（环境）温度，℃。

（4）加热工件和输送机移动部分的热损耗量的计算

每小时加热工件和输送机移动部分的热损耗量按式(7-23)计算：

$$Q_3 = (G_1 C_1 + G_2 C_2)(T_{e_2} - T_{e_1}) \tag{7-23}$$

式中　G_1——按质量计算的工件最大生产率，kg/h；

C_1——工件的比热容，J/(kg · ℃)；

G_2——每小时加热输送机移动部分（包括挂具）的质量，kg/h；

C_2——输送机移动部分的比热容，J/(kg · ℃)；

T_{e_2}——工件或输送机移动部分在烘干室出口处的温度，℃，一般取 $T_{e_2} = T_e$；

T_{e_1}——工件或输送机移动部分在烘干室进口处的温度，℃，一般取 $T_{e_1} = T_{e_0}$。

（5）加热涂料（或水分）和涂料中溶剂（或水分）蒸发的热损耗量的计算

每小时加热涂料（或水分）和涂料中溶剂（或水分）蒸发的热损耗量按式(7-24)计算：

$$Q_4 = G_3 C_3 (T_e - T_{e_0}) + G_4 r \tag{7-24}$$

式中　G_3——每小时进入烘干室的最大涂料消耗量，kg/h；

C_3——涂料的比热容，J/(kg · ℃)；

T_e——烘干室的工作温度，℃；

T_{e_0}——车间（环境）温度，℃；

G_4——每小时进入烘干室的涂料中含有的最大溶剂质量，kg/h；

r——溶剂的气化潜热，J/kg。

（6）加热新鲜空气的热损耗量的计算

每小时加热新鲜空气的热损耗量按式(7-25)计算：

$$Q_5 = G_5 C_4 (T_e - T_{e_0}) \tag{7-25}$$

式中　G_5——每小时进入烘干室的新鲜空气的质量，kg/h；

C_4——空气的比热容，J/(kg · ℃)；

T_e——烘干室的工作温度，℃；

T_{e_0}——车间（环境）温度，℃。

① 无溶剂的被涂物烘干，G_5 的计算可按式(7-26)估算：

$$G_5 = K_0 F_0 \qquad (7\text{-}26)$$

式中 G_5——每小时进入烘干室的新鲜空气的质量，kg/h；

F_0——烘干室敞开门洞的面积，m^2；

K_0——经验数据，直通式无空气幕时，K_0 取 $0.2\sim0.4$，桥式或有空气幕时，K_0 取 $0.1\sim0.15$。

② 溶剂型涂层烘干室 G_5 的计算 确定新鲜空气量的原则是保证在烘干室内可燃气体最高体积浓度不能超过其爆炸下限值的 25%，烘干室内粉末最大含量不能超过爆炸下限浓度的 50%。各种类型及工作温度的烘干室，按表 7-7 选取烘干室内可燃气体爆炸下限计算值。

表 7-7 可燃气体爆炸下限计算值

烘干室类型	烘干温度<120℃	烘干温度≥120℃
	可燃气体爆炸下限计算值	
间歇式	取室温时爆炸下限值	取室温时爆炸下限值的 0.7
连续式	取室温时爆炸下限值	取室温时爆炸下限值

③ 间歇式烘干室新鲜空气量的计算 新鲜空气量 G_5 的计算可按式(7-27)计算：

$$G_5 = \frac{4 G_{溶剂} \rho_{空气}}{t_{蒸发} \alpha_{下限}} \qquad (7\text{-}27)$$

式中 $G_{溶剂}$——一次装载带入烘干室内的溶剂质量，g/次；

$\rho_{空气}$——车间内空气的密度，kg/m^3；

$t_{蒸发}$——以最大挥发率计算的溶剂蒸发时间，烘干金属薄壁工件时推荐 0.11h；

$\alpha_{下限}$——溶剂蒸气的爆炸下限计算值，g/m^3；

4——保证溶剂蒸气浓度低于爆炸下限值的 25% 的安全系数。

已知溶剂峰值挥发率时，新鲜空气量按式(7-28)计算：

$$G_5 = \frac{4 R_{分钟} \rho_{空气} \times 60}{\alpha_{下限}} \qquad (7\text{-}28)$$

式中 $R_{分钟}$——峰值溶剂蒸发率，g/min；

$\rho_{空气}$——车间内空气的密度，kg/m^3；

$\alpha_{下限}$——溶剂蒸气的爆炸下限计算值，g/m^3；

4——保证溶剂蒸气浓度低于爆炸下限值的 25% 的安全系数。

已知溶剂每小时的最大蒸发量时，新鲜空气量按式(7-29)计算：

$$G_5 = \frac{10 R_{小时} \rho_{空气}}{\alpha_{下限}} \qquad (7\text{-}29)$$

式中 $R_{小时}$——烘干过程中溶剂每小时的最大蒸发量，g/h，当烘干周期小于 1h 时，$R_{小时}$ 为间歇装载的 1h 平均蒸发量，例如，烘干周期为 40min，40min 周期中溶剂蒸发量为 R_{40} (g)，则 $R_{小时} = R_{40} \times 60/40$ (g/h)；

$\rho_{空气}$——车间内空气的密度，kg/m^3；

$\alpha_{下限}$——溶剂蒸气的爆炸下限计算值，g/m^3；

10——经验系数。

④ 连续式烘干室新鲜空气量的计算：

$$G_5 = \frac{4 G_{溶剂} \rho_{空气}}{t_{蒸发} \alpha_{下限}} \tag{7-30}$$

式中 $G_{溶剂}$ ——每小时带入烘干室内的溶剂质量，g/h；

$\rho_{空气}$ ——车间内空气的密度，kg/m^3；

$\alpha_{下限}$ ——溶剂蒸气的爆炸下限计算值，g/m^3；

4 ——保证溶剂蒸气浓度低于爆炸下限值的 25% 的安全系数。

（7）通过烘干室外部循环风管散失的热损耗量的计算

每小时通过烘干室外部循环风管散失的热损耗量按式（7-31）计算：

$$Q_6 = K' K_2 F_2 (T_e' - T_{e_0}) \tag{7-31}$$

式中 K_2 ——外部循环风管的传热系数，W/(m^2·℃)，可按表 7-6 选取；

F_2 ——外部循环风管的面积，m^2；

T_e' ——风管内的热空气温度，℃，一般取 $T_e' = T_e$；

T_{e_0} ——车间（环境）温度，℃；

K' ——考虑外部循环风管的热风泄漏及保温层铺设困难的补偿系数，一般取 $K' = 1.5$。

（8）通过烘干室门洞散失的热损耗量的计算

每小时通过烘干室门洞散失的热损耗量按式（7-32）计算：

$$Q_7 = C_0 F_0 \phi \left[\left(\frac{T_1}{100} \right)^4 - \left(\frac{T_2}{100} \right)^4 \right] \tag{7-32}$$

式中 C_0 ——绝对黑体辐射常数，一般取 5.7W/(m^2·K^4)；

F_0 ——烘干室敞开门洞的面积，m^2；

T_1 ——烘干室内空气的热力学温度，K；

T_2 ——车间（环境）的热力学温度，K；

ϕ ——孔口修正系数，一般为 0.65~0.86。

（9）升温时热损耗量的计算

升温时单位时间的热损耗量按式（7-33）计算：

$$Q_h' = K_s (Q_{h_1}' + Q_{h_2}' + Q_{h_3}' + Q_{h_4}' + Q_{h_5}') \tag{7-33}$$

式中 Q_h' ——升温时总的热损耗量，W；

Q_{h_1}' ——通过烘干室外壁散失的热损耗量，W；

Q_{h_2}' ——通过烘干室地面散失的热损耗量，W；

Q_{h_3}' ——加热与热风接触的金属部分的热损耗量，W；

Q_{h_4}' ——烘干室保温护板的保温层吸热时的热损耗量，W；

Q_{h_5}' ——加热烘干室内空气的热损耗量，W；

K_s ——考虑到其他未估计到的热损耗量的储备系数，一般取 1.25~1.35。

① 通过烘干室外壁散失的热损耗量的计算　每小时通过烘干室外壁散失的热损耗量按式（7-34）计算：

$$Q_{h_1}' = \frac{Q_1}{2} \tag{7-34}$$

式中，Q_1 为工作时通过烘干室外壁散失的热损耗量，W。

② 烘干室地面散失的热损耗量的计算　每小时通过烘干室地面散失的热损耗量按式（7-

35) 计算:

$$Q'_{h_2} = \frac{Q_2}{2} \tag{7-35}$$

式中，Q_2 为工作时通过烘干室地面散失的热损耗量，W。

③ 加热与热风接触的金属部分的热损耗量的计算 每小时加热与热风接触的金属部分的热损耗量按式(7-36) 计算:

$$Q'_{h_3} = \frac{G_6 C_5 (T_e - T_{e_0})}{t} \tag{7-36}$$

式中 G_6——被加热的金属部分质量，kg;

C_5——被加热金属的比热容，J/(kg·℃);

T_e——烘干室的工作温度，℃;

T_{e_0}——车间（环境）温度，℃;

t——从车间温度加热到工作温度时所要求的时间，h。

④ 烘干室保温护板的保温层吸热时的热损耗量的计算 每小时烘干室保温护板的保温层吸热时的热损耗量按式(7-37) 计算:

$$Q'_{h_4} = \frac{G_7 C_6 \Delta T_e}{t} \tag{7-37}$$

式中 G_7——保温材料的质量，kg;

C_6——保温材料的比热容，J/(kg·℃);

t——从车间温度加热到工作温度时所要求的时间，h;

ΔT_e——工作温度和外壁的平均温度与车间温度之差，℃，ΔT_e 按式(7-38) 计算。

$$\Delta T_e = \frac{T_e + T_{e_3}}{2} - T_{e_0} \tag{7-38}$$

式中 T_e——烘干室的工作温度，℃;

T_{e_3}——烘干室外壁的温度，℃;

T_{e_0}——车间（环境）温度，℃。

⑤ 加热烘干室内空气的热损耗量的计算 每小时加热烘干室内空气的热损耗量按式(7-39) 计算:

$$Q'_{h_5} = \frac{G_8 C_4 (T_e - T_{e_0})}{t} \tag{7-39}$$

式中 G_8——被加热的空气质量，kg;

C_4——被加热的空气比热容，J/(kg·℃);

T_e——烘干室的工作温度，℃;

T_{e_0}——车间（环境）温度，℃;

t——从车间温度加热到工作温度时所要求的时间，h。

7.4.4.5 热能消耗量和循环空气量的计算

(1) 燃料作为热源时热能消耗量的计算

最大燃料消耗量按式(7-40) 计算:

$$G_z = \frac{k_r Q_{h_{max}}}{Q_r \eta_b \eta_r} \tag{7-40}$$

式中　G_z——燃料的最大消耗量，kg 或 m³；

　　$Q_{h_{max}}$——烘干室的最大热损耗量，W；

　　Q_r——燃料的热值，J/kg 或 J/m³；

　　k_r——燃料加热系统的补偿系数，燃料加热系统的补偿系数与燃烧器（燃烧机）的燃烧效率、燃烧生成物的温度及燃烧室排放烟气的余热是否回用等诸多因数有关，主要取决于燃烧器的技术参数，一般直接加热式取 1.0～1.05，间接加热式取 1.1～1.3；

　　η_b——燃烧器的工作效率，一般取 80%～95%；

　　η_r——燃烧器烟气的利用率，烟气不回用取 60%～70%，回用取 80%～95%。

（2）蒸汽作为热源时热能消耗量的计算

最大蒸汽消耗量按式(7-41)计算：

$$Q_z=\frac{k_z Q_{h_{max}}}{r_z} \tag{7-41}$$

式中　Q_z——蒸汽的最大消耗量，kg/h；

　　$Q_{h_{max}}$——烘干室的最大热损耗量，W；

　　r_z——蒸汽的潜热，J/kg；

　　k_z——蒸汽加热系统的补偿系数，一般取 1.2～1.3。

（3）电能作为热源时热能消耗量的计算

加热器消耗的最大功率按式(7-42)计算：

$$P=\frac{k_d Q_{h_{max}}}{3.6\times10^6} \tag{7-42}$$

式中　P——加热器消耗的最大功率，kW/h；

　　$Q_{h_{max}}$——烘干室的最大热损耗量，J/h；

　　3.6×10^6——1kW·h 的热当量，J/(kW·h)；

　　k_d——电加热系统的补偿系数，一般取 1.1～1.3。

（4）再循环空气量的计算

① 每小时再循环空气量按式(7-43)计算：

$$Q_x=\frac{Q_{h_{max}}}{1000\Delta T_e'} \tag{7-43}$$

式中　Q_x——每小时再循环空气量，kg/h；

　　$Q_{h_{max}}$——烘干室的最大热损耗量，W；

　　1000——空气的比热容，J/(kg·℃)；

　　ΔT_e——加热器出口和进口的空气温度差，℃，烘干温度在 200℃左右时，一般取烘干室工作温度的 30%～35%，烘干温度在 150℃左右时，一般取烘干室工作温度的 20%～30%，烘干温度小于 120℃时，一般取烘干室工作温度的 10%～20%。

② 循环风量 V 的确定　循环风量 V 按式(7-44)计算：

$$V=\frac{G_x+G_5}{\rho} \tag{7-44}$$

式中　V——循环风量，m³/h；

　　G_x——每小时再循环空气量，kg/h；

G_5——每小时进入烘干室的新鲜空气的质量，kg/h；

ρ——再循环空气的密度，kg/m³。

③ 烘干室的热风循环次数 N 的确定　烘干室的热风循环次数 N 按式(7-45) 计算：

$$N=\frac{60V}{V_0} \tag{7-45}$$

式中　N——烘干室的热风循环次数，次/h；

　　　　V——循环风量，m³/h；

　　　　V_0——烘干室的室内体积，m³。

烘干室的热风循环次数，对烘干室有效烘干区的温差有很大的影响。一般涂层烘干室的 N 值取 4～7 次/min；脱水烘干室的 N 值取 5～10 次/min。

7.4.4.6　烘干室设计举例

(1) 设计基础资料

被涂物：金属制品；尺寸：600mm×100mm×1200mm；质量：15kg；输送链和挂具质量：10kg；挂距：1.5m；输送链速度：1.5m/min；生产纲领：10000 个/月；确认烘干时间：20min（即通过烘干室的时间，含升温时间和保温时间）；烘干温度：160℃；热源：液化石油气。

(2) 设计程序

① 烘干室室体设计　通过时间 20min×输送链速度 1.5m/min＝30m；取桥式出入口都为 4m。直线长度为 40m，选用双行程，长度 20m。

如确定断面面积就可以决定烘干室的尺寸，如图 7-19 所示。

图 7-19　烘干室尺寸

② 加热方式的选定　燃料用天然气和液化石油气；采用直接热风循环，热风下送上回式。

③ 循环风机的能力确定　烘干室内容积：200m³；循环次数：2 次/min；应选用风机的能力：400m³/min；静压：500Pa。

④ 循环风机和机种选定　按机种产品目录样板所需范围内的风机进行选择，并查出吸入口和吐出口的尺寸。因耐热性轴承部分采用空冷式（如有 250℃ 以上，使用水冷式轴承部件），故燃烧空气温度最高为 250℃ 以下。

⑤ 燃烧机种的选定　燃烧器：按热量计算选用容量为 1000MJ/h 的空气加热形式。控制方法：比例控制（PID）。

⑥ 决定过滤器的方式　在循环系统设置过滤箱，插入耐热过滤器。烘干室吹风设置（500mm×250mm）铝制金属过滤网。

烘干室设计计算结果见表 7-8。生产运行时的热量计算结果见表 7-9。燃烧器选用 1000MJ，有 100% 的富余。

表 7-8　烘干室设计计算结果

项　目		规　格　型　号
本体	尺寸	$L15m\times W3m\times H3m$，出入口(气封室)5m
	材质	内壁板：1.0mm 厚的镀锌钢板
		外板：0.6mm 厚的钢板
		保温层：150mm 厚的玻璃棉
燃烧装置	燃烧器	液化石油气用，1000MJ/h
	燃烧风机	$10m^3/min\times 2MPa\times 0.75kW$
	燃烧炉	卧式循环形式
循环风机	—	$400m^3/min\times 500Pa\times 5.5kW$，限载空冷式
循环风管	尺寸	$600\times 900mm$，30m 长
	材质	内外板：0.6mm 厚的镀锌钢板
		保温层：50mm 厚的玻璃棉
过滤器	材质	$(500mm\times 500mm\times 100mm)\times 20$ 枚，玻璃纤维制(耐热 200℃)
温度控制	比例控制	PID 控制仪，(160±5)℃

表 7-9　烘干室热量计算

项　目	热量/MJ	百分比/%	项　目	热量/MJ	百分比/%
被涂物加热	75	15	风管散热	80	16[②]
输送链、挂具加热	75	15	排气热损失[①]	60	12
容积蒸发	30	6	出口排气热损失	60	12
炉体散热	120	24[②]	合计	500	100

① 可理解为补充新鲜空气的加热。

② 炉体、风管的热损失大，宜加强保温措施。

7.4.5　热风循环固化设备的安全与节能措施

7.4.5.1　热风循环固化设备的安全措施

溶剂型（或粉末）涂层烘干室内部以及工件进、出口外 3m 的半球空间均处于爆炸危险区，必须保障烘干室内任何部位在工作状态下可燃气体（或粉末）的浓度都低于爆炸下限，其中可燃气体最高体积浓度不应超过其爆炸下限的 25%，空气中粉末最大含量不应超过爆炸下限浓度的 50%。只有当烘干室设置了可燃气体浓度报警器，报警器设定浓度在可燃气体爆炸下限的 50% 以内，而且报警器与加热系统进行联锁运行时，烘干室内的可燃气体浓度才允许高于爆炸下限的 25%，详细标准按照 GB 14443—93。涂层烘干室不宜采用自然通风，机械通风的排气位置尽量靠近可燃气体浓度最高的区域，对于连续式固化室，该区域一般挂件加热 5～10min 左右。

间歇式烘干室加热器表面温度不能超过工件涂层溶剂引燃温度的 80%（设置安全通风监测装置后不能超过溶剂的引燃温度），连续式烘干室加热器表面温度一般也不能超过溶剂的引燃温度。只有当烘干室采取可靠的安全保障措施后才能适当提高。使用机械强度不高的石英管、陶瓷管远红外线辐射器时，可在辐射器前安装保护杆以防止工件的碰撞、跌落引起火灾和触电事故的发生。电加热器与金属支架间必须有良好的电气绝缘，加热器的连线必须接触良好、连接可靠。采用燃料燃烧系统加热时，燃烧装置必须符合工业用火焰炉的有关安全技术规定。

烘干室必须采用非燃材料制作，周围禁止存放易燃、易爆物品。烘干室附近应按消防要求设置灭火装置。烘干室每立方米工作容积宜设置 $0.05 \sim 0.22\mathrm{m}^2$ 的泄压面积，泄压装置移动部分单位面积的质量不宜大于 $12.5\mathrm{kg/m}^2$。一般可以利用设备的门洞及啮合式结构的铺搁顶板作为泄压面积，但泄压装置的泄压面不能朝向工人的操作区域。在烘干室顶部安装加热器时，钢平台周围要设置安全栏杆，并注意循环风管、排风风管的保温，以免烫伤维护人员。烘干室的人员进出门须向外开设，并注意室内也必须能够开启。

烘干室应设置静电保护接地，接地电阻小于 100Ω，安装电器设备的室体外壳接地电阻应小于 10Ω。室体内部电气导线应有耐高温绝缘层（一般采用陶瓷绝缘子），并需要经常进行检查。

烘干室的加热系统与风机系统必须联锁，应先启动循环风机和排风风机，排风量超过烘干室容积的四倍以后才启动加热器；电加热器关闭 $5 \sim 10\mathrm{min}$ 以后才能关闭循环风机和排风风机，对于燃烧加热器，风机的延时时间需要 $30\mathrm{min}$ 左右。大型烘干室的排风管道上应安装防火阀，当火灾发生时能与循环风机、排风风机和输送系统一起自动关闭。

烘干室的循环风机和排风风机，应按固化温度和涂料类型选择耐高温及防爆等级，还应尽可能选择低噪声的风机，使操作区的作业环境噪声符合 GBJ 87 的规定。

溶剂型涂层烘干室的排气须经废气净化处理后才能排放，要求排放废气符合环保部门规定的大气排放标准。有机溶剂废气的处理方法主要有活性炭吸附法、催化燃烧法和直接燃烧法。

7.4.5.2　热风循环固化设备的节能措施

应选择隔热效果好的保温材料，合理选择保温护板的厚度；尽可能减少设备进出口门洞的尺寸，在场地条件许可时尽量采用桥式和多行程形式，提高室体的密封性；正确计算设备的排气风量，避免不必要的能源浪费；在满足涂层质量要求的前提下，选择固化温度较低的涂料，以整体减少固化的热损耗；合理设计输送机械和工件载具，减少设备运行的能耗；采用热效率高的加热形式和加热器，根据涂层固化的特点优化加热系统的热量分布，使热量的利用率达到最佳状态；合理利用燃烧烟气的热量，提高燃烧式加热器的换热效率；加强设备的维护工作，使设备始终在最佳状态下稳定运行；尽量采用两班或三班的生产制度，增加设备的连续运行时间，减少设备升温的热损耗。

7.5　辐射固化设备

辐射与传导或对流有着完全不同的本质。传导和对流传递热量要依靠传导物体或流体本身，而辐射是电磁能的传递，不需要任何中间介质的直接接触，真空中也能进行。

辐射是一切物体固有的特性，所有物体包括固体、液体和气体，只要物体的温度在绝对零度以上，就会向外辐射能量，不仅是高温物体把热量辐射给低温物体，而且低温物体也向高温物体辐射能量。所以辐射换热是物体之间相互辐射和吸收过程的结果，只要参与辐射的各物体温度不同，辐射换热的差值就不会等于零，最终低温物体得到的热量就是热交换的差额。因此，辐射即使在两个物体温度达到平衡后仍在进行，只不过换热量等于零，温度没有变化而已。辐射与吸收辐射的能力可用黑度表示，不同物质的黑度见表7-10。

表 7-10　各种物体在不同温度下的黑度

材料名称	温度/℃	黑度 ε	材料名称	温度/℃	黑度 ε
表面磨光的铝	50~500	0.04~0.06	水、雪	室温	0.96
严重氧化的铝	50~500	0.20~0.30	光面玻璃	室温	0.94
钢	300	0.64	刨光的木材	室温	0.80~0.90
镀锌钢板	室温	0.28	石棉纸	40~400	0.94~0.93
铁	500~1200	0.85~0.95	木材	20	0.8~0.92
氧化铁	100	0.75~0.80	硬橡皮	室温	0.95
铸铁	360	0.94	红砖	20	0.88~0.93
湿的金属表面	室温	0.98	各种颜色的漆	室温	0.80~0.90

物体中带电微粒的能级发生变化，就会激发向外发射能。物体把本身的内能转化为对外发射辐射能及其传播的过程称为热辐射。涂装干燥利用的电磁波的波长如图7-20所示。

图 7-20　电磁波和涂料

7.5.1　辐射固化分类

辐射固化分为红外线固化、紫外线（UV）固化、电子线固化、双固化。

（1）红外线固化

热辐射效应最显著的射线主要是红外线 $0.75~1000\mu m$。按波长红外线可分为近红外线（$0.75~2.0\mu m$）、中红外线（$2.0~4.0\mu m$）和远红外线（$4.0~1000\mu m$）。近红外线、中红外线能使涂膜、被涂物两者同时加热，达到缩短时间的目的，远红外线尚有与涂料的树脂的吸收波长相匹配，产生共振的作用。辐射的波长取决于辐射体的温度（见表7-11）及材质。

表 7-11　红外线辐射加热器元件的区分

名称	近红外线波长/μm	辐射体温度/℃	最大能量的波长/μm	元件启动时间/min	备注
远红外线（长波长）	4~15 以上	400~600(650 以下)	约1.2	约15	暗式
中红外线（中波长）	2.0~4	800~900(650~1100)	约2.6	1~1.5	亮式
近红外线（短波长）	0.75~2.0	2000~2200(1100 以上)	约1.2	1~2s	亮式

与热风烘干相比，辐射加热能大幅度缩短升温时间，远红外烘干室和热风烘干室的实际比较如表 7-12 所示。红外辐射加热具有以下特点：

表 7-12 远红外烘干室和热风烘干室的比较

项目	热风循环室	远红外烘干室	项目	热风循环室	远红外烘干室
加热效率	△	◎升高 50%	机器寿命	◎	○
设备费用	○	○	安全性	◎	◎
设备空间	△	◎因烘干时间短,烘干室缩短	加热升温	◎	○仅需 1/2 的时间
温度控制性	○	◎应变迅速	CO$_2$ 排出	○	◎减少 30%～50%
可操作性	◎	◎	节能	○	◎减少 20%

注：◎优良；○良好；△一般。

① 热能靠光波传导，被涂膜和被涂物易吸收，升温速度快。如在热风对流加热场合，被涂物从室温升到 150℃左右，约需 10min，而辐射加热仅需 1～3min。

② 基于被涂物吸收红外线而升温，往往被烘干物的温度会高于室温，因而热量会从物体和涂膜内向外传，与涂膜干燥过程中溶剂蒸发方向一致，对消除缺陷（在热风烘干时，易使涂膜表面固化，易产生溶剂气泡针孔状的涂膜缺陷）有利。

③ 除规则的被涂物外，红外辐射加热对结构、外形复杂的被涂物的加热均匀性较热风对流加热差。辐射加热的均匀性受辐射距离、辐射源的温度、被辐射面的照射强度和吸收性等的影响较大。

(2) 紫外线（UV）固化

UV 固化是通过一种单体/低聚物的混合物的快速聚合而获得可交联涂膜的一种工艺。UV 的波长范围为 200～400μm，是短波长的不可见光。UV 干燥不是靠热能，而是利用 UV 固化反应的方式，即 UV 固化树脂在紫外线灯下瞬时（数秒钟）就固化的性质。UV 固化仅适用于需要用紫外线固化的涂料（油漆）、油墨、胶黏剂（胶水）或其他灌封密封剂的固化。影响 UV 固化材料的物理性能因素有 UV 辐射度（或密度）、光谱分布（波长）、辐射量（或 UV 能量）、红外辐射。UV 固化法及 UV 固化型涂料的优缺点列于表 7-13 中。

表 7-13 UV 固化型涂料的优缺点

优 点	缺 点
固化时间短	复杂形状不适用
固化温度低	耐候性不足
固化无公害(CO$_2$ 少)	变黄性
排出溶剂量(VOC)减少(有可能为 0)	附着力不足(固化时的残留应力大)
涂膜外观平滑、鲜艳	本色漆固化不良(UV 光遮断)
硬度高	弹性不足
设备费用低	涂料对皮肤有刺激性

注：采用 UV 和热双固化法及清漆，表中所列缺点基本上能消除。

(3) 电子线固化

适用于能极短时间加热的电子线固化涂料，借助电子线照射短时间（10～60s）就固化的性质。UV、电子线固化涂料几乎不含 VOC，在环保、节能方面有优势，被涂物无需高温，因而广泛适用于塑料、纸、厚壁钢管等的涂装干燥。

（4）双固化

双固化指 UV 固化和热固化并用（混合使用）的涂膜固化法。此法仅适用于 UV 和热固化清漆。双固化工艺及涂膜性能优良，在节能、环保和降低涂装成本方面有较强的竞争优势。

双固化法使克服 UV 固化型涂料及 UV 固化作为外涂装的罩光涂料时，阴影部的涂膜固化不足、涂膜变黄性和耐候性不足等缺点成为可能。复杂形状被涂物阴影部的 UV 照射量（能量）不足，由热固化成分的交联来弥补，使涂膜性能达标；UV 固化时的变黄量受UV 成分及所加光引发剂量的支配，借助于 UV 固化与热固化并用，来减少 UV 成分量及所加光引发剂量，抑制了变黄性；耐候性不足，同样借助减少光引发剂量，来抑制 UV 照射后，干涂膜中残留光引发剂量来解决；开裂问题靠 UV 固化与热固化并用的方法，可使由UV 固化时的基团聚合产生的涂膜中残留应力得到缓和。双固化法的固化工艺如图 7-21所示。

图 7-21 双固化法的固化工艺

工序 1 是蒸发涂膜中所含的溶剂的预加热工序，它在双固化法固化工艺中起着非常重要的作用。如涂膜中有残存溶剂，在 UV 照射场合仅涂膜表面层 UV 固化，内部未固化。严重时，涂膜起皱，用手指抓压，涂膜有凹陷、柔软的感觉，这种涂膜缺陷表明固化不足。而在轻微蒸发不足的场合，看不出表面上的涂膜缺陷。可是，在长期耐湿性·耐候性试验时，与溶剂完全蒸发后 UV 照射的涂膜相比，有着显著的涂膜物性差异。第 1 道工序必须充分蒸发掉涂膜中所含有的溶剂。

工序 2 是照射 UV 工序，使涂膜中 UV 固化成分形成基团聚合物的网状结构，充分供给UV 固化所需的 UV 能量。

工序 3 是使热固化成分靠热能形成附加聚合（聚氨酯结合）的网状结构的后加热工序。

如以上工序所示，先使 UV 成分固化，再在 UV 固化的网状结构间使热固化成分附加聚合，形成 IPN 结构。总之，工序不能逆布置，在热固化→UV 固化场合，将产生以下两个问题。一是 UV 成分固化受阻。热固化成分的网状结构形成后，再 UV 照射，由于涂膜高分子化，迁移性下降，使 UV 成分达不到所规定的聚合率。二是外观装饰性降低。选用UV 固化型罩光涂料的目的之一是提高外观，按图 7-21 的固化工艺执行，UV 照射后能形成镜面那样平滑的外观，可是，在热固化→UV 固化场合，受热固化成分对外观装饰性的支配，易形成橘皮。

图 7-22 是 UV 罩光涂装生产线的布置设计。其特征是被涂物（摩托车汽油箱）在涂装、固化过程中旋转。"旋转"可使汽油箱各部位照射的 UV 光（照射能量）均一、无阴影。涂装时"旋转"，可防止产生垂流、涂装不均、流痕等涂装缺陷，另外，可厚膜涂装，改善外

图 7-22　摩托车 UV 固化型罩光涂装布置

观装饰性,不需要熟练的喷漆工,采用机械手实现自动涂装,在一条涂装线上可生产大小不同、形状复杂的摩托车汽油箱 50 种以上,与热固化型罩光涂装线的比较列于表 7-14 中。UV 涂装线的全长、工程时间约为原有热固化型涂装线的 1/3,非常紧凑。测定涂膜的鲜映性,以 PGD 值评价涂膜的外观装饰性,UV 罩光涂膜外观呈镜面状态,PGD 值为 1.0。

表 7-14　UV 涂料与热固化型罩光涂装线的比较

参　数	UV 涂装线	热固化型涂装线	参　数	UV 涂装线	热固化型涂装线
生产线总长/m	21	53	能源成本指数	40	100
工程时间/min	20	66	再涂装指数	70	100
外观(PGD 值)	1.0	0.5	尘埃不合格指数	70	100
人员数(喷漆工、抛光工)	0(无人)、1	2、3			

喷涂实现了无人涂装（机械手自动喷涂），其他三项指数都以热固化型罩光为 100 计。从表 7-14 结果看,单位被涂物（油箱）的加工成本（含涂料成本）可降低 50% 以上。

7.5.2　影响辐射烘干的因素

在进行辐射烘干过程中,涂层材料、辐射波长、介质、辐射距离、辐射器的表面温度及辐射器的布置等因素都对辐射烘干产生影响。

（1）涂层材料对辐射烘干的影响

涂层材料对辐射烘干的影响主要是指其材料黑度的影响,若涂层材料的黑度大则吸收辐射能亦大;黑度小则吸收辐射能亦小。黑度不仅因材料的种类而异,而且还因材料的表面形状及温度而异。对辐射烘干来说,应尽量选择黑度大的涂料。

（2）波长对辐射烘干的影响

辐射器发射的波长长短对于被干燥物的影响很大。对于涂料,尤其是高分子树脂型涂料,它们在远红外波长范围内有很宽的吸收带,在不同的波长上有很多强烈的吸收峰。若辐射器所发射的波长在远红外波长区域有较宽的吸收带,并有与涂层的吸收率相符的单色辐射强度率,即辐射器的辐射波长与涂料的吸收波长完全匹配,就能够提高辐射烘干的效率与速度。但实际上要做到波长的完全匹配是不可能的,只能做到相近。对于涂料烘干,辐射器的辐射波长应处于远红外辐射范围内。

（3）介质对辐射烘干的影响

干燥的过程主要是被涂物的水分或溶剂挥发,使涂料固化或聚合。挥发的水分及绝大多数溶剂的分子结构均为非对称的极性分子,它们的固有振动频率或转动频率大都位于红外波段内,能强烈吸收与其频率相一致的红外辐射能量。这样,不仅辐射器的一部分能量被吸收,而且这些水分及溶剂的蒸气在烘干室内散射,使辐射器的辐射通量衰减,从而减弱了被涂物得到的辐射能量。因此这些介质蒸气对辐射烘干是不利的，应尽可能减少。另外，辐射器表面的积尘会直接影响辐射能的传递，因此烘干室的工作环境要求比较干净，辐射器表面要定期清理。

（4）辐射距离对辐射烘干的影响

实践证明，被加热物体吸收辐射器发射的辐射能的能量与它们之间的距离有关，辐射距离近，物体吸收辐射能量多，反之则少。对于平板状工件辐射距离可取 80～100mm，对于形状比较复杂的工件，辐射距离需要放大，一般取 250～300mm 左右。

（5）辐射器表面温度对辐射烘干的影响

辐射器表面温度对辐射烘干有很大的影响。根据斯蒂芬-玻尔兹曼定律，辐射器的辐射能力与辐射器表面热力学温度的四次方成正比，就是说辐射器表面温度增加很少，而辐射器发射的辐射能却增加很多，提高辐射器表面的温度，能获得很高的辐射能量。

但是根据维恩位移定律，辐射器表面的热力学温度与其辐射能力最大波峰值时的峰值波长的乘积是一个常数，即峰值波长与辐射器表面的热力学温度成反比。这样，辐射器表面的热力学温度越高，峰值波长就越短，其趋势是向近红外线和可见光方向移动，这对涂层吸收辐射能是不利的。而且，任何辐射烘干室的传热都还伴随着对流和传导，而自然对流的传热量是同辐射器表面温度与烘干室室内温度之差成正比的，因此希望提高工件涂层在远红外线烘干室内吸收辐射热的比例，减少对流热的影响，就不能将辐射器表面温度升得过高。

选择辐射器表面温度的要求是：在满足辐射器峰值波长在远红外线范围内的条件下，尽可能升高其表面温度。按照这个要求，用于涂层烘干的远红外线烘干室的辐射器表面温度一般在 350～550℃。

（6）辐射器的布置及反射装置对辐射烘干的影响

根据兰贝特定律，物体吸收辐射能的大小与物体和辐射器的法线方向夹角的余弦成正比。因此，工件的涂层表面应尽可能在辐射器表面的法线方向上（板式辐射加热器）。对于管式辐射器则应该安装反射率高、黑度低的反射板，使远红外线通过反射板汇聚后向工件反射，安装抛物线形反射装置的管式远红外线辐射器的辐射能力要比安装反射平板的同类辐射器高出 30%～50%。

7.5.3　远红外线辐射固化设备的主要结构

各种类型的远红外线辐射固化设备，归纳起来一般由烘干室的室体、辐射加热器、空气幕和温度控制系统等部分组成。常用的辐射加热器有电热式辐射器和燃气式辐射器，电热式辐射器又可分为旁热式、直热式和半导体式三种。

（1）旁热式电热远红外线辐射器

旁热式就是电热体的热能要经过中间介质才能传给远红外线辐射层，被间接加热的辐射层向外辐射远红外线。旁热式电热远红外线辐射器按外形不同可分为管式、灯泡式和板式三种。

① 管式辐射器　管式辐射器（见图 7-23）是在不锈钢管中安装一条镍铬电阻丝，用导热性及绝缘性良好的结晶态的氧化镁粉紧密填充电阻丝与管壁的空隙，管壁外涂覆一层远红外线辐射涂料，当通电加热后，管子表面温度在 500～700℃，远红外线辐射涂层会发生出一定波长范围的远红外线。管式辐射器在管子背面通常安装抛物线形反射装置，抛物线的开口大小可根据工件的形状及大小设置平行、扩散或聚集射线，由于抛光铝板的黑度 ε 较小（0.04 左右）、反射率较高，因此一般采用较多。但烘干室内的尘埃及涂料烘干时的挥发物

的污染，会影响反射装置的反射效率，因此要经常进行清理。如果管子采用石英管或陶瓷管时，一般电阻丝与管壁间不填充导热绝缘材料。陶瓷管一般采用碳化硅、铁锰酸稀土金属氧化物烧结而成，其中铁锰酸稀土金属氧化物本身在远红外线区有非常高的辐射能力（不必在表面涂覆远红外线涂层），因此可显著提高烘干的效率。

图 7-23　各种管式辐射器

1—连接螺母；2—绝缘套管；3—电阻丝；
4—金属外壳；5—氧化镁粉

② 灯泡式辐射器　灯泡式辐射器（见图 7-24）外形与一般红外线灯泡相似，但不是真空或充气式发热器。通常是由电阻丝嵌绕在碳化硅或其他稀土陶瓷与金属氧化物的复合烧结物内制成。灯泡式辐射器辐射的远红外线更容易通过反射装置汇聚，以平行线方向发射。它的特点是受照射距离影响较小，照射距离为 200～600mm 处的温差小于 20℃，因此比较适合较大型和形状相对复杂的工件，在同一个烘干室内能够处理大小不同的工件。

③ 板式辐射器　板式辐射器（见图 7-25）是采用涂有远红外线辐射涂料的碳化硅板做辐射元件，在碳化硅板内预先设计好安装电阻丝的沟槽回路。碳化硅板的厚度一般为 15～20mm，为减少辐射器背面的热损耗，一般在其背面放有绝缘保温材料。板式辐射器的热辐射线是垂直于其平面的平行射线和扩散射线，因此温度分布比较均匀，适合平板状工件的烘干。但板式辐射器由于其背面的热能利用率较低，因此热效率不高。板内的电阻丝直接暴露在空气里，容易氧化损坏。

图 7-24　灯泡式辐射器

1—灯头；2—发射罩；3—辐射元

图 7-25　板式辐射器

1—远红外辐射器；2—碳化硅板；3—电阻丝压板；
4—保温材料；5—安装螺母；6—电阻丝；
7—接丝装置；8—外壳

（2）直热式电热远红外线辐射器

直热式电热远红外线辐射器是将远红外线发射涂料直接涂覆在电热体上，其特点是加热速度快、热损失较小。目前采用较多的是电阻带型直热式电热远红外线辐射器，它的加热原理与电阻丝相同。

常用的电阻带一般用镍铬不锈钢制成，厚度为 0.5mm 左右。在其表面采用等离子喷涂法或搪瓷釉涂料烧结成远红外线涂层。电阻带本身就是电热体，远红外线涂料直接涂覆在它上面取消了中间介质的传热，辐射器的热容量大大减少，因此减少了辐射器升温过程中本身的热消耗，辐射器升温速度快、热惯性小，适合于间歇加热的场合。

电阻带型直热式电热远红外线辐射器的缺点是远红外线涂层与电阻带之间的附着力和受热膨胀系数的配合尚有问题，涂层容易脱落，电阻带在使用过程中热变形较大，有时容易产生短路危险，因此需要经常检查和维修。

（3）半导体式远红外线辐射器

半导体式远红外线辐射器（见图 7-26）是较新型的辐射器，辐射器是以高铝质陶瓷材料为基体，中间层为多晶半导体导电层，外表面涂覆高辐射力的远红外线涂层，两端绕有银电极。通电后，在外电场作用下，辐射器能形成以空穴为多数载流子的半导体发热体。它对有机高分子化合物以及含水物质的加热非常有利，特别适合 300℃ 以下的烘干室。它的特点是不使用电阻丝，发热层仅几微米，而且以薄膜形式固溶于基体表面和辐射层之间，功率密度均匀分布，无可见光损失，热效率高。但辐射器的机械强度没有金属管高，使用要求比较严格。

图 7-26　管式半导体远红外线辐射器

1—陶瓷基体；2—半导体涂层；3—绝缘远红外涂层；4—金属电极封

（4）燃气式辐射器

燃气式辐射器是利用煤气燃烧时产生的高温来加热陶瓷或金属基体的远红外辐射涂层，使辐射器发射远红外线，所以也称为煤气远红外线辐射器。除了采用煤气的直接火焰加热辐射器外，还可以利用燃烧后的高温烟气在辐射器内流动而加热，这种方式可使得燃烧式加热器的烟气得以回用。

图 7-27　红外线无焰燃烧器

1—喷嘴；2—空气调节器；3—引燃器；4—燃烧器壳体；
5—气体分流板；6—外网压盖；7—外网；8—内网

煤气远红外线辐射器按燃烧基体的材料不同，分为金属网或多孔陶瓷板式两种。金属网或多孔陶瓷板式煤气远红外线辐射器的结构如图 7-27 所示。它主要由燃烧器喷嘴、引射器、混合分配板、反射罩、点火装置和外壳等组成。其工作原理是利用煤气喷嘴的煤气射流引入助燃空气。煤气和空气在引射器中充分混合，然后进入燃烧器的壳体中间，再均匀地压入燃烧器头部的小孔向外扩散。混合气体点火后在两层网面间（或多孔陶瓷板上）形成稳定的无焰燃烧，网面温度迅速上升至 $800 \sim 900^{\circ}\mathrm{C}$，赤热的金属网（或多孔陶瓷板）向外辐射红外线，燃烧的总热量中约有 50% 能量转化为红外线辐射热。由于金属网或多孔陶瓷板式煤气远红外线辐射器表面温度很高，其总的辐射能量要比电热式辐射器大得多。一般煤气远红外线辐射器的辐射能量为 $3.35 \sim 4.19\mathrm{J}/(\mathrm{m}^2 \cdot \mathrm{h})$，而电热式辐射器的辐射能量为 $0.42 \sim 1.26\mathrm{J}/(\mathrm{m}^2 \cdot \mathrm{h})$。但金属网或多孔陶瓷板辐射的红外线波长比较靠近近红外线区（$2 \sim 4\mu\mathrm{m}$），为了加大辐射光谱中远红外线的份额，必须采取一些措施。一是控制金属网或多孔陶瓷板面的燃烧温度，根据维恩位移定律峰值波长与辐射器表面的热力学温度成反比，因此降低一些燃烧面温度可以使辐射线波长向远红外线区移动。另外，可以在金属网或多孔陶瓷板前面放置涂覆远红外线辐射涂层的陶瓷或金属板，利用辐射涂层来改变峰值波长。必须注意的是，无焰燃烧并不是没有火焰，而是火焰较短不易被肉眼看见，因此火焰稳定性较差，须注意防止回火。

（5）远红外线辐射材料

化学元素周期表第二、三、四、五周期的大多数元素（多为金属）的氧化物、碳化物、氮化物、硫化物及硼化物等，在加热时都能不同程度地辐射出不同波长的红外线。表 7-15 所示为各种远红外线涂料的组成及波长范围。

远红外线辐射涂料的涂覆方法有手工涂刷法、复合烧结法和等离子喷涂法。采用手工涂刷的远红外线涂层 $3 \sim 6$ 个月就开始剥落，辐射效率大大降低。后两种方法寿命较长，但一年或更长些时间辐射效果也会明显下降，这时需要更新辐射涂层。比较理想的办法是将这些金属氧化物或碳化物与陶瓷材料烧结在一起，并使得烧结物具有稳定的工作性能，可延长辐射器的工作寿命。

表 7-15　各种远红外线涂料的组成及波长范围

涂料系名称	主要成分	温度/℃	辐射波长范围/$\mu\mathrm{m}$
钛-锆系	TiO_2，ZrO_2 + (MnO_2，Fe_2O_3，NiO，Cr_2O_3，CoO 等)	450	$5 \sim 25$
黑化锆系	ZrO_2，SiO_2 + (MnO_2，Fe_2O_3，NiO，Cr_2O_3，CoO 等)	500	>5
氟化镁系	MgF_2 + (TiO_2，ZrO_2，NiO_2，BN 等)	450	$2 \sim 25$
铁系	Fe_2O_3	450	$3 \sim 9$
氧化钴系	Co_2O_3 + (TiO_2，ZrO_2，Fe_2O_3，NiO，Cr_2O_3)	450	$1 \sim 30$
氧化硅系	SiO_2 + 金属氧化物、碳化物、硼化物	450	$3 \sim 50$
碳化硅系	SiC + 少量金属氧化物	450	$1 \sim 25$

（6）辐射器的布置

辐射器在烘干室内的布置应该使工件涂层各个面的受热均匀。从远红外线辐射烘干室烘干的特点可以知道，烘干室内布置辐射加热器的原则是：由下而上数量递减，尽量保证工件涂层同时加热。一般高度超过 1.5m 的烘干室沿高度方向分为三个区，下区辐射器的功率为总功率的 50% ～ 60%；中区为 30% ～ 40%；上区为 5% ～ 15%。

由于工件涂层吸收辐射能的大小和受热面与辐射器之间的距离平方成反比例下降，因此辐射器不能距离工件太远。一般常用的距离为 120 ～ 300mm。

7.5.4　通风系统

辐射烘干室的通风系统主要有两个作用：第一是确保溶剂型涂层烘干室内可燃气体最高体积分数不能超过溶剂爆炸下限值的 25%。通风量的计算可参照对流烘干室的相关内容。

第二是排除烘干室内的水蒸气，以减少水汽对辐射能的吸收。

7.5.5　温度控制系统

温度控制系统的目的是通过调节辐射器热量输出的大小，使得工件涂层的温度稳定在一定的工作范围内，温度控制系统应设置超温报警装置，确保烘干室安全运行。

（1）测温点和控温点的选择

通常烘干室温度的测量是采用热电偶温度计或热电阻温度计。一般远红外线辐射烘干室常用的测温方法为单点式。一般插入烘干室有效烘干区中间侧面的保温护板内，注意不宜安置在辐射器附近。此测温点测得的温度被认为是烘干室的平均工作温度。该测温点也用作烘干室的控温点。

（2）燃气式辐射器的温度控制

当使用燃气式辐射器时，可通过调整供应煤气的阀门或烧嘴来调整煤气的燃烧量，从而控制辐射器表面温度，调节辐射能量。

（3）电热式辐射器的温度控制

远红外线辐射器都配置有接线头，可直接与电源线的接线盒或汇流排连接。在安装功率较大的场合，一般在烘干室的侧面安排铜排供电，铜排上须设保护罩。在接近烘干室或烘干室室内的接线须用耐热电线。电线与辐射器间用陶瓷（或其他耐高温的）绝缘子绝缘。电热式辐射器接线时必须注意对电源三相的平衡。通常将烘干室安装的辐射器分为常开组、调节组和补偿组。常开组和补偿组一般在开关烘干室时由手工启闭接触器开关，在非常情况下也能通过电气线路联锁切断，通常要求常开组单独开启时，烘干室的升温量是设计总升温量的 $50\% \sim 70\%$。调节组需要通过温控仪自动控制。调节组的温度控制主要有两种方法：开关法、调功法。

7.5.6　远红外线辐射烘干室的计算

（1）计算依据

采用设备的类型；最大生产率，按面积计算（m^2/h），按质量计算（kg/h）；挂件最大外形尺寸，长度（沿悬挂输送机移动方向，m），吊挂间距（m），宽度（m），高度（m）；输送机的技术特性，型号，速度（m/min），移动部分质量（包括挂具，kg/h）；涂料及溶剂稀释剂，种类，进入烘干室的涂料消耗量（kg/h），进入烘干室的溶剂稀释剂消耗量（kg/h）；固化温度（℃）；固化时间（min）；车间温度（℃）；热源种类；主要参数（如电压，燃气的热值、密度和压力等）。

（2）室体尺寸的计算

① 远红外线辐射烘干室室体长度的计算　单行程烘干室室体的长度按式(7-46)计算：

$$L = l_1 + l_2 + l_3 \tag{7-46}$$

$$l_1 = vt$$

式中　L——通过式烘干室的室体长度，m；

　　　l_1——烘干区长度，m；

　　　v——悬挂输送机速度，m/min；

　　　t——固化时间，min；

　　　l_2——进口区长度，m；

　　　l_3——出口区长度，m。

当设备为直通式烘干室时，一般取 $l_3=2\sim3m$；当设备为桥式烘干室时，l_2 需要按照悬挂输送机升降段（桥段）的水平投影长度来进行计算。悬挂输送机升降段的水平投影按式(7-47)计算：

$$l_2=h_{升降}\cot\alpha+2R_{垂直}\tan\left(\frac{\alpha}{2}\right)+\delta \tag{7-47}$$

式中 $h_{升降}$——悬挂输送机的升降高度差，m；

$R_{垂直}$——悬挂输送机垂直弯曲段的弯曲半径，一般 R 取 0.6m 或 0.8m；

α——悬挂输送机垂直弯曲段的升角，(°)，一般 α 取 30°或 45°；

δ——烘干室保温护板厚度，一般取 $\delta=0.1\sim0.15m$。

当设备为直通式烘干室时，一般取 $l_3=2\sim3m$；当设备为桥式烘干室时，l_3 同样需要按照悬挂输送机升降段（桥段）的水平投影长度来进行计算。

多行程烘干室室体的长度按式(7-48)计算：

$$L=2l_k+\frac{l_2+l_3-2l_k+vt}{n}+2\delta \tag{7-48}$$

式中 L——通过式烘干室的室体长度，m；

l_k——悬挂输送机水平转弯处最远点距烘干室内壁的距离，m；

v——悬挂输送机速度，m/min；

t——固化时间，min；

n——行程数；

δ——烘干室保温护板厚度，一般取 $\delta=0.1\sim0.15m$；

l_2——进口区长度，m；

l_3——出口区长度，m。

当设备为直通式烘干室时，一般 $l_2=1.5\sim2$；当设备为桥式烘干室时，l_2 需要按照悬挂输送机升降段（桥段）的水平投影长度来进行计算。悬挂输送机升降段的水平投影计算可按式(7-49)计算：

$$l_2=h_{升降}\cot\alpha+2R_{垂直}\tan\left(\frac{\alpha}{2}\right) \tag{7-49}$$

式中 $h_{升降}$——悬挂输送机的升降高度差，m；

$R_{垂直}$——悬挂输送机垂直弯曲段的弯曲半径，m；

α——悬挂输送机垂直弯曲段的升角，(°)，一般 α 取 30°或 45°。

当设备为直通式烘干室时，一般 $l_3=1.5\sim2$；当设备为桥式烘干室时，l_3 同样需要按照悬挂输送机升降段（桥段）的水平投影长度来进行计算。

② 通过式烘干室室体宽度的计算 室体的宽度按下式进行计算：

$$B=b+2R(n-1)+2(b_1+b_2+b_3+\delta) \tag{7-50}$$

式中 B——通过式烘干室的室体宽度，m；

b——挂件的最大宽度，m；

n——烘干室的行程数；

R——悬挂输送机水平转弯轨道半径，m；

b_1——挂件与辐射器之间的距离，b_1 应根据挂件的转向情况等因数确定，一般取 $b_1=0.12\sim0.3m$；

b_2——辐射器的厚度，m；

b_3——辐射器与室体侧部内壁的距离，一般 $b_3 = 0.08 \sim 0.12m$；

δ——烘干室保温护板厚度，m，一般取 $\delta = 0.1 \sim 0.15m$。

③ 通过式烘干室室体截面高度的计算　图 7-28 是通过式高度计算示意图。

室体截面的高度按下式计算：

$$H = h + h_1 + h_2 + h_3 + h_4 + \delta_1 + \delta_2 \tag{7-51}$$

式中　H——通过式烘干室的室体截面高度，m；

$\quad h$——挂件的最大高度，m；

$\quad h_1$——挂件顶部至烘干室顶部内壁的距离，m；

$\quad h_2$——挂件底部至底部辐射器表面的距离，一般取 $h_2 = 0.25 \sim 0.3m$，为了消防安全，一般只有脱水烘干室才能在底部布置辐射器，当在高度方向不设辐射器时，h_2 就是挂件底部至烘干室底部内壁的距离，一般取 $h_2 = 0.3 \sim 0.4m$；

$\quad h_3$——辐射器厚度，当在高度方向不设置辐射器时，$h_3 = 0$；

$\quad h_4$——辐射器至室体底部内壁的距离，m，当在高度方向不设置辐射器时，$h_4 = 0$；

$\quad \delta_1$——烘干室顶部保温层厚度，一般取 $\delta_1 = 0.1 \sim 0.2m$；

$\quad \delta_2$——烘干室底部保温层厚度，一般取 $\delta_2 = 0.1m$。

(3) 门洞尺寸的计算

① 门洞宽度的计算　工件通过处门洞的宽度按式 (7-52) 计算：

$$b_0 = b + 2b_3 \tag{7-52}$$

式中　b_0——工件通过处门洞的宽度（通常 b_0 即指烘干室门洞宽度），m；

$\quad b$——工件的最大宽度，m；

$\quad b_3$——工件与门洞侧边的间隙，一般取 $b_3 = 0.1 \sim 0.2m$。

挂具通过处门洞的宽度按式 (7-53) 计算：

$$b_0' = b' + 2b_3' \tag{7-53}$$

式中　b_0'——挂具通过处门洞的宽度，m；

$\quad b'$——挂具的最大宽度，m；

$\quad b_3'$——挂具与门洞侧边的间隙，一般取 $b_3' = 0.1m$。

图 7-28　高度计算示意图

② 工件通过处门洞高度的计算

工件通过处门洞的高度按式 (7-54) 计算：

$$h_0 = h + h_4 - h_5 \tag{7-54}$$

式中　h_0——门洞的高度，m；

$\quad h$——工件的最大高度，m；

$\quad h_4$——工件底部至门洞底边的间隙，一般 $h_4 = 0.1 \sim 0.2m$；

$\quad h_5$——工件顶部至门洞顶边的间隙，一般取 $h_5 = 0.08 \sim 0.15m$。

设置空气幕的进出口门洞应考虑空气幕管道的安装位置。

(4) 采用热平衡计算法计算热损耗量

远红外线辐射烘干室设计时通常按照热平衡法计算热损耗量。一般计算工作时单位时间热损耗量。

① 电热式辐射器工作时单位时间的热损耗量按式(7-55) 计算：

$$Q_h = K(Q_{h_1} + Q_{h_2} + Q_{h_3} + Q_{h_4} + Q_{h_5} + Q_{h_6}) \qquad (7\text{-}55)$$

式中　Q_h——工作时总的热损耗量，W；

$\qquad Q_{h_1}$——通过烘干室外壁散失的热损耗量，W；

$\qquad Q_{h_2}$——通过烘干室地面散失的热损耗量，W；

$\qquad Q_{h_3}$——加热工件和输送机移动部分的热损耗量，W；

$\qquad Q_{h_4}$——加热涂料（或水分）和涂料中溶剂（或水分）蒸发的热损耗量，W；

$\qquad Q_{h_5}$——加热新鲜空气的热损耗量，W；

$\qquad Q_{h_6}$——通过烘干室门洞散失的热损耗量，W；

$\qquad K$——考虑到其他未估计到的热损耗量的储备系数，一般取 $K = 1.1 \sim 1.3$。

a. 通过烘干室外壁散失的热损耗量　按式(7-56) 计算：

$$Q_{h_1} = KF(T_e - T_{e_0}) \qquad (7\text{-}56)$$

式中　K——烘干室保温护板的传热系数，$\text{W}/(\text{m}^2 \cdot {}^\circ\text{C})$，可按表 7-6 选取；

$\qquad F$——烘干室保温护板的表面积之和，m^2，对于桥式或架空的直通式烘干室 F 就是烘干室的外表面积，对于落地式烘干室，就是烘干室外表面积除去底部面积；

$\qquad T_e$——烘干室的工作温度，${}^\circ\text{C}$；

$\qquad T_{e_0}$——车间（环境）温度，${}^\circ\text{C}$，T_{e_0} 取车间全年最低温度月份的平均温度。

b. 通过烘干室地面散失的热损耗量　按式(7-57) 计算：

$$Q_{h_2} = K_1 F_1 (T_e - T_{e_0}) \qquad (7\text{-}57)$$

式中　K_1——地面材料的传热系数，一般取经验数据 $K_1 = 2.5\text{W}/(\text{m}^2 \cdot {}^\circ\text{C})$；

$\qquad F_1$——烘干室所占的地面面积，m^2；

$\qquad T_e$——烘干室的工作温度，${}^\circ\text{C}$；

$\qquad T_{e_0}$——车间（环境）温度，${}^\circ\text{C}$。

c. 加热工件和输送机移动部分的热损耗量　每小时加热工件和输送机移动部分的热损耗量按式(7-58) 计算：

$$Q_{h_3} = (G_1 C_1 + G_2 C_2)(T_{e_2} - T_{e_1}) \qquad (7\text{-}58)$$

式中　G_1——按质量计算的工件最大生产率，kg；

$\qquad C_1$——工件的比热容，$\text{J}/(\text{kg} \cdot {}^\circ\text{C})$；

$\qquad G_2$——每小时加热输送机移动部分（包括挂具）的质量，kg/h；

$\qquad C_2$——输送机移动部分的比热容，$\text{J}/(\text{kg} \cdot {}^\circ\text{C})$；

$\qquad T_{e_2}$——工件或输送机移动部分在烘干室出口处的温度，${}^\circ\text{C}$，一般取 $T_{e_2} = T_e$；

$\qquad T_{e_1}$——工件或输送机移动部分在烘干室进口处的温度，${}^\circ\text{C}$，一般取 $T_{e_1} = T_{e_0}$。

d. 加热涂料（或水分）和涂料中溶剂（或水分）蒸发的热损耗量　按式(7-59) 计算：

$$Q_{h_4} = G_3 C_3 (T_e - T_{e_0}) + G_4 r \qquad (7\text{-}59)$$

式中　G_3——每小时进入烘干室的最大涂料消耗量，kg/h；

$\qquad C_3$——涂料的比热容，$\text{J}/(\text{kg} \cdot {}^\circ\text{C})$；

$\qquad T_e$——烘干室的工作温度，${}^\circ\text{C}$；

$\qquad T_{e_0}$——车间（环境）温度，${}^\circ\text{C}$；

$\qquad G_4$——每小时进入烘干室的涂料中含有的最大溶剂质量，kg/h；

$\qquad r$——溶剂的气化潜热，J/kg。

e. 加热新鲜空气的热损耗量的计算　按式(7-60) 计算：

$$Q_{h_5} = G_5 C_4 (T_e - T_{e_0}) \tag{7-60}$$

式中　G_5——每小时进入烘干室的新鲜空气的质量，kg/h；

C_4——空气的比热容，J/(kg·℃)；

T_e——烘干室的工作温度，℃；

T_{e_0}——车间（环境）温度，℃。

新鲜空气量的计算请参照对流烘干室的相关内容。

f. 通过烘干室门洞散失的热损耗量　按式(7-61) 计算：

$$Q_{h_6} = C_0 F_0 \phi \left[\left(\frac{T_1}{100} \right)^4 - \left(\frac{T_2}{100} \right)^4 \right] \tag{7-61}$$

式中　C_0——绝对黑体辐射常数，一般取 5.7W/(m^2·K^4)；

F_0——烘干室敞开门洞的面积，m^2；

T_1——烘干室内空气的热力学温度，K；

T_2——车间（环境）的热力学温度，K；

ϕ——孔口修正系数，一般 ϕ＝0.65～0.86。

② 燃气式辐射器工作时单位时间的热损耗量　按式(7-62) 计算：

$$Q_h = K(Q_{h_1} + Q_{h_2} + Q_{h_3} + Q_{h_4} + Q_{h_5} + Q_{h_6} + Q_{h_7}) \tag{7-62}$$

式中　Q_h——工作时总的热损耗量，W；

Q_{h_1}——通过烘干室外壁散失的热损耗量，W；

Q_{h_2}——通过烘干室地面散失的热损耗量，W；

Q_{h_3}——加热工件和输送机移动部分的热损耗量，W；

Q_{h_4}——加热涂料（或水分）和涂料中溶剂（或水分）蒸发的热损耗量，W；

Q_{h_5}——加热新鲜空气的热损耗量，W；

Q_{h_6}——通过烘干室门洞散失的热损耗量，W；

Q_{h_7}——通过烟气散失的热损耗量，W；

K——考虑到其他未估计到的热损耗量的储备系数，一般取 K＝1.1～1.3。

Q_{h_1}、Q_{h_2}、Q_{h_3}、Q_{h_4}、Q_{h_5}、Q_{h_6} 项计算同电热式辐射器的热损耗量计算，Q_{h_7} 是煤气加热所产生烟气所散失的热量，烟气的产生及其成分非常复杂，Q_{h_7} 可按式(7-63) 估算：

$$Q_{h_7} = B V_r C_p (T_p - T_{e_0}) \tag{7-63}$$

式中　B——煤气消耗量，m^3/h，B 结合热能消耗量的计算最后求出；

V_r——燃烧 $1m^3$ 煤气所生成的烟气量，m^3/m^3；

T_p——烟气温度，℃；

T_{e_0}——车间（环境）温度，℃；

C_p——煤气的平均定压比热容，J/(m^3·℃)。

(5) 采用估算法计算热损耗量

估算法计算热损耗量公式如下：

$$Q_h = Q_{h_3} - \Gamma_1 F + \Gamma_2 F_0 + \Gamma_3 V \tag{7-64}$$

式中　Q_h——工作时总的热损耗量，W；

Q_{h_3}——加热工件和输送机移动部分的热损耗量，W；

F——烘干室保温护板的表面积之和，m^2；

F_0——烘干室敞开门洞的面积，m^2；

V——烘干室容积，m^3；

Γ_1——经验系数，一般取 $\Gamma_1 = 1256 \sim 2093 \text{kJ}/(m^2 \cdot h)$；

Γ_2——经验系数，一般取 $\Gamma_2 = 62802 \sim 83736 \text{kJ}/(m^2 \cdot h)$；

Γ_3——经验系数，一般取 $\Gamma_3 = 1675 \sim 3349 \text{kJ}/(m^3 \cdot h)$。

(6) 热能消耗量的计算

① 燃料作为热源时热能消耗量的计算　最大燃料消耗量按式(7-65) 计算：

$$G_z = \frac{K_r Q_{h_{max}}}{Q_r \eta_b} \tag{7-65}$$

式中　G_z——燃料的最大消耗量，kg/h 或 m^3/h；

$Q_{h_{max}}$——烘干室的最大热损耗量，J/h；

Q_r——燃料的热值，J/kg 或 J/m^3；

K_r——燃料加热系统的补偿系数，一般 $K_r = 1.05 \sim 1.2$；

η_b——燃烧器的工作效率，一般取 $80\% \sim 95\%$。

② 电能作为热源时热能消耗量的计算　加热器消耗的最大功率按式(7-66) 计算：

$$P = \frac{K_d Q_{h_{max}}}{1000} \tag{7-66}$$

式中　P——加热器消耗的最大功率，kW；

$Q_{h_{max}}$——烘干室的最大热损耗量，W；

K_d——电加热系统的补偿系数，一般取 $K_d = 1.2 \sim 1.4$。

第8章 典型涂装工艺

8.1 汽车涂装工艺

汽车各零部件的使用环境、结构和材质不同，其涂装要求有较大差别，一般分别涂装，如车身、货箱、车架、车轮、底盘、发动机、铸锻件及半成品等。

汽车涂装，尤其轿车车身的涂装，一般采取流水线生产方式，机械化、自动化程度高，涂层要求高装饰性、高耐蚀性、高力学性能。不管是涂料质量、涂装工艺、涂装设备还是涂装管理都具有代表性、示范性。整个生产过程中，有一整套机械化运输系统，实现工件在各工序中的传送和在各工段间的调剂，保证流水线的正常有序进行。车间多采用自动喷涂设备，工人劳动强度低，但对工人的技能、责任心要求高。为保证涂膜外观质量，提高产品成品率，车间洁净度要求高，特别在喷漆室、闪干区和烘道中为高洁净区，必须严格保证送风质量，防止漆膜表面产生颗粒等缺陷。各工段的工艺条件实现自动化控制和管理，保证整个涂层质量最佳和产品质量的稳定。

8.1.1 汽车车身的涂装工艺

从涂层体系来看，汽车涂层是复合涂层。高级轿车车身一般采用4C4B或5C5B涂层体系，C表示coat（涂层），B表示bake（烘干），即分别涂底漆、中涂漆、面漆和罩光清漆共4～5次，分别烘干4～5次；一般轿车车身则采用3C3B涂层体系，分别涂装并烘干底漆、中涂和面漆；卡车、吉普车车身和覆盖件及客车车厢采取2C2B涂层体系，即分别涂装并烘干底漆与面漆。对于厚度$40\mu m$的面漆，通常采用"湿碰湿工艺"喷二道。对于厚度$50\mu m$的中涂层，可采取喷一道涂层烘干、打磨再喷涂—烘干—打磨工艺，使之表面有足够平整度；也可采用"湿碰湿工艺"方式。

"湿碰湿工艺"是多层涂装中经常采用的工艺，即在喷涂第一道涂层后，不直接烘干，而只是晾干5min左右，使表面达到表干，接着喷涂第二道涂层甚至第三道涂层，晾干流平5～10min后一并烘干的工艺。该工艺可增强涂层间结合力，节省能源并大大缩短工时，提高生产效率。目前"湿碰湿工艺"不仅用于面漆与中涂，还用于电泳底漆和水性中涂层。从涂料上看，"湿碰湿工艺"仅适用于缩合聚合型热固性烘漆，如环氧树脂、氨基树脂、丙烯酸树脂涂料等，而不适用于氧化聚合型涂料，如醇酸树脂涂料等。

轿车车身涂层要求光亮如镜，镜像清晰，鲜映性在0.8以上，这就要求在涂面漆之前，表面应有较高的平整度。为实现该目的，轿车涂层必须有1～2道中间涂层。中间涂层本身的功能是保护底漆涂层和腻子层（防止被面漆咬起），增加底漆与面漆的结合力，消除底层的粗糙度（对$10\mu m$粗糙度有效），提高涂层装饰性，增加涂层厚度，提高整个涂层的耐水性和装饰性（丰满度、光泽、鲜映性）。为此，中间层应与底漆和面漆有良好的配套性，并应具有良好的打磨性。能满足这几方面性能的中涂主要是溶剂型或水性的聚酯、聚氨酯、氨基醇酸、热固性丙烯酸或环氧氨基树脂。

中间涂层按其功能可分为通用底漆（又称底漆二道浆、二道浆）、腻子二道浆（又称喷用腻子)、封底漆等。通用底漆既有底漆性能，又有一定的填平能力（二道浆的功能），含颜料比底漆多，比腻子少，一般用来填平涂过底漆或刮过腻子表面的划纹或针孔等缺陷。腻子二道浆兼有腻子和二道浆的作用。另外，封底漆这一中间涂料还可消除底涂层对面漆的吸收性，提高面漆的光泽度和丰满度。

对汽车涂层的耐候性和外观装饰性要求很高，能满足该条件的涂料主要有氨基烘漆、丙烯酸烘漆和双组分脂肪族聚氨酯面漆三大类。在流水线生产时，因用漆量大，宜采用烘漆；小批量或修补作业时，宜采用双组分涂料，免去固化设备的投资和减少固化能耗。

高档涂层的罩光清漆一般与面漆同品种，避免涂层间的不配套带来涂层缺陷。为了赋予更加奇妙的装饰效果，可采用金属闪光漆或珠光漆作为面漆层。它由底色漆与清漆"湿碰湿"二道喷涂、烘干构成。闪光效果与底色漆品种和喷涂工艺有关，从涂料品种来讲，选用水性聚酯底色漆、溶剂性聚酯、热塑性丙烯酸或热固性丙烯酸底色漆的闪光效果依次下降。

8.1.1.1　中高级轿车车身典型涂装工艺

中高级轿车涂装工艺流程见图 8-1。本工艺采用阴极电泳底漆、水性中涂、水性色漆，中涂及面涂采用机器人涂装，部分工位双线布置，柔性化设计，可同时生产多个产品平台。车间内包含磷化前处理、无铅无锡阴极电泳漆、车体密封、车底裙边防石击涂层、水性中涂、水性色漆、干式文丘里等工艺，自动施工和手工施工相结合。采用壁挂式喷漆机器人、电动供漆泵、干式文丘里等先进工艺设备。烘房有机废气经单独设计的 RTO 进行焚烧处理后再排放，车间 VOC（挥发性有机化合物）排放比传统车间降低 80%，是国际上领先的绿色、环保的涂装车间。

图 8-1　中高级轿车涂装工艺流程

中高级轿车车身涂装部分工段的典型工艺见表 8-1。

表 8-1　中高级轿车车身涂装部分工段的典型工艺

过程名称	指标	规范	测量技术	频率
电泳主槽	固体分	17%～21%	分析天平,烘箱	1次/班
	pH	5.4～5.8	pH 计	2次/班
	电导率	1100～1700μS/cm	电导率仪	1次/班
	颜基比	17.0%～25.0%	分析天平,马弗炉	1次/周
	槽液温度	27～31℃	系统仪表	连续
	1～4 段电压	140～300V	系统仪表	连续
	5～18 段电压	160～380V	系统仪表	连续
	出槽 UF1 喷流量	10.0～12.0m³/h	流量计	2次/班
	泳透力	≥305mm	泳透管	1次/月
		<15μin	粗糙度仪	1次/月
	细菌实验	无细菌	细菌棒	1次/周
超滤	流量	≥12m³/h	流量计	2次/班
	出口压力	1.8bar±0.3bar	压力表	2次/班
	pH	5.1～5.8	pH 计	2次/班
	电导率	700～1500μS/cm	电导率仪	2次/班
	细菌实验	无细菌	细菌棒	1次/周
阳极液	pH	2.0～3.5	pH 计	2次/班
	电导率	500～4000μS/cm	电导率仪	2次/班
	压力	1.2bar±0.2bar	压力表	2次/班
	流量	150～300L/h	流量计	2次/班
UF1 喷淋	固体分	<2%	分析天平,烘箱	1次/周
	喷淋压力	1.0bar±0.3bar	压力表	2次/班
	细菌实验	无细菌	细菌棒	1次/周
UF2 浸洗	pH	5.10～5.90	pH 计	2次/班
	固体分	<1%	分析天平,烘箱	1次/周
	UF2 前喷湿流量	10.0～12.0m³/h	流量计	2次/班
	UF2 后喷湿压力	1.5bar±1.0bar	压力表	2次/班
	细菌实验	无细菌	细菌棒	1次/周
UF3 喷淋	UF3 前喷湿流量	10～12m³/h	流量计	2次/班
	固体分	<0.8%	分析天平,烘箱	1次/周
	UF3 喷淋压力	0.8bar±0.3bar	压力表	2次/班
	新鲜 UF 喷淋流量	10.0～12.0m³/h	流量计	2次/班
	细菌实验	无细菌	细菌棒	1次/周
纯水喷淋	电导率	<75μS/cm	电导率仪	1次/班
	pH	5～8	pH 计	1次/班
	喷淋压力	1.2bar±0.4bar	压力表	2次/班
	细菌实验	无细菌	细菌棒	1次/周

续表

过程名称	指标	规范	测量技术	频率
DI 水浸洗	电导率	$<50\mu S/cm$	电导率仪	1 次/班
	pH	5～7	pH 计	1 次/班
	细菌实验	无细菌	细菌棒	1 次/周
新鲜 RO 水喷淋	喷淋流量	$10.0\sim12.0m^3/h$	流量计	2 次/班
	细菌实验	无细菌	细菌棒	1 次/周
烘烤	炉温曲线	见烘烤窗口	Tempguard	1 次/周
	预热区 1	50～100℃	系统仪表	连续
	预热区 2	50～100℃	系统仪表	连续
	升温区 1	160～210℃	系统仪表	连续
	升温区 2	180～210℃	系统仪表	连续
	升温区 3	180～210℃	系统仪表	连续
	保温区 1	180～210℃	系统仪表	连续
	保温区 2	180～210℃	系统仪表	连续
	保温区 3	180～210℃	系统仪表	连续
	保温区 4	180～210℃	系统仪表	连续
	出口气密封	80～200℃	系统仪表	连续
	溶剂擦拭	≤1 级（TS-PAINT-34-12-7）	详见文件 TS-PAINT-34-12-7	1 次/月
	划格试验	≤1 级（TS-PAINT-34-12-6）	详见文件 TS-PAINT-34-12-6	1 次/月
Tackoff	向下风速	$0.5m/s\pm0.2m/s$	风速仪	1 次/周
	温度	21～29℃	系统仪表	连续
	湿度	65%±5%RH	系统仪表	连续
机器人喷涂外表面, 喷房	向下风速	$0.3m/s\pm0.2m/s$	风速仪	1 次/周
	温度	21～29℃	系统仪表	连续
	湿度	65%±5%RH	系统仪表	连续
机器人	油漆流量	100～500mL/min	系统仪表	1 次/月
	电流	$100\sim400\mu A$	系统仪表	1 次/月
	旋杯转速	30～60kr/min	系统仪表	1 次/月
	成型空气	90～400L/min	系统仪表	1 次/月
烘房, 烘烤	烘烤温度	90～110℃	系统仪表	连续
		170～190℃	系统仪表	连续
		175～185℃	系统仪表	连续
		180～190℃	系统仪表	连续
	炉温曲线	见炉温窗口	Tempguard	1 次/周
	溶剂擦拭	≤1 级		1 次/月
	划格试验	≤1 级		1 次/月
人工擦拭区	向下风速	$0.5m/s\pm0.2m/s$	风速仪	1 次/周

续表

过程名称	指标	规范	测量技术	频率
鸵毛清洁机	温度	21～29℃	系统仪表	连续
	湿度	65％±5％RH	系统仪表	连续
喷房	向下风速	0.5m/s±0.2m/s	风速仪	1次/周
	温度	21～29℃	系统仪表	连续
	湿度	65％±5％RH	系统仪表	连续
手工喷枪	油漆流量	250～350mL/min	量杯	1次/周
喷房	向下风速	0.3m/s±0.2m/s	风速仪	1次/周
	温度	21～29℃	系统仪表	连续
	湿度	65％±5％RH	系统仪表	连续
机器人	油漆流量	100～400mL/min	系统仪表	1次/月
	电流	100～400μA	系统仪表	1次/月
	旋杯转速	30～70kr/min	系统仪表	1次/月
	成型空气	90～400L/min	系统仪表	1次/月
	炉温曲线	见附录	膜厚仪	1次/年
闪干烘房	烘烤温度	62～77℃	系统仪表	连续
	温度	83～98℃	系统仪表	连续
	温度	20～30℃	系统仪表	连续
	脱水率	≥85％	铝箔测量法	2次/年
人工喷涂喷房	向下风速	0.5m/s±0.2m/s	风速仪	1次/周
	温度	21～29℃	系统仪表	连续
	湿度	65％±5％RH	系统仪表	连续
手工喷枪	油漆流量	250～350mL/min	量杯	1次/周
机器人区喷房	向下风速	0.3m/s±0.2m/s	风速仪	1次/周
	温度	21～29℃	系统仪表	连续
	湿度	65％±5％RH	系统仪表	连续
机器人	油漆流量	100～500mL/min	系统仪表	1次/月
	电压	30～90kV	系统仪表	1次/月
	旋杯转速	30～60kr/min	系统仪表	1次/月
	成型空气	90～400L/min	系统仪表	1次/月
烘烤	烘烤温度	180～190℃	系统仪表	连续
		150～160℃	系统仪表	连续
		150～160℃	系统仪表	连续
		150～160℃	系统仪表	连续
		140～150℃	系统仪表	连续
		150～170℃	系统仪表	连续

续表

过程名称	指标	规范	测量技术	频率
烘烤	炉温曲线	见烘烤窗口	Tempguard	1次/周
		见附录	膜厚仪	1次/天
		见附录	Wavescan	1次/天
		>6.5(水平),>5.5(垂直)	Wavescan	1次/天
		>80/20°	BYK gloss 20°	1次/天
	溶剂擦拭	≤1级		1次/月
	划格试验	≤1级		1次/月

注：1bar=10^5Pa，1in=0.0254m。

图8-2、图8-3分别为轿车用水性中涂涂料及面漆的烘烤窗口。

图8-2 水性中涂涂料的固化窗口

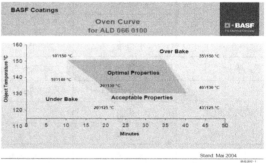

图8-3 面漆固化窗口

轿车涂层体系组成及要求见表8-2。

8.1.1.2 卡车、经济型轿车、吉普车车身的涂装工艺

图8-4为轻卡车身典型涂装的工艺流程。该工艺采用阴极电泳底漆、溶剂型面漆工艺，面漆采用湿碰湿工艺、机器人喷涂。漆膜厚度：外板18~22μm，内板≥13μm。表面光滑平整，无明显表面缺陷。库伦效率≥32mg/C。

表8-3是本轻卡工艺条件说明，表8-4为轻卡车身电泳底漆涂装通电方式及要求。

8.1.1.3 面包车、旅游车和小公共汽车车身涂装工艺

车身长度6m以内，年产量上万的面包车、旅游车和小公共汽车车身涂装工艺见表8-5。

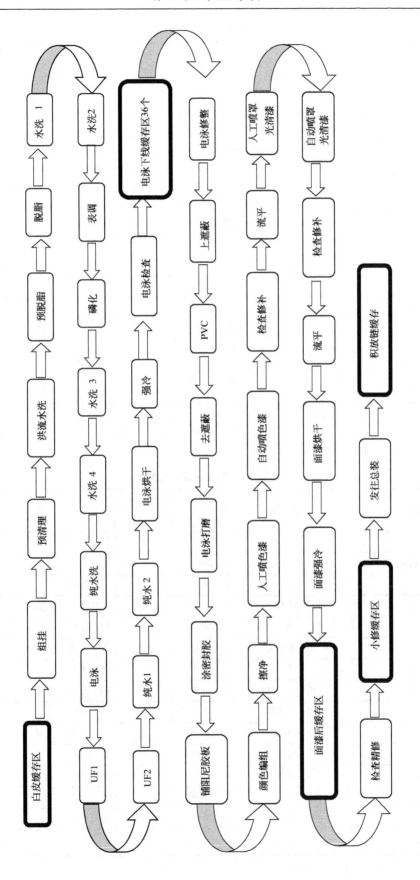

图 8-4　轻卡车身典型涂装工艺流程图

表 8-2 轿车涂层体系组成及要求

编号	描述/说明				规范/公差	
					Minimum Average(最小均值)/μm	Target（目标值）/μm
1	电泳膜厚	Elpo(电泳底漆)			15	15～22.5
2	中涂膜厚	Primer(底漆)			18	20～24
3	水性色漆膜厚	Color Code(颜色代码)	BC	Color Key(主色调)	By Color（按颜色分类）	By Color（按颜色分类）
4	GCD/16U	WA-9753	Bright white(皓白)	N	15	18～30
5	GBA/41U	WA-8555	Blacksolid(元黑)	N	12	13～19
6	GFT/65U	WA-421P	Paprikared(辣椒红)	M	15	16～22
7	GJX	WA-880T/Blue 002	Bluesky met.	M	14	15～21
8	GKV/20U	Opel L-20Q	Prestige blue(威望蓝/海星蓝)	D	14	15～21
9	GIY/12U	WA-519F	Galaxy silver(流光银)	S	10	12～18
10	GKZ/70U	WA-9075	Torch red(骄阳红)	N	17	18～24
11	GBJ	OpelL-163	Silver lightning met.	L	11	12～18
12	GIZ/57U	WA-988K	SyracuseMKⅢ	L	10	12～18
13	清漆膜厚				38	46～56

Note：Color key（色基）；N：Nonmetallic color（非金属色，实色）；L：Light value metallic color（浅色值金属色，如浅蓝）；M：Medium value metallic color（中色值金属色，如中蓝）；D：Dark value metallic color（深色值金属色，如深蓝）；S：Special metallic color（特殊金属色）。

表 8-3 轻卡车身涂装工艺条件

序号	工序名称	工艺方法	工艺参数		备 注
			温度/℃	时间/min	
1	上件	人工		3	
	前处理	处理方式	温度/℃	时间/min	备注
(1)	预清理	人工	室温	3	人工擦拭
(2)	洪流水洗	洪流喷		1	带风幕,槽上沥液
(3)	预脱脂	喷	40～50	1	槽上沥液
(4)	脱脂	浸+出槽喷	40～50	3	双工位,槽上沥液
(5)	第一水洗	喷	常温	1	槽上沥液
(6)	第二水洗	浸+出槽喷	常温	1	槽上沥液
(7)	表调	浸+出槽喷	常温	1	槽上沥液
(8)	磷化	浸+出槽喷	40～50	3	双工位,槽上沥液
(9)	第三水洗	喷	常温	1	槽上沥液
(10)	第四水洗	浸+出槽喷	常温	1	槽上沥液
(11)	纯水洗	浸	常温	1	槽上沥液
(12)	新鲜纯水喷	出槽喷	常温	通过	槽上沥液
(13)	沥液工序	自然	常温	通过	

序号	工序名称	工艺方法	工艺参数		备注
			温度/℃	时间/min	
2	阴极电泳				
(1)	电泳前润湿				
(2)	阴极电泳	全浸	27～35	3	设送排风,出口设置新鲜超滤液喷淋
(3)	电泳后 0 次喷湿	新鲜 UF 淋洗	RT	通过	
(4)	UF1 喷洗	循环 UF 水喷洗	RT	1	出口设置新鲜超滤液喷淋
(5)	UF2 浸洗	全浸＋新鲜 UF 出槽淋洗	RT	1	
(6)	纯水 1 浸洗	全浸＋循环纯水出槽淋洗	RT	2	
(7)	纯水 2 浸洗	全浸＋新鲜纯水出槽淋洗	RT	0.5	
(8)	沥液工序	自然	室温	通过	
3	转挂至地面滑橇	人工	室温	3	
4	电泳烘干	强制对流	180±5	30～35	
5	冷却	强制对流		10	
6	电泳后检查	人工		4	检查后设置排空线
7	电泳修整	人工		4	
8	上遮蔽	人工		4	
9	转挂至空中	自动			
10	底部喷涂	人工		8	
11	转挂回地面	自动			
12	去遮蔽及擦净	人工		3	
13	电泳漆打磨	人工		17	
14	电泳漆离线打磨	人工			不合格品离线打磨
15	涂密封胶	人工		25	
16	面涂				
(1)	擦净	人工			6
(2)	离子风	自动			1
(3)	色漆内部喷涂	人工			6
(4)	色漆自动喷涂 1	机器人＋旋杯		4	
(5)	检查、修补	人工		2.5	
(6)	热流平			7	
(7)	罩光漆人工喷内部	人工		4	
(8)	罩光漆静电喷涂	机器人＋旋杯		3.5	
(9)	检查、修补	人工		2.5	
(10)	流平			10	
17	面漆烘干	辐射＋强制对流	140±5	30～35	
18	冷却	强制对流	室外风	4	需要中涂的工件去19,其他去20
19	中涂打磨	人工		6	

续表

序号	工序名称	工艺方法	工艺参数		备 注
			温度/℃	时间/min	
20	检查/精修			15	
21	注蜡			7	
22	转挂至葫芦			4	
23	送总装				
24	小修				送至 20 工序
25	大返修打磨				返至 16 工序

表 8-4　轻卡车身电泳底漆涂装通电方式及要求

通电方式		间歇工作,入槽后通电,分两段加压,阳极分区	
电压数值		第一段 0~150V DC,第二段 150~400V DC	
通电时间		第一段 1min	共 3min
		第二段 2min	
整流器	数量	两台	
	电压(DC)/V	0~400 可调	
	电流(DC)/A	900(max)	
定电压精度		±3%	
安装功率		360kV·A×2	
电极	极比	阴:阳=4:1(按照 1.5 台工件考虑)	
	管状隔膜电极+槽底管状电极	槽两侧各设置 37 根+槽底 7 根	
	阳极总面积	34.4m²	

表 8-5　面包车、旅游车和小公共汽车车身涂装工艺（3C3B）

工序	工序名称及作业内容	工艺管理项目	设备与工具	材料	备注
0	上件:将无锈白件挂于悬挂输送链上	锈蚀程度	悬挂链、升降台、挂具		
1	手工预擦洗不易洗掉的污物,如拉延油、密封胶、底漆等	室温或加热	抹布、刷子	水基清洗剂	如果车身表面较清洁可不采用该工序
2	前处理:预清洗(60℃,1min),预脱脂(压力 0.1~0.2MPa,60~70℃,60s),脱脂(浸 60~70℃,60s),水洗(喷,RT,10~30s),水洗(浸入即出,35℃以下,10s)。中低温磷化(浸 35~45℃,3min),水洗(喷,RT,10~30s),水洗(浸入即出,10s)。钝化(浸或喷,RT,10s),循环去离子水洗(浸,RT,10s),新鲜去离子水洗(喷,RT,10s),烘干或热风吹干,冷却	碱度、温度、压力、FA、TA、水洗水的电导率等	喷淋设备、油水分离器	脱脂剂、磷化液等	
3	阴极电泳	28℃±1℃,3~3.5min	浸渍槽	阴极电泳涂料	35μm

工序	工序名称及作业内容	工艺管理项目	设备与工具	材料	备注
4	电泳后水洗:槽上 UF 液清洗(10s、RT、喷),循环 UF 液清洗(10s、RT、喷),循环 UF 液清洗(10s、RT、浸),新鲜去离子水淋洗(RT、10s),循环去离子水洗(浸,RT、10s),新鲜去离子水淋洗(RT、10s),晾干或吹干(RT、3min)	温度、时间、压力	喷淋系统、超滤系统	去离子水	
5	烘干(175~180℃、保温 20min)	温度、时间	烘干室		热风对流
6	检查	底层表面质量、干燥程度及厚度	测厚仪		外观用目测法、干燥程度用溶剂擦拭法、厚度用测厚仪
7	涂密封胶	RT		密封胶	压涂或喷涂
8	车身底板下表面喷涂 PVC 车底涂料	压力	高压喷涂设备	PVC 车底涂料	喷涂前遮盖保护不需喷涂部分;车底涂料具有防震绝热耐磨作用
9	去遮蔽,车身内贴或铺防震垫片,擦净车身外表面		手工		擦净飞溅的 PVC 涂料可用乙二醇丁醚
10	烘干	120~140℃,10~15min	烘干室		热风对流
11	中涂前准备,按需打磨电泳底层,擦净表面	RT	手工		
12	湿碰湿或一次喷涂干膜厚度 35~40μm 的中涂层,晾干 5~10min	20~25℃	手工或自动静电涂装		
13	烘干	140℃,保温 20min	烘干室		热风对流
14	技术检查	表面质量、膜厚、干燥程度			
15	按需湿打磨	RT			
16	湿碰湿喷面漆:手工喷涂车身内表面和自动喷涂难涂到的表面 手工或自动静电喷涂第一道面漆或底色漆 手工或自动静电喷涂第二道面漆或底色漆 晾干或热风吹干 手工喷涂车身内表面罩光清漆 车身内表面手工或自动喷涂罩光清漆 晾干	20~25℃ 20~25℃ 20~25℃ RT 或 60℃ 20~25℃ 20~25℃ RT	空气喷涂设备	面漆	
17	烘干	135~140℃,20min			
18	最终检查 100%检查涂层外观质量、膜厚、干燥程度。合格品或抛光修饰后合格品发往总装,不合格品送往返修或小修补漆	RT	有关检测仪器		
19	空腔注蜡:涂装合格者的车身在送往总装内饰前,为提高内腔的耐蚀性需进行注蜡或灌蜡处理	温度			

8.1.1.4　客车、旅游车车身的典型涂装工艺

客车、旅游车厢的涂装，一者生产量较小，二者车身体积庞大，生产方式大多采用往复间歇式生产或间歇流水线生产，属劳动力密集型企业，因此涂装质量受"人"的影响因素较大。涂层采用 TQ1（甲）卡车涂层组的条件，装饰性要比卡车高，一般采用三涂层体系（即底漆、中涂、腻子和面漆），而面漆都是多色涂装。运输采取地轨和运转车人工推动小车或地面链牵引小车来实现。前者用于往复间歇式生产，后者用于间歇流水线生产。近几年，随着客车产量增大和对车辆质量要求的提高，部分客车企业采用了整车电泳底漆涂装工艺。

（1）客车车身涂装工艺及条件

客车车厢的涂装工艺与卡车车身的流水线工艺有很大区别，客车前处理和涂底漆都是在单独的工位中进行，如在前处理车间或焊接车间，对骨架、外壁板涂底漆后在焊接或组装过程中对骨架涂底漆，再焊装涂好底漆的外壁板，然后修补焊接破坏的底漆。涂装车间的任务主要是涂中涂层和面漆。

客车车厢体积庞大，涂单色很难看，因此涂面漆需要按套色工艺进行。一般采用自干性或快干性的挥发性涂料或双组分涂料，如硝基漆、热塑性丙烯酸漆、醇酸漆、双组分环氧底漆、双组分聚氨酯面漆等。有中温烘干室时也可采用氨基烘漆。其基本工艺流程为：前处理→底漆→原子灰刮磨→中涂漆→面漆喷涂→粘彩条及防护→图案漆喷涂→ 整车打磨→罩光清漆 （为增强漆膜丰满度和减轻图案漆边痕，国内客车制造厂如苏州金龙、厦门金旅等在外装饰漆喷涂完毕后再执行双层做法，即增加框中的内容）。

按处理方式，前处理可分为磷化处理和手工擦拭（打磨）处理。磷化处理又分为浸渍式和喷淋式，是用化学方法将被涂物表面的油污清除干净，并形成一层磷酸盐保护膜，该法前处理质量的好坏需重点控制以下几个环节：

① 各腔/盒式件的最低端必须设置流液孔，不能出现倒置或漏设现象。

② 重油污、粉尘、各种印痕在整车磷化处理前必须先进行擦拭预处理，一方面可确保整车磷化处理效果，另一方面可减轻污物对槽液的污染，进而延长槽液的使用寿命。整车前处理一般不设置酸洗除锈工艺，如车体表面存有锈蚀需采用砂纸将其打磨除掉。

③ 严格控制脱脂槽游离碱度、表调槽 pH 值、磷化槽游离酸和总酸、促进剂浓度等各项控制参数，以及车体在各槽液内的处理温度及时间。

④ 磷化膜表面不能出现黄锈、明显发花、挂灰及除油不净等缺陷，否则影响漆膜附着力和整体涂层的耐蚀性。

部分客车厂家整车涂漆前采用的是手工擦拭除油、打磨粗化处理，具体工艺流程为"除油→打磨→除尘→二次除油"，主要控制环节如下：

① 采用除油剂"一湿一干法"擦拭除油，必须确保除油干净、彻底，最后可用干净的白色棉纱擦拭检验。利用除油剂除油的原理是将油脂进行充分溶解，然后再人工擦拭去除，若只是溶解而不充分擦拭，除油剂挥发后油污仍会残留在车体表面，擦拭用的材料如棉布、擦尘纸等应为润湿性、吸水性优异的材料。

② 镀锌板、铝板及带漆件涂漆前要进行打磨粗化，以增大底漆与基体间的接触面积，要求粗化均匀、彻底，砂纸纹密集，以确保底漆附着力。镀锌板、铝板最好设置在底漆即将喷涂前进行打磨，以防打磨后表面继续发生氧化反应，尤其是铝板，因为铝金属非常活泼，表面极易与空气中的氧发生氧化反应，而底漆与纯铝间的结合力要明显优于氧化铝。

底漆是涂覆于底材上的第一道涂层,与基材间的附着力和耐蚀性是其控制的重要内容。底漆有多功能底漆(可适用于多种板材)和单功能底漆(仅适用于其中的一种或两种板材)两种,从树脂类型上考虑,客车用底漆一般有聚氨酯底漆和环氧底漆,但多为环氧型防腐底漆,因其防腐性能比较优异。

宇通客车、苏州金龙、江淮现代等厂家针对铝板制件(仓门、乘客门、型材等)选用的是专门的磷化底漆(或称为铝合金底漆),能与铝板表面发生缓蚀反应而充分咬合,且对铝板材质(含镁量较高的合金铝一般附着力较差)和打磨粗化效果要求不是太高,因此底漆附着力较好。中通客车采取整车磷化后再对铝板进行充分打磨粗化,然后整车喷涂多功能环氧底漆,施工方便。

底漆严密性、均匀性、足够的涂膜厚度是涂装质量控制的关键环节。控制底漆喷涂工走枪速度、压枪重叠、枪距、气压、出漆量、施工黏度等参数的均匀性是控制涂膜均匀性和外观质量的前提条件。一般认为底漆涂膜对外观质量要求不高,而常忽视对漆工操作技能的培训与提高,结果是涂膜常出现厚度不匀、橘皮、颗粒、发粗等缺陷,而影响涂膜质量和后道打磨效果(漏底、膜损较大)。底漆涂层膜厚一般控制在 $20\mu m$ 以上,但其外表面若有其他涂层,最好不宜超过 $40\mu m$,否则易影响涂层附着力。为便于控制底漆的涂膜厚度,底漆一般要选择有别于黑颜色的其他色,如灰白色、红色或绿色等,但一般不宜选择与基材颜色或磷化膜颜色相近的浅灰色底漆。

底板以下的骨架及钣金件易受积水、砂石等的冲刷,其防腐性和抗石击性要求较高,除轮胎各挡板、下裙蒙皮内表面、仓板及梯步挡板的外表面喷涂阻尼胶外,其他外露型钢及钣金件需在底漆喷涂完毕再"湿碰湿"喷涂一层防腐黑漆,同时也便于与底盘车架颜色统一。

原子灰涂刮是为提高底层平整度,填平钣金缺陷和凹坑,通常采用不饱和聚酯腻子或合金原子灰。腻子涂刮过多,害多利少,许多客车厂家早已通过提高钣金车外观质量来降低原子灰用量。不饱和聚酯腻子一般涂刮至干燥的底漆表面,合金原子灰可以直接涂刮至裸钢表面。原子灰涂刮质量主要控制如下环节:

腻子调配。按产品要求比例(通常 $2\%\sim3\%$)加入固化剂,用铲刀或刮板调和均匀,为方便识别原子灰的调配质量,固化剂内一般掺有黄、黑或红色的颜料。根据钣金缺陷大小,原子灰的稠度应有所变化,大缺陷采用稠度较高的原子灰涂刮,小缺陷和最后收光采用稀原子灰,为方便涂刮,最好配备原子灰稀释剂(苯乙烯和不饱和聚酯树脂的混合物)。为防止材料浪费,应根据涂刮量"现用现调",并在活化期内(一般 10min)使用完毕。

根据涂刮面形状、大小可分别使用大小刮板或软(橡胶)、硬(塑料、铝、钢板)刮板。两侧蒙皮或仓门等大面部位采用大刮板,材料可用铝型材或折边呈"L"形的薄钢板,但必须确保刮板的直线度;曲面部位采用软质材料的刮板涂刮。涂刮质量可采用目视、手摸或直/弧线样板比靠的方式进行掌控。

焊缝印是客车涂装中和使用后经常出现的问题。焊缝印按外观形态可分为凸胀型和凹缩型两种。凸胀型是由于腻子底层含有空腔体(腻子未刮实)或有未挥发干净的溶剂(蒙皮与型钢的贴合缝隙内底漆未充分干燥),在涂装烘烤中产生气体膨胀逸出,一般在涂装施工过程中出现,尤其是车身刚刚烘烤完毕时异常明显;另一种是由于焊缝处的蒙皮与骨架梁贴合面间在车辆使用过程中不断溅进泥水,底层锈蚀膨胀和腻子吸潮溶胀而引起,主要发生在轮罩周围区域。凹缩型是车辆在使用过程中焊缝处的腻子不断收缩凹陷而产生的焊缝印(因焊缝处腻子涂刮量大，同样的收缩系数，腻子层越厚收缩量越大）。目前国内客车厂家针对车身外露焊缝处的处理一般分为满焊、预留黑明胶缝（或刮胶再喷漆）、粘贴铝型材或PU透明胶带再喷漆等方式防止焊缝印问题的出现。其中满焊工艺仅适用于局部长度在1m内的短焊缝，并且为防止蒙皮在焊接过程中产生热变形，施焊前两侧涂抹冷却膏；国内许多中巴车型两侧蒙皮与腰梁间的焊缝采用黏结铝型材或打黑色聚氨酯胶的方式弥补焊缝印问题；国内也有些客车厂家对部分车身外露焊缝采取近似满焊（对接间距和点间距均≤5mm）工艺，腻子涂刮时先对焊缝部位涂刮纤维焊缝灰。

中涂漆是介于底漆或腻子层与面漆层间的中间涂层，起到承上启下的作用，用于填充底层缺陷（腻子微孔、砂眼、砂纸纹等），打磨后为面漆层提供平滑、致密的附着面，是确保面漆光泽和鲜映性的先决条件。

中涂喷涂前，先用压缩空气和粘尘布清理底层粉尘，然后对原子灰磨穿部位补喷环氧底漆，以确保防腐质量。调整合适的气压、扇面、出漆量，按自上而下的顺序喷涂中涂漆；喷涂2～3遍，为防止接口部位漆膜发粗，每遍接口应错开或采用横竖交叉法喷涂；为方便识别后工序的打磨是否到位，可采用"2+1"喷涂（2遍A颜色中涂+1遍B颜色中涂）或在最后一遍薄喷一层快干硝基黑漆，也可在打磨前对表层涂抹一层活性炭粉，起到指示引导作用。为提高底层平滑性和致密性，客车用中涂漆细度最好控制在≤30μm，涂膜铅笔硬度最好不低于2H。打磨前与打磨后的中涂漆膜厚一般相差10μm左右，减少打磨损耗的先决条件是提高中涂漆喷涂的平滑性，不能出现发粗、明显橘皮、流挂等漆膜弊病。

原子灰与中涂漆打磨　为确保获得平整、光滑、细腻的底层表面，原子灰涂刮后和中涂后需进行打磨，用以消除原子灰刮痕、边印以及涂膜橘皮、颗粒等。按打磨方式可分为干打磨和湿打磨两种，打磨方式不同，所采用的打磨材料也不同。干打磨不用润湿剂，平滑性相对于湿打磨要差，适合于硬度较高、较致密的涂层。根据圆形打磨机的不同，常用的有搭扣式和背胶式两种砂纸。湿打磨是用水或其他润湿剂充分润湿被打磨表面；湿打磨漆膜光滑度较高，打磨材料一般用耐水砂纸。汽车工业常用的润湿剂是水；湿打磨时劳动环境较差，且不好的水质易影响涂层质量，打磨后水分必须完全挥发后才能涂漆，否则易出现痱子、起泡、脱漆等涂装缺陷，在客车涂装中一般用于局部修补或研磨抛光。边角棱部位尽量采用手磨，曲面采用打磨软垫机磨，避免出现大面积的明显磨穿现象，而影响整车防腐和涂层质量；平面部位的原子灰最好先用条形打磨机或打磨块打磨，然后再采用圆盘砂纸打磨，以方便控制涂层平整度。打磨机应置于打磨面上再启动，严禁将运转过程中的打磨机直接放置于漆面上，以防出现打磨印痕和影响打磨机的使用寿命；打磨时托盘应与打磨面平行，左右往复运动，上下前后搭接1/2～2/3；按压时要用力均匀，严禁出现偏斜。在更换砂纸时要注意逐级渐进，每次跳级不能超过100号，使用P80砂纸研磨腻子时，不要打磨至底漆部位，以防出现底漆磨穿现象。可用触摸或研磨指示层的方式判别打磨是否到位，以防打磨过度。各道涂层常用砂纸型号为：底材粗化P120～P180；原子灰P80～P240；中涂漆P320～P400（粗磨）；P400～P600（细磨）；图案漆P320～P400。

面/色漆是客车车身的最外层涂装，对其光泽、鲜映性、耐老化等性能指标要求较高，因此对操作技能、施工环境、喷涂设备、涂料等要求也非常高。轿车生产厂家对涂装车间的清洁度要求很高，任何人员进入涂装区域除穿戴防护衣外，还必须通过强制淋风室，以吹掉身体表面的浮尘、纤维等。生产客车的涂装车间显然不如轿车生产厂家要求那么严格，但喷漆区域尤其是面/色漆喷涂室，环境仍是确保喷涂质量的首要考虑因素。喷漆室环境控制项目主要有：温湿度、空气洁净度、风压、风速、光照度等。

国内客车厂家的喷漆室大多无加湿、降温装置，因此对温湿度的要求范围也较大，一般温度在 5~35℃，湿度 10%~70%，然而由于季节气温和区域环境的不同，部分客车厂家实际控制的温湿度范围还要大，只不过在"极端"环境下通过调整溶剂挥发速率或添加某些助剂（化白水等）来保证涂膜质量。面/色漆最适宜的温湿度控制范围为 $T=(20\pm5)$℃，$H=(50\pm5)$%。

多数客车厂家由于对洁净度的检测无相关仪器装置，因此对洁净度的要求也就无量化指标，然而提高喷漆室洁净度是减少涂层颗粒的一个有效途径。控制洁净度可从以下几方面进行控制。①中涂车身打磨完毕必须先在室外进行初次除尘，以减少打磨粉尘在喷漆室内清理而过多地附着"滞留"在内壁及升降小车等附属设施表面，二次污染漆面。②控制喷漆室内风压为微正压状态，防止从门缝向里吸风而污染喷漆环境。③面/色漆喷涂室应设置成水漩式，抽风方式一般为上压风下抽风式，漆雾及粉尘捕捉效果好。④喷漆室内壁涂覆水溶型黏性防护膜，一方面可黏附粉尘和漆雾，另一方面可用清水清洗擦拭更换，环保效果比较好。⑤喷漆室必须设置供人员出入的小门，一方面可方便进出，另一方面可避免因人员出入而影响喷漆室环境。

为确保雾化效果和喷涂质量，面漆喷涂喷枪最好采用德国进口萨塔（SATA）喷枪，应环保要求，近年来开发的 HVLP 和 LVMP 喷枪应用日益广泛。喷漆室风机、滤网等应及时检修维护，以防风速、风压不正常导致漆雾不能有效散逸而使漆面出现虚漆失光问题。烘干室应升温均匀且不能过快，以防出现局部漆膜干不透或出现溶剂泡、失光等问题，同时对其内壁应根据使用情况及时清理打扫，防止热风循环带动灰尘颗粒而污染漆膜表面。

整车罩清漆（双层做法）　为提高漆面丰满度和鲜映性，同时改善图案漆边界的凸凹感，部分客车制造厂在高档车及参展车上开始采用整车罩清漆工艺，即图案漆喷涂完毕，整车再经水磨或干磨后统罩清漆；也有的客车厂家仅在面漆喷涂时执行湿碰湿罩清漆的工艺，面漆涂膜的鲜映性 DOI 值与打磨后罩清漆相差不明显。

罩光前，确保底层漆膜彻底干燥后，先用打磨机配合 P400 砂纸粗磨，然后再用 P500 打磨软垫收光打磨，如水磨则采用 800# ~1200# 水砂纸。打磨过程中要用力均匀，不能用力过大或在某一部位停留时间过长，以防出现磨穿现象。打磨粉尘要清理干净，防止不同颜色出现串色。为减少磨穿和串色现象，可预先在面漆和色漆喷涂时的最后一遍薄喷一层清漆。

整车漆面美容　提高漆面的鲜映性、丰满度以及高耐候性成为众多客车生产厂家所追求的共同目标，漆面美容护理原本一直是轿车行业所使用的"专利"，然而如今的客车制造企业为了使自己的客车产品更加靓丽多彩，进而增加企业产品卖点，提升市场竞争能力，开始在豪华客车、参展车上采用漆面美容护理技术，包括研磨抛光、封釉处理等。采用 P2000 细砂纸和专用抛光剂清除漆面上的浅划痕、微流、小颗粒、凸凹不平的橘纹及色漆轮廓线的毛刺等。再将晶亮釉涂抹至整车漆面，然后再用羊毛轮进行抛洗，直至整车漆面晶亮，它能最大限度地保护汽车漆面亮度，同时具备密封、增光、抗划痕、防酸雨侵蚀、抗强紫外线、耐高温等性能。

客车整车涂装施工过程及最终质量控制参数见表 8-6。

表 8-6　客车整车涂装控制参数一览表

控制项目		控制参数/内容	控制项目	控制参数/内容
施工黏度(涂-4 杯)		15～20s(视气温、产品而定)	喷枪气压	0.2～0.4 MPa
总膜厚(不含腻子层)	底漆	≥20μm	喷枪距离	200～300mm
	中涂	打磨前≥80μm;打磨后≥65μm	扇面搭接量	1/2～2/3
	面漆	素色漆≥110μm(不罩清漆);金属漆≥130μm	喷枪移动速度	90 ～120cm/s
喷漆室环境	光照度	300～500lx	喷枪角度	与被涂面成90°
	风速	3～5m/s	闪干/流平时间	5 ～15min
面漆	光泽 20°	≥82	DOI 值	金属漆≥80;素色漆≥82

（2）客车整体电泳技术

受新能源、校车、公交旅游、海外出口等产业政策的引导带动，中国客车工业近年来呈现快速增长的良好态势，主流客车企业的产销规模再度提升，超万辆的新客车生产基地异军突起，成为全球最大的客车生产和消费市场，保持着全球客车产销的领导地位。一直靠采用手工喷涂溶剂型涂料的传统作业模式，难以确保骨架型钢内腔、贴合面、焊缝等部位的防腐质量，严重影响客车防腐水平的整体提高。电泳工艺虽在轿车、卡车领域推行应用多年，技术也趋于成熟、完善，但客车生产一直受"经济批量"制约而未得到快速应用。随着产销量及市场覆盖区域的进一步扩大，对客车产品的防腐需求日益提高，客车整体电泳项目近年来成为众多客车企业的"亮剑"工程。经过整车电泳涂装，基本无防腐死角及盲区，型钢内腔及贴合面涂覆严密，涂膜均匀、连续，耐蚀性优异，可实现自动化，生产效率高，涂料利用率高，水性环保、无火灾隐患，但其投资大、系统复杂。

典型工艺流程　目前客车车身电泳涂装典型工艺流程主要有两套，即

流程 1：预处理→高压水洗→脱脂→水洗 1→表调→磷化→水洗 2→纯水洗 1→CED 电泳→超滤水洗→纯水洗 2→烘烤→强冷。

流程 2：预处理→高压水洗→喷淋预脱脂→脱脂→水洗 1→水洗 2→表调→磷化→水洗 3→水洗 4→纯水洗 1→CED 电泳→超滤水洗 1→超滤水洗 2→纯水洗 2→烘烤→强冷。

流程 1 相对比较简单，投资及占地规模较小，但存在车体表层清洁不净及槽液污染问题，加强槽液维护及适当延长节拍处理时间，可应用于年产能在万辆车以内的生产线。客车车身整车电泳底漆线如图 8-5 所示。

客车电泳线与轿车等电泳线相比具有一些特征，如电泳槽容积接近 400m³，槽液消耗更新周期较长；型钢等腔、盒式结构及贴合面较多，需设置足够多的流液孔并采用高泳透率的电泳漆；前处理工序相对较少，电泳槽的抗污染性好（油污及电解质）；车身材质多样（热/冷轧钢板、电/热镀锌板、铝板等），因此底材适应性要好；生产管理粗放，间歇式生产，自动化程度相对较低，施工窗口较宽。

客车车身体积庞大，为保证涂层质量，必须设置工艺孔。工艺孔按功能可分为流液孔、排气孔、防电磁屏蔽孔，所有工艺孔兼具防电磁屏蔽的功能，而部分防电磁屏蔽孔又承担排气孔的功能。在确保骨架强度的前提下，型钢件需设置足够多的工艺孔。工艺孔的设置合理与否是确保进入腔/盒式结构内的液体能否及时流出（在 1min 内型钢内腔的液体应能完全流出），不产生串槽，确保电泳槽液稳定性，同时提高电泳漆泳透力，满足内腔涂膜性能的

(a) 客车电泳-双轨输送线　　　　　　　(b) 客车电泳-行车输送线

图 8-5　客车车身整车电泳底漆线

关键因素。

整车横梁或纵梁工艺孔必须设置于型钢的上下表面［如图 8-6(a) 所示］，兼流液、排气、防电磁屏蔽等功能于一体，型钢底部如存在装有封板的结构，需将部分工艺孔上下打通，以防存液，如轮罩上封板结构；立梁工艺孔为避开被蒙皮或钣金件所覆盖，一般开口朝向设置于与电极布置呈平行的方向，即型钢的侧面［如图 8-6(b)，(c) 所示］，但对于并焊相连接的型钢立柱，其开口方向需置于组合立柱的外侧或朝向车内，以防被堵塞［如图 8-6(d) 所示］；斜头立梁由于需考虑受力强度等因素，端部工艺孔需设置于斜梁与平梁成钝角的一侧［如图 8-6(e) 所示］，由于单体型钢制件在加工过程中不便于识别在整车中的焊接状态，工艺孔的布置与分布需在设计图纸中进行明确标示，防止出现工艺孔漏/错打及被堵现象。型钢端部中心位置全部设置为半圆形长槽冲孔［尺寸及形状如图 8-6(f) 所示］，且由于端部应力比较集中，均单面设孔，非贯通式；设置的原则为确保液体能够及时完全流出，且不被蒙皮或其他钣金件所覆盖，同时焊接时应避开工艺孔周边，以防堵塞。

客车车身广泛采用的骨架型钢相当于封闭的金属导体，对电场有一定的静电屏蔽作用，限制了电泳漆对型钢内壁的附着效果。为确保型钢内腔的漆膜性能（泳透力、膜厚），必须设置足够的防电磁屏蔽孔。防电磁屏蔽孔一般为居于型钢表面中心位置 $\phi=10mm$ 的圆形冲孔，双面贯通式［如图 8-6(g) 所示］。为确保型钢空腔内的电场强度，前后围及两侧骨架位置的单根型钢工艺孔间距不大于 500mm，如端部工艺孔间距大于 500mm，需依据施工方便性增设防电磁屏蔽孔；底架与顶骨架型钢由于距槽体电极较远，电场强度较弱，同时底架部位涂层防腐性能要求较高，工艺孔间距相对较密集，在确保间距不大于 500mm 的前提下，单根型钢在长度方向的中间位置需至少设 1 个防电磁屏蔽孔［如图 8-6(h) 所示］。

整车用材要求　由于电泳漆需在至少 160℃以上的高温进行烘烤才能成膜，因此涂电泳漆前不能装配玻璃钢、塑料、气撑杆等不耐高温的部件，如有需要应调整至电泳后装配。但考虑到施工方便性，前后围蒙皮应尽量选用铁制冲压蒙皮。仓门粘接密封胶采用耐高温胶黏剂，防止烘烤过程中产生过度收缩、开裂及粘接强度下降等问题，厦门金旅采用耐高温双组分结构密封胶；焊装用丁基胶带及电泳前用密封胶需验证其耐高温性能，防止高温失效。改善焊装车间蒙皮装配工艺，减小蒙皮焊接预应力，确保电泳烘烤对蒙皮平整度不产生明显影响。不能采用钝化型的镀锌钢板，槽液不能完全润湿其表面，影响漆前处理及电泳效果。在不影响合车装配的前提下，底盘合车工序所焊接的部件尽量移至电泳前施工，如必须在后工

图 8-6　客车车身电泳涂装工艺孔设置

序装配但对外观颜色无要求的部件，可采
用将零部件置于车内与整车同时进行电泳
的悬挂方式（图 8-7），以充分利用电泳线
资源，同时涂装完工后再装配的件尽量采
用铆接＋粘接或螺纹连接的方式，尽量减
少因焊接对漆膜所带来的损伤。由于客车
车体较大、结构复杂，且选用板材（铝
板、镀锌板、钢板）及规格种类（厚度不
一致）较多，板材表面的升温速率存在一
定差异，为避免产生过烘烤或烘烤不透而
影响漆膜性能，电泳车身进入烘干室应采

图 8-7　零部件与整车同时
进行电泳的悬挂方式

取缓慢升温的方式，而不能升温过快，因此烘烤时间设置（含进出车及升温、保温时间）一
般控制在 50min 左右。

　　吊装方式与撬体循环　客车整体电泳可分为带撬入槽和不带撬入槽两种方式。不带撬入
槽，可参照图 8-5(a) 方式，吊装窗立柱与边窗上沿的"T"形交接点位置，但为防止侧窗立
柱及侧边窗上沿型钢出现吊装变形问题，其骨架需全部采用厚壁型钢，如有必要需增焊加强
角以提高其骨架强度；选用此类方式车体的吊装不易实现自动化，且较重的全承载式车身吊
装过程中仍易出现变形问题。带撬入槽时，为防止撬体黏附涂装杂物而污染槽液，电泳处理
可采用单独撬体而不与其他涂装工序混用。选用此类方式，需增加换撬工位及设备，投资相
对较大。也可以配备专用于冲洗撬体的高压水枪及人员，在高压水洗工位对撬体进行清洁处
理，或在涂装施工过程中对撬体进行适当防护，以防止腻子、阻尼胶、发泡等黏附撬体而污
染槽液，使撬体执行大循环。

8.1.2　汽车零部件涂装工艺

　　汽车零部件包括车架、底盘、发动机、车轮等部件，它们的装饰性不做要求，主要是防
护性和特殊防护功能。

8.1.2.1　车架涂装

　　车架由 4～6mm 厚的热轧钢板经冲压成型，铆接或焊接组装而成。它处于车子底部，
常与泥水接触，要求涂层具有较好的防腐蚀性能。

　　由于车架材料是热轧钢板，上线之前应单独酸洗除掉氧化皮，送入涂装车间的车架应无
氧化皮和锈蚀。早期车架都采取浸涂溶剂性沥青漆，现都改用浸涂溶剂型丙烯酸或丙烯酸水
性漆，有些采用阳极电泳涂装。该涂装工艺安全、低污染，采用锌盐磷化处理后，涂层的耐
盐雾性可达 400h。

　　车架等汽车零部件由于结构复杂，常有较厚油污，脱脂前最好采用热水高压预喷洗，脱
脂采用碱性清洗剂高压喷洗，前处理可采用全喷淋方式，车架涂装工艺见表 8-7。

8.1.2.2　车轮涂装

　　车轮的材质依汽车类型而异，载重车的车轮一般由 4～6mm 热轧钢板卷压焊接而成；
轿车和轻型车的车轮由冷轧钢板卷压焊接而成，有些是用铝合金材料制作的。车轮经常受到
泥水的激烈冲刷浸蚀，因此车轮的防护性能要求比较高。车轮由于暴露在汽车两侧，对于轿
车等高档车子，车轮涂层外观具有较高要求，同时防护要求更高。因此，轿车车轮多采用厚
膜阴极电泳涂层，有些采用粉末喷涂；载重车一般采用一次阴极电泳底漆或喷涂底、面漆；

铝合金车轮需经化学氧化后再喷涂金属闪光漆。

表 8-7 车架涂装工艺

工序	电泳涂装工艺	浸水性漆工艺	浸溶剂性漆工艺
1	上件,电葫芦双轨运输链	上件,电葫芦双轨运输链	上件,电葫芦双轨运输链
2	预脱脂:50～60℃,高压喷洗 1min	预脱脂:50～60℃,高压喷洗 1min	
3	脱脂:碱度 8～12 点,60℃,2min	脱脂:碱度 8～12 点,60℃,2min	脱脂:60℃,2min
4	水洗:50～60℃、喷洗 45s	水洗:50～60℃、喷洗 45s	水洗:60℃,热水喷洗 30s
5	水洗:常温喷洗 45s	水洗:常温喷洗 45s	60℃,热水喷洗 30s
6	磷化:锌盐 55℃、喷 1min	磷化:锌盐 55℃、喷 1min	干燥:热风强制干燥
7	水洗:常温自来水喷洗 45s	水洗:常温自来水喷洗 45s	冷却:压缩空气强制冷却
8	水洗:常温自来水喷洗 45s	水洗:常温自来水喷洗 45s	
9	水洗:循环去离子水喷洗 12s	水洗:循环去离子水喷洗 12s	
10	新鲜去离子水喷洗 12s	新鲜去离子水喷洗 12s	
11	阳极电泳漆:采用黑色聚丁二烯电泳漆,浸入后通电,电泳时间 2.5min。控制固体分、温度、电压、pH 值、电导、MEQ 等参数。也可采用阴极电泳	浸水性漆:黑色丙烯酸水性浸漆,控制固体分、pH 值、温度、黏度、助溶剂等	浸漆:溶剂性黑色沥青漆,18～20℃,黏度 22～24s;需控温恒定黏度,具有防火措施
12	电泳后冲洗:超滤液冲洗—循环去离子水冲洗—新鲜超滤液冲洗—循环去离子水冲洗—新鲜去离子水冲洗	沥漆:10min	沥漆:10min
13	吹干水珠		
14	烘干:160～180℃,16min	烘干:160℃,20min	烘干:180～200℃,30min

铁质车轮在涂装前可采用铁系、锌系或锌钙系磷化,车轮的外形相对比较简单,可采取全喷淋前处理工艺方式。钢圈在成型后残留的润滑油,经焊接时的高温老化作用,较难洗脱,若采用阴极电泳涂装,应强化脱脂工艺。现以一次阴极电泳底漆涂装工艺为例说明汽车车轮的涂装工艺:

① 上件:经喷砂除锈。
② 脱脂:45～55℃,碱度 10～15 点,150～200kPa。
③ 水洗:自来水,150～200kPa,水的碱度应小于 2 点,否则应排放后换新水。
④ 水洗:自来水,150～200kPa,水的碱度应小于 1.5 点,否则应排放后换新水。
⑤ 磷化:TA 23～27 点,FA 1.2～1.5 点,45～55℃,150～200kPa。
⑥ 循环去离子水洗:电导率应小于 $50\mu S/cm$。
⑦ 新鲜去离子水洗:电导率应小于 $20\mu S/cm$。
⑧ 阴极电泳:电导率应小于 $1000\mu S/cm$,pH 值大于 4,工作电压 180～230V,膜厚 30～35μm。
⑨ 水洗:循环超滤水洗—新鲜超滤水洗—循环去离子水洗—新鲜去离子水洗。
⑩ 烘干:180℃,15～20min。
⑪ 冷却:强制冷却。
⑫ 喷涂丙烯酸银粉漆,干膜厚度为 20μm。
另外,可浸涂水性底漆或溶剂型底漆。

8.1.2.3　车桥涂装

车桥、传动轴涂装工艺实例如下：

上件—热碱脱脂（50～60℃，1～1.5min）—热水洗（50～60℃，0.5min）—热水洗（50～60℃，0.5min）—热风吹干（100～110℃吹干并冷却）—喷涂氯化橡胶厚膜底盘漆（黏度18～20s，干膜厚度不小于35μm）—烘干（80～100℃，10～15min）—下线检查（涂膜应完整，没有露底现象，涂膜表干应不粘手，允许在装配过程中进一步干燥）。

8.2　家用电器的典型涂装工艺

家用电器绝大部分在室内使用，因而对涂层的耐候性要求低；随着人们生活质量的提高，对家用电器涂层的外观要求越来越高，越来越多样化；像冰箱、洗衣机、冰柜等家用电器经常接触碱、盐、酸性物质等，要求涂层耐蚀性高；家电产量大，适于流水线生产。现以洗衣机外壳的典型涂装工艺为例说明家用电器的涂装工艺。

目前，洗衣机的涂装一般采用阴极电泳底漆和热固性粉末涂料面漆双层环保型涂层体系，基本工艺流程和工艺条件为：

① 上线：外壳应平整，无机械缺陷，无锈蚀。

② 预脱脂：碱液加表面活性剂，温度50～60℃，0.15～0.2MPa，喷淋3min。

③ 脱脂：碱液加表面活性剂，温度50～60℃，0.15～0.2MPa，喷淋3min。

④ 热水洗：40～50℃，喷淋1～1.5min。

⑤ 冷水洗：喷淋1～1.5min。

⑥ 表调：常温喷淋1～1.5min。

⑦ 磷化：40℃左右，0.1MPa喷淋3min。

⑧ 自来水洗：1～1.5min，喷淋。

⑨ 自来水洗：1～1.5min，喷淋。

⑩ 循环去离子水洗：喷淋。

⑪ 新鲜去离子水洗：喷淋。

⑫ 白色阴极电泳底漆：通电2.5～3min；电压200V。

⑬ 循环超滤水洗：1min，喷淋。

⑭ 新鲜超滤水洗：1min，喷淋。

⑮ 去离水洗：喷淋1min。

⑯ 烘干：180℃，20min。

⑰ 冷却，下线，检查，个别地方打磨修补。

⑱ 上粉末涂装线。

⑲ 自动喷枪，静电喷涂环氧聚酯粉末。

⑳ 固化：160～180℃，20～30min。

㉑ 下线，检查。

8.3　农用车涂装工艺

农用机械是农村、山区或矿区的主要作业工具，主要包括拖拉机、农用三轮车、农用四轮车、收获机等。最近几年发展起来的农用汽车，因其物美价廉，适于个体业主，迅速成为城镇、乡村之间的客货运输工具之一。

由于农用车在使用过程中极少进行清洗，使用环境恶劣、使用条件苛刻，因此农用车涂装对涂层的装饰性要求远比汽车低，但对涂膜的防腐蚀性和耐候性要求较高。农用产品零部件的涂装工艺与载重汽车零部件的涂装工艺相似，年产量达 20 万台以上的工厂，一般采用流水线生产。随着涂装材料及涂装技术不断进步和发展，农用产品涂装工艺已有很大的改进，有些已采用汽车涂装工艺及材料，提高了涂膜质量，满足了用户要求。

8.3.1　涂料选择

农用产品涂装按"JB/T 5673—1991 农林拖拉机及机具涂漆通用技术条件"的分类标准选择涂料。拖拉机、收获机、农用车的车身、机罩、挡风板等部件的涂装要求几乎与载重汽车相同。

该标准根据农林拖拉机及机具各种零部件的作业环境条件和涂装质量要求的不同，将涂层分为 5 类 14 种，见表 8-8。

表 8-8　油漆涂层的标记及分类

分类名	分类号	特征号	涂层标志	使用环境	特性	应用范围举例
优质耐候涂层	1	1	TQ-1-1-××	湿热带、温带地区	优质装饰保护性涂层	驾驶室、机罩总成、挡风板、粮仓，以及上述总成使用零件和外观耐候性、装饰性要求相同的中小零件
		2	TQ-1-2-××	温带地区	装饰保护性涂层	
		3	TQ-1-3-××	湿热带地区		
普通耐候涂层	2	1	TQ-2-1-××	湿热带、温带等气候地区	优质保护性涂层	一般外露表面
		2	TQ-2-2-××	温带地区	保护性涂层	
		3	TQ-2-3-××	湿热带地区	保护性涂层	
耐化学药品涂层	3	SJ	TQ-3-SJ-××		耐酸或耐碱涂层	蓄电池及其托架等
		NY	TQ-3-NY-××		耐农药涂层	植保机械接触农药的表面
		F	TQ-3-F-××		耐化肥涂层	施肥机械的表面
耐水涂层	4	SM	TQ-4-SM-××	经常与泥水接触的工作环境	耐水耐磨涂层	工作时经常接触泥水，且防蚀性要求较高的零部件
		SC	TQ-4-SC-××		耐水耐潮涂层	
其他涂层	5	JY	TQ-5-JY-××		耐机油涂层	经常接触油类的零部件,如齿轮箱内表面等
		R	TQ-5-R-××		耐热涂层	排气管部分、高温快速型烘干机混流室等
		M	TQ-5-M-××		木用涂层	拖车木制栏板、割草机拉杆、收割机幅板、插秧机底板、船底板等

产品设计时应根据使用环境和涂层质量要求，在设计要求中应注明涂层代号标记或涂层质量要求，以便涂装工艺人员设计涂装工艺和涂料选择。

油漆涂层的标记方法规定如下：

标记示例：

要求涂底漆和面漆，适用于温带地区的装饰保护性涂层的标记为：

TQ-1-2-DM　　JB/T 5673

要求涂底漆的耐机油涂层的标记为：

TQ-5-JY-D　　JB/T 5673

8.3.2　农用车涂层技术要求

（1）一般要求

① 涂装前必须全部经过表面处理。处理后表面应达到无油污、无锈斑、无氧化皮、无黏砂、无焊渣、无酸碱等残留物。

② 涂装前经磷化处理的钢铁件应符合 GB/T 6807 的有关规定。

③ 涂漆施工场所的温度与湿度应与涂料的施工条件相适应，施工环境应符合国家环境保护法的有关规定。

④ 两色漆交界处，界限必须平整明显，不得有相互交错现象。

⑤ 产品出厂前，涂层不得有碰伤、露底、剥落、发黏、脆裂、气泡、变色等缺陷。

（2）各类涂层质量要求

各类涂层的质量指标见表 8-9。

表 8-9　各涂料涂层的主要质量指标

涂层标志	涂层特性	涂层的主要质量指标	用途举例	备注
TQ-1-1-××	优质装饰保护性涂层，涂膜具有优良的耐候性、耐水性和机械强度。可达到防霉、防潮、防盐雾的要求，适用于湿热带、温带气候地区	（1）涂膜外观：丰满、光滑平整、颜色均匀，涂膜光泽不低于 90%，外观表面不允许有颗粒、橘皮 （2）涂膜厚度：底涂层不低于 15μm，面涂层不低于 40μm，总厚度不低于 55μm （3）机械强度：冲击强度490N·cm，柔韧性1mm，硬度不低于 2H，附着力Ⅰ～Ⅱ级 （4）耐候性：出厂一年半内，涂膜应完整，不起泡，不脱落，不粉化，不生锈，不开裂 （5）耐水性：通过 12 个循环不应起泡 （6）耐盐水性：通过 8 个循环不应起泡 （7）耐盐雾性：通过 10 个循环不应起泡	驾驶室及其总成使用零件和外观耐候性、装饰性要求相同的中小零件	对照标准样板目测比较，按 GB 1764—89 测定浸泡在(50±1)℃的蒸馏水中 8h，然后停止加热，自然降温 16h 为一个循环，按 GB 1771—93 测定
TQ-1-2-××	装饰保护性涂层，涂膜具有较好的耐候性和良好的机械强度。适用于温带气候地区，不宜用于湿热带气候地区	（1）涂膜外观：丰满，光滑平整，颜色均匀，不允许有涂膜缺陷，涂膜光泽不低于 85% （2）涂膜厚度：底涂层不低于 15μm，面涂层不低于 35μm，总厚度不低于 50μm （3）机械强度：冲击强度490N·cm，柔韧性1mm，硬度不低于 HB，附着力Ⅰ～Ⅱ级 （4）耐候性：出厂一年内，涂膜应完整，不起泡，不生锈，不开裂，不脱落，不允许严重失光或变色，允许轻微粉化 （5）耐水性：通过 10 个循环不应起泡 （6）耐盐水性：通过 5 个循环不应起泡 （7）耐盐雾性：通过 8 个循环不应起泡	车厢及其总成用零件和外观、耐候性、装饰性要求相同的中小零件	分别按 GB 1732—79(93)、GB 1731—79(93)、GB 1730—79(93)、GB 1720—79(93)测定

涂层标志	涂层特性	涂层的主要质量指标	用途举例	备注
TQ-1-3-××	装饰保护性涂层,涂膜具有较好的耐候性和防霉、防潮、防盐雾性能,机械强度稍差。可用于温热带气候地区	(1)涂膜外观、涂膜厚度和耐候性与 TQ-1-2 相同,涂膜光泽不低于 80% (2)机械强度:冲击强度不小于 392N·cm,柔韧性 2mm,硬度不低于 H,附着力Ⅱ级 (3)耐水性:通过 12 个循环不应起泡 (4)耐盐水性:通过 6 个循环不应起泡 (5)耐盐雾性:通过 8 个循环不应起泡		浸泡在 20~25℃质量分数为 3%氯化钠水溶液中 24h,为一个循环
TQ-2-1-××	优质保护性涂层,涂膜具有较好的耐候性和机械强度,可用于温热带、温带气候地区	(1)涂膜外观:光滑平整,颜色均匀,不允许露底漆,无明显涂膜缺陷 (2)涂膜总厚度不低于 45μm (3)机械强度:与 TQ-1-1 相同 (4)耐候性:与 TQ-1-2 相同 (5)耐水性:通过 10 个循环不应起泡 (6)耐盐雾性:通过 6 个循环不应起泡 (7)耐机油性:浸泡在 80℃±1℃的 HCA-14 号柴油机润滑油(GB 5323—85)中,通过 2 个循环不应起泡		
TQ-2-2-××	保护性涂层,涂膜具有较好的耐候性和良好的机械强度。可用于温带气候地区	(1)涂膜外观和耐机油性:与 TQ-2-1 相同 (2)涂膜总厚度不低于 40μm (3)耐候性:出厂 9 个月内,涂膜应完整,不起泡、不粉化、不生锈、不开裂 (4)机械强度和耐水性:与 TQ-1-2 相同		
TQ-2-3-××	保护性涂层,可用于温热带气候地区	(1)涂膜外观、耐机油性与 TQ-2-1 相同。耐候性、涂膜总厚度与 TQ-2-2 相同 (2)机械强度:冲击强度不小于 392N·cm,柔韧性 2mm,硬度不低于 H,附着力不低于Ⅲ级 (3)耐盐水性:通过 3 个循环不应起泡 (4)耐水性:通过 10 个循环不应起泡 (5)耐盐雾性:通过 2 个循环不应起泡		
TQ-3-SJ-××	一般保护性涂层,涂膜外观较 TQ-1 差,可用于温热带气候地区	(1)涂膜外观:光滑平整、均匀、无针孔、无麻点,不允许露底或漏涂,无明显涂膜缺陷 (2)涂膜总厚度、机械强度、耐水性、耐盐水性、耐盐雾性与 TQ-2-3 相同 (3)耐酸性(耐酸涂层):通过 3 个循环涂膜应无变化 (4)耐碱性(耐碱涂层):通过 3 个循环涂膜应无变化		
TQ-3-NY-××	一般保护性涂层,耐温热性较 TQ-3-1 差,可用于温带气候地区	(1)涂膜外观:与 TQ-3-SJ 相同 (2)涂膜总厚度:不低于 75μm (3)耐农药性:合格		
TQ-3-F-××		(1)涂膜外观:平整光滑、均匀,不允许涂膜缺陷 (2)涂膜总厚度:不低于 50μm (3)耐化肥性:24h 涂膜应无明显变化		
TQ-4-SM-××		(1)涂膜外观:均匀,不允许涂膜缺陷 (2)涂膜总厚度:不低于 70μm (3)机械强度:冲击强度 490N·cm,柔韧性 1mm,附着力不低于Ⅱ级 (4)耐水性:通过 12 个循环不应起泡 (5)耐磨性:12.25N,磨转 500 次,涂膜失重不应超过 40mg		

续表

涂层标志	涂层特性	涂层的主要质量指标	用途举例	备注
TQ-4-SC-××		(1)涂膜外观:平整、均匀,不允许有涂膜缺陷 (2)涂膜总厚度:不低于 40μm (3)机械强度:与 TQ-4-SM 相同 (4)耐水性:通过 12 个循环不应起泡		
TQ-5-JY-××		(1)涂膜外观:平整、均匀,不允许有涂膜缺陷 (2)涂膜总厚度:不低于 15μm (3)机械强度:冲击强度、柔韧性、硬度、附着力要达到选用漆的指标 (4)耐机油性:通过 40 个循环无变化		
TQ-5-R-××		(1)涂膜外观:平整、均匀,不允许有涂膜缺陷 (2)涂膜总厚度:不低于 50μm±5μm (3)涂膜耐热性:500℃±10℃受热 24h,涂膜应完整,允许失光变暗 (4)涂膜受热后耐盐雾性:500℃±10℃受热 24h,耐盐雾试验 4 个循环,涂膜应完整,无锈蚀,不起泡 (5)涂膜受热后的防潮性:500℃±10℃受热 24h,耐湿热试验 4 个循环,涂膜应完整,无锈蚀,不起泡		
TQ-5-M-××	属于防腐涂膜,对木制品具有良好的渗透性	(1)涂膜外观:平整、均匀,不允许涂膜缺陷 (2)涂膜总厚度:不低于 30μm		

注:在对应的标准条件规定下试验 24h 为一个循环。

（3）检验方法

检验涂层各质量指标时,应尽可能在零部件上检测。用样板检验时,样板应在与实际施工相同的条件下制备,并选用与实际零部件底材相同的材料。现在涂装生产线一般以随车挂样片法制备样板,然后进行各项性能检测。涂层质量指标的检验方法按下述规定进行。

涂装前除油　按 JB/Z 236 的规定进行,或采用水膜法、硫酸铜法等。

涂装前除锈　目测检验。

涂装前磷化　按 GB 6807—86《钢铁工件涂漆前磷化处理技术条件》检验。

涂膜外观　按 ZB T60 005《农林拖拉机及机具漆膜 目视评定方法》检验。

涂膜光泽　按 GB 1743—79（89）《涂膜光泽度测定法》检验。

涂膜厚度　按 GB 1764—79（89）《涂膜厚度测定法》检验。

冲击强度　按 GB/T 1732—79（93）《涂膜耐冲击测定法》检验。

柔韧性　按 GB/T 1731—79（93）《涂膜柔韧性测定法》检验。

硬度　按 GB 6739—96《涂膜硬度铅笔测定法》检验。

附着力　按 ZB T60 005《农林拖拉机及机具漆膜 附着性能测定法——压切法》检验。

耐碱性　按 GB 1763—79（89）《涂膜耐化学试剂性测定法》检验,介质为 40%的化学纯氢氧化钠。

耐酸性　按 GB 1763—79（89）《涂膜耐化学试剂性测定法》检验,介质为 40%的化学纯硫酸。

耐水性　按 GB/T 1733—79（93）《涂膜耐水性测定法》（甲法）检验。

耐盐雾性　按 GB/T 1771—91《色漆和清漆　耐中性盐雾性能的测定》检验。

耐湿热性　按 GB/T 1740—79（89）《涂膜耐湿热测定法》检验。

耐盐水性　按 GB/T 1763—79（89）《涂膜耐化学试剂性测定法》（甲法）检验。

耐磨性　按 GB/T 1768—79（89）《涂膜耐磨性测定法》检验。

耐热性　按 GB/T 1735—79（89）《涂膜耐热性测定法》检验。

耐机油性　把涂漆零件或样板浸入 80℃±1℃ 的 HCA-14 号柴油机润滑油（GB 5323—85）中，24h 为一个循环。

耐农药性　按 JB/T 5673—91 附录 A（补充件）的规定检验。

耐化肥性　按 JB/T 5673—91 附录 B（补充件）的规定检验。

耐候性　按 GB/T 1865—97《色漆和清漆人工气候老化和人工辐射暴露》（滤过的氙弧辐射）检验。

8.3.3　农用车涂装材料

根据实际生产经验，选购涂装材料时应坚持四个原则，即质量（达到产品对涂层的技术要求）、价格（同固体分的每千克单价或每台车身所用材料的技术要求）、供应保障、售后服务到位。

（1）驾驶室涂装材料

目前，农用车磷化主要采用力学性能良好的薄膜磷化，大多数农用车覆盖件的底漆涂装采用优质防腐蚀级的阳极电泳涂料，但也有少数企业采用阴极电泳涂装。常用品种有聚丁二烯阳极电泳涂料、环氧树脂阳极电泳涂料、丙烯酸改性环氧树脂阳极电泳涂料等。面漆应满足农用车外观、力学性能、户外耐老化性、耐潮湿性和防腐蚀性、耐药剂性及施工性能。面漆涂膜应坚硬耐磨，有足够附着力，以保证涂层在使用过程中抗砂石的冲击和摩擦；户外耐老化性是选择面漆时的一项重要指标，要求选用面漆涂层在我国的广州或海南岛长期暴晒（不少于 12 个月）后，按 GB 9277—97《色漆涂层老化的评价》进行评定，综合评级为 1 级，即只允许极轻微的失光变色，不得有起泡、开裂、锈点；面漆涂膜在湿热条件下，如温度（40±2）℃，相对湿度大于 90%，面漆涂层应不起泡、不变色或不失光；面漆涂层在使用过程中，可能与蓄电池酸液、机油和刹车油、柴油、农药、化肥等直接接触，但擦净后接触面不应变色或失光，不应产生斑痕；施工性能上，选用的面漆能适应"湿碰湿"施工工艺，具有良好的重涂性和修补性。

实际生产中常用的面漆有氨基醇酸树脂磁漆、丙烯酸树脂类磁漆、醇酸树脂系磁漆、聚氨酯磁漆等。

（2）高防腐性涂料

根据农用产品零部件的使用环境、产品设计要求，并依据 JB/T 5673—91 标准，农用产品常用耐腐蚀涂层，可分为优质耐腐蚀型、一般保护型和快干保护型等。

① 优质耐腐蚀型涂层　车架、车轮、挡泥板、各种托架及底盘件经常和泥水砂石接触，应选用优质耐腐蚀型涂层，耐盐雾试验应达到 240~500h，可选用涂料有环氧沥青涂料、优质阳极电泳涂料、聚酯底盘漆、丙烯酸系或偏氯乙烯系自泳涂料、水性浸涂涂料等。

② 一般保护型涂层　车内黑漆件、水箱、钢板弹簧、制动系零部件和冲压件等应选用一般保护型涂层，耐盐雾试验应达到 100~240h，可选用涂料有环氧涂料、阳极电泳涂料、水性浸涂涂料等。

③ 快干保护型涂层 变速箱、车桥、传动轴、转向部件和发动机等热容量大，且有油封、橡胶件及纸垫等，不能受高温（＞100℃）烘烤，都采用快干或自干保护型涂料，可选用涂料有双组分环氧沥青涂料、过氯乙烯改性涂料、环氧改性氯化橡胶涂料等。

（3）农用产品常用特种涂料

依据 JB/T 5673—91 标准，农用产品常用特种涂料有耐酸涂料、耐热涂料、耐机油涂料及密封胶涂料等。

① 耐酸涂料 与蓄电池接触的部件需涂耐酸涂料防止硫酸侵蚀，即要求室温下浸泡在质量分数为 40％的化学纯硫酸中 72h 后涂膜应无变化。常用的涂料有环氧沥青涂料、粉末及电泳涂装。

② 密封胶涂料 为了防止车身漏雨、漏气，并提高其舒适性和车身缝隙间的耐腐蚀性，将车身的所有焊缝和缝隙涂密封胶涂料进行密封。现在常用的密封胶有 JN-10 汽车车身密封胶、CM-1PVC 焊缝密封胶、DH-1 点焊密封胶等。

③ 耐热涂料 发动机的排气管、消声器、缸盖等部件，在运行过程中易发热，故所采用的涂料应耐热以免涂膜被烧坏。即要求在 500℃±10℃受热 24h 后，涂膜应完整，机械强度无变化。常用的耐热涂料有 W_{61-25} 铝粉有机硅耐热烘干涂料、有机硅耐高温涂料等。

④ 耐机油涂料 发动机总成、变速箱总成、车桥总成、减震器等部件一般常与机油和柴油接触，所采用的涂料应有较好耐油性。即要求浸在 80℃±1℃的 HCA-14 号柴油机润滑油（GB 5323—85）中 960h 后涂膜无变化。

⑤ 贴的涂料 为增加美感，农用产品车身涂膜上贴有具有本厂特色、形状各异的彩色图案。这种彩色图案的上面涂有耐候性优良的印刷膜，下面涂有耐久性好的高强度粘接剂。其性能要求基本和汽车一样。

（4）其他材料

为了获得平整光滑的工件外表面，需要用耐水砂纸对底涂层、腻子层、面漆层进行打磨清理。一般常用 240# ～600# 砂纸。

擦净常用毛巾或黏性纱布。这种黏性纱布可将表面的灰尘粘住，不会使灰尘重新落在被擦净的工件表面上。

在涂装时为将涂料调整到工作黏度，要采用一定量的稀释剂。选择稀释剂时要注意和涂料的性能配套，应从其溶解能力、挥发速度、易燃性和闪点、颜色及夹杂物、气味和毒性、化学稳定性、价格及货源等方面考虑。否则会直接影响涂料的施工性能和涂膜质量，产生失光、白斑等涂膜缺陷。严重时会造成涂料凝聚、沉降、分层，最后报废。

8.3.4 农用产品的涂装工艺

为适应市场需要，农用产品的涂装工艺在 10 年中变化很大，技术进步也很快。农用产品的涂装工艺按其总成的外观装饰性、所要求的涂层的性能和材质来制定。农用产品的涂装工艺一般根据产品设计对农用产品各大总成和零部件的涂装要求、涂层标准及使用条件和涂装现场施工条件进行设计。下面主要介绍车身、车厢和车架的典型涂装工艺流程。

（1）车身及其部件的涂装工艺

综合国内各农用产品制造厂家的车身涂装体系，一般采用两层涂装体系（2C2B）。虽然各厂的涂装用材不同、现场施工条件和对质量的要求不同，但涂装工艺过程基本大同小异。车身长度在 4m 以内，与有混流生产条件的拖拉机覆盖件、收获机外罩等部件涂装时，基本按表 8-10 所示的两层涂装体系的涂装工艺进行涂装。

表 8-10 车身及其部件的涂装工艺流程

工序名称	处理方式	工序内容	工艺参数		备注
			温度/℃	时间/min	
检查	目视	检查进入涂装车间的待涂件质量,应无严重黄锈,表面平整,无焊接飞溅物			
预擦洗	手工擦洗	手工预擦洗不易除掉的污物如油泥、拉延油等	常温或70	视情况定	如果待涂件表面清洁可不设本工序
预清洗	喷	初步清洗掉表面的灰尘、重油及金属铁屑	70	2.5	
预脱脂	喷	进一步清洗掉表面的油污	45~55	2	
脱脂	喷	彻底清洗掉表面的油污	45~55	2	
水洗	喷	清洗掉表面的残余脱脂液	常温	1	
二合一	浸	去除表面上的浮锈及轻微油污	50~60	7	根据待涂件表面锈蚀程度可不设本工序
水洗	浸	(浸入即出)清洗掉表面的残酸	常温	1	
中和	喷	去除工件夹缝内残酸	常温	1	
水洗	喷	清洗掉表面的残留物	常温	1	
表调	喷	活化、调整金属基体的表面,以形成疏密均匀之磷化膜	常温	1	
磷化处理(低温)	浸喷	使工件表面形成结晶均匀致密的银灰色或浅灰色磷化膜	35~45	4	
水洗(浸入即出)	浸喷	清洗掉表面的残余磷化液	常温	1	
水洗	喷	用下道工序的循环去离子水清洗	常温	1	
循环去离子水洗	喷	用下道工序的去离子水清洗	常温	1	
新鲜去离子水洗	喷	用新鲜去离子水清洗	常温	50s	
吹积水		用洁净压缩空气吹净表面积水	常温	4	
阳极电泳底漆	浸	在计量好电压及时间下,形成电泳膜	24±4	3~3.5	
槽上水洗	喷	用UF液或去离子水清洗掉浮漆	常温	10s	
一次UF水洗	喷	用循环UF冲洗	常温	1	
新鲜UF水洗	喷	用新鲜UF冲洗	常温	1	
循环去离子水洗	喷	用循环去离子水冲洗	常温	1	
新鲜去离子水洗	喷	用新鲜去离子水冲洗	常温	1	
晾干		自然晾干漆面的水滴	常温	4	
烘干	热风对流	在175~180℃下烘干20min,自然冷却	175~180	25	20min为车身保温时间
检查	目测法	技术检查,表面质量,干燥程度,膜厚	常温		干燥程度用溶剂擦拭法,膜厚用测厚仪
喷涂面漆	手工	采用"湿碰湿"工艺喷涂面漆 1.手工喷涂车身内表面 2.手工喷涂第一道面漆或底色漆 3.晾干 4.手工喷涂第二道面漆或底色漆	18~28	3~5	本喷涂面漆工艺适用于金属闪光和珠光色面漆,一次喷涂干面漆涂膜厚度达(40±5)μm
流平		让湿涂膜均匀流平	常温	8	

工序名称	处理方式	工序内容	工艺参数		备注
			温度/℃	时间/min	
烘干	热风对流	在 135～140℃下烘干 20min,自然冷却	140	25	20min 为车身保温时间
检查	目测有关仪器	最终检查,100%检查涂层的外观质量、膜厚、干燥程度。合格品发往总装;不合格品送往返修或小修补漆			涂层的外观质量包括:光泽度、橘皮及存在的外观缺陷。

（2）车厢及其部件的涂装工艺

车厢的使用条件决定了其涂层属于防护装饰性涂层。涂装标准一般比车身低一挡。大多数企业现都采用电泳底漆,以防使用过程中夹缝淌黄锈。车厢及其部件的涂装工艺流程见表8-11。

表 8-11　车厢及其部件的涂装工艺流程

工序名称	处理方式	工序内容	工艺参数		备注
			温度/℃	时间/min	
检查	目视	检查进入涂装车间的待涂件质量:平整度和轮廓应符合设计图样要求,应无严重的黄锈,表面平整、无焊接飞溅物			
预清洗	喷	初步清洗掉表面的灰尘、重油及金属铁屑	70	2.5	
预脱脂	喷	进一步清洗掉表面的油污	45～55	2	
脱脂	喷	彻底清洗掉表面的油污	45～55	2	
水洗	喷	清洗掉表面的残余脱脂液	常温	1	
水洗	喷	彻底清洗掉表面的残留物	常温	1	
磷化处理(常温)	浸喷	使工件表面形成结晶均匀致密的磷化膜	>10	4	锌铁系磷化
水洗(浸入即出)	浸喷	清洗掉表面的残余磷化液	常温	1	
水洗	喷	用下道工序的循环去离子水清洗	常温	1	
循环去离子水洗	喷	用下道工序的去离子水清洗	常温	1	
新鲜去离子水洗	喷	用新鲜去离子水清洗	常温	50s	
吹积水		用洁净压缩空气吹净表面积水	常温	4	
阳极电泳底漆	浸	在计量好电压及时间下,形成电泳膜	24±4	3～3.5	
槽上水洗	喷	用 UF 液或去离子水清洗掉浮漆	常温	20s	
一次 UF 水洗	喷	用循环 UF 冲洗	常温	1	
新鲜 UF 水洗	喷	用新鲜 UF 冲洗	常温	1	
循环去离子水洗	喷	用循环去离子水冲洗	常温	1	
新鲜去离子水洗	喷	用新鲜去离子水冲洗	常温	1	
晾干		自然晾干漆面的水滴	常温	4	
烘干	热风对流	在 175～180℃下烘干 20min,自然冷却	175～180	25	20min 为车身保温时间

工序名称	处理方式	工序内容	工艺参数		备注
			温度/℃	时间/min	
检查	目测法	技术检查,表面质量,干燥程度,膜厚	常温		干燥程度用溶剂擦拭法,膜厚用测厚仪
喷涂面漆	手工	采用"湿碰湿"工艺喷涂面漆,喷涂第一道面漆或底色漆,晾干,手工喷涂第二道面漆或底色漆	常温	3～5	本喷涂面漆工艺适用于金属闪光和珠光色面漆,一次喷涂面漆干涂膜厚度达(40±5)μm
流平		让湿涂膜均匀流平	常温	10	
烘干	热风对流	在135～140℃下烘干20min,自然冷却	140	25	20min为车身保温时间
检查	目测有关仪器	最终检查,100%检查涂层的外观质量、膜厚、干燥程度。合格品发往车厢组装线;不合格品送往返修或小修补漆			涂层的外观质量包括:光泽度、橘皮及存在的外观缺陷

(3) 车架及各种托架的防蚀涂层的涂装工艺

车架、脚踏板、挡泥板及各种托架等零部件都是车下部件,经常与泥水接触,使用条件苛刻,要求涂层有较好的耐腐蚀性,即具有优良的耐盐雾性、耐水性和机械强度。车架、脚踏板、挡泥板及各种托架等零部件一般由热轧钢材制作而成,其表面有氧化皮及黄锈,涂漆前应除去。

工艺流程:上挂→抛丸处理→清理浮尘→浸涂→流平→去余漆→烘干→检查→下挂。

主要工位的作用如下:

① 抛丸处理　清除工件表面的氧化皮、黄锈及加工过程中带来的油污。

② 清理浮尘　清理掉工件表面的浮尘,以防影响涂膜性能。

③ 浸涂　将工件浸没在浸涂槽内1～2min,控制涂料黏度20～30s(涂-4黏度计,25℃),施工温度20～30℃,一次浸涂漆膜厚度为25～40μm。

④ 流平　使湿漆膜均匀流平。

⑤ 去余漆　用刷子刷掉余漆或0.3～0.4MPa压缩空气吹落余漆。

⑥ 烘干　使漆膜在135～140℃下烘干20min,自然冷却。

⑦ 检查　100%检查涂层的光泽度、橘皮、厚度及存在的外观缺陷、干燥程度。

8.4　摩托车涂装工艺

8.4.1　摩托车用涂料的选择

(1) 摩托车用涂料的选择原则

摩托车作为户外使用的主要交通工具之一,室外的环境条件对涂层的影响很大。因此在选择摩托车用涂料时应充分考虑涂料的耐寒、耐候、耐湿热、耐盐雾、耐化学腐蚀、耐油、耐水、耐溶剂、耐磨和耐冲击性等。摩托车被涂件一般有三类材质即钢铁(车架、油箱等)、铝件(发动机)、塑料(护板、踏板等),应根据不同的材质选用相应的配套涂料。从施工条件看,包括手工简易条件和自动流水线成套设备条件两种情况,前者可考虑选用自干涂料和低温快干涂料，后者可根据涂装设备不同，选用不同品质的烘漆。

（2）底漆

环氧树脂底漆是常用的底漆涂料，常用品种有铁红环氧树脂底漆、锌黄环氧树脂底漆、灰色改性环氧底漆等。漆膜对金属底材具有极佳的附着力，耐水性和耐腐蚀性。灰色改性环氧底漆可同时适用于钢铁件和铝合金件，因此，该漆可适用于摩托车钢铁件及发动机铝合金件的表面打底。锌黄环氧树脂底漆适用于摩托车发动机铝合金零部件的表面打底，如发动机边盖、箱体、汽缸头等。因灰色改性环氧底漆可同时适用于钢铁件和铝合金件，所以锌黄环氧树脂底漆在摩托车上的使用日益减少。

PP 制品是所有塑料件中用量最大的，在汽车零部件中大量应用。近年来，PP 在摩托车零部件中也开始采用。PP 结晶度高，耐溶剂性强，表面极性和表面能低，漆膜附着困难，因此要想得到良好性能的漆层，必须进行适当的表面改性处理和采用配套的底漆喷涂。为达到与 PP 底材的良好附着，底漆应具有与底材相似的分子结构，近似的溶解度参数，因此 PP 底材采用的成膜树脂为氯化丙烯酸树脂或改性氯化丙烯酸树脂体系。

电泳底漆近年来在摩托车涂装中也逐步得到应用，如使用阴极电泳涂料涂装车架或部分金属零部件等。

（3）面漆

摩托车面漆应具有良好的光泽度、流平性、丰满度、透明性、鲜艳度等，保证摩托车具有高质量的外观，提高产品的市场品位。面漆应具有良好的耐候性，以免涂层早期失光、褪色、粉化，直接影响到摩托车的装饰性和涂层的使用寿命。要保证漆膜在南方沿海湿热地区长期暴晒后（摩托车行驶里程不少于 10000 千米），只允许轻微失光和变色。漆膜应有良好的力学性能，如硬度、抗冲击性，以保证耐行驶过程中的砂石摩擦和冲击；漆膜要有一定的耐酸碱、耐汽油性，以保证耐化学品的污染腐蚀；漆膜应有一定的耐温变性，以防止在温度变化较大时漆膜开裂，尤其是发动机面漆必须防止漆膜变色或软化；面漆还应具有良好的施工性能，能适应不同的施工条件，如空气喷涂、静电喷涂、手工喷涂或自动喷涂、"湿碰湿"或"一喷一烘"工艺等；此外，面漆还应具有返工性好，打磨性好和涂层间附着力好等特性。

根据以上要求，国内摩托车金属件一般选用热固性氨基丙烯酸树脂漆或双组分丙烯酸多异氰酸酯涂料为面漆，前者固化温度为 120～160℃，固化时间为 30min，后者常温干燥。从品种上看，有清漆、透明色漆、特黑漆、亚光、闪光、珠光漆等。摩托车金属件罩光清漆常用的有氨基丙烯酸烘清漆和氨基聚酯烘清漆。

摩托车塑料件主要为 ABS、PVC、尼龙等，这些零部件的涂装主要选用单组分热塑性丙烯酸涂料与双组分羟基丙烯酸/聚氨酯涂料两大类。UV 涂料如不饱和聚酯、丙烯酸聚酯、丙烯酸聚氨酯、丙烯酸环氧树脂等，近几年在塑料件上的用量增长很快。

粉末涂料在摩托车支架、部分发动机边盖和箱体等涂装中大量使用。但应当特别注意粉末涂装大多应用在零部件毛坯喷涂，以避免成品喷涂时机加工面的保护问题。另外，粉末涂装返修件的处理比较麻烦，重涂后涂层过厚、脱漆比溶剂型涂料困难。

此外，近来还有采用粉末涂料和溶剂性涂料相结合的涂装方法，即先进行粉末涂装，再进行溶剂性涂料涂装。这种涂装工艺的前提是粉末涂料和溶剂性涂料配合要好，性能要相似，涂层间结合力良好。

8.4.2　摩托车涂装工艺

摩托车工业的发展，对涂装技术提出了更高的要求。从最初的防腐蚀，到现在的装饰和防腐蚀二者缺一不可，足以说明这一点。

摩托车涂装的过程根据涂装部件种类的不同而有所不同。摩托车涂装部件主要分为四大类：油箱、车架、塑料覆盖件、发动机。

（1）油箱典型涂装工艺

摩托车油箱的涂装工艺系装饰性、保护性多层涂装，是摩托车涂装中工序最多、涂装质量最高的工艺。基本工艺流程分为五大部分，即漆前脱脂除锈、磷化、喷涂、烘干、贴花罩光。

前处理包括脱脂、除锈、表调、磷化、钝化、烘干等。

前处理中其他工艺与前面的几种典型工艺差别不大，表面调整时，应选用通用性最好、应用最广的含钛表调剂，主要由胶体磷酸钛、碱金属盐、稳定剂等成分组成。其主要配方举例如下：

配方 1

| K_2TiF_6 | 适量 | $Na_5P_3O_{10}$ | 3g/L |
| Na_2HPO_4 | 1g/L | | |

配方 2

$TiOSO_4$	5%	$NaHCO_3$	10%
Na_3PO_4	55%	H_2O	15%
$Na_4P_2O_7$	15%		

脱水烘干既可采用辐射，也可以采用辐射对流，其工艺条件为 120℃下烘干 20min。但必须注意不管是浸渍方式还是喷淋方式，对油箱进行涂装前磷化处理后在烘干之前应进行检漏抽水，否则烘干过程中由于箱内积水会加速内腔磷化膜的锈蚀。

油箱空气喷涂浅灰环氧底漆施工工艺参考如下。

工艺流程：表面检查→隐蔽→除尘→涂底漆→晾干→烘干→冷却→打磨。

涂层在 140℃固化 30min 后，打磨（用砂纸型号：粗打磨 180 号砂纸，细打磨 400～500 号水砂纸）。

腻子一般都涂刮在底漆上，采用聚氯乙烯塑料板、有机玻璃板或牛角制的尺寸大小不一的刮板涂刮，如圆柱形表面采用橡胶制的软刮板涂刮。刮腻子要求较高，在操作时应注意下列要点：

① 在涂刮前腻子一定要和匀，根据作业要求，腻子稠度应选择适当。

② 在涂刮时不要反复涂刮，以防卷边和表面封闭，影响腻子层的干燥。

③ 涂层腻子的涂刮厚度不应超过 0.5mm，环氧树脂腻子可略厚一点，涂刮过厚易产生表干里不干的现象。

④ 在涂刮多层腻子的场合，应先局部填坑，再统刮。每层腻子应干透、打磨、擦净后再刮下一道腻子。为增强腻子层强度与结合力，推荐采用一道腻子刮涂一道底漆的工艺，即让打磨过的腻子层的空隙中渗透底漆。

⑤ 腻子层在烘干前应有较长的晾干时间，然后再逐渐升温，以防止烘干过急造成起泡。

摩托车用原子灰一般使用汽车用原子灰，根据喷涂工件、施工方法的不同选用不同的原子灰。常用原子灰的使用方法为：主剂与固化剂按 50∶1 的比例混合均匀使用。在洁净的磷化膜上涂刮原子灰，或者在经过打磨的底漆上面涂原子灰，经 45min 干燥后即可打磨，水打磨、干打磨均可，打磨平整后再将不平处或砂眼处用细灰修补，然后再磨平，上面喷涂底漆或面漆。

油箱的面涂通常为 2～3 道，如"湿碰湿"两次实色面漆或一次铝粉一次透明红，再用 UV 或双组分聚氨酯清漆罩光。面漆应涂在确认涂层无缺陷且干透的底漆上，原则上施工两次，第一道面漆干透后再施工第二道，否则有可能产生咬底、渗色等漆膜缺陷。油箱"湿碰湿"施工透明红时虽然铝粉涂层未干透，但应该与透明红区分使用稀料。前者使用快干稀料，以使涂透明红之前达到表干，这样透明红施工完后晾干流平进入固化室才不至于出现气泡、针眼等质量问题。

涂面漆一般采用空气喷涂或静电喷涂。既能适应小批量多品种情况，又能满足大批量流水线作业的需要。

涂面漆时应注意如下问题：

① 面漆调稀后要搅匀，用细筛网 180～200 目或 3～4 层纱布过滤，黏度符合工艺要求。

② 按面漆材料的特性、工艺要求及涂装机械的特性正确选用涂装设备。

③ 涂面漆及其晾干场所应干净无尘。在装饰性要求较高的场合涂面漆应在具有空调的喷漆室中进行，以确保涂层面无纤毛、颗粒并具有良好的展平性。

油箱喷涂面漆工艺流程参考如下：

底涂层检查→隐蔽→除尘→手工空气或静电喷涂铝粉涂料→补正→晾干→手工空气或静电喷涂透明红涂料→补正→流平→涂膜固化→冷却→检验→贴花→罩光。

静电涂装时，一般采用"Ω"自动静电涂装线，喷涂时工艺参数为：

丙烯酸或聚酯铝粉涂料、透明红涂料等，电阻为 5～50MΩ，施工黏度 15～25s，工件转动次数为 3～4 次，链速 1.5～2.5m/min，圆盘转速≥3000r/min，工作电压 80～-90kV，升降速度 5～25m/min，工作电流 80～120μA，喷涂次数 6 次，室内温度 25℃，相对湿度 70%，工件与圆盘间距 200～300mm，烘干固化条件为 140～150℃，30min。

① 贴花　油箱涂完面漆后，用 800～1000 号水砂纸对其表面进行细打磨，打磨后应平整、光滑，不允许有砂纸纹和露底等疵病。经打磨合格的油箱用专用划线板，在油箱两侧指定位置划线，注意线条清晰、准确，不允许划伤漆膜。将彩条一端的硬纸揭开，以涂有黏结剂的一面对准油箱划线位置，边揭边贴，直到平整贴完为止。彩条位置必须粘贴准确，不允许有皱纹、气泡等，否则应重新贴或用钢针修正。

② 罩光　为保护色漆层（或贴花），提高面涂层光泽及装饰性，面涂层的最后一道是涂清漆，这一工序称为罩光。油箱的罩光通常使用双组分聚氨酯清漆或紫外线光固化 UV 清漆罩光。现对 UV 涂料的施工工艺做简单介绍。

工艺流程：油箱底面涂→烘干→打磨→除尘→喷 UV 清漆→（红外）流平→UV 固化→检验。

施工条件如下：

a. 油箱喷底、面漆的要求　稀释后的面漆中必须加入 5% 以上的"抛锚剂"，而且对于不同品质的面漆均需试验抛锚剂的准确用量，以确保面漆与 UV 罩光漆之间的附着力。面漆表面必须平整，无严重橘皮。对于闪光漆应特别注意不能喷得太薄，否则表面将有铝粉突起，使罩光漆产生"针眼"等弊病。

b. 对面漆干燥的要求　面漆必须烘干固化完全。对于双组分面漆，建议出炉后放置

48h后再罩光，否则会影响罩光漆膜的硬度，严重时甚至会出现漆膜收缩现象。

　　c. 面漆的打磨　用800#以上水砂纸流水打磨，尽可能去除漆膜表面的橘皮及粗糙麻点。

　　d. 油箱表面的除尘　首先用洁净无毛的软布擦干工件表面的水迹；再用洁净无毛的软布蘸上乙醇或溶剂汽油擦油箱表面的油污和汗迹；最后用胶黏布（粘灰布）仔细擦去工件表面的尘埃和纤维等。

　　喷涂UV涂料的条件：手工空气喷涂施工黏度为18～22s，静电喷涂为14～16s。UV涂料原则上不加任何稀料，在特殊情况下需要加稀料时，只能加入5%以下的专用活性稀释剂，而且必须保证3min的红外流平时间，否则，稀料挥发不完全，会影响漆膜的硬度和耐候性。

　　UV喷漆室的空气必须净化，地面保持一定的湿度，以免空气中的尘埃沾上工件，造成表面麻点，同时所用压缩空气必须不含油和水。

　　UV涂料使用前先用400目滤布过滤，在不流挂的前提下，应尽量喷厚，漆膜厚度应至少保持30μm以上。

　　UV涂料喷涂后一般需3min以上的流平时间，流平时间太短，容易出现气泡和针孔。

　　UV涂料固化时，可根据具体情况调整。UV涂料固化后尚有后固化过程，因此，罩光下线后的产品应避免漆膜的划伤。

　　③ UV漆膜的返工　油箱返工前仍按前述工艺的要求打磨，除尘。然后喷涂表面处理剂。表面处理剂使用前应充分振摇均匀，并用250～300目滤网过滤。喷涂表面处理剂时，应尽可能一次喷涂成膜，否则易产生表面粗糙、发白等现象；表面处理剂也不能喷涂太厚，以刚好使工件变为亚光为宜，否则会影响层间附着力；喷完表面处理剂3min后，用胶黏布擦拭表面，以除去可能存在的颗粒，再按前述工艺喷涂UV清漆。

　　④ 抛光及喷防锈油　一般在装饰性要求高的产品（如油箱、ABS覆盖件）涂装中采用。涂装完毕后，为进一步保护油箱内腔磷化膜的完整性，需喷涂一层防锈油。喷涂时采用专用喷枪，喷涂压力为0.2～0.4MPa，内腔必须涂覆完整，如喷涂过程中外表面有防锈油时应用软布擦净。

　　(2) 车架的涂装工艺

　　基本工艺流程为：抛丸除锈→脱脂→水洗→水洗→表调→磷化处理→水洗→水洗→纯水洗→电泳→UF水洗→UF水洗→UF水洗→水洗→水洗→纯水洗→烘干固化。

　　摩托车车架选用丸粒直径为0.3～0.5mm，抛丸速度为80m/min，清洁度为Sa_2～$Sa_{2.5}$就完全能够满足涂装的要求。经抛丸的车架可涂防锈底漆与面漆，或经磷化处理实施"底面合一"电泳涂装。

　　(3) 塑料件的涂装

　　塑料件进行涂装的目的是为了提高其性能及外观的装饰性，以适应摩托车户外性能或花色品种的快速变化。

　　对于塑料制品的涂装，涂漆前的表面处理至关重要。摩托车塑料件涂装的基本工艺为：除油—表面调整—烘干—静电除尘—去应力—喷涂导电底漆—喷涂专用底漆—空气或静电喷涂底漆—晾干—烘干—冷却—细打磨及贴花—罩光—晾干—烘干—冷却—打磨抛光—检验及包装。

　　除油可以采用有机溶剂除油，也可用碱液。常用配方见表8-12。

表 8-12　塑料碱液除油配方及工艺

工艺条件	配方 1	配方 2	配方 3
氢氧化钠/(g/L)	50～80		30～50
磷酸三钠/(g/L)	30	50	15～20
碳酸钠/(g/L)	15	30	15～20
洗涤剂/(mL/L)	3～5	7～10	
OP 乳化剂/(mL/L)			1～2
温度/℃	40～45	40～55	40～50
时间/min	30～40	10～30	10～20

注：配方 1 主要用于 ABS 塑料制件；配方 2 用于有严重污染的制件；配方 3 用于油污不严重的制件。

表面调整通常以纯水配槽，表面调整剂含有表面活性剂，经脱脂、水洗、纯水洗后的工件再经表面调整剂浸洗或喷淋可以改善塑料件的表面状态，如纯水的表面张力为 7.2Pa，使用表调剂后表面张力降低为 3.1Pa，这样经表调后的塑料件表面不挂水滴，成为润湿薄膜，均匀润湿，去除污染，防止起泡，使工件易于干燥。

有机溶剂除油的工件可以不进行烘干，但经碱除油、水洗、表调后的工件应进行脱水烘干，通常烘干条件为 70℃、20min。

W 溶剂（俗名消痕水）是为改善 ABS 塑料毛坯件表面性能所用的表面润湿剂，可以改善塑料件表面对涂料的亲和性，增加涂料的附着力。该表面处理剂可以有效地释放 ABS 塑料在成型过程中形成的表面应力；对 ABS 塑料制品由于模具、运输等因素造成的细小伤痕，起到一定的弥补作用。

W 溶剂使用时先用细砂纸打磨 ABS 塑料件表面直到该表面无明显伤痕，再用异丙醇擦拭塑料件表面，去除表面纤毛和细小颗粒，用压缩空气将表面吹干后，将 W 溶剂用喷枪涂覆在塑料件表面，使其被 W 溶剂均匀润湿，静止 3～4min，再用压缩空气吹干表面就可准备涂装。

由于静电涂装较空气涂装节约涂料，但基体应具有导电性。为了使 ABS 等非导体被涂物具有导电性，必须先喷涂导电底漆。

喷涂专用底漆是为提高 PP 底材或尼龙底材喷涂时涂膜与基材的附着力而开发的漆前专用底漆，喷涂该底漆后 3～5min 即可喷涂面漆。

采用双组分涂料涂装 ABS 塑料的工艺条件，以立邦涂料 PC2000 各色底漆、PC2000（3000）各色面漆、PC3000 罩光清漆喷涂为例加以介绍，见表 8-13。

贴花是塑料件面涂后罩光之前为增添表面装饰或作为产品标识而进行的一道工序。贴花之前先用 1000$^#$ 以上的水砂纸对烘干后的涂层表面进行打磨，直到平整光滑，不允许有砂纸纹或露底等缺陷，然后在指定位置粘贴彩条。

ABS 件抛光主要为消除罩光后漆膜的局部表面缺陷，使涂层具有柔和、稳定的光泽，漆面更加平滑，进一步提高外观装饰性。

（4）发动机的涂装

发动机的外壳一般是铝合金压铸件。铝是一种比较活泼的两性金属，在铝中加入其他元素制成铝合金后，虽然机械强度提高了，但耐蚀性却下降了，这就需要根据使用环境进行一定的表面处理。

表 8-13　塑料用双组分涂料的工艺条件

工艺条件	PC2000 各色底漆	PC2000(3000)各色面漆	PC3000 罩光清漆
稀释剂	T-701(快),T-801(慢),T-901(更慢)		
原漆：固化剂	原漆：R-55(固化剂)=5：1		原漆：PC3000(固化剂)=5：1
施工黏度(NK-2 杯 20℃)/s	静电喷涂：10~12	静电喷涂：12~14	静电喷涂：13~15
	空气喷涂：11~13	空气喷涂：13~15	空气喷涂：14~16
活化期	存放温度 10℃时 24h;存放温度 20℃时 14h;存放温度 30℃时 6h		
喷出量/(mL/min)	100~220	100~220	100~220
空气喷涂压力/MPa	0.3~0.4	0.3~0.4	0.3~0.4
喷涂距离/mm	200~300	200~300	200~300
静电喷涂电压/kV	6~9	6~9	6~9
涂装室温度/℃	25+5	25+5	25+5
涂装室湿度/%	70+5	70+5	70+5
流平时间/min	>5	>7	>7
烘烤条件		70~80℃,30min	70~80℃,30min
标准膜厚/μm	20~25	25~30	35~40

① 发动机前处理工艺

a. 毛坯件检查　凡毛坯件上有明显的压铸裂纹、气孔、冷格纹、磕碰等能影响涂装质量缺陷的毛坯一律挑出；毛坯件上有大量的油污或脱模剂的产品应进行相应的脱脂处理；凡外观尺寸，装配面有严重缺陷者应进行分选隔离。

b. 抛光打磨　打磨采用黏砂抛光布轮，砂料使用不小于 $180^{\#}$ 的金刚砂。抛光时应防止大轮抛窄面，小轮抛宽面，以免造成抛光痕。抛光打磨不到的部位应用专用气动工具，如刮刀、锉刀、砂纸等人工打磨，使零部件表面达到涂装要求。操作过程中应轻拿轻放，避免磕碰机加工面。

c. 液体喷丸　对发动机装配有影响的螺孔应 100% 保护，保护之后将工件放在抛丸机的转盘上，进行喷丸处理，喷丸气压为 0.4~0.5MPa。

玻璃丸粒度 40 目，喷丸时间 3~5min，可将工件旋转进行多次喷丸，直到喷好为止。喷丸角度以最大有效喷丸面积的角度为准，喷丸时压力不宜过高，否则会损伤基体表面。喷丸完毕后，取下护具，人工洗尽产品上的玻璃丸以及特殊工件盲孔中的铝屑和玻璃丸。

d. 上挂具　工件在前处理后上挂时，应本着易于清洗、不损伤装配面、不形成空气袋为原则，同时应使用专用挂具，轻拿轻放。

e. 除油　对铝合金件而言通常采用低碱度除油。其工艺参数为：脱脂剂 5%~8%，游离碱度 10 点以下，pH 值 8~10，温度为 50~60℃，处理时间为 3~5min。生产过程中定期分析槽液浓度，适当补加药剂，保持液面清洁，定期更换排放槽液。铝合金碱性除油配方举例如下：

Na_3PO_4 10~30g/L　OP 乳化剂 2~3g/L　Na_2SiO_3 3~5g/L

f. 活化　铝合金属于两性金属，既可以用酸也可以用碱进行活化。工艺参数为活化剂 5%~8%，pH 值为 1.5~3.5，常温处理 1~2min。活化后的工件应多次水洗，铝合金活化工艺见表 8-14。

表 8-14　铝合金活化工艺

序号	溶液组成	处理温度/℃	处理时间/min	备注
1	铬酐　80g 磷酸(1.17)　200mL 水　1L	室温	1～10	对基体金属腐蚀较小,对重锈不能除掉
2	硝酸　5％水　95％	室温	1～10	加 1％的 $K_2Cr_2O_7$ 可减少对基体金属的腐蚀
3	NaOH　40～60g	50～60	12s	对金属基体腐蚀强烈,除锈后需进行钝化

g. Aloding 处理　也称磷酸-铬酸盐处理。处理液的主要成分是磷酸、铬酸,内含作为腐蚀剂的氟化物或其复合盐,溶液的 pH 值为 1.5～3.0。

通过该项处理,在基体表面生成组成为 $Al_2O_3 \cdot 2CrPO_4 \cdot 8H_2O$ 的非晶膜,薄的处理膜适用于涂膜底层,厚的处理膜则具有良好的耐蚀性。在阿罗丁处理过程中,随着槽液中的 Al^{3+} 含量的增加,其色泽会逐渐变淡,因此生产时应控制槽液中铝离子的含量,添加 F^- 进行络合。铝合金阿罗丁处理工艺流程见表 8-15。

表 8-15　铝合金阿罗丁处理工艺流程

溶液组成及工艺参数	配方 1	配方 2	溶液组成及工艺参数	配方 1	配方 2
铬酐/(g/L)	12	7	温度/℃	50	25
磷酸/(g/L)	67	58	处理时间/min	2(浸渍法) 0.5(喷淋法)	10(浸渍法) 3～5(喷淋法)
NaF/(g/L)	4～5	3～5			

h. 封闭　经阿罗丁处理后的工件进行水洗后,再在≥80℃的热水中清洗,处理时间 1～2min,在温度一定时尽量使用流动水,维持槽液 pH 值在 6～7。

i. 烘干　烘干前应尽量用不含油的压缩空气清理零部件表面的积水和部分盲孔中残余的玻璃丸。在 100～120℃下烘干 15～20min。烘干后的产品让其自然或强制冷却,严禁裸手或脏手触摸产品待涂面,以免影响漆膜附着力。

② 发动机喷涂工艺

a. 待涂品检查、保护及除尘　对阿罗丁处理烘干后的产品进行检查,如发现表面仍存在伤痕等缺陷应分选隔离;对所有不需要进行涂装的内表面、机加工面、螺纹、丝孔进行 100％的保护。如果工件在检查及保护时出现二次污染应用醇类溶剂擦拭以免影响漆膜附着力。

b. 配漆　核对使用涂料的类别、名称、型号及品种,然后将涂料桶倒置进行一定时间的摇晃,再用专用工具开桶,用干净的搅拌棒将原漆彻底搅拌均匀,根据生产量将搅拌均匀的原漆转入不同的洁净的配漆桶中,加入专用稀释剂再反复搅拌,并且调整到合适的施工黏度,然后用 160～200 目的铜丝网进行过滤。

c. 喷涂　喷涂工艺条件如下:

黏度(25℃,涂-4 杯)/s	18～20	喷枪压力/MPa	0.3～0.4
喷涂距离/mm	200～300	喷涂角度/(°)	90
喷枪口径/mm	1.0～1.2		

喷涂灰底漆、铝粉漆、清漆可采用"湿碰湿"工艺;涂装前应将喷台、喷枪清洗干净,

地面保持清洁，压缩空气无油、水，且保持稳定；涂装过程中，喷涂铝粉漆时，应不定期地对施工漆进行搅拌，以免前后加工的产品出现色差；涂装时，应遵循先喷死角和非注视面，再喷注视面的原则，涂装过程中涉及换色时应将所有的供漆系统清洗干净以免出现色相污染和粗糙；经涂装后的零部件表面应均匀涂覆一层漆膜，不允许有漏喷、喷薄、流挂、发花、粗糙等不良现象；如果出现非涂装部位也喷上漆的情况，应在湿膜状态下，用蘸有溶剂的棉布清理干净，但不能损伤漆膜。

d. 晾干流平　不论是单一涂膜进烘炉前，或"湿碰湿"多层涂膜喷涂之间都应进行5～15min晾干。一方面让涂膜展平，另一方面让溶剂释放。该过程中应避免空气灰尘的污染，保持通道清洁，同时不能用手触摸。

e. 涂膜烘干　温度140～160℃，时间30min。

烘干过程中温度应自控，不然应随时观察温度的变化，否则易出现固化不良或过度烘烤，使漆膜发脆，影响附着力。

烘干后的涂膜经自然冷却或强制冷却后，去掉隐蔽工具进行检验。

f. 检验包装　漆膜外观注视面应光泽良好，丰满度高，无漏喷、流挂、针孔、起泡、缩孔、粗糙、变黄、色泽不均等现象。

性能检查时现场抽取一定数量的产品做常规性能检查，应达到附着力≤1级，硬度≥2H，耐 90# 汽油 24h。

包装之前应对机加工装配面进行校平，使用专用盛具箱包装。同时产品之间应用专用隔板隔开，视不同要求，产品应用泡沫袋先装好后放入带隔板的专用盛具箱中。

8.4.3　摩托车漆膜的质量检验

(1) 漆膜外观

漆层外观检验包括：缺漆（露底）、起泡、裂纹、脱落、锈痕、麻点、起皱、橘皮、针孔、颗粒、脏污、划伤、砂纸纹、遮盖不良、涂层光滑平整度差、贴花不良等缺陷以及鲜映性、光泽参数。

漆膜外观的检测有目测法和光学测定法两大类。目测法直接观察漆膜表面有无缺陷；光学测定法是用各类光学仪器分别测量漆膜的光泽、鲜映性等。摩托车涂层外观质量的检验在标准 QC/T 29117.3 中进行了详细的规定。

根据各涂装表面对质量影响的程度，把摩托车表面划分成 A、B、C 三个检验区域，如表 8-16 所示。

表 8-16　区域和部位说明

区域	说明	部位		
		二轮	边三轮	正三轮
A	影响外观最明显的部位	油箱、护板、前后挡机板、电镀件、导流罩	油箱、护板	
B	影响外观较明显的地方	方向把、仪表板、前后车轮、减震器等	方向把、仪表板、车轮、减震器、边车、导流罩	驾驶室外部、左右侧、驾驶室上侧、货箱外表面、前减震器、车轮
C	人站立不易看到的部位或装饰性要求不高的部位	被遮盖住、但能看得到的部分，车架焊缝涂层	被遮盖住、但能看得到的部位	被遮盖住、但能看得到的部位

光泽度　按 GB/T 1743 的规定检测。摩托车区域不同，光泽度的要求不同。光泽的测

定可用光电光泽计、多角度分光光电计等检测 5 点以上，取平均值。

鲜映性　鲜映性是指漆膜反映影像的清晰程度，以 DOI 值表示（distinctness of image）。它主要对高光泽涂层的平整性做进一步的等级评定。光源将图像映射到涂层表面上，然后由漆膜反射到目镜中，由人眼观察被反射的图像。

数码板上有 13 排大小依次的数字，每排数字都有标准的 DOI 值。目前国家标准对不同区域的部件的 DOI 值没有具体规定，各摩托车厂家规定不同。

颜色　现常用的方法为与标准色样板相比较。测颜色时应在标准规定的光线下进行对比。如目测法在天然散射光或 CIE 标准光源下将试样与标准色板重叠 1/4 面积，眼睛与样板成 120~140°进行对比。有的公司根据与标准色板有无差异及差异的显著与否来划分为不同的等级。

（2）厚度

漆膜厚度非常重要，对底材的保护起决定性作用。可在涂装后立即对湿膜测定厚度，亦可在干燥后进行测量，现比较常用的是对干膜的测量。

在钢铁表面上的干膜厚度可用磁性测厚仪测定，在非铁金属表面上可用涡流测厚仪测定。具体要求根据 GB/T 1764 规定，一般检测 5 点以上，取平均值。

（3）附着力

划圈法按 GB/T 1720—89 进行，划格法按 GB/T 9286—88 进行。

（4）硬度

铅笔硬度或摆杆硬度。

（5）耐湿热性

GB/T 1740—89。

（6）盐雾试验（GB/T 10125—1997）

一般来说，摩托车涂层要求 72h 盐雾试验不起泡、不脱落。

第9章 涂装三废处理

9.1 涂装车间的主要污染源

就目前国内外涂料、涂装现状看，涂装车间仍是机械工厂中污染因子较多、污染源强较大的车间。在涂装前处理过程中，为了去除工件上的油污、锈蚀、获得良好的转化膜，要产生废酸、废碱、重金属离子和含磷废水，湿式喷漆室循环水、电泳涂装后的水洗等产生有机废水，COD、BOD值很高；溶剂型涂料涂装过程中产生大量有机溶剂和油漆废渣，磷化过程中产生磷化渣，油漆废渣（HW12）和磷化渣（HW17）属于危险固体废物。因此，涂装车间三废处理工程是一项重要而复杂的内容，必须结合实际生产工艺，明确污染物的种类与性质，提出经济、可靠的治理措施。

随着我国《清洁生产促进法》、《循环经济促进法》等法律、法规的实施，近几年，符合清洁生产要求的环保型生产工艺、原材料不断涌现，可降解型脱脂剂、无磷磷化、三价铬及无铬钝化、水性涂料、粉末涂料等材料已在汽车等机电产品涂装中大量使用，大大缓解了涂装车间环保压力；低温固化、光固化涂料的推广使用，大大节约了涂装车间能耗。但总体上看，我国仍以溶剂型涂料为主，尤其是中涂和面涂，溶剂型涂料用量很大。溶剂型涂料施工中有大量溶剂挥发、涂料利用率低，废气、废渣负荷很大。图9-1是采用高压空气喷涂时产生三废的情况（按涂料利用率60%核算），表9-1为空气喷涂时，有害物产生量与涂料使用量的比例。

从表9-1中可以看出，高压空气喷涂过程中，干燥成膜的涂料量仅占涂料使用量的30%左右，其余70%的涂料形成废水、废气和废渣，直接排入大气中的有机溶剂占涂料使用量的35%～40%。高压无空气喷涂和静电喷涂涂料的利用率分别可以达到60%和80%，产生

图 9-1 空气喷涂时有害物产生的过程

表 9-1　空气喷涂时有害物的产生量

项　目		涂料使用量	干燥成膜量	淤渣	循环水	通风	
						喷漆室	烘干室
涂料		100					
成分	颜料	25	15	10			
	树脂	25	14～14.5	10			
	溶剂	50		≈10	2～5②	17～20	18
	反应气体①						0.5～1.0
合计		100	29～29.5	30	2～5	35.5～39.0	

　　① 反应气体是涂料中的树脂在烘干室中热固化时的反应生成物。② 循环水中的溶剂量，由于溶剂的种类不同有所变化。

三废情况略好于高压空气喷涂。

　　涂装生产中，前处理是废水的主要来源。被涂物在每道工序后的带液量因工件形状、装挂方式、表面处理液的种类、温度、材质有所差异，平均带液量为 $0.1L/m^2$，按水洗原理，每次水洗补给的水量应不小于 $1L/m^2$，经验数据为 $1.5～2.0L/m^2$。按经水洗后处理液浓度降至原浓度的 1/100 以下估算，每一处理工序，每平方米的工件面积上所产生的废水量约为 10～15L。因此选择先进的清洗方式、节约用水、减少废水产生量显得尤其重要，如何使清洗水循环利用也是涂装生产领域亟需解决的课题。

　　涂装作业中使用涂料品种和处理方法不同，其有害物质种类、含量也不同，表 9-2 列出了涂装中主要生产环节的污染因子，表 9-3 是常见涂装生产线废水及有害物浓度。

表 9-2　涂装作业中的有害物质的种类及来源

种类	主要来源	主要成分
废水	(1)脱脂、酸洗、磷化等前处理 (2)喷涂底、中、面漆时喷漆室排出废水 (3)水性浸涂、电泳涂装、打磨腻子等冲洗水	酸、碱、Zn^{2+}、Ni^{2+} 重金属离子、总磷、COD、BOD 颜料、树脂、有机溶剂等产生的 COD、BOD、SS 等 颜料、填料、树脂等产生的 COD、BOD、SS 等
废气	(1)喷漆室排出废气 (2)挥发室排出废气 (3)烘干室排出废气	均含有甲苯、酯类、醇类、酮类等有机溶剂、涂料热分解产物以及反应生成物中醛类、胺类等
废渣	(1)磷化后沉渣 (2)水溶性涂料产生淤渣 (3)废旧漆渣，漆料变质	磷酸锌、磷酸铁等金属难溶盐 树脂、颜料、填料，少量有机溶剂 树脂、颜料、填料、有机溶剂

表 9-3　涂装生产线废水及有害物浓度

项目	锌系磷化 (汽车生产线)	铬酸盐类 (铝合金)	阴极电泳冲洗水 (汽车制品)	水系涂料 (5%废水)	水性烘烤涂料 (5%喷漆废水)	喷漆室废水
pH	6.5～7.5	2.5～5.5	6.0 左右	6～8.5	6～8.5	9.5～11
悬浮物/(mg/L)	30～130	100～1000	500～1200	＞12000	＞10000	＜3000
化学需氧量/(mg/L)	25～60	400～500	500～1800	＞6000	＞15000	＜10000
PO_4^{3-}/(mg/L)	＜600	＜600	P＜40	—	—	＜600
Fe/(mg/L)	1～10	—	—	≥300	—	—
Zn/(mg/L)	1～4	150～400	—	＞1	—	—
己烷抽出物/(mg/L)	3～20	40～70	5～20	—	—	—
总 Cr/(mg/L)		30～60		＞3		
Cr^{6+}/(mg/L)				—		

9.2　涂装废水处理

9.2.1　涂装前处理废水处理

对工业用水排放的控制，总的要求是应使水体满足规定的地面水质卫生要求。水源的用途不同，对工业废水的排放要求不同。在执行国家标准的同时，不同地区、不同流域都制定了相关的法规和污染物排放标准，在进行废水处理站设计、验收、运行时必须严格执行。前处理工序是涂装车间废水产生的主要来源，按照废水的性质，可分为含酸废水、含碱废水、表调废水、磷化废水和含铬废水等。

含酸废水来源于酸洗工序所排出的废酸及工件酸洗后的冲洗水，所含酸的种类有硫酸、盐酸、磷酸和氢氟酸等，因工件材质不同，酸洗液成分不同。酸洗槽排出的废酸浓度一般在5%以下，除含酸类外，还含有与金属反应所生成的盐、金属离子及其他残渣。工件酸洗后的冲洗水含酸浓度在1%以下。

含碱废水来源于碱液去油和中和工序所排出的废液及其冲洗水。所含碱的种类由溶液的配方而定。一般含有氢氧化钠、磷酸钠、硅酸钠、表面活性剂等的混合溶液。上述废液的含碱量在10~70g/L，冲洗水含碱总浓度在1g/L以下。含碱废水中除碱之外，还含有矿物油脂，这些油脂呈乳化、皂化状态。前处理的含碱废水的浓度较低，而且成分复杂，不宜回收，一般作为酸洗废水的中和剂处理。

磷化废水来源于磷化工序。在磷化过程中，磷化液进行添加剂调整而不排放。所排放的磷化废水是磷化后工件的冲洗水，其所含杂质的成分决定于磷化液的配方。以广泛采用的锌盐磷化液为例，所排出的废水成分如表9-3所示。

含铬废水来源于钝化及有色金属铬酸阳极氧化处理工序，其主要成分是重铬酸盐类。废水的成分决定于溶液的配方。含铬废水中有大量的Cr^{6+}，对人体健康有长远的影响，属于第一类污染物，必须采用适当的方法进行严格处理。

涂装前处理废水处理的基本途径有两个，一是综合回收利用，包括水和物料，二是采用适当工艺处理后达标排放。选择处理方法时，应考虑到当地环保承受能力、技术的可行性和经济的合理性。根据我国循环经济促进法，可能的情况下，尽量考虑综合回收利用，这样不仅能化害为利，还能减小废水的净化处理量。对不具备回收条件的废水，选择适当的方法进行净化处理，使其符合排放标准。根据规定，第一类污染物废水必须在车间内处理。

（1）前处理废水的综合处理

将脱脂、酸洗、表调、磷化等工序的废水混合形成综合废水。其基本处理方法是中和、絮凝、沉淀或气浮、固液分离，清液再经砂滤、活性炭吸附后，可达标排放，也可采用反渗透等物理化学方法，深度处理，淡水回用于生产线。对于含铬废水必须单独处理，不能与其他废水混合。前处理综合废水处理工艺流程见图9-2。

前处理废水混合后，借助于自身的酸碱中和可以调节部分酸碱度，考虑到有磷化废水、含氢氟酸废水等，为去除磷和氟离子，可以加入石灰水，使磷酸盐转化为难溶性磷酸钙沉淀、氟离子转化为氟化钙沉淀析出，同时也可使部分表面活性剂沉出并中和部分酸。沉淀后，加入聚丙烯酰胺或多聚氯化铝、多聚氯化铁等絮凝剂，使沉淀物、油污、表面活性剂等进一步絮凝为大分子，通过自身沉降、斜板沉降或气浮等方式，分层析出。污泥经板框压滤后去水，作为危险固体废物储存。滤液返回综合废水池进一步处理。经沉淀或气浮后的清水，含有部分悬浮物或少量有机物，经砂滤、活性炭吸附后可以达到国家排放标准而排放，也可以进入反渗透装置净化，淡水直接回用于清洗工序，浓缩水可以达标排放，如果不达标，可以二次处理。

图 9-2 前处理综合废水处理工艺流程

（2）前处理清洗水闭路循环

在大型涂装生产线上，为最大限度实现资源循环利用，可以在脱脂、磷化等工序后的第一级水洗水采用反渗透或纳滤处理，浓缩液回到脱脂、磷化槽，淡水回用于末级清洗水槽。其工艺过程见图 9-3。

图 9-3 前处理清洗水闭路循环系统示意图

也有的单位利用涂装车间的废热，如烘干室废气燃烧、燃烧炉烟道余热等，加热水洗 1 中的喷雾状的废水，蒸发水分后成为浓缩液，再经脱水成为废渣，蒸汽冷凝后成为纯水回用。该工艺的好处是充分利用了涂装车间的余热，实现了水的闭路循环，但前处理物料变成了废渣，不能回收利用。

（3）含铬废水处理

含铬废水主要来源于钢铁零件磷化后的钝化处理及铝合金工件涂装前的化学氧化处理工序。含铬废水可用离子交换法、反渗透法或化学还原法处理。

① 离子交换法 该法是用离子交换树脂吸附废水中的离子。交换树脂按照其离子基团化学性质可分为阳离子交换树脂和阴离子交换树脂，按照活性基团离解的难易程度，可分为强酸型和弱酸型，前者的活性基是磺酸基，后者为羧基。阴离子交换树脂包括含季铵基的强碱性和含伯氨基、仲氨基、叔氨基的弱碱性阴离子交换树脂。按出厂型式，分为 H 型、Na

型、OH 型和 Cl 型等。常用离子交换树脂性能见表 9-4。

Cu^{2+}、Zn^{2+}、Ni^{2+}、Ca^{2+} 与 Mg^{2+} 等被截留在阳离子树脂上，废水得到处理。而阴离子交换树脂以羧基离子置换废水中的阴离子如 SO_4^{2-}、CrO_4^{2-} 等，从而将其去除，置换反应式如下（式中 A^{2-} 代表阴离子）。

$$R(OH)_2 + A^{2-} \Longrightarrow RA + 2OH^-$$

在离子交换过程中，当树脂的交换容量耗尽时，交换柱流出的离子浓度就会超过规定值，这一情况称为穿透。此时，必须将树脂再生。强酸性阳离子交换树脂用酸液或中性钠盐溶液再生。而阴离子交换树脂用氢氧化钠再生。其反应式如下：

Na 型 　　　　　　$MR + 2NaCl \Longrightarrow Na_2R + MCl_2$

H 型 　　　　　　$MR + 2HCl \Longrightarrow H_2R + MCl_2$

OH 型 　　　　　$RA + 2NaOH \Longrightarrow R(OH)_2 + Na_2A$

不同的离子交换剂，交换容量是不同的，其数值可见表 9-4。

表 9-4　常用离子交换树脂性能

类型	强酸性阳离子	弱酸性阳离子	强碱性阴离子	弱碱性阴离子
母体	苯乙烯-二乙烯苯	甲基丙烯酸-二乙烯苯	苯乙烯-二乙烯苯	苯乙烯-二乙烯苯 环氧丙烷-四乙烯五胺
活性基团	$-SO_3H$	$-COOH$	$-N(CH_3)_3^+$	$-NH_2$，$=NH$，$\equiv N$
常用离子型式	Na^+	H^+	Cl^-	$-OH^-$，$-Cl^-$
外观	透明黄色球体	乳白色球体	透明黄色球体	透明黄色球体
总交换容量/(mol/L)	4.5	9.0～10.0	3.0～4.0	5～9
工作交换容量/(mol/L)	1.5～2.0	2.0～3.5	1.0～1.2	1.0～2.0
有效粒径/mm	0.3～1.2	0.3～0.8	0.3～1.2	0.3～1.2
真密度/(g/mL)	1.2～1.3	1.1～1.2	1.0～1.1	1.0～1.1
视密度/(g/mL)	0.75～0.85	0.7～0.8	0.65～0.75	0.65～0.75
含水量/%	40～50	40～60	40～50	40～60
允许 pH 值	0～14	5～14	0～12	0～9
允许温度/℃	120	120	60～100	80～100

含铬废水中，Cr^{6+} 一般以 CrO_4^{2-} 或 $Cr_2O_7^{2-}$ 的形式存在，因此可以用阴离子交换树脂除去水中的 Cr^{6+}，其化学反应式为：

$$2ROH + Na_2CrO_4 \Longrightarrow R_2CrO_4 + 2NaOH$$

$$2ROH + K_2Cr_2O_7 \Longrightarrow R_2Cr_2O_7 + 2KOH$$

离子交换法处理含铬废水的工艺流程见图 9-4。进入离子交换柱的含铬废水的悬浮物含量不应超过 15mg/L，如超过则应预处理，然后通过强酸性阳离子交换柱，除去水中的 Cr^{3+} 及其他金属离子。此时，H^+ 浓度增大，pH 值下降。当 pH = 2.3～3.0 时，Cr^{6+} 则以 $HCrO_4^-$、$Cr_2O_7^{2-}$ 形式存在。从阳柱出来的酸性废水进入阴柱，吸附交换废水中的 CrO_4^{2-}、$HCrO_4^-$、$Cr_2O_7^{2-}$ 等阴离子。交换反应达到终点，阳柱用盐酸，阴柱用氢氧化钠溶液再生。

$$R_2CrO_4 + 2NaOH \Longrightarrow 2ROH + Na_2CrO_4$$

$$R_2Cr_2O_7 + 4NaOH \Longrightarrow 2ROH + 2Na_2CrO_4 + H_2O$$

$$R_3Cr + 3HCl \Longrightarrow 3RH + CrCl_3$$

图 9-4　离子交换法处理含铬废水的工艺流程图

为回收铬酸，从阴柱出来的再生溶液需通过脱钠阳离子交换柱（氢型阳离子）处理：

$$4RH + 2Na_2CrO_4 \rightleftharpoons 4RNa + H_2Cr_2O_7 + H_2O$$

脱钠阳离子交换树脂失效后用盐酸再生。为使回收的铬酐能返回镀槽，被处理的废水中不应混入其他重金属离子或地面散水等废水，否则难以回收利用。

② 反渗透法　采用反渗透装置实现钝化液的闭路循环，既实现六价铬的回收利用，又可实现水的闭路循环，其循环过程与脱脂、磷化后水洗水的循环系统接近，详见图 9-3，但反渗透膜应能抗六价铬氧化，提高其使用寿命。

③ 化学还原法　采用硫酸亚铁、亚硫酸氢钠、焦亚硫酸钠、硫代硫酸钠等还原剂，在强酸性介质中，将六价铬还原为三价铬，调整 pH，使三价铬沉淀为 $Cr(OH)_3$，经絮凝、沉降后，清液经砂滤、活性炭吸附后达标排放。其工艺流程见图 9-5。

图 9-5　含铬废水的化学还原法处理工艺

工艺条件包括还原剂用量、酸度、反应时间和沉淀 pH 等，不同还原剂用量见表 9-5。

反应时间因酸度不同而不同,酸度越高,反应速率越快,时间越短。实际测试可知,当 pH 值小于 2 时,可在 5min 左右进行完毕,pH 值在 2.5～3 时,反应时间在 20～30min,pH 值越高,时间越长。考虑到处理成本和处理效率,一般将 pH 值控制在 2.5～3,反应时间控制在 20～30min。Cr^{3+} 沉淀的 pH 值为 7～8,可采用 20%氢氧化钠或石灰水。前者用量小,污泥少。沉降时间一般为 20～30min。

表 9-5 不同还原剂的理论用量及实际用量

还原剂种类	投料比(质量比)		还原剂种类	投料比(质量比)	
	理论值	实际使用值		理论值	实际使用值
硫酸亚铁：六价铬	16：1	25～32：1	亚硫酸钠：六价铬	3.6：1	4～5：1
亚硫酸氢钠：六价铬	3：1	4～5：1	焦亚硫酸钠：六价铬	2.74：1	3.5～4：1

9.2.2 电泳废水处理

工件电泳涂装后,首先经过超滤水洗,将涂层表面黏附的未经电沉积的电泳涂料的绝大部分返回至电泳槽,再利用去离子水,洗去表面的超滤水和残留的少量电泳涂料。洗涤用去离子水作为废水,需进行处理后达标排放或深度处理后回用。

电泳废水的处理方法有生物处理法、混凝法、膜分离法等。

(1) 生物处理法

生物处理法是利用微生物的生命活动,即生物化学作用,氧化分解电泳废水中的有害物质的一种处理法。在氧化、分解废水中有机物质过程中,一部分分解物质用于合成细胞原生质和储存物,另一部分变为代谢产物,并释放出能量,供给微生物原生质的合成和生命活动,使微生物生长、繁殖,从而达到净化废水的目的。生物处理法能够去除废水中溶解的胶体有机物质,效率较高,成本较低,净化后的水质好,一般可以达到排放标准。但是生物处理法管理比较复杂,生物的培植和驯化比较困难,对处理水质的温度、pH,养料、供氧等有一定的要求。

生物处理法有多种形式,用于电泳废水处理的生物处理法包括生物转盘法、序列间歇式活性污泥法(sequencing batch reactor activated sludge process,SBR)、膜-生物反应器(membrane bio-reactor,MBR)等多种形式。图 9-6 为生物转盘示意图。

图 9-6 生物转盘示意图

1—废水处理槽；2—废水入口；3—排水口；4—转轴；5—生物转盘

生物转盘是由固定在转轴上的一系列相距很近的圆盘组成。圆盘一半浸没在废水处理槽中,另一半暴露在大气中,圆盘表面附有生物膜。当圆盘转动浸入废液中时,生物膜吸附废水中的有机物,当转出水面时,生物膜在大气中吸氧,并将吸附的有机物氧化分解。如此反复进行,使废水得以净化。

SBR 是一种按间歇曝气方式来运行的活性污泥污水处理技术，又称序批式活性污泥法。SBR 技术采用时间分割的操作方式替代空间分割的操作方式，非稳定生化反应替代稳态生化反应，静置理想沉淀替代传统的动态沉淀。主要特征是在运行上的有序和间歇操作，SBR 技术的核心是 SBR 反应池，该池集均化、初沉、生物降解、二沉等功能于一池，无污泥回流系统。理想的推流过程使生化反应推动力增大，效率提高，池内厌氧、缺氧、好氧处于交替状态，具有良好的脱氮除磷效果。

膜生物反应器（MBR）是一种由膜分离单元与生物处理单元相结合的新型水处理技术，以膜组件取代二沉池在生物反应器中保持高活性污泥浓度，减少污水处理设施占地，并通过保持低污泥负荷减少污泥量。与传统的生化水处理技术相比，MBR 具有处理效率高、出水水质好；设备紧凑、占地面积小；易实现自动控制、运行管理简单等特点。20 世纪 80 年代以来，该技术愈来愈受到重视。

实际设计时，按照投资大小、废水量、水质要求等进行选择。

（2）混凝法

涂装废水中含有部分胶状涂料高聚物，通过添加适量的无机或有机絮凝剂，使胶状物通过吸附作用，卷带或桥连而成长为更大絮凝体，利用气浮、沉降等作用分离。悬浮物或沉淀物成为废渣，属于危险固体废物，清水经砂滤、活性炭吸附后达标排放，或者经砂滤后在满足城市污水设计进水水质的前提下，进入城市管网二次处理，也可以经深度处理后，回用于生产线。

一般城市污水设计进水水质：$BOD_5 < 300mg/L$；$COD_{Cr} < 500mg/L$；$SS < 300mg/L$；$T\text{-}N < 45mg/L$。出水水质：$BOD_5 < 10mg/L$；$NH_4^+\text{-}N < 10.0mg/L$；$COD_{Cr} < 30mg/L$；浊度 $< 5NTU$；总大肠细菌总数 < 3 个 $/L$。

（3）膜分离法

膜的种类繁多，按分离机理可分为反应膜、离子交换膜、渗透膜等；按膜的性质可分为天然膜（生物膜）和合成膜（有机膜和无机膜）；按膜的结构型式可分为平板型、管型、螺旋型及中空纤维型等。超滤膜是典型的渗透膜，在电泳涂装中获得广泛应用，可以使树脂、颜料等大分子物质与水、助剂等分离，既可回收原材料，也可实现水的闭路循环。关于超滤装置的选择在第 5 章已做介绍。

9.2.3　喷漆室废水处理

目前涂装生产线大量使用的是以水作为漆雾捕集介质的湿式喷漆室，喷漆室循环水在漆雾絮凝剂作用下，大部分漆雾絮凝为废渣，其中一部分悬浮于循环水表面，另一部分沉降于循环水槽底部。两部分废渣定期清理后形成油漆废渣，属于危险固体废物。循环水使用一定时间后，由于水中悬浮物、可溶物、微生物等增多，需进行处理。水中主要污染物为悬浮物、COD 等，而且喷漆室捕集漆雾用循环水要求不高，因此，通常将该水经絮凝、沉降或气浮后，固液分离，清水再经过砂滤、活性炭吸附后直接回用于喷漆室；若不回用，当地有城市污水管网的，可以直接进入城市污水管网。也可以将絮凝、沉降或气浮后的清水与电泳后的水洗水混合，经生物法处理后，达标排放或回用。

9.3　涂装废气处理

工业涂装废气主要来源于喷漆室、流平室和烘干室等工位的溶剂蒸发、热分解产物和喷涂过程中产生的漆雾,主要污染物包括苯系物、酮、酯等有机溶剂,烘烤中产生的热分解产物以及喷涂过程中夹杂着溶剂、树脂及颜料的飞散漆雾。各工位产生废气特点见表9-6。由喷漆室、挥发室和烘干室排出废气的成分和浓度,随使用涂料种类和施工工艺等不同而有差异。下面仅以热固性丙烯酸树脂涂料为例,其各工序即喷漆室、烘干室、挥发室中废气成分和浓度见表9-7。另外,涂装废气中臭气成为污染邻近地区的主要问题,表9-8列出与涂装有关的恶臭物质临界值和主要发生源。

表 9-6　各种来源产生废气的特点及浓度

工序(排气)	特　　点
喷漆室	①为符合劳动安全卫生标准,喷漆室换气速度为0.25～1.0m/s,排风量大,排气中溶剂蒸气的浓度极低,约为20～200 mg/L ②含有过喷漆雾,其粒径约为20～200μm
流平室	涂膜在流平阶段,换风速度一般控制在0.1m/s左右,废气的成分与喷漆室排放废气的成分相近,但不含漆雾,以有机溶剂蒸气为主,根据排风量大小不同,一般为喷漆室废气浓度的2倍左右
溶剂涂料烘干室	①含有前两道工序未挥发的残留有机溶剂 ②含有固化过程中的热分解产物和反应生成物,增塑剂、树脂单体或固化反应产生的有机小分子等挥发成分。溶剂型涂料烘干废气中总有机物浓度一般在2500mg/m³左右 ③油、气体作为热源时,排气中还含有燃料产生气体(SO₂等)
电泳涂料烘干室	烘干电泳涂料废气成分、浓度与溶剂型差别较大。电泳涂料属于水性涂料,但烘干废气中仍含有较多的有机成分,除电泳涂料本身含有少量的醇醚类有机物外,还包含烘干过程中的热分解生成物(如醛酮类小分子)、封闭的异氰酸酯固化剂在烘干时发生解封反应释放的小分子封闭剂,如甲乙酮肟和多种醇、醚类混合物,电泳烘干过程中通常有10%左右的烘干减量,主要也是由于封闭剂的释放。电泳烘干废气中的总有机物浓度一般在500～1000mg/m³

表 9-7　涂装各工序废气中溶剂成分和含量（以热固性丙烯酸树脂涂料为例）

工　序	废气中溶剂的成分及浓度/(mg/L)					
	二甲苯	其他芳香族	醇	酯	醚	合计
喷漆室(水帘式)	61	6	35	9	6	117
烘干室(液化气直热式)	4	11	48	0	1	64
挥发室(强制换气)	6	4	67	0	1	78

表 9-8　涂装中产生的恶臭物质

臭气物质的名称	临界值/(mg/L)	主要发生源
甲苯	0.48	喷漆室、挥发室、烘干室
二甲苯	0.17	喷漆室、挥发室、烘干室
甲乙酮	10.0	喷漆室、挥发室、烘干室
甲醛	1.0	烘干室
丙烯醛	0.21	烘干室
醋酸	0.00006	电泳槽,水洗槽

9.3.1　涂装废气的排放控制

表9-9摘录列举了我国《工业企业设计卫生标准》中车间空气中有害物质的最高允许浓度。从涂装的喷漆室、挥发室和烘干室排出废气,都对人体和环境造成危害,需要进行处理,清除废气方法有多种,应根据污染源种类、规模的不同,选择技术上可行和经济效果最佳的废气处理方法和规模,具有代表性的有直接燃烧法、催化燃烧法、活性炭吸附法和吸收法。各有其特点,见表9-10。

表 9-9　车间空气中有害物质的最高允许浓度

物质名称	最高允许浓度/(mg/L)	物质名称	最高允许浓度/(mg/L)
二甲苯	100	三氯乙烯	30
丙酮	400	溶剂汽油	350
丙烯醛	0.3	醋酸乙酯	300
甲苯	100	醋酸丁酯	300
苯	40	甲醇	50
松节油	300	丙醇	200
氯化氢及盐酸	15	丁醇	200
二氯乙烷	25	戊醇	100

表 9-10　各种废气处理方法及其特点

方　法	原　理	优　点	缺　点
直接燃烧法	废气引入燃烧室与火焰直接接触,使有害物燃烧生成 CO_2 和 H_2O,使废气净化	①燃烧效率高,管理容易 ②仅烧嘴需经常维护,维护简单 ③不稳定因素少,可靠性高	①处理温度高,需燃料费高 ②燃烧装置,燃烧室,热回收装置等设备造价高 ③处理像喷漆室浓度低、风量大的废气不经济
催化燃烧法	废气在催化剂作用下,使有机物废气在引燃点温度以下燃烧生成 CO_2 和 H_2O,而被净化	①与直接燃烧法相比,能在低温下氧化分解,燃料费可省1/2 ②装置占地面积小 ③NO_x 生成少	①催化剂价格高,必须考虑催化剂中毒和催化剂寿命 ②必须进行前处理除去尘埃,漆雾等 ③催化剂和设备价格高
活性炭吸附法	废气的分子扩散到固体吸附剂表面,有害成分被吸附而达到净化	①可处理含有低浓度的碳氢化合物和低温废气 ②溶剂可回收,进行有效利用 ③处理程度可以控制	①活性炭的再生和补充费用高,废活性炭是危险废物 ②处理烘干废气时需先除尘冷却 ③在处理喷漆室废气时,要预先除漆雾
吸收法	液体作为吸收剂,使废气中有害气体被吸收剂所吸收从而达到净化	仅以水作为吸收剂,处理亲水性溶剂场合有效,并具有: ①设备费用低,运转费用少 ②无爆炸、火灾等危险,安全性高 ③适宜处理喷漆室和挥发室排出废气	①需要对产生的废水进行二次处理 ②对涂料品种有限制

9.3.2　直接燃烧法

直接燃烧法是将废气引入燃烧室,直接与火焰接触,把废气中燃烧成分燃烧分解成无毒无臭的二氧化碳和水蒸气的一种方法,该法不适宜处理含有硫黄和卤素过多的废气。同时,为了防止废气中碳氢化合物由于不完全燃烧而生成一氧化碳,废气在燃烧室内,除供给充足氧气和控制温度在 650~800℃以外,还应保持停留时间 0.5~1.0s。

直接燃烧系统见图 9-7,由烧嘴、燃烧室和热交换器组成。该燃烧装置随废气中所含氧气不同而有差异。当废气中含有能满足燃烧所需要的充足氧气时,不需要增设空气补给装置。为了使燃烧系统达到好的效果,要求烧嘴能形成稳定完全燃烧火焰,废气和火焰充分接触,其燃烧面积要大,燃料的调节范围要广。

根据热交换与废热利用形式的不同,常见的直接燃烧形式有 RTO(蓄热式热力燃烧系统)和 TAR(回收式热力燃烧系统)。RTO 是利用高效蓄热材料,通过程序控制,自动循

(a) 总原理图

1—烧嘴; 2—燃烧室; 3—热交换器; 4—排气管

(b) RTO式　　　　(c) TAR式

图 9-7　废气直接燃烧系统

环切换废气流向，将燃烧废气的废热储存在蓄热材料中，用于预热下一阶段进入的废气，提高废气处理温度、降低处理后的废气排放温度（进、出口废气平均温差 30～50℃），废热回收效率可达 95％以上。典型的 RTO 原理见图 9-7(b)。TAR 是一种将处理有机废气和向涂装生产线提供热能这两种功能合二为一的系统，既处理了有机废气，又节省了能源消耗，是一种运行成本较低的有效方法。TAR 原理见图 9-7(c)。TAR 具有有机废气氧化温度为 800℃左右，分解率可以达到 99％以上等显著特点。

直接燃烧系统使用注意事项：

① 涂装作业中所排出废气是含有多种有机溶剂的混合气体，当废气浓度接近爆炸下限的高浓度场合，从安全考虑，需要用空气稀释到混合溶剂爆炸下限浓度的 1/4～1/5，才能进行燃烧。

② 从喷漆室、挥发室和烘干室排出废气，因换气量大，所含有机溶剂浓度极低，远远低于废气爆炸下限浓度或允许下限浓度，为提高燃烧效率，节约燃料，通常需要将废气浓缩或补充高浓度废气，但其混合气体浓度应低于允许下限浓度。

③ 碳氢化合物等废气，在较高温度下才能完全燃烧，同时也产生光化学烟雾物质 NO_x，而 NO_x 产生与燃烧品种、燃烧温度、装置机构和燃烧时所需空气量等有关，而其中最重要是燃烧温度。因此为避免产生光化学烟雾物质 NO_x，直接燃烧中控制温度在 800℃以下，参见表 9-11。

表 9-11　电泳涂装烘干室排气脱臭处理实例

燃烧处理温度/℃	臭气		丙烯醛浓度/(mg/L)	
	入口处	出口处	入口处	出口处
450	刺激臭	无	1.22	0.066
550	—	无	1.01	0.000
760	刺激臭	无	1.41	0.000

④ 余热的综合利用　采用直接燃烧法处理废气，由燃烧炉处理后的燃烧气体温度约 500～600℃，除用于排出废气的预热外，还可用于作为烘干室和锅炉等的热源进行有效的综合利用。图 9-8 为综合利用此余热的系统。

图 9-8　几种余热利用的流程

(a) 作为废气预热用；(b) 作为除水烘干室热源用；(c) 作为烘干室热源用；(d) 供锅炉和冷暖房用

9.3.3　催化燃烧法

利用催化剂的作用，使有机物废气能在着火点温度以下进行激烈氧化燃烧，称之为催化燃烧法（CIU）。它比直接燃烧法减少燃烧费用，直接燃烧法温度必须在 650～800℃，而使用催化剂后，其氧化燃烧可在 250～500℃进行，其开始反应温度随有机物不同而异，如苯、甲苯等在 250～300℃，而醋酸乙酯、环己酮等必须在 400～500℃才能进行。

催化剂表面积大而活泼，可将废气中的氧大量地吸在自己表面，使催化剂表面上的氧浓度大为增加，从而大大加速了氧与有机物蒸气分子在催化剂表面上的反应速率并降低反应温度。反应产物一经生成就离开催化剂表面，空出来的表面又立刻吸附氧，如此反复达到加速燃烧反应的目的。

由上可知，催化剂把有机废气吸附到表面并使其活化，在催化剂表面有机废气的氧化反应比直接燃烧法的场合所需能量低，而且反应更迅速。在实际中，希望较低温度下处理量多，因此要求活性高的催化剂，一般使用铂、钯等白金系的贵重金属作为催化剂。

催化燃烧系统由催化元件、催化燃烧室、热交换器及安全控制装置等部分组成。

其系统主要部件即催化元件，外面由不锈钢制成框架，里面填充有表面镀有催化剂的载体，其催化剂一般使用钯、铂等白金系列贵重金属。而载体具有各种形状，有网状、球状、柱体及蜂窝状等，其载体材料为镍、铬等热合金及陶瓷等。要求催化剂元件具有机械强度高，气阻小，传热性能好等特点。

催化氧化流程和催化燃烧装置系统如图 9-9 和图 9-10 所示。燃烧装置由导管把含有可燃性物质的废气引入预热室，把废气预热到反应起始温度，经预热有机废气通过催化层使之完全燃烧，氧化燃烧生成无毒无臭的热气体，可进入热交换器和烘干室等作为余热综合回收利用。

催化燃烧技术使用中注意事项：

图 9-9　催化氧化流程

图 9-10 催化燃烧系统

1—助燃通风机；2—预热烧嘴；3—燃料供给管；4—壳体；
5—热交换器；6—催化元件；7—废气分配管；
8—废气通风机；9—烟囱；10—净化气排出管

① 废气浓度问题 废气中有机溶剂含量为 1g/m³ 时，燃烧后温度提高 20～30℃。废气浓度太低，燃烧效果差；浓度过高，燃烧热量大，温度高，会把催化剂烧坏，缩短催化剂使用寿命。因此废气中有机物含量宜在 10～15g/m³。

② 废气的成分复杂，起始燃烧温度随废气成分不同而有差异。预热温度过低，不能进行催化燃烧，预处理温度过高，又浪费能源，因此在设计和选用时首先确定废气的成分。如二甲苯、甲苯类处理温度为 250～300℃，而醋酸乙酯，环己酮等有机溶剂预热温度为 400～500℃。

③ 催化剂活性的衰减问题 催化燃烧法在处理废气的可燃生物质时，在较低温度下处理是优点，但最大难点是必须注意催化剂的中毒。对于催化剂的中毒，在催化氧化法的场合，从广义来讲，以下物质均能阻碍催化剂的活性作用。

催化剂中毒：在汞、铅、锡、锌等的金属蒸气和磷、磷化物、砷等存在下，随着使用时间增加，这些物质覆盖在催化剂表面，催化剂将失掉活性，需经再生处理。

活性衰退：卤素（氟、氯、溴和碘）和多量的水蒸气存在时，催化剂活性暂时衰退，当这些物质不存在时，其活性短期内就能恢复。

尘埃、金属锈、煤灰、硅、有机金属化合物等覆盖在催化剂表面上，影响废气中的可燃物与催化剂表面接触，从而使活性降低。可用中性洗涤剂清洗，或烧掉被覆盖物，当用以上方法反复进行处理，其活性还不能恢复时，此催化剂必须进行再生处理。

当树脂状的有机物被黏附于催化剂上而且炭化，由于碳被覆盖在催化剂表面使活性降低，此场合需进行热处理。

由上可知，催化燃烧法比直接燃烧法省燃料费 1/2，从经济和省资源观点来看是有利的。但涂装废气成分除含有机溶剂外，还含有树脂，颜料和增塑剂等成分能使催化剂中毒，同时这些成分的品种较多，使催化剂寿命常常产生变化，难以测试和控制，造成成本提高，影响其使用。

9.3.4 活性炭吸附法

当气体分子运动到固体表面时，由于气体分子与固体表面分子间的相互作用，使气体分子暂时停留在固体表面，形成气体分子在固体表面浓度增大，这种现象称为气体在固体表面上的吸附。活性炭吸附法是把废气中有机物溶剂的蒸气吸附到固相表面进行吸附浓缩，从而达到净化废气的方法。

工业上常用的吸附剂分类如下：

活性炭是最适宜的有机溶剂吸附剂。因为其他吸附剂的分子结构具有极性，即具有亲水性，易选择吸附大气中的水分，而有机溶剂为无极性或弱极性，其吸附率低。活性炭则相反，它具有疏水性，表面由无数细孔群组成，其孔径平均为 $(10\sim40)\times10^{-10}$ m，比表面积比其他吸附剂大，一般为 $600\sim1500\mathrm{m^2/g}$，因而具有优异的吸附性能。活性炭随原料和活化方法不同，生成活性炭的物性也不相同。表 9-12 为常用活性炭品种和物理性能。

表 9-12　活性炭的一般物理性质

活性炭原料	形状	粒度/号	硬度/%	气孔率/%	空间率/%	充填密度/(g/cm³)	平均孔径/Å	比表面积/(m²/g)
果壳	颗粒 破碎	4/6,6/8,8/10 等 6/10,10/32	80~99 —	50~65 50~65	35~42 35~45	0.45~0.55 0.40~0.60	20~35 20~35	900~1300 900~1500
木材	颗粒 破碎 粉末	4/6,6/8,8/10 等 6/10,10/32 等 —	80~99 — —	55~65 55~65 60~80	35~42 33~45 40~55	0.36~0.54 0.36~0.54 0.21~0.40	20~35 20~35 20~60	1000~1300 900~1400 700~1300
泥煤褐煤	颗粒 粉末	4/6 等 —	80~99 —	50~65 60~75	35~42 35~55	0.35~0.50 0.26~0.40	20~40 20~40	600~1500 800~1300
煤	颗粒 破碎	4/6 等 —	80~99 —	50~65 50~70	35~42 33~45	0.37~0.54 0.35~0.60	20~45 20~50	900~1300 700~1200
石油	颗粒	4/6,6/8 等	—	50~65	35~42	0.40~0.52	20~40	900~1300

在实际生产中采用粒状活性炭，多数粒径为 5mm 左右，而粒径越小其气流阻力越大，但吸附率越高。

活性炭吸附具有下列特点：

① 吸附容量　吸附容量随吸附质不同而异，对同族的吸附质，分子量大，沸点高，其吸附容量也大。图 9-11 所示用活性炭处理有机废气的吸附容量，从图可看出，除低沸点的碱性气体外，吸附容量大约在 10%～40%范围，一般约为 25%左右。

图 9-11　活性炭对有机溶剂蒸气的吸附容量

测定条件：气压为 101.325kPa（760mmHg 柱），气温 20℃

活性炭的原料不同，具有不同的比表面积和孔径、孔隙分布，其吸附量不同。以果壳为例，表 9-13 是果壳活性炭对喷漆室废气中各成分的吸附量。

表 9-13　果壳活性炭对喷漆室废气中各成分的吸附量

废气成分	甲苯	二甲苯	醋酸乙酯	醋酸丁酯	乙醇	丁醇	丙酮	丁酮	汽油
吸附容量/%	25	26	19	28	21	21	10	10	10~20

② 等温吸附和吸附等温线　在一定温度下，吸附量与平衡浓度之间关系，可由各种吸附等温式表示，而多数场合用 Freundlich 吸附等温式表示，其公式如下：

$$q = KC^{1/n} \tag{9-1}$$

式中　q——吸附率；

　　　　C——平衡浓度；

　　　　K——常数。

图 9-12　吸附等温曲线

图 9-12 所示为吸附等温线的模式，表明气体浓度，吸附率和温度之间关系。由图 9-12 可知，温度越低，吸附效率越高，废气的浓度越高，吸附率越高。因此在低温下，废气的浓度越高，吸附率越高。

③ 工艺过程及装置系统　工业上利用活性炭进行吸附的方式有固定层、移动层、流动层和接触过滤等方式。在气相条件下，用活性炭来处理废气场合，由于活性炭的磨耗和粉化程度小，固定层吸附方式最适宜。

图 9-13 是用固定层方式活性炭处理废气的吸附过程。由图可知，当处理废气通过吸附层时，大部分的吸附质在吸附层内被吸附，随着吸附时间延续，活性炭层的吸附能力降低，而活性炭层有效部分越来越薄，当出口处气体中含有被吸附质时，整个活性炭层被穿透。若继续使用，处理后气体中所含吸附质越来越多，当出口侧浓度达到入口浓度时，则活性炭达到饱和状态。此活性炭需要再生处理。

在工业中，用活性炭处理由喷漆室、烘干室等排出的有机溶剂废气的工艺流程，如图 9-14 所示。来自喷漆室和烘干室的废气，经过过滤器和冷却器后，除去废气中漆雾，并降低到所需的温度。由吸收塔下部进入吸收塔，在吸收塔内废气中所含的有害气体被活性炭吸附，使废气得到净化，净化后干净气体被排放到大气中。

随着吸附时间持续，活性炭的活性逐渐降低，最后失去活性达到饱和状态。此时需要脱附，使活性炭重新具有活性。即通过吸收塔上部通入水蒸气，使活性炭层脱附，经脱附后的活性炭可继续使用。经脱附后的水蒸气和减脱有机溶剂蒸气的混合气体，进入冷凝器，冷却成液体，然后再进入分离器，使溶剂和水分离，回收溶剂。如果水中还含有亲水的醇类、丙酮等，此水还需经处理后才能排放。

图 9-13　活性炭的吸附过程曲线

除了采用水蒸气洗脱外，也可采用热空气再生处理饱和活性炭，其基本过程是将热空气反方向通入饱和活性炭吸收塔中，利用温度升高，活性炭吸附量降低的特点，洗脱吸附在活性炭表面的有机溶剂，然后通过风机引入燃烧装置，将吸附富集后的有机溶剂混合物进行燃烧处理。该法尤其适合于一些生产规模较小的单位。

活性炭处理装置主要由预处理设备、吸附设备、后处理装置以及安全控制等设施组成。

图 9-14　活性炭吸附法的工艺过程
1—喷漆室；2—过滤器；3—吸附塔；4—排风机；
5—冷凝器；6—废水槽；7—溶剂分离器

① 预处理设备　由喷漆室和烘干室出来的废气，进入吸附塔之前，为了提高活性炭的吸附效率和使活性炭正常工作，必须除去废气中所含的漆雾和降低废气温度，通常使用的预处理设备有过滤除尘器和冷却器。

② 吸附设备　其作用是用活性炭除去废气中的有害物质，使其净化，并能保持吸附工作连续安全进行。吸附设备由吸附塔、脱附装置和安全装置组成。

吸附塔是由塔体、活性炭填充层、阻火层及气体分配器等组成。通常使用固定层的吸附塔结构如图 9-15 所示，有圆筒型、垂直型、多段型和水平型。

(a) 垂直型　　　(b) 圆筒型　　　(c) 多段型　　　(d) 水平型

图 9-15　吸附塔形式图

在实际应用中，设置吸附塔的数量和选择哪种操作方式，由处理风量，处理气体浓度，运转时间等而定。当在连续使用场合，需设置两个以上吸附塔，可吸附和再生互相交换使用。

另外，被处理的气体浓度较低，绝大多数不会超过溶剂爆炸下限的 1/10～1/4，一般不会发生爆炸事故。但为了防止万一，吸附塔设置有阻火器，防爆门等安全装置。

③ 脱吸（再生）设备　使活性炭表面所吸附饱和有机溶剂解脱，使活性炭获得再生，保证废气处理连续运转。其结构组成与吸附塔一样。当处理风量小，排气浓度较低时，自己建立脱附设备不经济，可送专门工厂进行再生处理。通常连续运转，风量大，浓度高时可设两个吸附塔，在现场再生活性炭，即将吸附塔相互交换作为再生塔使用。

再生操作是把加热气体注入吸附层，并使活性炭加热，使吸附质蒸发、析出，然后活性炭干燥，冷却到使活性炭恢复活性状态，通常使活性炭加热的气体是水蒸气和非活性气体。

活性炭再生方法，有水蒸气、非活性气体、高温烧、减压等方法，其特点与适用范围见表 9-14。为了防止活性炭在脱附时自燃，必须设置控温装置，以控制活性炭层的温度。活性炭在 150℃ 以下无明显氧化作用，正常操作情况下，活性炭不会自燃。但如果脱附后不立即冷却、干燥或者大量溶剂进入炭层，特别是当活性炭吸附少量金属氧化物时，也可能导致炭层明显氧化，甚至自燃。一旦发生自燃时，应缓慢地注入冷却水，注水速度要注意不可太快，以免塔内瞬时产生大量蒸汽，使塔内压力太大，造成意外事故。

表 9-14　活性炭再生方法及其特点

方法名称	特　　点	适用范围
水蒸气再生法	①水蒸气用量为吸附质溶剂的 3～5 倍 ②当吸附剂中含醋酸乙酯类的溶剂，水解后生成物含酸性，其设备用不锈钢材制作 ③吸附质为低沸点，用 100～150℃ 水蒸气脱附 ④吸附质为高沸点，用 200～400℃ 过热饱和蒸汽脱附	现场及专门活性炭再生厂
非活性气体再生法	①氧气分压极低的非活性气体，加热到 300～400℃ 可脱附 ②脱附时几乎没有冷凝水，不需要废水处理	现场及专门活性炭再生厂
高温烧结再生法	在炉中有少量氧气存在下，用水蒸气或非活性气体，加热到 600～1000℃ 烧结再生	适于活性炭生产厂或专门从事活性炭再生的厂
减压蒸馏法	①高真空下，较低温度可脱附高沸点的溶剂 ②需要真空泵，同样要求脱附塔耐压和气密性好	适宜专门从事活性炭再生的厂

④ 后处理装置　在吸附塔之后，其用途是回收有机溶剂，主要由冷却器和分离器等组成。由上述活性炭吸附流程图可知，后处理装置是活性炭再生使用，随过热蒸汽加热蒸发出已吸附的有机溶剂，冷却至常温，同水蒸气一同冷凝并收集到分离器中，将水和疏水溶剂分离，从理论上讲，经分馏精制回收溶剂是可能的。但在实际上涂料的溶剂是多品种的复杂的混合体系，回收的溶剂只可用来作为洗涤用的溶剂等应用。当分离槽中分离含醇类、酮类等亲水性溶剂多时，其废水必须处理。

如果采用热空气再生脱附处理，设备相对简单，直接将热空气与有机溶剂一同引入燃烧室燃烧处理。

图 9-16 是采用除漆脱水装置结合活性碳纤维吸附-催化燃烧工艺处理喷漆废气的流程，整个系统集吸附-脱附-催化燃烧于一体。由于喷漆废气经水捕集洗涤后仍具有黏性，含有一定水分，因此在吸附床前增加除漆装置和脱水装置。除漆装置过滤材料由多层金属过滤网、焦炭等组成，采用折板式结构，过滤风速采用 0.4m/s，保证漆雾去除率达 99% 以上，并且过滤片采用抽屉式结构，便于装卸和清洗。脱水装置由折板、岩棉等组成，过滤风速采用 0.5m/s，可有效去除废气中的水分。为了保证吸附处理的连续性，除漆装置和脱水装置均采用一用一备。为保证系统的连续运行，吸附器采用多单元分流组合式结构，正常运行时，处在脱附状态的只有一个单元，而其他单元处于吸附或冷却状态；有机废气收集后经过滤器进入 $n-1$ 个单元吸附，净化后气体排入空气。正常吸附前先将催化床燃烧室预热 300℃，一定时间后当某一单元内的活性碳纤维吸附饱和时，打开脱附阀门，用 120℃ 热风进行脱附，解吸出的高浓度有机废气进到催化床燃烧分解为 CO_2 和 H_2O，净化后高温气体通过列管热交换器预热脱附气体，少部分经烟囱排放，其余补充新鲜空气后作为脱附热风返回，停止电加热管预热，通过放空阀和补冷风机来实现整个催化燃烧系统的热平衡。

每个单元吸附和脱附时的蝶形气动阀门由 PLC 工业电脑可编程程序控制器按设定时差有序开关，整个电控装置分手动和自动两组，并配有自动报警系统。

图 9-16　除漆-脱水-活性碳纤维吸附-催化燃烧处理喷漆废气的流程图

活性炭吸附工艺注意事项：

① 活性炭吸附率变化　吸附装置处理废气的初期，由于吸附率变化，运转初期活性炭的饱和时间预测较困难，可在气体入口处和出口处定期测定气体浓度。其吸附率变化的主要原因是：涂料使用量和种类变动；气温和湿度的变化；活性炭性能恶化。

② 当活性炭层风速分布不均匀，引起偏流沟流，局部透过，吸附质泄漏使活性炭寿命缩短时，应考虑以下情况：吸附塔的设计是否合理；吸附层的金属网是否部分破损；空塔速度是否过慢；吸附层压力损失是否过低；活性炭的填充是否合理。

③ 应对废气进行预处理，以提高活性炭的吸附效率和活性炭使用寿命。

④ 应考虑防爆和防止活性炭层自燃，以保证安全运行。

⑤ 活性炭要不定期进行补充，由于活性炭在循环使用和再生处理中，活性炭磨损、粉化、氧化分解和不纯物的黏附等原因，使活性炭用量减少和性能恶化。

9.3.5　吸收法

气体吸收法是用液体作为吸收剂，使废气中有害成分被液体吸收，从而达到净化的方法。其吸收过程是气相和液相之间进行气体分子扩散，或者是湍流扩散进行的物质转移。如果此过程按两相边界学说进行，即流体的湍流没有明显的气相与液相界面，而是在接触中形成各自薄层的界膜，成为物质移动的大部分阻力，从而支配着吸收速度。被吸收物质由分子扩散通过相界膜，而气体物质扩散推动力是气体本身与相界膜吸收溶质的分压差，和相界膜的液体中溶解溶质的浓度与液相中溶质浓度之差。当吸收在稳定条件下进行时，在相界膜中，液体中溶质浓度和气体中溶质的分压差达到动平衡状态时，其关系如下：

$$N_A = K_G(p - p_1) = K_L(c_1 - c) \tag{9-2}$$

式中　N_A——物质移动量；

　　　K_G——气相物质移动系数；

　　　p——气体中本身的溶质分压；

　　　p_1——在相界膜中气体的溶质分压；

　　　K_L——液相物质移动系数；

　　　c——液体中溶质浓度；

　　　c_1——在相界膜中流体的溶质浓度。

从吸收法原理可知，吸收法关键是吸收剂的选择。对于涂装废气是经常变换的多种溶剂的低浓度混合气体，其吸收剂的选择极困难。在实际生产中选用何种吸收剂，主要考虑对被吸收气体的溶解度要大；吸附剂黏度适中、蒸气压小、化学稳定性好；无腐蚀性、发泡性和

图 9-17 用水吸收亲水性喷漆废气流程图

易燃性；价格较便宜。国内外有用水作为吸收剂处理水溶性涂料亲水性溶剂的实例，其工艺流程如图 9-17 所示。

吸收工艺过程中废气由塔底进入塔内，作为吸收剂的水，从吸收塔上部进入并被分散。在气体由下而上和液体从上至下的接触过程中，在相界膜中，废气中有害溶剂气体被水吸收，使废气得到净化。净化后气体由吸收塔上部排出，而含有废气的水，由塔底排出并流入水槽。需对产生的废水做第二次处理。

在用水作为吸收剂，处理亲水性溶剂的废气过程中，水对溶剂蒸气的溶解度遵守亨利定律，即：

$$p = Hc \tag{9-3}$$

式中　p——气相中的分压；

　　　c——液相中的浓度；

　　　H——亨利常数。

表 9-15 为各种亲水性溶剂的亨利常数，由公式可知，亨利常数越小的溶剂，溶解度越大，越容易被水吸收，适于用水吸收法处理。反之亨利常数大，溶解度小，吸收效率差，不适于用水吸收处理。

表 9-15　各种亲水性溶剂的亨利常数

溶剂名称	亨利常数	溶剂名称	亨利常数
乙醇	2290	丁基溶纤维	26
丁醇	1980	丙酮	11060
乙基溶纤维	300		

由工艺流程可知，吸收法中关键装置为吸收塔，图 9-18 所示为常用吸收塔的示意图。

图 9-18　各种吸收塔简易图

设计选择使用吸收装置时，应考虑气体和液体在塔内形成尽量大的接触面。在气体膜阻力小的场合，气体溶解大，适用于把液体分散到气体中，即采用液分散型塔。反之当气体膜阻力大的场合，其气体溶解小，适用于把气体分散到液体中，选用气体分散型吸收塔。

9.4　废渣

在涂料制造厂，废弃物的发生量约为涂料生产量的 1‰，主要来源于容器清洗、分装等过程。涂料品种、花色越多、产量越小，废弃物往往越多。随着自动化程度提高，尤其是采用全封闭投料生产系统后，废弃物产生量几乎可降至为零。涂装工厂废弃物发生量与生产方式、涂装方法、被涂物的形状、大小等有关。溶剂型涂料的涂着效率因涂装方法不同而异，一般在 30％～90％。

涂装车间废渣的来源有：

① 前处理过程中产生的沉淀物或悬浮物，如磷化渣、除油槽油污等；

② 涂装时未涂着的涂料，这是涂装车间主要的废渣来源；

③ 清理涂装设备时产生的涂料凝块以及清理涂料输送管道、容器时产生的废涂料；

④ 水性树脂涂料产生的淤渣；

⑤ 生产过程中吸附废气、废水处理等产生的废活性炭、废过滤网等；

⑥ 施工中产生的废涂料桶、废抹布、废手套等；

⑦ 涂装车间废水处理过程中产生的沉渣。

表 9-16 列出了几种废弃物的性质、形态等。

表 9-16　涂料涂装车间废弃物

名称	特　　点
废涂料	呈黏稠液体状,其组成与原涂料差别不大
废溶剂	清洗设备、容器等的溶剂,含有少量油、树脂、颜料等
涂料废渣	包括腻子,已胶冻涂料,喷涂室的漆渣,剥落旧漆皮,蒸馏溶剂后残渣
水性沉渣	水性废涂料,废水处理后沉淀
其他	废的涂料桶,塑料容器,颜料包装袋,废旧布,旧手套以及空木箱等

为了提高产品质量，降低成本，减少废弃物发生量，在设计和生产过程中，尽量选择涂料利用率高的涂装工艺，如对同一种溶剂型涂料、相同的工件，静电涂装中涂料利用率高于高压无空气喷涂，高于高压空气喷涂，应根据工件、涂层质量和投资大小合理选择。前处理工艺中尽可能选择低渣高稳定性磷化液或无磷处理，减少磷化渣产生量。

按照国家 2008 年颁布的危险固体废物目录，涂装车间产生的涂料废渣、磷化渣、废除油液、废活性炭等均属于危险固体废物。其废物类别及废物代码见表 9-17。

表 9-17　涂装车间危险废物及其代码

序号	危险固体废物名称	废物类别	废物代码
1	涂料废渣	HW12	900-252-12
2	磷化渣	HW17	346-065-17
3	废除油液	HW17	346-064-17
4	废活性炭	HW17	346-099-17
5	废酸	HW34	900-300-34

按照我们国家危险废物管理办法，危险固体废物必须委托有资质的单位进行处理，没有资质的单位不能自行焚烧、掩埋等。因为涂装工厂废弃物品种多，而且绝大多数易燃易爆，

处理不当容易造成安全事故；由于受设备投资、技术力量、场地等条件所限，自行处理最终达到环保要求很困难，尤其是涂料中含有铅、铬等重金属污染物，难以分离；如果措施不得当，容易造成大气、水、土壤等二次污染。因此，单个工厂建立废弃物处理设施是不经济的。按地区和行业统一规划，在主管部门监督、指导下，对危废处理公司的技术人员、工艺路线、处理设施、管理制度、运送工具、安全措施以及可能对环境造成的影响等进行评价，授权对某一类或某几类危废进行处理，职能部门要加强监督、监管。

具有危险废物处理资质的公司，对收回的涂装车间涂料废渣，按照特定的工艺进行处理，目前，主要有高温焚烧和再生利用两种途径。高温焚烧在对涂料废渣无害化处理的同时，还可以对焚烧过程中产生的能量进行二次利用。但必须采用专用焚烧设备，以免造成大气等二次污染。尤其是废弃物中含有氯化橡胶、聚氯乙烯和含氟树脂涂料废渣时，焚烧时有氯化氢和氟化氢气体产生，一者注意气体对设备可能造成的腐蚀，二者注意气体吸收工艺和设备，保证腐蚀性气体不进入大气，不造成二次污染。注意焚烧后的灰分中是否有危害物质。在涂料成分中残留的灰分主要是颜料，当含有铅、铬化合物颜料的涂料焚烧时，须进行必要的有关有害物质的分析检查，对灰分单独处理。另外，还要经常注意炉内温度、燃烧温度和燃烧状况，防止异常燃烧，产生恶臭、黑浓烟和二噁英等有害物质。

随着我国循环经济促进法的颁布实施，对涂料废渣回收利用是一重要途径。作者本人对以热塑性树脂、遵循氧化聚合、缩合聚合机理固化树脂为主要成膜物的涂料废渣，通过均质、蒸馏脱水、研磨等工序，进行再生处理，基本恢复其力学性能和化学性能。如果涂装生产线设计时能充分考虑涂料废渣再生问题，使不同颜色涂料废渣不混色，再生后涂料色泽、光泽度等物理性能变化较小。但目前，由于不同颜色涂层的产品在同一生产线完成，造成不同颜色甚至不同主要成膜物涂料废渣混合，再生后涂料颜色暗淡、性能下降，只能用于外观、性能要求不高的零部件涂装。也有采用专用设备，对该类涂料废渣进行高温裂解、得到重油使用的报道，但能耗成本较高。对于用于工程机械等产品涂装的双组分涂料废渣，可以经过粉碎、球磨至 50~100 目，作为减震隔声材料、防水涂料等的填料使用。这些再生措施虽然不能将所有涂料废渣再生利用，但为涂料废渣再生利用提供了很好的发展方向，有待于进一步研究，扩大其用途。

涂装车间清洗喷枪、涂料供给系统等产生的废溶剂也是危险废物，可以通过常压蒸馏装置，分馏提纯，获得几乎无色、清澈的稀料，完全可用于涂料生产。

磷化渣也是涂装企业重要的废渣产生源，其主要成分为磷酸铁、磷酸锌等难溶物及少量可溶盐。目前报道的其主要用途是经再生处理后，制备成环保型防锈颜料，因为磷酸铁、磷酸锌与难溶性硅酸盐等是目前代替含铬颜料的重要防锈颜料，磷化渣在脱出可溶盐后，在一定温度下加热处理，获得具有一定结构的防锈颜料，可用于底漆等涂料生产。

第10章 涂装车间工艺设计

涂装车间设计包括工艺设计、设备设计、建筑及公用设计等。工艺设计是根据被涂物的特点、涂层标准、生产纲领、物流、用户的要求和国家的各种法规，结合涂装材料及能源资源状况等设计基础资料，通过涂装设备的选用，经优化组合多方案评选，确定出切实可行的涂装工艺和工艺平面布置的一项技术工作，并对涂装厂房、公用动力设施及生产辅助设施等提出相应要求的全过程。随着大批量流水线工业生产的出现以及对涂层质量要求的不断提高，涂装工艺及施工手段日趋复杂。涂装车间设计的好坏，不仅影响产品的质量，而且也直接影响工厂的经济效益。现代化的涂装车间除了要具有工业水平高、自动化程度高的涂装设备以确保涂层质量和产量外，还要有完善的环保和消防设施；资源、能源利用合理；物流通畅；涂装成本低；方便生产管理；对不同的涂装材料及不同的涂装对象有一定的适应能力。由此可见涂装车间设计是一项复杂的多专业综合性技术工作，对从事涂装专业的技术人员来说，掌握一些涂装车间设计的知识十分重要。

涂装车间工艺设计贯穿整个涂装车间的项目设计。一般在扩初设计阶段，主要进行工艺设计（或称概念设计）。在对扩初设计方案进行审查论证后，方进入施工图设计阶段。在施工图设计阶段，工艺设计师要对扩初设计进行优化、深化，然后向其他专业设计人员提出设计任务书及相应的工艺资料（有时要向有关的专业公司提出招标书）。在各专业完成总图设计后，要对各专业的设计进行审查会签，必要时要把各专业的设计在平面图上汇总。发现问题及时反馈给相应专业设计人员，进行调整。当某些专业由于某种原因不能满足工艺要求时，工艺设计师应及时拿出调整方案。此外，工艺设计师还要负责各专业之间互提资料的协调工作。在所有专业设计完成后，工艺设计师要绘制最终的安装施工平面图。

在开展设计工作之前，应认真做好资源勘察、地形测量、工程地质和水文地质勘察工作，并参考其他厂家的设计方案，掌握第一手资料。未经勘察，不宜进行施工图设计。大中型项目没有经过主管部门批准的计划任务书和技术设计，不得进行施工图设计。没有施工图，不准施工。改建和扩建工程，必须首先弄清原有工程的设计意图、技术条件、基础资料、施工质量、运行情况和生产使用情况，充分利用原有设备，注重革新、挖潜和改造，并经主管部门批准，才能进行设计和施工。对于小型而且有可靠样板的或简单的项目，可采用设计方案和施工图同时设计或直接进行施工图设计。

10.1 涂装车间设计程序

涂装车间工艺设计是工厂基本建设或技术改造的一部分，其阶段与程序必须遵循我国现行的有关基建与技改的法律、法令、政策及规定。涂装工程设计系统图如图 10-1 所示。它包含两个方面的内容。①设计阶段的划分；②设计程序以及涂装工艺设计与相关各专业的关系，即使单独的涂装车间项目，也存在着这种工作上的配合关系。当项目较简单时，公用专业中的某些部分可由工艺专业人员代替。在进行综合项目设计时，除上述关系外，还有涂装工艺专业与其他工艺专业（如加工、装配、焊接等）的关系问题。这时，需要由项目总设计师（主任工程师）会同各专业，根据实际情况确定相互关系。

图 10-1 涂装工程设计系统图

根据项目的大小、复杂程度、资金来源、主管部门的要求等，涂装车间工艺设计阶段与程序是可以灵活改变的。如项目较小时，可把可行性研究阶段与初步设计阶段"合二为一"，写成"实施方案"文件，等有关部门审查批准后，即可进行施工图设计。有时在设计进程中，也会出现程序之间的交叉重叠现象。特别是随着我国投资体制改革的深入发展，设计阶段和程序也会随之而发生某种程度的变化。

10.1.1 设计前期工作阶段

设计前期工作阶段包括：设计基础资料、规划方案、项目建议书、可行性研究报告。涂装车间建设项目的提出和确定要根据企业的整体发展进行规划，凡是在规划中的建设项目，都要提出"项目建议书"，它是工厂企业根据发展规划，对项目发展总轮廓的说明。"项目建议书"确立后即可编制"可行性研究报告"，由上级主管部门对项目进行评估，论证项目是否符合国家有关产业政策、法令和规定、是否符合行业和地区的规划要求，布局是否合理，技术是否可行，经济效益和社会效益是否良好等，这些都是项目决策的重要依据，也是设计前期工作中的一个重要环节。

10.1.1.1　设计基础资料

原始资料和设计基础数据是进行工艺设计的前提条件，是确定设计原则及设计计算的依据。资料是否齐全、准确，将直接影响设计质量。设计基础资料一般是客户委托设计任务书（或招标书）中提供的，当资料不全时，工艺设计人员应调查清楚。

（1）原始资料

原始资料应在工厂所在地收集或有关部门提供。主要原始资料如下：

① 自然条件　包括涂装车间所在地的夏季室外平均气温及最高气温；冬季室外平均气温及最高气温；四季的空气相对湿度；全年主导风向。在风沙（或灰尘）较大的地区，还包括大气含尘量。

② 地方法规　三废排放的环保法规、安全卫生及消防法规，如果当地没有特殊规定，可采用国家标准。

③ 工厂标准　企业有关涂装设备（或涂装车间）的各种标准。

④ 厂房条件　在进行老厂房改造的情况下，需有厂区总布置图；车间工艺平面布置图；厂房建筑平面图、立面图及剖面图；厂方柱子及柱网基础图；屋架及屋面图等资料。如没有相应图样，则必须用文字予以详细说明。在新建厂房情况下，厂房条件由工艺设计者提出要求，建筑及总布置由设计者确定。

⑤ 动力能源　水、电、蒸汽、热水、煤气、天然气、燃油、压缩空气等可供使用及相应的参数；工业水水质分析报告。在老厂房改造的场合，包括各种管网及动力入口。

⑥ 工厂状况　主要是老厂在改造前的状况（原被涂物的型号、名称、产品质量及生产方式）和工艺水平、特点；原设备状况、安全环保状况、能源利用情况，存在的主要薄弱环节及问题。

⑦ 产品资料　被涂物的外形尺寸、材质、质量、涂装面积、产品图样和被涂物表面状态，被涂物在涂装过程中的状态（是总成还是零部件）和被涂物清单。在扩初设计前，暂无被涂物图样和清单的场合，至少要列出最大件、最重件的名称、质量和外形尺寸。

（2）设计基础数据

设计基础数据是根据原始资料和国家的有关规定及一些常规范例对某些原始资料进行整理或计算，并结合工厂的实际情况，确定一些关键的数据，以作为其他所有计算的基础。有时，这一资料整理计算过程要结合具体的设计方案进行，应认为是设计方案的一部分。

① 车间任务说明　说明涂装车间与相邻车间的关系，工件由哪来到哪去，说明涂装车间所承担的任务内容、范围，说明产品或零件的结构特点及对涂层质量的要求，确定质量标准。涂层质量标准是涂装车间设计的重要基础资料，是选用材料、确定涂装工艺和确定质量检查验收标准的依据。它一般注明在被涂物图样上或产品技术条件中，或标注出新涂装车间的工艺设计按某企业标准、部颁标准执行。

② 生产纲领　生产纲领是指被涂物的单位时间内的产量（年产量、月产量、日产量）。

对大型的被涂物（如汽车车身）常用生产能力来表示，如日产量或多少台/h。

③ 工作制度和年时基数 工作制度是由立法确定一昼夜中工作时间长度，一周中工作日天数，并要求各用人单位和一般职工普遍实行的基本工时制度。根据《国务院关于职工工作时间的规定》，我国目前实行的是每日工作 8h、每周工作 40h 的标准工时制。标准工时是在正常的操作条件下，以标准的作业方法及合理的劳动强度和速度完成符合质量要求的工作所需的作业时间。

年时基数分为工人的年时基数和设备的年时基数。工人的年时基数是指按国家制定的双休日制，以每年 254 个工作日来计算，扣除病、产、事假及其他时间损失后的有效工作时间。设备的年时基数是指以每年 254 个工作日计算，扣除设备检修及其他必要的停工时间损失后的有效工作时间。

④ 生产节奏计算

生产节奏是平均的生产节拍，即每件产品（或每个挂具）间的间隔时间。可按式(10-1)计算：

$$T=tk/M \tag{10-1}$$

式中　T——生产节奏，min/件、min/台；

　　　t——设备年时基数，min；

　　　k——设备利用系数，80%～90%；

　　　M——生产纲领（台/年，挂具/年）。

生产节奏是涂装车间的重要基础数据，根据它和每套产品的涂装工作量的大小，选择涂装车间的生产方式和涂装工序间的运输方式。

10.1.1.2　项目建议书

项目建议书是工厂企业根据市场发展需要和长远规划的要求，经过调查、预测、分析，提出拟建项目的建议报告。它可以在立项决策研究前，对论证项目的必要性提出建议，并对项目的可行性进行初步的分析。

项目建议书一般应包括以下主要内容。

① 项目名称 项目的主办单位及负责人。

② 项目内容及申请理由 说明拟引进技术名称、内容及国外技术差距和概要情况。进口设备要说明拟进口的理由，概要生产工艺流程和操作条件，主要设备名称、简要规格、数量以及与国外技术差距和概要情况。

③ 进口国别与厂商 要把拟探询的国别厂商名称写全。包括外文全称。

④ 承办企业的基本情况 说明企业名称、地址及企业概要基本情况。

⑤ 产品名称、简要规格与生产能力及其销售方向。

⑥ 主要原材料、电力、燃料、交通运输等方面的近期和今后的要求与已具备的条件。

⑦ 项目资金的估计与来源。

⑧ 项目的进度安排。

⑨ 项目的技术、经济分析。

10.1.1.3　可行性研究报告

可行性研究是在已经批准的项目建议书的基础上进一步对该项目进行调查研究，对可行性做出较为切合实际的结论。

可行性研究报告应包括以下主要内容。

① 总说明　包括项目名称；项目的主办单位及负责人；可行性研究工作的主要负责人和经济负责人名单；项目建议书的审批文件；可行性研究的总的概况、结论与建议。

② 承办企业的基本情况与条件。

③ 生产规划　产品的名称规格、技术性能与用途。

国内需求情况调查、研究与预测，如历年有大量进口的，附最近十年来的进口统计。国外市场情况的调查研究与预测，进入国际市场的设想与措施。国内（外）产品销售价格的调查、研究与分析。全年国内（外）需要的估算。产品生产能力的选定；说明几个可供选择方案的比较与论证；选定的倾向。全年的产品产量与国内（外）销售量规划。

④ 物料供应规划　包括原材料、半成品、配套件、辅助材料、维修材料、电力、燃料及其他公用设施等的使用、来源、价格。物料选用的几个可供选择方案的比较与论证，选择的理由。全年的物料供应量规划，其中进口部分需明确。

⑤ 厂址选择　包括厂址和其自然、经济、社会、交通运输等条件的概述，几个可供选择方案的比较与论证，选定的理由。总平面布置的几个可供选择方案的比较与论证，选定的理由。

⑥ 技术与设备　技术选定的几个可供选择方案的比较与论证，选定的理由。技术的来源国别与厂商。技术转让费用的估算。设备的选用，主要生产设备与辅助设备的名称、型号、规格、数量，几个可供选择方案的比较与论证，选定的理由。进口设备的来源国别与厂商。设备费用的估算。

⑦ 生产组织、劳动定员和人员培训计划。

⑧ 环境污染的防治。

⑨ 项目实施的综合计划　包括询价、谈判、签订合同、工程设计、技术与设备的交付、工程施工、调试与试生产进度以及正式投产年月、建筑安装工程内容和工作量、施工力量的安排与施工组织规划。

⑩ 资金的概算和来源。

⑪ 经济分析　生产成本与销售收益的估算。

10.1.1.4　编制实施方案

项目建议书批准后或纳入技术改造计划的项目，应组织力量编制实施方案，其主要内容如下：

① 措施的依据（经上级批准的项目建议书等文件）。

② 措施的指导思想。

③ 措施项目的规模及主要内容。

④ 原材料、燃料、动力等的用量及其来源。

⑤ 生产工艺流程。

⑥ 主要设备选型及配套。

⑦ 辅助、公用工程及总图运输。

⑧ 主要建筑物及构筑物以及与主体工程相配套的生活福利设施。

⑨ 新技术、新工艺、新设备及新材料的利用。

⑩ 综合利用及三废处理。

⑪ 项目总投资（设计预算）及资金来源，外汇来源及年度计划数。

⑫ 各项经济技术指标和经济效益数据，还款期限。

⑬ 建设顺序及期限。

⑭ 工程概算一览表及项目翻建平面图。

⑮ 项目申请单位及项目负责人签字。

⑯ 附件。项目建议书。可行性研究报告。

10.1.2 设计任务书

设计任务书也称为初步设计。编制设计任务书，是进行基本建设的基础和进行设计的依据。设计任务书是一项指令性的文件，大中型的建设项目，都必须具有经过批准的设计任务书，才能据此进行设计。因此一定要把设计任务书编写成一份完整的文件。

涂装车间设计任务书一般应有以下主要内容：

① 编制依据 引用上级批准的"可行性研究报告"和相关部门同意该项目立项进行建设的文件，并将日期、文号、主要内容和建设意义写出，同时说明建厂理由。

② 建设项目名称和厂址 一般建设项目名称早已确定，如需修改，应附修改项目名称报告。厂址应有用地原则协议书或当地上级有关领导部门批准的厂址报告。如果厂址尚未选定，则附厂址选择报告，以便上级在批复设计任务书时一并将厂址确定下来。

③ 建设规模、产品品种和生产方法 建设规模应根据产品品种和计划产量拟定，但这里只要估计数。如有分期建设或分期投产的，要将分期建设规模、投产品种和远景发展规模加以阐明。生产方法要说明采用的工艺技术依据，如工艺要求、工艺种类和质量要求等。

④ 主要原材料、燃料和动力（水、电、气）供应来源 说明所需要的大概数量和供应方法，要根据地区平衡，遵循就地解决的原则，提出具体的定点供应原材料、燃料、动力等的单位与部门，最好附供应协议书。

⑤ 交通运输 说明建成后的总运输量和解决运输的方法，以及相应配合的外部工程项目。

⑥ "三废"治理和综合利用 要提出防止"废水、废气、废渣"公害的原则，提出回收利用的建议和"三废"处理意见。

⑦ 建设进度。

⑧ 投资估计 提出建设项目总投资的估算数，并说明估算的主要依据。

⑨ 人员估计 提出全厂需要人员的估算数或增加数，并说明估算的主要依据。

⑩ 有关协议和附件 说明所附的各项协议文件，如采用国外引进设备，要附国家批准的有关文件。

⑪ 扩建和改造 扩建项目和改造项目的设计任务书内容，还应当说明原有固定资产的情况和利用程度。

⑫ 设计单位和设计进度 标明总体设计单位、分项设计单位和设计阶段的要求进度。

10.1.3 技术设计

技术设计也称为扩大初步设计。技术设计应根据批准的设计任务书和可靠的设计基础资料进行。技术设计的内容应有足够的深度，以满足主要材料、设备订货、控制投资、设计审查、定员以及准备等方面的需要。

在设计中应积极采用高新技术，但要"坚持一切经过试验"的原则，各项高新技术，只有在经过试验，做出技术鉴定后，才可在设计中采用，不成熟、不稳妥的技术，不能在设计中采用。

技术设计是工程设计中的重要环节，是确定各项技术问题、政策原则、方针措施的一项具体工作，是表面处理技术人员必须掌握的知识之一。

技术设计的各项内容，一旦经上级审批决定，在下一阶段施工图设计中，不得随意修改。如确实需要修改其中某项内容，一定要事先征得有关部门或上级审批单位的同意。从责任角度来讲，技术设计是对各有关部门和上级领导机关负责，施工图设计则对施工单位负责，二者内容各不相同，要求也不一样，因此技术设计是关键性的一个阶段，是解决技术问题，贯彻政策原则，明确方针措施的决策阶段。

工艺说明书内容包括以下几方面：

（1）概述

在概述中，应包括车间概况及特点、车间组织和任务、工作制度等。

（2）生产流程

按生产工序，叙述零件加工经过所需的工艺设备的顺序及成品的去向，产品及原料的运输方法和储备方式。

（3）具体事项

工艺说明书中还应包括如下一些内容：成品、原料、辅助原材料及中间产品的主要技术规格；生产用水及动力消耗量；主要设备的选型和计算；定员情况；对厂房建筑、采暖通风、动力设施、配电照明和给排水等专业，协商提供设计依据和资料，协助各专业进行具体设计；存在问题及解决意见；投资概算和技术经济指标。

（4）图表

技术设计中的图表主要包括：表面处理任务表和生产纲领表；工艺流程图，包括工艺过程、设备名称、所需工艺条件等；工艺设备平面布置图；工艺设备表。

10.1.4　施工图设计

施工图是指导基建施工的具体资料。施工单位要按图施工，因此，设计工作必须保证施工图达到施工安装的要求和深度，从而保证施工安装的质量。

工艺部分施工图设计，包括施工设计说明书、设备安装施工说明、管道安装施工说明、生产管道安装布置图、生产设备安装布置图和其他各种图纸等。

10.1.4.1　施工设计说明书

施工设计说明书中应详细说明下列几点：

（1）设计依据

在设计依据中，应说明根据什么进行施工图设计，例如：根据批准的技术设计或修改批准文件、技术试验资料等，说明施工图对技术设计内容的修改部分。同时，还应指明订购设备所得到的技术数据与技术设计的不同之处。

（2）施工图组成

施工图由以下内容组成：工艺管道安装布置图（包括系统图、平面图、剖面图）；工艺设备安装布置图（包括平面、剖面布置图）；管道安装，设备安装局部详图；有关专业施工图设计图纸。

另外在施工设计说明书中还应包括：附表（如设备一览表、材料一览表等）、该项工程全部施工图目录。

10.1.4.2　安装施工说明

安装施工说明的目的是表达设计中对管道及设备施工安装的要求，以满足工艺生产及使用需要。其具体内容包括：管道与设备施工安装图表种类、用途及其相互关系的说明；设计图纸上表示方法的说明；设计图纸中一般技术条件的说明；管道与设备施工安装的结尾工作。

10.1.4.3　安装施工图

在安装施工图中，一般包括以下几方面的内容。

（1）首页图

首页图需要说明本项工程在总平面布置中的位置，工程与外界的关系及施工图纸的名称、图号等。内容有：在总平面布置中的位置与外界关系、坐标方向、车间内部各部分的名称及位置、与外界连接部分的位置及尺寸（如给水管道、下水管道、蒸汽管道等）、施工图纸的名称及图号。首页图可按 1：500 比例绘制。

（2）生产设备安装布置图

生产设备安装布置图中应标明工艺生产所需各项设备的具体定位、相互关系及为工艺生产服务所需的各项设备，借以进行生产设备的安装，并为进行建筑、电气、采暖、通风、生活区等设计提供具体资料。生产设备安装布置图可按 1：50 或 1：100 的比例绘制。内容如下：

① 工艺设备　标明全部工艺设备的主要特征及外貌，特别注意最长、最宽和最高部分，显示工艺设备主要特征的部件，应注明规格尺寸；标明生产所需的附件、操作走台、防护栏杆、沟道、地坑等；移动设备，如有其工作范围，则需标明工作范围，并表示其工作的极限位置；设备基础可见部分应表示清楚；在平面布置图上，为便于查阅设备和电动机详细规格，全部生产设备及电动机均需编号，一般以工艺流程先后，分工段顺序编号；电气、采暖、通风、消防等所需设备，必要时可根据各专业提供资料，以细线简单表示之。

② 尺寸　全部固定的工艺设备，均需按照设备中心，标注定位尺寸。主要设备以最靠近的柱、墙轴线作为依据进行标注，附属设备以主要设备定位进行标注。高度尺寸一律注在平面图上，设备所在平面的高度，用标高符号以相对设计标高标注，在相对设计标高的±0.0处，需以括号标明其绝对标高。进出车间的清水总管、蒸汽总管、排水沟管等，均以建筑物坐标轴线为依据，标注定位尺寸。车间内部沟道、地坑等，均需标注位置坡度、坡向、大小、深浅等尺寸，并在有坡度的地坪场所标以坡度要求及坡向。

③ 建筑物　以细线将建筑物主要部分（如柱、墙、窗门、楼板、屋盖等）简单表示之，注明坐标轴线的编号及间距尺寸，注明各层平面标高、各层内净高度、檐顶高度等尺寸，工艺生产所需孔、道，应注明大小尺寸。

（3）生产管道安装布置图

在生产管道安装布置图中，要求标明全部生产管道布置情况及其安装尺寸，以便据此进行安装，可按1：20 或 1：50 比例进行绘制。

① 生产管道安装布置总图　应标明全部生产管道，即由总管进入车间起，至使用地点为止，或从一台设备到另一台设备，来龙去脉，交代清楚。标明主要管道的定位尺寸或关系尺寸，以及高低尺寸。标明各管道的介质、材料、大小、流向、坡度和安装方法，并加以区别。标明管道支、吊架的形式、位置及其图号，并按不同管径、材料、形式列表汇总数量。其他专业（如暖风、热力、生活）的有关主要管道，以细线在所在位置简单标明，并要求协调，以避免发生各类管道相碰而造成施工、安装中的困难。图中建筑的绘制要求和标高，与设备安装布置图相同，工艺设备只以细线简单标明，但需标明名称。

② 生产管道安装布置分图　根据安装布置总图，按不同输送介质，分别绘制分图，详细标明安装要求。其内容要求如下：视管道布置繁简情况，按一种介质系统或几种相近介质系统绘制分图，标明本系统的管道和附件布置情况及其安装尺寸，标明管道安装定位尺寸，以有关设备中心及最近柱、墙轴线为基准标注之。管道安装布置平面图上，只注平面定位尺寸或关系尺寸，立面图上只注其高低尺寸，架空管道可以从楼板底或屋盖底标注尺寸。标明管道的管径、坡度，标明特殊管件或附件的供图图号及必要说明，按相同规格、相同材料，将管道及其附件进行编号。图中建筑物的绘制要求和标高，与设备安装布置图相同，工艺设备只以细线简单标明之，但需标明名称。其他专业设计的管道，需自生产管道系统中引出时，应根据资料引至使用地点，并加以说明，材料一并统计在内。

③ 特殊管、管道、支架详图　凡非标准和特殊管道连接件或特殊用途管道，均需绘制详图，以供制造用。管道支、吊架，均需提供制造详图。

④ 生产管道系统图　按生产管道安装布置分图绘制相应的系统图，借以说明本系统管道的分布和管件、管径规格、流量技术条件等，有关设备亦需以示意图表示，并注明其名称。

⑤ 管道材料明细表　应标明全部管段、管件、附件、仪表、安装、油漆、保温、支吊架等所有材料的名称、规格、材料要求、单位、数量及来源等。

（4）个别设备安装及简易设备详图

标明个别设备的安装尺寸、安装方法和简易工艺设备的制造详图。

① 个别设备安装的详图，均需详细标明安装方法及安装尺寸，以供制造有关部件，并进行安装。

② 简易设备详图系指一般工艺生产需要的箱、槽、桶等简易设备的制造详图，供施工安装单位备料、制造用。

③ 构筑物附件（如管道连接管件等）的安装，简单者可在管道安装布置分图中以详图标明之，需预埋者则在提交土建的构筑物资料图中标明，不能在上述图中标明时，则单独绘制安装详图，不论在何处标明，均需注明其附件的制造详图号。

（5）资料图

根据生产设备及生产管道的布置安装要求，向土建专业提供有关设计资料，以利于土建工程设计。

① 工艺设备基础沟道布置图　按 1∶50 的比例绘制，图中应标明全部工艺设备的构筑物基础和沟道的布置情况，其定位尺寸需与工艺设备安装布置图一致。构筑物需标明其形状，设备基础标明其定位轴线，并以"＋"表示基础螺钉留孔位置，沟道需标明其大小、深浅、坡向、坡度。构筑物与设备基础均需标明其施工详图号，建筑物要求和标高，均与生产设备安装布置图相同。其他专业的设备基础、特殊构筑物、沟道等，在取得有关专业的资料后，一并由土建汇总，以利协调。

② 特殊构筑物图　按 1∶10 或 1∶20 的比例绘制。标明各部分结构及工艺要求和尺寸，注明配件图号，预埋件需标明预埋要求，其他特殊要求必须详加说明。

③ 单台设备基础图　按 1∶10 或 1∶20 的比例绘制。表示设备基础的外形、尺寸及竣工高度要求，标明设备基础的螺钉留孔、分布尺寸及留孔大小和深度尺寸，标明设备定位中心与基础定位中心的关系，标明安装设备的图号及型号、构筑物与设备基础或设备基础相互间关系。

④ 留孔图　按 1∶50 的比例绘制。标明建筑物柱、墙、梁、板各部分的生产设备、管道安装留孔分布情况及其位置尺寸、留孔大小尺寸，预留孔比较集中、数量较多并在施工有困难时，可合并为大孔，安装后视需要填补之，留孔图需与其他有关专业的留孔要求取得协调。

10.2　涂装工艺设计

涂装是物体表面的最终修饰，涂装质量的优劣对物体的价值有直接影响。影响涂装质量优劣的三要素是涂料、涂装技术（方法、工艺、涂装设备及环境）和涂装管理。三者是互为依存的关系，忽视哪一方面都不可能达到良好的涂装效果。

涂装工艺设计主要包括：涂料品种的选用，涂装方法的选定和涂装工艺制定三方面内容，涂装设计通常可划分为以下几个阶段。

第一阶段，明确涂装目的即涂装标准或等级，查清涂装时的条件、底材的种类。涂装目的取决于被涂物的条件，如：

① 被涂物的使用条件（使用目的、被涂物的大小和形状、数量、使用年限、经济效益等）。

② 被涂物的环境条件（即被涂物在使用过程中所处的环境条件）。外界因素的影响包括：被涂物所处位置（室内还是户外、地上、地下或水中、淡水、海水、溶液）；环境外界的影响（空气、水分、温度、光源、化学药品、海盐粒子、电流、尘埃等其他物质）；被涂物自身的条件（底材的种类和性质，被涂物被涂面的状态）。

第二阶段，根据第一阶段所得情况，选择性能和经济上适宜的涂料。所选用涂料的基本条件应符合：与被涂物底材相配套，在被涂物所处的环境下，保持适当的性能；与被涂物的涂装条件相适应。

第三阶段，根据涂装场所、被涂物的形状、大小、材质、产量、涂装品种和涂装标准等关系，选定合适的涂装方法。涂装方法的种类很多，要选择适当，必须充分了解各种涂装方法的特性，并熟知哪种涂装方法最适应该被涂物。

第四阶段，根据涂料、底材、涂装环境、涂装方法、资源利用和污染等制定多种方案进行比较，通过价值工程计算，最后选定作业条件。这两项对所形成涂层的性能影响很大，所以与涂料选择同样重要。

10.2.1　涂装工艺设计的内容

① 统计涂装件的种类及数量，确定车间任务、生产纲领、生产制度。

② 确定涂装生产线运行方式　按涂装件的尺寸、结构、形状、材质等以及适应涂装工艺要求确定涂装件通过生产线时的输送装挂方式（装挂空间）和装挂间距。根据生产节拍和装挂间距，确定涂装件的搬运方式和输送速度。

间歇式生产按生产节拍运行；连续式生产按式(10-2) 计算链速：

$$V=L/T \tag{10-2}$$

式中　V——链速，m/min；

L——装挂间距，m，以工件在运行过程中，不相碰撞为原则；

T——生产节拍，min/件，min/台。

③ 根据材料加工特点、产品质量要求，确定涂装工艺流程及工艺参数（处理方式、工

艺时间和温度等），同时选定涂装材料的类型和涂装设备的类型、规格型号。

④ 按上述确定的工艺流程和用户提供的现场条件（如厂房、气候、能源等）绘制工艺平面布置图。

设计顺序如图 10-2 所示。工艺平面布置图至少应有三版：扩初设计、施工设计、安装施工。

图 10-2　工艺布置设计顺序

⑤ 确定编写涂装工艺文件（或招标书）　工艺设计文件一般包括工艺说明书、平面布置图、设备明细表、工艺卡等。在说明书中要对工厂（车间）现状、新车间的任务、生产纲领、工作制度、年时基数、设计原则、工艺过程、劳动量、设备、人员、车间组成及面积、材料消耗、物料运输、节能及能耗、职业安全卫生、环境保护、工艺概算、技术经济指标等进行全面的描述，并列出相应的技术数据。

向其他专业要提供的资料，主要有设备设计任务书，动力用量（水、电、蒸汽、热水、压缩空气、煤气、天然气、燃油等）及使用点，废水、废气、废渣排量及排放点。对建筑、采暖通风、照明等要求的资料。

10.2.2　涂层分类

各种产品一般都有涂漆标准或技术要求，如汽车、轻工（自行车和缝纫机）、建筑、电器、飞机、船舶、兵器等都有统一的涂漆标准，根据被涂物对外观装饰性的要求、涂层的使用条件和涂层的性能，一般可将涂层分为下列五种类型。

（1）高级装饰性涂层

涂层外观极漂亮，镜物清晰，光亮如镜，色泽鲜艳或表面平整光滑无光，涂面应无肉眼能见的缺陷（划伤、皱皮、小泡和难看的橘皮等），漆膜坚硬，供户外使用时还应具备足够好的耐候性和耐潮湿性，这一涂层也称为一级涂层。一级涂层一般是由底漆、中间涂层和2~5 道面漆配套组成，有时还采用抛光打蜡等工序来提高涂层的装饰性。

按一级涂层涂装的产品有：高、中级轿车车身，钢琴，各种仪器仪表，计算机，缝纫机，高档自行车，高级木制家具，家用电器等。

（2）装饰性涂层

又称二级涂层，装饰性、平滑度较一级涂层稍差，有细小缺陷，但外观应漂亮，色泽鲜艳，涂层的力学性能甚至优于一级涂层，供户外产品使用时应具有优良的耐候性、耐潮湿性。二级涂层一般由 1 道底漆，2~3 道面漆配套组成。

按二级涂层涂装的产品有：载重汽车和拖拉机的驾驶室及覆盖件，自行车，机床，火车车厢，公共汽车等。

（3）保护装饰性涂层

又称三级涂层，这一涂层是以保护性为主，装饰性次之。涂层表面不应有皱纹、流痕、针孔和影响涂层保护性能的夹杂物、垃圾等。这种涂层应具有较好的耐腐蚀性、耐潮湿性，户外使用应具有较好的耐候性。三级涂层一般是由 1 道底漆、1～2 道面漆配套组成。在个别情况下，涂层的道数可根据涂料品种和涂层的使用条件增加。

按三级涂层的涂装物有：工厂设备，集装箱，农业机械，管道，钢板屋顶，汽车和货车等。

(4) 一般保护性涂层

主要是供一般防腐蚀用，对装饰性无要求，一般 1～2 道漆，厚度在 $20～60\mu m$ 范围内。这类涂层使用于外观无要求，使用条件不十分苛刻的制品或部件涂装使用。

(5) 特殊保护性涂层

它是对物件起特殊保护作用的涂层，从广义上来讲，绝缘、耐酸、耐碱、耐盐水、耐化学试剂、耐油、耐热、防污、防霉等涂层及水下、地下用的防腐蚀涂层均属于这一类。

这一类涂层的主要功能是保护底材，使其能够耐某种介质的浸蚀或起到绝缘作用，涂层的完整性是这一类涂层的施工重点，一般都采用多层涂装。如耐化学试剂涂层需涂底漆、面漆、清漆十多道；又如输油管道涂装，为提高涂层的强度和厚度，边涂边包裹玻璃纤维布，再在玻璃布上涂几道漆。

还有的涂层外表具有皱纹、锤纹、冰纹等，称为美术装饰涂层，或具有能示温、夜光等特种功能的涂层。

10.2.3 涂料选用

为使涂层具有所需的保护性和装饰性，必须首先正确选择涂层体系，即正确地选择底漆、中间涂层（或刮腻子）和面漆用的配套品种。在选择涂料时，必须从下列特性考虑。

① 颜色外观和漆膜力学强度应满足产品设计要求，并在其使用过程中耐久稳定，应耐使用环境介质的侵蚀。

② 对被涂表面应具有优良的附着力。

在多层涂装场合各涂层间的配套性应良好，涂层间应具有良好的结合力，并且应该相互增强，不因配套不良而引起涂层弊病。如在选择底漆材料时，底漆对被涂底材应具有优良的附着力，而且与中间涂层的结合力也应良好。同时，还应注意底漆对底材不应产生副作用，如铝制品的底漆应采用铬酸锌系颜料，如错用铅系颜料，则不仅起不到防腐蚀作用，反而促进底材的腐蚀。

在涂层的配套方面，还应注意各涂层的硬度和烘干方式的配套。底漆的硬度与面漆的硬度应相仿或略高，如在硬度低的油性漆底层上涂硬度高的短油度合成树脂面漆，则易引起面漆早期开裂。在烘烤型涂装场合，底漆的烘干温度（或耐温性）应高于面漆的烘干温度或相仿，反之，易产生涂层过烘干现象。

③ 所选用涂料的施工性能、干燥性能、涂装性能等应与所具备的涂装条件相适应。

涂料的干燥速度（自干或烘干）在流水线的工业涂装中具有极其重要的意义。从节能角度来考虑，在综合平衡的前提下应尽可能选用低温烘干型涂料。为获得一级涂层的装饰性，应选用具有优良打磨和抛光性能的涂料。在工业涂装中要求选用的涂料能适用于高效涂装法（如静电喷漆法、电泳涂装法等），如果选用受涂装方法限制的涂料，则在涂装设计中要全面地分析权衡涂装方式、涂料的品质和被涂物。

④ 要考虑所要求的漆膜性能和经济性，选用在价值工程计算中功能值高的涂料，即选

用价廉物美的涂料品种。

应注意在高效的工业涂料中材料成本费用占的比例较大，但也要注意漆膜性能与材料价格之间的合理性。应考虑漆膜对产品的商品性影响，如果所选用的涂料质低，则可能引起涂层的早期损坏而返修，给用户和社会造成更大的浪费，尤其是修补涂装的工本费用远远超过涂料的费用，因此采用价格贵一点但性能较好的涂料还是有益的。

⑤ 对于涂料的毒性和涂装污染问题也应给予足够的重视，在涂装设计中应尽可能选用毒性小、低污染或无污染的涂料（如水性涂料、粉末涂料、高固体分涂料等）。

随着工业的发展，水质和大气的污染，引起了社会的重视，许多国家和地区都已制定了环境保护法规。涂装工厂是污染源之一，如无可靠的环境保护措施，就不允许建厂。在涂装设计时，选用低污染或无污染的涂料是防止涂装污染的根本性措施之一。

涂料选用的恰当与否直接影响所形成的漆膜性能，所以十分重要。涂装设计人员应熟悉各种涂料的特性、用途及其配套性和施工性能，正确合理地选用好涂料。还应参照兄弟单位的经验和国内外先进的涂装技术，逐项仔细分析权衡所选用涂料与被涂物、涂装方法、涂装条件等之间的复杂关系。在无经验可借鉴的场合，应通过相似条件的涂装试验，再选择涂料。

10.2.4　涂装方法的确定

涂装方法有几十种，而且随着工业发展的需要和更新，还在不断发展新的涂装方法。涂装方法一般根据涂料的物性、施工性能和被涂物的类型、大小、形状及生产方式（涂装条件）来选择。涂装方法是涂装工艺设计的主要工序之一，选择恰当与否直接影响涂层质量、涂装效率和涂装成本，因此它与涂料的选用一样重要。

为便于涂装工艺人员选择，现将涂装方法的种类、特征和适用范围等归纳于表 10-1 中，主要涂装方法按表 10-2 进行分类。

涂装方法是指将涂料薄而均匀地涂装在被涂物表面上的工艺。在近百年的涂装史中，尤其是近一二十年以来，随着工业生产的发展和技术的进步，新型涂料的出现和对涂层质量要求的提高，涂装方法取得了很大的进步，发生了显著的变化，并已逐步向自动化、无污染和高效率化的方向发展。

在指定涂装工艺时，正确的选择涂装方法极为重要。它直接影响涂层的质量和涂装效率。因此只有熟悉涂料和掌握涂装方法及相应器械的基本知识才能正确选择。涂装方法和涂料及被涂物相互适应关系列于表 10-3 中。

表 10-1　涂装方法的种类及特征

涂装方法	方式	适用的涂料			特征	适用范围（被涂物）	作业效率	设备费
		溶剂蒸发速度	黏稠度	种类				
刷涂	使用刷子	挥发慢的好	稀稠均适用	调合漆、合成磁漆、其他水性漆	一般	一般都适用	小	小
刮涂	使用刮刀	初期挥发慢的好	塑性流动大的涂料	各种腻子类	一次能涂得较厚	比较平滑的被涂物	小	小
空气喷涂	用压缩空气雾化涂料喷涂	挥发快的较好	触变性小的涂料	挥发性涂料（硝基漆）	膜厚涂得均匀，稀释剂用量大	一般都适用	大	中

续表

涂装方法	方式	适用的涂料			特征	适用范围（被涂物）	作业效率	设备费
		溶剂蒸发速度	黏稠度	种类				
高压无气喷涂	给涂料加高压，由特殊喷嘴喷射雾化	挥发稍慢较好	触变性小的涂料	挥发性涂料（硝基漆）	喷雾的反弹少	一般都适用	大	中
高压无气热喷涂	涂料加热和靠泵加压喷射	挥发稍慢较好	触变性小的涂料，热时流动性好的涂料	挥发性涂料（硝基漆）	能厚膜涂装、节约稀释剂	中型物件	大	中
热喷涂	用加热器将涂料加热后喷涂	挥发稍慢较好	触变性小的涂料，热时流动性好的涂料	挥发性涂料、磁漆	能厚膜涂装、白化少	一般都适用	大	中
淋涂	将涂料浇流到被涂物上	挥发稍慢较好	有塑性流动的涂料	沥青涂料、磁漆底漆类	涂料用量小，易产生漆膜厚薄不均	中型物件	大	中
幕式淋涂	涂料幕状流下，被涂物在下移动	挥发快的较好	触变性小的涂料	硝基漆、磁漆	涂料损失小	平面被涂件	大	大
静电涂装	静电场雾化涂料，被涂物被吸引	挥发慢好	触变性小的涂料	磁漆	涂料损失小	金属制品均好	大	大
电泳涂装	被涂物在水性涂料中，通电涂装	无关系	无关系	水性涂料	节约涂料	汽车车身等	大	大
浸涂	被涂物浸入涂料中	挥发稍慢的好	具有塑性流动的涂料	沥青涂料、磁漆	作业简单、有流痕	复杂型工件、小型物件	大	大
转鼓涂装	被涂物装入涂料容器中，转动涂装	挥发快的较好	低黏度、有塑性、流动性好的涂料	磁漆	均匀地厚涂	形状复杂的极小型被涂物	中	小
滚筒涂装	通过金属、橡胶滚筒将涂料转动而涂装	挥发稍慢较好	需一定的黏度	磁漆	节省涂料，涂膜厚度均匀	胶合板等	大	大
离心力涂装	浸入涂料中，靠离心力除去多余的漆	挥发稍慢较好	稀稠均适用	磁漆	小型物品的临时涂装，且涂膜不黏附	极小型物	中	小
粉末涂装	靠静电涂装	无关系	加热时具有流动性	粉末涂料	不用稀释剂，涂料损失小	金属网、其他金属制	中	大

表 10-2　涂装方法一览表

分类	涂装方法	所用的主要工具和装备
手工工具涂装	刷涂 揩涂 滚刷涂 气溶胶喷涂 刮涂	各种刷子 棉布包的棉花团 滚筒刷子 气溶胶罐及涂料 刮刀
机动工具涂装	空气喷涂 无空气喷涂，高压、低压 热喷涂 转鼓涂装	各种喷枪、压缩空气机、轴漆装置 无空气喷涂装置 油漆加热器，其他与上述两者相同 滚筒

续表

分类	涂装方法	所用的主要工具和装备
器械装备涂装	抽涂（又称挤压涂装） 滚筒涂装（滚涂） 离心涂装 浸涂 淋涂 幕式涂装 静电喷涂：手提式、固定式 自动喷漆：往复式、机械手式 电泳涂装：阳极、阴极 化学泳涂流 粉末涂装：热熔融法、静电涂装、黏附法	抽涂机 滚涂机 离心涂装机 浸涂设备 淋涂设备 幕式涂装机 静电喷枪、高压带电发生器 自动涂装机或机械手 电泳涂装设备 化学泳涂设备 各种粉末涂装机

表 10-3　涂装方法和涂料及被涂物相互适应关系

涂装方法	油性调合漆	醇酸树脂漆	硝基漆	氨基醇酸树脂漆	热固性丙烯酸树脂漆	过氯乙烯树脂漆	环氧树脂漆	苯乙烯改性醇酸漆	有机硅树脂涂料	不饱和聚酯漆	水性涂料	粉末涂料	家庭用具	铁道车辆	机械	家用电器	金属制品	船舶	铁制大型构造物	木工制品	建筑物	道路车辆
刷涂	⊙			⊕		⊕	⊕			○	⊕		○	○	○				○	○	⊙	○
滚刷涂	⊙													○			○					
空气喷涂	○	⊙	⊙	⊙	⊙	⊙	⊙	⊙	⊙	⊙	⊕		○	○	○	○	○	○	○	○	○	○
无气喷涂		○	⊙	⊙	⊙	⊙	⊙				⊕						○		○			○
静电喷涂			⊕	⊙	⊙		⊙	⊙			⊕			○		⊙	⊙					○
淋涂		○		○							○					○	○					
滚涂				○	⊙	○				○	○						○					
浸涂		○								⊙	○						○					
电泳涂装											⊙						○					⊙
粉末涂装												⊙					○					○

注：⊙最适宜，○可使用，⊕需调整后才能使用，无符号者不能使用或效果不佳。

10.2.5　涂装的主要工序

一般的涂装工艺包括涂装前处理、涂底漆，涂中间涂层、打磨、涂面漆、漆膜干燥等工序。

（1）涂底漆

直接在被涂物表面涂装第一层涂料的工序称为涂底漆（俗称"打底"）。涂底漆的基本目的是在被涂物面与随后的涂层之间创造良好的结合力；涂底漆应紧接着漆前表面处理进行，两工序之间的间隙时间应尽可能短。正确的选用底漆及其涂装工艺，对于有效防止金属件腐蚀和延长涂层的使用期具有极重要的作用。在选择底漆时必须考虑到被涂物的材质特性，与中间层或面漆的配套性。如果考虑不周，可能促进底材的腐蚀或涂层的早期破坏。对黑色金属适用的底漆，可能完全不适用于有色金属制品；适用于金属件的底漆，可能完全不适用于塑料制品打底。因此，在选择底漆时除考虑上述两方面外，还必须熟悉各种底漆材料的特性及其适用范围。

底漆是直接涂装于被涂物上的涂料，在设计配方时就应考虑到它必须具备下列性能：

① 对底材应有很好的附着力，并应具有极好的力学强度。

② 底漆本身必须对底材具有良好的保护性（如是金属腐蚀的阻化剂）和不起坏的副作用（如咬底作用和促进腐蚀作用等），应具有较好耐潮湿性和耐化学药品性。

③ 必须能为随后的涂层创造良好的基底，即与中间涂层或面漆的配套性良好。不应含有能渗入上层涂层而引起漆膜弊病的物质，如底漆中不应含有易渗入上层涂层，易产生"渗色"的有机颜料或色素，又如沥青底漆中不应含有能阻碍油干燥的酚类物质。

④ 底漆应具有良好的施工性能（涂装性和干燥性能）。随着工业现代化已进入大量流水生产，这点显得越来越重要，要求能适应自动化的涂装工艺（如电泳涂装，浸涂等）。

因底漆一般不直接裸露在大气中，所以对耐候性等一般要求不高，仅在底面合一（单层涂层）方面要有所考虑。

主要的底漆种类有：硝基底漆，油性底漆，酚醛树脂底漆，醇酸树脂底漆，氨基醇酸底漆，乙烯基类底漆（包括过氯乙烯和聚丁二烯底漆），环氧树脂底漆，氨基甲酸酯底漆，聚酯底漆，锌铬黄底漆，红丹底漆，锌粉底漆，铁红底漆，防锈底漆，磷化底漆，电泳底漆，浸用底漆，喷用底漆。

根据底漆的防腐蚀功能不同，金属用底漆可分成五种类型。

① 隔离型底漆　由惰性颜料和在涂层使用环境中稳定的各种成膜物质制成。它仅起机械隔离保护作用，对底材金属几乎不起化学作用，因此适用于各种金属。常用的各种铁红底漆和沥青底漆就属于这一类型。供水下和地下金属防腐蚀用的煤焦油沥青清漆和环氧煤焦油沥青漆也属于这一类型。

② 含碱性颜料的底漆　碱性颜料的作用有两个方面，一是与油性基料或含羧基的成膜物质形成相应的皂类（或复杂的化合物），因而能提高涂料的耐水性，二是碱性颜料能提高渗过涂层水膜的 pH 值，因而起到阳极阻化作用。含有红丹、碱式碳酸铅、碱式硫酸铅、锌白等的底漆就属于这一类。在铁红底漆中添加适量的锌白，能显著地提高底漆的耐腐蚀性，也是基于这一理由。

③ 钝化底漆　它是最普及的含有钝化颜料的防蚀底漆，常用铬酸系颜料，含对黑色金属起钝化作用的过氧化铅的红丹也属于这一类型。

作为钝化颜料用得最广的是锌铬黄，它对黑色金属或有色金属都有很好的防腐蚀性。因铬酸盐具有部分水溶性，所以能在金属表面形成钝化状态的氧化膜，而产生阳极的阻滞作用。

④ 屏蔽底漆　在屏蔽底漆中应用比钢铁电极电位更低的粉末状金属颜料，屏蔽底漆的防腐蚀原理是阴极保护，在这种场合被涂漆的金属是阴极不被腐蚀，腐蚀集中产生于起阳极作用的金属粉末颜料。

制屏蔽底漆最有效的是锌粉。因锌底漆中锌粉含量一般在 92%～96%，具有良好的导电性，可作为导电漆供点焊表面打底用。因锌粉底漆的两水性和耐腐蚀性极优，在苛刻的腐蚀条件下也能起到长期的保护作用，推荐用作汽车底板下表面的汽车消声器、排气管和农用机械的防腐蚀涂层。

⑤ 磷化底漆　又名洗涤底漆，它最初用于造船工业、户外钢结构的打底，实际上是磷化处理的一种方式，能显著地提高涂层的质量，推广应用于无磷化处理条件的单个、大型金属结构件的涂装，具有极高的耐腐蚀性，对钢铁、铝、镁、锌、钢、锡、镀铬件等表面附着力非常好。

前已指出，在选用底漆时必须首先考虑被涂金属的特性，对于黑色金属几乎所有类型的底漆都适用。对铝、镁及它们的合金一般采用锌铬黄钝化底漆。对于有色金属（铝、镁、锌及镀锌不能采用含铅颜料的底漆。

涂层在镀锌和镀镉表面上的附着力不好。为解决此问题可首先进行磷化处理，再采用锌铬黄醇酸底漆打底。在铜和铜合金制品件上可采用一般的隔离底漆（例如用脲醛树脂制的底漆），在个别情况下可不用底漆，直接涂面漆。

涂底漆的方法通常有刷涂、喷涂、浸涂或电泳涂装等。刷涂虽然是最早的、效率低的涂装方法，但对单个生产的工件和在苛刻腐蚀条件下使用的结构件的涂装中仍采用，其原因是刷涂能除掉或乳化工件表面的水膜，使底漆对工件润湿良好。喷涂法（包括空气喷涂、无空气喷涂、静电喷涂等）的效率虽高，但在工件内腔、缝隙部位不易涂上漆，致使漆膜不完整，影响涂层的防腐性能，有逐渐被淘汰之倾向。在浸涂时工件缝隙及内腔易产生"溶落"现象，而影响这些部位的耐蚀性。电泳涂装是近十多年来在大量流水生产中最流行的涂底漆方法，它能保证焊缝涂上漆和漆膜完整均匀，生产安全，消除了火灾危险性，又是高效的自动化涂装。据资料介绍，世界各国的汽车车身打底，现今几乎都采用了电泳涂装法。当初采用的是阳极电泳涂装法，因其所得涂膜的耐腐蚀性不够理想，尚不能适应更高的耐腐蚀要求，在 20 世纪 70 年代后期开始采用耐腐蚀性优异的阴极电泳涂漆，已形成阴极电泳涂装法替代阳极电泳涂装法之势。为消除公害和简化工艺，采用静电粉末涂装法打底的工艺也已获得工业应用。

（2）刮腻子和涂中间涂层

各种物体和工件的被涂漆表面一般都有凹陷、划伤等缺陷，在要求涂层具有装饰性的场合，一般靠刮腻子来填平，消除坑洼和靠喷涂中间层涂料来消除划伤等小缺陷，打磨后获得平滑的被涂漆面。

① 刮腻子　刮腻子的主要目的是提高涂层的外观美丽，但不能提高涂层的保护性能，因腻子的颜料浓度高且厚，缺乏弹性，因而易开裂导致破坏整个涂层。再加上刮腻子效率低，劳动强度大，所以应力求靠漆前的机械加工和加强管理（精心装配，防止碰撞，锤平烫锡，打磨等）来消除被涂工件表面缺陷，力争做到不刮或少刮腻子，如国外的轿车车身在新车涂漆工艺过程中已不用腻子，仅靠涂中间层来消除表面小缺陷。

腻子是一种专供填平表面用的、含颜料和填料量较多、与各种漆基研磨呈浆状的涂料。腻子应具有下列特性：

a. 良好的涂刮性、干燥性和打磨性。

b. 良好的填平性，收缩性要小，吸收上层涂料性要小。

c. 对底漆的附着力要好，腻子层要具有一定的力学强度。

② 涂中间层　界于底漆和面漆之间的涂层称为中间涂层。除腻子是中间层涂料外，还有按其功能的不同可分为通用底漆（又称底漆二道浆）、腻子二道浆（又称喷用腻子）、封底漆等。

通用底漆既具有底漆性能（可当底漆使用），又具有一定的填平能力（二道浆的功能）。二道浆的功能界于底漆和腻子之间，对物面微小的不平处也有填平能力，含颜料比底漆多、比腻子少，一般用来填平涂过底漆或刮过腻子表面的划纹和针孔等缺陷。腻子二道浆兼有腻子和二道浆的性能，一般喷涂在底漆上，其颜料含量较二道浆高。

中间涂层本身的功能是保护底漆层和腻子层（防止被面漆咬起），增加底漆与面漆层的结合力，消除底漆层的粗糙度（对 $10\mu m$ 粗糙度有效），提高涂层的装饰性，增加涂层的厚度，提高整个涂层的耐水性和装饰性。为此，中间层涂料应与底漆和面漆有良好的配套性，并应具有良好打磨性，湿打磨后应得到平滑的表面。

为适应大量流水生产的工艺要求和冲压技术及底材调整技术的提高，可用一道封底漆代替通用底漆、腻子和二道漆。为减小湿打磨的工作量，国外正在努力研制流平性好的不需打磨的封底漆。以前的封底漆多数是光泽较小的灰色，近年来它们的光泽和颜色与面漆相接近，这样可减少价格较贵的面漆的用量，而且被涂物内腔（如汽车车身内表面）可不涂面漆。

由于底漆、二道浆涂膜的光泽小，因而不易发现被涂面存在的小凹凸缺陷，但若迟至涂面漆后再发现就难补救了，因此靠封底漆涂层可发现被涂面的划伤等小缺陷，故封底涂层又称为显影层。

封底漆应具有下列特性：

a. 耐久性应与面漆相仿。

b. 直接涂在腻子涂层上能充填小孔。

c. 在防止产生针孔的同时，能减小二道浆的吸湿性。

d. 在一定程度上提高涂层的丰满度。

e. 能防止因表面的不平滑性和吸收性而产生的消光性。

f. 封底漆自身有光泽，因而从光学上易发现漆面的伤痕。

g. 比面漆有良好的打磨性。

为达到上述性能，采用与面漆同种漆基，或选用具有极性的树脂，常使用的合成树脂有醇酸树脂、氨基醇酸树脂、环氧改性氨基醇酸树脂和环氧聚酯等。

中间涂层仅用于装饰性要求高的产品，装饰性要求较低的产品一般都不采用中间涂层（即面漆直接涂装在底漆层上）。中间涂层一般都采用喷涂法和自动静电喷涂法。二道浆"湿碰湿"两道，干漆膜厚度为 $35\sim40\mu m$。

（3）打磨

涂装工艺中的打磨工序主要有三大功能：一是清除底材表面上的毛刺及杂物（如浮锈等）；二是消除工件被涂漆面的粗糙度，如刮过腻子的表面在干燥后一般表面粗糙不平整，都需靠打磨来获得平滑的表面；三是增强涂层的附着力。涂料在平滑表面上的附着力差，打磨后可增强涂层的机械附着力，所以，打磨是提高涂装效果的重要作业之一。打磨一般是手工操作，有时借威风动工具或一些简单器械进行，因打磨的劳动强度大，在大量流水生产的工业涂装中正在努力淘汰这一工序。

打磨可分为干打磨和湿打磨两种，干打磨不用水湿润，湿打磨是在打磨涂层的同时用水或其他湿润剂润滑，以获得更平滑的表面和洗掉磨灰，如在打磨硝基漆和过氯乙烯漆时不仅可用水湿润，还可用松香水湿润，为提高面漆的装饰性，在进行抛光前用极细的水砂纸打磨可用肥皂水作为湿润剂。

打磨底材表面一般采用粗的或细的砂布、木工砂纸等。打磨填坑的腻子层一般用细砂布或磨石，砂布和木工砂纸仅适用于干打磨。在湿打磨二道浆层（或封底漆层）和面漆时，采用耐水性砂纸（俗称水砂纸）。根据制耐水性砂纸的磨料粒径，分若干编号，编号越高磨料粒径越小，砂纸越细。

（4）涂面漆和罩光

在多层涂装工艺中，涂装最后一层涂料的工序称为涂面漆。面漆应具有较好的耐外界条件的作用，必须具有必要的色相和美观，它是制品的外衣，具有保护底涂层的作用，因而它的优劣直接影响制品的商业价值、装饰性和涂层的寿命。面漆材料及其涂装道数的选择主要取决于制品的外观装饰性和使用条件。在要求不高的场合一般涂一道面漆，对装饰性要求高的和使用条件较苛刻的产品一般涂 2～3 道面漆，甚至涂更多的道数，以提高面漆层的光泽、丰满度和装饰保护性能。在户外使用的产品一定要选用耐候性（保光保色性、耐温变性、耐湿潮性）优良的涂料，千万不能选用耐候性差的涂料或内用面漆。

一般沥青、酚醛和环氧涂料及采用它们的改性涂料耐候性差，极易失光、粉化，不能做外用漆，仅可作为阳光不能直接照射到的内用面漆。丙烯酸、氨基醇酸、醇酸及采用它们改性的硝基漆和过氯乙烯漆等的耐候性一般较优，面漆的耐候性不仅取决于漆基，而且与所选用的颜料及面漆的配制工艺关系极大，所以面漆材料的选用一定要总结过去的经验，或通过试验和使用考察加以确定。

面漆应涂装在确认涂层无缺陷且干透的底漆或中间涂层上，原则上第二道面漆也应涂在干透的第一道面漆上，含强溶剂的面漆在转化型涂料的涂层上时更应注意这一原则。如果底层未干透（即未转化完全），则因下一道漆中的强溶剂会部分地溶解和溶胀底层，产生咬底现象。

随着高分子工业的发展，氨基醇酸、丙烯酸等热固性树脂涂料（俗称烤漆）问世，获得工业应用。为节省能源，简化工艺，适应大量流水生产需要，在工业涂装中改变了传统的涂面漆工艺（即涂一道烘一次），普遍采用"湿碰湿"工艺，即涂第一道面漆后仅晾干数分钟，在漆膜尚湿就涂第二道面漆，然后一起烘干，甚至有喷涂三道面漆一起烘干的工艺。

涂面漆一般采用空气喷涂、无空气喷涂、静电喷涂、自动喷涂等喷涂法。在单个或小批量生产漆膜干燥较慢的场合（如建筑涂装等），采用刷涂法或滚涂法。

为保护色漆层（或贴花），提高面漆层光泽及装饰性，面漆层的最后一道涂清漆，这一工序称之为罩光，如自行车、缝纫机等轻工产品在面漆层上贴花后罩一道氨基醇酸清漆。又如汽车工业普遍采用金属闪光色面漆。

为达到高级装饰性的要求和消除面涂层外表的橘皮、颗粒，使漆面达到光亮如镜，镜物清晰，在涂面漆工艺中有采用"溶剂咬平"和"再流平"技术，"溶剂咬平"技术仅适用热塑性面漆（如硝基磁漆）；"再流平"技术又称"烘干、打磨、烘干"工艺，它是先使热塑性或热固性丙烯酸面漆半硬化，随后用湿打磨法消除涂层缺陷，最后在较高的温度下使其熔融固化。"再流平"技术在北美汽车工业中广泛采用。

（5）抛光打蜡

抛光是使面漆涂层具有柔和、稳定的光泽，使漆面更加平滑，这是提高涂层装饰性的一种手段，一般仅在装饰性要求高的高级产品（如高级轿车、钢琴、高级家具、乐器等）的涂装工艺中采用。为达到清晰如镜的效果，在抛光后还要进行打蜡，同时对漆膜也起保护作用，因此打蜡也是维护涂层的一种手段。

抛光打蜡仅适用于硬树脂改性的硝基面漆和丙烯酸树脂漆等具有抛光性能的面漆，漆膜硬度较低的油性漆和醇酸树脂漆等面漆不能抛光。抛光打蜡一般是手工操作，有时借助于抛光机，一般是在面漆干透后直接抛光。对抛光性能优良的面漆，为减轻抛光工作量，有时在抛光前先用极细的 600 号水砂纸打磨，消除各种缺陷及磨平后再进行抛光。

抛光膏一般是由分散极细的氧化铝或氧化铬、凡士林和蓖麻油、肥皂和水等制成。

在小批量生产场合一般是手工抛光，在大批量生产中采用盘式抛光机，在抛光机的橡胶制的圆盘抛光头上套有较软的法兰绒或羊皮制的帽，靠圆盘回转运动进行抛光，其转速一般为 1800r/min。

（6）涂层干燥

漆膜的干燥（固化）方法可分为自然干燥、加热干燥和照射固化三种。可详分如下：

a. 自然干燥：在常温下呈自然状态，故俗称为自干或气干。

b. 加热干燥：低温 100℃ 以下，中温 100～150℃，高温 150℃ 以上。

c. 照射固化：紫外线固化和电子束固化。

无论是在自干、烘干或照射固化场合，为确保漆膜质量，漆膜干燥都应具备下列条件：

a. 烘干室内或自干场所要清洁，无灰尘，空气要干净。

b. 温度应符合涂料的技术要求，过高过低都会影响干燥效率与漆膜质量，如在 10℃ 以下自干型涂料的干燥速度变慢。

c. 空气要流动。在空气流动的场所（或烘干室内）要比空气不流动场所漆膜干燥得快，因空气流动有利于溶剂的挥发。

d. 一般要在前一层漆膜充分干燥后才能涂第二层漆，不然易产生咬底，渗色等漆膜弊病影响干燥效果，但有些涂料，如环氧树脂漆，有一定的复涂期限，过早尚未成膜，过迟层间附着不良。对"湿碰湿"工艺例外。

e. 无论在自干场所，还是在烘干室内都要设置排风装置，使在干燥过程中从漆膜挥发出来的溶剂不超过一定的浓度，以防溶剂蒸气爆炸影响漆膜质量。

① 自然干燥 因是放置在大气中常温下干燥，所以自然干燥仅适用于挥发型涂料、自干型涂料和催化剂聚合型涂料。漆膜自干速度与气温、湿度和风速等有关，一般是气温越高，湿度越低，自干条件就越好，还要保持空气清洁，进行适度换气。在湿度高，通风差和黑暗的场所，干燥变慢。在干燥过程中遇到温度、湿度急变，水分、雨、霜、煤烟和二氧化碳气体等阻碍漆膜干燥，甚至会在漆膜上残留各种缺陷。

温度越高，溶剂的蒸气压越高，因此溶剂挥发得快，氧化、聚合等漆膜固化反应也随温度增高而加速。所以漆膜自干场所的气温增高有利于漆膜的干燥。湿度高即空气中含水蒸气多，水蒸气对漆膜中的溶剂挥发起抑制作用。另外，湿度高时随着溶剂的挥发，被涂面冷却，而使空气中的水蒸气冷凝，成为漆膜变白的原因。因此，希望漆膜自干场所的空气湿度要低。

空气流通对漆膜自干有利。因在密闭的，溶剂蒸气浓度高的环境下漆膜干燥缓慢，甚至不干。通风有利于漆膜中溶剂的挥发和溶剂蒸气的排除，并能确保自干场所的安全。

紫外线对氧化聚合型涂料（如熟油、油性调合漆等）的自干有促进作用，因此在阳光下或敞亮的场所，上述涂料干得快。

② 加热干燥 加热干燥又可分为烘干和强制干燥。前者系指靠加热促使漆膜干燥，即不加热涂料不能干的场合，后者系指本来自然干燥的涂料，加热是为了促进干燥（缩短干燥时间）的场合。

按温度划分，加热干燥（烘干）分为低温（100℃ 以下），中温（100～150℃）和高温（150℃ 以上）。强制干燥一般采用低温，适用于硝基漆、醇酸树脂漆等漆膜的干燥，靠稍提高温度来缩短时间。硝基漆加热干燥的条件为 60～80℃ 下，10～30min，醇酸树脂漆为 90～110℃ 下，30～60min。低温烘干还适用于受热变形的木材和塑料等的涂装干燥。

烘干一般采用中温和高温加热干燥。即某些涂料在自然干燥和强制干燥下不能得到坚固的漆膜，必须加热到规定条件，成膜的树脂分子间才能聚合固化，热固性氨基醇酸树脂涂料、热固性丙烯酸树脂涂料就属于这种烘烤型涂料，经短时间烘干就能得到坚硬且附着力良好的漆膜。

烘干规范（温度和时间）取决于被烘干的涂料类型，被烘干物的热容量和加热方式等因素。金属制品用烘漆的烘干条件一般为 100～180℃，20～50min，环氧树脂系、有机硅树脂系、含氟树脂系涂料多数需要在 200～300℃ 高温下烘干。各种涂料类型的烘干规范见表 10-4。在制定烘干规范时要考虑热容量大的被烘干物升温慢这一点，一般烘干时间应从被烘干物升到预定的温度算起。

表 10-4　烘干型涂料的烘干规范

用途	涂料的种类	烘干温度/℃	烘干时间/min
底漆用	锌铬黄底漆	120～140	20～40
	氨基底漆	100～120	30～40
刮腻子用	氨基腻子	100～120	30～60
中间层用	油性二道漆		
	合成树脂类二道漆	120～140	20～30
面漆用	氨基树脂涂料	120～140	30～60
	醇酸树脂涂料	100～120	20～30
	环氧树脂涂料		
	高温型	120～180	20～30
	低温型	130～150	20～30
	丙烯酸树脂涂料	120～140	30～60
	水性涂料		
	氨基型	140	20～30
	酚醛型	160	20～30

加热方式有对流、辐射和高周波感应三种，对流是外部加热方式，辐射和高周波感应是内部加热方式。对流加热是以热空气为媒介，用热对流空气给漆膜和物体加热，它的优点是加热均匀，适于形状、结构复杂的被涂物烘干，因此是漆膜烘干的主要方式，但升温速度慢和加热效率低是其缺点。辐射加热通常是用红外线、远红外线，它们从热源辐射出来呈电磁波在空气中传播，辐射到物体后直接吸收转换成热能，使漆膜和底材同时加热，升温速度快，热效率和烘干效率高是其长处，但有辐照盲点，温度不易均匀，近期发展对流与辐射相结合的加热方式，以互相取长补短。高周波感应加热效率高，但仅适用于外形简单，且规则的小件和钢管涂装的干燥。漆膜烘干时，除应遵守漆膜干燥的基本条件外，还应注意下列要点：

a. 除粉末涂料和电泳涂层外，溶剂型涂料的湿漆膜在烘干前应有一定的晾干时间，使湿漆膜有一定展平机会和使其内部的溶剂大部分挥发掉，以减轻"橘皮"以及防止产生"针孔"和"起泡"等弊病，尤其在烘干腻子涂层时更应充分晾干。晾干时间一般为在常温下放置 5～20min，腻子涂层一般为 30min 以上。

b. 在进行氧化聚合型涂料（如油改性醇酸树脂、酚醛树脂等系涂料）烘干场合，不宜立即进入高温，要从低温慢慢升到规定的温度，反之易产生"针孔"和"起皱"等弊病。

c. 应注意烘干室内温度的均匀性，严格遵守烘干规范，以防烘不干、烘干不均匀和过烘干等现象。因为只有完全固化的漆膜才具有优良的力学强度、附着力、硬度和耐各种介质的作用。未烘干透的漆膜性能显著下降，过烘干漆膜的力学强度亦显著下降、变脆和失去附着力。在多层涂装场合需经数次加热，也应注意过烘干现象。

d. 规定的温度不是炉内温度，系指涂层表面温度或金属底材的温度。

e. 炉内的溶剂蒸气，涂料在烘干过程中的分解物和由燃料生成的气体，应迅速排向炉外。

f. 供给面漆的晾干室和烘干室的空气，应经过过滤、净化。

③ 照射固化 照射固化系指靠照射紫外线和电子束等特殊能量源使漆膜固化的漆膜干燥法，即光固化法和电子束固化法。

a. 光固化法 当用特定波长的光照射含有光敏剂的光固化涂料的漆膜后，光敏剂就分解，产生活性的游离基团，随即引发聚合反应，在极短的时间内使漆膜固化。因通常采用波长为300～400nm的紫外线，故又称为紫外线固化，也可利用太阳光线的能量作为近紫外线。一般工业生产线上使用高压水银灯和紫外线荧光灯。

光固化的特点是固化时间极短（数十秒至数分钟），在常温下固化，所以适用于不能加热的木材、塑料等涂装，但仅适用于光固化专用涂料，且不能使不透明漆膜固化。

光固化型不饱和聚酯树脂涂料的照射条件、膜厚和干燥时间的关系见表10-5。照射的紫外线强度越强，或照射距离（即灯与被涂物之间的距离）越近，干燥得越快，干燥时间越短（参见表10-6）。

表 10-5 光固化型不饱和聚酯涂料（清漆）的干燥时间

照射条件	膜厚/μm	干燥时间/s		
		触指干燥	固化干燥	完全干燥
直射太阳光线 （室外气温）	100 以下	30	240	300
	250	30	240	300
	500～1000	60	300	360
日光灯(40W) 照射距离 15cm(25℃)	20 以下	30	120	240
	40～200	50	240	300
	250～500	60	300	360
	1000	60	360	420
高压水银灯(400W) 照射距离 20cm(25℃)	20 以下	20	30	60
	250	30	40	90
	500～1000	60	90	132

注：触指干燥指用手指压下无指纹；固化干燥指被涂物可以叠放；完全干燥指被涂物可打磨。

表 10-6 水银灯的照射强度和光固化不饱和聚酯涂料的干燥所需时间的关系

300～400nm 波长范围内 的照射强度/lx	完全干燥所需的时间 （膜厚 20μm）/s	300～400nm 波长范围内 的照射强度/lx	完全干燥所需的时间 （膜厚 20μm）/s
28	180	47	60
35	120	69	30
41	90	80	20

b. 电子束固化法 用电子束作为能量源照射漆膜后，在1～2s的极短时间内就干燥固化。其固化机理是靠高能量的电子束照射，使漆膜的分子内产生活性基团，从而发生聚合反应。不是任何涂料都能采用此法固化，现在主要用于不饱和聚酯树脂的无溶剂涂料，以及环氧聚酯或多异氰酸酯的丙烯酸酯无溶剂涂料等。

电子束固化的特点是：在常温下固化，不需加热，能固化到深部，因而可用于不透明漆膜的固化；其缺点是有照射盲点，不适用于管子内部和汽车车身内表面的漆膜固化，而且照射装置的价格高，安全管理严格。它适用于木质平板材、塑料、金属平板材或卷材、纸、布和皮革等涂装的固化。

④ 漆膜的干燥过程　漆膜的干燥过程一般划分为以下三个阶段：

a. 触指干燥或称表干。当手指轻触漆膜感到发黏，但漆膜不附在手指上的状态。

b. 固化干燥。用手指轻捅漆膜，在漆膜上不留有指痕的状态。

c. 完全干燥。用手指强压漆膜不残留指纹，用手指急速捅漆膜，在漆膜上不留有伤痕的状态。

10.2.6　涂装工艺过程的编制

10.2.6.1　编制工艺过程的主要原则

涂装工艺是根据被涂物对外观装饰性的程度、漆膜性能等要求来指定的，它是集中体现涂装设计的最终结果，是工厂设计和涂装施工的技术依据。从稳产、高质、高效、经济、节能和减少污染出发，编制涂装工艺应遵循下列主要原则。

① 采用成熟、先进的工艺，以保证生产稳定地进行和获得稳定质量的产品。

② 根据涂装产品的特点（尺寸、形状）和产品涂层的质量要求（如一般装饰防护或高装饰防护），生产方式（规模、批量、连续性）和装备性能（适用范围、自动化程度等），选择涂料类型（如粉末、水性、高固体分涂料等）使配套合理。要选用批量生产的、性能好的、污染少的涂料，以保证获得高质量的涂装产品和降低三废处理费用。

③ 根据涂料性能要求，选择先进的烘干技术（如辐射式、辐射-对流式、热风强制对流式以及感应加热式等）以提高涂装产品质量、提高生产效率、合理利用能源。

④ 采用先进的涂装前表面预处理技术（如机械打磨、喷射去油、低温高效磷化等）以提高生产效率和产品质量。

10.2.6.2　编制涂装工艺文件

涂装工艺一般由若干道工序组成，工序的多少取决于涂层的装饰性和涂层的功能，要求高时工序多达几十道，但按工序的内容及实质来看，涂装工艺都可分为三个步骤：漆前表面处理，涂料的涂装和漆膜的干燥。换言之，涂装工艺是由这三个基本工序排列组合而成的。

在实际生产中涂装工艺通过下列工艺文件来表示：

（1）被涂零件（或部位）清单

在工业涂装中按涂装技术要求、涂装工艺将被涂物分组。对于大型物件的涂装，如果各部位的涂装技术要求、涂装工艺都相同，则可不必分组，如果不相同（如在船舶、建筑物涂装的场合）则可按部位分组。涂装零件清单的内容包括零件名称、零件号码、面积（尺寸）或重量、有无特殊要求等，其格式如表 10-7 所示。

（2）涂装工艺卡

它是记载涂装工艺的操作顺序的工艺文件，与上述涂装零件清单的分组相对应。涂装工艺卡一般应包括下列内容：

① 涂漆前对被涂物表面的技术要求，即对尚未涂漆件（也称白件）验收质量标准。

② 按工序顺序编写操作内容，包括工艺参数、用料名称及规格、涂装工具和涂装设备的型号、辅助用料名称、对操作人员的技术等级要求等。

③ 技术检验工序，包括检查方式、检查数量（全部或抽检百分比）、质量标准等，一般在关键工序前后（如检查漆前表面处理质量、漆面漆前检查底漆层的质量和表面清洁度）设中间技术检查工序和最终验收检查。涂装工艺卡见表 10-8。

表 10-7　涂装零件清单

＿＿＿＿＿厂	涂装工件一览表 分厂　车间　组		工艺卡组号	设计涂装要求	简要涂装工艺
序号	零件名称	零件号	面积	每套产品数量　零件线路　更改	备注

序号	零件名称	零件号	面积	每套产品数量	零件线路		更改		备注
					由来	到达	依据	签名	

拟定	技术科长	检查科长	厂长	共　页
				第　页

表 10-8　涂装工艺卡

序号	零部件名称	外形尺寸（长×宽×高）/mm	质量/kg		油漆面积/m²		零件数量		工序名称	设备型号及规格	工具及夹具	涂料			工艺规范				劳动量		
			单件	组件	单件	组件面积	单台	组件数				名称	颜色	耗量/mg	溶液成分	含量/(g/L)	电压/V	温度/℃	时间/min	台时/min	工时/min

（3）操作规程

操作规程详细记述某关键工序或设备的操作顺序、工作原理、功能及注意事项。以确保某关键工序的操作质量和安全生产，并指导使用及维护好某关键设备，它是涂装工艺卡的补充文件。漆前清洗、磷化处理、电泳涂装及设备、喷涂、烘干室等关键工序和设备一般都编有操作规程。

涂装零件清单、涂装工艺卡和操作规程是涂装工艺的基本文件，它们是工厂执行工艺的法规，是工艺纪律检查的准则，为保证技术上的正确性和严肃性，这些文件由工艺人员编写和审核，总工程师或技术厂长签批后生效。文件内容要保持相对稳定，不允许任意更改，更改时也要经过上述审批。文件格式和内容可根据现场和各厂的具体情况更改和增减。

10.2.7　工艺设计的通用部分

10.2.7.1　生产纲领

为确定零件通过各车间的路线，应编制专门的明细表（设计中称为车间分工表）。编制这样的明细表，必须有全套图样和材料表，根据详细的车间分工表，按照格式编制进入本涂装车间需涂装的零件和部件的一览表等。表 10-9 是涂装车间生产纲领计算明细表。表 10-10是涂装车间（工段）年产纲领计算明细表。

表 10-9　涂装车间生产纲领计算明细表

产品（部件）名称	型号及技术规格	年产纲领产品（部件）产量	质量/t		涂装面积/m²	
			每台产品	年产纲领	每台产品	年产纲领

表 10-10　涂装车间（工段）年产纲领计算明细表

零件图号	零件或部件名称	工艺组编号	零件(部件)特征				每台产品			年产纲领						挂具或小车配套数			
										数量/件		质量/t		涂装面积/m²		第一工段(喷漆)		第二工段(浸漆)	
			材料	外形尺寸/mm	质量/kg	面积/m²	数量/件	质量/kg	面积/m²	基本纲领	合计(包括备件)	基本纲领	合计(包括备件)	基本纲领	合计(包括备件)	每个挂具上的零件数	全年挂具数	每个挂具上的零件数	全年挂具数

表 10-11　工人公称年时基数

工作环境	每周工作日/天	全年工作日/天	每班工作时间/h				公称年时基数/h			
			第一班	第二班	第三班		第一班	第二班	第三班	
					间断性生产	连续性生产			间断性生产	连续性生产
涂装车间	5	254	8	8	6.5	8	2032	2032	1651	2032

表 10-12　设备公称年时基数

设备类型	工作性质	每周工作日/天	全年工作日/天	每班工作时间/h			设备年时基数/h		
				第一班	第二班	第三班	一班制	二班制	三班制
一般涂装及预处理设备	间断	5	254	8	8	6.5	1990	3860	5310
		5	254	6	6	6	1490	2930	4340
涂装流水线及涂装自动线	间断	5	254	8	8	6.5	1950	3820	5260
	短期连续	5	254	8	8	8	—	—	5610

10.2.7.2　工作制度和年时基数

涂装车间的工作制度一般应与生产被涂物的车间相适应，但原则上涂装车间以两班（16h）为主，年时基数以年工作日 254 天/年，设备利用率不小于 90% 计算，生产能力以每小时台数（或挂数）表示较合理、较科学。在某些特殊情况下，可根据工厂要求和实际情况对工作制度和年时基数进行调整。工人公称年时基数见表 10-11 的规定，设备公称年时基数见表 10-12 的规定。

10.2.7.3　涂装设备计算

涂装质量的优劣与工艺设计及工艺过程中所选用的设备密切相关。涂装工艺设备包括：前处理设备，如各种机械除锈设备、化学除油除锈和磷化设备等；涂覆设备，如各种喷涂、浸涂、淋涂、电泳涂装等设备；喷漆室；烘干设备；输送设备；冷却设备以及三废处理设备等。应根据生产纲领和涂装产品的质量要求，正确选择相应的涂装设备，只有配套合理，才能发挥设备能力和保证生产过程顺利进行，从而获得良好的涂装效果。

工艺方案确定后，首先应根据生产特点，产量的大小及可供使用的厂房情况确定设备的选型原则。然后，依据一些基本数据对工艺所需的各主要设备进行必要的计算，以作为设备设计任务书编制及平面布置设计的基础。在完成平面布置设计后，把主要设备的有关计算数据及各设备的特点进行归纳整理，用文字加以描述，纳入设备设计任务书中。

（1）机械化运输设备

涂装车间的机械化运输设备种类很多，要根据各工序的工作条件及工艺要求来确定运输机种类。贯穿整个涂装工艺过程的吊具或台车也很重要，吊具及台车尺寸、转挂方式应首先确定好，然后根据各运输机的功能及工艺过程特点确定各运输机上挂钩（或台车）之间的间距，之后就可进行各种工艺运输链的链速（连续式）计算。

非工艺特殊要求的运输链（如过渡链、积放链、编组链等）无指定速度要求，只是单纯的传递，从工艺角度要求越快越好。这些运输链的速度可由机械化设计师根据各种链的特点及相互衔接关系确定。对间歇生产方式，要求输送机步进式运行，即动作的周期为生产节拍时间，运行的速度也是要尽可能快，因步进式运输方式的工艺操作都是在输送机停止状态下进行的。对主要的工序（如前处理、电泳、喷涂、烘干及其他人工操作区等）输送机速度计算完毕后，最好按工艺流程作一个运输流程框图，在此图上，可以明确地反映出各线之间的连接关系及各种工作在整个流程中的流向及备品或返修品的输送路线。有时，也可以先绘制此图，再进行计算，这种流程框图与计算相结合，可以核对计算是否有错误，也可发现输送能力是否符合要求。这个框图除上述作用外，它还是平面图设计的重要依据，也是整个工艺过程机械化输送系统的核心。在此基础上添加必要的辅助环节，如转载、储存、过渡、缓冲等就成为完整的机械化输送系统图了。一般机械化输送系统图是由机械化设计师完成的。然而，工艺设计师如果对机械化设备比较了解的话，也可以完成此项工作。这可以减少方案设计的反复次数，缩短设计周期。应该注意的是，在机械化输送系统图设计之前，应本着以下原则确定输送机的类型及某些特殊要求：

① 前处理、电泳工序的运输机，工作环境最差，要充分考虑防腐、防水措施，多以悬挂式运输链为主，如普通悬链、推杆悬链、摆杆链、程控电葫芦等。

② 烘干工序可采用悬挂式及地面式两种运输链，在使用悬挂式运输机时，要考虑防治灰尘、油滴、水滴等下落而污染工件表面的措施。目前在烘干汽车车身这样的大型被涂物时，烘干室内大多采用地面式运输，以克服悬挂式的缺点，如用台车运输链、地面推杆链、滑橇运输机等。由于烘干室内温度都较高，因此要考虑热胀冷缩的因素。

③ 打磨、擦净、密封等工序，多用地面链。因为有灰尘和水，所以要考虑运输链防尘、防水、排水措施。

④ 车底涂料喷涂工序，多采用悬挂式运输机，有时也采用升降机或地面链，采用地面链时，下部要设地坑以供人操作。

⑤ 喷漆室应采用不使涂料落到链条上的结构，大件生产线多采用地面链，在一些小零件生产线多采用悬链。

⑥ 其他功能的运输链则应根据与其相衔接的运输链类型确定，原则是转挂、转载或过渡最容易为好。

⑦ 台车、吊具的形式和保证功能，以尽可能对操作无影响，对工件无再次污染为原则。

（2）非标设备

热非标设备是指前处理系统、电泳系统、喷漆室系统、烘干室系统等，在平面图设计之前，需要首先确定各设备的大概外廓尺寸。非标设备的外廓尺寸主要根据工件尺寸、运输链速及设备内各工序的工艺时间来确定。工作区段长度可由式（10-3）计算：

$$L = vt \qquad (10\text{-}3)$$

式中 L——有效工作区长度，m；

v——输送机的采用速度，m/min；

t——工艺时间，min。

涂装设备基本上属于通道式，以下分别介绍几种典型设备的主体长度确定方法。

① 前处理、电泳设备　前处理、电泳设备属于多工序联合设备，可把整个设备分解成不同的单元，分别确定各单元的长度，然后按工艺过程把各单元长度累加起来，就可以算出设备的大致总长度。设备进出口长度一般为 2～3m，小件则取 3m 为好。喷射处理区段长度，按上述公式计算。

工序之间的沥液段长度有两种确定方式，一是不小于被处理工件的装挂长度，二是沥液时间应在 20～40s，多按第一种方式确定，但当链速很高，生产节拍小于 20s 时，则采用第二种方法计算（如果沥液时间超过 1min，间距又不能缩短时，则应在工艺上采用防锈措施）。

浸渍处理段长度为浸槽长度，即有效工作区长度加上进出槽段长度（一般为工件下降高度的 3～4 倍），再加上溢流槽（如果设有此槽的话）所占用的长度。在实际设计中，往往用绘制工件运行轨迹图的方法确定。确定了这一系列的区段长度后，很容易计算出设备总长度。在采用步进式处理方式时，先确定一个工作区的长度（含区段间的间隙）乘以工作区段数，再附加上设备进出口段长度，即是设备总长度。

尽管有上述规律可循，但在老厂改造的情况下，有时因厂房长度所限，确定前处理、电泳设备的长度往往变得比较复杂。要凭设计者的经验，根据具体情况确定。

② 连续式烘干室及晾干室长度计算。
总长度＝工作区段长度＋进出口段长度

③ 喷漆室长度　首先根据所选的材料技术条件，确定工艺时间，然后，按相应的操作定额标准，确定工位数，根据工件长度及链速确定每工位的区段长度。所有工位区段长度及过渡区、进出口区段长度之和即为喷涂室总长度。一般来说，喷涂室的长度不仅与所采用的材料有关，而且与工件结构特点及采用的喷涂装备有直接关系，实际上要综合各方面的因素来确定，既不要太短，也不要太长，因为喷漆室能耗很高，过长不经济。

④ 对于各种间歇式的设备，长度或台数主要根据工位数及生产节拍确定。设备大致宽度的确定可按工件或装挂的宽度尺寸来确定。前处理、电泳设备宽度一般为工件或装挂宽度加上 1.5m，再加上通道宽度（内、外部）。烘干室室体宽度可按工件或装挂宽度加上 1.5m 计。喷漆室宽度一般为工件或装挂宽度加上 3～3.5m。设备高度一般取决于运输及装挂方式，取决于各种设备的功能要求，这里不详细介绍。为了清楚地阐明设备尺寸的情况，可填写设备计算表，见表 10-13。

表 10-13　连续式烘干设备计算表

序号	平面图号	设备名称	v	t	L	设备工作尺寸	设备外形尺寸

在完成有关计算后，可以根据工艺需要原则性地确定设备的类型及应具备的特点。待平面图设计完成后，要对主要设备的功能及特点进行描述，主要是从设备在保证涂装质量、自动化程度、节能、降低材料消耗量、便于维护保养及减少排放等方面进行描述。

（3）其他设备

除机械化运输设备及热非标设备主体外，还有一些不可缺少的系统及装备，要遵循一定的原则进行设计或选择，如制纯水装置、调输漆系统、无油无水压缩空气系统、废气处理系统、自动灭火装置、自动涂装机等，必须由工艺提出性能及数量要求，纳入设备明细表中，并在平面设计时确定相应的安装位置。

除此之外，在某些情况下，工艺人员还要对工装、工具等的设计提出依据，像随行夹具、料箱、料架、工作台等，要确定其数量及功能要求。这部分工作可由工艺设计师和用户一起来完成，在新建工厂情况下，设计必须包括这部分内容。但这部分不纳入设备汇总表，只作为工艺概算的依据。

（4）设备台数计算

① 概略计算　设备台数按设备的平均生产率计算，设备平均生产率以件、吨或被涂物的表面积表示：

$$q=\frac{n}{k} \tag{10-4}$$

式中　q——设备台数，台；

　　　n——产品每年、每班或每小时产量，件；

　　　k——设备每年、每班或每小时的平均生产率，件。

② 详细计算设备台数根据生产批量，小批和单件生产设备台数的计算，见表 10-14，大批大量生产设备台数计算见表 10-15 公式确定，得到的数据列入表 10-16。

表 10-14　小批和单件生产设备台数的计算公式

设　　备	公　　式	符　号　说　明
用于涂装作业（喷漆室）	$q=\dfrac{c}{\Phi f}$	q——设备台数； c——劳动量，h； Φ——设备年时基数，h； f——工作密度
周期装料（周期动作的烘干室）	$q=\dfrac{n_1 t}{\Phi}$ $n_1=\dfrac{n_2}{n_3}$	n_1——年产纲领装料次数； t——过程持续时间（烘干时间和往烘干室装卸料附加时间），h； n_2——全年工件数，件； n_3——一次装入工件数

表 10-15　大批大量生产设备台数计算公式

	计算项目	公式	符号说明
周期动作输送机的计算	产品生产节拍	$t_b=\dfrac{\Phi k_2}{n_y}$	t_b——产品生产节拍，h； Φ——设备的年时基数，h； n_y——每一条流水线上年产量，件或套； k_2——输送机的负荷率； a——流水线数，条； c——工序劳动量，h； t——烘干的工艺时间，h； d——工位间距，m
	有几条流水线的产品生产节拍（min）工件涂装的工位数 P 或工件烘干的工位数 P_1	$t_b=\dfrac{\Phi k_2}{n_y}a$ $P=\dfrac{c}{t_b}$ $P=\dfrac{t}{t_b}$	
	工作位置的工艺段长度 L（烘干）和 L_1（喷漆室）/m	$L=Pd$ $L_1=P_1 d$	
连续式输送机的计算	输送机的速度/(m/min)	$v=\dfrac{n_4 d_1}{k_2 \Phi c_1}$	n_4——按年产纲领的挂具数，件； d_1——挂具间距，m； k_2——输送机满载系数（采用平均值 0.8～0.95）； c_1——一个挂具上的工件涂装劳动量，min； d——工位间距，m
	工艺段长度 L（烘干）和 L_1（喷漆室）/m	$L=vt$ $L_1=c_1 v$	

表 10-16　设备和工作地的计算明细表

序号	平面图编号	设备名称	年产纲领劳动量/h	以年产纲领计,需要的工作地	工作时间	考虑工件安装和卸料时间的系数 1.1～1.2	设备台数	
							计算值	采用值

（5）设备明细表及设备汇总表

设备明细表（表 10-16）是填写设备汇总表和进行工艺投资概算的依据。设备汇总表（表 10-17）是对设备明细表的进一步归纳，作为技术经济指标计算的依据。

表 10-17　设备汇总表

序号	部门名称	涂装设备				其他	小计	起重运输设备				合计	仪器和仪表	备注
		清洗机	喷涂室	烘干室	槽子			起重运输设备	运输机	其他	小计			
	一、生产部门													
1	××工段													
2	××工段													
	二、辅助部门													
1	××													
2	××													
	合计													
	总计													

10.2.7.4　劳动量计算及操作人员确定

劳动量是生产劳动工时。它与涂装工时定额、人工操作工位数及年生产纲领有关，它是涂装车间设计的重要参数之一。每套产品的劳动量数值可反映工艺的先进程度及自动化的程度。

（1）工时定额及专用工位数的计算

涂装工时定额即完成指定涂装任务所需的人工劳动时间。它是进行劳动人员安排的重要依据，制定工时定额有两种方法，一是实际测定，二是参照同类劳动或同类企业工时定额来确定。对于工厂设计来说，有时不一定具备以上两种条件，往往是凭经验来确定工时定额，然后再进行专用工位数的计算。下面引述一些工业涂装中的经验数据供参考。

① 工时定额　在转运距离为 2m，每个挂具上装挂 4～15 个及以上的质量为 1kg 以内小零件，或装挂 2～6 个质量为 3kg 以内的中小件的场合，经验装卸工时定额见表 10-18。在易装卸的，每个挂具挂件多的场合，装卸每个零件的工时就短。在转运距离为 3m 装卸较重的工件场合（工件重在 25kg 以上）应有两人装卸，经验装卸工时定额参见表 10-19。其他各种工作的工时分别列于表 10-20～表 10-25 中。

表 10-18　装卸中小件工时定额

工件质量/kg	装或卸	每个零件所需的装卸工时/min	平均定额/min
1 以内	装挂从悬链和挂具上卸下	0.10～0.22 0.08～0.20	0.14～0.16
3 以内	装挂从悬链和挂具上卸下	0.18～0.20 0.16～0.24	0.20～0.21

表 10-19　装卸较重工件所需工时定额

工件的质量/kg	5	10	20	30	40
装卸每个工件或吊具所需工时/min	0.20	0.29	0.42	0.65	0.8

表 10-20　靠滚道和吊车转运，装卸重型工件的工时定额

方式	工件质量/kg	每个工件所需时间/min				
		3m	5m	8m	10m	12m
滚道	50 以内	0.11	0.16	0.24	0.29	0.35
	100 以内	0.16	0.24	0.35	0.41	0.51
	150 以内	0.20	0.29	0.40	0.48	0.56
吊车	50 以内	0.33	0.40	0.53	0.65	0.80
	100 以内	0.36	0.47	0.60	0.73	0.87
	150 以内	0.40	0.53	0.67	0.80	1.03

表 10-21　清除铁锈及氧化皮所需的工时

序号	采用器具名称	清理每平方米的工时定额/min		
		小件 0.02~0.3m²	中件 0.3~1.5m²	大件 1.5m² 以上
1	手动机械圆形钢刷	10~15	4~6	3~4
2	手用钢刷 2~3 号		6~10	4~6
3	喷砂		4~6	2~4
4	喷丸		3~5	2~3
5	滚筒清理	0.7~1①		

① 清理 1kg 零件的工时。

表 10-22　用压缩空气吹去零件上的水分或灰尘所需工时

工件面积/m²	0.5	0.6~3.0	3.0 以上
吹 1m² 所需时间/min	0.13~0.16	0.11~0.14	0.08~0.20

表 10-23　用蘸有白醇（溶剂汽油）的擦布去油或用干净擦布擦干净的工时

序号	零部件的外形复杂程度	擦净每平方米的工时/min							
		在工作台上					在悬挂式输送链上		
		0.1m²	0.25m²	0.5m²	1.0m²	≥2.0m²	1.0m²	2.0m²	3.0m²	≥3.0m²
1	外形简单,如平板、管、角钢状	1.40	1.10	0.8	0.60	0.50	0.50	0.40	0.30	0.20
2	外形比较复杂	1.80	1.50	1.2	1.00	0.90	0.90	0.65	0.50	0.40
3	外形复杂(有深孔、缝隙)	2.1~2.4	1.8~2.1	1.5~1.8	1.2~1.5	1.1~1.4	1.1~1.4	0.9~1.2	0.75~1.0	0.65~0.9

表 10-24　手工喷涂底漆和面漆的工时

序号	涂漆状态及难易	涂每平方米所需工时/min							
		0.1m² 以内		0.5m² 以内		3.0m² 以内		3.0m² 以上	
		P①	C①	P	C	P	C	P	C
1	单面涂漆	0.42	0.50	0.30	0.35	0.18	0.20	0.15	0.18
2	喷涂时需转动工件	0.52	0.60	0.35	0.40	0.25	0.30	0.20	0.25
3	喷涂外形比较复杂的工件	0.85	0.95	0.65	0.75	0.45	0.50	0.40	0.45

① 涂层类型中 P 代表涂底漆，C 代表涂面漆。

表 10-25　手工刮涂和打磨的工时

序号	工作内容	刮涂和打磨每平方米的工时定额/min		
		$0.02\sim0.3m^2$	$0.3\sim1.5m^2$	$1.5m^2$ 以上
1	局部刮腻子填坑	4～6	3～4	3～4
2	全面通刮一层腻子	15～25	10～15	8～10
3	全面刮一薄层腻子	12～20	9～12	7～9
4	局部用 $1^{\#}$ 砂纸轻打磨腻子	2.4～5	1.5～2	1～1.5
5	全面湿打磨腻子和擦干净	30～58	20～30	16～20
6	全面湿打磨最后一道腻子或二道浆,并擦干净	34～64	25～35	20～25

② 专用工位数的计算　根据工时定额可计算各工位的操作时间,进而可以按下式计算专用工位数。

专用工位数＝工序操作时间/生产节拍×每工位采用的人数

每个工位采用的人数以相互不影响为原则。实际的工位确定,是根据计算数值结合具体情况加以调整。

(2) 人员数的计算

车间人员由生产工人、辅助工人和工程技术人员组成。

生产工人:由喷漆工、涂腻子工、打磨工、清洁工等操作工人组成。一般生产工人的数量由年工作量除以相应专业工人的年时基数所确定。然而,在实际进行人员设置时,往往是先确定工位数,然后按工位设置人员;在此基础上增加 5%～8% 的顶替缺勤工人的系数,即为生产工人数。

概略计算时,生产工人的数量按以往所做设计的技术经济指标来确定。每个生产工人一年的产量用产品的件数、吨或人民币来表示。

辅助工人:其人数按生产工人的百分比确定。在大量流水生产的场合,调整工、运输工、化验员等辅助生产工人配备,一般为生产工人的 15%～25%;在单件或小批量生产的场合为 25%～35%,勤杂工人一般为工人总数的 2%～3%。

男女人员的比例:工人——男工 60%,女工 40%;技术人员——男工 50%,女工 50%。

第一班:生产工人 50%,辅助工人 65%～70%,工程技术人员 65%～70%。第二班:余数。

各类人员的计算定额见表 10-26。上述计算所得人数应按表 10-27 进行归纳,以作为其他计算的基础(如经济分析等)。

表 10-26　各类人员计算定额

车间生产工人数	各类人员的比例/%				
	占生产工人的百分比			占工人百分比(不包括检查工)	
	辅助工人(不包括检查工)		技术检查部门(技术检查科)的检查工	工程技术人员	技术检查站工程技术人员
	自动化的和机械化的	少量机械化的			
50 以下	35～40	30～35	8	10	2
50～100	30～35	25～30	7	10	1.5
100 以上	25～30	20～25	6	9	1.0

表 10-27　人员表

序号	名称	人　数				备注
		合计	Ⅰ班	Ⅱ班	Ⅲ班	
1	基本工人					
	(1)××工段					
	(2)××工段					
	小计					
2	二、辅助工人					占基本工人合计的　　%
	(1)××工段					
	(2)××工段					
	小计					
	工人合计					
	其中女工					占工人合计的　　%
3	工程技术人员					占工人合计的　　%
4	行政管理人员					占工人合计的　　%
5	服务人员					占工人合计的　　%
	工作人员总计					
	技术检查人员					占基本工人合计的　　%
	其中:工人					
	工程技术人员					

注：如为改、扩建厂，人员可表示为总数/新增数。

(3) 劳动量的计算

在工人数确定之后，按下式计算劳动量。

$$劳动量＝工人年时基数×基本工人数×K$$

式中，K 为工时利用因数，在低产量的场合工时利用系数为 60%～70%，产量较低时取 70%～80%，产量较大时取 80% 以上。

将劳动量除以年纲领数即可计算出每套产品的劳动量，它是涂装车间设计的一个重要指标，视不同情况，有下列两种劳动量表格供选择，见表 10-28 和表 10-29。

计算劳动量也可以采用其他能反映人工劳动量的方法。但无论如何在计算前应加以明确说明，在设计零部件或多产品混流生产线时，要说明作为计算依据的代表产品及劳动量折合系数，有条件时，要把计算结果与类似厂或同类产品劳动量进行比较分析，改造后必须与改造前劳动量相比较。

表 10-28　劳动量表

工序	部门或工段名称	工作名称	每套产品劳动量/工时	年纲领劳动量(含备件)/工时

表 10-29　劳动量表

工序	产品名称	每套产品劳动量/工时	年纲领劳动量(含备件)/工时

10.3　涂装车间平面布置

工艺平面布置是涂装车间工艺设计的最关键项。它要将涂装工艺、各种涂装设备（含输送设备）及辅助装置、物流人流、涂装材料、五气动力供应等优化组合，并表示在平面布置图、立面图和截面图上。确保最大的工作便利，最好的工位和设备之间的运输联系，最小的车间内部物流量，它是工艺设计文件的主要部分，是所有计算结果的综合，它在生产用设备及用具的数量和特征、工作人员的数量、特征作业组织方式和车间内及其相邻车间之间的运输关系等方面给予明确的说明。总之，它可以形象地反映涂装车间的全貌，也是编写工艺说明书、进行机械化设备设计、热非标设备及土建公用专业设计的重要依据。因涂装车间情况复杂，很难有统一的工艺平面布置方法，需工艺设计人员根据具体情况，使用不同的设计方法。以下几条设计原则，供工艺设计人员参考。

① 要充分考虑工艺流程的合理性，进行车间内的物流分析。最大限度地利用车间面积，特别是空间的利用。应使设备及操作位置向空中及地下延伸，形成立体化的车间，而不是仅被限制在一个平面上。

② 设备布置应兼顾建筑、结构、暖通动力管道等有关设施，使车间的所有空间划分整齐、有序、美观、协调和避免杂乱、无序。特别是在施工图设计时，一定要协调好诸多方面的关系，形成一个有机的生产体系。

③ 车间平面布置应体现出"以人为主体"的设计构思，充分运用人机工程学的原理，对工位分布、起重运输方式、操作形式、工位器具的位置、操作环境的条件和生产指挥系统的建立等，进行最优化设计，避免不良的心理刺激，提供舒适的工作范围。

④ 平面布置中应充分考虑生产的不均衡性，以及由其引起的工件积压等问题，设置缓冲区（或缓冲线，存放区）等。并考虑设备出现故障时的紧急处理设施及辅助设备。

⑤ 平面布置时，应预测涂装车间被涂工件的发展，在不大量增加投资和面积的情况下，对被涂工件与涂料的适用范围留有余地，或者留有改造、发展的余地，以适应市场经济的变化。应树立"弹性设计"的观点，不可有"一劳永逸"的想法。

⑥ 平面布置要满足劳保、环保、消防的有关规定。

⑦ 车间的形状应根据生产线的实际需要及外界的限制，确定跨度、长度。通道、作业区、存放区的大小，亦应根据设备的具体情况确定。辅助部门与生产部门要分开，以节省投资。

⑧ 如有酸洗、喷抛丸等前处理设备与涂漆组合在一起时，应采取防腐及防尘措施。

10.3.1　涂装车间组成及面积分类

涂装车间主要由生产部分、辅助部分和办公室及生活部分组成。根据车间组成，车间面积分为生产面积、辅助面积和办公室及生活面积。车间组成和面积分类见表10-30。

生产面积按各生产线、生产工作间的布置确定，根据平面布置图统计出生产面积。

辅助面积根据车间规模实际需要等情况确定。在概略估算时可按生产面积的30%～50%考虑。

办公室及其他生活面积根据车间规模、职工人数按工厂辅助建筑规划设计标准确定。工艺设计在估算面积进行车间布置时，可以按照下列指标确定：

① 车间办公室的使用面积，按车间应有办公人数计算，车间职工人数在 100 或 100 以下者，每个办公人员占用 6.5m²；职工人数在 101～200 者，每个办公人员占用 6.3m²。

② 更衣室的使用面积，根据工人数按照每人 0.6m² 计算。

③ 淋浴室的使用面积，按照每 5～10 人使用一个淋浴器，一个淋浴器使用面积为 4.5m² 计算。

④ 休息室、厕所的使用面积，根据车间规模等具体情况而定。

表 10-30 车间面积分类

面积分类	具体范围
生产面积	直接参与生产过程的工作地。包括酸洗室、喷砂室、抛光室、汽油除油室、零件装卸挂具工作地、磷化室、涂装室、烘干室、生产线上的检验地、生产区域内的运输及人行通道等
辅助面积	不直接参与生产过程的工作地。包括化验分析室、工艺试验室、溶液配制室、调漆室、挂具制造及维修间、检验室、成品库、零件库、化学品库、辅助材料库、有机溶剂库、油漆材料库、通风室、蒸馏水制造室、冷冻机室等
办公室生活间及其他面积	办公室、更衣室、淋浴室、休息室、厕所、楼梯间、非生产区域内的运输及人行通道、车间变电所等

10.3.2 平面图设计原则

10.3.2.1 总平面设计

涂装车间是大量产生"三废"和火灾危险性的车间，同时，它又对环境的清洁度、温度、湿度及运输方式提出较高的要求。有的由于受到老厂改造或资金不足等各种条件的限制和总体工艺路线的影响，总图布置上要同时满足这些要求是有困难的，此时，只能权衡利弊，做到相对合理。根据设计实践，特提出以下原则供参考。

① 尽可能将涂装车间设置在独立的建筑物内。厂房周围有可用的辅助面积以便于防火，便于供排气装置和循环水池等附属设施的布置。

② 在多跨联合厂房内，涂装车间（工段）应设置在边跨，在多层厂房内应尽量考虑布置在最高层和底层，不宜布置在中间层。

③ 与铸造车间、锅炉房、煤场应尽量拉开距离，且不要布置在主导风向的下风向，以减少粉尘对涂膜质量的影响。

④ 应尽量避开生活区或办公楼，以免噪声和有毒气体产生恶劣影响。

⑤ 应把涂装车间放在工厂主导风向的下风向，以防止有害气体影响其他车间。

⑥ 上下工序相互连贯的车间（如焊接、装配等），应选择最短距离，以减少运输量。

10.3.2.2 车间布置原则

平面图布置的主要依据是车间任务、设计原则、基础数据资料及对机械化设备、非标设备的计算数据，一般正常设计要遵守以下原则：

① 根据车间规模，选择平面图尺寸，一般比例为 1∶100，用零号或零号加长图样绘制。

② 在老厂房改造的情况下，首先按厂房原有资料，绘制好厂房平面图，如新建厂房，则应按照总布置的设计要求，结合工艺需要确定厂房长、宽、高尺寸。

③ 根据工艺流程表、机械化运输流程图及有关的设备外形尺寸计算数据，从工件入口端开始进行设备布置设计。

④ 布置时要注意不能使设备主体距厂房柱子或墙壁太近，要预留出公用动力管线、通

风管线的安装空间以及涂装设备安装维修空间。在老厂房改造，或因某种特殊情况不能保证留出必要的间隙时，要尽可能想办法使公用动力管线避开设备。

　　⑤ 要充分考虑附属设备（如运输链的驱动站和张紧装置、前处理、电泳、喷涂设备的辅助设备等）所需面积。原则上附属设备应尽可能地靠近主体设备，其中供料及废弃物排出设备要考虑足够的操作面积，并且要有运输通道。

　　⑥ 敞开的人工操作工位，除要保证足够的操作面积外，还要考虑工位器具、料箱、料架的摆放位置及相应的材料供应运输通道。

　　⑦ 从车间总体上要充分考虑物流通道、设备维护检修通道、安全消防通道及安全疏散门，如果是多层厂房，要考虑布置安全疏散楼梯。

　　⑧ 按照工序的不同功能、对工作环境的不同要求或清洁度的不同要求，可把整个涂装车间按底漆、密封线、中涂及面漆喷涂区、烘干区、人工操作区、辅助设备区等进行分区布置，便于设备、生产管路和车间清洁度的控制，也便于热能回收利用等。

　　⑨ 对公用专业设备及一些附属装置所需的面积应预留出来（如厂房采暖空调机、中央控制室、化验室、车间办公室、各种材料及备品库、设备及工具维修间、厕所、配电间等）。

　　⑩ 在布置远近结合的过渡性方案时，平面布置图上应充分考虑将来扩建改造容易，原则上扩建部分可与已有部分隔开，不能因扩建而影响正常生产，要在很短的时间内实现过渡。

　　⑪ 在老厂改造、利用老厂房的情况下，设备布置要充分考虑原厂房的结构特点，尽可能不对原厂房进行改动，必须改动时，要考虑改动的可能性。

　　⑫ 平面图中各设备的外形尺寸、定位尺寸要清楚，一般的定位基准线是轴线或柱子中心线，有时也可以以墙面为基准（不提倡），各设备都应编号（称平面图号）。机械化运输设备要注明运行方向，悬链要注明轨道顶的标高。

　　⑬ 由于平面图上反映的内容较多，所以必须使用标准符号，各地区设计部门均有自己习惯采用的图例。每个平面图上必须有图例，可在图上说明栏中加以说明。

　　⑭ 平面布置图应包括平面图、立面图和剖面图，必要时要画出涂装车间在总图中的位置。

　　在布置工位和设备时，作业区域、人行通道和运输通道可参照下列尺寸设计。

　　设备主体距厂房柱子或墙壁的距离为 1～1.5m；作业区域宽度为 1～2m；维修和检查设备的人行通道宽度为 0.8～1m；人行通道宽度为 1.5m；能推小车的运输通道宽度为 2.5m；人工搬运距离一般不宜大于 2.5m；从工位到最近的安全疏散口或楼梯口的距离一般不要大于 75m，在多层建筑内不应大于 50m。

10.3.3　平面布置的方式

　　平面布置方式由一般串联式不分区布置发展到现代的单层平面分区布置和多层立体分区布置。

　　单层平面分区布置方式是设备主体基本布置在一个平面上，前处理、电泳及喷漆室等的附属设备分别布置于主体设备的旁边或地下，分区化不是很明显。

　　多层立体分区布置方式是结合涂装设备庞大且辅助设备多的特点，在按工艺布局需要的多层结构厂房内，将辅助设备分别布置于主体设备的上方或下方，将主要工艺操作区与辅助系统操作区分开，布置的分区化十分明显。"分区"的概念是将环境清洁度、温度要求相同的工序相对集中，主体设备与辅助设备分层布置，例如按清洁度分为一般洁净区、洁净区和

图 10-3　各种设备和厂房构件
之间的距离（mm）

1—喷漆室；2—烘干室；3—静电喷漆室；
4—冷却室；5—辐射烘干室；
6—带沥漆盘的浸漆槽；7—焊接用设备；
8—表面处理联合清洗机；9—控制台

高洁净区，将喷漆室相对集中在一个高度洁净的区域，并在其四周设置供清洁的空调洁净间，又如将烘干室相对布置在一个区域（或一层上），以减少其散热对车间内作业环境气温的影响。

两种布置方式相比，多层立体分区布置方式的占地面积少，充分利用空间，地下工程少，在物流和作业环境方面较合理先进。

10.3.4　设备平面布置

在绘制涂装线的平面布置图时，重点注意输送链线路在平面上弯曲和立面上的升降处置情况，其判断基准是其对涂装品质和功能、能源效率等的影响。应注意下列几点：

① 根据车间的生产产品的纲领与产品的长度，确定机运方式与设备的初步外形尺寸，并结合厂房的具体情况布置生产线。

② 设备的合理布置应当在保证车间生产流程的基础上，减少物料的周转量，便于生产与设备的维修与保养。涂装车间内各类设备与厂房构件之间的距离，建议采用图 10-3 所示的尺寸。

③ 预处理设备通常应靠近厂房的外墙面，以利于设备的排风与废水的排出。

④ 在条件允许情况下，车间内各个烘干室尽量相对集中或组成一体，以利用车间内热量相对集中，便于车间的通风与散热。

⑤ 前处理设备能直线布置最好，不得已转弯的场合，也要保证磷化工序前后的水洗工序呈 A 线布置。处理工序以外的出入口室、工序间的过渡室应尽可能小。前处理后没水分烘干室场合，出前处理设备就应立即进入烘干室，时间长了易导致生锈。

⑥ 喷漆室、粉末涂装的自动与手动喷涂之间，晾干区段、电泳涂装与后清洗之间都希望呈直线布置。

⑦ 在采用悬挂输送式的热风烘干场合，烘干室出入口呈桥式，且是多行程往复型。为使从输送链上落下的尘埃最少，转弯越少越理想。最低限度为最初的 5min（升温段）应保持直线。

⑧ 输送系统的布置除工程上必需的空间（场所）外，所占空间越少越好。引导线要短，如果徒劳部分超过 15%，则对徒劳无效部分要重新优化。

10.4　材料消耗计算、物流及辅助部门设计

根据工艺过程设计所确定材料品种，确定消耗定额，进而计算各种材料的消耗量、

废料的排出量、物流运输量及辅助部门的设计，此部分内容是评价设计方案的重要指标之一。

10.4.1　材料消耗及废料排放量计算

计算材料消耗首先应确定消耗定额。消耗定额的确定有计算法、统计法和实测法三种。作为设计所需的消耗定额，借鉴类似生产车间实际统计的消耗定额最理想。在没有现成资料可参考时，可采用式(10-5) 计算

$$q = \delta \rho / (NV \cdot m) \tag{10-5}$$

式中　q——单位面积的消耗量，g/m^2；

　　　　δ——涂层的厚度，μm；

　　　　ρ——涂膜的密度，g/cm^3；

　　　　NV——原漆或施工黏度时的不挥发分，%；

　　　　m——材料利用率或涂着效率，%。

不同的涂装方法，涂着效率不同，如静电粉末涂装、刷涂、浸涂及电泳涂装等，涂着效率可达 95% 以上。静电喷涂涂着效率可在 80%～90%。而空气喷涂效率只有 50%～60%，喷涂小件时更低，约 20%～30%。

把单位面积消耗量与每个工件的涂装面积相乘，即可求出每个工件的耗漆量。表 10-31 及表 10-32 给出了工业涂装中的经验单位面积材料及辅助材料消耗定额，供参考。

表 10-31　常用涂料的单位消耗定额　　　　　单位：g/m^2

序号	典型涂料品种	型号	喷涂法				浸涂法	电泳法	静电涂装	刷涂	刮涂	备注
			金属表面		木质件	铸件						
			<1m²	>1m²								
1	铁红底漆	C06-1	120～180	90～120		150～180			50～80			
2	阴极电泳底漆	CED涂料						70～80				固体分以 50%（质量分数）计
3	磷化底漆	X06-1		20								膜厚 6～8μm
4	黑色沥青漆	L06-3				70～80						
5	黑色沥青漆	L04-1	100～120		180	80～100			90～100	90～100		浸小零件
6	粉末涂料	环氧树脂系列							70～80			膜厚以 50μm 计
7	各色硝基底、面漆	Q06-4 Q04-2	100～150			150～180						
8	各色醇酸磁漆	C04-2 C04-49 C04-50	100～120	90～120	100～120				100～120			
9	各色氨基面漆	A04-1 A04-9	120～140	100～120				80～100				

续表

序号	典型涂料品种	型号	喷涂法		木质件	铸件	浸涂法	电泳法	静电涂装	刷涂	刮涂	备注
			金属表面									
			<1m²	>1m²								
10	油性腻子	T07-1 A07-1									180～200	
11	硝基腻子	Q07-1									180～300	
12	防声阻尼涂料		400～600									膜厚1～3mm
13	红丹防锈底漆		100～160	90～120								
14	各色皱纹漆		160～210									
15	各色锤纹漆		80～160									

注：1. 除磷化底漆、粉末涂料、腻子、防声阻尼涂料外，其他涂料形成的涂膜以20μm计（即一道膜厚）。

2. 表中数据除电泳底漆、粉末涂料和腻子按原涂料计算外，其他均以调稀到工作黏度的涂料计，扣除稀释率即为原涂料（溶剂型涂料的稀释率一般为10%～15%，硝基、过氯乙烯漆为100%左右）。

表 10-32　涂装用辅助材料消耗定额　　　　　　　　单位：g/m²

序号	辅助材料名称	规格	被处理件类型		备　注
			金属板件	金属件/锻件	
1	复合清洗剂		4～8		各种碱式盐及表面活性剂
2	表面活性剂	OP-10 三乙醇胺	3～5 1～2		
3	三氯乙烯	工业用	15～25		去油用
4	白醇(溶剂汽油)	工业用	25～30		去油用
5	磷化液		15～30		总酸度500点
6	重铬酸钠	工业用	0.65～1		清洗后钝化用
7	硫酸(密度1.84g/cm³)	工业用	65～80	65～80	热轧钢板和锻件酸洗去锈用
8	碳酸钠	工业用	12～25		酸洗后中和用
9	硅砂(喷砂用)			5%～12%	按零件质量计
10	铁丸(喷丸用)			0.03%～0.05%	按零件质量计
11	砂布	2#～3#	0.1		去锈用
12	砂纸	0#～2#	0.04～0.05		打磨腻子用
13	砂纸	0#～200#	0.01～0.025		打磨腻子用
14	水砂纸	220#～600#	0.02～0.04		打磨腻子、中涂层用
15	水砂纸	600#～1000#	0.05～0.06		打磨面漆层用
16	擦布		10	15	擦净用
17	法兰绒		0.04～0.05		抛光用

注：砂布、砂纸的消耗单位以平方米计，即打磨每平方米涂装面所消耗砂布或砂纸的平方米数。

　　涂装车间排出的废料主要是废漆、磷化沉渣、废擦布、砂纸及遮蔽物等，在有污水处理时也排出废泥渣等。废料的产生量可用单位产品的消耗定额减去产品带走量及挥发量计算。

10.4.2 物流、人流线路

被涂物从外界搬运到涂装车间，进入涂装线，再将涂装成品从涂装车间送往下个车间的流动路线称为"物流线路"。根据 10.5.1 中的计算结果，各种材料的储存地点及使用地点，废料排出的地点等，确定运输路线。设计时一般不允许车间外部的运输车辆进入涂装车间，物料的交接区要与车间隔离开。原则上，涂装车间与外界的物料交接点越少越好。为了使物流合理，要结合辅助部门（材料存放区或仓库、调漆间等）的设计绘制物流图。在图上标明车间与外部的物流关系、各种材料的使用点及仓储区，运输量、运输路线及运输方式，各种废料的运输量、运输路线及运输方式，经过多方案比较，使物流运输路线最顺，运输距离最短，升降和迂回最少，所用的运输工具最少，对车间的生产环境影响最小。

一般物流方案设计是在工艺平面布置方案基本确定后进行或在工艺平面设计的同时进行。两者密不可分，当工艺设备平面布置与物流方案设计相矛盾时，后者应服从前者。为设计好工艺平面布置图，设计单位应和客户一起探讨设备和作业的最大效率。

"人流路线"指作业人员在涂装线中日常作业的距离范围，路线越短，效率越高。因此应分析被涂物和辅助材料的搬运，被涂物与输送链间的装、卸等作业内容，将作业集中在同一场所附近较为理想。还有人员的安全疏散距离要符合有关规定。

10.4.3 辅助部门设计

涂装车间的辅助部门主要包括调输漆间、涂料库、化验室、仓库、设备维修及生活设施。这部分的设计可根据工厂的具体情况确定设计原则，确保其最大限度地为生产服务。

调漆间应尽可能地靠近涂装车间的使用点，其涂料的储存量为班用量，不宜过多。涂料库应单独设置，存涂料量以周用量为佳。根据所使用涂料量的大小及生产组织形式的不同，可确定涂料到使用点的运输方式。例如用专用容器送至工位，或采用泵和循环管路系统连续地压送到工位。调漆间一般应恒温（18～20℃），建筑物要充分考虑防尘，要求密封，空调换气（15～20 次/h）。地面要耐溶剂，便于清理并有良好的导电性，所有电气要防爆，设自动消防装置等。

涂装车间一般应配有车间化验室，它的主要任务是检查涂料质量，各种工艺参数及涂层质量，为此应配备相应的检测仪器。其面积和仪器、设备的数量，取决于生产规模和涂装工艺的特性。一般面积在 $15～30m^2$ 左右，配备 $1～3$ 人及相应的快速检测仪器即可。

10.5 典型车间设计举例

10.5.1 铝合金车轮喷粉涂装生产线设计

10.5.1.1 工艺流程和设计要求

（1）设计依据

① 厂房使用容积（$L×B×H$）：48m×36m×9m。

② 工件材质：铝合金（ZL101A）。

③ 工件最大综合吊挂尺寸（$L×W×H$）和质量：500mm×250mm×1200mm，30kg。

④ 生产纲领：52.5 万挂/年。

⑤ 工件颜色：银白色、红色、黑色三种。

⑥ 工艺要求：工件需经过两次上下件的循环作业，第一次下件后需要进行机加工后再次喷涂。

⑦ 涂装标准：

铬化膜厚度 $1 \sim 2.5 g/m^2$ （$\leqslant 3 \mu m$）；

底粉膜厚度 $4.5 \sim 55 \mu m$；

罩光粉膜厚度 $30 \sim 40 \mu m$；

抗蚀能力 $\geqslant 240h$。

（2）工艺设计

① 年时基数：按 5400h/a 计算。

② 生产链速：取吊挂间距为 720mm。

$$v = (年产量 \times 吊挂间距)/年时基数$$
$$= (525000 \times 0.72)/(5400 \times 60)$$
$$= 1.17 （m/min）$$

则生产链速约为 1.2m/min；生产节拍为 0.62min/挂，即 97 挂/h；链速限制范围为 0.8~16m/min，连续可调。

（3）工艺流程

工件上线→前处理→沥水→烘干→冷却→喷粉→固化→冷却→工件下线。

（4）工艺设计说明

① 前处理工艺　前处理联合清洗机采用 8 工位通过式，其工艺参数以及各工序参数设计见表 10-33 和表 10-34。自动喷淋工艺，如图 10-4、图 10-5 所示。主体尺寸（$L \times W \times H$）：24.2m×1.1m（1.9 槽体）×3.5m。

表 10-33　涂装前处理工艺设计

序号	工艺名称	处理方法	处理时间/s	处理温度/℃	前沥液区/mm	工艺段/mm	后沥液区/mm	小计/mm
1	脱脂	喷淋	120	55~65	1500	2400	1100	5000
2	水洗	喷淋	60	RT	600	1200	1100	2900
3	表调	喷淋	90	20~35	750	1800	1100	3650
4	水洗	喷淋	60	RT	750	1200	900	2850
5	磷化	喷淋	60	30~35	750	1200	1100	3050
6	水洗	喷淋	60	RT	750	1200	1100	3050
7	循环纯水	喷淋	40	RT	600	800	400	1800
8	纯水直喷	喷淋	20	RT	—	400	1500	1900
合计								24200

表 10-34　表面处理机各工序参数设计

序号	工艺	立喷管 材质	立喷管 间距/数量	喷管 材料/规格	喷管 间距/数量	泵 材质/形式	泵 数量	壳体 材质/规格	槽体 材质/规格	槽体 保温	槽体 换热器形式
1	脱脂	镀锌管	300/8	CPVC（V 型）	300/8×14	FC/立式	1	SUS,δ3.0 SUS,δ1.0	A3,δ3.0 SUS,δ1.0	50mm 优质岩棉	管式/蒸汽
2	水洗	ABS	300/4	CPVC（V 型）	300/4×14	FC/立式	1	SUS,δ3.0 SUS,δ1.0	A3,δ3.0 SUS,δ1.0		

续表

序号	工艺	立喷管		喷管		泵		壳体	槽体		
		材质	间距/数量	材料/规格	间距/数量	材质/形式	数量	材质/规格	材质/规格	保温	换热器形式
3	表调	ABS	300/6	CPVC（K 型）	300/6×14	SUS/立式	1	SUS,δ3.0 SUS,δ1.0	SUS,δ3.0 SUS,δ1.0	50mm 优质岩棉	管式/蒸汽
4	水洗	ABS	300/4	CPVC（K 型）	300/4×14	SUS/立式	1	SUS,δ3.0 SUS,δ1.0	SUS,δ3.0 SUS,δ1.0		
5	磷化	SUS	300/4	CPVC（K 型）	300/4×14	SUS/立式	1	SUS,δ3.0 SUS,δ1.0	SUS,δ3.0 SUS,δ1.0	50mm 优质岩棉	板式/热水
6	水洗	ABS	300/4	CPVC（K 型）	300/4×14	SUS/立式	1	SUS,δ3.0 SUS,δ1.0	SUS,δ3.0 SUS,δ1.0		
7	循环纯水	ABS	300/3	CPVC（K 型）	300/3×14	SUS/立式	1	SUS,δ3.0 SUS,δ1.0	SUS,δ3.0 SUS,δ1.0		
8	纯水直喷	SUS	300/2	CPVC（K 型）	300/2×14	SUS/立式		SUS,δ3.0 SUS,δ1.0			

图 10-4　前处理联合清洗机

1—工件入口段；2—喷射处理段；3—泄水过渡段；4—工件出口段

图 10-5　前处理通道截面视图

a. 喷淋隧道　隧道贯穿前处理所有工位，采用框架式镶嵌壁板结构。各工位底部呈漏斗形倾斜面，便于液体循环回槽；相邻工位间设有挡水板的过渡段，避免相互串液；在脱脂后和磷化后过渡段处分别设有检查门；其入口段、1 工位和 5 工位后的过渡段顶部设有排气风道，采用玻璃钢制作，要求风道伸至室外，超过屋顶 1m 以上，并安装防雨罩。隧道上方密封采用尼龙排刷，以防热气外逸并保护悬链；悬链置于隧道顶口外部运行。

b. 储液槽　槽体采用包镶式双层结构。槽上部设有槽液溢流口和自来水供给口；槽底为倾斜面，低端设有排放口，由阀门控制；槽内设有过滤装置以便保护泵体；所有加热槽槽体双层之间填充厚度为 50mm 的岩棉保温，其加热方式为 1 工位和 3 工位采用管式换热器蒸汽间接加热，5 工位采用板式换热器蒸汽间接加热，即蒸汽先给热水槽加热，再将热水通过板式换热器给磷化液加温，从而最大限度地减少磷化液的结渣问题。

温控装置由热电偶、数显温度仪、蒸汽电磁阀组件构成，用于自控和数显槽液温度。

槽液之间溢流条件：允许 7 工位向 6 工位部分回流，而 8 工位的一排喷淋管为新鲜纯水直喷，并回落到 7 工位槽内。其目的是提高水的利用率和获得相对稳定的水质。

c. 喷淋装置　由泵、管道、阀门和压力表组件等组成。它首先由泵将槽液输入喷淋管道，通过喷嘴对工件进行喷射清洗或喷淋成膜处理，又通过阀门和压力表来调整泵出口的压力以满足工艺要求。

② 静电粉末喷涂　采用进口的喷粉设备，考虑到喷色粉和罩光粉的特点需要和产品的不同要求，故使用两套喷粉设备。为确保环境温度 <50℃，相对湿度 <75％，进出口截面风速在 0.3～0.5m/s 范围内，粉末浓度符合国家标准（<10g/m³），使喷粉设备处于一个洁净、明亮、安全的环境中运行，确保产品质量，有利于人体健康，必须配套一个带空调器的喷粉屏蔽间。屏蔽间采用铝合金框架结构，镶嵌玻璃和铝合金装饰板，设置单开门两个。主体尺寸（$L×W×H$）21m×12m×5m，内部配置安全照明装置（照度 300～500lx）。

③ 输送系统　输送系统由悬挂输送机、轨道吊装架、工件吊具、安全网等部分组成。

悬挂输送机选用承德市悬挂输送机厂 XT-240·50 型产品（高温高强轮），包括：轨道、模锻链条、驱动器、张紧机构、自动注油器、变频调速器等。在适当位置设置接油盘，以免油滴于工件上。设有伸缩轨和检查轨以及链子急停装置。经调试后应达到在炉温 200℃时启动平稳、运行可靠、无抖动现象。

吊具采用 $\phi12～\phi16$mm 棒材（碳钢或不锈钢）制作。其结构应根据工件形状设计、加工，以保证工件挂取方便，运行可靠，互不碰撞，并具有良好的接地特性。

在适当位置安装轨道吊装架与安全网，采用型材制作，合理布局，确保人身安全和物流畅通。安全网应距地面高 3.0m，宽 0.8m。

④ 烘道　采用电加热型热风循环半桥式 U 形烘道，其结构特点是钢型材骨架，包镶组合式保温结构，外层是厚度为 1.2mm 冷轧钢板，内层是厚度为 1.2mm 镀锌钢板，夹层填充 150～170mm 的复合保温材料（140mm 岩棉＋10～30mm 硅酸铝）；热风循环为下送风上吸风方式；炉温由可控硅分段自动控制，连续可调，有效温区工件等厚度截面温差 ≤3℃，升温时间 <50min，烘道外表面温度不高于环境温度 10℃；烘道设有自然排风口，粉末固化炉上方设有强排风系统；风机选用耐温（轴传动）风机，机座配置减震器，噪声 <80dB。

a. 水分烘干炉　主体尺寸（$L×W×H$）22.8m×3.08m×3.13m，烘干时间为 23min，控温方式采用两段式，即第一段为快速升温区，使工件迅速预热至 80℃左右，便于水分部分蒸发，烘干时间为 8min，烘干温度 150℃，温度控制范围 140～160℃；第二段为慢速保温区，利于保护磷化膜（＜80℃）和工件表面水分进一步蒸发，烘干时间为 15min，烘干温度为 75℃，温度控制范围为 65～80℃。

b. 粉末固化炉　主体尺寸（$L×W×H$）22.8m×4.4m×3.13m。固化时间 35min，固化温度 180～220℃连续可调。

⑤ 纯水制备　采用过滤器和阳离子、阴离子、混合床三级离子交换柱的形式制取去离子水，并设有返洗系统，再生时间≥5 天，制水量 3t/h，电导率＜10μS/cm。配置 6t 储水罐 1 个。纯水主要供给前处理工序。工艺流程为：原水→砂滤→离子交换（再生）→储水罐→用水点。

⑥ 废水处理系统　废水主要来源于前处理工艺过程，含有油脂、酸、碱及 Cr^{6+} 等。其处理工艺包括除油、酸碱中和及去除 Cr^{6+} 三部分。

由于不含湿法喷涂，由前处理、水分烘干和粉末固化烘道排出的废气可经排风管道伸至室外超过层顶 1m 以上直接对空排放。

图 10-6　涂装生产线工艺平面布置图
1—待喷涂工件；2—多级预处理；3—水分干燥室；
4—喷粉室；5—漆膜烘干室；6—验收

10.5.1.2　涂装生产线工艺平面布置图

为了充分利用现有厂房面积和条件，提高生产效率，在主厂房布置有前处理线、喷粉线和组合式烘道。工件上挂处紧靠喷丸间；喷涂固化后验收合格产品直接在车间装箱入库，减少搬运过程中产品磕碰情况。配电室、压缩空气净化装置、废水处理装置、纯水制备等布置在附跨内。涂装生产线工艺平面布置如图 10-6 所示。

10.5.2　铝合金车门内板电泳涂装生产线设计

10.5.2.1　工艺流程及设计要求

(1) 任务和纲领

涂装车间主要承担年产 15000 辆轿车门内板的涂装前处理、阴极电泳涂装、焊缝密封及面漆涂装任务。

按两班制生产每年 15000 辆轿车车门内板，另加 30％设备跑空负荷，总通过能力按每年 20000 辆设计。

(2) 设计原则

① 利用已有的厂房面积 36m×24m 进行设计。

② 生产方式：采用连续式生产。前处理及电泳线采用一条运输链；PVC 密封、面漆采用一条运输链。工序间转载及成品转运，采用人工装卸及叉车运输。

③ 为使主线设备布局通顺合理，除制冷系统外，全部辅助设施如纯水制备、PVC 配料、调漆、污水处理等，全都布置在附跨内。

④ 设备选型：对产品质量和数量影响较大的关键性设备从国外进口，如 UF 超滤系统、静电喷枪等。

⑤ 涂装标准：

磷化膜厚度　2～2.5g/m² （约 5μm）；

底漆层厚度　18～20μm；

底漆层抗蚀能力　≥240h；

面漆层厚度　35～40μm。

（3）设计基本数据

① 年时基数及工作制度　设备开动率80％，两班制，

年时基数＝300d×16h/d×0.8＝3840h/a＝230400min/a

② 产品面积　每件平均面积1.5m^2；每辆平均面积1.5m×4m＝6m^2；自由吊挂时，宽度为300mm。

③ 吊挂方式

a. 前处理及电泳线，采用横向吊挂，每个吊具挂两件。

b. PVC及面漆线采用竖向吊挂，每个吊具挂一件。

c. 吊架间距0.8m×2（见图10-7）。

d. 每辆车车门占用链条长度　前处理、电泳线4×0.8＝3.2（m/辆）；PVC、面漆

图10-7　工件吊挂方式

线8×0.8＝6.4（m/辆）。

④ 生产节拍及链速　生产节拍及链速见表10-35。

表 10-35　生产节拍及链速

序号	名称	节距/m	链速/(m/min)	节奏/(min/辆)
1	前处理、电泳线	0.8×2	0.3	11.52
2	PVC、面漆线	0.8×2	0.6	11.52

⑤ 动力条件

电　　　　380/350V AC；

备用电源　供电泳线停电时用；

蒸汽　　　供汽压力不低于0.6MPa；

工业用水　供水压力不低于0.15MPa；

纯水　　　供电泳及前处理用，水质电导率不大于15μS/cm；

直流电源　供电泳用，电压0～350V无级可调。

⑥ 车间工作环境温度　冬天不低于15℃，夏天不高于33℃。

⑦ 设备加热升温时间不大于2h。

⑧ 厂房地面负荷　水磨石地面，荷重2t/m^2；吊梁，荷重1t/m^2。

⑨ 通过质量　轨道60kg/m，链条15kg/m，吊架1kg/个，工件12kg/辆。

⑩ 通过面积6（m^2/辆）×60/11.52（辆/h）＝3125m^2/h。

（4）工艺流程及设计说明

① 基本工序

人工挂件→前处理（除油、水洗、表调、磷化、水洗、钝化、纯水洗等）→阴极电泳底漆→电泳后冲洗斗沥水→电泳烘干。

中间转挂→PVC密封→打磨擦净→静电喷涂面漆→面漆烘干→冷却→下件，装箱入库。

② 前处理 采用单隧道全喷淋式。采用磷化处理时，要考虑磷化除渣装置。一般采用静置分离，设置专用分离塔，浓缩渣液经过除渣机除去，清净水自流回槽。

③ 电泳装置

a. 基本条件 基本条件如表 10-36 所列。

b. 工艺流程及参数 表 10-37 是电泳涂装的工艺流程及工艺参数，作为设计时的参考依据。

c. 直流电源 电压：一般 350V；在连续电泳涂装时，平均电流值为：

$$I_{平均} = 每小时涂装面积 \times 涂层干膜厚度 \times 干膜密度 / 3600 \times 库仑效率 \approx 10A$$

表 10-36　电泳涂装的基本条件

项　　目	基本条件	项　　目	基本条件
涂料	阳离子电泳涂料	通电时间	3min(全浸入)
库仑效率	25~30mg/C	带电方式	带电入槽
膜厚	18~20μm	入槽角	30°
固体分	20%±1%	出槽角	30°
电压	350V(一段)	链速	0.3m/min

表 10-37　电泳涂装的工艺流程及工艺参数

工序	处理方式	处理时间/min	主要工艺参数				电导值/(μS/cm)	
			电压/V	固体分/%	漆温/℃	pH 值	漆液	极液
电泳	全浸	3	350	20±1	28±1	0.4±0.3	800~1200	300~500
槽上冲洗(洁净 UF 液或纯水)	喷淋	0.5						
UF1 循环冲洗	喷淋	0.5		1~1.5				
UF2 循环冲洗	喷淋	1~2		0.5~1				
纯水循环洗	喷淋	1~2						
洁净纯水洗	喷淋	0.5						
沥水	自然沥水							

由于出入槽时被涂装面积的变动，电流峰值要高于这个平均值。在工件带电入槽涂装时，其峰值可达平均值的 1.5~3.0 倍，取 2.5，则 $I=25A$，最大功率 $=25A \times 350V=8750W$。

d. 电泳槽设计 外形尺寸 $(L \times W \times H)$7m×16m×2m，漆液容量约 12m^3。

e. 电泳漆补给 补加量按 70g/m^2×6m^2 计，每辆车耗量约 420g。按原漆固体分 70% 计，配制含 20% 固体分 10m^3 的电泳槽液需原漆量：$(10 \times 20\% \div 70\%) \times 1000 = 2857$（kg/槽），则槽液循环周期 $= 2857kg \div 日耗漆量$（kg/d）。

f. 电泳槽罩 为防止尘埃落入漆槽，要求电泳槽采用金属玻璃钢结构封闭，室内顶部设排气装置。室内照明度不小于 400lx。

g. 电泳后冲洗设计要求 表 10-38 是电泳后的冲洗设计要求，在设计中应当参照执行，以保证电泳漆膜的质量。

h. UF 装置及反洗系统 装置构成如图 10-8 所示。

表 10-38　电泳后的冲洗设计要求

项目	槽上冲洗(UF液)	循环冲洗(UF液)	洁净 UF 液冲洗	纯水循环冲洗	洁净纯水冲洗
喷管排数	1	2	2	2	1
喷嘴数	8	16	16	16	8
嘴型	旋涡式	V	V	旋涡式	旋涡式
泵型	耐酸	耐酸	耐酸	耐酸	耐酸
槽容积/m³	—	2~3	2~3	2~3	2
搅拌	—	槽底无沉积	槽底无沉积	槽底无沉积	—
过滤器	—	50μm 袋式	50μm 袋式	—	—
外壳	内部防腐				

图 10-8　超滤装置及反洗系统

i. 电泳烘干

工艺要求：170~180℃，30min。

结构要求：

(a) 炉型为桥式炉；

(b) 出入爬坡角 30°；

(c) 热源为电加热对流；

(d) 壁板保温，表面温度≤40℃；

(e) 热风循环系统设有箱式过滤器；

(f) 炉温控制自动调节，多点记录显示；

(g) 升温时间≤2h。

④ 喷漆室

结构型式：选用上送风下排风液力旋压式喷房。

外形尺寸：4m×3m×3m。

⑤ 纯水装置。

⑥ 三废治理主要污染源及处理措施如表 10-39 所列。

10.5.2.2　工艺流程布置图

由于安全防火的需要，在底漆线与面漆线之间留有一条宽 2.5m 的通道。除冷冻机外，其他附属设备，如纯水制备、污水处理、调漆、空压机房等均布置在附跨内。车间平面布置如图 10-9 所示。

表 10-39　涂装过程中的主要污染源及处理措施

序号	污染物名称	处理措施	序号	污染物名称	处理措施
1	前处理含油废水	乳化、气浮	4	含电泳漆废水	UF 超滤,污水凝聚
2	前处理含磷化渣废水	沉淀、分离	5	喷漆室含油漆溶剂废水	污水凝聚
3	前处理含铬废水	化学转化,$Cr^{6+} \rightarrow Cr^{3+}$	6	烘干室废气	催化燃烧

图 10-9　车间平面布置图（尺寸单位：m）

10.5.3　卡车驾驶室涂装生产线设计

（1）任务和纲领

涂装车间承担卡车驾驶室焊接总成的涂装任务，包括前处理、电泳底漆、车底防护涂料、密封胶、防寒涂料、中涂漆、面漆和注蜡等涂装工序。

（2）设计依据

生产线净生产能力：12UPH。

工件最大尺寸（$L \times B \times H$，mm）：2200×2500×2690。

工件最大质量：500kg。

最大涂装面积：电泳 70m²；中涂 25m²；面漆 25m²。

面漆返修率：小修（抛光修饰）率≤10%；点修（局部喷漆）率≤5%；重修（整车复修）率≤2%。

（3）工艺流程

涂装生产线工艺流程及设计要求见表 10-40。

表 10-40　工艺流程及设计要求

序号	工序名称	处理方式	工艺时间/min	工作温度/℃	运输方式	备注
	前处理电泳采用自行葫芦小车输送系统（EMS）				自行小车	

序号	工序名称	处理方式	工艺时间/min	工作温度/℃	运输方式	备注
	转载				自行小车	
1	上件	人工	5		自行小车	
2	预清洗	人工	3	常温	自行小车	高压水枪冲洗车身内腔
3	前处理				自行小车	
3.0	气封区				自行小车	
3.1	水洗1(热水)	喷淋	2	50～60	自行小车	槽上沥液
3.2	预脱脂	喷淋	2	40～50	自行小车	槽上沥液
3.3	脱脂	浸渍	3	40～50	自行小车	双工位
	沥液		1		自行小车	槽上沥液
3.4	水洗2	喷淋	1	室温	自行小车	槽上沥液
3.5	水洗3	浸渍	2	室温	自行小车	槽上沥液
3.6	表调	浸渍	0.5	室温	自行小车	槽上沥液
3.7	磷化	浸渍	3	40～50	自行小车	双工位
		出槽喷淋	0.5	40～50	自行小车	槽上沥液
3.8	水洗4(工业水)	喷淋	1	室温	自行小车	槽上沥液
3.9	水洗5(工业水)	浸渍	2	室温	自行小车	
		出槽喷淋	0.5	室温	自行小车	槽上沥液
3.10	去离子水洗1	喷淋	1	室温	自行小车	槽上沥液
3.11	去离子水洗2	浸渍	2	室温	自行小车	槽上沥液
	干净去离子水洗	出槽喷淋	0.5	室温	自行小车	
	沥液区		1		自行小车	单独设置
4	电泳					
4.0	气封区				自行小车	
4.1	电泳	浸渍	3	27～35	自行小车	双工位
	超滤水洗0	出槽喷淋	0.5	室温	自行小车	槽上沥液
4.2	超滤水洗1	喷淋	1	室温	自行小车	槽上沥液
4.3	超滤水洗2	浸渍	1	室温	自行小车	槽上沥液
	新鲜超滤水	出槽喷淋	0.5	室温	自行小车	
4.4	去离子水洗1	浸渍	2	室温	自行小车	槽上沥液
4.5	去离子水洗2	浸渍	0.5	室温	自行小车	槽上沥液
	新鲜去离子水	出槽喷淋	0.5	室温	自行小车	
	沥液区				自行小车	单独设置
	转载	自动	5		自行小车至滑橇	亦可手动操作
5	电泳烘干	热风循环	30～35	185±5	滑橇	
6	冷却	强制冷却	10	室温	滑橇	
7	检查	人工		室温	滑橇	

序号	工序名称	处理方式	工艺时间/min	工作温度/℃	运输方式	备注
	电泳排空、缓存	自动			滑橇	
8	电泳修整	人工	10	室温	滑橇	
	离线修补	人工		室温	滑橇	
9	堵孔	人工	15	室温	滑橇	普通车 3min,寒区车内腔 10min
	转载	自动			滑橇至自行小车	亦可手动操作
10	PVC喷涂	人工	5		自行小车	
10.1	上遮蔽	人工	5	室温		
10.2	喷车底防护涂料	人工	10	15～35		防寒涂料车底喷涂
10.3	下遮蔽	人工	5	室温		
	转载	自动			自行小车至滑橇	亦可手动操作
11	擦净	人工	3	室温	滑橇	
12	涂密封胶	人工	10	15～35	滑橇	涂车门顶部以下
	离线涂密封胶	人工	15	15～35	滑橇	涂车门顶部以上
	喷涂防寒涂料	人工	15	15～35	滑橇	
13	擦净	人工	3	室温	滑橇	
14	胶烘干	热风循环	15	140±5	滑橇	
15	冷却	强制冷却	10	室温	滑橇	
	缓存、排空	自动			滑橇	
16	电泳打磨	人工	10	室温	滑橇	真空吸尘
17	铺阻尼胶板	人工	10	室温	滑橇	
	离线修补	人工		室温	滑橇	
18	喷中涂漆					
18.1	擦净	人工	8	室温	滑橇	
18.2	吹离子风	自动	1	室温	滑橇	
18.3	喷中涂漆(内腔)	人工	6	15～30	滑橇	
18.4	喷中涂漆(外部)	机器人+旋杯	5	15～30	滑橇	
18.5	补喷	人工			滑橇	
18.6	流平		10	15～30	滑橇	
19	中涂烘干	热风循环	30～35	145±5	滑橇	
20	冷却	强制冷却	10	室温	滑橇	
	缓存、排空	自动			滑橇	
21	中涂打磨	人工	15	室温	滑橇	真空吸尘
	离线修补	人工		室温	滑橇	
22	喷面漆					
22.1	擦净	人工	8	室温	滑橇	

序号	工序名称	处理方式	工艺时间/min	工作温度/℃	运输方式	备注
22.2	吹离子风	自动	1	室温	滑橇	
22.3	预喷涂金属底漆(内部)	人工	6	20~30	滑橇	
22.4	喷涂金属底漆第一遍(外部)	机器人+旋杯	5	20~30	滑橇	
22.5	晾干		3	20~30	滑橇	
22.6	喷涂金属底漆第二遍(外部)	机器人+旋杯	5	20~30	滑橇	
22.7	补喷	人工			滑橇	
22.8	流平		7	20~30	滑橇	
22.9	预喷涂罩光漆/色漆(内部)	人工	6	20~30	滑橇	
22.10	喷涂罩光漆/色漆(外部)	机器人	5	20~30	滑橇	
22.11	补喷	人工		20~30	滑橇	
22.12	热风流平	热风	10	5~60	滑橇	
23	面漆烘干	对流加热	30~35	100±5	滑橇	
24	冷却	强制冷却	10		滑橇	
	面漆缓存、排空	自动			滑橇	
25	面漆检查修整	人工	20	室温	滑橇	
	面漆抽检(Audit)			室温	滑橇	
	局部修饰	人工		室温	滑橇	
	点修补	人工		≥20	滑橇	
	大返修准备	人工		室温	滑橇	
	转载	自动			漆滑橇至蜡滑橇	
26	喷蜡	人工	5	室温	蜡滑橇	
	缓冲	自动			蜡滑橇	
	转载				蜡滑橇至运输车	
	转运	人工			运输车	送总装车间

（4）工艺流程布置图

车间平面布置如图 10-10 所示。

（5）主要工艺说明

主要生产设备负荷见表 10-41。

① 驾驶室采用三涂层涂装工艺，即阴极电泳底漆、中涂漆、面漆层。

规定涂层厚度如下。

阴极电泳涂层：18~22μm。

中涂层：30~40μm。

面漆层：金属漆 13~15μm；清漆和色漆 30~40μm。

图 10-10　车间平面布置图

表 10-41　主要生产设备负荷表

序号	生产线	生产产量 /(台/年)	生产节拍 /(min/台)	节距/m	输送方式	备　注
1	前处理、电泳线	50000	5		MES 自行小车	
2	电泳烘干线	50000	5	2.8	双链输送机	连续运行
3	焊缝密封线	50000	5	4	输送辊床	间歇运行
4	PVC 底涂线	50000	5	4	MES 自行小车	
5	PVC 烘干线	50000	5	2.8	双链输送机	连续运行
6	电泳打磨线	50000	5	4	输送辊床	间歇运行
7	中涂喷漆线	50000	5	4.5	双链输送机	连续运行
8	中涂烘干线	50000	5	2.8	双链输送机	连续运行
9	中涂打磨线	50000	5	4	输送辊床	间歇运行
10	面漆喷漆线	51000	4.9	4.5	双链输送机	连续运行
11	面漆烘干线	51000	4.9	2.8	双链输送机	连续运行
12	面漆检查线	51000	4.9	4.5	输送辊床	间歇运行

② 前处理和电泳设备为浸渍和喷淋处理设备。前处理设备配备除焊渣和铁屑、脱脂除油、磷化除渣装置。前处理和电泳后冲洗设备使用逆流清洗工艺，以节约用水。设备参数（温度、电导率、液位等）自动控制。

③ 中涂和面漆擦净室采用人工擦净和吹离子化空气除尘，除掉驾驶室表面附着的带静电的灰尘和脏物。中涂和面漆喷漆室为文丘里式结构，配备漆泥处理装置。喷涂驾驶室为内表面喷漆采用人工，外表面喷漆采用喷涂机器人。

④ 烘干室采用热风循环加热方式，温度自动控制。电泳烘干室为∏形炉，其他烘干室

为直通炉。烘干室废气焚烧处理后，烟气余热回收利用。

⑤ 涂装线各工艺段设检查修整、离线返修、质量抽检、漆后缓存存放等工序，保证驾驶室合格。

生产线具有车型识别、颜色编组和单车召唤功能，颜色编组按照每种颜色 5 台驾驶室设计。

⑥ 喷漆供料为自动集中供料方式，供应各种漆料共 22 套。其中二线循环供漆系统 18 套：中涂漆 1 种、色漆 5 种、金属漆 5 种、罩光漆 2 种、溶剂 2 种和固化剂 3 种。小型（卫星站）4 套：色漆 2 种、金属漆 2 种。采用自动集中供胶分别供应焊缝密封胶、车底防护胶、防寒涂料；喷蜡采用工位供料。

⑦ 喷漆室、晾干室、注蜡室、调漆间和供蜡间设置二氧化碳自动消防系统。

⑧ 机械化运输为两种机械运输设备，前处理设备、电泳设备和喷胶室由悬挂程控自行葫芦输送系统运件，其他涂装设备由滑橇输送系统运件。前处理和电泳采用一套悬挂吊具。

滑橇为两种：喷漆、烘干、检查及修整等使用一种滑橇；喷蜡线使用另一种滑橇。各工艺段之间设驾驶室缓冲存放线。

配备有专用的高压水清洗设备清理滑橇、吊具和格栅板上的油漆。

从焊装车间来的驾驶室由滑橇输送系统运到涂装车间二层。焊装车间和涂装车间之间二层设驾驶室焊接总成存放区。涂装车间设漆后驾驶室总成存放区和转载区，漆后驾驶室由专用运输车运往总装车间。

⑨ 设置快速化验室检测监控前处理电泳槽液质量。

⑩ 前处理、电泳、喷漆等涂装设备产生的废水直接送到厂区污水处理厂处理达标排放。

⑪ 涂装设备槽液中产生的渣滓，经相应的渣分离设备处理。

⑫ 车间设置中央控制室监控涂装生产，采用"集中监视，分散控制"的控制模式。

⑬ 采用全封闭厂房，墙壁和地面涂专用涂料，机械通风换气，厂房温度冬季不低于 15℃。

⑭ 喷漆设备集中排风，排风机封闭在排风间内。空调机封闭在空调机房内，车间噪声控制在 85dB 以下。

⑮ 车间内危险部位设安全设施，通道或门等的出入口设安全标志。

⑯ 车间设置各种生产、生活办公等辅助部门及设施。

⑰ 车间二层设有参观通道，满足参观需求。

（6）主要工艺布置说明

① 厂房　厂房长 120m，宽 100m。分 6 跨：22m（接跨）、18m、15m、12m、24m、9m。其中：主体厂房长 120m，宽 78m。

厂房分层标高：一层为 0.000m，二层为 7.000m，局部三层为 12.000m。接跨二层标高为 9.400。

厂房柱顶标高：18m 和 15m 跨为 16m；12m、24m 和 9m 跨为 18m。22m 接跨为 13.400m。

② 工艺设备　前处理和电泳设备、电泳烘干室及缓冲存放、电泳打磨、堵孔、密封、车底喷涂、喷防寒涂料、铺阻尼胶板、胶烘干室、部分空调机及相应的辅助设施等布置在 18m 和 15m 跨。

中涂、面漆喷漆室和烘干室及缓冲存放、喷蜡、漆后检查修整、打磨、点修、局部修饰、重修准备、部分空调机等布置在 12m 和 24m 跨。

喷漆排风机间及烟囱、调漆间、供蜡间、主要的生产辅助设施和公用设施、生活和办公设施、部分空调机等布置在 9m 跨。

③ 方案布置特点

a. 合理利用建筑面积。注重节省能源和保护环境。

b. 车间分区布置，高洁净区和一般洁净区、噪声区和操作区、生产区和生活区尽量分开布置。

c. 尽量将同类或同种设备布置在同一区域或附近。

d. 喷漆和烘干洁净区、主要噪声区用轻质墙隔开，减少环境污染。

e. 前处理和电泳的转移槽、漆泥处理装置分别布置在前处理和电泳设备、喷漆室的底部。

f. 各种为生产服务的供料、维修保养、公用设施，根据工艺设备的需求尽量就近布置。

g. 将空调机布置在主体厂房内局部 3 层，比以往布置在喷漆室顶部主体厂房屋面以上，可减小厂房总高度，避免建成高层厂房提高消防等级及增加相关投资。

h. 根据设备需求确定不同跨的厂房高度，减小封闭厂房内部体积，节省密闭厂房的机械通风量、能耗及运行费用。

④ 车间面积 车间面积见表 10-42。

表 10-42 车间面积表

序号	部门名称	面积/m²	序号	部门名称	面积/m²
	Ⅰ 生产面积	13404	18	工具库	72
1	动力入口	36	19	供胶间	54
2	换热站	108	20	喷具清理维修间	72
3	变压器间	216	21	调漆间及临时存放间	180
4	空调平台	3115	22	消防控制间	18
5	白车身存放	1056	23	温控间	18
6	CO₂ 瓶组间	54	24	风机房	216
7	纯水制备间	144	25	备用空压机及干燥间	54
8	制冷间	162	26	化验室	36
9	备用电源间	54	27	供蜡间	27
10	滑橇清理间	108	28	风机间	54
11	机电维修间	36	29	劳保库	63
12	漆雾絮凝剂材料间	36	30	中央控制室	84
13	过滤产品存放间	36	31	参观通廊	276
14	腻子打磨辅料存放间	36	32	通道	2160
15	前处理药剂间	96	33	办公及生活面积	690
16	阻尼胶板存放间	48		Ⅱ 辅助部门小计	9487
17	配件库	72		车间面积合计	22891

参 考 文 献

[1] 中国涂料工业协会秘书处. 中国涂料行业"十二五"规划（之四）——总结及展望 [J]. 中国涂料工业，2011，Vol26（6）：1-4.

[2] 中国涂料工业协会秘书处. 中国涂料行业"十二五"规划（之五）——总结及展望 [J]. 中国涂料工业，2011，Vol26（7）：5-9.

[3] 赵金榜. 我国涂料工业的发展及对今后挑战的应对 [J]. 上海化工，2011，Vol36（4）：26-30.

[4] 陈慕祖. 我国汽车涂装新技术的应用 [J]. 涂料工业，2000（4）：4-8.

[5] 刘宪文. 我国汽车涂料的现状及进展 [J]. 现代涂料与涂装，2011，Vol14（10）：20-23.

[6] 刘国杰. 涂料行业技术发展现状及趋势 [J]. 中国涂料，Vol25（3）：11-18.

[7] 王锡春. 汽车涂装工艺技术 [M]. 北京：化学工业出版社，2005.

[8] 王锡春. 涂装车间设计手册 [M]. 北京：化学工业出版社，2011.

[9] 冯立明，牛玉超，张殿平. 涂装工艺与设备 [M]. 北京：化学工业出版社，2004.

[10] 王绪建. 阴极电泳涂装设备的改进及工艺维护 [J]. 电镀与涂饰，2003，22（1）：51-54.

[11] 陈治良. 电泳涂装实用技术 [M]. 上海：上海科学技术出版社，2009.

[12] 宋华. 电泳涂装技术 [M]. 北京：化学工业出版社，2009.

[13] 刘学渊，王家亮. 自泳涂装工艺在客车制造中的应用 [J]. 客车技术与研究，2007（6）：41-53.

[14] 邱波峡. 自泳涂装与自泳涂装技术 [J]. 涂装与电镀，2007（4）：12-14.

[15] 郭燕鹏，王小妹. 水性自泳涂料及涂装技术进展 [J]. 涂料工业，2007，Vol37（10）：56-59.

[16] 李铮. 喷漆室水旋动力管设计探讨 [J]. 电机电器技术，2004（1）：27-30.

[17] 秦忠玉. 喷漆室送排风系统节能设计与应用效果 [J]. 材料保护，2011，Vol44（6）：69-71.

[18] 顾宁. 喷淋悬挂式前处理设备的设计计算 [J]. 表面技术，2002，Vol31（5）：61-63.

[19] 王瑞宏，郭晓峰，刘艳菲. 水性丙烯酸浸涂漆的制备及其浸涂工艺 [J]. 上海涂料，2011，Vol49（5）：11-13.

[20] 李田霞，陈峰. 环氧丙烯酸阴极电泳涂料的研制及涂装工艺对涂膜性能的影响 [J]. 材料保护，2011，Vol44（1）：35-37.

[21] 代素红，何为，隋辽原. 环氧-丙烯酸阴极电泳涂料基料树脂的工艺研究 [J]. 山东化工，2010（39）：8-12.

[22] 欧海峰. 吸附-催化燃烧法处理喷漆废气实例 [J]. 环境科学与技术，2006，Vol29（4）：93-94.

[23] 刘仕飞，陈星星，胡明等. 涂装废气处理的方法 [J]. 制造技术与材料，2011，Vol19（3）：39-40.

[24] 严滨，傅海燕，石谦，柴天. 金磊喷漆废气处理与溶剂回收工艺 [J]. 工业技术，2009（11）：94.

[25] 张殿平，王子健，李玉宁，于安军. 高光底面合一阴极电泳涂料在车架上的应用 [J]. 汽车工艺与材料，2010（11）：12-14.

[26] 刘宁，刘治猛，刘煜，蒋欣，贾德民. 紫外固化粉末涂料的合成及固化研究 [J]. 弹性体，2010，20（1）：23-26.

[27] 刘茵，张鹏云，原炳发，刘怀清. 紫外光固化涂料的研究进展及发展趋势 [J]. 精细与专用化学品，Vol19（9）：42-46.

[28] 胡虎，荣光，张天鹏. 金属表面硅烷化处理在汽车零部件行业中的应用 [J]. 电镀与精饰，2009，28（9）：70-75..

[29] 刘万青，张家胜，胡建. 稀土改性硅烷处理技术在汽车行业的应用研究 [J]. 涂装工程，2011，1（1）：4-12..

[30] 王锡春. 硅烷在涂装前处理工艺中的神奇应用 [J]. 上海涂料，2010，48（3）：24-28.

[31] 朱丹青，钟金环，王一建等. 金属件涂装前纳米级转化膜处理工艺技术 [J]. 中国汽车涂装技术交流会.

[32] 张鹏，王兆华. 丙烯酸树脂防腐蚀涂料及应用 [M]. 北京：化学工业出版社，2003.

[33] 唐春华. 金属表面磷化技术 [M]. 北京：化学工业出版社，2009.

[34] 王建平. 实用磷化及相关技术 [M]. 北京：机械工业出版社，2009.

[35] 高南. 功能涂料 [M]. 北京：中国标准出版社，2005.